教育部高职高专规划教材

有机合成单元过程

（第二版）

田铁牛　　编
张雪梅　主审

化学工业出版社

·北京·

《有机合成单元过程》（第二版）分三个学习单元：基础单元、基本单元和拓展单元。基础单元包括绪论、有机合成的化学物质、有机合成理论基础、有机合成工艺基础；基本单元包括硝化及亚硝化、磺化、卤化、酰化、烷基化、氧化、还原、重氮化及重氮盐转化、缩合；拓展单元包括有机合成现代技术介绍、有机合成路线设计介绍、有机合成实验装备与技术。

　　全书从合成反应共性出发，结合生产实例，讨论单元过程的影响因素和工艺技术。各章均设有学习指南、本章小结、复习与思考，便于教学。附录中列出了常见危险化学品的贮存要求、常见不能混合的化学品一览表、常见危险化学品废弃物的销毁方法、有机合成常用的实验仪器与装置、化学化工文献网络资源索引，便于查阅。

　　本书可供高职院校精细化工、有机化工等专业教学使用，也可用于化工行业员工培训，或供中职学校化工类专业教学参考。

图书在版编目（CIP）数据

有机合成单元过程/田铁牛编. —2 版. —北京：化学工业出版社，2010.7（2021.9重印）
教育部高职高专规划教材
ISBN 978-7-122-08857-4

Ⅰ. 有… Ⅱ. 田… Ⅲ. 有机合成-化工过程-高等学校：技术学院-教材 Ⅳ. TQ202

中国版本图书馆 CIP 数据核字（2010）第 112709 号

责任编辑：张双进　　　　　　　　　文字编辑：提　岩
责任校对：周梦华　　　　　　　　　装帧设计：刘丽华

出版发行：化学工业出版社（北京市东城区青年湖南街 13 号　邮政编码 100011）
印　　装：天津盛通数码科技有限公司
787mm×1092mm　1/16　印张 21½　字数 572 千字　2021 年 9 月北京第 2 版第 3 次印刷

购书咨询：010-64518888　　　　　　售后服务：010-64518899
网　　址：http://www.cip.com.cn
凡购买本书，如有缺损质量问题，本社销售中心负责调换。

定　　价：49.00 元　　　　　　　　　　　　　　　版权所有　违者必究

第二版前言

有机合成是化工行业主要职业岗位群之一，在有机合成、精细化工、化学制药等企业占有十分重要的地位。

《有机合成单元过程》（第二版）依据高职院校精细化工、有机化工等专业要求，根据有机合成岗位群要求、现代职教课程建设的理念，结合近年来高职教学和企业技术培训实践，从生产一线从业人员需要出发，力求贴近生产、贴近实际，体现现代职教特点和课程建设的需要，仍从有机合成反应共性出发，按单元反应分类，介绍常用的有机合成单元过程，结合典型实例，讨论单元过程的影响因素和工艺技术。

本次修订是在第一版基础上，对硝化、磺化、卤化、酰化、烷基化、氧化、还原、重氮化及重氮盐转化、缩合等内容进行了精选、重组和增补，删去羟基化、氨解与胺化两章；增加了有机合成的化学物质、有机合成理论基础、有机合成工艺基础、有机合成实验装备与技术四章；将阅读材料扩充为有机合成现代技术介绍、有机合成路线设计介绍两章。全书共分十六章，即绪论、有机合成的化学物质、有机合成理论基础、有机合成工艺基础、硝化及亚硝化、磺化、卤化、酰化、烷基化、氧化、还原、重氮化及重氮盐转化、缩合、有机合成现代技术介绍、有机合成路线设计介绍以及有机合成实验装备与技术。

本次修订内容分三个学习单元：基础单元、基本单元和拓展单元。基础单元包括绪论、有机合成的化学物质、有机合成理论基础、有机合成工艺基础。基本单元为官能团的导入及转化、分子骨架的形成，由硝化及亚硝化、磺化、卤化、酰化、烷基化、氧化、还原、重氮化及重氮盐转化、缩合构成。拓展单元由有机合成现代技术介绍、有机合成路线设计介绍、有机合成实验装备与技术组成。本书可供高职院校精细化工、有机化工等专业教学使用，也可用于化工行业在或转岗员工培训，或供中职学校化工类专业教学参考。使用者可根据高职院校教学、企业员工培训、学生学习基础等情况选择或组合。

为便于教学和学生自学，各章仍设学习指南、本章小结、复习与思考。为便于读者参考查阅，在附录中列出了常见危险化学品的贮存要求、常见不能混合的化学品一览表、常见危险化学品废弃物的销毁方法、有机合成常用的实验仪器与装置和化学化工文献网络资源索引。

本次修订是在化学工业出版社和河北化工医药职业技术学院领导的关心和支持下进行的，编写中得到了石家庄有关企业的支持和帮助，河北化工医药职业技术学院张雪梅教授担任主审，提出许多宝贵意见，在此一并表示衷心感谢。

由于编者水平所限，书中不妥之处在所难免，敬请广大读者批评指正。

编者
2010 年 6 月

前　言

本教材是依据高职院校精细化工专业培养目标要求，根据精细化工行业有机合成岗位群的需要，在高职精细化工专业教学实践的基础上编写的。

《有机合成单元过程》从精细化学品合成反应共性出发，按照有机合成单元反应分类，重点介绍有机合成中常用的单元过程，结合典型实例，讨论单元过程的影响因素和工艺技术。

在编写体例、内容上，力图贴近生产实际，体现高职教学特点。对近年来有机合成新技术、新方法以阅读材料的形式编在各章之后。为方便学生自学，各章增设学习指南、章节小结等。

《有机合成单元过程》可供高职院校精细化工专业教学使用，也可供中等职业学校精细化工专业的教师和学生参考，或作为相关企业员工的培训教材。

全书共分十一章，河北化工医药职业技术学院田铁牛任主编并编写其中的绪论、第一、二、三、四、五、七章和第八章，张雪梅编写了第六、九、十、十一章，李璟编写阅读材料、章节小结和学习指南；河北威远生物化工有限公司的杨其安总工程师担任全书的主审。

《有机合成单元过程》的编写是在化学工业出版社教材出版中心和河北化工医药职业技术学院领导的关心和支持下进行的；编写过程中得到了石家庄有关精细化工和制药等企业的大力支持，特在此表示衷心的感谢。

由于编者水平有限，书中错误与不妥之处在所难免，敬请使用本书的教师和读者批评指正。

编者
2005 年 2 月

目　录

第一章　绪论 ………………………… 1
　　一、有机合成的历史与发展 ………… 1
　　二、有机合成与有机化工 …………… 2
　　三、有机合成的范畴及其职业岗位群 … 3
　　四、课程性质、任务及方法 ………… 4
　　本章小结 …………………………… 6
　　复习与思考 ………………………… 6
第二章　有机合成的化学物质 ……… 7
　　学习指南 …………………………… 7
　　第一节　有机合成的化学物质 ……… 7
　　一、化学物质的聚集状态 …………… 7
　　二、化学物质的来源 ………………… 9
　　三、化学物质的应用 ……………… 11
　　四、有机物的结构特征与分类 …… 12
　　五、化学物质在有机合成中的功能 … 13
　　六、有机化合物的特性 …………… 14
　　第二节　化学物质的危险性 ……… 14
　　一、燃烧性 ………………………… 14
　　二、爆炸性 ………………………… 15
　　三、腐蚀性 ………………………… 16
　　四、毒害性 ………………………… 16
　　五、放射性 ………………………… 16
　　第三节　化学物质的安全使用 …… 16
　　一、化学品安全标签 ……………… 17
　　二、化学品安全技术说明书 ……… 18
　　本章小结 ………………………… 19
　　复习与思考 ……………………… 20
第三章　有机合成理论基础 ……… 22
　　学习指南 ………………………… 22
　　第一节　有机合成化学基础 ……… 22
　　一、分子骨架与官能团 …………… 22
　　二、电子效应与空间效应 ………… 23
　　三、反应试剂 ……………………… 26
　　第二节　有机合成反应类型 ……… 27
　　一、加成反应 ……………………… 27
　　二、取代反应 ……………………… 28
　　三、消除反应 ……………………… 30
　　四、重排反应 ……………………… 32
　　五、氧化-还原反应 ………………… 33
　　六、自由基反应 …………………… 33
　　第三节　有机合成的溶剂 ………… 36
　　一、溶剂的类别 …………………… 36

　　二、溶剂的作用 …………………… 37
　　三、溶剂选用原则 ………………… 37
　　第四节　有机合成的催化剂 ……… 38
　　一、催化剂及其特征 ……………… 38
　　二、酸碱催化剂 …………………… 39
　　三、固体催化剂 …………………… 39
　　四、相转移催化剂 ………………… 40
　　五、过渡金属催化剂 ……………… 41
　　本章小结 ………………………… 42
　　复习与思考 ……………………… 43
第四章　有机合成工艺基础 ……… 45
　　学习指南 ………………………… 45
　　第一节　化学工艺基础知识 ……… 45
　　一、化学计量学知识 ……………… 45
　　二、转化率、选择性与收率 ……… 46
　　三、合成反应效率 ………………… 47
　　四、原材料消耗定额 ……………… 48
　　五、生产能力与生产强度 ………… 49
　　第二节　影响反应的主要因素 …… 50
　　一、温度 …………………………… 50
　　二、压力 …………………………… 51
　　三、反应物浓度及配比 …………… 52
　　四、原料纯度及杂质 ……………… 52
　　五、加料方式与次序 ……………… 52
　　六、其他因素 ……………………… 54
　　第三节　催化剂性能及其使用 …… 54
　　一、催化剂使用性能 ……………… 54
　　二、催化剂的使用 ………………… 55
　　三、催化剂的贮运 ………………… 55
　　第四节　合成反应器 ……………… 55
　　一、反应器的操作方式 …………… 56
　　二、合成反应器类型 ……………… 56
　　三、反应釜操作与控制 …………… 59
　　四、反应过程的危险性 …………… 59
　　五、反应失控的临界条件 ………… 60
　　本章小结 ………………………… 61
　　复习与思考 ……………………… 62
第五章　硝化及亚硝化 …………… 64
　　学习指南 ………………………… 64
　　第一节　概述 ……………………… 64
　　一、硝化及硝化剂 ………………… 64
　　二、硝化方法 ……………………… 66

第二节　硝化原理 ………………… 68
　一、硝化过程的解释 …………… 68
　二、硝化过程的影响因素 ……… 71
第三节　混酸硝化 ………………… 73
　一、配制混酸 …………………… 73
　二、硝化反应设备与操作 ……… 76
　三、硝化液的分离 ……………… 77
　四、硝基苯的生产 ……………… 79
　五、硝化安全技术 ……………… 80
第四节　亚硝化 …………………… 82
　一、酚类的亚硝化 ……………… 82
　二、芳香族仲胺或叔胺的亚硝化 … 82
本章小结 …………………………… 83
复习与思考 ………………………… 84

第六章　磺化 ……………………… 85
学习指南 …………………………… 85
第一节　概述 ……………………… 85
　一、磺化及其目的 ……………… 85
　二、磺化剂 ……………………… 86
第二节　磺化原理 ………………… 88
　一、磺化过程解释 ……………… 88
　二、主要影响因素 ……………… 89
第三节　磺化方法 ………………… 92
　一、过量硫酸磺化法 …………… 92
　二、三氧化硫磺化法 …………… 93
　三、氯磺酸磺化法 ……………… 94
　四、其他磺化法 ………………… 96
　五、磺化后的分离操作 ………… 97
第四节　工业磺化过程 …………… 97
　一、2-萘磺酸的生产 …………… 97
　二、十二烷基苯磺酸钠的生产 … 99
　三、对乙酰氨基苯磺酰氯的生产 ……… 100
本章小结 …………………………… 102
复习与思考 ………………………… 103

第七章　卤化 ……………………… 104
学习指南 …………………………… 104
第一节　概述 ……………………… 104
　一、卤化及其目的 ……………… 104
　二、卤化剂 ……………………… 105
第二节　取代卤化 ………………… 107
　一、芳环上的取代卤化 ………… 107
　二、芳环侧链上的取代卤化 …… 110
　三、烷烃的取代卤化 …………… 112
　四、氯苯的生产 ………………… 114
第三节　加成卤化 ………………… 115
　一、用卤素加成 ………………… 115
　二、用卤化氢加成 ……………… 117

　三、用其他卤化物加成 ………… 117
第四节　置换卤化 ………………… 119
　一、卤素置换羟基 ……………… 119
　二、氯置换硝基 ………………… 120
　三、卤素置换重氮基 …………… 121
　四、卤交换 ……………………… 121
本章小结 …………………………… 122
复习与思考 ………………………… 123

第八章　酰化 ……………………… 126
学习指南 …………………………… 126
第一节　概述 ……………………… 126
　一、酰化及其用途 ……………… 126
　二、酰化剂 ……………………… 127
第二节　C-酰化 …………………… 127
　一、C-酰化反应及影响因素 …… 127
　二、C-酰化方法 ………………… 130
　三、2,4-二羟基二苯甲酮的合成 … 133
第三节　N-酰化 …………………… 134
　一、N-酰化反应及其影响因素 … 134
　二、N-酰化方法 ………………… 135
　三、酰基的水解 ………………… 139
　四、TDI 的合成 ………………… 139
第四节　酯化 ……………………… 140
　一、酯化方法 …………………… 140
　二、羧酸法酯化 ………………… 142
　三、酯化反应装置 ……………… 144
　四、DOP 的生产 ………………… 144
本章小结 …………………………… 146
复习与思考 ………………………… 147

第九章　烷基化 …………………… 149
学习指南 …………………………… 149
第　节　概述 ……………………… 149
　一、烷基化及其意义 …………… 149
　二、烷化剂 ……………………… 149
第二节　C-烷基化 ………………… 150
　一、C-烷基化的反应特点 ……… 150
　二、C-烷基化催化剂 …………… 152
　三、C-烷基化方法 ……………… 153
　四、C-烷基化工业过程 ………… 156
第三节　N-烷基化 ………………… 159
　一、N-烷基化及其类型 ………… 159
　二、N-烷基化方法 ……………… 160
　三、N-烷基化产物的分离 ……… 165
　四、N-烷基化过程 ……………… 166
第四节　O-烷基化及 O-芳基化 …… 167
　一、O-烷基化 …………………… 167
　二、O-芳基化 …………………… 169

本章小结 …………………… 171
复习与思考 …………………… 172

第十章 氧化 …………………… 174
学习指南 …………………… 174
第一节 概述 …………………… 174
一、氧化及其特点 …………………… 174
二、主要氧化过程及其产品 …………… 174
三、氧化方法 …………………… 175
第二节 液相催化氧化 …………… 176
一、液相催化氧化的工业实例 ………… 176
二、液相催化氧化过程解释 …………… 178
三、主要影响因素 …………………… 180
四、液相空气催化氧化设备 …………… 181
第三节 气相催化氧化 …………… 182
一、气相催化氧化的工业实例 ………… 183
二、气相催化氧化过程解释 …………… 187
三、主要影响因素 …………………… 187
四、气相催化氧化的设备 …………… 188
五、氧化的安全技术 …………………… 189
第四节 化学氧化 …………………… 190
一、化学氧化剂 …………………… 190
二、化学氧化方法 …………………… 190
三、化学氧化的环境问题 …………… 193
本章小结 …………………… 194
复习与思考 …………………… 195

第十一章 还原 …………………… 196
学习指南 …………………… 196
第一节 概述 …………………… 196
一、还原剂 …………………… 196
二、被还原的物料 …………………… 196
三、还原目的与产品 …………………… 197
四、还原方法 …………………… 197
五、还原生产操作安全 …………… 198
第二节 催化氢化 …………………… 198
一、催化氢化的方法 …………………… 198
二、催化氢化过程的解释 …………… 199
三、氢化催化剂 …………………… 200
四、主要影响因素 …………………… 202
五、催化氢化工业生产过程 …………… 204
第三节 化学还原 …………………… 207
一、用活泼金属和供质子剂还原 ……… 208
二、用含硫化物还原 …………………… 210
三、用金属复氢化物还原 …………… 211
本章小结 …………………… 212
复习与思考 …………………… 213

第十二章 重氮化及重氮盐转化 …… 215
学习指南 …………………… 215

第一节 概述 …………………… 215
一、重氮化及其目的 …………………… 215
二、重氮盐及其性质 …………………… 215
第二节 重氮化 …………………… 216
一、重氮化反应 …………………… 216
二、主要影响因素 …………………… 217
三、重氮化方法 …………………… 218
第三节 重氮盐转化 …………… 221
一、重氮盐的置换 …………………… 221
二、重氮盐的还原 …………………… 223
第四节 偶合 …………………… 223
一、偶合反应解释 …………………… 224
二、主要影响因素 …………………… 224
三、偶合工业实例 …………………… 225
本章小结 …………………… 226
复习与思考 …………………… 227

第十三章 缩合 …………………… 228
学习指南 …………………… 228
第一节 概述 …………………… 228
一、缩合及其意义 …………………… 228
二、缩合的原料 …………………… 228
三、缩合生产装置 …………………… 229
第二节 醛酮缩合 …………………… 229
一、醛醛缩合 …………………… 229
二、酮酮缩合 …………………… 231
三、氨甲基化 …………………… 232
四、醛酮与醇缩合 …………………… 233
第三节 羧酸及其衍生物缩合 ……… 234
一、羧酸酯缩合 …………………… 235
二、酮酯缩合 …………………… 236
三、诺文葛尔（Knoevenagel）反应 …… 237
四、珀金（Perkin）反应 …………… 238
五、达村斯反应 …………………… 238
第四节 成环缩合 …………………… 240
一、普林斯（Prins）缩合 …………… 240
二、狄尔斯-阿德耳（Diels-Alder）缩合 … 241
三、形成六元碳环的缩合 …………… 242
四、形成杂环的缩合 …………………… 244
本章小结 …………………… 245
复习与思考 …………………… 247

第十四章 有机合成现代技术介绍 …… 248
学习指南 …………………… 248
第一节 相转移催化合成 …………… 248
一、相转移催化的基本原理 …………… 248
二、相转移催化的影响因素 …………… 249
三、相转移催化在有机合成中的应用 …… 250
第二节 有机电化学合成 …………… 251

一、电化学合成的基本原理 ………… 251
二、电化学合成装置 ………………… 254
三、有机电合成方法及应用 ………… 256

第三节　有机光化学合成 ……………… 259
一、光化学合成的基本原理 ………… 259
二、有机光化学合成装置 …………… 260
三、有机光化学合成的应用 ………… 261

第四节　酶催化有机合成 ……………… 262
一、酶与固定化酶 …………………… 262
二、酶催化的作用及其特点 ………… 263
三、酶催化在有机合成中的应用 …… 263

第五节　微波辐照有机合成 …………… 264
一、微波辐照对化学反应的作用 …… 264
二、微波辐照有机合成装置 ………… 265
三、微波在有机合成中的应用 ……… 266

第六节　声化学合成 …………………… 266
一、声化学合成的基本原理 ………… 267
二、声化学反应器 …………………… 267
三、超声波在有机合成中的应用 …… 269

本章小结 ………………………………… 270
复习与思考 ……………………………… 271

第十五章　有机合成路线设计介绍 …… 273
学习指南 ………………………………… 273
第一节　逆向合成原理 ………………… 273
一、逆向合成的概念 ………………… 273
二、逆向合成常用术语 ……………… 273
三、逆向合成的方法与步骤 ………… 276

第二节　典型化合物的逆向切断 ……… 280
一、醇的逆向切断 …………………… 280
二、β-羟基羰基和 α,β-不饱和羰基化合
物的逆向切断 …………………… 282
三、1,4-二羰基化合物的逆向切断 …… 284

第三节　导向基和保护基 ……………… 285
一、导向基及其应用 ………………… 285
二、保护基及其应用 ………………… 288

第四节　合成路线的评价标准 ………… 289
一、反应步数与总收率 ……………… 289
二、原料、试剂及中间体 …………… 290
三、安全生产及环境保护 …………… 290

第五节　逆向切断与合成实例 ………… 291
一、除草剂敌稗 ……………………… 291
二、抗氧剂 1010 ……………………… 292
三、酸性橙 …………………………… 293

第六节　绿色有机合成的途径 ………… 294
一、合成原料和试剂绿色化 ………… 295
二、使用高效、无毒、高选择性的催
化剂 ……………………………… 296
三、使用无毒、无害绿色的溶剂或无
溶剂反应 ………………………… 296
四、采用清洁反应方式 ……………… 297
五、采用高效的合成方法 …………… 297
六、利用可再生的生物质资源 ……… 298
七、计算机辅助的绿色合成设计 …… 298

本章小结 ………………………………… 298
复习与思考 ……………………………… 299

第十六章　有机合成实验装备与技术 … 300
学习指南 ………………………………… 300
第一节　实验室装备与配置 …………… 300
一、实验台与通风橱 ………………… 300
二、常用实验仪器 …………………… 301
三、常用实验设备与装置 …………… 301
四、化学试剂的存取 ………………… 306

第二节　实验室反应装置 ……………… 306
一、惰性气体保护的反应装置 ……… 306
二、回流和滴加装置 ………………… 307
三、分水装置 ………………………… 309
四、冷浴及其致冷剂 ………………… 309
五、惰性气体保护下的转移、计量和
贮存 ……………………………… 310

第三节　实验室分离纯化装置 ………… 312
一、干燥 ……………………………… 312
二、重结晶 …………………………… 313
三、升华 ……………………………… 314
四、减压蒸馏 ………………………… 315
五、柱色谱分离 ……………………… 316

本章小结 ………………………………… 317
复习与思考 ……………………………… 318

附录 ……………………………………… 319
附录 1　常见危险化学品的贮存要求 … 319
附录 2　常见不能混合的化学品一览表 … 320
附录 3　常见危险化学品废弃物的销毁
方法 ……………………………… 322
附录 4　有机合成常用的实验仪器与装置 … 323
附录 5　化学化工文献网络资源索引 … 331

参考文献 ………………………………… 333

第一章 绪 论

有机合成是利用化学方法，将单质、简单的无机物或有机物原料，合成结构比较复杂、性能比较优越的有机物的过程。有机合成也是运用各类化学反应及其组合，应用新方法、新技术以及合成策略，获得目标产物的过程。有机合成不仅开发和生产各种有机化学产品，而且在科学研究上有着重要作用。

一、有机合成的历史与发展

有机合成的形成与发展，与人们生活、生产活动密切相关。有机合成的发展历程，也是人们认识和改造客观世界的过程。

早在19世纪中叶，钢铁工业的发展带动炼焦工业的发展，以煤焦油的提取物苯、二甲苯、苯酚、萘、蒽为原料，围绕染料、医药合成，开始了有机合成的初创期。

1828年，德国化学家沃勒（F. Wöhler）首次由氰酸铵成功合成尿素。

1845年，德国化学家柯尔贝（H. Kolbe）合成了乙酸。

1854年，法国化学家柏赛罗（M. Berthelot）合成了油脂。

1856年，霍夫曼（A. W. Hofmann）发现苯胺紫，威廉姆斯（G. Williams）发现箐染料。

1856年，英国有机化学家珀金（W. H. Perkin）合成染料苯胺紫。

1878年，德国化学家阿道夫·拜耳（Adolf Von Baeyer）合成了靛蓝。

1890年，德国化学家埃米尔·费歇尔（Emil Fischer）合成六碳糖的各种异构体以及嘌呤等杂环化合物。

1892年，威尔伦（Willean）发明石灰与焦炭生产电石的技术，随后以乙炔为原料，相继合成乙醛、乙酸、氯乙烯、丙烯腈等产品。

1903年，德国化学家维尔斯泰特（R. Wllstätter）第一次完成颠茄酮合成。1917年，英国化学家鲁滨逊（R. Robinson）模拟自然界植物体合成莨菪碱过程，第二次以全新简洁的方法合成颠茄酮。

德国化学家汉斯·费歇尔（Hans Fischer）证明氯血红素与叶绿素有密切关系并合成了氯血红素，接近完成叶绿素的人工合成，并研究过胡萝卜素及卟啉。1930年，费歇尔因对氯血红素及叶绿素的研究成果而获得诺贝尔化学奖。

1956年，M. Gates合成吗啡。

1944年，美国有机化学家伍德沃德（R. B. Woodward）完成喹啉全合成、金鸡纳碱的合成，随后，1951年合成皮质酮、1951年伍德沃德与鲁滨逊合成可的松、1954年合成马钱子碱、1956年合成麦角新碱、1956年合成利血平、1957年合成羊毛甾醇、1960年伍德沃德合成叶绿素、1971年合成黄体酮；由于在复杂分子合成及结构理论方面的突出贡献，伍德沃德获1965年诺贝尔化学奖。

维生素B_{12}含9个手性碳原子，可能的异构体有512个，近百名科学家花费15年实现了维生素B_{12}这一高难度、复杂大分子的全合成；在维生素B_{12}的合成中，伍德沃德和霍夫曼发现分子轨道对称守恒原理，从而使有机合成从艺术走向理性。

20世纪70年代，美国生物化学家科里（E. J. Corey）提出逆向合成分析法，即从合成目标分子出发，根据目标分子的结构特征，对合成反应的知识进行逻辑分析，利用经验和推理艺术设计合成路线。运用逆向合成分析法，科里等人在天然产物全合成中取得重大成就，其中包括银杏内酯、大环内酯如红霉素、前列腺素类化合物以及白三烯类化合物的合成，科里因此获得 1990 年诺贝尔化学奖。

逆向合成分析法与计算机技术结合，使有机合成设计成为一个十分活跃的领域。科里等人以逆向合成分析原理为基础，应用计算机技术开发的 LHASA 程序，通过人机对话，用户输入合成目标分子结构，计算机通过逻辑处理和储存信息检索，揭示出若干合成前体结构，反复进行这一过程，直到给出合适的原料和路线。20 世纪 90 年代，合成化学家们完成了海葵毒素（palytaxin）的合成，海葵毒素结构十分复杂，含有 129 个碳原子、64 个手性中心和 7 个骨架内双键，可能的异构体数达 2.36×10^{21} 之多。

将有机合成与探寻生命奥秘联系起来，合成具有高生物活性和有药用前景分子，成为近年合成化学家的研究任务，合成了免疫抑制剂 FK506、抗癌物质埃斯坡霉素（esperimycin）、紫杉醇（taxol）等物质，有机合成进入了化学生物学发展时期。

有机合成也面临对环境污染问题，最大限度地利用原料分子中的每一个原子，将原料转化为目标产物，资源得到有效利用，实现零排放，化学反应、原料及产品的绿色化，操作安全、简捷。因此，高效、低能耗、高选择性、零排放的绿色化学（green chemistry）、环境友好化学（ecological friendly chemistry）、洁净生产技术（clean production technology）成为有机合成的追求。光、电、激光、超声波、微波、新型催化剂、酶催化剂等新合成技术，日益受到重视。合成在生命、材料学科中具有特定功能的分子和分子聚集体，成为有机合成的研究重点与发展方向。

二、有机合成与有机化工

材料、能源、信息等构成现代社会生活的支柱。现代化学工业为以天然物质及其加工产物为原料，为国民经济各个领域生产各种化学品，为社会生产和生活提供丰富多彩的物质材料。根据化工产品类属和学科划分，化学工业分为有机化学工业和无机化学工业。有机化学工业（简称有机化工）是以有机合成为基础的工业，有机合成的发展，推动有机化工的技术进步。在长期发展过程中，有机化工逐渐形成基本有机化工、高分子化工、精细化工等工业部门。

基本有机化工是以石油、天然气、煤、生物质及其加工产物为原料，利用有机合成反应等化学加工方法，生产结构比较简单、通用的有机化工产品，如乙烯、丙烯、丁二烯、乙炔、甲醇、乙醇、丁醇、丙酮、苯酚、乙酸、苯、甲苯、二甲苯等。高分子化工是以基本有机化工产品为基本原料，如乙烯、丙烯、丁二烯、氯乙烯、苯乙烯、丙烯腈、苯酚、甲醛、丙烯酸酯类等，利用聚合反应等化学加工手段，生产合成纤维、橡胶、塑料、涂料、黏合剂及特定功能材料等高分子化工产品。精细化工是以基本有机化工产品、无机化工产品为原料，利用有机合成反应等化学加工方法，进一步合成结构比较复杂、具有特定用途的化学品，如医药、农药、染料、涂料及其中间体等，表面活性剂、塑料及橡胶助剂、纺织及印染、造纸等各种助剂。

基本有机化工、高分子化工和精细化工，均以有机合成为基本加工方法生产化工产品。从原料的加工程度而言，可分为不同的加工层次。以石油、天然气、煤等天然资源及其加工产物为原料，生产"三烯"（乙烯、丙烯、丁二烯）、"三苯"（苯、甲苯、二甲苯）、"一炔"（乙炔）及合成气等基础化工产品，为化学加工的第一层次。以第一加工层次的产品为原料，生产甲醇、乙醇、丁醇、乙二醇、苯酚、丙酮、乙酸、羧酸酯类、苯胺、丙烯腈、氯乙烯、苯乙烯、烷基芳烃等基本有机化工产品，为化学加工的第二层次。以第一、第二加工层次的产品为原料进行化学深加工，合成具有特定功能的最终产品或具有某种用途的中间体，如化学原药或中间体、农用化学品及其中间体、染料及其中间体，表面活性剂、涂料、黏合剂等，为化学加工的第三层次或称深层次加工。苯为原料化学加工的层次，如图 1-1 所示。

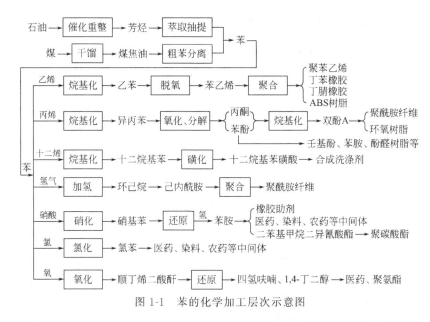

图 1-1 苯的化学加工层次示意图

化学加工程度越深，产品的精细化率越高、附加值也越高。精细化率是精细化工产值率的简称，即精细化学品总产值占化学工业产品总产值的比例：

$$精细化工产值率（精细化率）= \frac{精细化学品总产值}{化学工业产品总产值} \times 100\%$$

精细化率反映了一个国家综合技术水平和化学工业的集约化程度。有机合成是提高产品精细化率的重要化学加工技术。

三、有机合成的范畴及其职业岗位群

从物质的结构看，在有机物分子中引入、除去或转化某种取代基（官能团），或改变分子的骨架、合成新的碳环或杂环，可赋予或增强有机物的某些性能，合成具有经济价值的化合物（即产品）。例如，除草剂氟乐灵的合成：

由此可见，除草剂氟乐灵的合成是卤化、硝化、胺化等各类反应的组合。1928 年，美国化学家格罗金斯，按照有机合成反应的共性，将有机合成反应分为硝化、胺化、卤化、磺化等单元过程（unit process），反映了有机合成反应的一般规律、特点和方法。将各类有机化学反应与化工单元操作，如溶解混合、分离提纯、加热冷却、结晶过滤等科学组合，形成了有机合成单元反应的工业实施方法与技术，即有机合成单元过程。这些单元过程，包括将卤基、磺酸基、硝基等引入碳链或芳环的卤化、磺化、硝化过程；将原有取代基转化为其他取代基的羟基化、还原、重氮化、N-酰化和氨解等过程；改变化合物的骨架结构的 C-烷基

化、C-酰化、缩合、氧化等过程。不同单元过程的工业应用频率见表 1-1。

表 1-1　不同单元过程的工业应用频率　　　　　　　　单位:%

单元过程	中间体	医 药	香 料	农 药	染 料	颜 料
烷基化与酰化	6.7	31.9	9.3	24.6	4.9	
卤化	7.5	10.9	2.32	10.3	3.2	
硝化		1.6	1.03		1.8	0.8
磺化	13.3	1.6			2.1	1.2
重氮化与偶合	3.5	1.8			44.4	79.2
还原	18.6	9.0	11.3		4.3	0.8
氧化	8.8	5.3	12.6	5.36	3.0	1.2
缩合与环合	10.2	11.3	17.5	6.3	19.8	9.6
酯化		5.3	11.8	32.3	0.8	
溶剂或水解	4.9	12.3	4.38		2.8	
其他	26.5	9.0	29.77	21.14	12.9	7.2

根据有机合成过程构成与任务要求,工业生产岗位分卤化岗、磺化岗、硝化岗、烷基化岗、酯化岗、氧化岗、还原岗、氨解岗、重氮化岗、转化岗、缩合岗和环合岗等,这些岗位构成了有机合成的职业岗位群。根据我国化工职业特殊工种分类,这些岗位从业人员统称有机合成工。

有机合成单元过程以有机合成化学为基础,涉及化学工艺、化工过程与设备、操作控制与实施技术等。一般包括反应原理、试剂种类及选择、底物的结构特征、操作条件与影响因素、催化剂选择与使用、单元过程的实施及操作、产品规格与副产物的分离、能量利用与环境保护、典型过程的组织与实施等,适应和服务有机合成职业岗位群的基本要求,力求反映有机合成反应的一般工业技术与方法。

四、课程性质、任务及方法

有机合成单元过程是精细化工、有机化工等专业的一门主干专业课程。

有机合成单元过程紧密围绕有机合成岗位工作任务。课程教学任务是,使学生获得有机合成的基本知识、基本原理、基本方法和技术的应用,培养学生应用有机合成的理论知识,提高分析和解决实际问题的能力,较快胜任有机合成岗位工作,实施常规工艺和常规管理,为参与生产管理和产品研发奠定基础。

本课程以有机合成中常见的磺化、硝化、卤化、烷基化、酰基化、氨解及胺基化、重氮化及重氮盐转化、氧化、还原、缩合等为基本教学内容,以上述单元反应的一般规律和特点、反应技术和实施方法为重点,以工业合成典型实例为教学案例,学习讨论有机合成单元过程的基本原理、工艺控制因素和实施方法。

教学可分为基础单元、基本单元、拓展单元。

基础单元即有机合成的共性知识,包括有机合成化学物质、有机合成理论基础、有机合成工艺基础。通过本单元的教学,使学生能够正确认识化学物质的聚集状态、结构特征、功能、来源和用途、危险特性与安全使用等;能正确认识有机化合物的结构特征及其性能、反应试剂类别和性能;能够正确辨识有机化学反应类型及其特点;正确认识溶剂的作用、类别及选用原则;能正确认识催化剂作用及其特征;掌握化学计量、转化率、收率、选择性、合成效率、催化剂、化学反应器等知识。通过本单元的学习,为进一步学习奠定基础。

基本单元,包括硝化、磺化、卤化、氧化、还原、酰基化、烷基化、重氮化及重氮盐转化、缩合等。本单元主要是应用反应的基本原理,侧重反应的实施,使学生认清反应物的基本结构与官能团的性质、反应试剂的选择与使用,反应物浓度与配比、温度等因素的影响,反应器以及工艺流程。通过典型实例，认识和掌握单元过程的反应特点、实施方法、注意事项。

拓展单元，包括有机合成实验装备与技术、有机合成现代技术介绍以及有机合成路线设计介绍。通过本单元的教学，使学生了解有机合成实验室装备及实验技术、有机合成现代技术及应用、逆向有机合成分析的基本原理，了解有机合成路线设计的基础知识。

教学建议，本课程基于有机合成岗位工作，注重理论联系实际，结合专业实验和实训、顶岗实习，以绿色化工、清洁生产、环境保护等观点，运用单元反应过程的一般规律、特点和技术，分析和解决有机合成的实际问题。

教学中，注意与化学基础、物理化学、化工单元操作等先行课内容的衔接与应用，引导学生应用已有知识、理论和方法，结合有机合成工业实例，阐明有机合成单元过程的基本知识、基本理论及技术应用，注重单元反应的实施和应用。

教学中，注意单元反应与单元过程的区别，侧重反应物化学结构、官能团的性质、反应物浓度及配比等，对合成反应的影响。

教学中，注意采用启发式教学、类比法教学，比较类型相同或相近的单元反应，便于学习者理解和掌握。

结合教学实际，积极开发有机合成实验，结合产品开发实验和生产实际，以提高学生合成实验操作技能，培养学生分析和解决问题的能力以及创新能力。

积极采用多媒体教学手段，增强学生学习兴趣，提高教学效果。

本课程教学，通常安排在高职二年级第一学期进行。教学时数，短学时一般为 90 左右；长学时一般为 120 左右。

基础单元为 20 学时左右，该单元为学习有机合成单元过程的衔接或过渡，可根据教学对象及其先修和平行开设课程情况，教学中有所删减，或提炼引申；也可为学生自学内容。

基本单元为 80 学时左右，该单元为基本教学内容。包括卤化、磺化、硝化等官能团的引入；氧化、还原、胺基化、重氮化及重氮盐转化等官能团的转化；C-酰化、C-烷化、缩合等分子骨架的改变等内容。

拓展单元为 20 学时左右，该单元为学习有机合成单元过程的拓展，可根据教学时数安排选讲，或作为讲座展开，或作为自学内容，见表 1-2。

表 1-2 有机合成单元过程的教学安排建议

教学单元	教学内容	建议学时	说　明
基础单元	有机合成的化学物质 有机合成理论基础 有机合成工艺基础	4 6 10	根据教学对象的情况，如在校学生基础与先修课程、企业培训职工基础与要求等
基本单元	绪论 硝化及亚硝化 磺化 卤化 酰化 烷基化 氧化 还原 重氮化及重氮盐转化 缩合	2 10 8 12 10 10 10 8 6 14	基本教学要求。对于订单培养或企业培训的特殊要求，可选择需要的单元过程，或在此基础上展开或深入
拓展单元	有机合成实验装备与技术 有机合成现代技术介绍 有机合成路线设计介绍	6 8 6	根据教学、企业培训需要选择，也可作为学生自学内容，或课外讲座内容
合计		120	

本章小结

一、有机合成的历史与发展

二、有机合成与有机化工

1. 有机合成的含义和意义

2. 有机合成与基本有机化工、精细化工

3. 有机化工的三个加工层次

4. 精细化工产值率（精细化率）$= \dfrac{精细化学品总产值}{化学工业产品总产值} \times 100\%$

三、有机合成的范畴及其职业岗位群

1. 有机合成单元过程的概念

2. 有机合成单元过程的内容与范畴

3. 有机合成的岗位群及工种

四、课程性质、任务及方法

复习与思考

1. 有机合成的任务、目的及内容是什么？

2. 有机化工有几个加工层次？

3. 有机合成常见的单元反应有哪些？

4. 有机合成岗位群的岗位构成有哪些？

5. 有机合成单元过程课程主要内容是什么？重点掌握哪些内容？

6. 烷基化和酰基化在化工哪些行业应用频率最高？

7. 学习本课程，你应做好哪些准备？

第二章　有机合成的化学物质

>>> 学习指南

　　本章内容主要是有关有机合成化学物质的基础知识，通过本章的学习，掌握化学物质的聚集状态、结构特征，在有机合成中的功能、来源和用途，危险特性与安全使用等知识，为进一步学习奠定基础。

第一节　有机合成的化学物质

　　有机合成涉及的化学物质，在不同领域称谓不同。在化工生产领域，化学物质是指原辅料、中间体、半成品和成品，或化工物料、化工原料、化工产品；在购销、贮存、运输的流通领域，化学物质统称为危险化学品、危险货物、化学品；在应用领域，化学物质指化学原药、合成农药、合成染料和颜料、黏合剂、涂料、合成香料、合成表面活性剂、日用化学品、通用化学品等；在有机合成领域，化学物质指合成底物、反应试剂、催化剂、溶剂及其他助剂等；在化学领域，则称为有机化合物（简称有机物）、碳氢化合物及其衍生物等。

一、化学物质的聚集状态

　　在生产生活中接触的化学物质，不是单个原子或分子，而是其聚集体——气态、液态或是固态物质。在一定温度、压力条件下，气体、液体和固体三种状态可以互相转化。例如，在一定压力下，气体冷却可凝结成液体；液体受热蒸发为气体，而其冷却则可凝固；固体受热熔融为液体，甚至升华为气体。

　　就粒子（分子）相互作用的强弱而言，构成固体的作用力最强、液体次之、气体较弱，故固体内部粒子仅在平衡位置上振动，液体内部粒子可以任意移动，气体内部粒子可以自由移动。

　　1. 气体

　　气体是由不停顿地、无规则运动的分子组成，气体分子所占的体积与气体所占体积相比可以忽略；气体分子间的作用力很弱，分子可视为独立运动；气体分子彼此碰撞是完全弹性的，只有与容器壁的碰撞，才产生压力；气体分子的平均平动能与气体的绝对温度成正比。故气体无一定体积和形状，其特征是扩散性和压缩性。

　　气体体积与其压力、温度和物质的量有关。理想气体状态方程是描述压力不太高、温度不太低情况下，气体体积、压力、温度的关系式：

$$pV = nRT \qquad (2-1)$$

式中　p——压力，Pa；

　　　V——体积，m^3；

　　　R——摩尔气体常数，8.314J/(mol·K)；

　　　T——热力学温度，K；

　　　n——物质的量，mol。

　　物质的量 n 与其质量 m、摩尔质量 M 的关系是：

$$n = m/M \qquad (2-2)$$

由密度定义

$$\rho = m/V \tag{2-3}$$

故式（2-1）可变换为：

$$\rho = pM/RT \tag{2-4}$$

生产中遇到的气体多是混合气体，对于理想混合气体有道尔顿（J. Dalton）分压定律：

$$p = p_1 + p_2 + \cdots + p_c = \sum p_i \tag{2-5}$$

$$p_i = n_i RT/V \ (i=1, 2, \cdots, c) \tag{2-6}$$

$$p_i/p = n_i/n = x_i \tag{2-7}$$

$$p = p x_i \tag{2-8}$$

理想气体与实际气体存在偏差，理想气体状态方程的修正，常引入压缩因子 Z：

$$Z = pV/nRT \tag{2-9}$$

理想气体 $Z=1$，非理想气体 $Z \neq 1$。

2. 液体

在有机合成的生产或实验过程中，液体是最常见的聚集体。液体具有流动性，其形状取容器的形状。液体分子间作用的强弱，介于气体和液体之间。在敞口容器中，液体表层分子克服液体分子间引力逸出液体表面，成为蒸气分子消散在大气环境中，此过程即蒸发。蒸发可一直进行到液体全部消失为止。在密闭容器中，液体以一定速率蒸发为蒸气分子，同时又以一定速率凝结为液体。凝结是蒸气分子撞击液体，重新进入液体中的过程。当液体蒸发速率与蒸气凝结速率相等达到平衡状态时，密闭容器中液体与蒸气共存，与液体相平衡的蒸气称饱和蒸气，其压力称饱和蒸气压，简称蒸气压。

蒸气压是液体的特征之一，表征一定温度下液体蒸发的难易程度。蒸气压随温度升高而增大，当其蒸气压与外界压力相等时，液体沸腾，此温度为液体的沸点。在一定温度下，不同的物质具有不同的蒸气压；外界压力一定，不同的物质具有不同的沸点，沸点随外界压力而变化。蒸气压（沸点）反映了液体分子间作用力大小，蒸气压愈高（沸点愈低），液体分子间作用力愈弱，愈易蒸发。

一种物质以分子或离子状态均匀地分散在另一种物质中的分散体系，称为溶液。其中量较少的物质为溶质，量较多的物质为溶剂。一定体积的溶液中溶质的量用浓度表示。

（1）质量分数　溶质的质量占全部溶液质量的分数。

（2）物质的量分数　又称摩尔分数，是指某一溶质的物质的量与全部溶质和溶剂的物质的量之比。

（3）物质的量浓度　单位体积（通常为升）溶液内所含溶质物质的量，常以符号 c 表示，其单位是 mol/L。

（4）质量摩尔浓度　溶液浓度用 1000g 溶剂中所含溶质的物质的量，常以符号 b 表示。

在一定温度、压力下，不同的物质在一定溶剂中溶解的量不同，即溶解度不同。溶解度是指一定的压力、温度下，物质在一定量（如 100g）的溶剂中溶解的最大量。

3. 固体

固体具有一定的体积和形状，可分为晶体和非晶体两类。晶体具有整齐规则的几何外形和各向异性，有固定的熔点。非晶体又称无定形物质，无整齐规则的几何外形和各向同性，无固定的熔点。晶体分离子晶体、原子晶体、分子晶体和金属晶体。其中，分子晶体大多数是以共价键结合的非金属单质和化合物，例如固体 CO_2、HCl、NH_3、甲烷、蒽等。分子晶体晶格节点上的分子通过分子间力及氢键相结合。分子晶体熔点和硬度较低，不易导电。

固体熔化是固体转变为液体的相变过程，其逆过程为凝固。在一定压力（101kPa）下固液两相达到平衡的温度，即为固体的熔点或液体的凝固点。由固体直接转变为气体的相变过程称为升华，其逆过程为凝华。通常，固体的蒸气压相当小，故部分固体的升华不易进行，干冰（固体 CO_2）、萘、I_2 等的蒸气压较大，在常温常压下即能升华。

二、化学物质的来源

有机合成所用的化学物质，主要来自石油、煤、天然气、生物质等天然资源及其加工产物。

1. 石油及其加工产物

石油是棕黑色或黄褐色的黏稠状液体，有特殊气味，相对密度为 $0.75 \sim 1.0$，其密度与组成有关。石油中的化合物分烃类、非烃类、胶质和沥青类。烃类占石油的绝大部分，包括链式饱和烃、环烷烃、芳香烃，约几万种碳氢化合物。非烃类是含硫、氮及氧杂原子的有机化合物，其中，有机硫化物如硫醇、硫醚、二硫化物、噻吩等化合物；有机氮化物多为不饱和氮杂环结构的化合物，如吡啶、喹啉、氮杂蒽、吡咯、咔唑等。含氧化合物如环烷酸、酚类、脂肪酸等，总称石油酸。

石油的利用需要经过一、二次加工过程，在获得汽油、航空煤油、柴油和液化气的同时，还会获得多种化工原料。原油的常、减压蒸馏为一次加工，一次加工只能分离获得几个馏分，利用率较低，需要进行二次加工。二次加工过程主要有催化重整、催化裂化、催化加氢裂化、烃热裂解、烷基化、异构化、焦化等。石油生产燃料和化工原料的主要途径如图 2-1 所示。

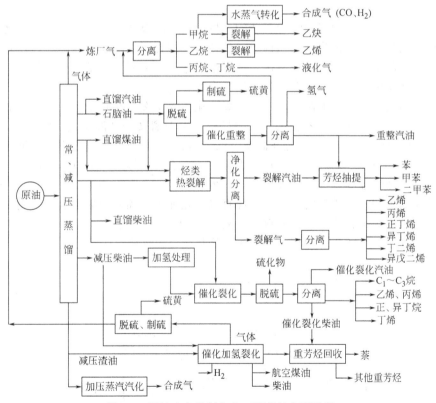

图 2-1 石油生产燃料和化工原料的主要途径

2. 天然气及其加工产物

天然气热值高、污染小，是一种清洁能源。甲烷是天然气的主要成分，其含量大于 90% 的天然气称干气，$C_2 \sim C_4$ 烷烃含量在 15% ~ 20% 或以上的天然气称湿气。天然气的加工及其产品如图 2-2 所示。

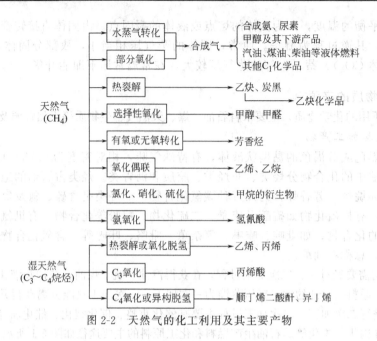

图 2-2 天然气的化工利用及其主要产物

3. 煤及加工产物

煤是碳、氢元素组成的多种结构复杂的有机化合物，以及少量硅、铝、铁、钙、镁的无机化合物组成的物质。有机化合物结构单元的核心是缩合程度不同的芳香环，还有饱和环及杂环化合物，环间由氧桥或甲基桥连接，环上带有烷基、羟基、羧基、甲氨基，或含硫、氨基的侧链等。从煤中可以提炼出多种芳香族化合物。

煤的加工路线主要有煤干馏、煤气化、煤液化。煤干馏是在隔绝空气条件下加热煤，使之分解生成焦炭、煤焦油、粗苯和焦炉气的过程。煤干馏又分高温干馏（900～1000℃）和低温干馏（500～600℃）。煤气化是在高温（900～1300℃）条件、气化剂（水蒸气、空气或氧气）的作用下，使煤、焦炭或半焦转化为氢气、一氧化碳等气体的过程。煤液化是用化学方法将煤转化为液态烃的过程，在高压（10～20MPa）、高温（420～480℃）下通过催化加氢，使煤转化为各种液态燃料的过程，为煤直接液化加工；预先合成含氢、一氧化碳的合成气，再在催化剂作用下转化为烃类燃料、含氧化合物（低碳混合醇、二甲醚）燃料的过程，为煤间接液化加工。煤的化工利用及其加工产物如图 2-3 所示。

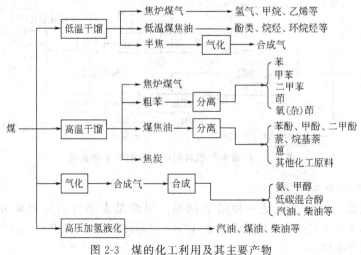

图 2-3 煤的化工利用及其主要产物

4. 动植物及其加工产物

农、林、牧、副、渔业的产品及其废弃物均为生物质资源，通过化学或生物化学方法，可加工成化工原料和产品。主要加工产物有葡萄糖、山梨醇、乳酸、柠檬酸、乙醇、丙二醇、丁醇、丙酮、糠醛、高级脂肪酸（如月桂酸、硬脂酸、油酸、亚油酸、肉豆蔻酸）等。动植物的加工方法主要有水解（包括化学水解、酶水解、微生物水解）、皂化、催化加氢、气化、裂解、萃取等。

5. 化学矿及加工产物

除煤、石油、天然气外的矿产资源，主要用于生产无机化合物、冶炼金属等。

盐矿如岩盐、海盐和湖盐等，用于生产纯碱、烧碱、氯气、盐酸和氯乙烯等化工原料和产品；硫黄与硫铁矿（FeS_2）用于生产硫酸和硫黄等；磷矿如氟磷灰石 $[Ca_5F(PO_4)_3]$、氯磷灰石 $[Ca_5Cl(PO_4)_3]$ 等，用以生产磷酸、磷酸盐等化工原料；钾盐矿，例如钾石盐（$KCl+NaCl$）、光卤石（$KCl \cdot MgCl_2 \cdot 6H_2O$）、钾盐镁矾（$KCl \cdot MgSO_4 \cdot 3H_2O$）等；铝土矿是水硬铝石（$\alpha\text{-}Al_2O_3 \cdot H_2O$）和三水铝石（$Al_2O_3 \cdot 3H_2O$）的混合物；硼矿，如硼矿沙（$Na_2O \cdot B_2O_3 \cdot 10H_2O$）、硼镁石（$2MgO \cdot B_2O_3 \cdot H_2O$）等；锰矿，如锰矿（$\beta$- 或 $\gamma\text{-}MnO_2$）、菱锰矿（$MnCO_3$）等；钛矿，金红石（TiO_2）钛铁矿（$FeTiO_3$）等；锌矿，闪锌矿（ZnS）、菱锌矿（$ZnCO_3$）等；钡矿，重晶石（$BaSO_4$）、毒晶石（$BaCO_3$）等；天然沸石（$NaO \cdot Al_2O_3 \cdot nSiO_2$），斜发沸石、丝光沸石、毛沸石等；硅藻土（含 $83\%\sim89\%$ 的 $SiO_2 \cdot nH_2O$），膨润土（$MgO \cdot CaO \cdot Al_2O_3 \cdot 5SiO_2 \cdot nH_2O$），均可用于吸附剂、催化剂载体等。

化学矿根据使用要求和原料情况，进行加工处理。例如，通过分级、粉碎、团固和烧结、精选、脱水和除尘等，除去杂质，加工成一定形状。硫铁矿加工生产硫酸的工艺过程如图 2-4 所示。

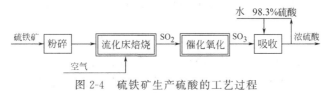

图 2-4　硫铁矿生产硫酸的工艺过程

6. 空气与水

空气中，氮气占 78.16%，氧气占 20.90%，氩气占 0.93%，其余 0.01% 为氦、氖、氪等。工业上采用深度冷冻法分离空气，生产纯氧、纯氮。空气和纯氧是有机合成的氧化剂。

水在有机合成中应用得更为普遍，可作为有机合成的水解剂；水还可作为溶剂，溶解固体、液体物质，吸收气体；生产中，还广泛使用水及水蒸气作为加热剂和冷却剂。

一些化学物质遇水分解，产生可燃性或有毒气体，在空气中，气态化学物质易燃、易爆，生产中应防止化学物质从容器、管道等设备中泄漏喷冒，以免产生危险或事故。

三、化学物质的应用

在化学物质的应用领域，根据其应用特点，分为通用化学品、高分子化学品、精细化学品、专用化学品等。

（1）通用化学品　以石油、天然气、煤和生物质等天然物质为原料，通过化学反应合成结构比较简单的有机化合物。这类产品规格统一、用途广泛，是生产批量大的化学物质，例如，"三烯"（乙烯、丙烯、丁二烯）、"三苯"（苯、甲苯、二甲苯）、"一炔"（即乙炔）、"一萘"（即萘）、甲醇、乙醇、丁醇、乙二醇、丙酮、苯酚、乙醛、乙酸、苯胺、丙烯腈、氯乙烯、苯乙烯等。

（2）高分子化学品　以高分子化合物为基础的复合或共混产品。高分子化合物是以乙烯、苯乙烯、氯乙烯等通用化学品为原料，通过聚合反应获得的化学品，其分子量达 $10^4 \sim 10^6$。高分子化学品按其功能分为通用高分子化学品、特种高分子化学品。

通用高分子化学品的产量大、用途广，如聚乙烯、聚丙烯、聚氯乙烯、聚苯乙烯；涤纶、腈纶、锦纶；丁苯橡胶、顺丁橡胶、异戊橡胶等。

特种高分子化学品是具有特定功能和用途的高分子化学品。例如，能耐高温和可在苛刻环境下作为结构材料使用的工程塑料，聚碳酸酯、聚甲醛、聚芳醚、聚砜、聚芳酰胺、有机硅、氟树脂等；具有光电、压电、热电磁性等物理性能的功能高分子；高分子分离膜、高分子催化剂、高分子试剂、医用高分子、医药高分子等。

（3）精细化学品　以通用化学品为原料，通过多种化学反应等加工手段，合成结构比较复杂、具有特定用途的化学品或具有某种用途的中间体。这类化学品专用性强、品种多、产量较小、技术含量高、产品附加值高，广泛涉及医药、农药、染料、涂料、表面活性剂，纺织、印染、造纸添加剂，塑料、橡胶助剂，石油助剂等领域。

（4）专用化学品　具有特定功能的化学品，如化学原药、农用化学品、染料、涂料、黏合剂等。

四、有机物的结构特征与分类

1. 有机物的结构特征

有机化合物均含碳原子，称碳化合物，除碳元素，还有氢、氧、氮、硫和卤素等元素。若分子中只含碳、氢元素，则为碳氢化合物，简称烃。烃类分烷烃、烯烃、炔烃和芳香烃，烃类是最基本的有机化合物。

碳原子自身以共价键相互结合，形成长短不一的碳链骨架；或以共价键相互结合，形成大小不等的碳环骨架，环状骨架又分为脂环族化合物、芳香族化合物以及含有氧、氮、硫原子的杂环化合物。

有机物分子中的碳原子数目，可以是一个，也可以是几十个甚至成千上万个。由于碳原子连接方式的多样性，即使相同碳数的分子，也会组成结构不同、性质各异的化合物。例如，正丁烷和异丁烷的分子式是 C_4H_{10}；乙醇和乙醚的元素组成相同，分子式均以 C_2H_6O 表示，但其结构和性质完全不同，此现象称为同分异构。

烃分子中的氢原子被其他原子或原子团取代的化合物称为烃的衍生物，分子中比较活泼、易发生反应的原子或原子团，称为官能团，例如，碳碳双键、碳碳叁键，羟基、卤原子、羰基、氨基、羧基等。

2. 有机物的类属

（1）烯烃和炔烃　均是不饱和烃。烯烃如乙烯、丙烯、丁二烯等，在烯烃的碳碳双键（C＝C）中存在 σ 键和 π 键。炔烃如乙炔，具有碳碳叁键（C≡C），碳碳叁键中有两个 π 键、一个 σ 键。烯烃和炔烃分子中的 π 键容易断裂，发生加成反应。

（2）卤代烃　烃类化合物中的氢原子被卤素取代（C—X，X 为 F、Cl、Br、I），生成物为卤代烃。卤代烃分子中的卤原子很活泼，容易被其他原子或原子团所取代，在有机合成中常用于进行基团转换。

（3）醇、酚、醚　醇和酚的官能团是羟基（—OH），羟基与烷基（R）相连为醇（R—OH）；羟基与芳烃相连为酚（Ar—OH），如果醇或酚羟基上的氢原子被另一个烷基或芳基所替代，则为醚（—C—O—C—）。例如，甲醇、乙醇、苯酚、甲基苯酚、甲醚、乙醚、苯甲醚、二苯醚等。

（4）醛和酮　均具有羰基（C＝O），羰基碳上连有氢原子的称为醛，若羰基仅与碳原子相连则称为酮。例如，甲醛、乙醛、丙酮、二苯甲酮等。

醛与酮结构相似，性质相似。羰基的极性使其分子间引力大于烃和醚，故醛或酮的沸点比分子量相等的烃和醚高；由于醛或酮分子间不能形成氢键，其沸点比相应的醇低；醛或酮与水可形成氢键，在水中有一定的溶解度。随着醛、酮分子量增大，在水中的溶解度会逐渐降低。

（5）羧酸及其衍生物 羧酸的官能团是羧基（—COOH），例如甲酸、乙酸、苯甲酸等，简称有机酸。如羧基中的羟基被烷氧基（RO—）取代产物称酯；若与羧基相邻的碳原子上的氢原子被卤原子取代，则为卤代羧酸，若被氨基取代则为氨基羧酸。

（6）胺类 胺可视为氨（NH_3）的衍生物。氨分子中的氢原子被一个烷基所取代（RNH_2）称伯胺，被两个烷基取代称仲胺（R_2NH），被三个烷基所取代称叔胺（R_3N）。例如，乙胺、二甲胺、三甲胺、苯胺等。除叔胺外，伯胺、仲胺等具有 N—H 键，分子间可以形成氢键，胺均能与水形成氢键。因此，低级胺可溶于水，沸点高于分子量相当的非极性化合物，胺的沸点低于相应的醇，缘于 N—H 键极性小于 O—H 键。

（7）杂环化合物 除碳原子外，还含有氧、氮或硫等杂原子的环状化合物。杂环化合物按环的大小，分为五元环和六元环两大类，每一类又按杂原子种类和数目分类；按分子中环的多少，分单杂环和稠杂环。五元杂环化合物，如呋喃、吡咯、噻唑、咪唑和吡唑等；六元杂环化合物，如吡喃、吡啶、哒嗪、嘧啶、吡嗪等；稠杂环化合物，如喹啉、吲哚、嘌呤、咔唑、苯并呋喃等。

五、化学物质在有机合成中的功能

根据化学物质在合成中的作用，分为合成底物、反应试剂、溶剂、催化剂、辅助剂、中间体、半成品与成品。

（1）底物 指提供碳链骨架或基本结构的化学物质。底物与试剂通过反应生成新的物质，例如，在氯苯硝化中，氯苯为底物，硝酸为硝化反应试剂，硝化产物是 2,4-二硝基氯苯。

$$\begin{array}{ccccc} \text{底物} & \text{试剂} & \text{产物} & & \text{离去基团} \end{array}$$

$$(2\text{-}10)$$

底物是引入、消除或转换官能团的母体，一般为多官能团化合物。由于底物化学结构比较复杂，应充分考虑试剂、溶剂、温度等因素对其的影响。

（2）试剂 相对于底物而言，结构比较简单的化学物质。试剂可以是有机化合物，如卤代烷、烯烃、醇、酚、醚、醛、酮、胺、羧酸及其衍生物等；也可以是无机化合物，如卤素或卤化氢、硫酸及其盐、硝酸及其盐、碳酸及其盐、氢氧化钠、硫化钠等。按试剂在反应中的作用，分为氧化剂、还原剂、磺化剂、硝化剂、酰化剂、烷基化剂等。

（3）产物 底物与试剂反应合成的新物质。由于有机反应的复杂性，产物常常不是唯一的。反应期望的产物称为主产物，生成主产物的反应为主反应，非期望反应为副反应，非期望产物为副产物。根据加工步骤和要求，产物分中间体、半成品与成品。中间体、半成品都是相对于产品（成品）而言的。例如，第一章中氟乐灵的合成，最终产物是氟乐灵，相对氟乐灵的产物称中间体。最终产物经物理加工，达到一定规格或剂型要求称为成品。

（4）溶剂 能溶解底物、试剂，使反应体系保持均相的化学物质。一个合适的溶剂，不仅能溶解反应物，利于流体流动、传质和传热，便于操作控制；而且还能与反应物作用，影响反应历程、反应方向和立体化学，改变反应速率，抑制副反应。

水是环境友好的绿色溶剂，此外，甲醇、乙醇等醇类，乙酸等羧酸类，醚类（乙醚、甲乙醚、四氢呋喃、二噁烷等），酮类（丙酮、环己酮等），芳烃类（苯、甲苯、氯苯、硝基苯等），卤代烃类（氯仿、二氯乙烷、四氯化碳等），烃类（如正己烷、环己烷、汽油、石油醚等），酯类（乙酸乙酯、乙酸丁酯等），杂环类（如吡啶等）等化学物质均为有机溶剂。

（5）催化剂　具有特定选择性，能改变反应速率，而不改变化学平衡，反应前后性质和数量不发生变化的化学物质。利用催化剂，不仅可以合成不同的产品，而且可使反应向需要的方向进行，抑制副反应。

催化剂按其用途分，可分为氧化用催化剂、脱氢用催化剂、加氢用催化剂、裂化用催化剂、聚合用催化剂、烷基化用催化剂、酰基化用催化剂、卤化用催化剂、羰基化用催化剂、水合用催化剂等；按使用条件下的物态分，可分为金属催化剂、氧化物催化剂、硫化物催化剂、酸催化剂和碱催化剂、配位化合物催化剂、生物催化剂等；按其应用领域分，可分为有机合成催化剂、无机化工催化剂、石油化工催化剂、石油炼制催化剂、环境保护催化剂等。

（6）辅助剂　除溶剂、催化剂等物质外，在有机合成反应、贮运等过程中，还常常使用具有阻聚、氧化、还原、调节 pH 值、脱水等功能的化学物质。这些物质统称为辅助剂。

六、有机化合物的特性

与食盐、氢氧化钠、碳酸钠、硫化铁等无机物相比，有机物分子构成主要是碳、氢、氧或氮等原子，各原子以共价键相结合，分子间作用力较弱。因此，有机物具有易燃烧、低熔点、易挥发、水溶性差、油溶性好、反应速率慢、副反应多等特性。

（1）易燃烧　有机物是碳与氢的化合物，对热不稳定，受热易分解炭化，当达到着火点时会持续燃烧，例如汽油、煤油、柴油、甲醇、酒精、苯等。

（2）熔点、沸点低　无论是固态或液态有机物，其分子间主要由微弱的分子间力维系，故其熔点和沸点较低。例如，乙酸的熔点为 16.6℃，沸点为 118℃；氯化钠的熔点为800℃，沸点为 1440℃。

（3）难溶于水　由于有机物极性较弱，甚至没有极性，因此，除个别极性较强的低级醇、羧酸等外，一般不溶于极性较强的水。但对非极性物质溶解性较好，是良好的溶剂

（4）反应速率慢、副反应多　由于共价键比离子键离解困难，有机物的反应常发生在分子之间，故有机物的反应速率比较慢；有机物分子的复杂性，导致反应的多样性，主、副反应并存，反应条件相同，产物不同。

第二节　化学物质的危险性

化学物质具有燃烧、爆炸、毒害、腐蚀、强氧化性等危险性质，如操作不当或设备故障导致外泄，或空气（氧气）进入系统，容易发生燃烧爆炸事故，或中毒窒息事故，造成人员伤亡和财产损失。因此，化学物质的危险性不容忽视。

一、燃烧性

燃烧是伴有发光、放热的氧化反应过程。燃烧的基本要素是可燃性物质、助燃物质、点火源，三者同时具备。可燃性物质包括气态、液态或固态可燃性化学物质，助燃物质如空气、氧气、氢气、氯气等，点火源即导致燃烧的能源，如明火、摩擦、撞击、高温物体、绝热压缩、电火花、静电、光和射线等。此外，燃烧得以持续和蔓延，还需可燃物质与助燃物质达到一定浓度和数量，点火源必须具备一定强度。

多数物质的燃烧是在气相中进行的，即可燃物质受热分解产生气体或液体蒸气与空气混合后进行燃烧。因此，可燃物聚集状态不同，燃烧过程也不同。可燃性气体最易燃烧；可燃性液体需先经过蒸发、分解为气态；固体则需经过熔融、蒸发、分解等阶段。衡量化学物质

的燃烧性即火灾危险性，主要有闪点、自燃点、着火点等参数。

有机化合物多为挥发性易燃或可燃液体，当明火或炽热物体接近易燃或可燃液体，液体表面挥发蒸气与空气的混合物发生瞬间火苗或闪光，由于燃烧消耗，液体挥发蒸气来不及补充而熄灭，故称为闪燃。引起闪燃的最低温度称为闪点。易燃或可燃液体饱和蒸气压越高，其闪点越低，火灾的危险性越大。《化学品分类和危险性公示　通则》（GB 13690—2009）将易燃液体分为：低闪点液体（$t < -18℃$），中闪点液体（$-18℃ < t ≤ 23℃$），高闪点液体（$23℃ < t ≤ 61℃$）。

由于可燃性物质内部物理（吸附、辐射等）、化学（如分解、化合等）、生物（细菌作用）过程所产生的热能聚集使其温度升高，在无外界火源直接作用下，自行燃烧着火的现象称为自燃，引起物质自燃的最低温度称为自燃点。

可燃性物质自燃点越低，燃烧性越强，其火灾危险性也越大。一般而言，液体密度越小，闪点越低，自燃点越高；液体密度越大，闪点越高，自燃点越低。

可燃物质与点火源（明火）接触被加热至引燃温度产生火焰，移去点火源后，局部燃烧产生的热能加热燃烧的临近部分，使燃烧继续的现象称为点燃或强制燃烧。物质的燃点或着火点，指空气充足条件下，可燃物质的蒸气与空气的混合物与火焰接触，使燃烧持续5s以上的最低温度。

一般，闪点较低的可燃液体，其燃点仅比闪点高1～5℃；闪点较高的液体，其燃点比闪点高5～30℃；闪点在100℃以上的液体，其燃点高于闪点30℃以上。可燃液体闪点越低，燃点与闪点之差越小，其燃烧性越强、火灾危险性越大。

二、爆炸性

爆炸是一种极为迅速的物理或化学的能量释放过程，物质内部势能转变为机械功及光和热的辐射，爆炸瞬间形成的高温、高压气体（或蒸气）骤然膨胀，致使爆炸点周围介质压力突变，从而产生破坏性作用。

根据爆炸形成原因，分为物理爆炸和化学爆炸。按爆炸时发生的化学变化，化学爆炸分为简单分解爆炸、复分解爆炸、气体混合物爆炸。可燃性气体、蒸气或粉尘与空气或氧气形成混合物发生的爆炸，属于气体混合物爆炸。气体混合物爆炸的条件：一是可燃性气体、蒸气或粉尘与空气或氧气的混合物具有一定的浓度范围（即爆炸极限）；二是具有一定的激发能量（最小点火能量）。最小点火能量指能够引起一定浓度可燃物燃烧或爆炸所需的最小能量。

爆炸极限指可燃性气体、蒸气或粉尘与空气（或氧）的混合物，遇点火源能发生爆炸的浓度范围，其最低浓度称爆炸下限，最高浓度称爆炸上限。爆炸极限是衡量化学物质爆炸性的重要参数，表2-1列出部分有机物的爆炸极限数值。

表 2-1　一些常见化学物质的爆炸极限

化学物质名称	爆炸极限(体积分数)/%		化学物质名称	爆炸极限(体积分数)/%	
	下限	上限		下限	上限
乙炔	1.5	82.0	乙酸	4.0	17.0
乙烯	2.7	34.0	乙酸乙酯	2.1	11.5
氢	15.0	28.0	苯	1.2	8.0
甲醇	5.5	36.0	甲苯	1.2	7.0
乙醇	3.5	19.0	邻二甲苯	1.0	7.6
丁醇	1.4	10.0	汽油	1.4	7.6
甲醛	7.0	73.0	煤油	0.7	5.0
丙酮	2.5	13.0	硫化氢	4.3	45.0

影响爆炸极限的因素，主要是初始温度、初始压力、含氧量、惰性气体含量、点火能量、容器材质与大小等。初始温度越高，爆炸范围增大，或在爆炸范围内的危险性增大。一般，压力增加，爆炸上限增加，爆炸范围增大；压力降低，爆炸范围缩小。可燃性气体混合物中的氧含量增加，对爆炸下限影响不大，但可使爆炸上限影响显著增加。可燃性气体混合物中的惰性气体含量增加，可缩小起爆炸范围。

根据化学物质的燃烧爆炸特性进行控制，控制可燃物的外溢泄漏，避免形成爆炸混合物，严格控制点火源等，是防火防爆的基本措施。

三、腐蚀性

腐蚀性指某化学物质对人体、设备、建筑物、车辆和船舶等金属结构，产生化学反应，使之遭到腐蚀破坏的性质，这类化学物质又称为腐蚀品。腐蚀品具有强烈的腐蚀性、氧化性和稀释放热性，可灼伤人体组织并对金属等物品造成损坏。《常用危险化学品分类及标志》(GB 13690—1992)规定腐蚀品：与皮肤接触 4h，可见坏死现象；或在 55℃对 20 号钢材的表面均匀腐蚀率超过 6.25mm/年的固体或液体化学品。腐蚀品按其化学性质分为酸性腐蚀品、碱性腐蚀品和其他腐蚀品。

四、毒害性

化学物质的毒害性，指化学物质进入人的肌体，累积至一定的量能与体液和组织发生生物化学或生理物理作用，扰乱或破坏肌体的正常生理功能，引起暂时或永久性病理变化，甚至危及生命。《化学品分类和危险性公示　通则》(GB 13690—2009)规定有毒品的如下。

经口：$LD_{50} \leqslant 500mg/kg$（固体），$LD_{50} \leqslant 2000mg/kg$（液体）

经皮肤（24h 接触）：$LD_{50} \leqslant 1000mg/kg$

吸入：$LC_{50} \leqslant 10mg/L$（粉尘、烟雾）

有毒品的溶解性，包括水溶性或脂溶性，水溶性越大，毒害性越大；脂溶性有毒品，对人体也会产生一定的危害。空气中有毒品的浓度越高，越容易吸入中毒。有机有毒物挥发性强，易导致蒸气吸入中毒，挥发性越强，中毒的危险性就越大。

五、放射性

放射物质是指放射性比活度大于 $7.4 \times 10^4 Bq/kg$ 的物质，所谓放射性比活度（1Bq/kg）是指 1s 内 1kg 的放射性物质发生一次核衰变。

1975 年国际计量大会对放射性活度单位作了新的命名，称"贝可勒尔"(Becquerel)，意思为每秒发生一次衰变，简记为 Bq。我国国家标准规定，放射性活度法定计量单位为 Bq，放射性强度单位是放射性的比活度，即某种核素的放射性活度与所在该物质的质量之比：

$$c = a/m \tag{2-11}$$

式中　c——放射性比活度，Bq/kg（贝可/千克）；

　　　a——核素的放射性活度，Bq；

　　　m——含核素物质的质量，kg。

按照放射性大小，分为一级放射性、二级放射性和三级放射性物品。放射物质如镭-226、镭-228、钍-230、钠-22、钴-60、锶-80、碘-131、铅-210，放射物质能自发、不间断释放出人们感官不能察觉的 α 射线、β 射线和 γ 射线，这些射线对人的危害较大。

放射物质的防止不能采用化学方法，只能设法清除或用适当的材料予以吸收屏蔽。

第三节　化学物质的安全使用

为保障人民生命、财产安全，保护环境，国家颁布了一系列危险化学品生产和经营的法律、法规和标准，重要的有《中华人民共和国安全生产法》、《危险化学品管理条例》、《危险化学品生产企业安全生产许可证实施办法》、《危险化学品经营许可证管理办法》、《危险化学品应急救援预案编制导则（单位版）》、《重大危险源辨识》、《工业场所安全使用化学品规定》、《使用有毒物品作业场所劳动保护条例》等。因此，危险化学品的生产、购销、贮存、运输、使用，必须依法律、法规和标准，按照危险化学品安全标签、化学品安全技术说明书要求进行作业。

一、化学品安全标签

化学品安全标签是附在包装上的标签，它以简单、易于理解的文字和图形，表述化学品危险特性、安全处置注意事项，警示作业人员进行安全操作和处置。危险化学品安全标签是传递安全信息的一种载体，危险化学品在市场流通时，必须具备化学品安全标签，如图 2-5 所示。

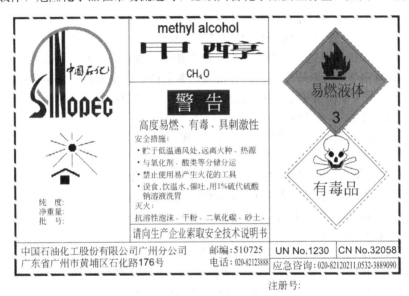

图 2-5　化学品安全标签试样（甲醇）

《化学品安全标签编写规定》（GB 15258—2009)规定了化学品安全标签的内容、格式和制作等事项，具体内容如下。

① 名称，包括中、英文名称。

② 编号，包括联合国危险货物运输编号和中国危险货物运输编号，分别用 UN No. 和 CN No. 表示。

③ 警示词，根据化学品的危险程度，分别用"危险"、"警告"、"注意"警示，警示词与化学品危险性类别的对应关系见表 2-2。

表 2-2　警示词与化学品危险性类别的对应关系

警示词	化学品危险性类别
危险	爆炸品、易燃气体、有毒气体、低闪点液体、一级自燃物品、一级遇湿易燃物品、一级氧化剂、有机过氧化物、剧毒品、一级酸性腐蚀品
警告	不燃气体、中闪点液体、一级易燃固体、二级自燃物品、二级遇湿易燃物品、二级氧化剂、有毒品、二级酸性腐蚀品、一级碱性腐蚀品
注意	高闪点液体、二级易燃固体、有害品、二级碱性腐蚀品、其他腐蚀品

若某种化学品具有一种以上的危险性时，用危险性最大的警示词标识。警示词以醒目、清晰的字体位于化学名称下方。

④ 危险性概述，简要叙述燃烧、爆炸性、毒性、对人体健康和环境的危害。

⑤ 安全措施，简明扼要标明处置、搬运、贮存和使用等作业中的注意事项，以及发生意外的简单有效的救护措施等。

⑥ 灭火，若化学品为易燃或可燃以及助燃物质，提示有效的灭火剂、禁用灭火剂、灭火注意事项等。

⑦ 提示向生产销售企业索取安全技术说明书。

⑧ 生产厂（公司）名称、地址、邮编、电话和应急咨询或应急代理电话。

二、化学品安全技术说明书

化学品安全技术说明书是关于化学品燃烧性、爆炸性、毒性和生态危害性，以及安全使用、泄漏处置、主要理化参数、法律法规等信息的一种综合性文件。安全技术说明书的主要作用是：指导作业人员安全使用化学品；为化学品的生产、处置、贮运、使用等环节，制定安全操作规程，提供技术信息；为危害控制和预防措施设计，提供技术依据；企业安全教育内容。

化学品安全技术说明书是《工作场所安全使用化学品规定》、《使用有毒物品作业场所劳动保护条例》、《危险化学品安全管理条例》等法规所要求的，由企业提供化学商品必须提供的技术文件，以使用户明了化学品危害，能进行主动防护，减少职业危害和化学事故。

化学品安全技术说明书内容，包括以下 16 部分。

（1）化学品及企业标识　主要标明化学品名称、生产企业名称、地址、邮编、电话、应急电话、传真等信息。

（2）成分/组成信息　标明化学品是否为纯品或混合物。纯品应给出其化学名称或商品名称和通用名；混合物则给出危害性成分的浓度或浓度范围。

（3）危险性概述　简要介绍化学品危险特性和效应，包括危险类别、侵入途径、健康危害、环境危害、燃烧爆炸危险等。

例如，三氯乙醛化学品的健康危害，对皮肤和黏膜有强烈的刺激作用。对动物全身毒作用较强，引起麻醉作用。表现短期兴奋，继而抑制、共济失调、侧倒、麻醉及死亡。大白鼠长期接触其蒸气，导致发育迟滞，中枢神经系统功能紊乱，低血压倾向，肝、肾及脾脏损害，支气管炎等。

（4）急救措施　作业人员意外受到伤害，现场自救互救的简要方法，如眼睛接触、吸入或食入急救措施。

例如，三氯乙醛的急救措施。皮肤接触，应立即脱去污染的衣着，用大量流动清水冲洗至少 15min。就医。眼睛接触，立即提起眼睑，用大量流动清水或生理盐水彻底冲洗至少 15min。就医。吸入，迅速脱离现场至空气新鲜处。保持呼吸道通畅。如呼吸困难，给输氧。如呼吸停止，立即进行人工呼吸。就医。食入，饮足量温水，催吐。就医。

（5）消防措施　标明化学品的危险特性、有害燃烧产物、灭火方法以及灭火剂、注意事项等。

（6）泄漏应急处理　化学品泄漏后的应急措施和注意事项，包括应急行动、应急人员防护、环保措施、消除方法等内容。

例如，三氯乙醛化学品的应急处理：迅速撤离泄漏污染区人员至安全区，并进行隔离，严格限制出入。建议应急处理人员戴自给正压式呼吸器，穿防毒服。不直接接触泄漏物。尽可能切断泄漏源。少量泄漏，用砂土或其他不燃材料吸附或吸收。也可以用大量水冲洗，洗水稀释后放入废水系统。大量泄漏，构筑围堤或挖坑收容。用泡沫覆盖，降低其蒸气危害。用泵转移至槽车或专用收集器内，回收或运至废物处理场所处置。

（7）操作处置与贮存　化学品操作处置和贮存的信息资料，包括操作处置作业的安全注意事项、安全贮存条件和注意事项等内容。

例如，三氯乙醛应贮存于阴凉、通风的库房，远离火种、热源，保持容器密封。应与氧化剂、碱类、食用化学品分开存放，切忌混贮。贮区备有泄漏应急处理设备和合适收容材料，执行高毒物品"五双"管理制度。

（8）接触控制、个体防护　在生产、操作处理、搬运和使用危险化学品的作业中，为保护作业人员免受化学品危害而采取的防护方法和手段，例如，最高允许浓度、工程控制、呼吸系统、眼睛、手以及其他防护要求。

（9）理化特性　化学品的外观、理化性质等信息，如外观和性状、沸点、熔点、相对密度、饱和蒸气压、燃烧热、临界温度和临界压力、闪点、着火点、爆炸极限、溶解性、pH值、主要用途以及其他一些特殊理化性质。

（10）稳定性和反应活性　主要叙述化学品的稳定性和反应活性，包括稳定性、禁配物、避免接触的条件、聚合及分解的危害与产物。

（11）毒理学资料　提供化学品的毒理学信息，包括不同接触方式的急性毒性、刺激性、致敏性、亚急性和慢性毒性、致突变性、致畸形、致癌性等。

（12）生态学资料　主要陈述化学品的环境生态效应、行为和转归，包括生产效应、生物降解、生物富集、环境迁移及其有害的环境影响等。

（13）废弃处置　被化学品污染的包装、无实用价值的化学品的安全处理方法，包括废弃处置方法和注意事项等。

（14）运输信息　指国内、国际化学品包装、运输的要求，运输的分类和编号，包括危险货物编号、包装标志、包装方法、UN编号、运输注意事项等。

例如，三氯乙醛的危险货物编号为61079，UN编号为2075，包装类别为O52。包装方法：玻璃瓶或塑料桶（罐）外为普通木箱或半花格木箱；螺纹口玻璃瓶、铁盖压口玻璃瓶、塑料瓶或金属桶（罐）外为普通木箱；螺纹口玻璃瓶、塑料瓶或镀锡薄钢板桶（罐）外为满底板花格箱、纤维板箱或胶合板箱。

（15）法规信息　化学品管理的有关法律条款和标准等。

（16）其他信息　包括参考文献、填表时间、填表部门、数据审核单位等对安全有重要意义的信息。

化学品安全技术说明书是由供货方提供的，用户应向供货方索取；建立档案以便于使用和管理，注意及时修订补充。按照安全技术说明书的规定，制定安全操作规程、购销管理规定和培训作业人员；确定贮存仓库和方式、养护措施、适当的运输方式，制定消防、安全防护、急救措施等。

本 章 小 结

一、有机合成的化学物质
1. 化学物质的聚集状态
（1）气体及气体状态方程、道尔顿分压定律
（2）液体及其沸点和蒸气压
（3）固体及其熔点、溶解度
2. 化学物质的来源
（1）石油及其加工产物
（2）天然气及其加工产物
（3）煤及其加工产物
（4）动植物及其加工产物

（5）化学矿及其加工产物

（6）空气与水

3. 化学物质的应用

通用化学品、高分子化学品、精细化学品的主要品种及用途；专用化学品与精细化学品的区别。

4. 有机物的结构特征与分类

5. 化学物质在有机合成中的功能

底物、试剂、产物、溶剂、催化剂、辅助剂。

6. 有机化合物特性

易燃烧、低熔点、低沸点、难溶于水、反应速率慢、副反应多。

二、化学物质的危险性

1. 燃烧性、爆炸性、腐蚀性、毒害性和放射性

2. 闪点、自燃点、燃点，爆炸极限及其影响因素，放射性比活度

三、化学物质的安全使用

化学品安全标签与安全技术说明书。

复习与思考

1. 选择题

（1）（　　）是有机化合物特性之一。

A. 高沸点　　　　　　　B. 反应速率快　　　　　C. 易溶于水　　　　　　D. 易燃烧

（2）化学品安全标签标注（　　），表示化学品的危险程度最高。

A. 警告　　　　　　　　B. 注意　　　　　　　　C. 危险

（3）（　　）是以获得烯烃为目的的石油加工过程。

A. 催化重整　　　　　　B. 烃热裂解　　　　　　C. 催化裂化　　　　　　D. 常减压蒸馏

（4）以获得合成气（$H_2 + CO$）为目的的煤加工过程是（　　）。

A. 干馏　　　　　　　　B. 液化　　　　　　　　C. 气化　　　　　　　　D. 常减压蒸馏

（5）下列化学品中的（　　）主要来自淀粉加工。

A. 硬脂酸　　　　　　　B. 山梨醇　　　　　　　C. 苯　　　　　　　　　D. 糠醛

（6）（　　）是化学加工程度较深、具有特定用途的化学品。

A. 乙烯　　　　　　　　B. 聚氯乙烯　　　　　　C. 山梨醇　　　　　　　D. 汽油

（7）具有特定功能的高分子化学品是（　　）。

A. 聚苯乙烯　　　　　　B. 腈纶　　　　　　　　C. 丁苯橡胶　　　　　　D. 聚碳酸酯

（8）下列溶剂中的（　　）属无毒、无害的绿色溶剂。

A. 环己烷　　　　　　　B. 硫酸　　　　　　　　C. 吡啶　　　　　　　　D. 水

（9）（　　）属于助燃剂。

A. 苯　　　　　　　　　B. 空气　　　　　　　　C. 天然气　　　　　　　D. 水

（10）下列参数（　　）可衡量表征物质的燃烧性。

A. 沸点　　　　　　　　B. 溶解度　　　　　　　C. 凝固点　　　　　　　D. 闪点

2. 简答题

（1）解释为何有机化合物的熔点和沸点比无机化合物低？

（2）纯碱、烧碱、氯气和盐酸等有机合成常用化学品，其生产原料是什么？采用何种加工方法？

（3）工业上如何获得纯氧和纯氮？

（4）水在有机合成中的意义与问题？

（5）"三烯"、"三苯"、"一炔"、"一萘"及合成气的含义与来源。

（6）精细化学品与专用化学品的区别。

（7）气体混合物爆炸的条件是什么？

（8）如何安全使用有机合成涉及的各种化学物质？

（9）在有机合成中，如何经常使用溶剂？

（10）化学物质气、液、固三种聚集状态相互转变的条件。

3. 专业术语解释

（1）烯烃、炔烃和烷烃

（2）醇、酚、醚

（3）醛、酮、羧酸

（4）底物、反应试剂、溶剂、催化剂、辅助剂

（5）中间体、半成品与成品

（6）闪点、自燃点、着火点

（7）可燃性气体，最小点火能量，爆炸极限

4. 能力自测

（1）除草剂氟乐灵的合成使用了哪些化学物质，采用哪些单元反应？

（2）查阅环氧乙烷、硝基苯及锌粉等物质的闪点、自燃点和爆炸极限。

（3）查阅碳酰氯（光气）的性能和防护措施。

（4）如何寻找和使用化学品安全标签？

（5）为什么苯一类的有机物难溶于水？

（6）导致燃烧的能源因素有哪些，如何防范？

（7）化学品安全技术说明书可提供哪些信息？如何获得？

第三章 有机合成理论基础

>>> 学习指南

本章是有机合成的共性知识和化学基础，通过本章的学习，能正确认识有机化合物的结构特征和性能、反应试剂类别和性能；能正确辨识有机化学反应的类型及其特点；能正确认识溶剂的作用、类别及其选用原则；能正确认识催化剂作用及其特征。

第一节 有机合成化学基础

有机合成是利用化学方法，改变分子结构，实现分子重组的过程。正确认识和理解反应物的化学结构，即原子的结合状态、化学键性质、立体异构现象、官能团活性、分子中各原子间及其官能团的影响是必要的。

一、分子骨架与官能团

有机合成的任务是改变有机物分子骨架，进行官能团的导入、消除或转变。

（1）有机物分子骨架 由不同数目的碳原子及杂环以共价键结合而成。根据碳原子骨架结构，分链状和环状化合物。链状分子是碳原子连接成直链（或含支链）结构；环状分子是由碳原子相互连接形成的一个或多个环状结构。

环状化合物分芳香族、脂环族和杂环化合物。芳香族分子具有苯环结构，脂环族分子不含苯环结构，杂环化合物分子中含有氧、硫、氮等杂原子。脂肪烃包括烷烃、烯烃、炔烃、环己烷等链状及脂环状化合物；芳香烃是含有苯环的化合物，如苯、甲苯、乙苯、异丙苯等。

（2）官能团 碳链骨架上的原子或原子团，可以是两种以上原子构成的原子团、碳碳双键或叁键、单一元素如卤素。常见官能团及代表化合物见表 3-1。

表 3-1 常见有机化合物官能团及其代表化合物

官能团	代表化合物	官能团	代表化合物	官能团	代表化合物
碳碳双键	丙烯	醇羟基	甲醇、乙醇	磺酸基	十二烷基苯磺酸
碳碳叁键	乙炔	羰基	乙醛、丙酮	胺基	苯胺、氨基乙酸
烷基	异丙苯	酚羟基	苯酚	酰基	乙酰乙酸乙酯
羧基	乙酸	卤素	氯乙酸、氯苯	硝基	硝基苯

有机化合物的性质取决于官能团种类、数目和位置。不同官能团赋予有机化合物不同的性质。例如，卤代烃、醇、酚、醛、羧酸、硝基化合物或亚硝酸酯、磺酸类、胺类的性质，取决于—X、—OH、—CHO、—COOH、—NO$_2$、—SO$_3$H、—NH$_2$ 等原子或原子团。例如，卤化烃在碱的水溶液中"水解"生成醇，在碱的醇溶液中发生"消除反应"，得到不饱和烃；醛与银氨溶液发生银镜反应，能与新制的氢氧化铜溶液反应生成红色沉淀，能被氧化成羧酸，能被加氢还原成醇；酚具有酸性可与钠反应得到氢气，酚羟基可增强苯环的反应活性。

芳环上已有官能团，影响苯环上取代基进入的位置，—NO$_2$、—SO$_3$H 等基团具有间位定位作用；—OH、—CHO、—NH$_2$ 等具有邻、对位定位作用。因官能团的位置不同，引起的同分异构称官能团的位置异构。同一种原子组成形成不同官能团的有机物，称官能团种类异构。具有相同碳数的醛和酮化合物、相同碳数的羧酸和酯类，是不同官能团导致的种类不同的异构。

二、电子效应与空间效应

有机化合物的性质取决于其化学结构，也与分子中的电子云分布有关；分子间相互作用的过程，与分子中电子云分布、分子的空间适配性有关。一般取代基通过电子效应和空间效应，影响反应中心的活性。

1. 电子效应

电子是原子核外空间（直径约 $10^{-10}\,m$）内高速运动的一种微观粒子，其运动无确定方向和轨迹。电子云是核外电子空间概率密度分布的形象描述，距原子核很远处，概率密度为零；靠近原子核的区域，电子出现概率也为零。可以说，电子空间概率密度分布呈云状，"弥散"在原子空间，笼罩在原子核周围。共价键本质是两个原子或原子团共享电子对的电子云的重叠。

分子内原子吸引电子的能力称电负性。有机化合物中，氟电负性最高，其次为氧、氮和氯、溴，最后为碳。碳与氢的电负性相差不大。

$$F>O>Cl,N>Br>C,H$$

原子的电负性大小取决于分子内是电正性还是电负性，以及所形成共价键的极性。一个分子的负电荷中心与正电荷中心如不重合，则该分子带有极性。偶极矩是描述不同分子相对极性的物理量。同类分子如 H_2、O_2、N_2、Cl_2、Br_2 的偶极矩为零，构成分子的两原子电负性相同，对电子的分享相同，这些分子是非极性的。

假设分子中含有一个反应中心，该中心上连接多个取代基，反应中心的性质决定发生什么反应，取代基的性质决定反应中心活性。取代基对反应中心电子的有效性影响即电子效应（I）。电子效应是有机物分子中因原子的电负性不同，导致电子云偏移，及在外电场作用下引起的电子云转移现象。电子效应包括诱导效应和共轭效应。

（1）诱导效应　涉及分子中电子云分布状况、键的极性改变，而不引起整个电荷转移、价态变化。氯乙酸分子中氯原子的吸电诱导效应促进质子离解，使其酸性增强；丙酸的甲基给电诱导效应，则阻滞质子离解，其酸性降低。

$$Cl \longleftarrow CH_2 \longleftarrow \overset{\overset{\displaystyle O}{\|}}{C} \longleftarrow O \longleftarrow H \qquad CH_3 \longrightarrow CH_2 \longrightarrow \overset{\overset{\displaystyle O}{\|}}{C} \longrightarrow O \longrightarrow H$$

由分子内成键原子电负性导致电子云沿键、链（σ 键和 π 键）移动，称静态诱导效应。以 $C-H$ 键为基准，比氢电负性大的原子或原子团的诱导效应称吸电静态诱导效应（$-I_s$），该原子或原子团称吸电子基；反之，则为供电静态诱导效应（$+I_s$），其原子或原子团称给电子基。一般表示：

$$\overset{\delta^+}{Z} \longrightarrow \overset{\delta^-}{CR_3} \qquad H-CR_3 \qquad \overset{\delta^-}{Z} \longrightarrow \overset{\delta^+}{CR_3}$$
$$给电子基团 \qquad\qquad\qquad 吸电子基团$$

静电诱导效应沿键、链由近及远逐渐减弱，其相对强度取决于原子或基团的电负性。同一周期元素的电负性和 $-I_s$ 随族数增大而递增，$+I_s$ 则相反。

$$-I_s：-F>-OH>-NH_2>-CH_3$$

同一族元素电负性和 $-I_s$ 随周期数增加而递减，$+I_s$ 则相反。

$$-I_s：-F>-Cl>-Br>-I$$

同种中心原子，带正电荷的比不带正电荷的 $-I_s$ 强；带负电荷的比同类不带负电荷的 $+I_s$ 要强。

$$-I_s: -\overset{+}{N}R_3 > -NR_2$$
$$+I_s: -O^- > -OR$$

中心原子相同不饱和程度不同，则随不饱和程度增大，$-I_s$ 增强。

$$-I_s: =O > -OR, \equiv N > =NR > -NR_2$$

比较诱导效应的强弱，以官能团与相同原子连接为基础，常见取代基吸电子和供电子能力的强弱如下。

$$-I_s: -\overset{+}{N}R_3 > -\overset{+}{N}H_3 > -NO_2 > -SO_2R > -CN > -COOH > -F > -Cl > -Br > -I > -OAr >$$
$$-COOR > -OR > -COR > -OH > -C \equiv CR > -C_6H_5 > -CH = CH_2 > -H$$

$$+I_s: -O^- > -CO_2^- > -C(CH_3)_3 > -CH(CH_3)_2 > -CH_2CH_3 > -CH_3 > -H$$

当反应试剂接近底物时，共价键内的电子云分布受外电场影响，引起键极性的变化称动态诱导效应（I_d），称可极化性。共价键内电子云的偏离方向，取决于外电场的方向。当 I_d 和 I_s 作用方向一致时，有助于反应的进行；若二者作用方向不一致，I_d 具有主导作用。动态诱导效应的强度与影响其原子或原子团的性质、键内的电子云可极化性有关。

同族或同周期元素，元素的电负性越小，可极化性增强，反应活性增大。

$$I_d: -I > -Br > -Cl > -F$$
$$-CR_3 > -NR_2 > -OR > -F$$

原子的富电荷性，可增强可极化倾向。

$$I_d: -O^- > -OR > -\overset{+}{O}R_2$$

电子云的流动性越大，可极化的倾向越强。

$$I_d: -C_6H_5 > -CH = CH_2 > -CH_2CH_3$$

（2）共轭效应　指共轭体系中原子间相互影响的电子效应。共轭体系成键电子受成键原子核及其他原子核作用，不再定域成键原子，围绕整个分子形成分子轨道，分子能量降低而趋于稳定。

例如1,3-丁二烯由于电子离域，在 C_2 和 C_3 间 p 轨道有一定程度交盖，键长趋于平均化。如共轭键原子的电负性不同，共轭效应表现为极性效应，如丙烯腈，电子云定向移动呈正负偶极交替现象。

$$\overset{\delta^+}{CH_2} = \overset{\delta^-}{CH} - \overset{\delta^+}{C} \equiv \overset{\delta^-}{N}$$

共轭效应缘于电子离域，距离影响不明显，共轭链愈长电子离域愈充分，体系能量愈低、愈稳定，键长平均化的趋势愈大。例如苯分子为一闭合共轭体系，电子高度离域，电子云分布平均化，C—C—C 键角 120°，C—C 键长均为 0.139nm，无单双键区别，呈正六边形苯环。

共轭效应有静态（C_s）和动态（C_d）之分，给电子的为正共轭效应（$+C_s$，$+C_d$），吸电子的为负共轭效应（$-C_s$，$-C_d$）。

静态共轭效应为共轭体系内在的、永久性的，动态共轭效应是由外电场作用引起的暂时现象。如1,3-丁二烯与溴化氢加成，在外电场作用下，丁二烯分子 π 电子云沿共轭链转移，各碳原子被极化，所带部分电荷正负交替分布，产生动态共轭效应（$-C_d$）。

$$\overset{\delta^+}{CH_2} = \overset{\delta^-}{CH} - \overset{\delta^+}{CH} = \overset{\delta^-}{CH_2} + H^+ \longrightarrow CH_2 = CH - \overset{+}{CH} - CH_3$$

动态共轭效应存在于反应过程中，可促进反应进行。

π-π 共轭、p-π 共轭是常见共轭体系。π-π 共轭体系是由 π 轨道与 π 轨道电子离域的体系，即单键和双键（或叁键）交替排列的共轭体系。

$$CH_2 = CH - \overset{\overset{\displaystyle O}{\|}}{C} - H \, , \quad CH_2 = CH - C \equiv N \, ,$$

p-π 共轭体系是由处于 p 轨道的未共用电子对原子与 π 键直接相连的体系。

$$\overset{\frown}{CH_2}=CH-\overset{\frown}{Cl}, \quad R-\overset{O}{\underset{}{C}}-\overset{\frown}{OH}, \quad R-\overset{O}{\underset{}{C}}-\overset{\frown}{NH_2}, \quad \overset{\frown}{OH}, \quad \overset{\frown}{NH_2}$$

烯丙基型正离子是缺电子或含有孤电子的 p-π 共轭：

$$CH_2=\overset{\frown}{CH}-\overset{+}{CH_2}$$

由于 p-π 共轭效应，烯丙基型正离子比较稳定。

共轭效应的强弱与共轭体系原子的性质、价键状况及空间位阻等有关。

同族元素与碳原子形成 p-π 共轭，元素的原子序数增加，其正共轭效应＋C 减弱；同族元素与碳原子形成 π-π 共轭，元素的原子序数增加，其负共轭效应－C 增强。

$$+C:-F>-Cl>-Br>-I$$

$$-C: \quad \diagdown C=S \quad > \quad \diagdown C=O$$

同周期元素与碳原子形成 p-π 共轭，＋C 效应随原子序数的增加而变弱；而与碳原子形成 π-π 共轭，－C 效应随原子序数增加而变强。

$$+C:-NR_2>-OR>-F$$

$$-C: \quad \diagdown C=O \quad > \quad \diagdown C=N- \quad > \quad \diagdown C=C$$

带正电荷的取代基，－C 效应较强；带负电荷的取代基，＋C 效应较强。

$$-C: \quad \diagdown C=\overset{+}{N}R_2 \quad > \quad \diagdown C=NR$$

$$+C:-O^->-OR>-\overset{+}{O}R_2$$

超共轭效应是指单键与重键、单键与单键间的电子离域，形成 σ-π 和 σ-σ 共轭，例如，

$$H-\underset{H}{\overset{H}{C_3}}-\overset{\frown}{CH_2}=\overset{\frown}{CH_1}_2 \qquad H_3C-\underset{CH_3}{\overset{\frown}{C}}-\overset{\frown}{\bigcirc}-CH_2\rightarrow Cl$$

C—H 键电子云离域到相邻空 p-轨道或单个电子的 p-轨道，形成 σ-p 超共轭，使电荷分散，增加体系的稳定性，例如，

$$H-\underset{H}{\overset{H}{C}}-\overset{+}{CH}-\underset{H}{\overset{H}{C}}-H \qquad CH_3CH_2-\overset{\frown}{C}-\overset{·}{CH_2}$$

超共轭效应多为给电子性，分子内能降低，稳定性增加。超共轭效应比共轭效应的影响小。

2. 空间效应

空间效应是分子内或分子间各原子或原子团的空间适配性导致的形体效应。如体积庞大的取代基屏蔽反应活性中心，阻碍试剂的攻击；体积庞大的试剂，影响进攻反应活性中心。空间效应的大小，取决于相关原子或原子团的大小与形状。例如，烷基苯一硝化，硝基进入烷基邻位随烷基体积增大，其邻位产物量减少，对位产物量增加，见表 3-2。

表 3-2 烷基苯硝化反应的异物体分布

化合物	环上原有取代基（—R）	异构体分布/%			化合物	环上原有取代基（—R）	异构体分布/%		
		邻位	对位	间位			邻位	对位	间位
甲苯	—CH₃	58.45	37.15	4.40	异丙苯	—CH(CH₃)₂	30.0	62.3	7.7
乙苯	—CH₂CH₃	45.0	48.5	6.5	叔丁苯	—C(CH₃)₃	15.8	72.7	11.5

甲苯烷基化，如引入的烷基不同，其空间效应随体积增加而增大，邻、对位产物比例随之改变，见表 3-3。

表 3-3 甲苯烷基化时异物体的分布

引入基团	异构体分布/%			引入基团	异构体分布/%		
	邻位	对位	间位		邻位	对位	间位
甲基(—CH$_3$)	58.3	28.8	17.3	异丙基[—CH(CH$_3$)$_2$]	37.5	32.7	29.8
乙基(—CH$_2$CH$_3$)	45	25	30	叔丁基[—C(CH$_3$)$_3$]	0	93	7

由于卤代叔烷的空间效应较大，在反应条件下不易与反应物活性中心作用，而易发生消除反应：

$$(CH_3)_3—Br \xrightarrow[\text{加热}]{\text{NaOH}} (CH_3)_2C=CH+HBr \tag{3-1}$$

故不以卤代叔烷作 N-烷化剂。

分子内部各原子间也存在空间适配性，p-π 共轭体系的 p-轨道需平行或接近平行，通过 π-轨道产生电子离域；如阻碍其平行状态，抑制其电子云离域。N,N-二甲基苯胺具有 p-π 共轭结构，其苯环可有效进攻 PhN$_2^+$：

$$\tag{3-2}$$

式中，Ph 表示苯基；Me 表示甲基。

例如，N,N-二甲基苯胺的 2,6-二甲基衍生物，邻位的甲基干扰氮原子 p-轨道与苯环 p-轨道平行，破坏了 p-π 共轭。故同样条件，N,N-二甲基苯胺的 2,6-二甲基衍生物的偶联，得不到对位偶联产物。

三、反应试剂

反应试剂可以是有机化合物，如卤代烷、烯烃、醇、酚、醚、醛、酮、胺、羧酸及其衍生物等，或金属有机化合物、元素有机化合物；也可以为无机物，如卤素或卤化氢、硫酸及其盐、硝酸及其盐、碳酸及其盐、氢氧化钠、硫化钠等。

根据试剂在反应中提供反应质点的性质，反应试剂分离子型、自由基型。

1. 离子型反应试剂

离子型反应试剂分亲电试剂和亲核试剂。亲电试剂能接收底物提供的电子，并与之形成共价键，如正离子(NO$_2^+$、NO$^+$、R$^+$、R—C$^+$=O、ArN$_2^+$、R$_4$N$^+$)、含有可极化或极化共价键的分子(Cl$_2$、Br$_2$、HF、HCl、SO$_3$、RCOCl、CO$_2$)、可接受共用电子对的分子(AlCl$_3$、FeCl$_3$、BF$_3$)、羰基(C=O)、氧化剂(Fe^{3+}、O$_3$)、卤代烷的烃基(R—X)等。亲电试剂参与的反应，称为亲电反应，如亲电取代、亲电加成反应。

亲核试剂带负电荷或孤电子对，可提供电子与底物形成共价键，如负离子(OH$^-$、RO$^-$、ArO$^-$、NaSO$_3^-$、NaS$^-$、CN$^-$ 等)、含有可极化或已极化共价键分子偶极的负端(NH$_3$、RNH$_2$、RR'NH、ArNH 和 NH$_2$OH 等)烯烃和芳环(CH$_2$=CH$_2$、C$_6$H$_6$ 等)、还原剂(如 Fe^{2+}、RMgX 等)、碱类、有机金属化合物的烃基(如 RMgX、RC≡CM)。亲核试剂参与的反应称亲核反应，如亲核取代、亲核置换、亲核加成等。

2. 元素有机化合物

碳、氢、氧、氮、硫和卤素之外的元素形成的有机化合物，分金属和非金属元素有机化合物。习惯上，将含非金属杂元素的有机化合物称为元素有机化合物，如有机硼、有机磷、有机硅、有机硫、有机锡等。元素有机化合物为有机合成提供了许多新试剂和新方法。

有机硼化合物主要有烷基硼烷、烷基卤硼烷、烷基硼酸、烷基硼酸酯〔$RBO(Et)_2$〕等。有机硼化合物可发生质子化、氧化、异构化和羰基化反应，用以合成烯烃、醇、醛或酮化合物。

有机硅化合物可用作还原剂、活泼基团的保护剂、选择性亲电取代反应的底物、Peterson 试剂，如三乙基硅烷、三甲基硅基-2-甲基环己烯醇醚、硅叶立德〔$(CH_3)_3SiCH_2Li$〕等，硅叶立德用于合成烯烃和羰基化合物。

有机磷化合物有三苯基膦、季鏻盐、磷叶立德及 Wittig 试剂等。

$$(C_6H_5)_3P + CH_3Br \xrightarrow{C_6H_6} (C_6H_5)_3P^+ CH_3Br^- \tag{3-3}$$

$$(C_6H_5)_3P^+ CH_3Br^- + C_6H_5Li \longrightarrow (C_6H_5)_3P^+ - {}^-CH_2 + C_6H_6 + LiBr \tag{3-4}$$

例如，季鏻盐的 α-碳上含有吸电子基，如—CN、—$CO(C_6H_5)$ 等，在碱存在下生成 Wittig 试剂：

$$(C_6H_5)_3P^+ CH_2CNX^- \xrightarrow{NaOH} (C_6H_5)_3P^+ - {}^-CHCN \longleftarrow (C_6H_5)_3P = CHCN \tag{3-5}$$
$$\text{Wittig 试剂}$$

Wittig 试剂有很强的亲核性，与醛或酮加成使羰基转变成烯键的反应，称 Wittig 反应，Wittig 反应是合成烯烃的重要方法。

有机硫化合物是含碳硫键的化合物，如硫醇、硫酚、锍盐、硫叶立德〔$(CH_3)_3SCH_2Li$〕，硫叶立德可与羰基化合物、α,β-不饱和羰基化合物反应，生成环氧、环丙基衍生物。

有机锡化合物如 1,1,3,3-四烃基二锡氧烷在酯化、酯交换、羰基缩醛保护及脱保护、开环聚合反应中，具有良好的催化活性。

3. 自由基试剂

含有未成对电子的自由基或是在一定条件下可产生自由基的化合物，称自由基试剂。如氯分子 (Cl_2) 可产生氯自由基 ($Cl \cdot$)。

第二节 有机合成反应类型

有机合成的反应类型，按产物类型或所用试剂，分为磺化、硝化、氯化、烷基化、加氢、水和等；按反应物与产物之间的结构关系，分为加成、取代、消除氧化、还原、重排等；若按其在合成中的作用，分为形成分子骨架的反应，官能团的导入、除去、互变和保护等反应。

一、加成反应

加成反应是不饱和化合物与试剂结合为一个产物分子的反应，原子利用率为 100%。

$$\begin{matrix} & \diagdown \\ \diagup & C = C \\ & \diagup \end{matrix} + YZ \longrightarrow -\overset{|}{\underset{Y}{C}} - \overset{|}{\underset{Z}{C}} - \tag{3-6}$$

1. 不饱和化合物的亲电加成

烯烃、炔烃等重键化合物，在强酸（硫酸、氢卤酸）、Lewis 酸（$FeCl_3$、$AlCl_3$、$HgCl_2$）、卤素、次卤酸、卤代烷、卡宾、醇、羧酸和羧酰氯等亲电试剂作用下，生成碳正离子与负离子，进而生成产物。

$$\begin{matrix} \diagup & \diagdown \\ C = C \\ \diagdown & \diagup \end{matrix} + X \overset{\frown}{\dashv} Y \xrightarrow{\text{慢}} -\overset{|}{\underset{X}{C}} - \overset{+}{\underset{}{C}} - + Y^- \tag{3-7}$$

$$\underset{X}{\overset{|}{C}}-\underset{|}{\overset{+}{C}}- + Y^{-} \xrightarrow{\text{快}} \underset{X}{\overset{|}{C}}-\underset{Y}{\overset{|}{C}}- \tag{3-8}$$

如果碳碳重键上含有给电子基团，重键电子云密度增大，有利于碳正离子的形成和稳定，反应易于进行；若碳碳重键上含有吸电子基团，则使重键电子云密度降低，不利于碳正离子的生成和稳定，反应比较困难。

具有不同取代基烯烃的亲电加成，其反应活性顺序为：

$$R_2C=CR_2 > R_2C=CHR > R_2C=CH_2 > RCH=CH_2 > CH_2=CH_2 > CH_2=CHCl$$

碳碳重键化合物在亲电试剂作用下形成的碳正离子，存在加成和消除两种可能，具有空间效应的碳正离子不利于加成，利于消除反应。

$$(C_6H_5)_3C-\underset{CH_3}{\overset{|}{C}}=CH_2 \xrightarrow{Br_2} (C_6H_5)_3C-\underset{CH_3}{\overset{|}{\overset{+}{C}}}-CH_2Br$$

$$\xrightarrow{-H^{\oplus}} (C_6H_5)_3C-\underset{CH_2}{\overset{|}{C}}-CH_2Br + (C_6H_5)_3C-\underset{CH_3}{\overset{|}{C}}=CHBr \tag{3-9}$$

2. 羰基物的亲核加成

醛或酮羰基氧电负性高于羰基碳，羰基碳带部分正电荷，而羰基氧带部分负电荷：

$$>\overset{\delta^+}{C}=\overset{\delta^-}{O}$$

羰基化合物的加成：

$$R_2C=O + CN^- \xrightarrow{\text{慢}} R_2\underset{CN}{\overset{|}{CO^-}} \xrightarrow{\text{快}} R_2\underset{CN}{\overset{|}{C}}-OH + OH^- \tag{3-10}$$

反应控制步骤是亲核试剂进攻羰基碳的一步，影响因素主要有试剂性质、羰基化合物的结构（如羰基碳的缺电子性、羰基邻位的空间效应等）。一般，试剂的亲核性越强、羰基碳缺电子程度越高、羰基邻位基团越小，反应活性越高。

$$-\overset{O}{\overset{\|}{C}}-Cl > -\overset{O}{\overset{\|}{C}}-H > -\overset{O}{\overset{\|}{C}}-CH_3 > -\overset{O}{\overset{\|}{C}}-R > -\overset{O}{\overset{\|}{C}}-OR > -\overset{O}{\overset{\|}{C}}-NR_2 > -\overset{O}{\overset{\|}{C}}-OH$$

3. 自由基加成

在引发剂、光或高温条件下，反应试剂均裂产生自由基，进而与碳碳重键化合物进行加成，反应是连锁的。卤素或卤化氢对碳碳重键加成、烯烃自由基聚合等属于自由基加成反应。

二、取代反应

取代反应指有机物分子中的官能团被其他原子或原子团所替代的反应。

$$A-B + C-D \longrightarrow A-C + B-D \tag{3-11}$$

式中，A—B 表示底物；C—D 表示反应试剂；A—C 表示目的产物；B—D 表示副产物或废弃物。取代反应中试剂的一部分进入目的产物分子，另一部分与取代基团形成了副产物或废弃物 B—D。

取代反应按反应历程分，有亲核取代、亲电取代和自由基取代反应；按取代反应的底物不同，分脂肪族取代和芳香族取代反应。

1. 芳香族取代反应

芳香族取代反应以亲电取代最为重要，也最具代表性。Ar 代表芳基，直接以环碳原子进行连接的任何芳基，芳香族亲电取代反应重要的有以下几种。

硝化反应

$$Ar{-}H + HONO_2 \xrightarrow{H_2SO_4} ArNO_2 + H_2O \tag{3-12}$$

磺化反应

$$Ar{-}H + HOSO_3H \xrightarrow{SO_3} ArSO_3H + H_2O \tag{3-13}$$

卤代反应

$$Ar{-}H + Cl_2 \xrightarrow{Fe} ArCl + HCl \tag{3-14}$$

$$Ar{-}H + Br_2 \xrightarrow{Fe} ArBr + HBr \tag{3-15}$$

Friedel-Crafts 烷基化反应

$$Ar{-}H + RCl \xrightarrow{AlCl_3} ArR + HCl \tag{3-16}$$

Friedel-Crafts 酰基化反应

$$Ar{-}H + RCOCl \xrightarrow{AlCl_3} ArCOR + HCl \tag{3-17}$$

质子化反应（脱磺基反应）

$$ArSO_3H + H^+ \xrightarrow{H_2O} HAr + H_2SO_4 \tag{3-18}$$

质子化反应（氢交换反应）

$$Ar{-}H + D^+ \longrightarrow ArD + H^+ \tag{3-19}$$

亚硝化反应

$$Ar{-}H + HONO \longrightarrow ArN{=}O + H_2O \tag{3-20}$$

重氮偶联反应

$$Ar{-}H + Ar'N_2^+X^- \longrightarrow ArN{=}NAr' + HX \tag{3-21}$$

芳环状共轭体系中的 π-电子高度离域，易受亲电试剂 E^+ 进攻，发生亲电取代反应：

$$\tag{3-22}$$

π-配合物 σ-配合物

反应首先形成 π-配合物，进而生成 σ-配合物，σ-配合物脱去质子得到取代产物，生成 σ-配合物一步是反应的控制步骤。

芳环上已有取代基的定位作用，分邻、对定位基和间位定位基两类。邻、对位取代基，有利于新取代基进入其邻或对位，按定位能力强弱排列，主要有 $-O^-$、$-NR_2$、$-NHR$、$-NH_2$、$-OH$、$-OR$、$-NHCOR$、$-OCOR$、$-F$、$-Cl$、$-Br$、$-I$、$-NHCHO$、$-C_6H_5$、$-CH_3$、$-C_2H_5$、$-CH_2COOH$、$-CH_2F$ 等。

具有间位定位作用的取代基有利于新取代基进入其间位，按其定位能力强弱排列，主要有 $-\overset{+}{N}R_3$、$-CF_3$、$-NO_2$、$-CN$、$-SO_3H$、$-COOH$、$-CHO$、$-COOR$、$-COR$、$-CONR_2$、$-\overset{+}{N}H_3$ 和 $-CCl_3$ 等。

两类取代基的作用形式：活化苯环的邻、对位定位基，钝化苯环的邻、对位定位基和钝化苯环的间位定位基，见表 3-4。

2. 脂肪族取代反应

脂肪族取代反应以亲核取代反应（S_N）最重要，反应通式为：

$$\overset{\delta^+}{R}{\overset{\frown}{-}}\overset{\delta^-}{L} + :Nu^- \longrightarrow R{-}Nu + :L^- \tag{3-23}$$

带碱性或富电子的试剂：Nu^-，进攻带部分正电荷的碳原子发生亲核取代反应，脂肪族亲核取代分 S_N2 和 S_N1 反应历程。

表 3-4　邻、对位定位基和间位定位基

定位效应	强度	取代基	电子效应	电子机理	综合性质
邻、对位定位	最强	—O⁻	给电子诱导效应（+I），给电子共轭效应（+C）	Ar⤺Z	活化
	强	—NR₂，—NHR，—NH₂，—OH，—OR	吸电子诱导效应（−I）小于给电子共轭效应（+C）	Ar⤺Z	
	中	—OCOR，—NHCOR，—NHCHO		Ar⤺Z	
	弱	—CH₃	给电子诱导效应（+I），给电子超共轭效应（+C）	Ar⤺Z	
		—C₂H₅，—CH(CH₃)₂，—CR₃	给电子诱导效应（+I）	Ar←Z	
		—CH₂Cl，—CH₂CN	弱吸电子诱导效应（−I）	Ar→Z	活化或钝化
		—CH=CHCOOH，—CH=CHNO₂，—F，—Cl，—Br，—I	吸电子诱导效应（−I）大于给电子共轭效应（+C）	Ar⤺Z	
间位定位	强	—COR，—CHO，—COOR，—CONH₂，—COOH，—SO₃H，—CN，—NO₂	吸电子诱导效应（−I），吸电子共轭效应（−C）	Ar⤻Z	钝化
		—CF₃，—CCl₃	吸电子诱导效应（−I）	Ar→Z	
	最强	—NH₃⁺，—NR₃⁺		Ar→Z	

双分子亲核取代反应（S_N2）：

$$\overset{\frown}{Nu:} + \overset{\frown}{R-L} \longrightarrow [\overset{\delta^+}{Nu\cdots\cdots R}\cdots\cdots\overset{\delta^-}{L}] \longrightarrow Nu-R+L: \qquad (3-24)$$
$$\text{过渡态}$$

双分子亲核取代为二级反应：

$$v=k[RX][OH^-] \qquad (3-25)$$

单分子亲核取代反应（S_N1）通式：

$$R-L \underset{慢}{\rightleftharpoons} R^++L^- \qquad (3-26)$$
$$R^++Nu^- \underset{快}{\rightleftharpoons} RNu \qquad (3-27)$$

单分子亲核取代为一级反应：

$$v=k[R-L] \qquad (3-28)$$

影响亲核取代反应的因素主要有反应物结构、离去基团、亲核试剂性质、及浓度、溶剂的性质等。亲核试剂亲核能力的大小顺序为：

$$C_2H_5O^->OH^->PhO^->CH_3CH_2^->H_2O$$

同族元素中，随着原子序数增加，亲核试剂给电子倾向增大，亲核性增强。

$$I^->Br^->Cl^->F^-$$

三、消除反应

消除反应指分子内有两个原子或原子团同时脱落，生成不饱和化合物的反应。根据脱去原子或基团的位置不同，分为 β-消除和 α-消除反应。

消除反应是合成不饱和化合物的重要途径。消除反应生成目的产物的同时，脱去了两个原子或原子团生成了副产物，反应不是原子经济性的。

1. β-消除反应

β-消除反应指从相邻碳原子上脱去两个原子或基团，形成不饱和化合物。

$$\underset{\beta}{\overset{X}{\underset{|}{-C}}}\underset{\alpha}{\overset{Y}{\underset{|}{-C}}}\xrightarrow[\beta\text{-消除}]{-X,-Y}\ \overset{}{\underset{}{>}}C=C\underset{}{\overset{}{<}} \tag{3-29}$$

一般含消除基团的相邻原子为碳原子，其中一个也可以是氧、硫或氮原子。消除反应可生成相应的碳碳、碳氧、碳硫和碳氮不饱和产物。

β-消除反应分双分子反应历程（E_2）和单分子反应历程（E_1）。双分子消除反应，一般在强碱性试剂作用下进行。亲核试剂 B 接近 β-H 并与 β-H 形成微弱的结合力，C—H、C—X 键被减弱形成过渡态，进而 C—H 和 C—X 键断裂构成烯键：

$$\overset{}{\underset{\overset{|}{H}}{\overset{|}{C}}}\overset{X}{\underset{}{\overset{|}{-C}}}\longrightarrow\left[\overset{}{\underset{}{C}}\overset{X}{\underset{}{C}}\right]\longrightarrow\ \overset{|}{-C}=\overset{|}{C}-\ +BH+X^- \tag{3-30}$$

过渡态

反应为二级反应：

$$v=k[B][RX] \tag{3-31}$$

与 S_N2 历程相比，E_2 历程是亲核试剂进攻 β-H 原子，S_N2 历程反应发生在 α-碳原子上，故亲核取代常伴有消除反应。

β-消除反应的 E_2 历程，亲核试剂碱性越强，离去基团携带电子的离去能力越大，反应越易于进行。卤代烷中卤素离去的能力大小顺序为：

$$—I>—Br>—Cl>—F$$

结构不同的烷基，消除反应的易难顺序为：

$$叔烷基>仲烷基>伯烷基$$

单分子消除反应历程（E_1）的反应分两步进行，离去基团携带一个电子离去，形成碳正离子，然后消除质子形成烯烃：

$$\overset{}{\underset{\overset{|}{H}}{\overset{|}{C}}}\overset{}{\underset{}{\overset{|}{-C}}}-X\ \underset{-X^-}{\overset{慢}{\rightleftharpoons}}\ \overset{}{\underset{\overset{|}{H}}{\overset{|}{C}}}\overset{}{\underset{}{\overset{|}{C^+}}}-\ \xrightarrow[+B]{快}\ \overset{}{\underset{}{>}}C=C\overset{}{\underset{}{<}}\ +BH \tag{3-32}$$

反应的难易取决于碳正离子的稳定性，烷基叔碳正离子稳定性最高，烷基仲碳正离子次之，烷基伯碳正离子最差。碳正离子的形成是反应的控制步骤，故反应为一级：

$$v=k[RX] \tag{3-33}$$

E_1 与 S_N1 反应存在竞争，竞争与溶剂极性、反应物性质、试剂的性质、反应条件等因素有关。

β-消除反应的定向法则如下。

① 查依采夫（Saytzeff）法则。卤代烷消除卤化氢，由含氢较少的碳原子上消除氢，主要生成不饱和碳原子上连有烷基数目较多的烯烃。例如：

$$\underset{\underset{CH_3}{\overset{|}{|}}}{\overset{Br}{\underset{\overset{|}{CH_3}}{\overset{|}{\underset{}{CH_3CH_2-C}}}}}-CH-CH_3\left\{\begin{array}{l}\xrightarrow{主}CH_3CH_2C=\underset{\underset{CH_3\ CH_3}{}}{C}-CH_3 \quad (3\text{-}34)\\[2em]\xrightarrow{次}CH_3CH=\underset{\underset{CH_3\ CH_3}{}}{C}-CH-CH_3+CH_3CH_2-\underset{\underset{CH_2CH_3}{}}{C}=CHCH_3 \quad (3\text{-}35)\end{array}\right.$$

② 霍夫曼（Hofmann）法则。季铵碱分解，主要生成不饱和碳原子上连有烷基数目较少的烯烃。例如，

$$\underset{\underset{+NR_3}{\overset{|}{|}}}{\overset{CH_3}{\underset{}{\overset{|}{CH_3-CH}}}}-CH-CH_3\ \xrightarrow{-HN\overset{+}{}H_3}\ \underset{主}{\overset{CH_3}{\underset{}{\overset{|}{CH_3-CH}}}}-CH=CH_2+\underset{次}{\overset{CH_3}{\underset{}{\overset{|}{CH_3-C}}}}=CH-CH_3 \tag{3-36}$$

研究表明，E_2 历程中季铵碱消除按霍夫曼法则，卤代烷消除按查依采夫法则；而在 E_1 历程的反应中按查依采夫法则。

③ 若分子中含有一个双键（C＝C，C＝O），消除反应均以生成的共轭双键产物为主。例如，

$$CH_3CH=CHCH_2CHCH_2CH_3 \xrightarrow[-HBr]{\text{二甲基吡啶}} CH_3CH=CHCH=CHCH_2CH_3 \qquad (3\text{-}37)$$
（Br 位于中间碳上）

2. α-消除反应

α-消除反应又称 1,1-消除反应，是在同一碳原子上消除两个原子或基团，生成卡宾（一种高度活泼缺电性的质点）的反应。例如，氯仿在碱作用下，发生 α-消除生成二氯卡宾（二氯碳烯）：

$$CHCl_3 + OH^- \Longrightarrow CCl_3^- + H_2O \qquad (3\text{-}38)$$

$$CCl_3^- \xrightarrow[-Cl^-]{\text{慢}} :CCl_2 \qquad (3\text{-}39)$$

形成卡宾的一步是反应的控制步骤。二氯卡宾难以分离，水解生成酸：

$$HO + :CCl_2 \longrightarrow HO-\overset{..}{C}Cl_2 \xrightarrow{H_2O} HO-CHCl_2 \xrightarrow{\text{水解}} HCOOH \qquad (3\text{-}40)$$

卡宾具有特殊的价键状态和结构，化学性质活泼，可发生多种反应：

$$\equiv C-H + :CH_2 \longrightarrow \equiv C-CH_2-H \qquad (3\text{-}41)$$

$$C=C + :CH_2 \longrightarrow \overset{CH_2}{C-C} \qquad (3\text{-}42)$$

$$\bigcirc + CH_2N_2 \xrightarrow{h\nu} \bigcirc + \bigcirc\text{-}CH_3 \qquad (3\text{-}43)$$

四、重排反应

重排反应指构成分子的原子通过改变其原来的相对位置、连接和键的形式形成新的化合物的反应。重排原料、产物含相同的原子，原子利用率为 100%。

1. 分子内的重排

迁移基团发生在分子内部的重排反应，有亲电重排和亲核重排历程。

分子内亲核重排为相邻原子间的基团迁移（1,2-迁移）。例如，新戊基溴在乙醇中分解：

$$CH_3-\underset{CH_3}{\overset{CH_3}{C}}-CH_2-Br \longrightarrow CH_3-\underset{CH_3}{\overset{CH_3}{C}}-CH_2^+ \longrightarrow CH_3-\overset{+}{C}-\underset{CH_3}{\overset{CH_3}{C}}H_2 \xrightarrow{CH_3CH_2OH} (CH_3)_2C=CHCH_3 + (CH_3)_2C-CH_2CH_3$$
$$\underset{OCH_2CH_3}{} \qquad (3\text{-}44)$$

反应首先形成伯碳正离子，进而甲基由 2 位迁移至 1 位，形成稳定性较高的叔碳正离子。

$C_6H_5C(CH_3)_2CH_2Cl$ 溶剂分解比新戊基氯快得多，缘于苯环迁移有效分散正电荷，使体系能量降低。

$$\bigcirc\text{-}\underset{CH_3}{\overset{CH_3}{C}}\text{-}CH_2\text{-}Cl \longrightarrow \underset{CH_3}{\overset{CH_3}{C}}\text{-}CH_2 \longrightarrow (CH_3)_2\overset{+}{C}\text{-}CH_2 \qquad (3\text{-}45)$$

分子内亲电重排多发生在苯环，如联苯胺重排、N-取代苯胺的重排和羟基的迁移等。在酸作用下，氢化偶氮苯重排为联苯胺：

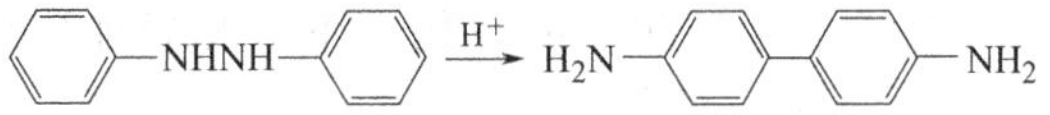

$$\text{(3-46)}$$

亚硝基的迁移属亲电性重排：

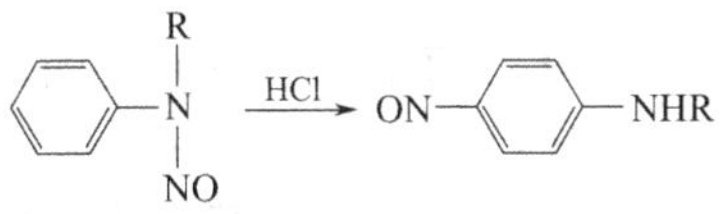

$$\text{(3-47)}$$

稀硫酸作用下苯基羟胺的 OH^- 迁移至芳环，生成氨基酚：

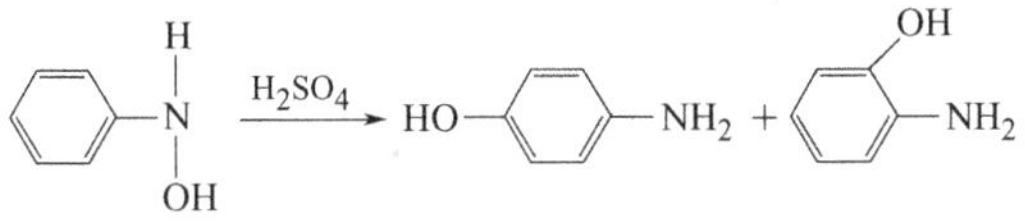

$$\text{(3-48)}$$

2. 分子间的重排

在盐酸作用下，N-氯代乙酰苯胺的重排：

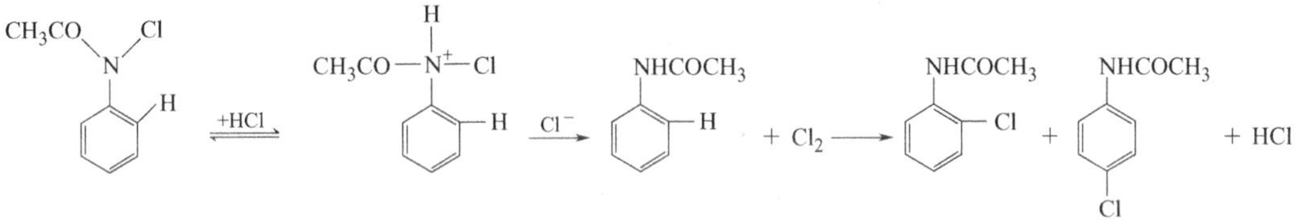

$$\text{(3-49)}$$

五、氧化-还原反应

氧化反应指增加氧原子或减少氢原子的化学过程，还原反应则是增加氢原子或减少氧原子的化学过程。或使有机化合物分子中碳原子失去电子，碳原子总的氧化值增高的反应为氧化反应；反之为还原反应。

碳原子的氧化值，根据与其相连的各种原子的不同电负性来确定。碳原子与碳原子相连，C—C 键中的氧化值为 0；碳原子与氢原子相连，碳原子的电负性高于氢原子，C—H 键中的氧化值为 1；若碳原子与卤素原子、氧原子或氮原子相连接，由于碳原子的电负性低于卤素原子、氧原子或氮原子的电负性，故 C—X 键中的氧化值为 1。由反应物到产物，氧化值升高的反应为氧化反应；由反应物到产物，氧化值降低的反应则为还原反应。例如：

$$CH_3CH_2OH \longrightarrow CH_3COOH \tag{3-50}$$

反应物乙醇和产物乙酸的氧化值，计算如下：

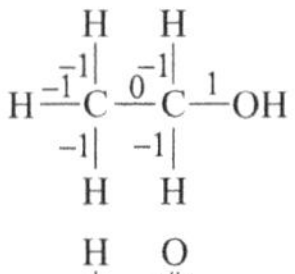

$$
\begin{aligned}
\text{乙醇氧化值} &= C^1 \text{氧化值} + C^2 \text{氧化值} \\
&= [-1+1+(-1)+0] + [-1+(-1)+(-1)+0] \\
&= -1+(-3) = -4
\end{aligned}
$$

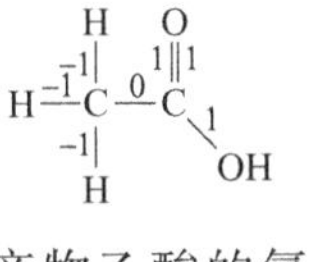

$$
\begin{aligned}
\text{乙酸氧化值} &= C^1 \text{氧化值} + C^2 \text{氧化值} \\
&= [1+1+1+0] + [-1+(-1)+(-1)+0] \\
&= +3+(-3) = 0
\end{aligned}
$$

产物乙酸的氧化值（氧化值为 0）高于反应物乙醇氧化值（氧化值为 -4），故此反应为一氧化反应。

有机化合物的结构不同，其氧化性能亦不同。烯烃和炔烃比烷烃容易氧化；芳香烃由于分子中的苯环比较稳定，故不易氧化，但其侧链容易氧化；醇类可氧化为醛或酮，叔醇不容易氧化；醛与酮比较，醛类容易氧化。

六、自由基反应

自由基反应是一类重要的反应。通过自由基反应，可形成 C—X、C—O、C—S、C—N

和 C—C 键。例如，卤素对烷烃或芳烃侧链的卤化、不饱和烃加成卤化、直链烷烃磺氧化和磺氯化、烃类的空气液相氧化、烯烃聚合等。

1. 自由基反应

共价键均裂，成键的一对电子均分给两个原子或原子团，形成各带一个电子的自由基：

$$A : B \longrightarrow A \cdot + B \cdot \tag{3-51}$$

自由基是活性中间体，很少能稳定存在。自由基反应一经引发，迅速进行，反应包括链引发、链增长和链终止步骤。例如，甲烷氯化：

链引发

$$Cl_2 \longrightarrow 2Cl \cdot \tag{3-52}$$

链增长

$$Cl \cdot + CH_4 \longrightarrow CH_3 \cdot + HCl \tag{3-53}$$

$$CH_3 \cdot + Cl_2 \longrightarrow CH_3Cl + Cl \cdot \tag{3-54}$$

$$\cdots\cdots$$

链终止

$$Cl \cdot + Cl \cdot \longrightarrow Cl_2 \tag{3-55}$$

$$CH_3 \cdot + Cl \cdot \longrightarrow CH_3Cl \tag{3-56}$$

$$CH_3 \cdot + CH_3 \cdot \longrightarrow CH_3CH_3 \tag{3-57}$$

酚、醌、二苯胺、碘等物质能终止链反应，抑制自由基反应。

2. 自由基的形成

自由基反应需有一定量的自由基，自由基产生的方法主要有热解法、光解法和电子转移法。

① 热解法是常用方法之一，有机物受热离解产生自由基，不同化合物热离解温度不同。氯分子在 100℃ 以上热离解，具有一定速度；烃、醇、醚、醛和酮需要 800～1000℃ 离解，四甲基铅蒸气通过 600℃ 石英管，离解成甲基自由基。

$$Cl_2 \xrightarrow[\triangle]{100℃ 以上} 2Cl \cdot \tag{3-58}$$

$$(CH_3)_4Pb \xrightarrow{600℃} Pb + 4CH_3 \cdot \tag{3-59}$$

含弱键的化合物，如含—O—O—弱键的过氧化合物、含—C—N=N—C—键的偶氮类化合物，可在较低温度下形成自由基。故此类物质是常用的引发剂：

$$(C_6H_5-\overset{O}{\overset{\|}{C}}-O)_2 \xrightarrow{60\sim100℃} 2C_6H_5-\overset{O}{\overset{\|}{C}}-O \cdot \longrightarrow 2C_6H_5 \cdot + 2CO_2 \tag{3-60}$$

$$(CH_3)_2\overset{}{\underset{CN}{C}}-N=N-\overset{}{\underset{CN}{C}}(CH_3)_2 \xrightarrow{60\sim100℃} 2(CH_3)_2\overset{}{\underset{CN}{C}} \cdot + N_2 \tag{3-61}$$

② 光解可在任何温度下进行，是形成自由基的重要方法。一些化合物在适当波长光照下产生自由基：

$$Cl_2 \xrightarrow{光照} 2Cl \cdot \tag{3-62}$$

$$(CH_3)_3C-O-O-C(CH_3)_3 \xrightarrow{光照} (CH_3)_3CO \cdot \tag{3-63}$$

$$CH_3COCH_3(蒸气) \xrightarrow{光照} CH_3OC \cdot + CH_3 \cdot \tag{3-64}$$

调节光照射强度，可控制自由基产生的速度。

③ 电子转移法。重金属离子具有得失电子的性能，常用于某些过氧化物的催化分解，或促使带弱键的化合物分解产生自由基。例如，

$$H_2O_2 + Fe^{3+} \longrightarrow HO\cdot + Fe(OH)^{2+} \tag{3-65}$$

$$C_6H_5CO-O-O-COC_6H_5 + Cu^+ \longrightarrow C_6H_5COO\cdot + C_6H_5COO^- + Cu^{2+} \tag{3-66}$$

$$(CH_3)_3COOH + Co^{3+} \longrightarrow (CH_3)_3C-O-O\cdot + Co^{2+} + H^+ \tag{3-67}$$

$$(C_6H_5)_3C-Cl + Ag \longrightarrow (C_6H_5)_3C\cdot + Ag^+Cl^- \tag{3-68}$$

3. 自由基反应类型

自由基与有机分子可发生取代、加成等反应。自由基带有未配对的一个电子，当其与电子完全配对的分子反应时，一定产生一个新的自由基，或一个新的自由基和一个稳定分子。例如，

$$C_{12}H_{26} + Cl\cdot \longrightarrow C_{12}H_{25}\cdot + HCl \tag{3-69}$$

$$C_{12}H_{25}\cdot + SO_2Cl_2 \longrightarrow C_{12}H_{25}SO_2Cl + Cl\cdot \tag{3-70}$$

$$CH_3CH=CH_2 + Br\cdot \longrightarrow CH_3\overset{\cdot}{C}HCH_2Br \tag{3-71}$$

$$CH_3\overset{\cdot}{C}HCH_2Br + HBr \longrightarrow CH_3CH_2CH_2Br + Br\cdot \tag{3-72}$$

新的自由基继续与其他分子作用，自由基反应是连锁反应。

（1）偶联和歧化　两个自由基偶联成稳定分子。

$$2CH_3CH_2CH_2\cdot \longrightarrow CH_3CH_2CH_2CH_2CH_2CH_3 \tag{3-73}$$

一个自由基从另一个自由基的 β-碳上夺取一个质子，生成稳定的化合物，另一个自由基则生成不饱和化合物：

$$\underset{\underset{COOCH_3}{|}}{(CH_3)_2C}-N=N-\underset{\underset{COOCH_3}{|}}{C(CH_3)_2} \overset{\triangle}{\longrightarrow} 2\underset{\underset{COOCH_3}{|}}{(CH_3)_2C}\cdot + N_2\uparrow \tag{3-74}$$

$$2\underset{\underset{COOCH_3}{|}}{(CH_3)_2C}\cdot \longrightarrow \underset{\underset{COOCH_3}{|}}{(CH_3)_2C}-\underset{\underset{COOCH_3}{|}}{C(CH_3)_2} \tag{3-75}$$

$$\underset{\underset{COOCH_3}{|}}{(CH_3)_2C}\cdot + H-CH_2-\underset{\overset{|}{COOCH_2}}{\overset{|}{\underset{}{C}}}\cdot \longrightarrow (CH_3)_2CHCOOCH_3 + CH_2=\overset{\overset{CH_3}{|}}{C}-COOCH_3 \tag{3-76}$$

（2）碎裂和重排　自由基碎裂成一个稳定分子和一个新的自由基。

$$R-COO\cdot \longrightarrow R\cdot + CO_2 \tag{3-77}$$

$$(CH_3)_3C-O\cdot \longrightarrow (CH_3)_2C=O + CH_3\cdot \tag{3-78}$$

$$RCF_2CF_2CF_2CF_2 \longrightarrow R\cdot + 2F_2C=CF_2 \tag{3-79}$$

少数情况，还可能发生重排：

$$[(C_6H_5)_3CCH_2COO]_2 \overset{\triangle}{\longrightarrow} 2(C_6H_5)_2CCH_2C_6H_5 + 2C \tag{3-80}$$

（3）氧化还原反应　自由基与适当的氧化剂或还原剂作用，氧化成正离子或还原成负离子。

$$HO\cdot + Fe^{2+} \longrightarrow HO^- + Fe^{3+} \tag{3-81}$$

$$Ar\cdot + Cu^+ \longrightarrow Ar^+ + Cu \tag{3-82}$$

无论是何种类型反应，一般要求：

① 反应选择性较高，产物单一，容易分离提纯，原子利用率高，对环境不造成危害；

② 原料价廉易得，来源丰富、供应方便；

③ 使用无毒、无害或低毒、危害性小的原料、溶剂和催化剂等；

④ 反应条件温和，工艺简单易行，操作安全简便。

第三节 有机合成的溶剂

溶剂是有机合成不可或缺的物料，溶剂不仅影响合成反应的效率，还关系着工艺的复杂性和生产的成本。

一、溶剂的类别

可作为溶剂的物质很多，其分类方法也有多种。根据溶剂是否具有极性和能否给出质子，一般分为极性质子溶剂、极性非质子溶剂、非极性质子溶剂和非极性非质子溶剂。

（1）极性质子溶剂 水、醇等。此类溶剂介电常数大，极性强，具有能电离的质子，能与负离子或强电负性元素形成氢键，对负离子产生较强的溶剂化作用。故极性质子溶剂有利于共价键的异裂，可加速大多数离子型反应。

（2）极性非质子溶剂 介电常数大于15，偶极矩大于2.5D，具有较强的极性，一般其分子中的氢与碳原子相连，C—H键结合牢固，难以给出质子，又称偶极非质子溶剂或惰性质子溶剂。此类溶剂一般含有负电性的氧原子（C＝O、S＝O、P＝O），氧原子无空间障碍，故对正离子有很强的溶剂化作用；此类溶剂的正电性部分一般包藏在分子内部，难以对负离子产生溶剂化作用。常用的有 N,N-二甲基甲酰胺（DMF）、二甲基亚砜（DMSO）、四甲基砜、碳酸乙二醇酯（CEG）、六甲基磷酰三胺（HMPA）、丙酮、乙腈、硝基烷等。

（3）非极性质子溶剂 如叔丁醇、异戊醇等醇类，其羟基质子可被活泼金属置换，极性很弱。

（4）非极性非质子溶剂 其介电常数一般在8以内，偶极矩在0～2D，在溶液中既不能给出质子，极性又很弱，如一些烃类和醚类化合物等。

表3-5是一些常见的溶剂的物性参数。

表 3-5 溶剂的分类及其物性参数

	质子溶剂			非质子溶剂		
	名称	介电常数 ε(25℃)	偶极矩 μ/D	名称	介电常数 ε(25℃)	偶极矩 μ/D
极 性	水	78.29	1.84	乙腈	37.50	3.47
	甲酸	58.50	1.82	二甲基甲酰胺	37.00	3.90
	甲醇	32.70	1.72	丙酮	20.70	2.89
	乙醇	24.55	1.75	硝基苯	34.82	4.07
	异丙醇	19.92	1.68	六甲基磷酰三胺	29.60	5.60
	正丁醇	17.51	1.77	二甲基亚砜	48.90	3.90
	乙二醇	38.66	2.20	环丁砜	44.00	4.80
非 极 性	异戊醇	14.7	1.84	乙二醇二甲醚	7.20	1.73
	叔丁醇	12.47	1.68	乙酸乙酯	6.01	1.90
	苯甲醇	13.10	1.68	乙醚	4.34	1.34
	仲戊醇	13.82	1.68	二烷	2.21	0.46
	乙二醇单丁醚	9.30	2.08	苯	2.28	0
				环己烷	2.02	0
				正己烷	1.88	0.085

水、酸、醇等质子性溶剂含易取代氢原子，可与分子或离子发生氢键结合，产生溶剂化作用。非质子性溶剂不含易取代氢原子，主要靠偶极或范德华力的相互作用产生溶剂化作用。这类溶剂主要有：醚类，如乙醚、甲乙醚、四氢呋喃、二噁烷等；酮类，如丙酮、环己酮等；芳烃类，如苯、甲苯、氯苯、硝基苯等；卤代烃类，如氯仿、二氯乙烷、四氯化碳

等；烃类，如正己烷、环己烷、汽油、石油醚等；酯类，如乙酸乙酯、乙酸丁酯等；杂环类，如吡啶等。

二、溶剂的作用

溶剂的作用是多方面的，主要表现在溶解底物和反应试剂，使反应体系具有良好的流动性，有利于质量和热量传递，便于有机合成反应的操作和控制。溶剂能改变反应速率，抑制副反应，影响反应历程、反应方向和立体化学。

例如，1-溴辛烷和氰化钠水溶液混合物，在100℃下两星期也不反应，原因是溴代烃不溶于水，底物与试剂不能充分接触而无反应；若以醇为溶剂，反应虽能进行，但反应速率缓慢，收率低；若用 N,N-二甲基甲酰胺做溶剂，反应速率比以醇为溶剂时快 10^5 倍。

溶剂和反应物（溶质）分子间的相互作用力主要有库仑力即静电引力，包括离子-离子力、离子-偶极力；范德华力即内聚力，包括偶极-偶极力、偶极-诱导偶极力、瞬时偶极-诱导偶极力；专一性力，包括氢键缔合作用、电子对给体与其受体的作用、溶剂化作用、离子化作用、离解作用和憎溶剂作用等。

一般，质子性溶剂可通过形成氢键，使负离子及碱性基团强烈溶剂化而影响反应活性，而非质子性溶剂则无此作用。偶极非质子性溶剂的正极常常深藏于分子的内部，不易使负离子或碱性基溶剂化，而其负极往往裸露于分子表面，可使与负离子配对的正离子溶剂化，故有利于负离子或碱性分子作为进攻试剂的反应。因此，选择使用合适的溶剂对于提高反应速率和收率有着重要意义。

三、溶剂选用原则

选用溶剂的原则是：

① 化学性质稳定，不参与反应，不影响催化剂活性，无腐蚀或腐蚀性小，贮存稳定性好；

② 毒性小、无毒或低毒，使用安全，若须使用高毒性溶剂，可采用混合溶剂（用低毒溶剂代替部分高毒性溶剂）；

③ 良好的溶解性，以降低溶剂用量；

④ 挥发性小，损耗少，不影响产品质量；

⑤ 易于分离回收，便于循环使用；

⑥ 来源广泛、价廉易得。

有机溶剂具有良好的溶解性，但易燃、易挥发，其蒸气在空气中达到一定浓度有爆炸危险，多数有机溶剂对人身健康和生态环境有危害性，使用有机溶剂必须采取安全防范措施。水是环境友好、价廉无害的溶剂，应尽可能以水为溶剂。但水对有机物的溶解性差。因此，开发使用无毒或低毒溶剂是有机合成的方向。

离子液体是近年来积极研究和发展、替代有机溶剂的绿色溶剂，具有无味、无恶臭、无污染、难燃、易与产物分离、易回收、可循环使用、环境友好等优点。

离子液体由含氮、磷的有机正离子和大的无机负离子组成，$-100 \sim 200℃$ 呈液态，一般不会形成蒸气，使用过程不产生有害气体；具有良好的热稳定性和导电性，是有机物和高分子材料、大多数无机物的优良溶剂。离子液体表现出酸性及超强酸性质，不仅可作为溶剂，而且可作为和某些反应的催化剂。离子液体价格相对便宜，多数离子液体对水稳定，容易在水相中制备，在聚合反应、选择性烷基化、胺化、酰基化、酯化反应、重排反应、室温和常压下的催化加氢、烯烃的环氧化反应、电化学合成、支链脂肪酸的制备等方面得到应用。

第四节 有机合成的催化剂

催化是现代化学合成的重要手段之一。催化剂可提高反应速率和选择性、改进合成条件、开发新的反应过程、减少或消除污染、降低能耗。

一、催化剂及其特征

反应的进行需要一定数量的活化分子。1mol 分子变为活化分子所需能量称为活化能 E（kJ/mol）。催化剂可与反应物形成不稳定中间物或中间配合物，降低活化能，反应沿能量最低的途径进行。例如，

非催化反应 $\qquad\qquad A+B \Longleftrightarrow AB^{\neq} \longrightarrow C+D \qquad\qquad (3-83)$

催化反应 $\qquad\qquad A+K \underset{k_2}{\overset{k_1}{\rightleftharpoons}} AK \qquad\qquad (3-84)$

$$AK+B \overset{k_3}{\longrightarrow} ABK^{\neq} \overset{k_4}{\longrightarrow} C+D+K \qquad\qquad (3-85)$$

式中，A、B 为反应物；C、D 为生成物；K 为催化剂；AK 为中间物；$AB^{\neq}$、$ABK^{\neq}$ 为活化配合物。催化与非催化反应的能量示意如图 3-1 所示。催化剂与反应物生成活化配合物所需能量较低，降低了反应活化能，提高反应速率。催化与非催化反应的活化能比较见表 3-6。

表 3-6 非催化与催化反应活化能的比较

反　　应	活化能(E_a)/(kJ/mol)		催化剂
	非催化	催化	
$2H_2O_2 \longrightarrow 2H_2O+O_2$	75.3	59 50.2 25	I^- 胶体 Pt 酶
$2HI \longrightarrow H_2+I_2$	184	105 59	Au Pt
$2N_2O \longrightarrow 2N_2+O_2$	248	121 136	Au Pt
$2NH_3 \longrightarrow N_2+3H_2$	326	163	W

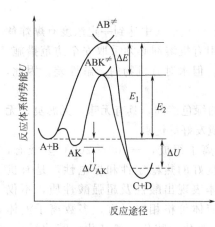

图 3-1 催化与非催化反应的能量
E_1—非催化反应的活化能；
E_2—催化反应的活化能

催化剂的基本特征如下。

① 参与反应，改变反应途径，反应前后性质和数量不发生变化。

② 不改变化学平衡状态，能缩短反应达到平衡的时间。

③ 特定选择性。性质不同的催化剂，只加速特定反应。例如甲酸以 Al_2O_3 为催化剂，仅发生脱水反应；用 ZnO 作催化剂，则发生脱氢反应。

④ 不同的催化剂，所需要的条件不同。例如乙醇脱氢生产乙醛，铜只有在 $200 \sim 250℃$，才表现出催化活性。

催化剂按其状态分，有液体催化剂和固体催化剂；按使用条件下的物态分，有金属催化剂、氧化物催化剂、硫化物催化剂、酸或碱催化剂、配位催化剂、生

物酶催化剂等。按在有机合成中的应用分，有氧化、脱氢、加氢、裂化、聚合、烷基化、酰基化、卤化、羰基化、水合等催化剂；按催化反应体系分，有均相催化剂和非均相催化剂。

二、酸碱催化剂

酸碱催化即通过质子传递或授受电子对完成催化过程。

广义而言，凡是接受电子对而成键的离子或分子称酸；凡是给予电子对而成键的离子或分子称碱。按路易斯（Lewis）定义，酸是电子对的接收体，碱是电子对的给予体。

根据酸碱性质分，可分为布朗斯特酸碱（Brönstaed 酸碱，B 酸、B 碱）即质子酸碱和路易斯酸碱（Lewis 酸碱，L 酸、L 碱）。布朗斯特酸，如 H_2SO_4、HCl、H_3PO_4、CH_3COOH、$CH_3C_6H_4SO_3H$ 等；布朗斯特碱，如 $NaOH$、$NaOC_2H_5$、NH_3、RNH_2 等；路易斯酸，如 $AlCl_3$、BF_3 等。B 酸与 L 酸结合是酸强度很高的超强酸催化剂，酸和碱协同作用称酸-碱双功能催化剂。

酸碱催化剂有液体和固体之分。酸催化剂包括液体酸、酸性配合物、硅铝酸盐、酸性氧化物等；碱催化剂包括液体碱、碱土金属氧化物等。

酸碱催化剂用于淀粉水解、烯烃水合、醇类酯化、烃类裂解、异构化、歧化、烷基化、聚合等。

传统酸碱催化剂多是水溶性强酸或强碱，其腐蚀性强，不能重复使用，"三废"排放带来的环境污染问题严重。固体酸碱作为新型催化材料，其应用日益受到重视。固体超强酸指固体的表面酸强度，比 100% 硫酸更强的酸。主要有锆系（SO_4^{2-}/ZrO_2）、钛系（SO_4^{2-}/TiO_2）、铁系（SO_4^{2-}/Fe_3O_4），金属氧化物为促进剂的超强酸，如 WO_3/Fe_3O_4、WO_3/SnO_2、WO_3/TiO_2、MoO_3/ZrO_2 和 B_2O_3/ZrO_2 等。

固体超强酸对异构化、酯化、酰化、烷基化、缩合、聚合等酸催化反应，具有较好的反应活性和选择性，而且耐高温、无"三废"排放、容易分离，是环境友好的催化剂。

杂多酸是由两种以上的无机含氧酸缩合而成，其酸性弱于 SO_4^{2-}/TiO_2、SO_4^{2-}/ZrO_2，强于分子筛，具有缩聚、水解、热分解、置换等性能。通过改变其中心原子、配位原子和阳离子，引起杂多酸分子结构机组成变化，可调节杂多酸的酸性和氧化还原性，以适应不同的催化体系。杂多酸在结构上分 Keggin 型、Anderson 型、Silver 型、Waugh 型和 Dawson 型。杂多酸催化反应主要有烷基化、缩合、酯化和开环聚合等。

固体超强碱指碱强度在 26 以上的物质，将 KCO_3 或 KNO_3 固载于氧化铝表面而制得，主要有碱金属氧化物、碱土金属氧化物和氢氧化物、负载型碱金属及碱金属氢氧化物等。固体超强碱的催化活性高、使用条件温和、腐蚀性小，容易分离，在许多有机合成中得到应用，如烯烃的双键转移反应、烷基苯的侧链烷基化反应。

三、固体催化剂

固体催化剂是具有催化功能的多孔性颗粒状或粉末状物质，由活性组分、助催化剂、载体构成。

① 活性组分是具有催化作用的物质，可以是单一物质，如用于催化加氢的 Ni 组分；也可以是混合物，如用于催化裂化的 SiO_2-Al_2O_3。

② 助催化剂主要是一些碱金属、碱土金属及其化合物、非金属元素及其化合物。单独存在无催化活性，若以少量添加于催化剂，可明显提高催化剂活性、选择性和稳定性。

③ 载体是负载活性组分、助催化剂的多孔性物质，提供适宜的孔结构以增加催化表面，具有足够的机械强度、导热性和热稳定性。

固体催化剂性能不仅取决于物质结构和组成，还与制备方法、处理过程与活化条件有关。催化剂性能的指标主要有活性、选择性、寿命和比表面积等。

固体催化剂作用有多种理论解释。一般认为，固体催化剂表面的特定部位具有催化作用，该特定部位称活性中心。催化剂活性中心对反应物分子特定基团产生化学吸附，在催化剂表面形成活化配合物，该活化配合物可与另一个或另一种未被吸附的反应物分子作用，在催化剂表面生成产物分子；或是两种反应物分子分别被催化剂表面相邻的活性中心吸附，形成两个相邻的活化配合物，而后相邻的两个活化配合物相互作用，生成产物分子。例如，烯烃催化加氢反应：

$$RCHCHR + H_2 \xrightarrow{\text{固体催化剂}} RCH_2CH_2R \qquad (3\text{-}86)$$

固体催化剂催化加氢反应过程如图 3-2 所示。

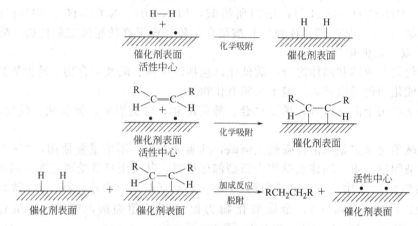

图 3-2　固体催化剂催化加氢反应示意图

固体催化剂的非均相催化反应过程，一般包括：

① 反应物分子向催化剂外表面扩散；
② 反应物分子由催化剂外表面向其内表面扩散；
③ 反应物分子被催化剂表面活性吸附，形成活化配合物；
④ 催化剂表面的活化配合物转化为产物仍吸附于催化剂表面；
⑤ 吸附在催化剂表面的产物分子从催化剂表面脱附；
⑥ 脱附的产物分子由催化剂内表面向其外表面扩散；
⑦ 产物分子由催化剂表面扩散至流体主体。

①、②和⑥、⑦是物理传递过程，③、④和⑤为表面化学过程。影响物理过程的因素，主要是反应物或产物性质、浓度和流动速度，催化剂结构、形状、尺寸、比表面积，反应温度和压力等；影响表面化学过程的因素，主要是催化剂组成及其性能，反应物浓度及其停留时间，反应温度和压力等。

四、相转移催化剂

相转移催化剂（phase transfer catalysis，PTC），可使互不相溶的反应物由一相转移至另一相的物质，如季鎓盐类、聚醚类等。

季鎓盐类由 N、P、As 等元素组成，如季铵盐、季磷盐、季砷盐。季磷盐、季砷盐价格昂贵、制备困难，仅限于实验室使用；季铵盐毒性小、易制备、价格低，使用广泛。常用季铵盐如苄基三乙基氯化铵 $[C_6H_5—CH_2N^+(C_2H_5)_3 \cdot Cl^-]$、三辛基甲基氯化铵 $[(C_8H_{17})_3N^+CH_3 \cdot Cl^-]$、四丁基硫酸氢铵 $[(C_4H_9)_4N^+ \cdot HSO_4^-]$ 等。季铵盐的季铵阳离子烷基碳数越多，其亲油性越好，一般总碳数在 12~25；季铵盐的阴离子，亲水性较强的是 Cl^- 和 HSO_4^-。由于卤代烷与叔胺可形成季铵盐，故卤代烷为反应物时，可以叔胺为相转移催化剂。季铵盐热稳定性较差，不宜在较高温度下使用，多用于液-液相反应过程。

聚醚类可将水相的阳离子转移到有机相，或在无水或微水状态下将固态离子转移到有机相，适用于液-固或液-液相反应。聚醚有开链聚醚和环状冠醚，环状冠醚是特殊结构的大环多醚化合物，能配合溶液中的阳离子，形成（伪）有机正离子，如图 3-3 所示。

(a) 18-冠醚-6的伪有机正离子　　(b) 18-冠醚-6的有机正离子

图 3-3　冠醚的（伪）有机正离子

环状冠醚催化效果好，毒性大、价格高，常用的有 15-冠-5、二苯并冠-5、18-冠-6、二苯并冠-6、二环己基并冠-6 等。

开链聚醚类，如聚乙二醇、聚氧乙烯脂肪醇和聚氧乙烯烷基酚等，可与金属离子形成配合物，不受孔穴大小的限制，无毒、价廉、蒸气压小、易制备，具有反应条件温和、操作简便及产率较高等优点，是冠醚理想替代品。

具有相转移功能的季铵盐或聚醚类，键联在高分子（聚苯乙烯）材料上，形成不溶于溶剂的固体相转移催化剂。在反应体系呈互不相溶的三相，故称三相催化剂。三相催化剂可定量回收，重复使用，产物易分离，操作简便，宜于连续化生产，但催化活性较低，所需条件较强。

相转移催化剂已成功用于卤化、烷化、酰化、羧基化、酯化、醚化、氰基化、缩合、加成、氧化、还原等过程。相转移催化过程条件温和、操作简便、反应时间短、收率高、产品纯度高，得到广泛应用。

五、过渡金属催化剂

过渡金属催化剂指过渡金属的可溶性配合物催化剂，即过渡金属原子与配位体形成的催化剂，该催化剂与反应物分子发生配位作用而使其活化，又称均相配位催化剂。

过渡金属元素，铜系有 Ti、V、Cr、Mn、Fe、Co、Ni、Cu 等；银系有 Mo、Ru、Rh、Pd、Ag 等；金系有 W、Re、Ir、Pt 等。在能量特征和几何形状上，过渡金属原子有 9 个适于成键的轨道，即 1 个 s 轨道、3 个 p 轨道、5 个 d 轨道。在一定条件下，9 个成键轨道能与 9 个配位体成键。

配位体是提供电子与过渡金属原子成键的给电子体，如 Cl^-、Br^-、H_2O、NH_3、$P(C_6H_5)_3$、C_2H_5、CO 等。根据配位体给电子能力和成键方式分：单电子配位体，如氢、甲基、乙基、丙基和氯基等；双电子配位体，如一氧化碳（其中碳原子）、单烯烃（其中双键的 2 个 π 电子）、胺类（其中氮原子）、膦类（其中磷原子）、氰基（其中碳原子）等；三电子配位体，如 π-1-甲基烯丙基（其中的 1 对 π 电子和相邻碳原子上的 1 个电子）；四电子配位体如共轭二烯烃（2 个双键的 4 个 π 电子）；五电子配位体，如 π-环戊二烯基（π-环戊环中 4 个 π 电子和 1 个未成对电子）；六电子配位体，如 π-芳基（苯环中的 6 个 π 电子）。

配位催化剂有仅含过渡金属的配合物，如烯烃加氢催化剂 $RhCl[P(C_6H_5)_3]_3$；含过渡金属及典型金属的配合物，如 Ziegler-Natta 定向聚合催化剂 $TiCl-Al(C_2H_5)_2Cl$；电子接受（EDA）配合物，如蒽钠及石墨-碱金属的夹层化合物。

过渡金属配合物或配合离子为多面体构型，金属原子位于中心，配位体在其周围，配位体与金属原子结合键为配位键。过渡金属原子参与反应，配位体具有调整活性、选择性和稳定性作用。反应物分子通过配位体，与配位催化剂中的金属原子配位活化、配位体交换、配位体离解（与配位物催化剂的金属脱配）、配位体向金属—C 和金属—H 键插入等步骤循环进行。

配位催化剂广泛用于烯烃氧化、氢甲酰化、聚合、加氢、加成、甲醇羰基化、烷烃氧化、芳烃氧化和酯交换等。

本 章 小 结

一、有机合成的化学基础

1. 有机物分子骨架与官能团

（1）官能团（取代基）的定位效应

（2）官能团的位置异构

2. 电子效应与空间效应

共价键的本质、电负性、诱导效应、共轭效应。

3. 反应试剂

离子型反应试剂、元素有机化合物、自由基试剂。

二、有机合成反应类型

1. 加成反应

不饱和化合物的亲电加成、羰基化合物的亲核加成、自由基加成。

2. 取代反应

芳香族取代反应、脂肪族取代反应

3. 消除反应

β-消除反应、α-消除反应。

4. 重排反应

分子内的重排、分子间的重排。

5. 氧化-还原反应

6. 自由基反应

（1）自由基的形成

（2）自由基反应类型

7. 反应的一般要求

① 选择性高，产物单一，易分离提纯，原子利用率高，无环境危害。

② 原料价廉易得，来源丰富、供应方便。

③ 使用无毒、无害或低毒、危害性小的原料、溶剂和催化剂。

④ 条件温和，工艺简单易行，操作安全简便。

三、有机合成的溶剂

1. 溶剂的类别

极性质子溶剂、极性非质子溶剂、非极性质子溶剂、非极性非质子溶剂。

2. 溶剂的作用

① 溶解底物和反应试剂，以使体系流动性良好，有利传质传热，便于操控。

② 改变反应速率，抑制副反应，影响反应历程、反应方向和立体化学。

3. 溶剂选用原则

① 化学性质稳定，不参与反应，不影响催化剂活性，无或很少腐蚀。

② 无毒或低毒，使用安全。

③ 良好的溶解性，以降低溶剂用量。

④ 挥发性小，损耗少，不影响产品质量。

⑤ 易分离回收，循环使用。

⑥ 来源广泛，价廉易得。

四、有机合成的催化剂

1. 催化剂基本特征

① 参与反应，改变反应途径，反应前后性质和数量不发生变化。

② 不改变化学平衡状态，能缩短反应达到平衡的时间。

③ 特定选择性。性质不同的催化剂，只加速特定反应。

④ 不同的催化剂，所需要的条件不同。

2. 催化剂类别、特点及应用

酸碱催化剂、固体催化剂、相转移催化剂、过渡金属（均相配位）催化剂。

3. 固体催化剂组成及性能表征指标

（1）活性组分、助催化剂及载体

（2）活性、选择性、寿命、比表面积

4. 气-固非均相催化反应的基本过程

① 反应物分子向催化剂外表面扩散。

② 反应物分子由催化剂外表面向其内表面扩散。

③ 反应物分子被催化剂表面活性吸附，形成活化配合物。

④ 催化剂表面的活化配合物转化为产物仍吸附于催化剂表面。

⑤ 吸附在催化剂表面的产物分子从催化剂表面脱附。

⑥ 脱附的产物分子由催化剂内表面向其外表面扩散。

⑦ 产物分子由催化剂表面扩散至流体主体。

复习与思考

1. 选择题

（1）（　　）是可以再生的自然资源。

A. 煤 　　　　　　　B. 农副产品 　　　　　C. 石油 　　　　　　D. 天然气

（2）下列有机化合物中的（　　）是具有某种特定功能或用途的精细化工产品。

A. 丙烯 　　　　　　　　　　　　　　　B. 丁二烯

C. 乙酸 　　　　　　　　　　　　　　　D. 邻苯二甲酸二异辛酯

（3）分子结构中具有（　　）官能团的有机化合物，通常称之为羧酸。

A. $-NO_2$ 　　　　B. $-COOH$ 　　　C. $-CHO$ 　　　D. $-SO_3H$

（4）有机化合物分子中的（　　）基团具有吸电子诱导效应。

A. 氨基 　　　　　B. 羟基 　　　　　C. 烷基 　　　　　D. 硝基

（5）下列物质中的（　　）可为亲核反应试剂。

A. 氯气 　　　　　B. 烷基正离子 　　　C. 氨 　　　　　D. 硝酰正离子

（6）下列因素中的（　　）为影响有机合成的化学因素。

A. 原料配比 　　　B. 反应温度 　　　C. 底物浓度 　　　D. 底物的化学结构

（7）溶剂（　　）是非质子性溶剂。

A. 水 　　　　　　B. 乙酸 　　　　　C. 甲醇 　　　　　D. 甲苯

2. 判断题

（1）官能团不同，有机化合物性质不同。 　　　　　　　　　　　　　　　　　（　　）

（2）有机化合物大多不溶于水，热稳定性比较差，易燃易爆，具有刺激性和毒害性。 （　　）

（3）键能是原子间形成共价键释放的能量，键能不同，物质的稳定程度相同。 　　（　　）

（4）有机物分子中的碳碳双键或叁键，不属于官能团范畴。　　　　　　　　（　　）

（5）共价键本质是两个原子或原子团共享电子对的电子云的重叠。　　　　　（　　）

（6）底物是引入、消除或转换官能团的母体，化学结构一般比较复杂。　　　（　　）

（7）电子效应包括诱导效应、共轭效应和空间效应。　　　　　　　　　　　（　　）

（8）取代基是通过电子效应和空间效应影响反应中心的活性。　　　　　　　（　　）

（9）能够提供电子与底物形成共价键的试剂是亲核试剂。　　　　　　　　　（　　）

（10）可与分子或离子发生氢键结合，产生溶剂化作用的物质为非质子性溶剂。（　　）

3. 简答题

（1）举一、二例说明什么是反应底物、试剂和产物。

（2）举一、二例说明取代基的电子诱导效应。

（3）举一、二例说明亲电试剂、亲核试剂。

（4）举一、二例说明可极化或极化共价键的分子。

（5）按产物类型或试剂分，有机合成反应分为哪几类？举例说明。

（6）有机合成对反应有哪些基本要求。

（7）选用反应溶剂的基本原则是什么？

（8）催化剂有哪些基本特征？

第四章　有机合成工艺基础

>>> **学习指南**

　　本章是有机合成常用工艺知识，包括化学计量、转化率、收率、选择性、合成效率、催化剂、化学反应器等。通过本章教学，使学生能进行有机合成的转化率、选择性、收率等工艺计算，能运用合成反应效率、环境因子、生产能力与生产强度、化学反应器等知识，对有机合成过程进行分析，以便控制和优化有机合成工艺过程。

第一节　化学工艺基础知识

一、化学计量学知识

1. 化学计量方程

化学计量方程表示参加化学反应的底物、试剂等各物质量变化的关系。例如，氨合成反应的计量方程：

$$N_2 + 3H_2 = 2NH_3 \tag{4-1}$$

式(4-1)表示反应每转化 1mol N_2 的同时，消耗 3mol H_2，生成 2mol NH_3。式中各组分前的数值为相应组分的计量系数。

通常，反应物计量系数定为负数，产物计量系数定为正数，式(4-1)的一般形式为：

$$2NH_3 - N_2 - 3H_2 = 0 \tag{4-2}$$

化学计量方程表示了由反应引起的各个参与反应的物质之间的变化关系。

单一反应体系，一个化学计量方程即可表示反应体系各个组分物质量的关系；复合反应体系，需要两个以上的化学计量方程，才能确定组分物质量的关系。例如，

$$CO + 2H_2 = CH_3OH \tag{4-3}$$

$$CO + 3H_2 = CH_4 + H_2O \tag{4-4}$$

化学计量方程表达了是什么底物和试剂参加了反应，生成了什么产物；还表示了各反应物、生成物之间量的比例关系。

2. 反应物摩尔比

化学计量系数是化学反应中各元素或化合物之间的比例系数，配平的化学方程中反应物及产物的系数，又称化学计量比。化学计量比反映参与反应的物质（包括反应物与反应产物）数量的比例。同一反应，化学方程写法不同，各反应组分的化学计量系数也不同，但其比例不变。

反应物摩尔比，指投入反应器的底物和试剂等反应物的物质的量比。反应物摩尔比可与化学计量系数之比相同，等于化学计量之比；也可不等于化学计量系数之比。反应物摩尔比一般不等于化学计量比。

3. 限量物与过量物

以最小化学计量比为基准投（配）料的反应物称"限制反应物"，简称限量物。通常，限量物是化学加工程度较深或难以由市场获得的底物、或价格较为昂贵的反应试剂。

投（配）料比超过化学计量系数的反应物，称"过量反应物"简称过量物。通常，以廉价易得的反应试剂或底物为过量反应物，过量的目的之一是使限量物反应完全。有时根据反应或

工艺要求确定，苯硝化生产硝基苯，苯与硝酸摩尔比为 1：1.01，硝酸为过量物，苯为限量物；为避免苯多硝化，常以苯为过量物，硝酸作限量物，苯和硝酸的摩尔比则为1：0.98。

4. 物料配比与过量百分数

过量反应物超过限制反应物所需理论量的部分占所需理论量的百分数，称"过量百分数"。N_e 表示过量反应物的物质的量，N_t 表示过量物与限量物完全反应所消耗的物质的量，则过量百分数为：

$$过量百分数 = \frac{N_e - N_t}{N_t} \times 100\% \tag{4-5}$$

例如，氯苯二硝化生产二硝基氯苯：

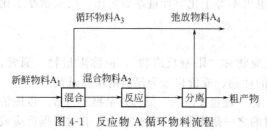

$$\tag{4-6}$$

氯苯为限量物，硝酸为过量物，计算其化学计量比、投料摩尔比、投料化学计量数以及过量百分数，见下表。

反应物	化学计量系数	投(配)料量/mol	配料摩尔比	投料化学计量比
氯苯	1	5.00	1	5
硝酸	2	10.70	2.14	5.35

$$硝酸过量百分数 = \frac{5.35 - 5}{5} \times 100\% = \frac{2.14 - 2}{2} \times 100\% = 7\%$$

二、转化率、选择性与收率

转化率、选择性和收率是衡量有机合成反应效率的主要指标。

1. 转化率

转化率指某一反应物 A 参加反应转化掉的量，占该反应物投入量的百分数，以符号"x_A"表示，下标 A 通常是指限制反应物，其定义式为：

$$x_A = \frac{反应物\ A\ 参加反应转化的量}{反应物\ A\ 投入的总量} \times 100\% \tag{4-7}$$

或写成：

$$x_A = \frac{N_{A,R}}{N_{A,in}} = \frac{N_{A,in} - N_{A,out}}{N_{A,in}} \times 100\% \tag{4-8}$$

式中　　$N_{A,R}$——反应物 A 转化的量，kmol；

　　　　$N_{A,in}$——反应物 A 进入反应器或反应起始时的量，kmol；

　　　　$N_{A,out}$——反应物离开反应器或反应终了时的量，kmol。

转化率表示反应物转化的程度，转化率越大，反应物转化的数量越多。同一反应体系，反应物不止一个，以不同反应组分表示的转化率，数值可能不同。因此，必须指明何种反应物的转化率。为使反应组分中价值较高的底物尽可能转化完全，常以限制反应物表示某反应的转化率。

转化率的计算，需确定反应物的起始状态。间歇操作，以反应开始时投入反应器某反应物的量为起始量。连续操作，以反应器进口某反应物的量为起始量。对循环过程如图 4-1 所示，有单程转化率和全程转化率之分。反应物一次通过反应器，参加反应的某

图 4-1　反应物 A 循环物料流程

反应物量占进入反应器的该反应物总量的百分数称单程转化率。反应原料进入反应系统到离开该系统所达到的转化率,称全程转化率或总转化率。

2. 选择性

有机合成反应,常伴有生成副产物的副反应。选择性指某反应物生成目的产物消耗的量占总反应量的百分数,以符号"S"表示:

$$S = \frac{\frac{a}{p}N_P}{N_{A,in} - N_{A,out}} \times 100\% \tag{4-9}$$

式中 N_P——目的产物 P 的物质的量,kmol;

$\frac{a}{p}$——反应物 A 的化学计量系数与目的产物 P 的化学计量系数之比。

也可表示为:

$$S = \frac{实际所得的目的产物量}{按某反应物的转化总量计算所得到的目的产物理论量} \times 100\% \tag{4-10}$$

选择性反映了主、副反应进行的程度,选择性越高,反应体系中主反应所占比例越高。原料转化率越高,目的产物的产量也越大。选择性是衡量合成反应效率的重要指标。

3. 收率

收率指生成目的产物所消耗某反应物的量与该反应物投入总量的百分比,用符号"y_P"表示,下标 P 表示目的产物。

$$y_P = \frac{\frac{a}{p}N_P}{N_{A,in}} \times 100\% \tag{4-11}$$

若反应物 A 全部生成目的产物 P,则 $S=1$,即收率在数值上等于转化率;当有副产物生成时,$S<1$,则收率 y_P 小于转化率 x。

【例 4-1】 乙烷裂解生产乙烯,进入反应器的原料流量为 8000kg/h,离开反应器的物料流量:乙烷为 4000kg/h,乙烯为 3200kg/h。计算乙烷裂解反应的转化率、乙烯的选择性及收率。

解
$$CH_3CH_3 \longrightarrow CH_2 = CH_2 + H_2$$
$$\quad 30 \qquad\qquad 28$$

乙烷转化率:$x = \dfrac{8000-4000}{8000} \times 100\% = 50\%$

乙烯选择性:$S = \dfrac{3200 \times 30}{28 \times 4000} \times 100\% = 85.7\%$

乙烯收率:$y = 50\% \times 85.7\% \times 100\% = 42.9\%$

【例 4-2】 丙烷裂解生产丙烯,丙烷处理量为 3000kg/h,丙烷单程转化率为 70%,丙烯选择性为 96%,计算丙烯的产量。

解 丙烯产量 $= 3000 \times 70\% \times 96\% \times 42/44 = 1924.4$(kg/h)

收率综合考虑了反应物总转化量、转化为目的产物所消耗的反应物量,转化率 x、选择性 S、收率 y_P 三者的关系为:

$$y_P = xS \tag{4-12}$$

质量收率是指投入的单位质量原料,获得的目的产物的质量:

$$质量收率(y_m) = \frac{目的产物的质量}{投入的某原料质量} \tag{4-13}$$

三、合成反应效率

最大限度地利用资源,使原料分子的原子百分之百转变成产物,无废弃物排放,从源头上阻止环境污染，这就要求实现"原子经济"反应。

1. 原子利用率

原子利用率是衡量"原子经济"反应的参量。

$$原子利用率 = \frac{预期产物的分子量}{反应物质的原子量之和} \times 100\% \tag{4-14}$$

原子利用率越高，废弃物产生越少；原子利用率为100%时，原料分子中原子100%转化为产物，即原料和产物分子含相同的原子，原料分子的每个原子得到最大限度的利用，废弃物"零排放"，从源头上消除了污染，节约不可再生资源。

例如，环氧乙烷生产，氯乙醇法和直接氧化法的原子利用率差别较大。

氯乙醇法：

$$CH_2CH_2 + Cl_2 + H_2O \longrightarrow ClCH_2CH_2OH + HCl \tag{4-15}$$

$$2ClCH_2CH_2OH + Ca(OH)_2 \longrightarrow 2CH_2{-}CH_2 + CaCl_2 + 2H_2O \atop \qquad\qquad\qquad\qquad\qquad\quad \backslash O \diagup \tag{4-16}$$

总反应式：

$$CH_2CH_2 + Cl_2 + Ca(OH)_2 \longrightarrow CH_2{-}CH_2 + CaCl_2 + H_2O \atop \qquad\qquad\qquad\qquad\qquad\qquad\quad \backslash O \diagup \tag{4-17}$$

直接氧化法：

$$CH_2CH_2 + \frac{1}{2}O_2 \xrightarrow{\text{银催化剂}} CH_2{-}CH_2 \atop \qquad\qquad\qquad\qquad\qquad \backslash O \diagup \tag{4-18}$$

氯醇法的原子利用率 $= 44/(28+71+74) \times 100\% = 25.43\%$，有氯化钙等生成。

直接氧化法的原子利用率 $= 44/(28+16) \times 100\% = 100.00\%$，无废弃物产生。

2. 环境因子（E）

环境因子是生产过程对环境的影响程度的参量，相对于每一种化工产品而言，目标产物以外的任何产物都是废弃物：

$$E = \frac{废物的质量}{目的产物的质量} \tag{4-19}$$

例如，环氧乙烷生产的环境因子：

氯醇法 $E = (18+111)/44 \times 100\% = 2.93\%$

直接氧化法 $E = 0/44 \times 100\% = 0.00\%$

环境因子数值越大，过程产生的废物越多，资源浪费和环境污染也越严重；环境因子为零，原子利用率为100%。不同化工行业的环境因子见表4-1。

一般，化学加工程度越深，生产步骤越多，产品越复杂精细，原子利用率越低、环境因子 E 值也就越大。

表 4-1 不同化工行业的环境因子

化工行业	生产规模/kg	环境因子 E
石油炼制	$10^9 \sim 10^{11}$	0.1
基本化工	$10^7 \sim 10^9$	$1 \sim 5$
精细化工	$10^5 \sim 10^7$	$5 \sim 50$
制药	$10^4 \sim 10^6$	$25 \sim 100$

四、原材料消耗定额

原材料消耗定额指每生产1t产品，各种原材料的消耗量（t）。原材料包括原料、辅料以及燃料等。消耗定额越低，生产成本越低，能耗越低。

原材料消耗定额分理论消耗定额和实际消耗定额。理论消耗定额是生产单位产品，原料消耗的理论值，以化学计量系数为基础的计算值。实际生产中，由于副反应的消耗和工艺损耗，原材料实际消耗大于理论消耗。理论消耗定额与实际消耗定额之比为原料的利用率。

$$原料的利用率 = \frac{理论消耗定额}{实际消耗定额} \times 100\% \tag{4-20}$$

改良催化剂、改进工艺条件（物料配比、温度、压力等）、改善设备条件，严格控制或加强生产管理与监督，减少跑冒滴漏等环节的损耗，采取节能减排措施，可降低原材料消耗定额，提高原材料的利用率。

【例 4-3】 苯胺用浓硫酸烘焙磺化生产对氨基苯磺酸，若投入原料苯胺 100mol，测得磺化混合物中苯胺为 2mol，对氨基苯磺酸为 87mol，其余为焦油，计算苯胺的转化率、选择性、对氨基苯磺酸的收率。苯胺纯度为 99%，对氨基苯磺酸经中和、精制等加工后的收率为 98%，计算 1t 氨基苯磺酸钠消耗苯胺的定额。

解 苯胺的转化率 x：

$$x = \frac{100-2}{100} \times 100\% = 98.00\%$$

对氨基苯磺酸的选择性 S：

$$S = \frac{\frac{1}{1} \times 87.00}{100-2} \times 100\% = 88.78\%$$

对氨基苯磺酸的收率 y：

$$y = xS = 98.00\% \times 88.78\% = 87.00\%$$

99% 原料苯胺的消耗量：

$$\frac{(100-2) \times 93}{0.99} = 9206 （kg）$$

97% 对氨基苯磺酸的产量：

$$\frac{87 \times 195 \times 98\%}{0.97} = 17140 （kg）$$

吨产品消耗苯胺的量：

$$\frac{1 \times 9206}{17140} = 0.537 （t）$$

五、生产能力与生产强度

1. 生产能力

生产能力是表征企业或装置加工能力的技术参数，即既定技术条件下，单位时间生产的产品量或处理的原料量，单位为 kg/h、t/d 或万吨/a，反映企业或装置的生产规模。

例如，年产 30 万吨合成氨装置，表示该装置一年可生产 30 万吨氨产品；年产 10 万吨甲醇装置，表示一年可生产 10 万吨甲醇产品。

若以单一原料生产多种产品时，可以年处理原料量作为生产能力的计量单位。例如，炼油厂以年加工处理原油吨位作为其生产能力。

生产能力分为设计能力、计划能力和核定能力。设计能力是根据设计文件规定的产品方案、工艺技术和设备，计算的最大年产能力。设计能力只有在投产运行后，生产技术人员熟悉工艺技术、掌握生产规律，才能达到设计能力。通过技术改造，有时实际生产能力能超过设计能力。

计划能力是企业在年度计划中，按现有生产技术条件确定的实际生产能力。计划能力反映企业目前生产规模，生产计划应与计划能力相匹配。生产计划需根据市场需求编制，可在一定范围内调整。

核定能力是根据产品结构的变化、工艺技术进步等情况，重新设计或核定的生产能力，反映了企业实际生产能力。设计能力和计划能力是企业编制长远规划和年度生产计划的重要依据。

2. 生产强度

生产强度反映了单位面积或单位体积化工生产装置或设备的生产能力。用以比较相同化学或物理加工过程的设备或装置的技术指标，其单位为 $kg/(h \cdot m^3)$、$t/(h \cdot m^3)$、$kg/(h \cdot m^2)$、$kg/(h \cdot m^2)$。生产强度高，说明装置或设备内进行的过程速率快，生产效率高。

催化反应装置常用空时收率表示生产强度。空时收率或空时得率，即单位时间，单位体积或单位质量催化剂所获得产品量，单位是 $t/(m^3 \cdot d$ 催化剂$)$ 或 $t/(h \cdot m^3$ 催化剂$)$。例如，聚乙烯醇不同方法的生产强度比较。乙烯法为 $6 \sim 8t/(m^3 \cdot d$ 催化剂$)$，天然气乙炔法为 $2 \sim 2.5t/(m^3 \cdot d$ 催化剂$)$，电石乙炔法为 $1 \sim 1.3t/(m^3 \cdot d$ 催化剂$)$。

3. 生产周期

生产周期包括生产运行、设备检修、催化剂更换等。由于装置在长期的运行过程中，设备磨损、腐蚀、侵蚀、催化剂失活等原因，需要定期检修维护、装卸更新，因此装置运行一定时间需要停车。生产周期以开工因子表示：

$$开工因子 = \frac{全年开工生产日}{365 \ 日} \tag{4-21}$$

开工因子高，表示设备先进、催化剂寿命长、生产技术成熟。由于产品、生产过程、生产技术情况、市场因素等不同，开工周期不尽相通。一般，技术成熟的连续化生产过程开工因子较高。

第二节　影响反应的主要因素

影响有机合成的因素主要有反应温度、反应物浓度、压力、物料配比、原料纯度、介质 pH 值、加料方式与次序、反应时间与终点控制、溶剂、催化剂、反应设备及传热措施等。

一、温度

温度影响化学平衡和反应速率，是影响合成反应的重要因素。对于不可逆反应，化学平衡常数与温度的关系如下：

$$\lg K = -\frac{\Delta H^{\ominus}}{2.303RT} + C \tag{4-22}$$

式中　K——反应平衡常数；

　　$\Delta H^{\ominus}$——标准反应焓差；

　　　R——气体常数，$8.319J/(mol \cdot K)$；

　　　T——反应温度，K；

　　　C——积分常数。

吸热反应的标准反应焓差 $\Delta H^{\ominus} > 0$，平衡常数 K 值随温度升高而增加，提高温度，可增大平衡产率；放热反应的标准反应焓差 $\Delta H^{\ominus} < 0$，平衡常数 K 值随温度降低而增加，降低反应温度，可提高平衡产率。

温度影响反应速率，温度 T 与反应速率常数 k 之间呈指数关系：

$$k = A\exp\left(-\frac{E_a}{RT}\right) \tag{4-23}$$

式中 k——反应速率常数；

E_a——反应活化能，J/mol；

A——比例常数。

温度越高，反应速率越快。一般，温度每升高 10°C，反应速率增加 $2\sim4$ 倍，甚至更多。

不可逆反应速率随温度的升高而加快。可逆反应速率等于正、逆向反应速率之差，称反应净速率。可逆吸热反应，净反应速率随温度升高而加快；可逆放热反应，反应净速率随温度的变化有三种情况：温度较低时，反应净速率随温度升高而增加；当温度超过某数值时，反应净速率随温度升高而降低；在这一特定温度下，反应净速率存在最大值，对应反应净速率最大值的温度，即最佳反应温度或最适宜反应温度 T_{op}。最适宜反应温度 T_{op} 的计算式为：

$$T_{op} = \frac{T_e}{1 + \dfrac{RT_e}{E_{-a} - E_a}\ln\dfrac{E_{-a}}{E_a}} \tag{4-24}$$

式中 E_a，E_{-a}——正、逆向反应活化能；

T_e——反应系统实际组成对应的平衡温度，K；

T_{op}——反应最适宜温度，K。

实际上，随着反应的进行，转化率 x 增加，反应物组成 C 下降，平衡温度 T_e、最佳反应温度 T_{op} 也随之改变。故对应于不同转化率 x，存在不同的最佳反应温度 T_{op}。反应活化能不同，最佳反应温度 T_{op} 值也不同。可逆放热反应的反应速率与温度的关系如图 4-2 所示。

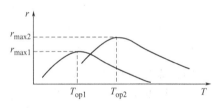

图 4-2　可逆放热反应的
反应速率与温度的关系

放热反应产生的热能若不能及时移出，会导致系统温度升高，进而加快反应速率，单位时间产生的热能增加，不仅副反应增多，甚至可能酿成事故。

对于复杂反应，反应间存在竞争。不同产物间的比例与温度等条件有关，如萘磺化：

$$\text{(4-25)}$$

$$\text{(4-26)}$$

80℃　93%

165℃　85%

二、压力

压力是影响化学平衡的重要因素。压力对液相均相、液-液和液-固相反应平衡影响较小；压力对气相均相或气液非均相反应的影响不容忽视。

对于气相物质参与的反应，压力的影响为：反应前后分子数不变，压力对平衡产率无影响；反应后分子数增多，降低压力，有利于平衡向产物方向移动，平衡产率增加；反应前后分子数减少，增加压力，则有利于平衡向产物方向移动，可提高平衡产率。

在一定压力范围内，原料中的惰性气体（如氮气）影响气相反应物分压（浓度）。降低惰性气体分压，气相反应物分压增加；惰性气体分压增加，气相反应物分压降低。

在一定压力范围内，压力增加，气相的体积减小，有利于加快反应速率；但增加压力，动力消耗随之增加，压力过大，不仅能量消耗增大，而且增加设备和运行的要求。

对于热压反应体系，系统温度越高，压力越大，降低温度可减小系统压力。

三、反应物浓度及配比

由质量作用定律可知，反应物浓度越高，反应速率越快。反应过程中，反应物逐渐转化消耗，反应物浓度、反应速率随之下降。反应初始，反应物浓度较高，反应速率较快；反应接近终了时，反应物浓度较低，反应速率较慢。

增加反应物浓度有助于加快反应速率，提高设备生产能力，减少溶剂用量。增加反应物浓度的措施：使反应物过量、改变加料方式，不断分离生成的产物或蒸出溶剂等。增加反应物浓度，必须考虑原料消耗与回收问题。

由化学平衡原理可知，反应物浓度高，有利于平衡向产物方移动，有利于提高平衡产率。提高反应物浓度的措施：气相反应，可适当为反应物增压、降低惰性组分含量；液相反应，选用高溶解度的溶剂；可逆反应，反应过程中不断从反应区域分离取出生成的产物，使反应远离平衡。将反应与分离过程的耦合，如反应-蒸馏、反应-吸收、反应-吸附、反应-膜分离等技术，可实现从反应区域分离产物的目的。

有多种反应物的反应，可使其中之一过量，采取分批、分阶段加料。适宜的反应物配比可抑制副反应，提高产品收率。

原料配比必须考虑生产的安全，特别是连续化程度较高、生产危险性较大的过程。例如，乙烯氧化生产环氧乙烷、丙烯氨氧化生产丙烯腈，其原料配比临近爆炸极限下限，反应温度临近或超过其燃点，配比一旦失调，将引起爆炸火灾事故，尤其是开停车过程。因此，严格控制物料配比十分重要。

四、原料纯度及杂质

原料纯度指原料中有效反应成分的含量，杂质指有效成分之外的其他物质。原料纯度越高，杂质含量越少。原料中杂质种类及其含量，主要取决于原料生产路线和工艺技术等因素。原料中的杂质不仅降低原料纯度，还带来反应的复杂性，影响目的反应，降低目的反应的选择性，增加后续分离负荷或困难，影响产品质量，甚至导致事故。

苯为原料氯化生产氯苯。原料中的噻吩与催化剂氯化铁易生成黑色沉淀物，不仅令催化剂失效，在产品精制中还产生氯化氢气体，腐蚀设备。当原料中的水含量大于 0.2%，苯氯化反应不能进行。工业氯气常含微量氢气，当氢气含量超过 4%，极易产生火灾或爆炸事故。

乙炔、氯化氢合成氯乙烯，氯化氢中的游离氯与乙炔反应生成的四氯乙烷极易发生爆炸，故要求氯化氢中游离氯不超过 0.005%；电石中的磷化钙遇水生成磷化氢，磷化氢遇空气燃烧导致乙炔与空气混合物爆炸，磷含量不得超过 0.08%。

因此，生产中必须考虑原料的纯度，必要时净化除去杂质避免副反应及事故。

五、加料方式与次序

加料方式与次序关系反应体系各反应物浓度，影响反应速率和选择性。重氮化反应，若亚硝酸钠加料速率过快，酸化产生亚硝酸的速率超过其重氮化的消耗速率，过量亚硝酸分解产生氧化氮气体，甚至导致火灾或爆炸事故。烷基化过程，被烷基化物、烷化剂、催化剂的加料次序颠倒，或加料速度过快，将加剧反应，甚至引起喷冒跑料，导致火灾或爆炸事故。

加料的方式和次序取决于反应动力学特征。图4-3为釜式反应器的操作方式与加料方式。

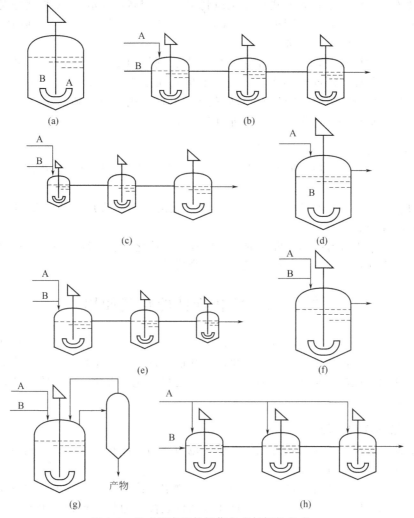

图 4-3　釜式反应器的操作方式与加料方式

图 4-3 中（a）为常见的釜式反应器间歇操作，反应物 A、B 按一定配比一次性加入釜内，反应在 A、B 较高浓度下进行。如果要求连续操作，可使多台反应釜串联。图 4-3 中（b）为三台反应釜串联连续操作，反应物 A、B 按一定配比同时加入反应器；若将三台容积不等的反应釜由小至大依次串联，如图 4-3（c）所示，反应物 A、B 同时加入反应器，第 1、2 反应釜的反应物浓度较高。

图 4-3 中（f）为单台反应釜连续操作，反应物 A、B 按配比同时连续加入反应釜，反应产物连续采出。此方式适用于 A、B 在较低浓度下进行的反应。若多台反应釜串联操作，可采用图 4-3（e）所示三台不同容积反应釜由大至小依次串联，反应物 A、B 也按配比同时加入反应釜。

图 4-3（d）为半连续操作的反应釜，反应物 B 一次加入，反应物 A 分批或连续加入。一般 A 加入速率先快后慢，因为初期反应速率较快，后期反应速率较慢，故按 A 的消耗速率控制 A 加料速率，可使反应始终在 B 浓度较高、A 浓度较低下进行。

图 4-3（g）为反应釜带分离器，可连续或半连续操作。半连续操作先将反应物 B 按配比连续加入釜内，根据反应进度，连续或分批加入反应物 A。反应后的物料经分离器分出产物后，未反应的大量 B（或 A）、少量 A（或 B）返回反应釜。

图 4-3（h）为三台反应釜串联的连续操作，反应物 B 由第 1 釜连续加入，反应物 A 连

续、分别加入 1、2、3 釜；此方式可使反应物 B 浓度较高，反应物 A 浓度相对较低，调节 A、B 物料比例，可适应反应不同要求；如要求反应物 A 浓度较高、反应物 B 浓度较低时，可改变 A、B 比例并调换进料路线。

按工艺规定次序投料，也是安全生产的要求。例如用 2,4-二氯酚、对硝基氯苯以及碱生产除草醚，三种原料须同时加入反应釜。如果先加 2,4-二氯酚和碱，可生成 2,4-二氯酚钠盐，240℃下易分解爆炸；若只加入对硝基氯苯和碱，则生成对硝基酚钠盐，200℃也易分解爆炸。为防止加料顺序错误，一般将进料阀门连锁。

六、其他因素

其他影响因素还有反应时间与终点控制、介质的 pH 值、反应设备及其传热措施、催化剂、溶剂等。

间歇过程，反应速率越快，所需时间越短；反之亦然。反应速率一定时，反应时间越长，反应物转化率越高。

反应介质的 pH 值与所选用催化剂、溶剂有关，催化剂、溶剂已在第三章中叙述过，此处不再赘述。反应设备及其传热措施见第四节合成反应器。

第三节　催化剂性能及其使用

催化剂是有机合成不可或缺的，90%以上的反应包含催化过程。按催化剂使用条件，有金属催化剂、氧化物催化剂、硫化物催化剂、酸催化剂、碱催化剂、配位催化剂、生物催化剂等。了解催化剂性能，正确使用催化剂，对于延长催化剂寿命，减少物料耗费，降低生产成本是十分必要的。

一、催化剂使用性能

催化剂性能不仅取决于其物理化学性质，也与使用方法和条件有关，其使用性能，主要有催化剂活性、选择性和寿命。

（1）活性　在反应条件（温度、压力、反应物浓度或流量）下，催化剂可使反应物转化的能力，常以某反应物的转化率表示。催化剂活性越高，原料的转化率也越高。反应条件和转化率相同时，催化剂活性越高，反应所需温度越低。

（2）选择性　在催化剂作用下，转化的某反应物中有多少转化为目的产物。催化剂的选择性越高，其效能越高，吨产品原料消耗越少，副产物也越少、后继分离工序的负荷越小。

（3）寿命　催化剂的使用期限。常以吨产品消耗催化剂量，或满足生产要求水平上使用的时间表示。

理论上催化剂可反复使用，其性质和数量反应前后均不变。实际上，由于催化剂使用条件（温度、压力、原料杂质）、受力状况、工艺操作等因素影响，催化剂的活性、选择性等性能衰退、甚至丧失。催化剂的寿命有的达数年，有的仅数月，根据生产情况需要及时补充或更新催化剂。

影响催化剂寿命的因素主要是其化学稳定性、热稳定性、力学稳定性和耐毒性等。在使用条件下，催化剂的化学组成及状态可能发生流失或变化，导致性能衰退或丧失；在热作用下，催化剂某些组分可能发生晶格转变、微晶烧结、配位化合物分解、微生物菌种和生物酶死亡，导致催化性能衰退或丧失；固体催化剂受流体作用，易破裂粉化，造成催化剂损失、反应器流动阻力增大、流动状况恶化，甚至停车；反应物料中的一些杂质，如硫、磷、砷、氯的化合物，以及铅等重金属，可使催化剂中毒，导致催化剂选择性和寿命下降，甚至丧失，故催化剂的抗毒害性十分重要。

因此，生产不仅要求催化剂性能优良，而且操作正确，严格控制生产工艺条件，避免损坏催化剂，以保持催化性能，延长其寿命。

二、催化剂的使用

催化剂使用包括催化剂装填、活化、使用、再生等。正确使用可延长催化剂寿命，减少物料耗费，降低生产成本。催化剂的使用与生产方法、工艺条件和操作关系密切。

1. 催化剂预处理

催化剂预处理又称活化，即在一定温度范围内，使催化剂活性组分恢复活性形态，各项性能指标达到生产要求。催化剂通过预处理才具有催化活性。为保证催化剂在销售、贮运过程中的稳定，使用前由生产厂家（用户）根据催化剂技术要求，在反应器中进行活化。催化剂不同，活化方法和活化时间不同。活化应严格按照技术规程进行，有的催化剂活化简单迅速，有的催化剂活化则复杂而费时。例如，合成氨催化剂 Fe_3O_4 固溶体，还原为活性 α-Fe 需要活化 5～10d。

2. 催化剂的使用

催化剂在一定温度范围才具有较强的催化作用，此温度范围，即催化剂活性温度。若温度过低，催化剂不能发挥作用；若温度过高，将导致催化剂活性丧失。

由于使用条件和操作因素的原因，催化剂活性不可能始终保持稳定状态，如温度过高，可使催化剂组织构造遭到破坏；原料中微量毒物使催化剂中毒，致使催化剂活性降低或丧失即活性衰退。例如，配位催化剂由于"超温"而失活，生物催化剂由于过热、pH 失调、杂菌污染等原因失活；固体催化剂由于超温过热，导致烧结、晶型或物相转变、原料杂质中毒、污垢覆盖等而失活。

催化剂失活的原因是多方面的，主要是过热、烧结、中毒、覆盖和堵塞等。催化剂失活，根据其能否再生复活分暂时失活和永久失活。暂时失活经再生加工可恢复活性；如经再生加工不能恢复活性，则为永久失活。

催化剂使用的基本要求：严格执行工艺规程，维持稳定的温度、压力、配料比等工艺参数，防止超温，净化处理原料，防止催化剂中毒，减少催化剂损坏的人为因素。

3. 催化剂再生

采用物理或化学的方法，恢复催化剂活性的加工过程叫做催化剂再生。这些加工过程消除催化效能衰退的因素，如除去催化剂表面存留有害物质、覆盖的污垢，内、外表面的沉积物或孔隙堵塞，恢复催化剂固有组成和状态。例如，氯化汞是乙炔、氯化氢合成氯乙烯的催化剂，使用中常因升华而流失，可将其浸渍在氯化汞溶液中予以补充，使之再生。石油加工铂重整、催裂化的催化剂，通过烧去催化剂表面的积炭，可恢复其活性。

三、催化剂的贮运

催化剂的价格较贵、易受污染，为避免在贮存和运输途中受到污染和破坏，一般存放在密封贮器，保持一定存贮温度，避免变质；有的需要隔绝空气，例如骨架镍催化剂要求贮存液体中，有的需在氮气氛围中装填，否则容易氧化失活并引起燃烧。颗粒状催化剂的贮运应避免冲撞，防止破损。如有破损，使用前应筛分，除去碎粒和粉尘。

催化剂装填应按催化剂技术规程要求进行，避免破损、不均匀分布。固定床反应器的装填应用装填料斗将颗粒均匀填入，确保床层空隙率均匀，使填装后各列管压力降相同，以保证物流均匀分布。

催化剂选用不仅要考虑其对工艺的适应性，还应采用结构合理的反应器。

第四节　合成反应器

反应器是实现合成反应的关键装置或设备，工业要求反应器具有：

① 足够的反应容积，以保证生产任务；

② 适宜的结构形式，以适应反应过程要求；

③ 足够的传热面积，以利于反应温度控制；

④ 足够的机械强度和耐腐蚀性能，以满足反应条件的要求；

⑤ 良好的安全性，便于操作控制、制造、安装与维修。

一、反应器的操作方式

1. 间歇操作

间歇操作又称分批操作，所需原料一次性投入反应器，升温、反应一定时间、降温或降压、一次性卸出物料、清洗，继续下一批次操作，呈周期性操作。生产周期由生产时间 τ 和非生产时间 τ' 构成。生产时间（τ）是原料转化为产物所需的时间；非生产时间是装料、卸料、清洗及检查设备等操作所需的时间。

间歇操作特征是反应器内物料组成、温度和压强等参数均随时间变化。

间歇式操作采用的反应器几乎都是釜式反应器，又称反应釜或反应锅。间歇操作灵活，适用于化学反应速率较慢、生产批量小、品种多的过程，尤适宜小批量、多品种的精细化工行业，如染料、医药、农药等。

2. 连续操作

连续操作指物料连续不断输入反应器，反应产物连续不断从反应器输出。连续操作采用的反应器称连续反应器或流动反应器，例如固定床、流化床、管式反应器。连续操作流动反应器内的物料浓度、温度等参数不随时间变化，而随其位置改变。

连续操作反应器具有产品质量稳定、劳动生产率高、便于实现机械化和自动化等优点，适合于大规模、连续化生产。

3. 半连续（半间歇）操作

半连续（半间歇）操作指原料或产物之一为连续输入或输出，其余物料分批加入或卸出的操作。如图 4-3(a) 所示，物料 A 分批加入，物料 B 连续加入或将某一产物连续引出。半连续操作既有连续流动的物料，又有分批加入或卸出的物料，具有连续操作和间歇操作的某些特征。半连续操作反应器内物料组成既随时间变化，也随位置改变。

管式反应器、釜式反应器、塔式反应器以及固定床反应器均可采用半连续操作。

二、合成反应器类型

合成反应器主要类型有釜式反应器、管式反应器、塔式反应器、固定床反应器和流化床反应器等。

1. 釜式反应器

如图 4-4 所示，釜式反应器由壳体、搅拌器和换热装置等组成。搅拌器有多种形式，可使物料均匀混合，强化传热、传质。换热装置是移出或供给反应热，维持适宜的反应温度的设置，常用夹套、釜内蛇管或列管换热器、釜外蒸汽冷凝回流换热

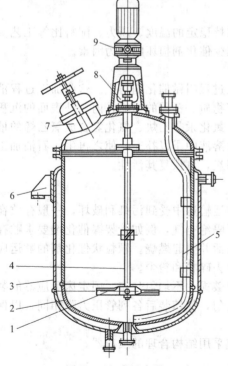

图 4-4 釜式反应器

1—搅拌器；2—罐体；3—夹套；4—搅拌轴；
5—压出管；6—支座；7—人孔；
8—轴封；9—传动装置

器等。

釜式反应器可用于液相均相反应，液-液、气-液和气-液-固等非均相反应；适应性强，可间歇操作，也可连续操作，投资少，便于操作。

2. 管式反应器

管式反应器如图 4-5 所示，可承受较高压力，适合加压反应，如油脂或脂肪酸加氢生产高碳醇、裂解反应，主要用于气相或液相连续反应。

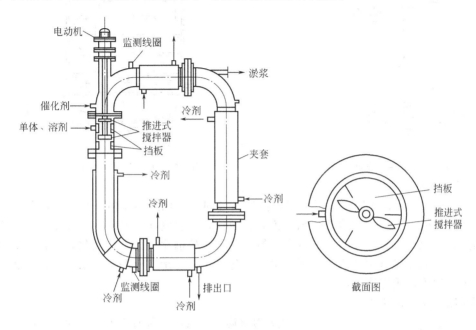

图 4-5　管式聚合反应器

管式反应器容积效率高，物料返混程度小，适用转化率要求较高或有串联副反应的场合，可实现分段温度控制。

3. 塔式反应器

塔式反应器的类型及特点见表 4-2。

图 4-6 为鼓泡塔反应器，气体以鼓泡形式通过液相区进行反应。有机化合物的氧化、石蜡和芳烃的氯化等反应，多采用鼓泡塔反应器。

表 4-2　塔式反应器类型及特点

类型	运行方式	传质	优点	缺点	反应方式
填料塔	气液逆流通过填料形成的同一通道，连续运行	传质良好，随填料类型和气液流量变化	运行范围广可耐受强腐蚀性物系。易堵塞	昂贵，难以维持温度分布。易堵塞	气或液相传质控制
板式塔	液体和气体逆流通过塔板，连续运行	传质良好，与气体质量而定的界面面积成比例	运行范围广，易清洗	昂贵、设计复杂、易堵塞	适合慢反应、中间停留容积和大液体容积
鼓泡塔	气体扩散成气泡，上升穿过液柱，连续顺流或逆流，交替逆流，或反复逆或顺流运行，可以是半连续操作	低传质，传质表面较小	低能耗	喷头易堵塞，气泡分布不均，混合差。接触时间长	要求大液体容积受反应速率控制的物系

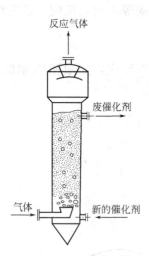

图 4-6 鼓泡塔反应器

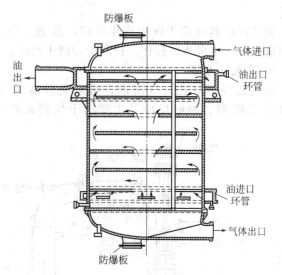

图 4-7 列管式固定床反应器

4. 固定床反应器

图 4-7 所示为列管式固定床反应器，流体通过固体催化剂颗粒构成的床层进行反应的设备，流体为气体反应物，固体催化剂不仅有颗粒状，也有网状、蜂窝状、纤维状，气固两相在床内进行催化反应。例如，氮加氢合成氨、二氧化硫催化氧化、一氧化碳变换、烃蒸气催化转化、乙苯催化脱氢制苯乙烯、邻二甲苯催化氧化制邻苯二甲酸酐、乙烯催化氧化生产环氧乙烷等，均采用固定床反应器。

固定床反应器的优点：

① 物料返混程度小，流体与催化剂可进行有效接触，对于串联反应可获得较高选择性；

② 催化剂机械损耗小；

③ 结构简单。

缺点：

① 传热性能差，反应放热量很大时，温度易失控，超过允许范围；

② 运行过程不能更换催化剂，不适于催化剂频繁再生的过程。

5. 流化床反应器

固体颗粒受流体（气体或液体）作用，处于悬浮运动状态称为固体流态化。固体流态化技术用于气-固相催化反应或液-固相反应过程的设备称为流化床反应器，如图 4-8 所示。

流化床有两种形式：

① 具有固体物料连续进料和出料装置，用于固相加工过程或催化剂迅速失活的流体相加工过程，如催化裂化过程，催化剂几分钟内显著失活，需要不断分离后进行再生；

② 无固体物料连续进料和出料装置，用于固体颗粒性状在相当长时间（如半年或一年）内，不发生明显变化

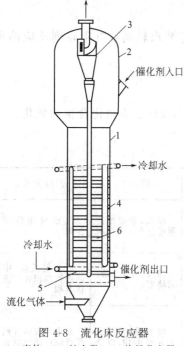

图 4-8 流化床反应器

1—壳体；2—扩大段；3—旋风分离器；
4—换热管；5—气体分布器；
6—内部构件

的反应过程。

与固定床反应器相比，流化床反应器的特点为：

① 固体物料可连续输入和输出；

② 床层具有良好的传热性能，床层内部温度均匀，易于控制，适于强放热反应；

③ 气体反应不完全，物料返混程度大，影响反应效率和选择性；不宜用于单程转化率要求高的反应。

三、反应釜操作与控制

根据反应特点和要求，反应釜有绝热、变温和等温操作。生产中多为变温或等温间歇操作为主，其操作过程如下。

① 清洗与检查，清洗罐内，重点检查罐体及釜底阀、加料阀、放空阀等工艺阀门是否有效，封头及其垫圈是否严密；真空或压力系统、事故槽及气管线、配料和高位计量系统、卸料及后处理回收系统等，加热及冷却系统是否完备。

② 氮气置换及氮气氛围保护。

③ 备料与投料。

④ 升温，按工艺规程，缓慢升高系统温度，避免骤然升高温度。

⑤ 保温反应，系统维持一定压力，按工艺规程保持一定时间。

⑥ 系统降温、降压，按工艺规程，应缓慢降温降压，避免骤冷。

⑦ 卸料及后处理。

反应釜操控的基本要求如下。

① 按工艺规定浓度、配比、批量和方式投料，保持物料进、出平衡。

② 根据反应进程和状态（如温度、压力、时间及现象），控制加料速率和加料量，按工艺规程维持加料速率稳定。

③ 保持冷却散热系统的有效，控制系统温度、压力等参数在规定的安全范围内，保持放（吸）热与移（供）热平衡。

④ 保持搅拌有效且速度恒定，防止搅拌桨叶脱落、停转，尤其是硝化、磺化等非均相放热反应过程。

⑤ 保持冷凝液回流，维持系统压力稳定和气、液相平衡。

⑥ 卸料前应先降至一定压力，注意捕集回收气态物料，避免喷冒事故，需要氮气保护的，应先打开氮气保护系统，事先置换。

四、反应过程的危险性

正常反应过程是在受控的反应器内进行，反应物、中间体、产物及反应过程均处于规定的温度、压力等安全范围内。如果某些原因使条件发生变化，将导致反应失控，致使温度升高、压力增大而无法控制，进而发生喷料、设备损坏，甚至燃烧、爆炸，称为反应过程的主要危险。

反应过程失控是指反应放热使系统温度升高，在经历了一个"放热反应加速—温度再升高"，超过反应器冷却能力的控制极限、恶性循环之后，反应物、产物受热分解产生大量气体物质，系统压力急剧升高，导致喷料、反应器破坏，甚至燃烧、爆炸。反应过程的失控是十分危险的。

反应过程失控的原因既有物料、设备、作业环境、工艺条件等工程技术方面的原因，也有人的行为、管理方面的因素。间歇过程反应失控事故案例的统计分析见表4-3。

表4-3虽不能包括导致反应失控的所有因素，但具有一定的代表性。由表可见，掌握反应物质与过程的热性质、控制热能释放与移出，是反应过程控制的主要问题。

表 4-3　造成反应过程失控的原因及其比例

失控原因	比例/%	内　　　　容
工艺化学问题	29	①生成物反应性强,热稳定性差,容易发生二次放热反应 ②与规模效应、加料速度、氧化等副反应有关的放热速度事先评价不够 ③对微量杂质等引起的催化作用评价不够
温度控制问题	19	①反应器加热系统不良,例如加热蒸汽的压力、加热时间指示有误 ②温度指示系统不良,例如传感器位置不当、指示不准等 ③冷却系统不良,例如温度、环境不当
搅拌问题	10	搅拌不良,造成物料积累,传热恶化;搅拌突然停止运转等
加料问题	21	①原料和催化剂加料量与加料速度不当 ②加错物料
维护保养问题	15	①加热冷却蛇管渗漏 ②通气(风)管等管路堵塞 ③反应器不洁,诱导异常反应
人为误操问题	6	①放出未反应完全的物料 ②投料顺序不适当 ③误读操作工艺规程等

反应物质与过程的热性质包括物质的热容量、热导率等物理性质,反应热效应、绝热温升、产生气体物质的量、密闭容器的最大压力等热力学参数,反应速率、指前因子、活化能、反应级数、放热速率、压力升高速度、到达最大反应速率的时间、开始放热(分解)的温度等动力学参数。

五、反应失控的临界条件

如果将反应热 ΔH 视为常数,反应放热速率 Q_R 为:

$$Q_R = \Delta H(dc/dt) = \Delta H A c^n \exp(-E/RT) \tag{4-27}$$

式中　Q_R——反应放热速率,kJ/h;

ΔH——化学反应热效应,kJ/mol;

E——反应活化能,kJ/mol;

R——通用气体常数;

T——反应温度,K。

反应放热速率 Q_R 与反应温度 T 呈指数关系增大,如图 4-9 中的曲线 L 所示。若该反应发生在绝热系统,最终将导致反应失控甚至热爆炸,故反应器均配有冷却散热装置,其冷却散热速率为:

$$Q_C = KA(T - T_a) \tag{4-28}$$

式中　Q_C——冷却散热速率,kJ/h;

K——总传热系数,kJ/(m²·K·h);

A——传热面积,m²;

T——反应系统温度,K;

T_a——冷却介质温度,K。

冷却散热速率 Q_C 与温度 T 为直线关系,直线斜率为 KA。斜率一定时,冷却直线随冷却介质温度 T_a 平行移动,如图 4-9 中直线Ⅰ和Ⅲ所示;若改变斜率 KA,如图 4-9 中直线Ⅱ所示。

在冷却Ⅰ条件下,曲线 L 与直线Ⅰ相交于 A 和 B,在交点反应系统处于热平衡状态 $Q_R = Q_C$,生产可平稳进行。如果在 A 点操作,反应系统温度稍有波动,均可自动恢复到 A 点。若在 B 操作,温度向下波动时系统可自动恢复到 A 点;若温度向上波动时,系统将发展为热失控,故 B 点不能应用于生产。但在 A 点操作系统温度低,反应速率较慢,生产效率低，生产周期长。改善的办法有两个：一是，降低冷却介质循环量（即减小 KA），如冷却直线 Ⅱ 所示，于是运转温度由 A 点升至 A' 点，危险温度由 B 点降至 B' 点；二是，不改变循环量，而是提高冷却介质温度 T_a，其极限只能到 T_a'，即 T_a' 是能够保证系统稳定运转冷却介质的上限温度，其相应的冷却直线如图 4-9 中直线 Ⅲ 所示。冷却直线 Ⅲ 与放热曲线 L 仅有一个交点（切点）C，对应的系统温度为 T_{NR}'。在 C 点操作，如果系统温度向下波动，可自动恢复至 C 点，若系统温度向上波动，将发展为失控。故 T_{NR}' 为不稳定的热平衡温度，又称之为热失控温度，或热失控临界温度。化工过程中，T_{NR}' 是热安全（或热危险）的一个十分重要的参数。

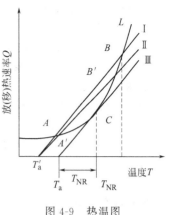

图 4-9 热温图

根据放热速率方程和冷却散热速率方程，结合 C 点的几何性质，经数学处理得热失控临界温度 T_{NR} 计算式：

$$T_{NR} = T_a + \frac{RT_a^2}{E} \tag{4-29}$$

式(4-29)表明反应热失控临界温度取决于反应特性（E）和冷却介质温度（T_a）。

若令 $\Delta T_{NR} = T_{NR} - T_a$，则有

$$\Delta T_{NR} = \frac{RT_a^2}{E} \tag{4-30}$$

式中，ΔT_{NR} 为临界温度差。应用式(4-30)可以判定热失控是否发生。若 $\Delta T_{NR} > RT_a^2/E$，热失控将发生；若 $\Delta T_{NR} < RT_a^2/E$，热失控则不会发生。

本 章 小 结

一、化学工艺基础知识

1. 化学计量学知识与概念

(1) 化学计量方程的意义及应用

(2) 反应物摩尔比

(3) 限量物与过量物

(4) 物料配比与过量百分数

2. 转化率、选择性与收率

3. 合成反应效率

(1) 原子利用率

(2) 环境因子

4. 原材料消耗定额

5. 生产能力与生产强度

生产能力、生产强度及生产周期的意义与应用。

二、影响反应的主要因素

1. 反应温度

2. 反应压力

3. 反应物浓度及配比

4. 原料纯度及杂质

5. 加料方式与次序

6. 其他因素

三、催化剂性能及其使用

1. 催化剂活性、选择性、寿命等使用性能指标的意义

2. 催化剂使用

(1) 催化剂的暂时失活和永久失活

(2) 活化、使用、再生

3. 催化剂的贮运注意事项

四、合成反应器

1. 反应器的操作方式

间歇操作、连续操作、半连续（半间歇）操作的特点与应用。

2. 合成反应器类型

釜式、管式、塔式、固定床及流化床等反应器结构特征与应用。

3. 反应釜操作与控制

(1) 反应釜间歇操作的基本过程

(2) 釜式反应器操控的基本要求

4. 反应过程的危险性

反应过程危险性的主要表现和原因。

5. 反应失控的临界条件

$$T_{NR} = T_a + \frac{RT_a^2}{E} \qquad \Delta T_{NR} = \frac{RT_a^2}{E}$$

复习与思考

1. 选择题

(1) 衡量生产过程对环境的影响程度的参量是（　　）

A. 生产能力　　　　B. 转化率　　　　C. 生产强度　　　　D. 环境因子

(2) 对于液相均相或液-液非均相反应，一般采用（　　）。

A. 流化床　　　　B. 鼓泡塔　　　　C. 搅拌釜　　　　D. 固定床

(3) 间歇操作过程，反应物浓度（　　）。

A. 随时间降低　　B. 随空间位置降低　　C. 随空间位置增加　　D. 随时间增加

(4) 化工行业中（　　）行业的环境因子 E 最大。

A. 基本化工　　　　B. 制药　　　　C. 精细化工　　　　D. 石油炼制

(5) 按现有生产技术条件确定的年度实际（　　）

A. 生产能力　　　　B. 核定能力　　　　C. 设计能力　　　　D. 计划能力

(6) 一般，反应温度每升高10℃，反应速率增加（　　），甚至更多。

A. 1倍　　　　B. 50%　　　　C. 2～4倍　　　　D. 10倍

2. 判断题

(1) 限制反应物是以最小化学计量比为基准配料的反应物。（　　）

(2) 反应物过量的目的，仅使限量物反应完全。（　　）

(3) 原材料消耗定额，不包括生产所需燃料。（　　）

(4) E 值越小，原子利用率越高，资源利用越合理、生产过程废物越少。（　　）

(5) 一个化学计量方程即可确定复合反应体系各组分物质的关系。（　　）

(6) 在硝基苯生产中，苯∶硝酸=1∶0.98（摩尔比），苯是限量物。（　　）

(7) 同一反应体系，不同反应组分表示的转化率，其数值可能不同。（　　）

(8) 选择性是主反应在体系中所占比例。（　　）

(9) 反应原料从进入反应系统到离开该系统所达到的转化率，称单程转化率。（　　）

(10) 生产强度反映了单位面积或单位体积化工生产装置或设备的生产能力。（　　）

(11) 热压反应体系，温度越高，系统压力越大，降低温度，可减小系统压力。（　　）

3. 简答题

(1) 有机合成的物理影响因素主要有哪些？

(2) 工业生产对合成反应器的基本要求有哪些？

(3) 有机合成中，转化率、选择性和收率的意义是什么？

(4) 单程转化率和全程转化率有何区别？

(5) 催化剂失活的原因有哪些？

(6) 催化剂使用前为什么要活化？

(7) 什么是原子经济反应，其意义如何？

(8) 工业生产对反应器有哪些要求？

(9) 釜式反应器有哪些特点？

(10) 反应釜操控的基本要求是什么？

(11) 反应釜间歇操作的基本过程包括哪些内容？

(12) 反应釜主要由哪些部分构成？

(13) 反应过程的主要危险是什么？如何防范？

(14) 简要论述加料方式对反应的影响。

(15) 比较固定床与流化床反应器。

4. 计算题

(1) 乙烷裂解生产乙烯，已知乙烷单程转化率 60%，100kg 进入裂解器的乙烷得 46.4kg 乙烯，分离后乙烷大部分循环，产物中除乙烯及其他气体外尚有 4kg 乙烷，计算乙烯选择性、乙烷全程转化率、乙烯单程收率和全程收率。

(2) 乙炔加成生产氯乙烯：$C_2H_2 + HCl \longrightarrow CH_2 = CHCl$

氯化氢过量 10%，反应器出口氯乙烯含量为 90%（摩尔分数），计算乙炔和氯化氢的转化率。

(3) 乙烯催化氧化生产环氧乙烷：

$$2C_2H_4 + O_2 =\!=\!= 2C_2H_4O$$
$$C_2H_4 + 3O_2 =\!=\!= 2CO_2 + 2H_2O$$

反应器进口气体组成（摩尔分数）：C_2H_4 15%、CO_2 10%、O_2 7%、Ar 12%，其余为 N_2。出口气体中 C_2H_4 和 O_2 摩尔分数为 13.1% 和 4.8%。计算乙烯转化率、环氧乙烷收率和选择性。

(4) 以无水乙醇为原料，催化脱氢生产乙醛，主副反应如下：

$$C_2H_5OH \longrightarrow CH_3CHO + H_2$$
$$2C_2H_5OH \longrightarrow CH_3COOC_2H_5 + 2H_2$$

若乙醇转化率 95%，乙醛收率 80%，计算反应器出口气体组成。

(5) 甲醇在常压催化氧化脱氢生产甲醛，其主要反应如下：

$$CH_3OH + O_2 \longrightarrow HCHO + H_2O$$
$$CH_3OH \longrightarrow HCHO + H_2$$
$$CH_3OH + 1.5O_2 \longrightarrow CO_2 + 2H_2O$$

已知甲醇：空气＝1:1.3（摩尔比），温度 600K。产物经冷凝，分离出液态甲醛、水和甲醇，不冷凝气体组成为 6.3% O_2、66.1% N_2、25.9% H_2、1.7% CO_2（均为体积分数）。计算反应器出口混合气体组成。

第五章 硝化及亚硝化

>>> **学习指南**

硝化主要是以芳烃及其衍生物为原料，使用硝酸、混酸等硝化剂，生产硝基芳烃及其衍生物的操作。通过本章学习，了解硝化意义及用途；熟悉常用硝化剂和工业硝化方法；理解硝化原理及主要影响因素；掌握非均相混酸硝化工艺、设备和安全技术。

第一节 概　　述

一、硝化及硝化剂

1. 硝化

硝化是使用硝化剂和硝化设备，在被硝化物分子中引入硝基（—NO_2），制造硝基化合物的化学过程。被硝化物为碳氢化合物及其衍生物，即硝化生产原料。脂肪烃及其衍生物硝化仅限于硝基甲烷、硝基乙烷、1-和2-硝基丙烷等。工业广泛应用芳烃及其衍生物硝化，以硝基取代芳环或芳杂环上的氢原子，制造硝基芳烃及其衍生物：

$$ArH + HNO_3 \longrightarrow ArNO_2 + H_2O \tag{5-1}$$

在芳环上引入硝基的目的：

① 使其进一步转化成氨基生产芳胺；

② 利用硝基的极性活化芳环上其他的取代基，以利于其进一步反应；

③ 赋予化学品特定性能，如加深染料的颜色、产生特殊香气、具有药理作用。

硝基芳烃及其还原产物是有机合成的重要原料，如硝基苯、硝基甲苯和硝基氯苯、芳胺等是合成染料的中间体。硝基烷烃是优良的溶剂，对纤维素化合物、聚氯乙烯、聚酰胺、环氧树脂等具有良好的溶解性，也可用于溶剂添加剂和燃料添加剂；也可作为有机合成原料，合成羟胺、三羟甲基硝基甲烷、炸药、医药、农药和表面活性剂等。一些硝基化合物用于合成炸药，如 2,4,6-三硝基甲苯（TNT）。一些重要的硝化产品见表 5-1。

表 5-1　一些重要的硝化产品

硝化产品	硝化原料	方法	主要用途
硝基苯	苯	混酸硝化法	苯胺和聚氨酯、染料、农药、医药、香料溶剂等
硝基甲苯	甲苯	混酸硝化法	
2-硝基萘	萘	混酸硝化法	
1-硝基蒽醌	蒽醌	混酸硝化法	
硝基酚	苯酚	硝酸硝化法	
硝基氯苯	氯苯	混酸硝化法	

2. 硝化剂

硝化剂是可产生硝酰正离子（N^+O_2）的化学物质，以硝酸或氮的氧化物（N_2O_5、N_2O_4）为主体，与强酸（H_2SO_4、$HClO_4$ 等）、有机溶剂（CH_3CN、CH_3COOH 等）或路易斯酸（三氟化硼、氯化铁等）组成。

工业硝化剂，常用不同浓度的硝酸、硝酸与硫酸混合物、硝酸盐和硫酸、硝酸的醋酐或醋酸溶液等。

（1）硝酸　纯硝酸、发烟硝酸以及浓硝酸主要以分子态存在。$75\%\sim95\%$ 的硝酸中有 99.9% 的呈分子态，纯硝酸有 96% 以上的呈分子态，只有 3.5% 左右硝酸离解为硝酰正离子 N^+O_2。

$$2HNO_3 \rightleftharpoons H_2NO_3^+ + NO_3^- \tag{5-2}$$

$$H_2NO_3^+ \rightleftharpoons H_2O + N^+O_2 \tag{5-3}$$

由式（5-3）可见，水使平衡向左移动，不利于 N^+O_2 形成。如硝酸水分较多，如 70% 以下硝酸，按式（5-4）离解，而不能离解形成 N^+O_2 离子。

$$HNO_3 + H_2O \rightleftharpoons NO_3^- + H_3^+O \tag{5-4}$$

硝酸在较高温度下分解，产生活泼氧，故稀硝酸的氧化能力比浓硝酸强。

$$2HNO_3 \xrightleftharpoons{-H_2O} N_2O_5 \rightleftharpoons N_2O_4 + [O] \tag{5-5}$$

若以硝酸为硝化剂，硝化产生的水稀释硝酸，使硝化能力降低甚至失去。除活泼芳烃，如酚、酚醚、芳胺及稠环芳烃硝化外，较少使用硝酸硝化。

（2）混酸　混酸是浓硝酸或发烟硝酸与浓硫酸按比例组成的硝化剂。由于在硝酸中加入给质子能力强的硫酸，提高了硝酸离解为 N^+O_2 程度。

$$HNO_3 + 2H_2SO_4 \rightleftharpoons NO_2^+ + H_3^+O + 2HSO_4^- \tag{5-6}$$

例如，10% 硝酸的硫酸溶液，100% 离解成 N^+O_2；20% 溶液有 62.5% 的硝酸离解成 N^+O_2。

硫酸对水亲和力比硝酸强，可减少或避免生成水稀释硝酸，提高硝酸利用率；硝酸被硫酸稀释其氧化性降低，不易产生氧化副反应；腐蚀性降低，可使用铸铁设备。因此，混酸是广泛应用的硝化剂。

（3）硝酸盐与硫酸　常用硝酸钠、硝酸钾，硝酸盐与硫酸硝化剂，实质是无水硝酸与硫酸的混酸，二者作用生成硝酸和硫酸盐：

$$MNO_3 + H_2SO_4 \rightleftharpoons HNO_3 + MHSO_4 \tag{5-7}$$

一般，硝酸盐与硫酸配比 $(0.1\sim0.4):1$（质量比）。此配比，硝酸盐几乎全部生成 N^+O_2。此种硝化剂适合苯甲酸、对氯苯甲酸等难硝化的芳烃硝化。

（4）硝酸-醋酐溶液　硝化能力较强，可低温硝化，适用于易氧化和被混酸分解的被硝化物硝化，如芳烃及杂环化合物、不饱和烃、胺、醇及肟等的硝化。研究表明，硝酸-醋酐溶液包含 HNO_3、$H_2NO_3^+$、CH_3COONO_2、$CH_3COONO_2H^+$、N^+O_2、N_2O_5 组分。

由于醋酐良好的溶解性，硝化反应为均相；硝化剂酸性很小，易被硫酸分解的有机物可顺利硝化；硝化产生的水使醋酐水解，硝酸用量不必过量很多。

硝酸与醋酐可以任意比例混溶，常用硝酸 $10\%\sim30\%$ 的醋酐溶液。硝酸-醋酐溶液的配制，一般在使用前进行，避免放置过久产生四硝基甲烷有爆炸危险。

$$4(CH_3CO)_2O + 4HNO_3 \xrightarrow{6d} C(NO_2)_4 + 7CH_3COOH + CO_2\uparrow \tag{5-8}$$

硝酸-溶剂硝化剂，除醋酐外，还可以醋酸、四氯化碳、二氯甲烷、硝基甲烷等为溶剂。在这些溶剂中硝酸缓慢产生 N^+O_2，反应比较温和。

硝化剂可以 $X—NO_2$ 表示，$X—NO_2$ 离解产生硝酰正离子（N^+O_2）：

$$X—NO_2 \rightleftharpoons N^+O_2 + X^- \tag{5-9}$$

离解的难易程度取决于 X 的吸电子能力，X 吸电子能力越大，形成 N^+O_2 倾向亦越大，硝化能力也越强。X 的吸电子能力，可由 X^- 共轭酸的酸度表示，见表 5-2。

表 5-2　按硝化强度次序排列的硝化剂

硝化剂	硝化反应时存在的形式	X$^-$	HX
硝酸乙酯	$C_2H_5ONO_2$	$C_2H_5O^-$	C_2H_5OH
硝酸	$HONO_2$	HO^-	H_2O
硝酸-醋酐	CH_3COONO_2	CH_3COO^-	CH_3COOH
五氧化二氮	$NO_2 \cdot NO_3$	NO_3^-	HNO_3
硝酰氯	NO_2Cl	Cl^-	HCl
硝酸-硫酸	NO_2OH_2	H_2O	H_3^+
硝酰硼氟酸	NO_2BF_4	BF_4^-	HBF_4

表中所列硝化剂自上而下，其硝化能力逐渐增强，硝酸乙酯硝化能力最弱，硝酰硼氟酸硝化能力最强。

二、硝化方法

硝化方法是实施硝化的方法。根据硝基引入方式，分直接硝化法和间接硝化法。直接硝化法是以硝基取代被硝化物分子中的氢原子的方法。间接硝化法是以硝基置换被硝化物分子中的磺酸基、重氮基、卤原子等原子或基团的方法。

直接硝化法由于使用的硝化剂、硝化介质、物料相态不同，其方法也不尽相同。按反应物的聚集状态分，有均相硝化和非均相硝化；按硝化介质不同，有硝酸或硫酸中硝化、有机溶剂中硝化；按选用的硝化剂分，有硝酸硝化、混酸硝化、浓硫酸介质中的硝化、有机溶剂中的硝化。

显然，硝化剂不同，硝化能力不同，直接硝化的方法不同，有混酸硝化法、硝酸硝化法、硝酸-有机溶剂硝化法等。

1. 硝酸硝化法

硝酸硝化法须保持较高的硝酸浓度，以避免硝化生成水稀释硝酸。为此，液相硝化、气相硝化、通过高分子膜硝化等是其努力的方向。由于经济技术原因，硝酸硝化法限于蒽醌硝化、二乙氧基苯硝化等少数产品生产。

硝酸硝化按浓度不同，分为浓硝酸硝化和稀硝酸硝化。浓硝酸硝化易导致氧化副反应。稀硝酸硝化使用 30% 左右的硝酸浓度，设备腐蚀严重。

浓硝酸硝化，硝酸过量很多倍，例如，对氯甲苯的一硝化，使用 4 倍量 90% 硝酸；邻二甲苯二硝化用 10 倍量的发烟硝酸；蒽醌用 98% 硝酸硝化，生产 1-硝基蒽醌，蒽醌与硝酸的摩尔比为 1:15，硝化为液相均相反应。

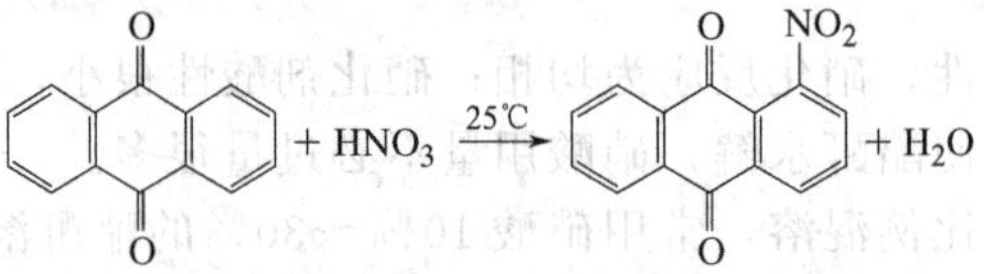

$$\text{蒽醌} + HNO_3 \xrightarrow{25^\circ C} \text{1-硝基蒽醌} + H_2O \tag{5-10}$$

终点控制蒽醌残留 2%，副产物主要是 2-硝基蒽醌和二硝基蒽醌。

用稀硝酸硝化，仅限于易硝化的活泼芳烃。例如，对二乙氧基苯用 34% 硝酸硝化，对二乙氧基苯与硝酸摩尔比为 1:1.5，反应温度 ≤70℃：

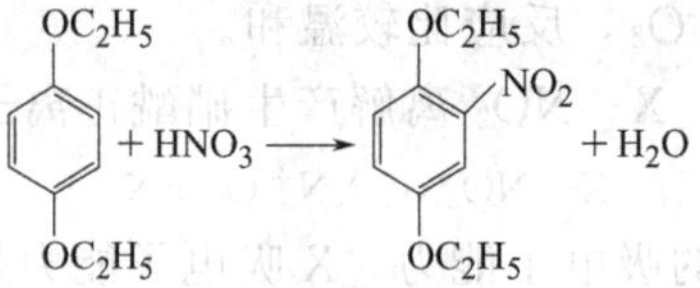

$$\text{对二乙氧基苯} + HNO_3 \longrightarrow \text{硝化产物} + H_2O \tag{5-11}$$

2,5-二乙氧基-N-苯甲酰基苯胺，用 17% 硝酸硝化，被硝化物与硝酸摩尔比为 1:1.9，反应在沸腾状态下进行。

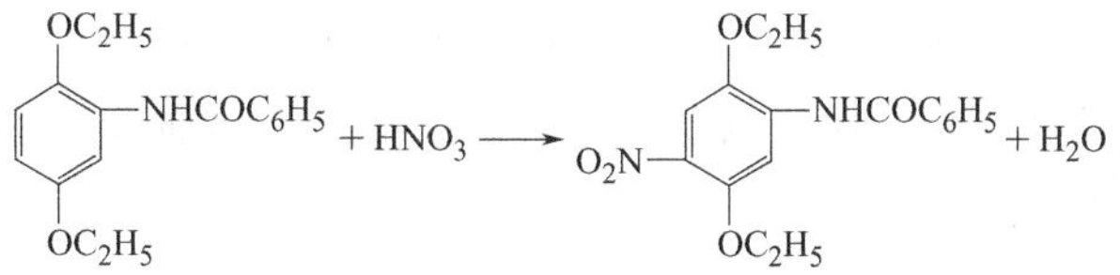

$$\text{(5-12)}$$

2. 混酸硝化法

混酸硝化法主要用于芳烃，如苯、甲苯和氯苯的硝化。混酸硝化能力强，反应速率快，生产能力大；硝酸用量接近理论量，其利用率高；硫酸的热容量大，硝化反应平稳；浓硫酸可溶解多数有机化合物，有利于被硝化物与硝酸接触；混酸对铁腐蚀性小，可用碳钢或铸铁材质的硝化器。

3. 浓硫酸介质硝化法

浓硫酸介质硝化法适用于被硝化物或产物在硝化温度下为固体的硝化，被硝化物溶于大量浓硫酸中使之为均相，加入硝酸或混酸硝化。例如，硝基苯、蒽醌、对硝基氯苯的硝化。此法硝酸过量很少，收率较高，应用范围较广。

动力学研究发现，对于不同结构芳烃硝化，硫酸浓度在90%左右时，反应速率常数存在最大值；生产实践证明，硫酸浓度高或低于90%左右时，硝化反应速率均下降。

4. 有机溶剂硝化法

在有机溶剂中硝化可避免使用大量的硫酸，减少和消除废酸量；选用不同溶剂，可改变硝化产物异构体比例。例如，苯甲酸用二氯甲烷-混酸硝化，只需理论量硝酸，收率达99.2%。苯或二甲苯以二氯甲烷为溶剂用混酸硝化，硝酸仅过量1%，二硝化物收率在99%以上。

常用有机溶剂有二氯甲烷、二氯乙烷、四氯化碳、冰醋酸、醋酐等。如以二氯甲烷为溶剂，有利于低温硝化的温度控制（二氯甲烷沸点41℃）；可使用理论量的硝酸；可利用二氯甲烷萃取硝化产物。

5. 间接硝化法

一些活泼芳烃或杂环化合物直接硝化，容易发生氧化反应，若先在芳或杂环上引入磺酸基，再进行取代硝化，可避免副反应。例如，苦味酸的合成。

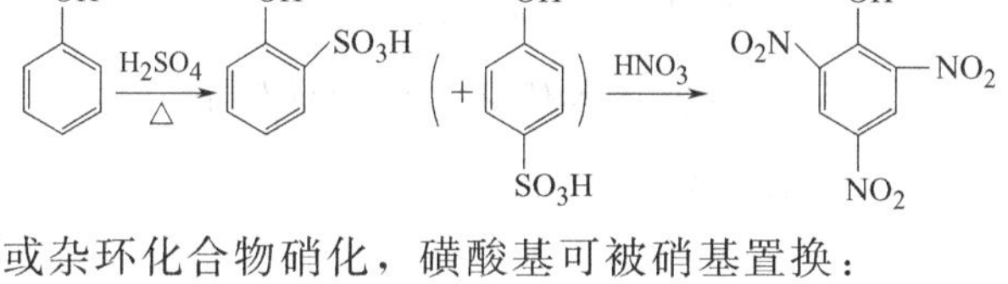

$$\text{(5-13)}$$

含磺酸基的芳环或杂环化合物硝化，磺酸基可被硝基置换：

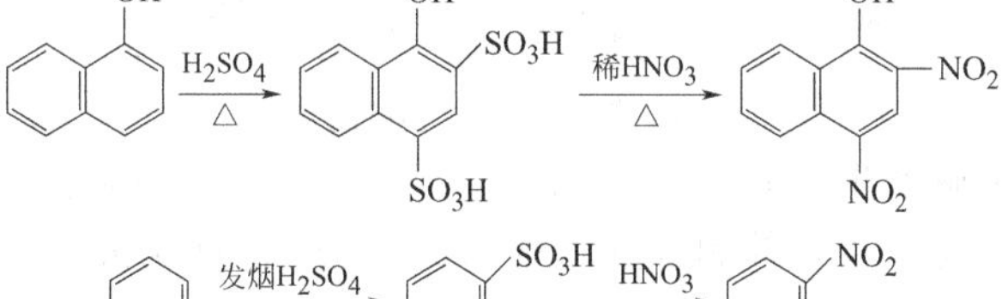

$$\text{(5-14)}$$

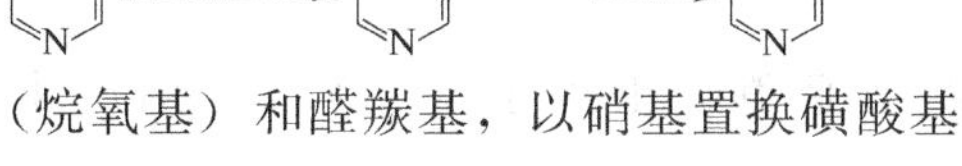

$$\text{(5-15)}$$

芳环上同时存在羟基（烷氧基）和醛羰基，以硝基置换磺酸基，醛基不受影响。

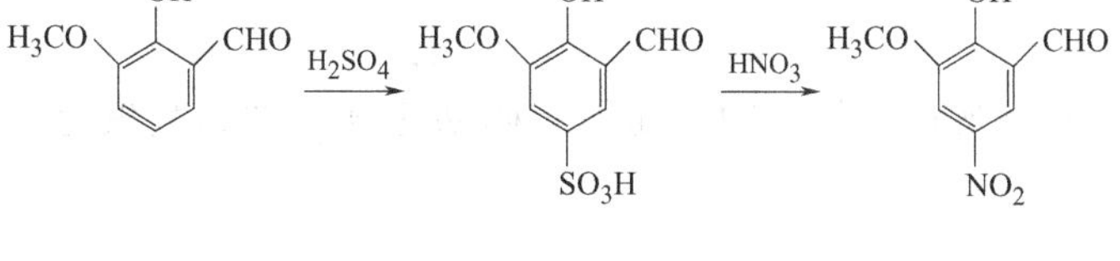

$$\text{(5-16)}$$

芳伯胺的重氮盐用亚硝酸钠处理，重氮基可被硝基取代：

$$ArN_2^+Cl^- + NaNO_2 \longrightarrow ArNO_2 + NaCl + N_2 \uparrow \tag{5-17}$$

此法可用于制取特定位置取代的硝基化合物，如邻硝基苯胺或对硝基苯胺的重氮盐制取邻二硝基苯或对二硝基苯：

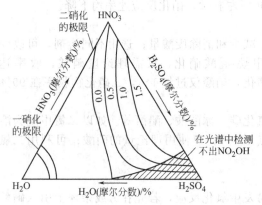

$$\tag{5-18}$$

第二节　硝化原理

一、硝化过程的解释

1. 硝化反应质点和历程

芳烃取代硝化是亲电取代反应，亲电质点是硝酰正离子（N^+O_2），反应速率与 N^+O_2 浓度成正比。硝化剂离解的 N^+O_2 量少，硝化能力弱，反应速率慢。图 5-1 是 H_2SO_4-HNO_3-H_2O 系统 N^+O_2 的浓度分布。

由图可见，N^+O_2 浓度随水含量增加而下降，代表 N^+O_2 可测出极限的曲线与发生硝化反应的混酸组成极限曲线基本重合。

此外，硝化反应质点还有其他形式。有机溶剂中的硝化反应质点是质子化的分子，如 N^+O_2—OH_2 或 $CH_3COONO_2 \cdot H^+$ 等。可认为是 N^+O_2 负载于 H_2O 或 CH_3COOH，反应质点形式不同，反应历程相同。用稀硝酸硝化，反应质点可能是 N^+O，其反应历程与 N^+O_2 不同。

图 5-1　H_2SO_4-HNO_3-H_2O 三元系统中 N^+O_2 的浓度（单位：mol/1000g 溶液）

硝化反应历程的研究已经实验证实。苯硝化反应历程如下：

$$2HNO_3 \overset{慢}{\rightleftharpoons} N^+O_2 + NO_3^- + H_2O \tag{5-19}$$

$$\tag{5-20}$$

第一步，硝化剂离解产生硝酰正离子 N^+O_2；第二步，N^+O_2 进攻芳环形成 π-配合物，进而转变为 σ-配合物，这一步是控制步骤；第三步，σ-配合物脱去质子，形成稳定的硝基化合物。

稀硝酸硝化反应质点是亚硝酰正离子（NO^+）。NO^+ 由硝酸中痕量亚硝酸离解产生：

$$HNO_2 \rightleftharpoons NO^+ + HO^- \tag{5-21}$$

NO^+ 进攻芳环生成亚硝基化合物，随即亚硝基化合物被硝酸氧化，生成硝基化合物，并产生亚硝酸：

$$\text{(5-22)}$$

$$\text{(5-23)}$$

在稀硝酸硝化中，亚硝酸具有催化作用。如硝化前用尿素除去硝酸中的亚硝酸，反应很难发生；只有硝酸氧化产生少量亚硝酸后，硝化才能进行。由于 NO^+ 反应性比 N^+O_2 弱得多，故稀硝酸硝化只适用于活泼芳烃及其衍生物。

2. 均相硝化过程

均相硝化是被硝化物与硝化剂、反应介质互溶为均相的硝化。均相硝化无相际间质量传递问题，影响反应速率的主要因素是温度和浓度。例如，硝基苯、对硝基氯苯、1-硝基蒽醌，在大过量浓硝酸中硝化属均相硝化，硝化为一级反应：

$$r = k[\text{ArH}] \tag{5-24}$$

浓硝酸含以 N_2O_4 形式存在的亚硝酸杂质，当其浓度增大或水存在时，产生少量 N_2O_3：

$$2N_2O_4 + H_2O \Longrightarrow N_2O_3 + 2HNO_3 \tag{5-25}$$

N_2O_4、N_2O_3 均可离解：

$$N_2O_4 \Longrightarrow NO^+ + NO_3^- \tag{5-26}$$

$$N_2O_3 \Longrightarrow NO^+ + NO_2^- \tag{5-27}$$

离解产生的 NO_3^-、NO_2^- 使 $H_2NO_3^+$ 脱质子化，从而抑制硝化反应。加入尿素可破坏亚硝酸：

$$CO(NH_2)_2 + 2HNO_2 \longrightarrow CO_2 \uparrow + 2N_2 \uparrow + 3H_2O \tag{5-28}$$

反应是定量的。若尿素加入量超过亚硝酸化学计量的 $1/2$，硝化反应速率下降。

硝基苯或蒽醌在浓硫酸介质中的硝化为二级反应：

$$r = k[\text{ArH}][\text{HNO}_3] \tag{5-29}$$

式中，k 是表观反应速率常数，其数值与硫酸浓度密切相关。

不同结构的芳烃硝化，在硫酸浓度 90% 左右时，反应速率常数呈现最大值。一些芳烃在 $90\% \sim 100\%$ 硫酸中 25℃时的二级反应速率常数 k 见表 5-3。

表 5-3　一些芳烃在不同浓度硫酸中硝化的反应速率常数（25℃）

被作用物	90%硫酸中 k	100%硫酸中 k	$k(90\%)/k(100\%)$
芳基三甲基铵盐	2.08	0.55	3.8
对氯苯基三甲基铵盐	0.333	0.084	4.0
对硝基氯苯	0.432	0.057	7.6
硝基苯	3.22	0.37	8.7
蒽醌	0.148	0.0053	47

甲苯、二甲苯或三甲苯等活泼芳烃，在有机溶剂和过量很多的无水硝酸中低温硝化，可认为硝酸浓度在硝化过程中不变，对芳烃浓度反应为零级。

$$r = K_0 \tag{5-30}$$

式中，K_0 为硝酸离解平衡常数。这表明式(5-20)生成 σ-配合物的正向速率比反应(5-19)的逆向速率快得多。硝酸按式(5-19)离解成 N^+O_2 的速率是控制步骤。随着硝化反应体系水含量增加，式(5-19)平衡左移，反应速率下降，当含水量达到一定值（水与纯硝酸摩尔比接近 0.22）时，硝化反应速率与芳烃浓度的关系，由零级反应转成一级。此时，式(5-20) 中形成 σ-配合物的一步转化为控制步骤。

3. 非均相硝化过程

被硝化物与硝化剂、反应介质不互溶呈酸相、有机相（油相），构成液-液非均相硝化系统，例如，苯或甲苯用混酸的硝化。非均相硝化存在酸相与有机相间的质量、热量传递，硝化过程由相际间的质量传递、硝化反应构成。例如，甲苯用混酸的一硝化过程：

① 甲苯通过有机相向相界面扩散；
② 甲苯由相界面扩散进入酸相；
③ 甲苯进入酸相与硝酸反应生成硝基甲苯；
④ 产物硝基甲苯由酸相扩散至相界面；
⑤ 硝基甲苯由相界面扩散进入有机相；
⑥ 硝酸由酸相向相界面扩散，扩散途中与甲苯进行反应；
⑦ 反应生成水扩散到酸相；
⑧ 某些硝酸从相界面扩散，进入有机相。

上述步骤构成非均相硝化总过程，影响硝化反应速率因素既有化学的，又有物理的。

研究表明，硝化反应主要发生在酸相和相界面，有机相硝化反应极少（＜0.001％）。苯、甲苯和氯苯的非均相硝化动力学研究认为，硫酸浓度是非均相硝化的重要影响因素，并将其分为缓慢型、快速型和瞬间型，根据实验数据按甲苯一硝化初始反应速率对 $\lg k$ 作图（如图 5-2 所示），图中表示出相应的硫酸浓度范围。由图可见，非均相硝化反应特点及三种动力学类型的差异。

（1）缓慢型　即动力学型。反应主要发生在酸相，反应速率与酸相甲苯浓度、硝酸浓度成正比，特征是反应速率是硝化过程的控制阶段。甲苯在 62.4％～66.6％的 H_2SO_4 中硝化，即此类型。

（2）快速型　即慢速传质型。随着硫酸浓度提高，酸相中的硝化速率加快，当芳烃从有机相传递到酸相的速率与其反应而移出酸相的速率达到稳态时，反应由动力学型过渡到传质型。反应主要发生在酸膜中或两相边界层，芳烃向酸膜中的扩散速率是硝化过程的控制阶段，反应速率与酸相交换面积、扩散系数和酸相中甲苯浓度成正比，特征是反应速率受传质速率控制。甲苯在 66.6％～71.6％的 H_2SO_4 中的硝化属此类型。

（3）瞬间型　即快速传质型。继续增加硫酸浓度，反应速率不断加快，硫酸浓度达到某一数值时，液相中反应物不能在同一区域共存，反应在相界面上发生。硝化过程的速率由传质速率控制。甲苯在 71.6％～77.4％的硫酸中硝化属此类型。

由于硝化过程中硫酸不断被生成水所稀释，硝酸也因反应不断消耗。因此对于具体硝化过程而言，不同的硝化阶段属不同的动力学类型。例如，甲苯用混酸硝化生产一硝基甲苯，采用多釜串联硝化器。第一釜酸相中硫酸、硝酸浓度较高，反应受传质控制；第二釜硫酸浓度降低，硝酸含量减少，反应速率受动力学控制。一般，芳烃在酸相的溶解度越大，硝化速率

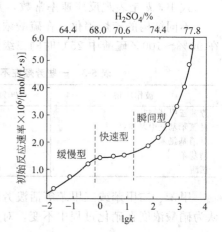

图 5-2　在无挡板容器中甲苯的初始
反应速率与 $\lg k$ 的变化图
（25℃，2500r/min）

受动力学控制的可能性越大。甲苯在 $63\%\sim78\%$ 的 H_2SO_4 中硝化，反应速率常数 k 值的增加幅度高达 10^5。可见，硫酸浓度是非均相硝化的重要影响因素。

二、硝化过程的影响因素

被硝化物、硝化剂、硝化温度、催化剂、反应介质、搅拌以及硝化副反应等，是硝化反应过程的主要影响因素。

1. 被硝化物

被硝化物性质对硝化方法的选择、反应速率以及产物组成，都有显著影响。芳环上有给电子基团时，硝化速率较快，硝化产品常以邻、对位产物为主；芳环上具有吸电子基团，硝化速率较慢，产品以间位异构体为主。卤基使芳环钝化，所得产品几乎都是邻、对位异构体。芳环上 $-N^+(CH_3)_3$ 或 $-NO_2$ 等强吸电子基团，相同条件下，其反应速率常数只是苯硝化的 $10^{-5}\sim10^{-7}$。

一般具有吸电子取代基（$-NO_2$、$-CHO$、$-SO_3H$、$-COOH$、$-CN$ 或 $-CF_3$ 等）芳烃硝化，主要生成间位异构体，产品中邻位异构体比对位异构体的生成量多。

萘 α 位比 β 位活泼，萘的一硝化主要得到 α-硝基萘。蒽醌的羰基使苯环钝化，故蒽醌硝化比苯难，硝基主要进入蒽醌的 α 位，少部分进入 β 位，并有二硝化产物。故制取高纯度、高收率的 1-硝基蒽醌，比较困难。

2. 硝化剂

被硝化物不同，硝化剂不同。同一被硝化物，硝化剂不同，产物组成不同。例如乙酰苯胺使用不同硝化剂，硝化产物组成相差很大，见表5-4。

表 5-4 乙酰苯胺在不同介质中硝化的异构体组成

硝化剂	温度/℃	邻位/%	间位/%	对位/%	邻位/对位
$HNO_3+H_2SO_4$	20	19.4	2.1	78.5	0.25
$HNO_3(90\%)$	-20	23.5		76.5	0.31
$HNO_3(80\%)$	-20	40.7		59.3	0.69
HNO_3（在醋酐中）	20	67.8	2.5	29.7	2.28

混酸组成是重要影响因素，混酸中硫酸含量越高，硝化能力越强。如甲苯用混酸的一硝化，硫酸浓度每增加 1%，反应活化能降低约 $2.8kJ/mol$；氟苯一硝化，硫酸浓度每增加 1%，活化能降低 $(3.1\pm0.63)kJ/mol$。极难硝化的物质，可使用三氧化硫与硝酸混合物硝化，反应速率快，废酸量少。使用有机溶剂、以三氧化硫代替硫酸，可大幅度减少废酸量。某些芳烃混酸硝化，用三氧化硫代替硫酸可改变产物异构体比例。例如，在二氧化硫介质、三氧化硫存在下，温度为 $-10℃$，氯苯一硝化得 90% 对位异构体；硝化温度 $>70℃$，一般得 66% 左右的对位异构体；苯甲酸一硝化间硝基苯甲酸比例是 80%，而用上述方法可得 93% 间硝基苯甲酸。

在混酸中添加适量磷酸，或在磺酸离子交换树脂参与下硝化，可改变异构体比例，增加对位异构体的含量。

硝酰正离子的结晶盐，如 NO_2PF_6、NO_2BF_4 是最活泼的硝化剂。芳腈用 NO_2BF_4 硝化，得一硝基芳腈和二硝基芳腈；用其他硝化剂硝化，腈基易水解。

使用不同的硝化介质，也能改变异构体组成比例。例如 1,5-萘二磺酸硝化，在浓硫酸介质中硝化，主产品是 1-硝基萘-4,8-二磺酸；在发烟硫酸介质中硝化，主产品是 2-硝基萘-4,8-二磺酸。具有强给电子基的芳烃（如苯甲醚乙酰苯胺）在非质子化溶剂中硝化，生成较多的邻位异构体；而在质子化溶剂中硝化，可得到较多的对位异构体。表 5-5 是苯甲醚在不同介质中硝化的异构体组成。

表 5-5　苯甲醚在不同介质中硝化时的异构体组成

硝化条件	邻位/%	对位/%	邻位/对位	硝化条件	邻位/%	对位/%	邻位/对位
HNO_3-H_2SO_4	31	67	0.46	NO_2BF_4(在环丁砜中)	69	31	2.23
HNO_3	40	58	0.69	HNO_3(在醋酐中)	71	28	2.54
HNO_3(在醋酸中)	44	55	0.80	$C_6H_5COONO_2$(在乙腈中)	75	25	3.00

3. 硝化温度

温度对乳化液的黏度、界面张力、芳烃在酸相中的溶解度以及反应速率常数，均有影响。甲苯硝化，温度每升高 10℃，反应速率常数增加 1.5～2.2 倍。

硝化是强放热反应，用混酸硝化生成的水稀释硫酸产生稀释热，相当于 7.5%～10% 的反应热，苯的一硝化总热效应 152.7kJ/mol。如不及时移除硝化产生的热量，会导致硝化温度迅速上升，引起多硝化、氧化等副反应，造成硝酸分解，产生大量红棕色二氧化氮气体，甚至爆炸。因此，必须及时移除硝化产生的热能，严格控制反应温度。为移除反应热，维持硝化温度，一般硝化设备都配置夹套或蛇管式换热器。

确定硝化温度，应考虑被硝化物性质，对易硝化和易被氧化的活泼芳烃（如酚、酚醚、乙酰芳胺），可低温硝化；对含有硝基或磺酸基等较难硝化的芳烃，可在较高温度下硝化。

此外，温度还影响硝化产物的异构体比例。选择和控制适宜的硝化温度，对于获得优质产品、降低消耗、安全生产十分重要。

4. 搅拌

搅拌是提高非均相硝化的传质、传热效率，保证硝化顺利进行的必需措施。良好的搅拌有利于提高反应速率，增加硝化转化率。图 5-3 表明甲苯一硝化时，搅拌器转速从 600r/min 增到 1100r/min 时，转化率迅速增加，转速超过 1100r/min 时，转化率则无明显变化。由此可见，良好的搅拌装置和适宜的转速，对硝化反应影响显著。

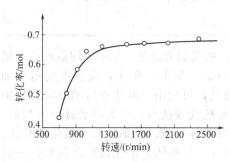

图 5-3　转速对甲苯一硝化转化率的影响

工业搅拌器的转数由硝化釜容积（1～4m³）或直径（0.5～2m）确定，一般要求为 100～400r/min；环形或泵式硝化器，一般转数为 2000～3000r/min。

硝化过程中，若搅拌停止或桨叶脱落、失效非常危险，特别是间歇硝化开始阶段。搅拌器停止或失效，有机相与酸相分层，硝化剂在酸相积累，一旦启动搅拌，反应迅速发生，瞬间释放大量热能，剧烈的反应易失去控制，甚至发生爆炸事故。因此，硝化生产设备需安装自控报警装置，一旦搅拌器停止转动或温度超过规定范围，自动停止加料并报警；硝化操作认真遵守生产工艺规程，保障硝化生产安全。

5. 相比与硝酸比

相比又称酸油比，是混酸与被硝化物的质量比。适宜的相比是非均相硝化的重要因素之一。提高相比，被硝化物在酸相中溶解量增加，反应速率加快；相比过大，设备生产能力下降，废酸量增多；相比过小，硝化初期酸浓度过高，反应剧烈，温度不易控制。生产上采用套用部分废酸（循环酸），不仅可以增加相比保持硝化平稳，还有利于热量传递、减少废酸产生量。

硝酸比是硝酸和被硝化物的摩尔比，被硝化物为限量物，硝酸是过量物。混酸为硝化剂，对容易硝化的芳烃，硝酸过量 1%～5%，对难硝化的芳烃，过量 10%～20%。采用溶剂硝化法,硝酸过量百分数可低些,有时可用理论量的硝酸。

大吨位产品生产如硝基苯等,可以被硝化物为过量物,采用绝热硝化技术,以减少废水对环境的污染。

6. 硝化副反应

由于被硝化物的性质、反应条件选择或操作不当等原因,可导致硝化副反应。例如,氧化、脱烷基、置换、脱羧、开环和聚合等副反应。氧化是影响最大的副反应。氧化可产生一定量的硝基酚:

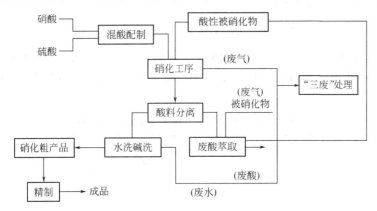

$$(5-31)$$

烷基苯硝化,其硝化液颜色常会发黑变暗,尤其是接近硝化终点,其原因是烷基苯与亚硝基硫酸及硫酸形成配合物,这已得到实验证明。例如,甲苯形成配合物 $C_6H_5CH_3 \cdot 2ONOSO_3H \cdot 3H_2SO_4$。配合物形式与芳环上取代基的结构、数量、位置有关。一般苯不易形成配合物,含吸电子基芳烃衍生物次之,烷基芳烃最易形成,烷基链越长,越易形成。

硝化液中形成配合物颜色变深,常常是硝酸用量不足。形成的配合物,在 45～55℃ 及时补加硝酸,可将其破坏;温度高于 65℃,配合物沸腾,温度上升,85～90℃时再补加硝酸也难以挽救,生成深褐色的树脂状物。

许多副反应与硝化的氮氧化物有关。因此,必须设法减少硝化剂中氮的氧化物,严格控制硝化条件,防止硝酸分解,避免或减少副反应。

第三节 混酸硝化

混酸硝化是工业常用硝化法,混酸硝化由混酸配制、硝化、酸料分离、产品精制、废酸循环与处理、废水处理等工序组成,一般过程如图 5-4 所示。

图 5-4 混酸硝化工艺过程示意

一、配制混酸

配制混酸是用浓硫酸或发烟硫酸、浓硝酸,按比例配制硫酸与硝酸的混合物。硫酸脱水值和废酸计算浓度表示混酸的硝化能力。

1. 混酸硝化能力

(1) 硫酸脱水值(DVS) 即硝化终了废酸中硫酸与水的计算质量比。

$$DVS = \frac{废酸中硫酸的质量}{废酸中水的质量} \quad\quad (5\text{-}32)$$

S 和 N 分别表示混酸中硫酸和硝酸的质量分数，Φ 为硝酸比。若以 100 份混酸为基准，则

$$混酸带入水 = 100 - S - N$$

$$硝化生成水 = \frac{18N}{63\Phi} = \frac{2N}{7\Phi}$$

$$DVS = \frac{S}{(100 - S - N) + \frac{2}{7} \times \frac{N}{\Phi}} \quad\quad (5\text{-}33)$$

当 $\Phi = 1$，硝酸用量为化学计量，式(5-33) 简化为：

$$DVS = \frac{S}{100 - S - \frac{5}{7}N} \quad\quad (5\text{-}34)$$

DVS 值反映了混酸硝化能力强弱，较难硝化的物质要求 DVS 值大；较易硝化的物质所用 DVS 值小。硝化过程不同，要求 DVS 值不同。硝化能力太强，反应速率快，但副反应较多；若硝化能力太弱，反应速率缓慢，反应不完全。确定的硝化过程，需要适宜的 DVS 值。

（2）废酸计算浓度（FNA）　硝化终了废酸中硫酸的浓度，即硝化活性因数。

以 100 份混酸为计算基准，$\Phi = 1$ 时：

$$硝化生成水 = 18N/63 = 2N/7$$

$$废酸的质量 = 100 - N + 2N/7 = 100 - 5N/7$$

$$FNA = \frac{S}{100 - \frac{5}{7}N} \times 100 = \frac{140S}{140 - N} \quad\quad (5\text{-}35)$$

$$或 \quad S = FNA\frac{140 - N}{140}$$

当 $\Phi = 1$ 时，DVS 与 FNA 的关系为：

$$DVS = \frac{FNA}{100 - FNA} \quad 或 \quad FNA = \frac{DVS}{1 + DVS} \times 100 \quad\quad (5\text{-}36)$$

由式(5-35) 可知，FNA 值一定，硝酸浓度 N 对应硫酸浓度 S。满足相同废酸浓度的混酸有多组，但并非所有混酸组成都有实际意义。氯苯用三种不同组成的混酸一硝化的数据见表 5-6。

表 5-6　氯苯一硝化使用三种不同混酸硝化的数据

硝酸比 $\Phi = 1.05$	混酸组成/%			FNA /%	DVS	1kmol 氯苯		
	H_2SO_4	HNO_3	H_2O			所需混酸/kg	所需 100% H_2SO_4/kg	废酸生成量 /kg
混酸Ⅰ	44.5	55.5	0.0	73.7	2.80	119	53.0	74.1
混酸Ⅱ	49.0	46.9	4.1	73.7	2.80	141	69.1	96.0
混酸Ⅲ	59.0	27.9	13.1	73.7	2.80	237	139.8	192.0

三种组成不同的混酸，其 FNA 和 DVS 值均相同。第一种混酸，硫酸用量最省，相比太小，反应难以控制，易发生多硝化和其他副反应；第三种混酸，生产能力低，废酸量大；第二种混酸，具有生产实用价值。一个具体硝化过程，应通过实验或生产实践，确定适宜的 DVS 或 FNA 值以及酸油比。一些重要硝化过程的技术数据见表 5-7。

表 5-7　某些重要硝化过程的有关技术数据

被硝化物	主要硝化产物	硝酸比	DVS 值	FNA/%	混酸组成/%		备　注
					H_2SO_4	HNO_3	
萘	1-硝基萘	1.07~1.08	1.27	56	27.84	52.28	加 58%废酸
苯	硝基苯	1.01~1.05	2.33~2.58	70~72	40~49.5	44~47	连续法
甲苯	邻和对硝基甲苯	1.01~1.05	2.18~2.28	68.5~69.5	56~57.5	26~28	连续法
氯苯	邻和对硝基氯苯	1.02~1.05	2.45~2.8	71~72.5	47~49	44~47	连续法
氯苯	邻和对硝基氯苯	1.02~1.05	2.50	71.4	56	30	间歇法
硝基苯	间二硝基苯	1.08	7.55	~88	70.04	28.12	间歇法
氯苯	2,4-二硝基氯苯	1.07	4.9	~83	62.88	33.13	连续法

2. 混酸的配制

混酸的配制有间歇和连续两种配制操作方式。间歇操作灵活，适用于小批量、多品种生产；连续操作适合于大吨位产品的生产。

硫酸与硝酸属腐蚀性很强的无机酸，配酸设备和管道应有良好的防腐措施；混酸配制需要良好的搅拌装置，以保证硫酸与硝酸的有效混合；硫酸与硝酸的混和产生大量混和热，需要冷却装置，配酸温度在 45℃以下，减少硝酸挥发和分解。

间歇配酸操作应严格控制原料酸加料次序和速度，在有效混合和冷却条件下，将浓硫酸先缓慢、后渐快加入水或废酸中，温度在 40℃以下，然后以先缓慢，后渐快方式加入硝酸。分析检验配制的混酸，若不合格，应补加相应的酸，直至调整合格。严禁在无良好搅拌情况下，直接将水加入大量硫酸中，造成瞬间剧烈放热，导致喷酸事故。

使用几种不同原料酸配制混酸，根据物料平衡建立联合方程式，计算各种原料酸的用量。

【例 5-1】　拟配制 6500kg 混酸，其组成为硫酸 72%、硝酸 26%、水 2%（质量分数）。计算原料酸：20%发烟硫酸、85%废酸、含 88%硝酸及 8%硫酸的中间酸的用量（kg）。

解　设发烟硫酸、废酸、中间酸的用量分别为 x、y、z，则

总物料平衡

$$x+y+z=6500$$

硫酸的物料平衡

$$\left(0.8+0.2\times\frac{98}{80}\right)x+0.85y+0.08z=6500\times0.72$$

硝酸的物料平衡

$$0.88z=6500\times0.26$$

联合以上方程组，解得各原料酸用量：

$$x=3250.4\ （kg）$$
$$y=1329.1\ （kg）$$
$$z=1920.5\ （kg）$$

废酸中常含少量硝化产物和氮的氧化物，配酸前应进行废酸的全分析，以便配酸修正。

【例 5-2】　萘二硝化的工艺条件是 DVS=3，硝酸比 $\Phi=1.20$，酸油比=6.5，求所用混酸的组成。

解　以 1000mol 萘为计算基准，萘的千摩尔质量为 128kg/kmol，设混酸质量为 $m_混$，酸油比为 6.5，则

$$m_混=128\times6.5=832\ （kg）$$
$$m_{HNO_3}=2\times63\times1.2=151.2\ （kg）$$

因 DVS=3，故

$$m_{H_2SO_4} = 3m_{H_2O} + 108$$

联合求解，得

$$m_{H_2SO_4} = 537.6 \ (kg)$$
$$m_{H_2O} = 143.2 \ (kg)$$

此混酸组成为

$$w_{H_2SO_4} = (m_{H_2SO_4}/m_{混}) \times 100\% = 64.6\%$$
$$w_{HNO_3} = (m_{HNO_3}/m_{混}) \times 100\% = 18.2\%$$
$$w_{H_2O} = (m_{H_2O}/m_{混}) \times 100\% = 17.2\%$$

二、硝化反应设备与操作

硝化生产分间歇式和连续式两种。连续硝化生产效率高，适合大吨位产品生产；间歇硝化生产灵活、适应性好，适合小批量、多品种生产。

1. 硝化操作方法

混酸液相硝化操作有正加法、反加法和并加法。选择正加法和反加法取决于硝化难易、被硝化物性质、硝化产物结构等。

（1）正加法　将混酸逐渐加至被硝化物，此法反应比较缓和，可避免多硝化；但反应速率较慢，用于被硝化物易硝化的过程。

（2）反加法　将被硝化物逐渐加入混酸，保持硝化系统中混酸过量，反应速率快，适用制备多硝基化合物，或硝化产物难以进一步硝化的过程。

（3）并加法　用于连续硝化，被硝化物与混酸按比例同时加入硝化釜。

2. 硝化反应设备

工业生产中常见的硝化反应设备如图5-5所示。

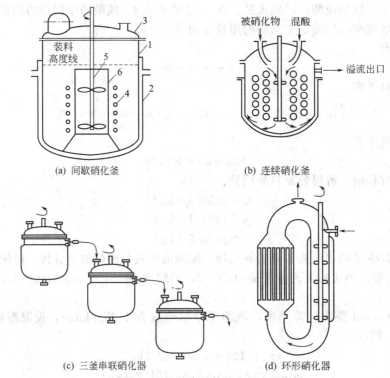

(a) 间歇硝化釜　　　　　　(b) 连续硝化釜

(c) 三釜串联硝化器　　　　(d) 环形硝化器

图5-5　几种常见的硝化反应器

1—锅体；2—夹套；3—盖；4—蛇管；5—轴和搅拌器；6—导流筒

连续硝化生产常用多釜串联式、管式和环形反应器等。多釜串联式反应器一般由 3～4 台搅拌釜组成。第一台称"主锅"，因其转化率较高；未反应的被硝化物在其余硝化釜继续硝化，通常称"副锅"或"成熟锅"。多釜串联式硝化反应速率较快，物料返混程度较低，不同釜根据需要控制不同的温度，有利于提高生产能力和产品质量。氯苯用四釜串联连续一硝化的主要技术数据见表 5-8。

表 5-8 氯苯用四釜串联连续一硝化的主要技术数据

名称	第一硝化釜	第二硝化釜	第三硝化釜	第四硝化釜
反应温度/℃	45～50	50～55	60～65	65～75
酸相中 HNO_3（质量分数）/%	6.5	3.5～4.2	2.0～2.7	0.7～1.5
有机相中氯苯（质量分数）/%	22～30	8.2～9.5	2.5～3.2	<1.0
氯苯转化率/%	65	23	7.8	2.7

混酸具有较强的腐蚀性，特别是 68% 以下硫酸腐蚀性强。因此，要求硝化废酸浓度不得低于 68%～70%，而且选用耐腐蚀材料制作的硝化设备，硝化釜常用铸铁或钢板制成，连续硝化设备采用不锈钢材质。

反应釜设夹套和蛇管冷却器，夹套传热系数为 400～800kJ/$(m^2 \cdot h \cdot ℃)$，蛇管传热系数为 2100～2500kJ/$(m^2 \cdot h \cdot ℃)$，釜内的蛇管还兼有导流作用。若在釜内装导流筒，可增强混合效果。搅拌器有桨式、推进式及涡轮式，转速一般为 100～400r/min。

三、硝化液的分离

硝化液是硝化后的物料混合物，主要是各种硝化产物、水、硫酸、未反应的被硝化物及硝酸等。硝化液的分离，即将硝化产物与废酸分离，进而分离硝化异构产物，回收处理废酸等操作。

1. 硝化产物的分离

根据硝基物与废酸的密度差，静置分层分离硝基物与废酸。浓硫酸溶解硝基物，溶解量随硫酸浓度降低而减小，故加入少量水，可减少硝基物的溶解量。加水量应考虑设备耐腐蚀程度、硝基物与废酸分离的难易、废酸循环或浓缩所需经济浓度等因素。

二硝基甲苯加水后废酸浓度由 82.8% 稀释到 74%，冷却至室温，二硝基甲苯在废酸中的溶解度由 5.3% 降至 0.8% 左右。连续硝化在连续分离器加入少量的叔辛胺，可加速硝基物与废酸分层，叔辛胺量为硝化物质量的 0.0015%～0.0025%。

有机溶剂萃取法也可分离回收废酸中硝基物。例如，用二氯丙烷或二氯乙烷萃取含二硝基苯的废酸，萃取回收效率 97.4%。

除去废酸的硝基物（粗硝基物），还含有少量无机酸和一些氧化物（酚类），通常，需要水洗、碱洗使之转变为盐类除去。水洗、碱洗产生的废水含酚盐和硝基物，需要用被硝化物萃取回收，如用 0.1～0.5 份的苯萃取含硝基苯的废水 1 份，萃取回收率达 97% 以上，萃取液可循环用于硝化；萃余液是含酚盐废水，需净化处理。水洗、碱洗法消耗大量的碱，废水还需要进一步净化处理。

"解离萃取法"利用混合磷酸盐水溶液处理中性粗硝基物：

$$ArOH + PO_4^{3-} \rightleftharpoons ArO^- + HPO_4^{2-} \tag{5-37}$$

$$ArOH + HPO_4^{2-} \rightleftharpoons ArO^- + H_2PO_4^- \tag{5-38}$$

式(5-37) 和式(5-38) 平衡移向右端，几乎所有酚离解为酚盐，酚类即被萃取到水相。萃取水相用对未离解酚具有亲合力强的溶剂（苯或甲基异丁基酮）反萃取，使水相平衡移向左端，磷酸盐、溶剂循环使用。

解离萃取法使用的混合磷酸盐适宜比例如下：

$$Na_2HPO_4 \cdot 2H_2O \quad 64.2g/L$$
$$Na_3PO_4 \cdot 12H_2O \quad 21.9g/L$$

解离萃取法不消耗大量的碱，并可回收酚，适用于中性硝基物与废酸的分离。

2. 硝化异构产物分离

硝化产物是异构体的混合物，其分离有化学法和物理法。化学法是利用异构体的化学性质差异分离，如间二硝基苯中含有少量邻和对位异构体，通过亚硫酸盐作用，使之生成溶于水的硝基苯磺酸钠而除去：

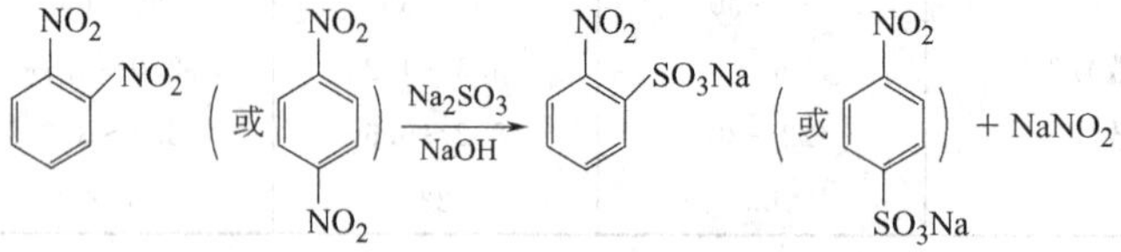

$$(5-39)$$

或在相转移催化剂（PTC）存在下与稀 NaOH 水溶液作用，转化为硝基酚钠盐。

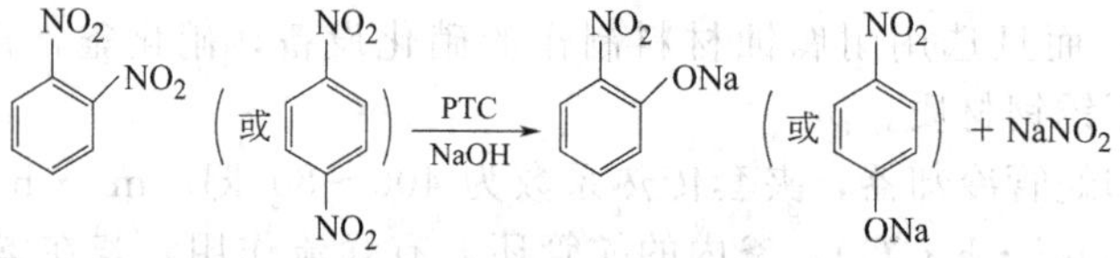

$$(5-40)$$

相转移催化法所得邻或对硝基酚可回收利用，收率达 97%，废水可以生化法处理。

如果硝化产物异构体的熔点、沸点有明显差别，可采用物理法分离。常用精馏和结晶相结合的方法。例如，氯苯一硝化产物的分离。氯苯一硝化产物组成及物理性质见表 5-9。随着精馏技术的发展，混合硝基氯苯和混合硝基甲苯的分离可用精馏法直接完成。

表 5-9　氯苯一硝化产物组成及其物理性质

异构体	组成/%	凝固点/℃	沸点/℃	
			0.1MPa	1kPa
邻位	33～34	32～33	245.7	119
对位	65～66	83～84	242.0	113
间位	1	44	235.6	

除精馏法外，利用异构体在有机溶剂或酸度不同的混酸、硝酸及硫酸中溶解度的差异分离纯化。例如，以二氯乙烷为溶剂，分离 1,5-二硝基萘与 1,8-二硝基萘；以环丁砜、1-氯萘或二甲苯为溶剂，分离 1,5-二硝基蒽醌与 1,8-二硝基蒽醌。

3. 废酸的处理

硝化后废酸含硫酸 73%～75%、硝酸 0.2%、亚硝酰硫酸（$HNOSO_4$）0.3%、硝基物<0.2%，其余为水。根据不同的硝化产品和硝化方法，废酸处理有以下方法。

① 套用于下一批硝化生产，即实行闭路循环套用。

② 先用芳烃对废酸进行萃取，然后蒸发浓缩，使硫酸浓度达 92.5%～95%，以用于配制混酸。废酸蒸发浓缩前先脱硝，因为硫酸浓度低于 75%，在一定温度下，硝酸和亚硝酰硫酸易分解。

$$2NOSO_4H + H_2O \Longrightarrow 2H_2SO_4 + NO_2\uparrow + NO\uparrow \qquad (5-41)$$

$$NOSO_4H + H_2O \Longrightarrow H_2SO_4 + HNO_2 \qquad (5-42)$$

$$2HNO_2 \longrightarrow NO_2\uparrow + NO\uparrow + H_2O \qquad (5-43)$$

③ 若废酸浓度为 30%～50%，可通过浸没燃烧提浓到 60%～70%，再进行浓缩；或直接闪蒸浓缩，除去少量水和有机物后，用于配制含水量较高的混酸。

④ 通过萃取、吸附或过热蒸汽吹扫等手段，除去废酸中的有机杂质、氮氧化物，用氨水制成化肥。

四、硝基苯的生产

硝基苯生产是典型工业硝化过程，生产采用混酸硝化法，硝化剂使用混酸，以苯为原料：

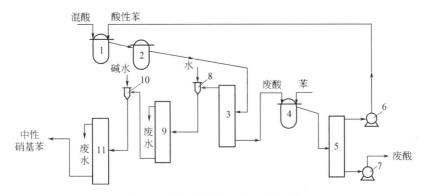

$$\text{(5-44)}$$

硝基苯是大吨位硝化产品，有间歇硝化和连续硝化两种生产工艺。

1. 混酸连续硝化工艺

混酸连续硝化工艺采用3～4釜串联或环形硝化器，生产工艺如图5-6所示。

图 5-6 苯连续硝化生产工艺流程

1,2—硝化釜；3,5,9,11—分离器；4—萃取釜；6,7—泵；8—文丘里管水洗器；10—文丘里管碱洗器

苯与混酸按1:1.2（摩尔比）的配比，部分循环废酸连续加入1号硝化釜，釜温控制60～68℃；1号釜硝化液连续溢流入2号硝化釜，2号釜硝化温度控制65～70℃；反应后的物料在连续分离器3中分离成酸性硝基苯和废酸；废酸进入萃取釜4用新鲜苯连续萃取，萃取后的混合液经分离器5分离，分离器上部萃取液为酸性苯（含2%～4%硝基苯）由泵6送往1号硝化釜；下部采出的萃取液为浓度约71%的废酸，大部分由泵7送去浓缩，回收后配制混酸；酸性硝基苯由分离器3出来经水洗器8、分离器9除去大部分酸性杂质，经碱洗器10、分离器11等除去酚类杂质，得到中性硝基苯，收率为98.5%。

混酸连续硝化工艺成熟，但硝化过程产生大量废酸和含硝基物的废水，能量消耗较高，安全性较差。

2. 苯绝热硝化

苯绝热硝化工艺中一般苯过量5%～10%，硝酸为限量物，混酸为硝化剂，其组成是HNO_3 5%～8%、H_2SO_4 58%～68%、$H_2O \geq 25\%$。硝化反应器是四台串联的硝化釜。苯绝热硝化工艺如图5-7所示。苯和预热60～90℃的混酸，连续加入四台串联硝化釜，

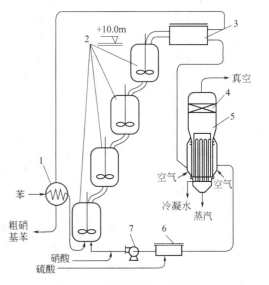

图 5-7 苯绝热硝化工艺流程

1—热交换器；2—硝化釜；3—分离器；4—捕沫器；5—闪蒸器；6—贮槽；7—泵

在 0.44MPa 下进行绝热硝化，物料出口温度132～136℃，分离出的废酸温度约120℃，直接进入闪蒸器，利用自身能量将废酸浓度提高到70％，温度降到85℃后与65％硝酸混合，循环使用；有机相经水洗、碱洗除去夹带硫酸和微量酚，蒸出过量苯，得粗品硝基苯。

与传统硝化方法相比，绝热硝化法的特点是：硝化温度和压力较高，反应速率快，芳烃损失少；使用过量芳烃、高含水量混酸，硝酸几乎全部转化，副产物少，二硝基苯<0.05％；硝化釜无冷却装置，利用反应热真空闪蒸浓缩废酸，节能90％左右；苯绝热硝化最高温度136℃，低于产生大量副反应的温度190℃，过量苯及水的大量蒸发带走反应热，操作安全。反应一旦超压，通过防爆膜泄压，减少爆炸危害。苯绝热硝化与传统硝化的比较见表 5-10。

表 5-10　苯混酸硝化绝热法与传统法硝化比较

比 较 项 目	绝 热 法	传 统 法
混酸的组成/%		
HNO_3	3～7.5	44～46
H_2SO_4	58.5～66.5	46～48
H_2O	28～37	6～10
硝酸比	1.0：1.1	1.02：1.0
硝化反应器	四釜串联，无冷却装置	三釜串联，有冷却装置
硝化操作压力/MPa	0.44	常压
硝化操作温度/℃	90～135	60～75
硝化停留时间/min	11.2	30
废酸浓度/%	65.6	71
收率/%	99.1	98.5
二硝基化合物含量/%	<0.05	<0.3
闪蒸或浓缩条件	120℃，8kPa	320℃

硝基氯苯、硝基甲苯等苯衍生物生产工艺，与苯硝化基本相同，绝热硝化成功的用于硝基氯苯生产。

五、硝化安全技术

硝化安全技术与硝化方法、硝化产物等关系密切。例如1-硝基蒽醌生产过量硝酸硝化法，易发生爆炸危险；而非均相混酸硝化法，则可避免形成爆炸组成范围，故由非均相混酸硝化法所替代。对于确定的硝化生产过程，硝化安全技术主要包括正确使用和处理硝化原料及产物、正确使用和维护硝化装置和设备、严格工艺操作规程、保持与硝化工序上下游工序的联系，以及保障供电、供水等系统正常。

1. 被硝化物和硝化产物

被硝化物和硝化产物多为化学性质活泼的芳烃及其衍生物，如苯、甲苯、二甲苯、氯苯、苯酚、硝基甲苯、硝基苯酚等，都属燃烧性液态化学品，其蒸气与空气混合，可形成爆炸性混合物。硝化产物大都具有着火爆炸危险性，特别是多硝基化合物和硝酸酯类，受热、摩擦、撞击或是接触火源，极易发生爆炸着火。防火、防爆、防中毒是被硝化物和硝化产物贮存、使用和运输的主要防范要求。

2. 硝化剂

常用的硝化剂有浓硝酸、发烟硫酸、浓硫酸、混合酸等，均具有较强的氧化性、吸水性、腐蚀性。与油脂、有机化合物，特别是不饱和烃类接触，容易引起燃烧；配制硝化剂或使用过程中，需防止硫酸等强酸喷溅，造成化学灼伤事故；若操作温度过高或有少量的水进入这些强酸中，将使硝酸大量分解和蒸发，不仅导致设备严重腐蚀，甚至会造成爆炸事故。

硝酸分解产生的五氧化二氮、四氧化二氮、二氧化氮等氮的氧化物，不仅使系统压力剧增，而且产生活泼的原子态氧，氧化性很强，导致副反应，硝化反应因此恶化。尿素与二氧化氮作用，可将其分解生成二氧化碳、水和氮气。在硝化反应设备上需设置二氧化氮引排和吸收装置，如防爆泄压孔（膜）。

3. 硝化操作

（1）控制硝化温度 硝化是强放热反应，芳烃一硝化反应热126kJ/mol，苯一硝化反应热145.6kJ/mol；混酸硝化系统含大量的硫酸，硝化生成水与硫酸的稀释热相当于7.5%～10%反应热。如此大量的热能，如不能及时撤出移走，将使硝化系统温度升高，导致多硝化、氧化副反应，副反应增多，热能产生得更多、反应速率更快，以致硝酸分解，产生大量红棕色NO_2气体，硝化釜内压力陡增，硝化反应失控，甚至导致爆炸事故。因此严格控制硝化温度是确保生产安全和产品质量的重要措施之一。

（2）防止搅拌失效或中断 多数硝化过程为非均相体系，搅拌有利于两相分散和传质、强化传热效率，保证反应顺利。硝化初始阶段、加料阶段尤其应注意，防止加料后搅拌未启动或中途停止、桨叶脱落，造成油酸两相分层，硝化活泼质点聚集，搅拌一旦重新启动，反应突然而迅速，瞬间产生大量的硝化反应热，冷却系统来不及移出热量，以致温度失控，被硝化物大量蒸发汽化，硝化系统压力升高，酿成事故。因此，防止搅拌失效或中断，加强对硝化设备的巡检，定期维护和检修搅拌器、减速器和电机系统，严格操作程序，硝化设备设置自控和报警装置、备用供电系统等措施十分必要。

（3）控制硝化系统压力 除绝热硝化外，多数硝化为常压操作。硝化溶剂、被硝化物、硝化产物蒸发汽化，特别是硝酸分解，导致硝化系统压力升高，而根本原因是硝化温度升高甚至超标，反应恶化，产生大量的热能，不能及时除去，致使系统温度升高，物料蒸发汽化、甚至分解，进而系统压力升高甚至超限，严重者造成喷料或爆炸事故。因此，硝化系统压力的控制，首先需控制硝化温度，保持冷却传热装置良好和有效；防止搅拌失效或中断，保持搅拌有效和适宜的转速；按工艺规程控制加料次序和速度，防止违反程序，误或错加物料；保持各硝化设备以及管路的畅通，防止堵塞、泄漏；保持与硝化上下游工序物料联系畅通。

（4）硝化操作程序 正确理解和执行硝化工艺规程，严格操作手续或步骤是硝化生产安全的前提条件。任何违反硝化工艺规程的操作和行动，都将导致危险和事故。不同产品和生产方法，其工艺规程和操作要求也不尽相同。例如，苯酚稀硝酸硝化生产邻硝基苯酚，其操作包括配酸、溶酚、硝化、静置分离、中和蒸馏等工序。

① 配酸。在硝化罐中加定量水、硝酸钠搅拌溶解，然后在搅拌下沿罐内壁缓缓加入计量的硫酸，搅拌均匀待用。

② 溶酚。将计量苯酚用水浴加热熔融，然后加入定量的水制成苯酚水溶液。

③ 硝化。搅拌下，将苯酚水溶液徐徐加至硝酸钠-硫酸溶液，用苯酚水溶液的加入速率控制硝化温度，不超过20℃。如果温度突然升高不易控制时，直接加入冰块降温。加料完毕，继续搅拌，务必使苯酚和硝酸混合均匀、反应充分。

④ 静置分离。硝化液静置、沉降分层，底层为煤油状硝化物，上层为油状浮积硝化物，中层为废酸水相；将橡胶管插入废酸层，用真空抽出废酸，抽余物为黑色油状硝化产物。

⑤ 中和蒸馏。在抽余物中加水、碳酸钙，中和，然后水蒸气蒸馏，邻硝基苯酚随水蒸气一起蒸出，冷凝分离后得黄色产品，釜残液主要含对硝基苯酚。

（5）保持与其他工序和系统的联系 硝化工序的安全正常生产，与其上下游工序，及水、电、蒸汽等供应系统关系密切，保持相互间的联系和协调生产，也是硝化安全生产的需要。

总之，硝化操作使用和涉及的各种物料，均为危险化学品，生产过程复杂、工艺条件苛刻。掌握必要的硝化安全技术，注意个人防护和环境通风等措施，对于保障硝化生产安全，十分重要。

第四节 亚 硝 化

亚硝化是在有机物分子的碳原子上引入亚硝基，制备亚硝基化合物的反应。亚硝基化合物具有不饱和键的性质，可进行缩合、加成、氧化、还原等反应，用以制备各种有机合成中间体。

亚硝化反应试剂是亚硝酸，亚硝化反应质点是亚硝酰正离子 NO^+，与硝酰正离子 N^+O_2 相比，NO^+ 亲电能力较弱，仅限于酚类、芳胺类等活泼芳烃的亚硝化，亚硝化产物主要是对位取代产物，故亚硝化应用范围比较窄。

一般亚硝酸盐为亚硝化试剂，在酸性介质中进行亚硝化。亚硝酸不稳定，受热或在空气中易分解，故先将亚硝酸盐与被亚硝化物混合，或溶于碱性水溶液，然后滴入强酸，亚硝酸一旦生成即与被亚硝化物反应。在强酸存在下，在水溶液中用亚硝酸盐的亚硝化为非均相反应。亚硝酸盐与冰醋酸、或亚硝酸酯与有机溶剂的亚硝化，一般为均相反应。

一、酚类的亚硝化

酚类亚硝化的重要产品有对亚硝基苯酚、1-亚硝基-2-萘酚等。酚类亚硝化通常在低温下进行，若温度超过规定限度，不仅收率降低，而且影响产品质量。

在硫酸存在下，苯酚用亚硝酸钠亚硝化，产物为对亚硝基苯酚：

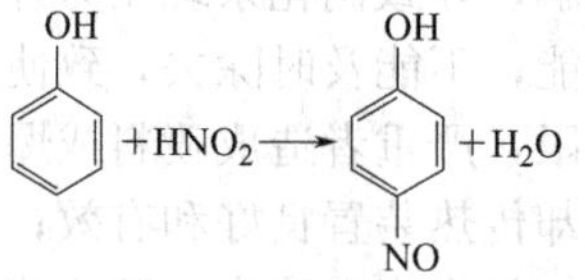

$$\text{(结构式)} \quad +HNO_2 \longrightarrow \text{(结构式)} +H_2O \qquad (5\text{-}45)$$

亚硝化操作是将苯酚溶于 $0\sim6℃$ 的冷水中，然后加入亚硝酸钠、硫酸，在 0℃ 左右搅拌反应约 1h，可得对亚硝基苯酚沉淀，经离心过滤，即得产品亚硝基苯酚。对亚硝基苯酚是合成硫化蓝的中间体，也是生产橡胶交联剂、解热镇痛药扑热息痛等的原料。

1-亚硝基-2-萘酚是制备 1-氨基-2-萘酚-4-磺酸的中间产物，后者是制取含金属偶氮染料的重要中间体。

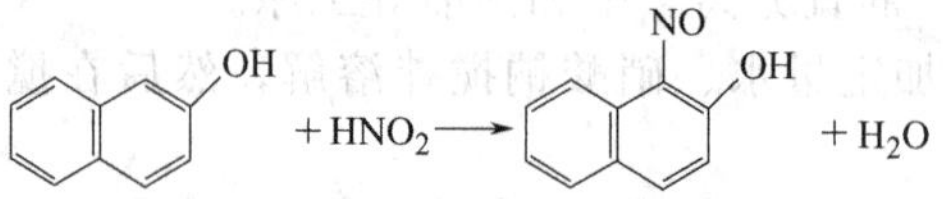

$$\text{(结构式)} \quad +HNO_2 \longrightarrow \text{(结构式)} +H_2O \qquad (5\text{-}46)$$

其操作是将 2-萘酚、水、氢氧化钠搅拌，使之溶解，冷却后加亚硝酸钠，过滤，滤液冷却到 0℃ 以下。在搅拌下，温度不超过 0℃，连续滴加 10% 的盐酸至刚果红试纸变蓝为止，再搅拌半小时后过滤，滤饼水洗至氯离子不大于自来水中氯离子为止，再用蒸馏水及乙醇洗涤一次，过滤，精制得产品。

二、芳香族仲胺或叔胺的亚硝化

芳仲胺与亚硝酸作用，首先生成 N-亚硝基物，然后在酸性介质中异构化、重排后得 C-亚硝基物。例如，二苯胺 N-亚硝化、重排，得对亚硝基二苯胺：

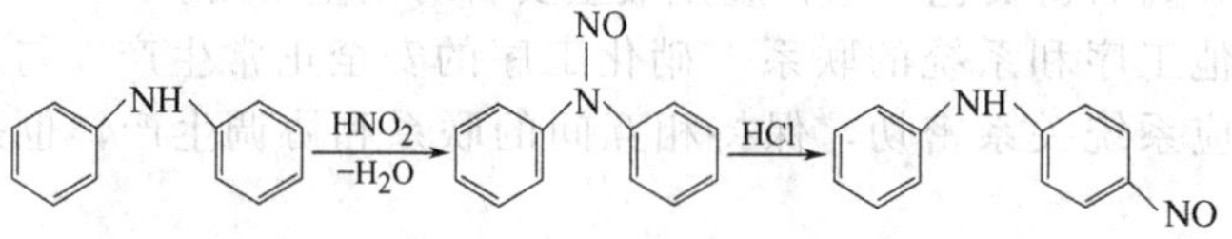

$$\text{(结构式)} \xrightarrow[-H_2O]{HNO_2} \text{(结构式)} \xrightarrow{HCl} \text{(结构式)} \qquad (5\text{-}47)$$

其操作是将 $NaNO_2$ 和硫酸水溶液与溶于三氯甲烷中的二苯胺作用，而后加入甲醇、盐酸进行重排反应，即得对亚硝基二苯胺。

对亚硝基二苯胺是制备橡胶防老剂 4010NA 和安安蓝染料的中间体。N-亚硝基二苯胺在橡胶硫化过程中具有防焦和阻聚作用。

芳叔胺亚硝化是在芳叔胺环上引入亚硝基，主要得到相应的对位取代产物。例如，在0℃和良好的搅拌下，N,N-二甲基苯胺盐酸水溶液，与微过量 $NaNO_2$ 水溶液搅拌数小时，得对亚硝基-N,N-二甲基苯胺盐酸盐。

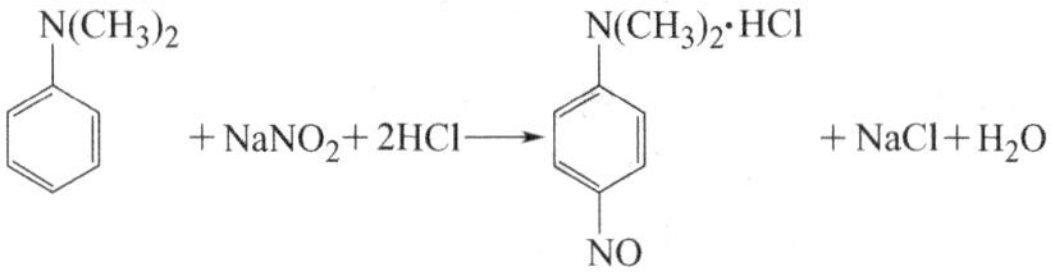

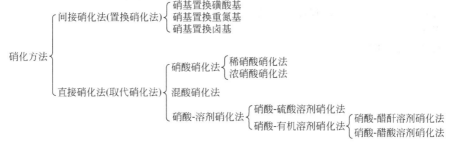

$$+NaNO_2+2HCl \longrightarrow \qquad +NaCl+H_2O \tag{5-48}$$

产品是染料、香料、医药和印染助剂的中间体。

本 章 小 结

一、硝化的任务与目的

硝化的任务是使用硝化剂和硝化设备，利用硝化反应在被硝化物分子中引入硝基（—NO_2），制造硝基化合物的生产过程。

硝化的目的：①由硝基芳烃生产芳胺及其衍生物；②利用硝基极性以满足有机合成需要；③合成专用化学品。

二、硝化剂

硝化剂是能够产生形成硝酰正离子（N^+O_2）的化学物质。

工业硝化剂，浓度不同的硝酸、硝酸与硫酸混合物、硝酸盐和硫酸、硝酸的醋酐或醋酸溶液等。

三、硝化方法

硝化方法
- 间接硝化法(置换硝化法)
  - 硝基置换磺酸基
  - 硝基置换重氮基
  - 硝基置换卤基
- 直接硝化法(取代硝化法)
  - 硝酸硝化法
    - 稀硝酸硝化法
    - 浓硝酸硝化法
  - 混酸硝化法
  - 硝酸-溶剂硝化法
    - 硝酸-硫酸溶剂硝化法
    - 硝酸-有机溶剂硝化法
      - 硝酸-醋酐溶剂硝化法
      - 硝酸-醋酸溶剂硝化法

四、硝化过程的解释

硝化是亲电取代反应，亲电质点是 N^+O_2，反应速率与 N^+O_2 浓度成正比，N^+O_2 形式与硝化剂有关；反应的难易与已有取代基性质有关。

非均相硝化是酸相-有机相（油相）构成的硝化过程，存在相际质量、热量传递，硝化反应发生在液相，两相充分有效接触是硝化反应的必要条件，其动力学类型分瞬间型、快速型、动力学型，根据反应进程和条件，三者可互相转化。

五、主要影响因素和工艺控制参数

①被硝化物与硝化剂；②硝化温度及其控制；③混合与搅拌；④酸油比与硝酸比；⑤副反应及其控制；⑥加料次序与速度。

六、混酸硝化

1. 配酸计算与操作（DVS，FNA的概念与应用）

2. 硝化设备的基本结构与类型

3. 硝化正加法、反加法和并加法

4. 硝化生产的基本过程

5. 绝热法和传统法比较

七、硝化安全技术

八、酚类和芳香族重或叔胺的亚硝化

复习与思考

1. 根据硝化剂分类，直接硝化法有哪些种，列表比较其特点？

2. 分析说明混酸硝化生产多硝基芳烃，宜用何种操作法？

3. 由硝基苯生产间二硝基苯，需配制 5t 组成为 H_2SO_4（72%）、HNO_3（26%）、H_2O（2%）的混酸，计算 20% 发烟硫酸、85% 废酸及 98% 硝酸的用量（kg）。若采用间歇式硝化工艺，且 $\Phi=1.08$，计算酸油比及 DVS 值。

4. 根据非均相硝化的动力学类型，说明硫酸在混酸硝化中的作用。

5. 混酸硝化后反应液主要有哪些物质组成？如何将其中的硝化产物分离出来？请用流程框图表示。

6. 比较混酸、稀硝酸、硝酸-醋酐、硝酸-二氯甲烷四种硝化剂的特点及适用范围；苯酚硝化生产邻硝基苯酚，宜采用哪一种硝化剂？

7. 绝热硝化生产硝基苯，主要由哪些化工生产单元组成？

8. 分析控制硝化温度的措施。

9. 讨论如何保持硝化过程良好搅拌？

10. 讨论混酸硝化能力指标的意义及其局限性。

11. 硝化生产主要有哪些安全技术？

12. 比较硝基苯生产低温硝化和绝热硝化的工艺特点。

13. 讨论如何最大限度地减少硝化废酸量？

14. 讨论如何分离硝化异构产物？

15. 综合分析讨论下列硝化工艺参数或指标：

（1）酸油比及硝酸比 （2）DVS 及 FNA （3）温度与搅拌 （4）加料次序与速度

16. 指出下列芳烃衍生物宜采用硝化的方法及主要产物。

（1）硝基苯 （2）萘 （3）苯基重氮盐酸盐 （4）氯苯

17. 亚硝化与硝化相比有何不同？

第六章 磺 化

>>> **学习指南**

磺化是使用磺化剂，利用化学反应，在有机化合物分子中引入磺酸基，制造磺化物的化学过程。通过本章学习，了解磺化在有机合成中的意义及应用；理解芳烃磺化原理及主要影响因素；掌握磺化剂的使用方法和磺化工艺过程与操作。

第一节 概　　述

一、磺化及其目的

磺化是在有机物分子碳原子上引入磺酸基，合成具有碳硫键的磺酸类化合物；在氧原子上引入磺酸基，合成具有碳氧键的硫酸酯类化合物；在氮原子上引入磺酸基，合成具有碳氮键的磺胺类化合物的重要有机合成单元之一。

磺化的任务是使用磺化剂，利用化学反应，在有机化合物分子中引入磺酸基（—SO_3H），制造磺化物的生产过程。

磺化利用的化学反应有取代反应、加成反应、置换反应等。以磺酸基（—SO_3H）或磺酰卤基（—SO_2Cl）取代氢原子的磺化，称为直接磺化；以磺酸基取代芳环上的巯基、重氮基等非氢原子的磺化，称为间接磺化。

被磺化物即磺化原料，主要为芳香烃及其衍生物、脂肪烃及其衍生物。芳香烃及其衍生物、芳杂环化合物，均可以直接磺化；少数脂肪族和脂环化合物，也可直接磺化。饱和脂肪烃的化学性质稳定，难以直接磺化，常用磺氯化、磺氧化等方法。烯烃、环氧化合物、醛类常用加成磺化，卤代烃常用置换磺化。

根据磺化剂在磺化中的聚集状态，磺化分液相磺化法和气相磺化法。

磺化的目的如下：

① 通过磺化，增进或赋予有机物以水溶性、酸性、表面活性或对纤维的亲和性；

② 芳烃通过磺化，可根据合成需要，将磺酸基转变成羟基、氯基、氨基或氰基等，从而制取一系列有机合成中间体或精细化学品；

③ 芳烃通过磺化，可改变其结构和反应性能，满足合成反应需要，如致钝（活）、利用空间效应定位，暂引入磺酸基，预定反应完成后，再将其水解掉。

$$(6-1)$$

磺化　　　中和　　　芳胺基化　　　水解

以上合成中，磺化目的是增强环上氯基的活性、增强反应物的水溶性，使芳胺基化在温和条件下进行。

芳磺酸及其衍生物是合成染料、医药、农药的重要中间体，其中，最重要的是阴离子表面活性剂，如洗涤剂、乳化剂、渗透剂、润湿剂、分散剂、离子交换树脂等。一些磺化产品见表 6-1。

表 6-1 一些重要的磺化产品及其生产方法

磺化产品	磺化原料	磺 化 剂	主要生产方法
仲烷基磺酸盐(SAS)	石蜡烃	SO_2-O_2	磺氧化法
十二烷基苯磺酸	十二烷基苯	SO_3-空气	三氧化硫磺化法
苯磺酸	苯	硫酸	恒沸脱水磺化法
2-萘磺酸	萘	浓硫酸	过量硫酸磺化法
乙酰氨基苯磺酰氯	N-乙酰基苯胺	氯磺酸	氯磺酸磺化法
对氨基苯磺酸	苯胺	浓硫酸	烘焙磺化法
1,3,6-萘三磺酸	萘	发烟硫酸	过量硫酸磺化法

二、磺化剂

常用磺化剂主要是硫酸、发烟硫酸、三氧化硫、氯磺酸和氨基磺酸等。此外，还有亚硫酸盐、二氧化硫与氯、二氧化硫与氧、磺烷基化剂等。

1. 三氧化硫

三氧化硫（SO_3）即硫酐，无色固体，极易吸水，在空气中强烈发烟。三氧化硫有 α、β、γ 三种同素异形体，α-体熔点为 62℃，β-体熔点为 32.5℃，γ-体熔点为 16.8℃，三氧化硫一般为混合体，熔点不固定，易升华，溶于水形成硫酸，溶于浓硫酸为发烟硫酸，并产生大量溶解热。用于磺化的 SO_3 是 β-体和 γ-体的混合物。三氧化硫是二氧化硫在五氧化二钒催化剂作用下氧化制成。

2. 硫酸和发烟硫酸

工业硫酸有两种规格，92%～93%的硫酸（绿矾油）和 98%～100%的硫酸（SO_3 一水合物）。含游离 SO_3 的硫酸为发烟硫酸，常用的发烟硫酸有两种，即含游离 SO_3 分别为20%～25%和60%～65%，两种发烟硫酸具有最低共熔点，如图 6-1 所示。四种磺化剂在常温下均为液体，使用和运输比较方便。

硫酸有多种离解方式，不同浓度的硫酸离解方式不同。浓度为100%的硫酸，其分子通过氢键形成缔合物，缔合度随温度升高而降低。100%硫酸略导电，0.2%～0.3%按下式离解：

$$2H_2SO_4 \rightleftharpoons SO_3 + H_3^+O + HSO_4^- \tag{6-2}$$

$$2H_2SO_4 \rightleftharpoons H_3SO_4^+ + HSO_4^- \tag{6-3}$$

$$3H_2SO_4 \rightleftharpoons H_2S_2O_7 + H_3^+O + HSO_4^- \tag{6-4}$$

$$3H_2SO_4 \rightleftharpoons HSO_3^+ + H_3^+O + 2HSO_4^- \tag{6-5}$$

在100%硫酸中加少量水，则按下式完全离解：

$$H_2O + H_2SO_4 \rightleftharpoons H_3^+O + HSO_4^- \tag{6-6}$$

发烟硫酸略能导电，这是由于发生了以下反应。

$$SO_3 + H_2SO_4 \rightleftharpoons H_2S_2O_7 \tag{6-7}$$

$$H_2S_2O_7 + H_2SO_4 \rightleftharpoons H_3SO_4^+ + HS_2O_7^- \tag{6-8}$$

因此，浓硫酸及发烟硫酸中，可能存在 SO_3、H_2SO_4、$H_2S_2O_7$、HSO_3^+ 和 $H_3SO_4^+$ 等质点，其含量随磺化剂浓度而变，这些反应质点的活性差别较大。

发烟硫酸的浓度可以单位体积中游离 SO_3 的含量 c_{SO_3} 表示，也可以 H_2SO_4 的含量 $c_{H_2SO_4}$ 表示。两种浓度的换算关系如下：

$$c_{H_2SO_4} = 100\% + 0.225 c_{SO_3} \tag{6-9}$$

$$c_{SO_3} = 4.44 \times (c_{H_2SO_4} - 100\%) \tag{6-10}$$

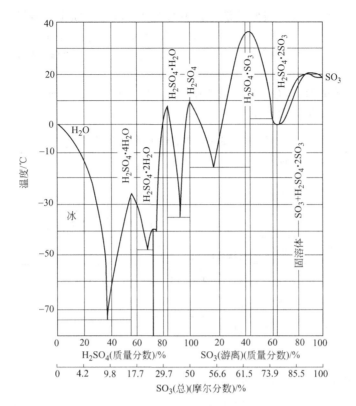

图 6-1 硫酸、发烟硫酸含量与凝固点的关系

例如，将 25% 发烟硫酸换算成硫酸浓度 $c_{H_2SO_4}$：

$$c_{H_2SO_4} = 100\% + 0.225 \times 0.25 = 105.6\%$$

故 20%～25% 的发烟硫酸也称为 105 硫酸。

生产中需要配制不同浓度的硫酸或发烟硫酸，配酸计算式为：

$$m_1 = m(c - c_2)/(c_1 - c_2) \qquad (6-11)$$

$$m_2 = m\frac{c - c_1}{c_1 - c_2} \qquad (6-12)$$

式中 m——拟配酸的质量，kg；

$\quad\ m_1$——新酸或浓度较高酸的质量，kg；

$\quad\ m_2$——浓度较低的酸或水的质量，kg；

$\quad\ c$——拟配制的酸浓度，%；

$\quad\ c_1$——新配制酸或浓度较高酸的浓度，%；

$\quad\ c_2$——水或浓度较低酸的浓度，%。

式(6-11) 和式(6-12) 中各种酸的浓度表示方法须一致。

3. 氯磺酸

氯磺酸是一种油状腐蚀性液体，在空气中发烟。20℃时密度为 1.753kg/m³。－80℃时凝固，152℃时沸腾。氯磺酸可视为 $SO_3 \cdot HCl$ 的配合物，沸点时离解为 SO_3 和 HCl。氯磺酸与水生成硫酸和氯化氢，作用剧烈。氯磺酸易溶于氯仿、四氯化碳、硝基苯和液态二氧化硫中，可与这些溶剂合用。氯磺酸的结构式为：

由于氯原子电负性较大，硫原子带有较多的部分正电荷，磺化能力仅次于 SO_3，但其作用比 SO_3 温和。磺化产生的氯化氢容易逸出，使反应易于进行完全。但氯磺酸成本较高，反应易生成磺酰氯，且氯化氢有强腐蚀性等缺点，主要用于芳烃的磺酰氯、氨基磺酸盐及醇的硫酸酯化。

此外，还常用硫酰氯（SO_2Cl_2）、氨基磺酸（H_2NSO_3H）、二氧化硫和亚硫酸盐等磺化剂。常用磺化剂及其评价见表 6-2。

表 6-2　各种常用的磺化剂及其评价

磺化剂	物理状态	主要用途	应用范围	活性	备注
三氧化硫（SO_3）	液态	芳烃磺化	很窄	非常活泼	易氧化、焦化，需溶剂调节活性
	气态	广泛用于有机产品	日益增多	高活性，等摩尔比，瞬间反应	干空气稀释 2%～8% SO_3
20%、30%、65% 发烟硫酸（$H_2SO_4 \cdot SO_3$）	液态	烷基芳烃磺化，用于洗涤剂和染料	很广	高活性	
氯磺酸（$ClSO_3H$）	液态	醇类、染料与医药	中等	高活性	放出 HCl，设法回收
硫酰氯（SO_2Cl_2）	液态	炔烃磺化，实验室方法	研究	中等	生成 $SOCl_2$
96%～100% 硫酸（H_2SO_4）	液态	芳烃磺化	广泛	低	
二氧化硫与氯气（$SO_2 + Cl_2$）	气态	烷烃氯磺化	很窄	低	移除水、催化剂，生成 $SOCl_2$ 和 HCl
二氧化硫与氧气（$SO_2 + O_2$）	气态	烷烃磺化氧化	很窄	低	催化剂，生成磺酸
亚硫酸钠（Na_2SO_3）	固态	卤烷磺化	较多	低	在水介质中加热
亚硫酸氢钠（$NaHSO_3$）	固态	共轭烯烃硫酸化，木质素磺化	较多	低	在水介质中加热

第二节　磺　化　原　理

一、磺化过程解释

芳烃磺化是亲电取代反应，SO_3 是反应质点，发烟硫酸、浓硫酸是常用的磺化剂。用浓硫酸磺化的亲电质点主要为 $H_2S_2O_7$；用 80%～85% 硫酸磺化的亲电质点主要是 $H_3SO_4^+$，SO_3 浓度与硫酸浓度平方成正比。

首先，硫酸离解成反应质点 SO_3，然后 SO_3 进攻苯环形成 σ-配合物，这是磺化反应的控制步骤，σ-配合物失去质子，形成稳定的取代产物——苯磺酸负离子。

$$2H_2SO_4 \rightleftharpoons H_3^+O + HSO_4^- + SO_3 \tag{6-13}$$

$$\tag{6-14}$$

$$\tag{6-15}$$

$$\tag{6-16}$$

苯磺酸负离子是高度离解的强酸。在含水酸性介质中，苯磺酸水解，磺酸基脱落，反应历程为：

$$
\text{(6-17)}
$$

此反应是可逆的，蒸出生成的水或用发烟硫酸磺化，平衡向产物方向移动。如将170℃苯蒸气通过浓硫酸，部分苯被磺化、部分苯为恒沸剂将水带出反应系统；若除去磺酸基，可将苯磺酸与50%～60%的硫酸共热，使之水解脱去磺酸基。

磺化及水解速率与温度关系密切。实验表明，温度每升高10℃，磺化速率增加2倍左右，水解速度增加2.5～3倍。因此用浓硫酸低温磺化，磺化视为不可逆反应；用稀硫酸高温磺化，磺化为可逆反应。芳环上已有的取代基为吸电子基时，磺酸基不易水解；若为给电子基，磺酸基易水解。磺化介质中 H_3^+O 浓度越高，水解速率越快。

可见，磺化速率与水含量关系密切，含水量越高，磺化速率越低。故硫酸浓度、含水量是磺化速率的主要影响因素。

利用芳烃磺化-水解特性，将磺酸基临时导入芳环，发挥其致活（钝）作用，预定反应完成后，再将磺酸基水解除去，如反应(6-1)。

二、主要影响因素

1. 被磺化物

被磺化物的芳烃结构，影响磺化反应的难易程度。芳环上已有取代基为给电子基时，有利于 σ 配合物的形成，磺化反应易于进行；若为吸电子取代基，则不利于形成 σ 配合物，磺化反应难以进行。例如甲苯比苯容易磺化，萘比甲苯容易磺化。芳烃及其衍生物用硫酸和三氧化硫磺化，反应速率常数和活化能见表6-3和表6-4。

表6-3　芳烃及其衍生物用硫酸磺化的反应速率常数和活化能

被磺化物	反应速率常数 $(40℃)k\times10^6$ $/[L/(mol \cdot s)]$	活化能 E $/(kJ/mol)$	被磺化物	反应速率常数 $(40℃)k\times10^6$ $/[L/(mol \cdot s)]$	活化能 E $/(kJ/mol)$
萘	111.3	25.5	溴苯	9.5	37.0
间二甲苯	116.7	26.7	间二氯苯	6.7	39.5
甲苯	78.7	28.0	对硝基甲苯	3.3	40.8
1-硝基萘	26.1	35.1	对二氯苯	0.98	40.0
对氯甲苯	17.1	30.9	对二溴苯	1.01	40.4
苯	15.5	31.3	1,2,4-三氯苯	0.73	41.5
氯苯	10.6	37.4	硝基苯	0.24	46.2

另外，磺酸基空间体积较大，空间效应明显，特别是芳环上已有取代基所占空间较大时，其空间效应显著。由表6-5可见，烷基苯磺化邻位磺酸生成量随烷基增大而减少，如叔丁基苯一磺化，几乎不生成邻位磺酸。

表6-4　芳烃及其衍生物用 SO_3 磺化的反应速率常数和活化能

被磺化物	反应速率常数 $(40℃)k$ $/[L/(mol \cdot s)]$	活化能 E $/(kJ/mol)$	被磺化物	反应速率常数 $(40℃)k$ $/[L/(mol \cdot s)]$	活化能 E $/(kJ/mol)$
苯	48.8	20.1	硝基苯	7.85×10^{-6}	47.6
氯苯	2.4	32.3	对硝基甲苯	9.53×10^{-4}	46.1
溴苯	2.1	32.8	对硝基苯甲醚	6.29	18.1
间二氯苯	4.36×10^{-2}	38.5			

表 6-5 烷基苯一磺化时的异构产物生成比例（25℃，89.1% H_2SO_4）

烷基苯	与苯比较的相对反应速率常数 k_A/k_B	异构产物的比例/%			邻/对
		邻位	间位	对位	
甲苯	28	44.04	3.57	50	0.88
乙苯	20	26.67	4.17①	68.33	0.39
异丙苯	5.5	4.85	12.12	84.84	0.057
叔丁基苯	3.3	0	12.12	85.85	0

① H_2SO_4 浓度（25℃）为 86.3%。

芳烃取代反应中，萘比苯活泼。根据磺化温度、硫酸浓度和用量及磺化时间不同，萘磺化可制得一系列萘磺酸，如图 6-2 所示。

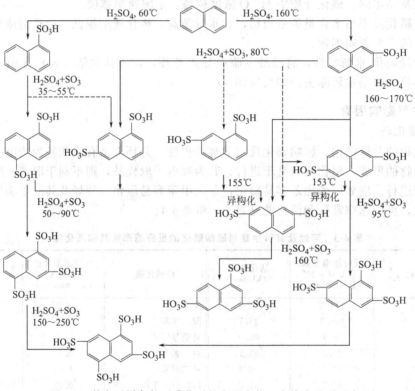

图 6-2 萘在不同条件下磺化时的主要产物（虚线表示副反应）

2-萘酚的磺化比萘容易，不同磺化剂和不同磺化条件，可制取不同的 2-萘酚磺酸，如图 6-3 所示。

2. 磺化剂

不同磺化剂对磺化的影响和差别见表 6-6。

动力学研究表明，磺化剂的浓度对磺化反应速率影响显著。用硫酸磺化，每引入 1mol 磺酸基，产生 1mol 水，硫酸浓度随之降低，其磺化能力和反应速率也随之降低。当硫酸浓度降到一定程度时，反应难以进行，磺化事实上已停止，此时的硫酸称"废酸"，将废酸浓度折算成 SO_3 的质量分数称"π值"。

不同的磺化过程，其 π 值不同。易磺化的 π 值要求较低；难磺化的 π 值要求较高，甚至废酸浓度高于 100% 硫酸，如硝基苯一磺化。表 6-7 为芳烃磺化 π 值，工业生产主要是通过实验或经验，选择确定磺化剂及其用量。

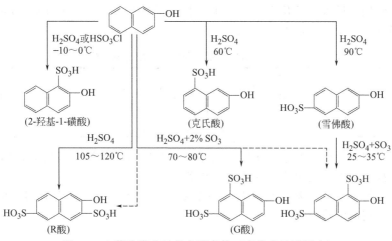

图 6-3　2-萘酚磺化时的主要产物（虚线表示副反应）

表 6-6　不同磺化剂对反应的影响

对 比 项 目	H$_2$SO$_4$	HSO$_3$Cl	H$_2$SO$_4$（发烟）	SO$_3$
沸点/℃	290～317	151～150		45
卤代烃中的溶解度	极低	低	部分	混溶
磺化速率	慢	较快	较快	瞬间完成
磺化转化率	达到平衡,不完全	较完全	较完全	定量转化
磺化热效应	反应加热	一般	一般	放热量大,冷却
磺化物黏度	低	一般	一般	特别黏稠
副反应	少	少	少	多,有时特别高
产生废酸量	大	较少	较少	无
反应器容积	大	大	一般	很小

表 6-7　一些芳烃磺化的 π 值

芳烃磺化	π 值	$w_{H_2SO_4}$/%	芳烃磺化	π 值	$w_{H_2SO_4}$/%
苯一磺化	64	78.4	萘二磺化（160℃）	52	63.7
蒽一磺化	43	53	萘三磺化（160℃）	79.8	97.3
萘一磺化（60℃）	56	68.5	硝基苯一磺化	82	100.1

3. 磺化温度和反应时间

一般来说，磺化温度低，反应速率慢，磺化时间长；磺化温度高，反应速率快，磺化时间短。但是，温度过高易引起多磺化、氧化、生成砜和树脂化等副反应。高温还易发生异构化，磺酸基转移到其他位置称"转位"。例如，萘用浓硫酸磺化：

$$\text{(6-18)}$$

$$\text{(6-19)}$$

萘用浓硫酸一磺化，温度对异构磺酸生成的影响见表 6-8。

表 6-8　萘一磺化时温度对异构物生成比例的影响

温度/℃	80	90	100.0	110.5	124	129	138.5	150	161
α 位/%	96.5	90.0	83.0	72.6	52.4	44.4	28.4	18.3	18.4
β 位/%	3.5	10.0	17.0	27.4	47.6	55.6	71.6	81.7	81.6

温度影响磺酸基进入芳环位置，即影响异构磺酸比例。如甲苯用 98％硫酸磺化，温度不同，异构磺酸的含量不同，见表 6-9。

表 6-9　甲苯磺化温度对异构物生成比例的影响

磺化异构物生成比例/%	0℃	35℃	75℃	100℃	150℃	160℃	175℃	190℃	200℃
邻位产物	42.7	31.9	20.0	13.3	7.8	8.9	6.7	6.8	4.3
间位产物	3.8	6.1	7.9	8.0	8.9	11.4	19.9	33.7	54.1
对位产物	53.5	62.0	72.1	78.7	83.2	77.5	70.7	56.2	35.2

提高磺化温度，邻位磺酸生成比例逐渐减少，对位磺酸比例逐渐增加，150℃左右达最大值；若继续提高温度，间位磺酸生成比例显著增加。

如芳环上有给电子取代基，则低温有利于磺酸基进入邻位；高温有利于磺酸基进入对位，甚至是更稳定的间位。

4. 辅助剂

多磺化、氧化和生成砜是磺化的主要副反应，由于磺化剂浓度和温度较高，芳磺酸与硫酸生成芳砜正离子，进而与被磺化物作用生成副产物砜。

$$ArSO_3H + 2H_2SO_4 \rightleftharpoons ArSO_2^+ + H_3^+O + 2HSO_4^- \qquad (6\text{-}20)$$

$$ArSO_2^+ + ArH \longrightarrow ArSO_2Ar + H^+ \qquad (6\text{-}21)$$

在式(6-20)反应平衡中，$ArSO_2^+$ 的浓度与 HSO_4^- 浓度的平方成反比。故在磺化液中加入无水硫酸钠，可增加 HSO_4^- 的浓度，抑制砜生成。2-萘酚磺化，加入 Na_2SO_4 可抑制硫酸的氧化作用。羟基蒽醌磺化，加入硼酸使羟基转变成硼酸酯，也可抑制氧化副反应。

蒽醌用发烟硫酸磺化，汞盐存在时主要生成 α-蒽醌磺酸，如无汞盐，主要生成 β-蒽醌磺酸；如用浓硫酸磺化，汞盐则无定位作用。蒽醌磺化除汞外，钯、铊、铑等对 α 位均有定位作用。萘高温磺化添加 10％左右的硫酸钠或 S-苄基硫脲，β-萘磺酸含量提高至 95％以上。

实践证明，磺化中添加少量辅助剂，可抑制副反应，并有定位作用。

此外还包括搅拌、传热等因素。良好的搅拌及换热装置，可以加快有机物在酸相中的溶解，提高传质、传热效率，防止局部过热，有利于磺化反应。

第三节　磺化方法

根据使用磺化剂的不同，分为过量硫酸磺化法、三氧化硫磺化法、氯磺酸磺化法以及恒沸脱水磺化法等。若按操作方式的不同，分为间歇磺化法和连续磺化法。

一、过量硫酸磺化法

用过量硫酸或发烟硫酸的磺化称过量硫酸磺化法，也称"液相磺化"。过量硫酸磺化法操作灵活，适用范围广；副产大量的酸性废液，生产能力较低。

一般过量硫酸磺化，废酸浓度在 70％以上，此浓度的硫酸对钢或铸铁的腐蚀不十分明显，因此，多数情况下采用钢制或铸铁的釜式反应器。

磺化釜配置搅拌器，搅拌器的形式取决于磺化物的黏度。高温磺化，物料的黏度不大，对搅拌要求不高；低温磺化，物料比较黏稠，需要低速大功率的锚式搅拌器，常用锚式或复合式搅拌器。复合式搅拌器是由下部的锚式或涡轮式、上部的桨式或推进搅拌器组合而成。

磺化是放热反应，但磺化后期因反应速率较慢需要加热保温，故可用夹套进行冷却或加热。

过量硫酸磺化可连续操作，也可间歇操作。连续操作，常用多釜串联磺化器。间歇操作，加料次序取决于原料性质、磺化温度及引入磺基的位置和数目。磺化温度下，若被磺化物呈液态，可先将被磺化物加入釜中，然后升温，在反应温度下徐徐加入磺化剂，这样可避免生成较多的二磺化物。如被磺化物在反应温度下呈固态，则先将磺化剂加入釜中，然后在低温下加入固体被磺化物，溶解后再缓慢升温反应，例如萘、2-萘酚的低温磺化。制备多磺酸常用分段加酸法，分段加酸法是在不同时间、不同温度下，加入不同浓度的磺化剂，其目的是在各个磺化阶段都能用最适宜的磺化剂浓度和磺化温度，使磺酸基进入预定位置。例如，萘用分段加酸磺化制备1,3,6-萘三磺酸：

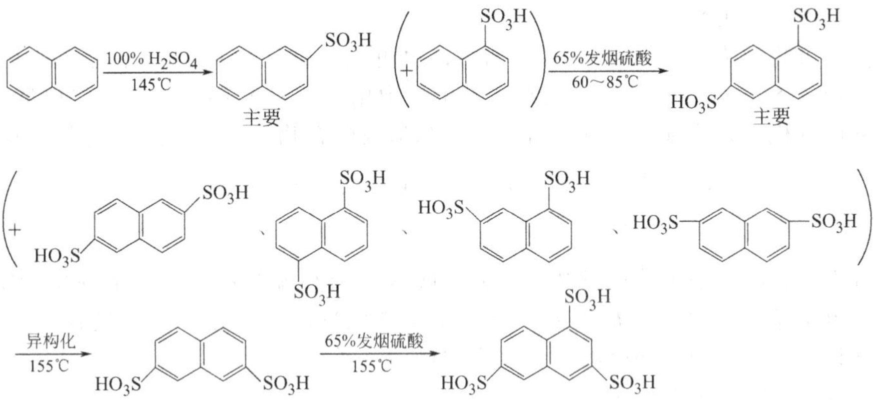

$$(6-22)$$

磺化过程按规定温度-时间规程控制，通常加料后需升温并保持一定的时间，直到试样中总酸度降至规定数值。磺化终点根据磺化产物性质判断，例如试样能否完全溶于碳酸钠溶液、清水或食盐水中。

二、三氧化硫磺化法

1. 三氧化硫磺化的方式

（1）气体三氧化硫磺化　主要用于十二烷基苯生产十二烷基苯磺酸钠。磺化采用双膜式反应器，三氧化硫用干燥的空气稀释至4%～7%。此法生产能力大，工艺流程短，副产物少，产品质量好，得到广泛应用。

（2）液体三氧化硫磺化　主要用于不活泼的液态芳烃磺化，在反应温度下产物磺酸为液态，而且黏度不大。例如，硝基苯在液态三氧化硫中磺化：

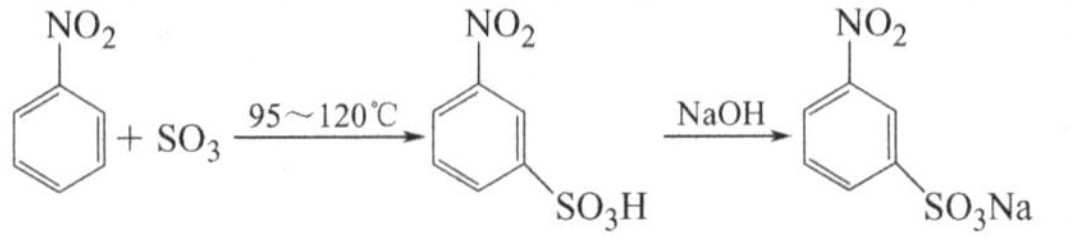

$$(6-23)$$

操作是将过量的液态三氧化硫慢慢滴至硝基苯中，温度自动升至70～80℃，然后在95～120℃下保温，直至硝基苯完全消失，再将磺化物稀释、中和，得间硝基苯磺酸钠。此法也可用于对硝基甲苯磺化。

液态三氧化硫的制备，以20%～25%发烟硫酸为原料，将其加热至250℃产生三氧化硫蒸气，三氧化硫蒸气通过填充粒状硼酐的固定床层，再经冷凝，即得稳定的SO_3液体。液体三氧化硫使用方便，但成本较高。

（3）三氧化硫-溶剂磺化　适用于被磺化物或磺化产物为固态的情况，将被磺化物溶解于溶剂，磺化反应温和、易于控制。常用溶剂如硫酸、二氧化硫、二氯甲烷、1,2-二氯乙烷、1,1,2,2-四氯乙烷、石油醚、硝基甲烷等。

硫酸可与SO_3混溶，并能破坏有机磺酸的氢键缔合，降低反应物黏度。其操作是先在被磺化物中加入10%（质量分数）的硫酸，通入气体或滴加液体SO_3，逐步进行磺化。此法技术简单、通用性强，可代替发烟硫酸磺化。例如：

$$\text{（结构式）} + SO_3 \xrightarrow[\text{或}CH_2Cl_2]{H_2SO_4} \text{（结构式）} \tag{6-24}$$

有机溶剂要求化学性质稳定，易于分离回收，可与被磺化物混溶，对 SO_3 溶解度在 25％以上溶剂的选择，需根据被磺化物的化学活泼性和磺化条件确定。一般有机溶剂不溶解磺酸，故磺化液常常很黏稠。

磺化操作可将被磺化物加到 SO_3-溶剂中；也可先将被磺化物溶于有机溶剂中，再加入 SO_3-溶剂或通入 SO_3 气体。例如，萘在二氯甲烷中用 SO_3 磺化制取 1,5-萘二磺酸。

（4）SO_3 有机配合物磺化　SO_3 可与有机物形成配合物，配合物的稳定次序为：

$$(CH_3)_3N \cdot SO_3 > \text{（结构式）} > O \text{（结构式）} O \cdot SO_3 > R_2O \cdot SO_3 > H_2SO_4 \cdot SO_3 > HCl \cdot SO_3 > SO_3$$

SO_3 有机配合物的稳定性比发烟硫酸大，即 SO_3 有机配合物的反应活性低于发烟硫酸。故用 SO_3 有机配合物磺化，反应温和，有利于抑制副反应，磺化产品质量较高，适于高活性的被磺化物。SO_3 与叔胺和醚的配合物应用最为广泛。

2. 三氧化硫磺化法的问题

① SO_3 熔点为 16.8℃，沸点为 44.8℃，其液相区狭窄，凝固点较低，不利于使用，室温自聚形成二聚体或三聚体。添加适量硼酐、二苯砜和硫酸二甲酯等，可防止 SO_3 形成聚合体，添加量以 SO_3 质量计，硼酐为 0.02％、二苯砜为 0.1％、硫酸二甲酯为 0.2％。

② SO_3 活性高，反应激烈，副反应多，尤其是纯 SO_3 磺化。为避免剧烈的反应，工业常用干燥空气稀释 SO_3，以降低其浓度。对于容易磺化的苯、甲苯等，可加入磷酸或羧酸抑制砜的生成。

③ 用 SO_3 磺化，瞬时放热量大，反应热效应显著。表 6-10 列出了烷基苯磺化反应热的相对值。

表 6-10　烷基苯磺化反应热的相对值

磺 化 剂	反应热相对值	磺 化 剂	反应热相对值
100％硫酸	100	液体三氧化硫	206
20％发烟硫酸	150	气态 SO_3^+ 空气	306
60％发烟硫酸	190		

由于被磺化物的转化率高，所得磺酸黏度大。为防止局部过热，抑制副反应，避免物料焦化，必须保持良好的换热条件，及时移除磺化反应热。适当控制转化率或使磺化在溶剂中进行，以免磺化产物黏度过大。

④ SO_3 不仅是活泼的磺化剂，也是氧化剂，必须注意使用安全，特别是使用纯净的 SO_3，应严格控制温度和加料顺序，防止发生爆炸事故。

三氧化硫磺化反应迅速，不产生水，磺化剂用量接近于理论用量，"三废"少，经济合理，常用于脂肪醇、烯烃和烷基苯的磺化。随着工业技术的发展，三氧化硫磺化工艺将日益增多。

三、氯磺酸磺化法

氯磺酸的磺化能力比硫酸强，比三氧化硫温和。在适宜的条件下，氯磺酸和被磺化物几乎是定量反应，副反应少，产品纯度高。副产物氯化氢在负压下排出，用水吸收制成盐酸。但氯磺酸价格较高，使其应用受限制。根据氯磺酸用量不同，用氯磺酸磺化得芳磺酸或芳磺酰氯。

1. 制取芳磺酸

用等物质的量或稍过量的氯磺酸磺化，产物是芳磺酸。

$$\text{ArH} + \text{ClSO}_3\text{H} \longrightarrow \text{ArSO}_3\text{H} + \text{HCl}\uparrow \qquad (6-25)$$

由于芳磺酸为固体，反应需在溶剂中进行。硝基苯、邻硝基乙苯、邻二氯苯、二氯乙烷、四氯乙烷、四氯乙烯等为常用溶剂。例如：

$$(6-26)$$

$$(6-27)$$

醇类硫酸酯化，也常用氯磺酸为磺化剂，以等物质的量配比磺化，产物为表面活性剂，由于不含无机盐，产品质量好。

2. 制取芳磺酰氯

用过量的氯磺酸磺化，产物是芳磺酰氯。

$$\text{ArH} + \text{ClSO}_3\text{H} \longrightarrow \text{ArSO}_3\text{H} + \text{HCl}\uparrow \qquad (6-28)$$

$$\text{ArSO}_3\text{H} + \text{ClSO}_3\text{H} \rightleftharpoons \text{ArSO}_2\text{Cl} + \text{H}_2\text{SO}_4 \qquad (6-29)$$

反应是可逆的，所以要用过量的氯磺酸，一般摩尔比为 1:(4~5)。过量的氯磺酸可使被磺化物保持良好的流动性。有时也加入适量添加剂以除去硫酸。例如，生产苯磺酰氯时加入适量的氯化钠。氯化钠与硫酸生成硫酸氢钠和氯化氢，反应平衡向产物方向移动，收率可由 76% 提高到 90%。

单独使用氯磺酸不能使磺酸全部转化成磺酰氯，可加入少量氯化亚砜。

$$\text{ArSO}_3\text{H} + \text{SOCl}_2 \longrightarrow \text{ArSO}_2\text{Cl} + \text{SO}_2\uparrow + \text{HCl}\uparrow \qquad (6-30)$$

芳磺酰氯不溶于水，冷水中分解较慢，温度高易水解。将氯磺化物倾入冰水，芳磺酰氯析出，迅速分出液层或滤出固体产物，用冰水洗去酸性以防水解。芳磺酰氯（如 2,4,5-三氯苯磺酰氯）不易水解，可以热水洗涤。

芳磺酰氯化学性质活泼，可合成许多有价值的芳磺酸衍生物，见表 6-11。

表 6-11 由芳磺酰氯合成的一些中间体

中 间 苯	结 构 式	主要反应试剂
芳磺酰胺	ArSO_2NH_2	NH_3（氨水）
N-烷基芳磺酰胺	ArSO_2NHR	RNH_2（水介质＋NaOH）
N,N-二烷基芳磺酰胺	$\text{ArSO}_2\text{NRR}'$	$\text{RR}'\text{NH}$（水介质＋NaOH）
芳磺酰芳胺	$\text{ArSO}_2\text{NHAr}'$	ArNH_2（水介质＋NaOH 或 Na_2CO_3）
芳磺酸烷基酯	ArSO_2OR	ROH（NaOH 或吡啶）
芳磺酸酚酯	$\text{ArSO}_2\text{OAr}'$	$\text{Ar}'\text{OH}$（水介质，NaOH）
芳磺酰氟	ArSO_2F	KF（水介质）
二芳基砜	$\text{ArSO}_2\text{Ar}'$	$\text{Ar}'\text{H}$（AlCl_3 催化）
芳亚磺酸	ArSO_2H	用 NaHSO_3 还原
烷基芳基砜	ArSO_2R	$\text{ArSO}_2\text{Na} + \text{RCl}$
硫酚	ArSH	用 $\text{Zn} + \text{H}_2\text{SO}_4$ 还原

四、其他磺化法

1. 用亚硫酸盐磺化

不易用取代磺化制取芳磺酸的被磺化物，可用亚硫酸盐磺化法。亚硫酸盐可将芳环上的卤基或硝基置换为磺酸基，例如：

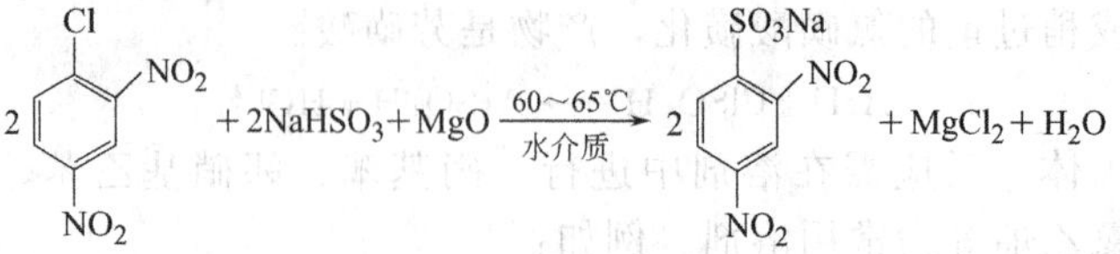

$$2 \text{(Cl, NO}_2\text{苯)} + 2NaHSO_3 + MgO \xrightarrow[\text{水介质}]{60\sim65\,℃} 2 \text{(SO}_3\text{Na, NO}_2\text{苯)} + MgCl_2 + H_2O \qquad (6\text{-}31)$$

$$\text{(硝基蒽醌)} + 2Na_2SO_3 \xrightarrow{100\sim102\,℃} \text{(磺酸钠蒽醌)} + NaNO_2 \qquad (6\text{-}32)$$

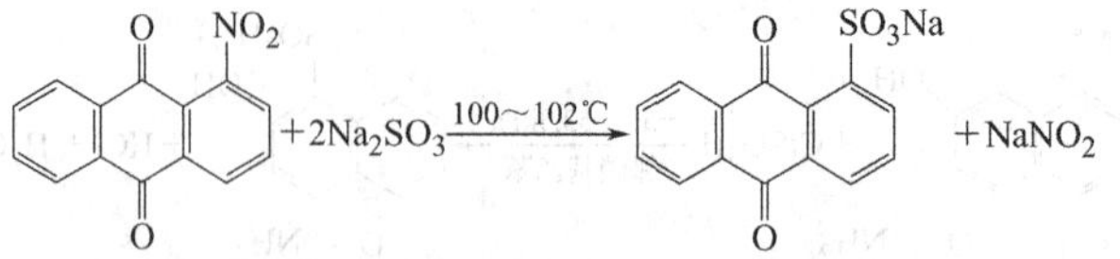

亚硫酸钠磺化用于多硝基物的精制，如从间二硝基苯粗品中除去邻位和对位二硝基苯的异构体。邻位和对位二硝基苯与亚硫酸钠反应，生成水溶性的邻或对硝基苯磺酸钠盐，间二硝基苯得到精制提纯。

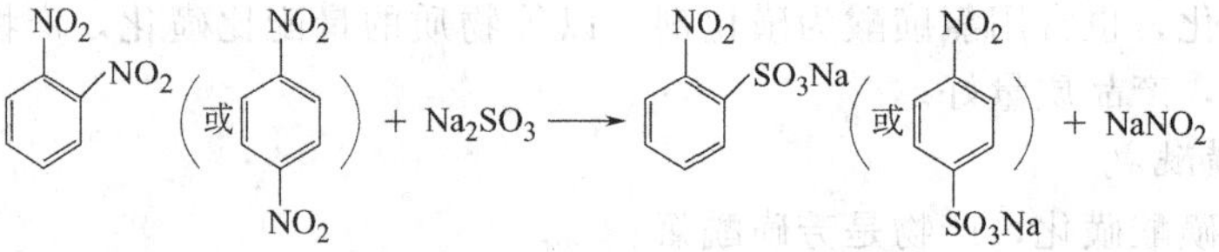

$$\text{(邻二硝基苯 或 对二硝基苯)} + Na_2SO_3 \longrightarrow \text{(邻 或 对 硝基苯磺酸钠)} + NaNO_2 \qquad (6\text{-}33)$$

2. 烘焙磺化法

芳伯胺磺化多采用此法。芳伯胺与等物质的量的硫酸混合，制成固态芳胺硫酸盐，然后在 $180\sim230\,℃$ 高温烘焙炉内烘焙，故称烘焙磺化，也可采用转鼓式球磨机成盐烘焙。例如苯胺磺化：

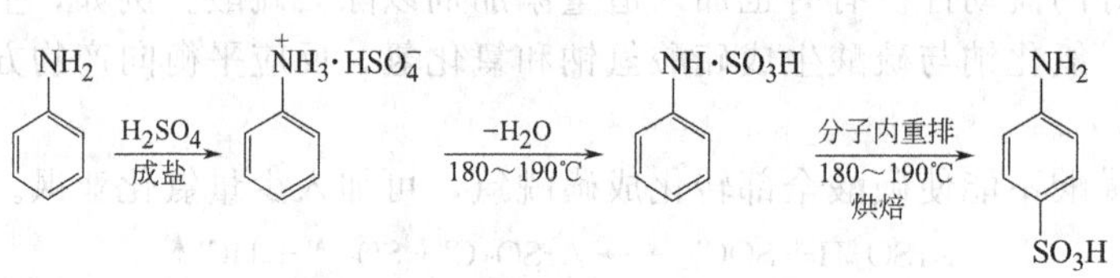

$$\text{(苯胺 NH}_2\text{)} \xrightarrow[\text{成盐}]{H_2SO_4} \text{(}NH_3^+\cdot HSO_4^-\text{)} \xrightarrow[180\sim190\,℃]{-H_2O} \text{(}NH\cdot SO_3H\text{)} \xrightarrow[\substack{180\sim190\,℃ \\ \text{烘焙}}]{\text{分子内重排}} \text{(}NH_2,\ SO_3H\text{)} \qquad (6\text{-}34)$$

烘焙磺化法硫酸用量虽接近理论量，但易引起苯胺中毒，生产能力低，操作笨重，可采用有机溶剂脱水法，即使用高沸点溶剂，如二氯苯、三氯苯、二苯砜等，芳伯胺与等物质的量的硫酸在溶剂中磺化，不断蒸出生成的水，磺化温度为 $180\sim200\,℃$。

苯系芳胺烘焙磺化，磺酸基主要进入氨基对位，对位被占据则进入邻位。烘焙磺化法制得的氨基芳磺酸如下：

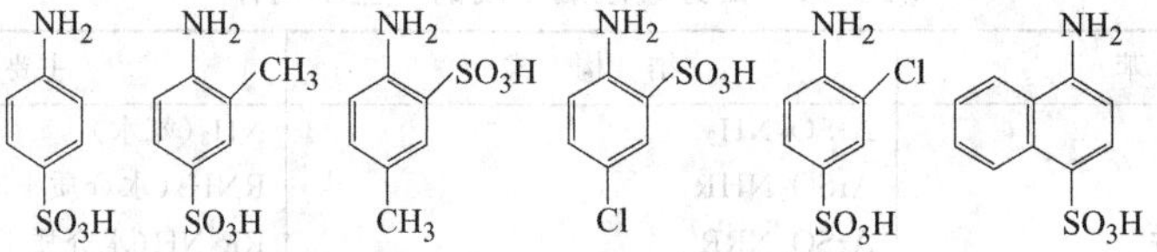

(对氨基苯磺酸、2-甲基-5-氨基苯磺酸、2-氨基甲苯-4-磺酸、2-氨基-5-氯苯磺酸、2-氯-4-氨基苯磺酸、1-萘胺-4-磺酸 等结构式)

由于烘焙磺化温度较高，含羟基、甲氧基、硝基或多卤基的芳烃，不宜用此法磺化，防止被磺化物氧化、焦化和树脂化。

3. 恒沸脱水磺化法

由于苯与水可形成恒沸物，故以过量苯为恒沸剂带走反应生成的水，苯蒸气通入浓硫酸中磺化，过量苯与磺化生成的水一起蒸出，维持磺化剂一定浓度，磺化液中游离硫酸含量下降到 $3\%\sim4\%$，停止通蒸气苯，磺化结束；若继续通苯，则生成大量二苯砜。此法适用于沸点较低的芳烃的磺化，如苯、甲苯。

五、磺化后的分离操作

磺化后处理有两种情况：一是磺化后不分离，直接进行硝化和氯化等操作；二是分离出磺酸或磺酸盐。磺化物分离根据磺酸或磺酸盐的溶解度差异，有以下分离方法。

1. 稀释酸析法

对于在 50%～80% 硫酸中溶解度很小的芳磺酸，加水稀释磺化液到适当浓度，析出磺酸。例如，对硝基氯苯邻磺酸、对硝基甲苯邻磺酸、1,5-蒽醌二磺酸等的分离。

2. 直接盐析法

在稀释后的磺化物中加入食盐、氯化钾或硫酸钠，使磺酸成盐析出。

$$ArSO_3H + KCl \rightleftharpoons ArSO_3K \downarrow + HCl \uparrow \tag{6-35}$$

根据磺酸盐溶解度不同，可分离异构磺酸。例如，由 2-萘酚磺化制 2-萘酚-6,8 二磺酸（G 酸），在稀释磺化物中加入氯化钾溶液，G 酸以钾盐形式析出 G 盐。滤后母液加入食盐，副产 2-萘酚-3,6-二磺酸（R 酸），以钠盐形式析出 R 盐。

由于氯化钾或食盐盐析产生氯化氢，设备腐蚀严重，应用受到限制。

3. 中和盐析法

采用 NaOH、Na_2CO_3、Na_2SO_3 或 MgO 等碱性物质，中和稀释磺化液，中和产生的硫酸钠、硫酸镁、硫酸铵，使磺酸以钠盐、铵盐或镁盐形式析出。例如，磺化-碱熔法制 2-萘酚，利用碱熔产生的亚硫酸钠中和磺化物，中和产生的二氧化硫再可用于碱熔物的酸化。

中和　　　　　　$2ArSO_3H + Na_2SO_3 \longrightarrow 2ArSO_3Na + H_2O + SO_2 \uparrow$　　　　(6-36)

碱熔　　　　　　$2ArSO_3Na + 4NaOH \longrightarrow 2ArONa + 2Na_2SO_3 + 2H_2O$　　　　(6-37)

酸化　　　　　　$2ArONa + SO_2 + H_2O \longrightarrow 2ArOH + Na_2SO_3$　　　　(6-38)

此法可节省大量酸和碱，减轻母液对设备的腐蚀。

4. 脱硫酸钙法

用氢氧化钙悬浮液中和稀释磺化物，中和产物磺酸钙盐溶于水，硫酸钙不溶于水。过滤除去硫酸钙，得不含无机盐的磺酸钙溶液，再用碳酸钠溶液处理，使磺酸钙盐转变成钠盐和碳酸钙沉淀。

$$(ArSO_3)_2Ca + Na_2CO_3 \longrightarrow 2ArSO_3Na + CaCO_3 \downarrow \tag{6-39}$$

过滤除去碳酸钙沉淀，得不含无机盐的磺酸钠溶液。磺酸钠溶液可直接用于下一反应，或经蒸发、浓缩制成磺酸钠固体。例如扩散剂 NNO 的生产。

脱硫酸钙法产品中无机盐含量较低，适于磺化产物（特别是多磺酸）与硫酸的分离，但产生大量硫酸钙滤饼，且操作复杂。

5. 萃取分离法

以有机溶剂为萃取剂，将磺化产物从磺化液中萃取分离。例如，萘磺化稀释水解除去 1-萘磺酸，用叔胺（N,N-二苄基十二胺）甲苯溶液萃取，叔胺与 2-萘磺酸形成配合物萃取到甲苯层，分出有机层，用碱液中和，磺酸转入水层，蒸发至干，得 2-萘磺酸钠，纯度为 86.8%，其中 1-萘磺酸钠 0.5%，Na_2SO_4 0.8%，2-萘磺酸钠以水解物计，收率为 97.5%～99%，叔胺回收循环使用。此法为芳磺酸分离和废酸回收开辟了新的途径。

第四节　工业磺化过程

一、2-萘磺酸的生产

2-萘磺酸钠盐是白或灰白色结晶，易溶于水，主要用途是制取 2-萘酚。2-萘磺酸的生产以萘为原料，采用过量硫酸磺化法，生产包括磺化、水解-吹萘和中和-盐析等工序。

1. 磺化

将熔融精萘加到带有锚式搅拌和夹套的磺化釜，开启夹套加热蒸汽，加热至140℃停止加热，然后缓慢滴加定量的98%硫酸，萘与硫酸的摩尔比为1：1.09。由于反应放热，釜温自动升至160℃左右，在此温度下保温2h。取样分析测定磺化液总酸度。测定是将磺化液试样用NaOH标准溶液滴定，所测磺酸和硫酸总量按硫酸计，即磺化液总酸度。酸度达25%～27%，2-萘磺酸含量为67.5%～69.5%时，即达到磺化终点，停止反应。保温过程中部分萘随水蒸气逸出，用热水捕集回收。如果未设萘熔融釜，可在磺化釜熔融精萘。

2. 水解-吹萘

将1-萘磺酸水解成萘并回收未磺化的萘。磺化完毕将磺化液打至水解釜，加少量水稀释，在140～150℃通入水蒸气水解：

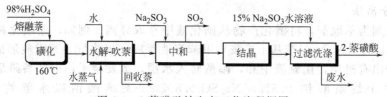

$$\begin{array}{c}\text{(1-naphthalenesulfonic acid)} + H_2O\,(气) \underset{}{\overset{H_2SO_4}{\rightleftharpoons}} \text{(naphthalene)} + H_2SO_4\end{array} \tag{6-40}$$

1-萘磺酸大部分水解并随水蒸气蒸出，回收后循环使用。

水解-吹萘前，在釜中加少量碱液，使少量2-萘磺酸转变成盐析的晶种，以加快过滤速度、减少产品中无机盐含量。

3. 中和-盐析

用具有耐酸衬里、装有搅拌器的中和釜，在釜中加入磺化水解液，在120℃及负压下，慢慢加入热亚硫酸钠溶液（2-萘磺酸碱熔副产物），中和2-萘磺酸和过量的硫酸。

$$2\,\text{(2-naphthalenesulfonic acid)} + Na_2SO_3 \longrightarrow 2\,\text{(sodium 2-naphthalenesulfonate)} + H_2O + SO_2\uparrow \tag{6-41}$$

$$H_2SO_4 + Na_2SO_3 \longrightarrow Na_2SO_4 + H_2O + SO_2\uparrow \tag{6-42}$$

利用负压引出中和产生的SO₂气体，用于2-萘酚钠的酸化。

$$2\,\text{(sodium 2-naphtholate)} + SO_2 + H_2O \longrightarrow 2\,\text{(2-naphthol)} + Na_2SO_3 \tag{6-43}$$

中和液缓慢冷却至32℃左右，2-萘磺酸钠盐结晶析出，离心过滤，滤饼用15%的亚硫酸钠水溶液洗涤，除去滤饼中的硫酸钠，甩干，湿滤饼作碱熔原料。

$$\text{(sodium 2-naphthalenesulfonate)} + 2NaOH \longrightarrow \text{(sodium 2-naphtholate)} + Na_2SO_3 + H_2O \tag{6-44}$$

2-萘磺酸钠的生产工艺如图6-4所示。

图 6-4   2-萘磺酸钠生产工艺流程框图

2-萘磺酸除用于生产2-萘酚外，还可磺化生产萘-1,6-、-2,6-、-2,7-二磺酸，以及萘-1,3,6-三磺酸；硝化可制得5-或8-硝基-2-萘磺酸；还原得染料中间体克氏酸。如果将2-萘磺酸与甲醛缩合，可制得润湿剂、分散剂。

2-萘磺酸生产工艺研究已取得了许多进展。一个新的研究趋向是在有机溶剂存在下磺化，可选用的溶剂有己烷、饱和脂肪烃、环丁砜、二氯乙烷等，磺化后期吹入干燥空气，可使2-磺酸基脱落，吹出回收大部分萘。

二、十二烷基苯磺酸钠的生产

十二烷基苯磺酸是以直链烷基苯为原料，采用三氧化硫气相磺化法生产的阴离子表面活性剂。该法连续化操作，配料精确、物料停留时间短、移热速率快，能耗低，生产能力大。

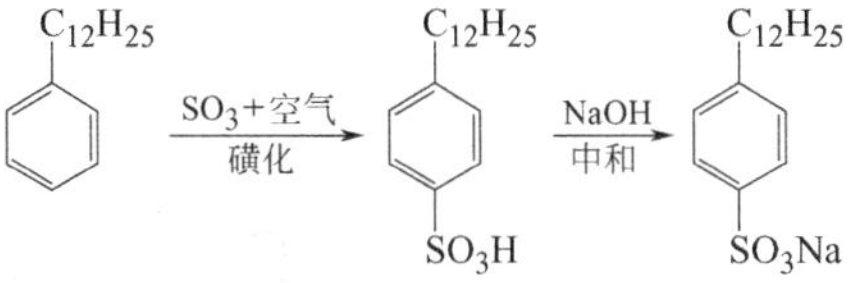

$$\underset{}{\text{（结构式）}} \xrightarrow[\text{磺化}]{SO_3+\text{空气}} \underset{}{\text{（结构式）}} \xrightarrow[\text{中和}]{NaOH} \underset{}{\text{（结构式）}} \tag{6-45}$$

十二烷基苯用三氧化硫磺化，反应几乎在瞬间完成，磺化速率取决于三氧化硫的扩散速度和扩散距离，过程主要影响因素有三氧化硫的浓度、气流速度、气液分布及传热速率等。十二烷基苯用三氧化硫磺化是强放热反应，反应热为 710kJ/kg 烷基苯。为避免剧烈反应产生大量的磺化反应热，以利于控制磺化过程，工业上采用双膜式磺化器强化气液相传质和传热，并用干燥空气稀释 SO_3，使其浓度在 $4\%\sim7\%$。

双膜式磺化反应器如图 6-5 所示。该反应器由一套直立式并备有内、外冷却夹套的两个不锈钢同心圆筒组成。该反应器自上而下分为物料分配、反应、分离三部分。双膜反应器的外膜、内膜均用冷却水冷却，可有效移除反应热。

液相烷基苯经顶部环形分布器均匀分布，沿内、外管壁自上而下流动，形成均匀的内膜和外膜。三氧化硫与空气的混合气体通过气室的环隙，进入中部反应区，反应区是两个同心圆管之间的环形区，在反应区，三氧化硫气体与烷基苯液膜并流下降，气液两相接触并发生磺化反应。

反应区的三氧化硫浓度，自上而下逐渐降低，烷基苯磺化率逐渐增加，磺化液黏度逐渐增大，到反应区底部磺化反应基本完成。磺化后的气液混合物在底部分离区分离，分离后的磺酸产品和尾气由不同的出口排出。

磺化反应集中在反应区的上半部，磺化率达 90%，液膜温度一般高于 100℃，温度达到峰值后随液膜下降而降低，出口处的液膜温度在 40℃ 左右。三氧化硫与干燥空气的混合气体，通过磺化反应器速度为 $10\sim40m/s$，液相物料停留时间仅几秒钟，几乎没有返混现象，多磺化及其他副反应都比较少。

与发烟硫酸磺化相比，烷基苯与 SO_3 的比例控制更为严格。SO_3 稍过量即容易造成多磺化；反之，未磺化的烷基苯存在于产品中将影响产品质量。

气体三氧化硫膜式磺化连续生产十二烷基苯磺酸工艺过程，如图 6-6 所示。

磺化用空气必须是干燥的，空气带入系统的水分越少，磺化操作越稳定。一般要求干燥空气露点低于 $-40℃$，先进装置达 $-50\sim-60℃$。空气干燥采用冷却-吸附法，空气经冷却，脱除约 85% 的水分，然后经硅胶吸附除去残余水分，使空气露点达到 $-40℃$ 以下，供磺化使用。

三氧化硫气体可由液态三氧化硫蒸发提供，也可采用燃硫法或发烟硫酸蒸发获得。液态三氧化硫由计量泵送到汽化器，汽化后的三氧化硫气体与干空气混合，稀释至规定浓度，经除雾器除雾进入磺化反应器。进入系统空气所含微量水会与 SO_3 形成酸雾，影响磺化操作和产品质量，所以混合气体必须经过玻璃纤维静电除雾器除去微量水。烷基苯由计量泵从贮罐送到磺化反应器顶部分配区，当烷基苯薄膜与含 SO_3 气体接触时，即发生磺化反应。反应后的气液混合物经反应器底部的气-液分离器分离，分出的尾气经除雾器除去酸雾，再经吸收后放空；分离得到的磺化产物经循环泵、冷却器后部分返回磺化反应器底部，用于磺酸的急冷，部分送至老化罐、水解罐。磺化产物在老化罐中老化 $5\sim10min$，以降低其中的游离硫酸和未反应原料的含量。然后送到水解罐中，加入约 0.5% 的水以破坏少量残存的硫酸酐，之后经中和罐中和，即制得十二烷基苯磺酸钠。

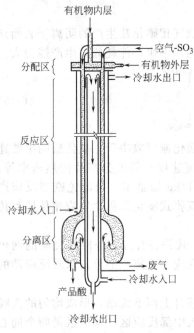

图 6-5 管式双膜磺化反应器

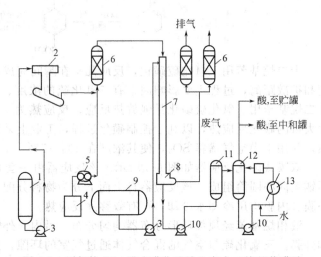

图 6-6 用气体 SO₃ 膜式磺化连续生产十二烷基苯磺酸

1—液体 SO₃ 贮罐；2—汽化器；3—比例泵；4—干空气；5—鼓风机；
6—除沫器；7—薄膜反应器；8—分离器；9—十二烷基苯贮罐；
10—泵；11—老化罐；12—水解罐；13—热交换器

三、对乙酰氨基苯磺酰氯的生产

对乙酰氨基苯磺酰氯（ASC），用于合成磺胺类消炎药物新诺明，其化学结构式为：

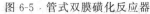

乙酰氨基苯磺酰氯是以乙酰苯胺（退热冰）为原料，以氯磺酸为磺化剂在室温下反应制得。

$$\text{（乙酰苯胺）} + ClSO_2OH \longrightarrow \text{（对乙酰氨基苯磺酸）} + HCl\uparrow \tag{6-46}$$

$$\text{（乙酰苯胺）} + ClSO_2OH \longrightarrow \text{（对乙酰氨基苯磺酰氯）} + H_2O \tag{6-47}$$

$$H_2O + ClSO_2OH \longrightarrow H_2SO_4 + HCl\uparrow \tag{6-48}$$

主要生成物是对乙酰氨基苯磺酸，同时生成少量的 ASC。在过量氯磺酸作用下，对乙酰氨基苯磺酸进一步转变成 ASC。

$$\text{（对乙酰氨基苯磺酸）} + ClSO_2OH \longrightarrow \text{（对乙酰氨基苯磺酰氯）} + H_2SO_4 \tag{6-49}$$

整个过程归纳为：

在以上反应过程中，还伴随 ASC 的水解、ASC 与乙酰苯胺缩合等副反应。反应温度较高时，会促使副反应发生。

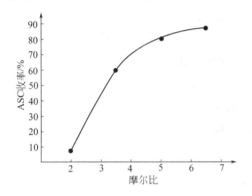

$$
\tag{6-50}
$$

$$
\tag{6-51}
$$

乙酰苯胺与氯磺酸反应的理论配比是 1：2，在理论配比下，ASC 实际收率只有 7％；氯磺酸物质的量配比增加到 1：3.5，ASC 收率为 60％；1：5 时的收率为 80％；1：7 以上时收率为 87％，如图 6-7 所示。

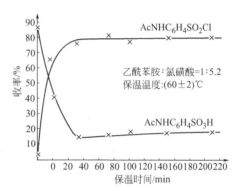

图 6-7　氯磺酸、乙酰苯胺的摩尔比　　　　图 6-8　生成物收率与保温时间的关系
　　　　　与 ASC 收率的关系

由图可见，氯磺酸的物质的量配比在 1：3.5 以下时，ASC 收率明显下降；在 1：5 以上时，ASC 收率虽略有增加，但幅度较小。因此，通过增加氯磺酸的用量使 ASC 收率接近100％，不仅是困难，而且不经济。综合考虑收率与成本，乙酰苯胺与氯磺酸的摩尔比在(1：4.5)～(1：5)为宜。

乙酰苯胺氯磺化使用搪玻璃反应釜，其操作是先向釜中加入定量的氯磺酸，控制釜温在 15℃以下，然后缓慢加入乙酰苯胺（乙酰苯胺：氯磺酸＝1：4.7），不断排除反应生成的氯化氢气体，加料后在 50～60℃保温 2h，之后冷却到 30℃，放入氯磺化液贮罐，静置8～12h。

磺化初期主要生成对乙酰氨基苯磺酸，反应速率快，放热，一般通过冷却使温度不超过50℃。加料后对乙酰氨基苯磺酸在过量氯磺酸作用下转变为 ASC 是吸热过程，应补加适当热量，使温度保持在 50℃左右。图 6-8 表明生成物组成与保温时间的关系。

乙酰苯胺磺化液含 ASC、乙酰苯胺、对乙酰氨基苯磺酸以及大量硫酸和氯磺酸。通常，分离是在磺化液中缓慢加入大量水，使过量氯磺酸分解、并使硫酸等水溶性物质溶于水，同时析出水溶解度小的 ASC。加水稀释将产生大量稀释热，部分 ASC 水解为对乙酰氨基苯磺酸，为避免 ASC 水解，稀释温度控制在 20℃以下。

水解分两次。一次水解将磺化液冷却到 15℃以下，缓慢滴加计算量的水，使磺化液中氯磺酸全部分解，使硫酸浓度保持 90％（HCl 在 89.31％的硫酸中的溶解度最低），回收氯化氢气体。二次水解将一次水解液用 20 倍量的水稀释，稀释温度保持在 30℃以下。析出的 ASC 经离心脱水、水洗涤，甩干后得类白色对乙酰氨基苯磺酰氯粉末，收率在 80％左右。

在乙酰苯胺磺化、磺化液稀释过程中，产生大量氯化氢气体，可以水吸收制成35%左右的浓盐酸。在析出ASC的母液中，一般含5%～7%的硫酸，通常将离心分离出的ASC母液冷却，套用至含硫酸28%后，通氨气制成硫酸铵。

本 章 小 结

一、磺化任务与方法

1. 磺化任务

选择合适的磺化剂，利用磺化反应，在有机物的碳原子上引入磺酸基合成磺酸类化合物；或在氧原子上引入磺酸基合成硫酸酯类化合物；或在氮原子上引入磺酸基合成磺胺类化合物的生产过程。

2. 磺化方法

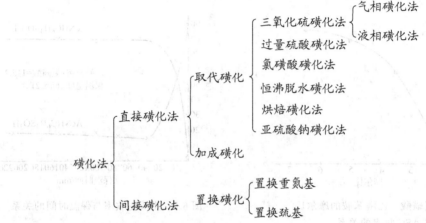

二、磺化剂及其使用

1. 常用磺化剂

硫酸、发烟硫酸、三氧化硫、氯磺酸、氨基磺酸、亚硫酸盐。

2. 磺化剂使用形式

（1）硫酸或发烟硫酸的过量

① 保持对化学计量值的过量。

② 恒沸脱水或其他方法脱水。

（2）三氧化硫的稀释

① 干空气稀释。

② 有机溶剂配合物。

③ 硫酸稀释。

（3）氯磺酸磺化

① 导出氯化氢。

② 过量磺化产物是芳磺酰氯。

三、芳烃取代磺化的基本原理

1. 芳烃亲电取代反应特点与规律

（1）芳烃环上已有取代基及其影响

（2）磺化-水解的条件与应用

2. 磺化反应质点及其形成

（1）磺化剂及其浓度影响

（2）废酸与 π 值

3．磺化温度与时间

4．磺化辅助剂的作用与应用

四、工业磺化过程与操作

1．磺化过程的组成

2．磺化液的分离

（1）直接盐析法

（2）稀释酸析法

（3）中和盐析法

（4）溶剂萃取法

（5）脱硫酸钙法

3．磺化操作及其注意事项

五、典型工业磺化过程与磺化反应器

1．2-萘磺酸生产工艺与操作

2．十二烷基苯磺化用 SO_3-空气混合气制备与膜式磺化器

3．对乙酰氨基苯磺酰氯的生产工艺及物料配比

复习与思考

1．选择题

（1）在下述磺化剂中，（　　）取代磺化的活性最强。

A．氯磺酸　　　　　　B．发烟硫酸　　　　　　C．三氧化硫　　　　　　D．亚硫酸钠

（2）拟用三氧化硫为磺化剂，（　　）形式磺化能力最温和。

A．SO_3-空气　　　　B．SO_3-硫酸　　　　C．SO_3-吡啶　　　　　D．纯净液态 SO_3

（3）下列芳烃及其衍生物磺化，其中（　　）磺化条件比较温和。

A．对二甲苯　　　　B．邻二氯苯　　　　C．蒽醌　　　　　D．2-萘磺酸

（4）对氯苯胺磺化宜采用（　　）法磺化。

A．过量酸磺化法　　B．烘焙磺化法　　C．亚硫酸盐磺化法　　D．恒沸脱水磺化法

（5）用三氧化硫磺化，下列中的（　　）不是其特点。

A．液相使用区域窄　　B．活性高，副反应多　C．反应热效应大　　D．反应条件温和

（6）苯磺酸脱磺酸基所需的条件是（　　）。

A．高温、酸性水溶液　B．低温加浓硫酸　　C．高温、脱水　　D．低温、碱性水溶液

2．在有机物分子中引入磺酸基后，其化学结构和性质有何变化？

3．分析讨论芳烃取代磺化反应规律与特点。

4．双膜式磺化器的结构特征及磺化反应有何特点？

5．将 c_{SO_3} 65％的发烟硫酸换算成 H_2SO_4 含量（以 $c_{H_2SO_4}$ 表示）。

6．要求用 98％（质量分数）的硫酸 600kg、c_{SO_3} 为 20％发烟硫酸 500kg 配置混合酸，计算混合酸的浓度（以 c_{SO_3} 表示）。

7．从循环经济角度，讨论分析磺化液分离方法。

8．三氧化硫稀释用空气，为何要求其露点在 −40℃ 以下？

9．拟以甲苯、100％硫酸（质量分数）为原料生产对甲基苯磺酸；以萘、97％的硫酸（质量分数）为原料生产萘-2-磺酸，选择确定磺化温度并说明原因。

10．间二甲苯用浓硫酸一磺化，在 150℃ 下长时间反应，主要产物是什么？

11．用 98％浓硫酸生产苯磺酸，计算 2kmol 苯磺化时硫酸的理论用量？（苯 π 值为 66.4％）

12．分析生产 2-萘酚的工艺过程组成及操作特点。

13．分析生产十二烷基苯磺酸钠的工艺条件及确定依据。

第七章 卤 化

▶▶▶ **学习指南**

卤化是使用不同卤化剂，利用卤化反应，使之与有机物作用形成碳卤键，生产有机卤化物的过程，其中氯化最具代表性、应用最广泛，是本章的重点。

通过本章学习，了解卤化在有机合成中的意义及应用；熟悉卤化剂、卤化反应类型和方法；理解各类卤化反应主要特征和影响因素；掌握卤化反应技术、特点和工艺规律。

第一节 概 述

一、卤化及其目的

卤化是在脂肪烃、芳香烃及其衍生物分子中引入氟、氯、溴、碘原子，生产卤代烷烃、卤代芳烃及其衍生物的过程。卤化广泛用于医药、农药、染料、香料、增塑剂、阻燃剂等及其中间体等行业，制取各种有机合成原料、中间体以及产品，是有机合成的重要岗位之一。卤化在合成精细化学品、中间体中的应用情况见表7-1。

表7-1 卤化在有机合成过程中的应用频率

生产过程	中间体	医药	香料	农药	染料
应用频率/%	7.5	10.9	2.32	10.3	3.2

卤化按照引入卤素不同分为氟化、氯化、溴化和碘化。卤族各元素的化学性质相近，反应活泼程度不同，故氟化、氯化、溴化和碘化的反应条件和方法也不尽相同。氯是廉价卤素，氯化是最经济的，应用也最广泛。

由于被卤化脂肪烃、芳香烃及其衍生物的化学性质各异，卤化要求不同，卤化反应类型也不同。卤化方法分为加成卤化，如不饱和烃类及其衍生物的卤化；取代卤化，如烷烃和芳香烃及其衍生物的卤化；置换卤化，如有机化合物上已有官能团转化为卤基（氟、氯等）。

卤化的实施方法有液相、气液相、气固相催化、电解等卤化过程。

卤化涉及的原料、中间体以及产品，多属于易燃、易爆、有毒性和腐蚀性的化学危险品，环境友好性较差，尤其是卤族元素及其化合物。因此，卤化操作须严格执行工艺规程，按照危险化学品安全技术说明书进行工作。

卤化生产常用设备，由不锈钢或衬搪瓷等耐腐蚀的反应釜（罐）、塔器、计量罐、贮存容器、液氯钢瓶、输送泵等构成的卤化装置，卤化氢回收处理系统、供电、供热（冷）、压缩空气、真空系统、氮气保护系统，事故以及检修设施，还有防火、防爆、防静电、通风防毒等设施，个人操作劳动防护用品（鞋、帽、手套、防毒面具）等组成。

在分子中引入卤素，可以增加分子的极性或通过卤素的转换，制取含有其他官能团的中间体或产品，图7-1是卤代烷转化反应。

氯甲烷、四氯化碳、二溴乙烷、四溴乙烷、氟里昂、氯乙烯、氯苯、氯丙醇、氟氯甲烷、氟乙烯、氟氯乙烷、四氟乙烯，以及医药、农药、染料中间体、阻燃剂均是卤化产品。某些化学品通过引入卤素，可显著改善其性能，使其具备某种特定功能。例如，铜钛菁分子

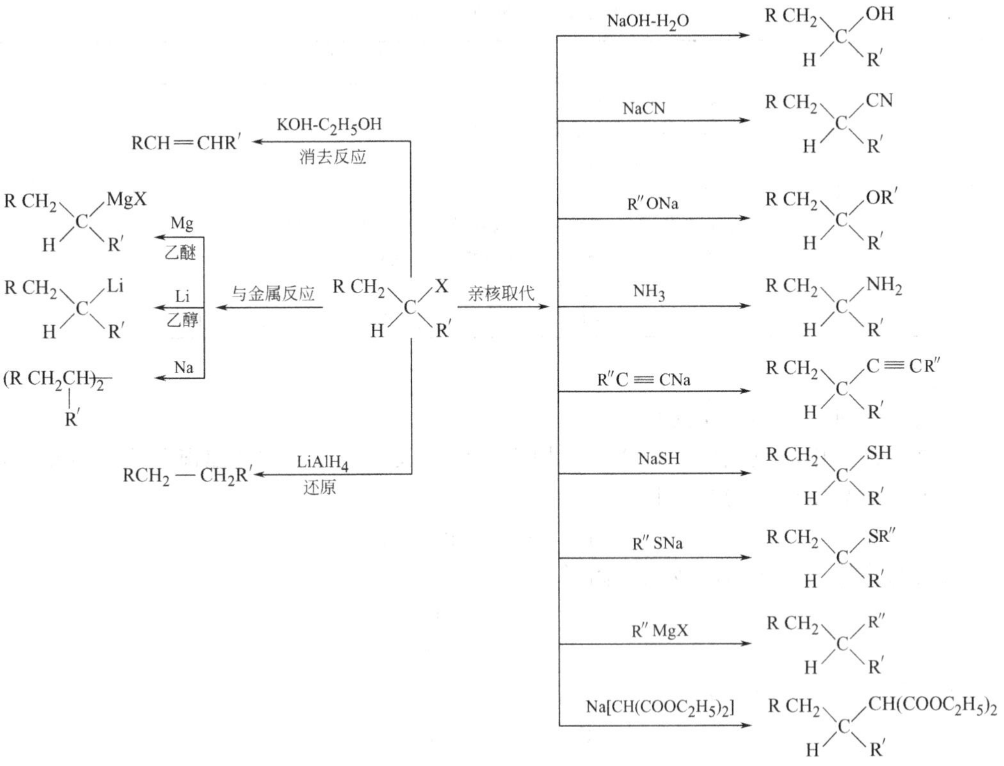

图 7-1 卤素的官能团转化反应

中引入不同的氯、溴原子，可制取不同黄光绿色调的颜料。在天然蔗糖中引入氯原子，生产的三氯蔗糖是迄今为止人类开发的最完美、最具竞争力的非营养型、高甜度的甜味剂。图 7-2 是一些具有某种特定功能的卤化产品。

2′4-二乙胺基-6-氯均三氮苯
(西玛津)

O,O-二甲基-*O*-
(2′2-二氯乙烯基)磷酸酯(敌敌畏)

O,O-二甲基-
(2′2′2-三氯-1-羟基乙基)磷酸酯
(敌百虫)

1-(6-氯-3-吡啶基甲基)-*N*-硝基
亚咪唑烷-2-基胺
(吡虫啉)

活性艳黄X-6G

四溴双酚A

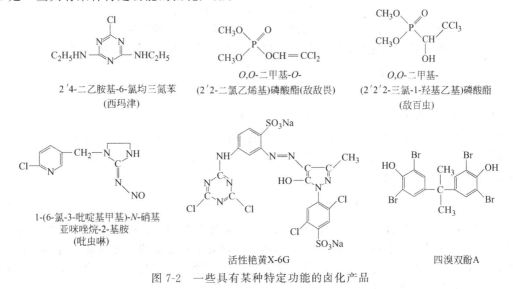

图 7-2 一些具有某种特定功能的卤化产品

二、卤化剂

卤化剂是在有机物分子中引入卤素（氟、氯、溴、碘）的反应试剂。根据引入的卤素不同，可分为氯化剂、溴化剂、碘化剂和氟化剂。一些常用卤化剂见表 7-2。

表 7-2　一些常用卤化剂

类　别	代表品种
卤素	氯气、溴素、碘素
卤化氢	氯化氢、溴化氢、碘化氢、氟化氢
次卤酸	次氯酸、次溴酸
金属、非金属卤化物	氯化碘、氟化钾、氟化锑
卤化磷	五氯化磷、三氯化磷、三氯氧磷、三溴化磷、三碘化磷
酰卤	碳酰氯(光气)硫酰氯、亚硫酰氯(氯化亚砜)
N-卤代胺	N-卤代二甲胺、N-卤代二异丙胺
N-卤代酰胺	N-溴代丁二酰亚胺(NBS)、N-溴代乙酰胺(NBA)、N-氯代丁二酰亚胺(NCS)等

1. 氯化剂

氯化剂是含氯元素的单质或化合物。

（1）氯　最常用的氯化剂，广泛用于加成氯化、取代氯化。在金属卤化物如氯化铁作用下，氯分子形成高度极化的配合物：

$$Cl_2 + FeCl_3 \Longrightarrow [Cl^+ FeCl_4^-] \tag{7-1}$$

在硫酸的作用下，氯离解成氯正离子：

$$H_2SO_4 \Longrightarrow H^+ + HSO_4^- \tag{7-2}$$

$$H^+ + Cl_2 \Longrightarrow HCl + Cl^+ \tag{7-3}$$

碘也可使氯离解为氯正离子：

$$Cl_2 + I_2 \Longrightarrow 2\,ICl \tag{7-4}$$

$$ICl \Longrightarrow I^+ + Cl^- \tag{7-5}$$

$$I^+ + Cl_2 \Longrightarrow ICl + Cl^+ \tag{7-6}$$

因此，氯化铝、氯化铁、四氯化钛、氯化锌等金属卤化物和硫酸、碘等，均可作为氯化的催化剂。

氯在常温、常压下是黄绿色窒息性气体，有强烈的臭味，剧毒，空气中含量不得超过 0.001mg/L。熔点为 $-102℃$，沸点为 $-34.6℃$，相对密度为 3.214。

为便于氯的贮存和运输，通常将其加压、冷凝液化，盛于液氯钢瓶中。

（2）氯化氢　用于不饱和烃加成氯化，氯化氢与甲醛可作为氯甲基化试剂：

$$\overset{O}{\underset{H}{\overset{\|}{C}}}-H + HCl \Longrightarrow \left[\overset{+OH}{\underset{H}{\overset{\|}{C}}}-H\right]Cl^- \underset{共振}{\longleftrightarrow} \left[\overset{OH}{\underset{H}{\overset{|}{C^+}}}-H\right]Cl^- \tag{7-7}$$

在无水氯化锌作用下，可在芳环上引入氯甲基。

（3）次氯酸　不稳定，易分解，生产现配制现使用。其配制是将氯气通入水或氢氧化钠水溶液中，也可通入碳酸钙悬浮水溶液中制取。次氯酸在强酸水溶液中被强烈极化，进而作为亲点质点参与氯化反应。

$$HOCl \underset{快}{\overset{强酸\ H^+}{\Longrightarrow}} H_2O^+ Cl \overset{-H_2O}{\Longrightarrow} Cl^+ \tag{7-8}$$

（4）硫酰氯　无色液体，相对密度为 1.667，沸点为 69.1℃，熔点为 $-54.1℃$，有刺激性气味，溶于冰醋酸；遇冷水逐渐分解，遇热水和碱分解速率加快。硫酰氯是芳环及侧链取代氯化的高活性氯化剂。与氯相比，硫酰氯选择性好，便于计量与控制氯化反应，但是氯化成本高，存在废弃物回收处理问题，污染严重。

$$SO_2Cl_2 \Longrightarrow ClSO_2^- + Cl^+ \tag{7-9}$$

$$ClSO_2^- \Longrightarrow Cl^- + SO_2 \tag{7-10}$$

（5）亚硫酰氯（氯化亚砜）　淡黄色至红色液体，相对密度为 1.638，沸点为

78.8℃，熔点为−105℃，能与苯、氯仿、四氯化碳等混溶，在水中可分解为亚硫酸和盐酸，受热而分解为二氧化硫、氯气、一氯化硫。亚硫酰氯可由二氯化硫和三氧化硫作用而得。

亚硫酰氯主要用于氯置换反应，置换氯化生成卤代烃、氯化氢、二氧化硫等物质，无其他残留物，有利于产物分离提纯。

（6）磷氯化物 五氯化磷、三氯化磷、三氯氧磷主要用于醇羟基、酚羟基、羧羟基的氯置换，副反应少，选择性较高。磷氯化物活性较高，其顺序为 $PCl_5 > PCl_3 > POCl_3$。五氯化磷受热离解成三氯化磷和氯气，温度越高，离解程度增大，氯置换能力随之降低；离解产生的氯气导致副反应，故用五氯化磷置换温度不宜过高。

此外，N-氯代胺、N-氯代酰胺等是副反应少、选择性好、条件温和的复合型氯化剂，用于制备含氯的精细化学品。

2. 溴化剂

常用的溴化剂是溴素，溴素是分子态溴，为暗红色液体，沸点为 58.78℃，恶臭。溴素的产量少，价格高，主要用于制备含溴的精细化学品。

取代溴化过程中，加入氧化剂氯气、双氧水、次氯酸钠或氯酸钠等，可将副产溴化氢氧化为溴素，以充分利用溴。

碘也可以将溴离解为溴正离子：

$$I_2 + Br_2 \rightleftharpoons 2\,IBr \tag{7-11}$$

$$IBr \rightleftharpoons I^+ + Br^- \tag{7-12}$$

$$I^+ + Br_2 \rightleftharpoons IBr + Br^+ \tag{7-13}$$

N-溴代酰胺、二溴化三正丁基膦、二溴化亚磷酸三苯酯等，用于制备较贵重的溴化物。

3. 碘化剂

常用的碘化剂为碘素，碘素是呈紫黑色并带有金属光泽的固体。碘产量比溴更少、价更高，仅用于制药、染料等少数贵重化学品制备。

碳碘键比碳氯键、碳溴键的结合力弱，故很少用碘直接碘化。脂肪族碘化常用三碘化磷、氢碘酸、氯化碘或溴化碘，也可用有机氯化物或溴化物与碱金属碘化物置换。芳烃取代碘化，加入硝酸、双氧水等可将碘化氢氧化为碘素，以便再利用。

4. 氟化剂

由于有机氟化物热稳定性高、无毒，氟化反应日益得到人们的重视。取代氟化过程中，有机化合物极易发生裂解、聚合等破坏性的副反应，故氟化多为氟置换或加成氟化，常用的氟化剂有氟化钠、氟化钾、氟化氢。

第二节 取代卤化

取代卤化是在芳环及侧链、烷烃碳原子上引入卤素，制取卤代芳烃、烷烃及其衍生物的重要方法，常用的是取代氯化和取代溴化。

一、芳环上的取代卤化

芳环上的取代卤化，可制取许多有用的芳烃卤化衍生物，如氯苯、溴苯、碘苯、邻或对氯甲苯、邻氯对硝基苯胺、2,4-二氯苯酚、四溴双酚 A、四氯蒽醌等。反应通式为：

$$Ar{-}H + X_2 \longrightarrow Ar{-}X + HX \tag{7-14}$$

式中　Ar—H——芳香烃及其衍生物；

　　　Ar—X——芳香烃及其衍生物的卤化产物；

X_2——卤素（Cl_2、Br_2）；

HX——卤化氢。

1. 芳环上取代卤化的特点

（1）亲电取代反应　亲电取代反应质点是卤正离子、极化的卤分子，氯化铝、氯化铁、硫酸、碘、硫酰氯等可作为催化剂，促使卤素转化成亲电质点。无论用何种催化剂，卤素首先转化成亲电质点，进攻芳环生成 σ-配合物，然后脱去质子，生成卤化物。例如，苯的氯化：

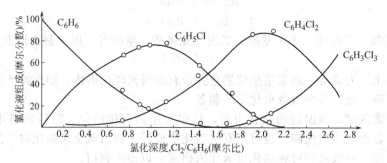

$$\qquad (7\text{-}15)$$

（2）芳环上的取代卤化属复杂反应　苯的取代氯化是典型的连串反应，萘和蒽醌的取代氯化则是平行-连串反应。如苯的取代氯化：

$$C_6H_6 + Cl_2 \xrightarrow{k_1} C_6H_5Cl + HCl \qquad (7\text{-}16)$$

$$C_6H_5Cl + Cl_2 \xrightarrow{k_2} C_6H_4Cl_2 + HCl \qquad (7\text{-}17)$$

$$C_6H_4Cl_2 + Cl_2 \xrightarrow{k_3} C_6H_3Cl_3 + HCl \qquad (7\text{-}18)$$

氯化反应速率与苯的浓度及氯的浓度成正比，其动力学方程式为：

$$r = k[C_6H_6][Cl_2]^n \qquad n = 1\sim2 \qquad (7\text{-}19)$$

苯间歇氯化的产物组成变化如图 7-3 所示。

图 7-3　苯间歇氯化操作时的产物组成变化

氯化具有连串反应的共同特征如图 7-3 所示。苯与氯生成氯苯，苯转化率达 20% 左右时，氯苯与氯继续作用生成二氯苯，二氯苯浓度随着氯苯浓度增加而增加；反应前期三氯苯生成量极少。氯苯含量为 1%（质量分数，下同）时，苯一氯化速率 r_1 比二氯化速率 r_2 大 842 倍；氯苯含量为 73.5% 时，一氯化与二氯化反应速率相等。

（3）热力学特征　热力学研究表明：氟化反应极度放热，氯化高度放热，溴化中度放热，而碘取代是吸热的。取代卤化的反应热（取代环上一个氢）：氟取代为 437.9kJ/mol，氯取代为 104.3kJ/mol，溴取代为 35.6kJ/mol，碘取代为 -25.5kJ/mol。氟取代反应热比其他卤素大，高于碳碳键的离解能(347kJ/mol)及碳氢键离解能(414kJ/mol)。芳烃直接氟化生成环状或直链化合物，得不到氟代芳烃。

碘取代是可逆反应，除去副产物碘化氢，有利于平衡向产物方向进行。在碘取代中，加入硝酸、过氧化氢、碘酸及其盐、三氧化硫、过二硫酸钠等氧化剂，可将碘化氢氧化成碘素，参与碘取代反应。例如，苯用碘和硝酸进行碘取代，可得 86% 的碘苯：

$$\qquad (7\text{-}20)$$

除碘取代外，其他卤代在不同温度下，都有利于反应平衡向正方移动。

2. 主要影响因素

芳环上的取代卤化的主要影响因素有芳烃结构、卤化剂、反应温度和溶剂等。

(1) 被卤化芳烃结构　芳环上具有吸电子基团时，芳环上电子云密度降低，致使卤化反应比较困难，需要催化剂并在较高温度下进行。例如，硝基苯的溴化：

$$\text{（NO}_2\text{苯）} \xrightarrow[135\sim140℃]{Br_2,Fe} \text{（间-Br-NO}_2\text{苯）} \tag{7-21}$$

溴化温度为 $135\sim140℃$，以铁粉为催化剂，产率为 $60\%\sim75\%$。芳环存在给电子取代基，卤化比较容易。例如，对硝基苯胺取代氯化，卤素进入位置符合芳烃取代反应定位规律：

$$\text{（对硝基苯胺）} \xrightarrow[0℃]{NaOCl,HCl} \text{（氯代产物）} \tag{7-22}$$

芳环上存在给电子基团时，卤取代反应容易进行，甚至不需要催化剂，如酚类、芳胺及多烷基苯的氯化。苯酚在碱性水溶液中卤化，苯氧负离子的形成使苯环电子云密度增大而易于卤取代，无论加入多少卤素，都主要得 2,4,6-三卤苯酚。

与苯卤化相比，萘的卤化比较容易，可在溶剂或熔融态下进行。萘氯化是平行-连串反应，萘一氯化产物有 α-氯萘和 β-氯萘两种异构体；萘二氯化异构体可达十种。萘氯化反应的动力学与苯氯化相似，也存在 α-氯萘最大值。

(2) 温度　卤化温度越高，反应速率越快。反应温度还影响卤素取代的定位和数目。通常，反应温度高，卤取代数目多，甚至发生异构化。例如，萘在室温、无催化剂条件下溴化，产物是 α-溴萘；在 $150\sim160℃$、铁催化下溴化，则得 β-溴萘。较高温度有利于 α-体向 β-体的异构化。苯取代氯化随反应温度升高，二氯化比一氯化反应速率增加得还快，在 $160℃$ 二氯苯还将发生异构化。

卤化温度的确定，应考虑被卤化物的性质和反应难易程度。硝基苯溴化需在铁粉存在下、在 $135\sim140℃$ 进行；邻二甲苯溴化在碘和铁存在下，反应在 $5℃$ 左右即可进行。

$$\text{（邻二甲苯）} + Br_2 \xrightarrow[5℃]{I_2,Fe} \text{（Br-二甲苯）} + HBr\uparrow \tag{7-23}$$

含吸电子取代基的芳烃，特别是硝基芳烃，温度过高时吸电子取代基易被卤原子所置换：

$$\text{（硝基苯酐）} \xrightarrow[240℃]{Cl_2} \text{（氯代苯酐）} \quad 79\% \tag{7-24}$$

$$\text{（氯代硝基苯）} \xrightarrow[190\sim220℃]{Cl_2} \text{（三氯苯）} \quad 60\%\sim85\% \tag{7-25}$$

(3) 卤化溶剂　水、醋酸、盐酸、硫酸、氯仿及其他卤代烃是常用溶剂。溶剂是根据被卤化物的性质而定的。如果被卤化物在反应温度下呈液态，则无需溶剂，如苯、甲苯、硝基苯的卤化。若被卤化物在反应温度下呈固态，可根据反应物的性质和反应的难易程度，选择适当的溶剂。

易卤化的芳烃及其衍生物，可以水为介质，将被卤化物分散悬浮在水中，在盐酸或硫酸存在下进行卤化。例如对硝基苯胺的氯化，见式(7-22)。

对于较难卤化的芳烃及其衍生物，可以浓硫酸、发烟硫酸为溶剂。如蒽醌在浓硫酸中氯化制 1,4,5,8-四氯蒽醌。将蒽醌溶于浓硫酸中，加入 0.5%～4% 的碘催化剂，于 100℃ 通氯气，直至含氯量达到 36.5%～37.5% 为止。

选用溶剂应考虑溶剂对卤化产物的影响。如苯酚在四氯化碳中氯化或溴化，卤素加入的量不同，产物中 4-卤苯酚、2,4-二卤苯酚、或 2,4,6-三卤苯酚的比例不同；而苯酚在碱性水溶液中卤化，无论加入多少量的卤素，都主要得到 2,4,6-三卤苯酚。

（4）卤化剂　卤化反应类型不同，卤化剂也不尽相同。

芳烃取代氯化，常以氯气、次氯酸钠、硫酰氯等为氯化剂。氯化铁、氯化铝、三氯化锰、氯化锌、四氯化锡、四氯化钛等金属卤化物为催化剂。次氯酸不易离解为氯正离子，但在强酸存在下，形成高度极化的配合物（H_2O^+Cl），反应可在水介质中进行，见式(7-22)。

氯化剂的活泼性次序为：

$$Cl_2 > HClO > ClNH_2 > ClNR_2 > ClO^-$$

Cl—Cl 键能较强，尽管氯极化度较小，但仍为卤素中最活泼的氯化剂。不同卤素卤化反应能力顺序为：

$$Cl_2 > BrCl > Br_2 > ICl$$

常用溴化剂，溴、溴化物、次溴酸盐的活泼性次序为：

$$Br^+ > BrCl > Br_2 > HBrO$$

溴化镁、溴化锌等金属溴化物是取代溴化的催化剂，也可用碘。

溴价格比氯高，且资源稀少，为充分利用溴素，加入氧化剂将副产物溴化氢氧化成溴素而再利用。次氯酸钠、氯酸钠、氯气、双氧水等是常用的氧化剂。

$$2BrH + NaOCl \xrightarrow{H_2O} Br_2 + NaCl + H_2O \tag{7-26}$$

芳烃取代卤化中，碘是活泼性最低的卤化剂。碘化反应是可逆的，为使反应进行完全，必须移除并利用副产物碘化氢。碘化氢还原性较强，加入氧化剂可将碘化氢氧化成碘。氧化剂常用 HNO_3、HIO_3、SO_3、H_2O_2 等。若被碘化物分子中含有易氧化的官能团，可加入氨水、氢氧化钠和碳酸钠等物质，中和碘化氢。氧化汞、氧化镁和银盐等金属氧化物，能与碘化氢形成难溶于水的碘化物，也可以除去碘化氢。如噻吩的碘化：

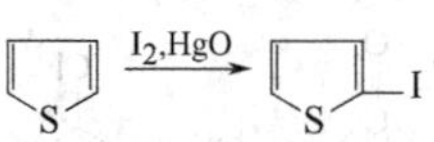

$$\tag{7-27}$$

氯化碘、羧酸次碘酸酐（RCOOI）等，可提高碘正离子浓度，增强其亲电性。

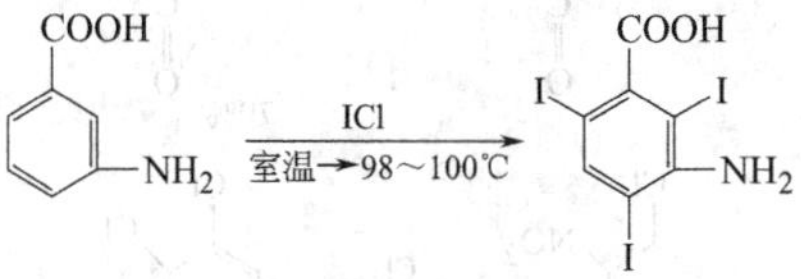

$$\tag{7-28}$$

将氯气通入碘和盐酸混合液中可制得氯化碘。

一般，芳烃不能直接氟化制取氟取代衍生物，可用惰性气体稀释后再氟化，但因产物组成复杂，限制了其应用。

二、芳环侧链上的取代卤化

芳环侧链上的取代卤化，主要是甲苯侧链氯化，产物为苯氯甲烷、苯二氯甲烷、苯三氯甲烷。

$$\text{（甲苯）} + Cl_2 \xrightarrow{k_1} \text{（苄氯）} + HCl \tag{7-29}$$

$$\text{（苄氯）} + Cl_2 \xrightarrow{k_2} \text{（二氯）} + HCl \tag{7-30}$$

$$\text{（二氯）} + Cl_2 \xrightarrow{k_3} \text{（三氯）} + HCl \tag{7-31}$$

苯一氯甲烷可制取苯甲醇，苯二氯甲烷和苯三氯甲烷可制取苯甲醛、苯甲酸、苯甲酰氯和苯三氟甲烷，苯一氯甲烷是苄基($C_6H_5CH_2$—)反应试剂。

1. 甲苯的侧链氯化是自由基反应

链引发 $$Cl_2 \xrightarrow{\text{光，热或引发剂}} 2\ Cl\cdot \tag{7-32}$$

链增长 $$C_6H_5CH_3 + Cl\cdot \longrightarrow C_6H_5CH_2\cdot + HCl \tag{7-33}$$

$$C_6H_5CH_2\cdot + Cl_2 \longrightarrow C_6H_5CH_2Cl + Cl\cdot \tag{7-34}$$

或 $$C_6H_5CH_3 + Cl\cdot \longrightarrow C_6H_5CH_2Cl + H\cdot \tag{7-35}$$

$$H\cdot + Cl_2 \longrightarrow HCl + Cl\cdot \tag{7-36}$$

链增长过程不可能无限循环下去，实际上由于某种因素存在，如自由基与反应器壁碰撞将能量传递给器壁、两个自由基相互碰撞结合或自由基与某些杂质结合而使链增长终止。

链终止 $$C_6H_5CH_2\cdot + Cl\cdot \longrightarrow C_6H_5CH_2Cl \tag{7-37}$$

$$C_6H_5CHCl\cdot + Cl\cdot \longrightarrow C_6H_5CHCl_2 \tag{7-38}$$

$$Cl\cdot + H\cdot \longrightarrow HCl \tag{7-39}$$

$$Cl\cdot + Cl\cdot \longrightarrow Cl_2 \tag{7-40}$$

$$Cl\cdot + O_2 \longrightarrow ClO_2\cdot \xrightarrow{Cl\cdot} O_2 + Cl_2 \tag{7-41}$$

反应的快慢取决于引发条件。光引发以紫外线最为有利，氯光离解能为250kJ/mol，氯离解的最大波长不超过478.5nm。工业常用波长在400～700nm的日光灯为光源；热引发应考虑氯的热离解能（238.6kJ/mol），在100℃以上，可观察到氯热离解速率。故液相氯化温度一般在100～150℃，气相氯化在250℃以上。还可用引发剂引发，常用引发剂有过氧化苯甲酰、偶氮二异丁腈等。表7-3是甲苯在40℃、100℃，不同光源引发的侧链氯化反应速率常数。

表 7-3 甲苯在 40℃、100℃，不同光源引发的侧链氯化反应速率常数

光源	波长/nm	40℃			100℃		
		k_1	k_2	k_3	k_1	k_2	k_3
黑暗	—				0.21	0.035	0.006
黄	590	0.9	0.11	0.013	0.73	0.12	0.02
绿	520	2.4	0.29	0.034	—	—	—
蓝	425	10.7	1.3	0.15	5.2	0.85	0.15
紫外光	270	6.0	0.71	0.083	3.2	0.53	0.093
	253.7	3.9	0.47	0.055	—	—	—

2. 甲苯侧链氯化是连串反应

产物是一氯化、二氯化及三氯化的混合物，组成取决于氯与甲苯的物质的量比，随氯化深度不同而异。氯化深度越高，多氯化物组成越高。氯化深度指氯与甲苯的摩尔比。控制氯

化深度，可控制甲苯侧链氯化产物的组成。故可通过控制氯化液的相对密度来控制氯化深度。表 7-4 为甲苯侧链氯化的有关物理数据。

表 7-4 甲苯侧链氯化的有关物理数据

物理性质	甲 苯	苯氯甲烷	苯二氯甲烷	苯三氯甲烷
沸点/℃	110.7	179	207	215
纯物质的相对密度	0.866	1.103	1.256	1.380
氯化液的相对密度(生产控制)		1.06	1.28~1.29	1.38~1.39

控制氯化液的相对密度在 1.06，氯化液中苯氯甲烷含量在 55% 左右；若以苯二氯甲烷为主，可控制氯化液的相对密度在 1.28~1.29；若以苯三氯甲烷为主，则控制相对密度在 1.38~1.39。

3. 甲苯侧链氯化的副反应

副反应是芳环上的取代和环加成等。铁、铝等离子是副反应催化剂，哪怕是极微量的，都将促使芳环上取代氯化发生；水也不利于侧链取代氯化。使用衬玻璃、衬搪瓷或衬铅的反应设备，控制物料中的金属杂质和水分等，可避免芳环上的取代等副反应。在原料中加入少量三氯化磷，可使其与少量水分相结合而除去。微量的氧可终止自由基反应，不利于甲苯的侧链取代氯化。故可用液氯蒸发、干燥后不含氧的氯气。

4. 苯氯甲烷合成

液氯为氯化剂，用搪玻璃反应釜（塔）间歇或连续操作，氯化在沸腾条件下进行，引发剂用量为芳烃质量的 0.01%~0.1%，甲苯转化率小于 50%，氯化液相对密度为 1.06 左右，按甲苯计算，总收率可达 90% 以上。

苯氯甲烷的分离，采用搪瓷或搪玻璃的精馏设备真空蒸馏，避免高温、铁及其化合物等因素引起缩合生成树脂状物。蒸馏前用干燥空气吹净氯化氢气体，以避免氯化产物水解。苯二氯甲烷、苯三氯甲烷可直接生产苯甲醛、苯甲酸。

三、烷烃的取代卤化

烷烃取代卤化常以卤素为卤化剂，在高温或紫外光照射下，进行气相卤化。卤素活泼性越高，反应越激烈，反应选择性越低。

卤素活泼性的次序为：F＞Cl＞Br＞I

氟化反应难以控制、难以获得期望的产物；碘的活性太低，脂肪烃取代卤化，应用最多是烷烃取代氯化和溴化。

烷烃取代氯化，取代氢的位置与 C—H 键断裂能量有关，其能量顺序为：

$$CH_2 \!=\! CH\!-\!H \gg 1°C\!-\!H > 2°C\!-\!H >$$
$$3°C\!-\!H \gg H\!-\!CH_2\!-\!CH \!=\! CH_2$$

被取代氢的活泼顺序，则与此相反。

烷烃取代卤化属自由基反应，包括链引发、链增长和链终止阶段。卤分子一旦被激发，产生一定量的卤自由基后，反应就会迅速进行。例如，丙烷的氯化，氯与丙烷的摩尔比对氯化速率的影响如图 7-4 所示。

烷烃卤化反应以燃烧、甚至爆炸速率进行，丙烷在 1min 内几乎全部转化。有效控制反应的措施有：①烷烃大大过量；②使用稀释剂如氮气或循环气；③分段卤化，使用惰性溶剂，卤化剂

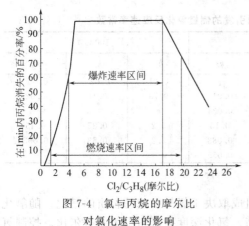

图 7-4 氯与丙烷的摩尔比
对氯化速率的影响

分段加入；④使用温和卤素卤化，然后再用氯置换。

烷烃卤化也是连串反应。以烷烃氯化为例，烷烃氯化生成一氯代烷的同时，氯自由基与一氯代烷反应，生成二氯代烷，进而生成三氯、四氯乃至多氯代烷。随着氯浓度的增加或转化率提高，多氯代烷含量也随之增加。工业上，常以烷烃氯含量表示氯化深度。

$$氯含量 = \frac{氯代烷烃分子中氯的质量}{氯代烷烃的质量} \times 100\% \qquad (7\text{-}42)$$

在长时间、高温条件下，一氯代烷可发生消除反应，脱去氯化氢生成烯烃。烯烃比烷烃更易氯化，进而导致多氯代物的生成。在一定温度下，支链烷烃的氯化速率高于直链烷烃。随着温度升高，二者差异逐渐减小而趋于一致。

氯化速率比溴化速率快，溴化的反应选择性明显高于氯化。因此，在烷烃氯化产物中，几乎没有一种氯化异构体占有优势。

氯代烷烃产品众多，如氯代甲烷、氯代乙烷、氯化石蜡等。$C_{10} \sim C_{30}$ 石蜡烃氯化物，是PVC增塑剂和橡塑制品阻燃剂。按含氯量不同，氯化石蜡有不同规格，C_{12}、C_{13} 烷一氯代物是合成烷基苯磺酸盐原料。

烷烃氯化方法有光氯化法、热氯化法和催化氯化法。光氯化法，反应缓和易于控制、产品质量好；热氯化法，包括中温（120~170℃）液相氯化和高温气相氯化，工业常用中温液相氯化法；催化氯化主要用于生产多氯化物。

烷烃氯化由预氯化塔、氯化塔、尾气吸收塔等设备构成，如图7-5所示。烃氯比一般是（10~2）：1，适宜配比在（5~3）：1。

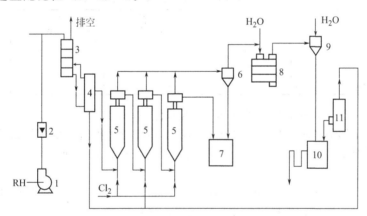

图 7-5　烷烃氯化流程示意图

1—石蜡泵；2—转子流量计；3—尾气吸收塔；4—预氯化塔；5—氯化塔；6—气液分离器；
7—石蜡贮缸；8—氯化氢吸收器；9—水冲泵；10—水封；11—尾气干燥器

例如，石蜡烃的氯化。将石蜡预热至45~50℃，泵入尾气吸收塔做吸收剂，吸收尾气中残留的游离氯，之后进入预氯化塔进行气液相预氯化，预氯化后经喷射混合器进入氯化塔，氯化塔温度控制在65~70℃，定期测定氯化液含氯量，根据氯化深度调节氯气通入量。氯化塔顶尾气经气液分离进入氯化氢吸收器，用水吸收尾气中的氯化氢，未反应的氯气经水冲泵、水封和干燥器返回预氯化塔。

卤素可与烃类、一氧化碳形成爆炸性混合物，卤代烃中卤原子数增加，其爆炸性降低。低级烷烃或烯烃与卤素混合物的爆炸范围为5%~60%（烃的体积比）。

卤化剂及卤化物均有毒性，生产要求设备具有良好的密闭性，操作场所具有良好的通风设施，操作中使用个人防毒用品。

四、氯苯的生产

氯苯是重要的基本有机化工产品，主要用于生产农药、染料、医药等精细化学品。氯苯合成有直接氯化法和氧氯化法。氧氯化法是苯、氯化氢和氧在高温及催化剂存在下反应而得：

$$\text{（苯）} + HCl + \frac{1}{2} O_2 \xrightarrow{Cu\text{-}Al_2O_3} \text{（氯苯）} + H_2O \tag{7-43}$$

此法用于氯苯生产苯酚工艺，当苯酚转向异丙苯法生产后，就很少见此法。目前，氯苯生产主要是苯催化氯化法。

$$\text{（苯）} + Cl_2 \xrightarrow{FCl_3} \text{（氯苯）} + HCl \tag{7-44}$$

苯直接催化氯化有间歇法和连续法两种方式。间歇法是将干燥的苯加入反应釜，再加入铁屑（苯量的 1%），然后通入氯气。以通氯气速度控制氯化温度（40～60℃）；以氯化液相对密度（15℃）控制氯化终点（1.28）。

连续法生产氯苯是苯和氯气连续通入装有铁屑或无水氯化铁的反应器，氯化在苯的沸腾温度下进行，过量苯蒸发、冷凝移出反应热，达到氯化要求的氯化液连续流出。

苯直接催化氯化的反应器主要有间歇反应釜、多釜串联连续操作、连续氯化塔（沸腾氯化器）。不同反应器及操作方式对氯化产物组成的影响见表 7-5。

表 7-5 不同氯化方式对产物组成的影响

氯化方式	未反应苯（质量分数）/%	氯苯（质量分数）/%	二氯苯（质量分数）/%	三氯苯（质量分数）/%
反应釜间歇操作	63.2	32.5～35.4	1.4～1.6	22～25
多釜串联连续操作	63.2	34.4	2.4	14.3
沸腾氯化塔连续操作	63～66	32.9～35.6	1.1～1.4	22～25

由于返混，多釜串联连续操作的氯苯/二氯苯值最小，二氯苯含量较高。氯化塔连续操作，苯和氯气以足够的流速由塔底部进入，物料流型接近平推流，生成的氯苯，即使相对密度较大也不会降至反应器底部，从而克服了返混现象。所以，二氯苯含量较少，氯苯/二氯苯值较大。

氯化是放热反应，生成 1mol 的氯苯释放 131.5kJ 的热量，冷却降温有利于反应，但温度太低，则影响反应速率。为提高氯化反应速率，强化冷却效果，现代氯苯的合成多采用沸腾氯化法。即将氯化温度提高到 80℃ 左右，在苯沸腾的条件下进行氯化，反应热由过量苯汽化移出。此法生产能力大，返混程度小，冷却效率高。沸腾氯化塔如图 7-6 所示。

反应器为高径比较大的塔式，以保证物料停留时间；内衬耐酸砖以防腐蚀；内装铁环，既作催化剂又作填料，以增大气液相传质面积，改善流动状态。塔底炉条支承填料，塔的扩大部分内置两层挡板，促使气液分离。

苯取代氯化，通常以一氯化产物为主产品。氯化深度是控制反应质量的重要因素。氯化液组成不同，相对密度不同。氯化液相对密度越小，苯含量越高，氯化深度越低；氯化液相对密度越大，二氯化物的含量越高，氯化深度越高。氯化深度以参加反应的原料质量分数表示，即氯化反应的转化率。降低氯化深度，可提高一氯化物产率、降低多氯化物的产率，但未反应的苯循环量增大，操作费用和物料损耗增多，设备生产能力下降。

生产上，以测定反应器出口氯化液相对密度控制氯化深度。表 7-6 是苯沸腾氯化的氯化液相对密度与产物组成的关系。

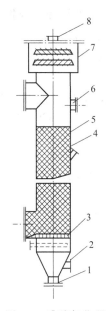

图 7-6 沸腾氯化器

1—酸水排放口；2—苯及氯气入口；3—炉条；

4—填料铁圈；5—钢壳衬耐酸砖；

6—氯化液出口；7—挡板；8—气体出口

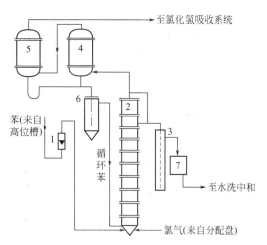

图 7-7 苯的沸腾氯化流程

1—转子流量计；2—氯化器；3—液封槽；

4,5—管式石墨冷却器；

6—酸苯分离器；7—氯化液冷却器

表 7-6 氯化液相对密度与产物组成的关系

氯化液相对密度(15℃)	氯化液组成(质量分数)/%			氯苯/二氯苯(质量比)
	苯	氯 苯	二 氯 苯	
0.9417	69.36	30.51	0.13	235
0.9529	63.16	36.49	0.35	104

苯沸腾氯化工艺流程如图 7-7 所示。苯和氯气干燥后，按比例计量后由塔底进料，其中部分氯气与铁环反应生成氯化铁溶于苯；氯化温度控制在 75~80℃，反应在沸腾状态下进行，反应热由过量苯蒸发带出，蒸出的苯循环使用；塔上部溢出的氯化液经过液封、石墨冷却器，去水洗、中和、精馏，再分离氯苯、回收二氯苯；塔顶尾气含有苯及氯化氢气体，经冷凝器冷凝分离出的苯返回氯化塔，未冷凝的氯化氢经水吸收处理。氯化液相对密度（15℃）控制在 0.935~0.950，氯化液组成为：氯苯 25%~30%（质量分数，下同）、苯 66%~74%、多氯苯<1%。

第三节 加成卤化

加成卤化是向不饱和烃分子引入卤素，制取卤代烃及其衍生物的方法。常用卤化剂有卤素、卤化氢、其他卤化物等。

一、用卤素加成

氟加成反应剧烈难以控制，极少应用；碘加成是可逆反应，二碘化物性质不稳定、收率低，也很少应用；应用较多的是加成氯化和加成溴化。卤素与烯烃的加成，分为亲电加成和自由基加成。

1. 亲电加成

烯烃的结构特征是碳碳双键，双键中的 π 键容易和亲电试剂作用，发生亲电加成。由于氯或溴作用，烯烃 π 键断裂，形成碳卤 σ 键，得到含两个卤原子的烷烃化合物。

$$CH_2=CH_2 \xrightarrow{Cl_2} CH_2-CH_2 \xrightarrow{FeCl_3} CH_2-\overset{+}{C}H_2 + FeCl_4^- \longrightarrow CH_2-CH_2 + FeCl_3 \tag{7-45}$$

卤素加成反应分两步。首先极化后的卤素进攻烯烃双键，形成过渡态 π-配合物，进而在 $FeCl_3$ 作用下生成卤代烃。$FeCl_3$ 的作用是促使 Cl_2 形成 $Cl \rightarrow Cl : FeCl_3$ 配合物、π-配合物转化成 σ 配合物。

烯烃的反应能力取决于中间体正离子的稳定性，烯烃双键邻侧的吸电子基使双键电子云密度下降，而使反应活泼性降低；烯烃双键邻侧的给电子基，则使反应活泼性增加。烯烃加成卤化的反应活泼次序为：

$$RCH=CH_2 > CH_2=CH_2 > CH_2=CH-Cl$$

烯烃卤化加成的溶剂，常用四氯化碳、氯仿、二硫化碳、醋酸和醋酸乙酯等。醇和水不宜作溶剂，否则将导致卤代醇或卤代醚生成。

$$ArCH=CHAr \xrightarrow[0℃]{Br_2/CH_3OH} ArCH-CHAr + ArCH-CHAr \tag{7-46}$$

加成卤化温度不宜太高。否则，可能发生脱卤化氢的消除反应，或者发生取代反应。

2. 自由基加成

在光、热或引发剂存在下，卤素生成卤自由基，与不饱和烃加成，反应服从自由基历程。

链引发 $$Cl_2 \xrightarrow{h\nu} 2Cl \cdot \tag{7-47}$$

链增长 $$CH_2=CH_2 \xrightarrow{Cl \cdot} CH_2Cl-\overset{\cdot}{C}H_2 \tag{7-48}$$

$$CH_2Cl-\overset{\cdot}{C}H_2 \xrightarrow{Cl_2} CH_2Cl-CH_2Cl + Cl \cdot \tag{7-49}$$

链终止 $$CH_2Cl-\overset{\cdot}{C}H_2 + Cl \longrightarrow CH_2Cl-CH_2Cl \tag{7-50}$$

$$2CH_2Cl-\overset{\cdot}{C}H_2 \longrightarrow CH_2Cl-CH_2-CH_2-CH_2Cl \tag{7-51}$$

$$2Cl \cdot \longrightarrow Cl_2 \tag{7-52}$$

当烯烃含吸电子取代基时，适于光催化加成卤化。三氯乙烯进一步加成氯化很困难，光催化氯化可制取五氯乙烷。五氯乙烷经消除反应，脱去一分子氯化氢制得驱钩虫药物四氯乙烯。

$$ClCH=CCl_2 \xrightarrow[60\sim70℃]{Cl_2, h\nu} Cl_2CH-CCl_3 \xrightarrow{-HCl} Cl_2C=CCl_2 \tag{7-53}$$

自由基加成卤化，光引发是主要方法。引发剂引发常用偶氮二异丁腈、有机过氧化物等。

卤素和炔烃的加成反应与烯烃相同，但比烯烃反应难。乙炔加成氯化需要在光、氯化铁或氯化亚锡（$SnCl_2$）存在下进行：

$$CH\equiv CH \xrightarrow[FeCl_3]{Cl_2} Cl-CH_2-CH_2-Cl \xrightarrow{Cl_2} CHCl_2-CHCl_2 \tag{7-54}$$

1,1,2,2-四氯乙烷是一个毒性相当大的化合物，常将其转变成毒性较小的工业溶剂三氯乙烯：

$$2CHCl_2-CHCl_2 + Ca(OH)_2 \longrightarrow 2CHCl=CCl_2 + CaCl_2 + 2H_2O \tag{7-55}$$

溴素与乙炔加成制四溴乙烷：

$$CH\equiv CH + 2Br_2 \xrightarrow[58\sim62℃]{} CHBr_2-CHBr_2 \tag{7-56}$$

溴化在搪玻璃釜中进行，并加少量水封闭溴素液面，从液面下缓缓通入乙炔气，在58～62℃、0.02～0.05MPa通气5～7h，待反应液呈黄色时停止，用稀碳酸钠溶液洗涤溴化液，再用清水洗至中性，分离后得四溴乙烷。四溴乙烷是合成医药、染料的中间体，也可用于阻燃剂、灭火剂、熏蒸消毒剂等。

二、用卤化氢加成

卤化氢与烯烃、炔烃加成可生产多种卤代烃。例如，氯化氢和乙炔加成生产氯乙烯，氯化氢或溴化氢与乙烯加成生成氯乙烷或溴乙烷。

反应通式为：

$$RCH=CH_2 + HX \longrightarrow RCHX-CH_3 + Q \tag{7-57}$$

反应是可逆、放热的，低温利于反应，50℃以下反应几乎是不可逆的。

卤化氢与不饱和烃的加成，分亲电加成和自由基加成。亲电加成分两步：

$$\diagdown C=C \diagup + H^+ \longrightarrow \diagdown CH-\overset{+}{C} \diagup \xrightarrow{X^-} \diagdown CH-\underset{X}{\overset{|}{C}} \diagup \tag{7-58}$$

反应符合马尔科夫尼柯夫规则，氢加在含氢较多的碳原子上；若烯烃含—COOH、—CN、—CF₃、—N⁺(CH₃)₃等吸电子取代基，加成是反马尔科夫尼柯夫规则的。

$$\overset{\delta^+}{CH_2}=\underset{\delta^-}{\overset{H}{\overset{|}{C}}}\rightarrow Y + H^+X^- \longrightarrow \underset{X}{\overset{|}{CH_2}}-CH_2-Y \tag{7-59}$$

卤化氢加成的活泼性次序为：HI＞HBr＞HCl

反应速率不仅取决于卤化氢的活泼性，也与烯烃性质有关。带有给电子取代基的烯烃易于反应。AlCl₃或FeCl₃等金属卤化物可加快反应速率。使用卤化氢的加成反应，可用有机溶剂或浓卤化氢的水溶剂。

在光或引发剂作用下，溴化氢与烯烃加成属自由基加成反应，卤化定位规则属反马尔科夫尼柯夫规则。

$$CH_3CH=CH_2 + HBr \xrightarrow[\text{或引发剂}]{h\nu} CH_3CH_2CH_2Br \tag{7-60}$$

$$CH_2=CH-CH_2Cl + HBr \xrightarrow[\text{或引发剂}]{h\nu} BrCH_2CH_2CH_2Cl \tag{7-61}$$

$$ArCH=CHCH_3 + HBr \xrightarrow[\text{或引发剂}]{h\nu} ArCH_2CHBrCH_3 \tag{7-62}$$

三、用其他卤化物加成

不饱和烃与次卤酸、N-卤代酰胺和卤代烷等卤化剂的加成，属离子型亲电加成，质子酸和路易斯酸，均能加快其反应速率。

1. 用次氯酸加成

次氯酸不稳定，不易保存。通常将氯气通入水或氢氧化钠水溶液，或通入碳酸钙悬浮水溶液制取次氯酸及其盐。例如，β-氯乙醇的生产。

$$CH_2=CH_2 \xrightarrow[60℃]{Cl_2, H_2O} ClCH_2CH_2OH + HCl \tag{7-63}$$

随着反应进行，氯乙醇和氯离子浓度不断增加。氯离子浓度增加，副产物二氯乙烷增多；β-氯乙醇浓度增大，促使2,2'-二氯乙醚生成。采用连续操作，控制乙烯、氯气和水流速，控制氯乙醇浓度（4%），可减少副反应，β-氯乙醇收率较好。

β-氯乙醇可用作合成染料、农药及医药中间体、聚硫橡胶的原料等。

氯丙醇是次氯酸与丙烯加成氯化产物。在常压、60℃下，丙烯、氯气和水反应生成 α- 或 β-氯丙醇，然后用 10％石灰乳皂化得到环氧丙烷，副产氯化钙。

$$Cl_2 + H_2O \longrightarrow HOCl + HCl \tag{7-64}$$

$$2CH_3CH=CH_2 + 2HOCl \longrightarrow \underset{\underset{OH}{|}}{CH_3CHCH_2Cl} + \underset{\underset{Cl}{|}}{CH_3CHCH_2OH} \tag{7-65}$$

$$\underset{\underset{OH}{|}}{CH_3CHCH_2Cl}(或 \underset{\underset{Cl}{|}}{CH_3CHCH_2OH}) + Ca(OH)_2 \longrightarrow CH_3CH\underset{O}{\overset{}{\diagdown\diagup}}CH_2 + CaCl_2 + 2H_2O \tag{7-66}$$

反应在鼓泡塔反应器中进行，丙烯、氯气和水由塔的不同部位通入，产物由塔顶溢出，反应液氯丙醇含量为 4.5％～5.0％，氯丙醇物质的量收率约 90％，副产物是 1,2-二氯丙烷、二氯二异丙基醚。氯丙醇混合物不经分离，直接送往皂化塔。皂化用 10％石灰乳、过量 10％～20％，在常压和 34℃下进行，pH 值控制在 8～9，环氧丙烷反应液经精馏得环氧丙烷。

烯丙基氯与次氯酸加成，可制得二氯丙醇：

$$CH_2=CH-CH_2Cl + HOCl \xrightarrow[25\sim30℃]{pH=0.5\sim2.0} \underset{\underset{OH}{|}\ \underset{Cl}{|}}{CH_2-CH-CH_2Cl} + \underset{\underset{Cl}{|}\ \underset{OH}{|}}{CH_2-CH-CH_2Cl} \tag{7-67}$$

二氯丙醇用石灰乳水解脱氯化氢环合得环氧氯丙烷，环氧氯丙烷是合成环氧树脂、甘油等的重要原料。

2. 用 N-卤代酰胺加成

N-卤代酰胺类主要是 N-溴代乙酰胺、N-溴代丁二酰亚胺等。N-卤代酰胺以醋酸、高氯酸、溴氢酸等为催化剂，与烯烃加成制取 α-卤醇：

$$\underset{}{C=C} + R-\overset{\overset{O}{\|}}{C}-NHBr \xrightarrow{酸} \underset{\underset{Br}{|}}{\overset{\overset{OH}{|}}{C-C}} + RCONH_2 \tag{7-68}$$

N-卤代酰胺与烯烃加成，可避免因卤负离子存在而产生的副反应，反应选择性好，主要用于实验室合成 α-卤醇。

N-溴代乙酰胺制备 α-溴醇无二溴化物生成，选用不同溶剂可制相应的 α-溴醇及其衍生物。

$$CH_3CH=CHCH_3 + CH_3CONHBr \xrightarrow[0\sim25℃]{H_2SO_4, CH_3OH} \underset{\underset{OCH_3}{|}}{\overset{\overset{Br}{|}}{CH_3CH-CHCH_3}} + CH_3CONH_2 \tag{7-69}$$

$$\underset{C_6H_5}{CH=CH_2} + CH_3CONHBr \xrightarrow[25℃]{H_2O} HO-\underset{C_6H_5}{CHCH_2Br} + CH_3CONH_2 \tag{7-70}$$

制取 α-氯醇，除用次氯酸与烯烃加成外，还可采用 N-氯代酰胺对烯键进行氯加成，使用不同的溶剂，可制得不同的 α-氯醇衍生物。

3. 用卤代烷加成

叔卤代烷在路易斯酸催化下，对不饱和烃的烯键进行亲电加成。例如，氯代叔丁烷与乙烯在氯化铝催化下加成，产物为 1-氯-3,3-二甲基丁烷，收率为 75％。

$$(CH_3)_3CCl + CH_2=CH_2 \xrightarrow{AlCl_3} (CH_3)_3C-CH_2CH_2Cl \tag{7-71}$$

多卤代甲烷衍生物与烯烃双键发生自由基加成反应，在双键上形成碳卤键，使双键碳原子上增加一个碳原子。丙烯和四氯化碳在引发剂过氧化苯甲酰作用下，生成 1,1,1-三氯-3-氯丁烷，收率为 80％。1,1,1-三氯-3-氯丁烷水解得 β-氯丁酸：

$$CH_3CH = CH_2 + CCl_4 \xrightarrow{(PhCOO)_2} CCl_3CH_2CHCH_3 \qquad (7\text{-}72)$$
$$\underset{\mid}{Cl}$$

$$CCl_3CH_2CHCH_3 + 2H_2O \xrightarrow{OH^-} CH_3CHCH_2COOH + 3HCl \qquad (7\text{-}73)$$
$$\underset{\mid}{Cl}$$

多氯甲烷，如氯仿、四氯化碳、一溴三氯甲烷、溴仿和一碘三氟甲烷等。多卤代甲烷衍生物被取代卤原子活泼性次序为 I＞Br＞Cl。

第四节 置 换 卤 化

置换卤化是以卤基（Cl、Br、I、F）置换芳环上的羟基、硝基、磺酸基、重氮基等，卤基间也可互换，如以氟基置换氯基。置换卤化具有无异构产物、多卤化物、产品纯度高等优点，多应用于药物、染料等精细化学品的卤化。

一、卤素置换羟基

醇或酚羟基、羧酸羟基均可被卤基置换，卤化剂常用氢卤酸、含磷及含硫卤化物等。

1. 置换醇羟基

氢卤酸置换醇羟基的反应是可逆的：

$$ROH + HX \rightleftharpoons RX + H_2O \qquad (7\text{-}74)$$

反应的难易程度取决于醇和氢卤酸的活性，醇羟基活性大小次序为：

$$\text{叔醇羟基}＞\text{仲醇羟基}＞\text{伯醇羟基}$$

根据卤负离子的亲核能力，氢卤酸活性顺序为：

$$HI＞HBr＞HCl＞HF$$

例如

$$(CH_3)_3COH \xrightarrow[\text{室温}]{HCl\ \text{气体}} (CH_3)_3CCl \qquad (7\text{-}75)$$

$$n\text{-}C_4H_9OH \xrightarrow[\text{回流}]{NaBr/H_2O/H_2SO_4} n\text{-}C_4H_9Br \qquad (7\text{-}76)$$

$$C_2H_5OH + HCl \underset{\triangle}{\overset{ZnCl_2}{\rightleftharpoons}} C_2H_5Cl + H_2O \qquad (7\text{-}77)$$

增加反应物醇的浓度、移出卤化产物和水，有利于提高平衡收率和反应速率。

亚硫酰氯（氯化亚砜）或卤化磷也可用于置换羟基。亚硫酰氯置换醇的羟基，生成的氯化氢和二氧化硫气体易于挥发而无残留物，所得产品可直接蒸馏提纯。例如：

$$(C_2H_5)_2NC_2H_4OH + SOCl_2 \xrightarrow[\text{室温}]{\text{苯}} (C_2H_5)_2NC_2H_4Cl + HCl\uparrow + SO_2\uparrow \qquad (7\text{-}78)$$

2. 置换酚羟基

卤素置换酚羟基比较困难，需要五氯化磷和三氯氧磷等高活性卤化剂。

$$(7\text{-}79)$$

$$85\%$$

$$(7\text{-}80)$$

五卤化磷受热易离解生成三卤化磷和卤素，置换能力降低，卤素还将引起芳环上取代或双键加成等副反应，所以五卤化磷置换酚羟基温度不宜过高。

$POCl_3$ 中的氯原子的置换能力不同，第一个最大，第二、第三个依次逐渐递减。因此，氧氯化磷作卤化剂，其配比应大于理论配比。

在较高温度下，用三苯基膦置换酚羟基，收率较好。

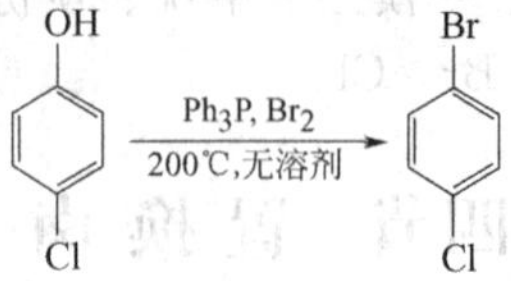

$$\xrightarrow[\text{200℃,无溶剂}]{Ph_3P, Br_2} \tag{7-81}$$

3. 置换羧羟基

氯置换羧羟基可制备酰氯衍生物：

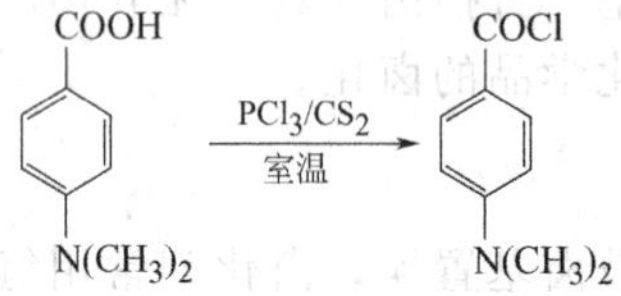

$$\xrightarrow[\text{室温}]{PCl_3/CS_2} \tag{7-82}$$

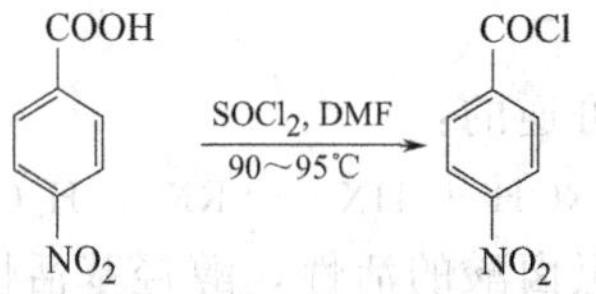

$$\xrightarrow[\text{90~95℃}]{SOCl_2, DMF} \tag{7-83}$$

$$CH_3CH = CHCOONa \xrightarrow[\text{室温}]{POCl_3/CCl_4} CH_3CH = CHCOCl \tag{7-84}$$

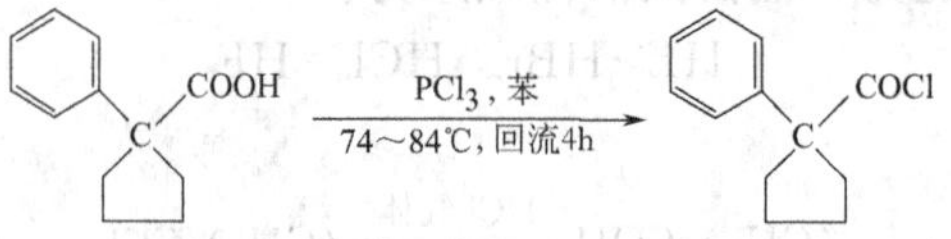

$$\xrightarrow[\text{74~84℃,回流4h}]{PCl_3, 苯} \tag{7-85}$$

羧羟基置换卤化，须根据羧酸及其衍生物的化学结构选择卤化剂。含羟基、醛基、酮基或烷氧基的羧酸，不宜用五氯化磷。三氯化磷活性比五氯化磷小，用于脂肪酸羧羟基的置换。三氯氧磷与羧酸盐生成相应酰氯，由于无氯化氢生成，适于不饱和羧酸盐的羟基置换。

用氯化亚砜进行卤置换，生成易挥发的氯化氢、二氧化硫，产物中无残留物，易于分离，但要注意保护羧酸分子所含羟基。氯化亚砜的氯化活性不大，加入少量 N,N-二甲基甲酰胺（DMF）、路易斯酸等可增强其活性。

二、氯置换硝基

氯置换硝基是自由基反应：

$$Cl_2 \longrightarrow 2Cl\cdot \tag{7-86}$$

$$Cl\cdot + ArNO_2 \longrightarrow ArCl + NO_2\cdot \tag{7-87}$$

$$NO_2\cdot + Cl_2 \longrightarrow NO_2Cl + Cl\cdot \tag{7-88}$$

例如，在222℃下，间二硝基苯与氯气反应制得间二氯苯。1,5-二硝基蒽醌在邻苯二甲酸酐存在下，于170~260℃通氯气，硝基被氯基置换得1,5-二氯蒽醌。以适量1-氯蒽醌为助熔剂，在230℃下在熔融的1-硝基蒽醌通氯气制得1-氯蒽醌；改用1,5-或1,8-二硝基蒽醌时，可制得1,5-或1,8-二氯蒽醌。

由于氯与金属易形成极性催化剂，在置换硝基同时，也会导致芳环上的取代氯化。因此，氯置换硝基的反应设备应用搪瓷或搪玻璃反应釜。

三、卤素置换重氮基

卤素置换重氮基是制取芳香卤化物的重要方法之一，适用于一些难以直接取代卤化，或取代卤化产物异构体难以分离的卤化物的制备。

重氮盐与氯化亚铜或溴化亚铜作用制备芳香氯化物或溴化物的反应，称桑德迈耶尔（Sandmeyer）反应。

$$ArN_2^+ \ X^- \xrightarrow{CuX} ArX + N_2 \uparrow \quad (X=Cl、Br) \tag{7-89}$$

副产物是偶氮化物（ArN＝NAr）、联芳基物（A—Ar），收率为 70%～90%。芳香氯化物的生成速率与重氮盐及一价铜的浓度成正比。增加氯离子的浓度可减少副产物生成。

氯基置换重氮基，对位的取代基影响反应速率，影响程度的顺序为：

$$NO_2 > Cl > H > CH_3 > OCH_3$$

卤基置换重氮基的温度一般为 40～80℃，卤化亚铜的用量是重氮盐化学计量的 10%～20%。例如：

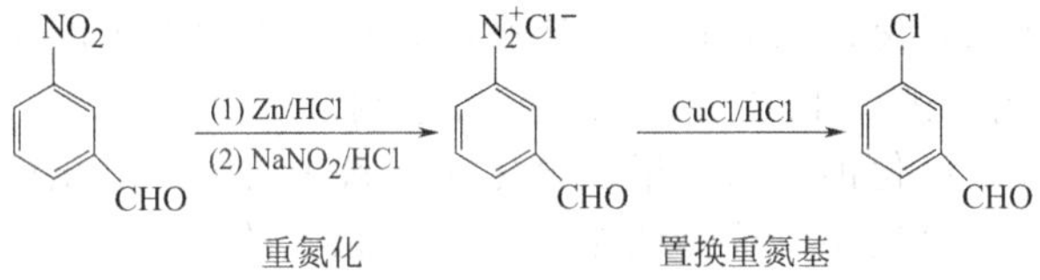

$$\tag{7-90}$$

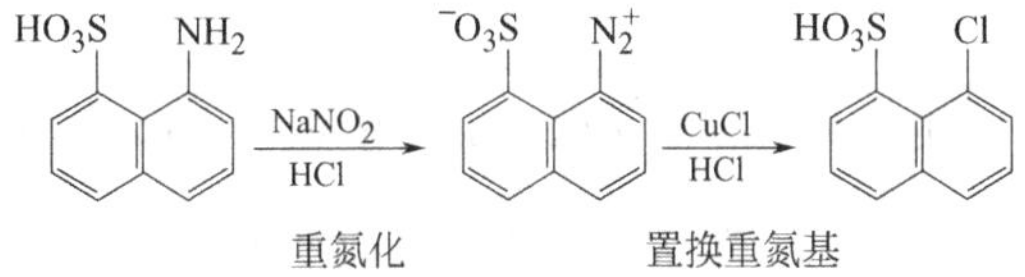

$$\tag{7-91}$$

桑德迈耶尔反应包括重氮卤化物溶液的制备，及将此溶液加入相应的卤化亚铜溶液中。挥发性物料须使用回流冷凝器。有时，重氮化溶液的制备在卤化亚铜存在下进行，将亚硝酸钠溶液加入芳伯胺和铜盐的热酸溶液中，重氮化和桑德迈耶尔反应在同一操作下完成。

例如：

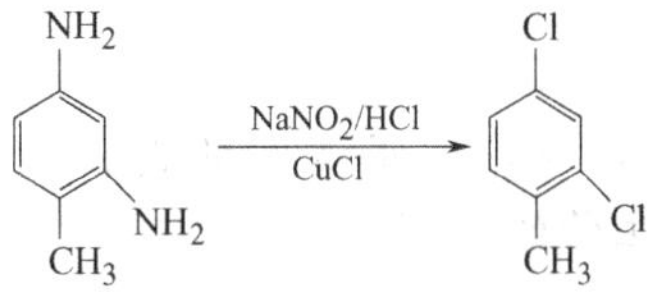

$$\tag{7-92}$$

重氮化及置换为氯基在同一反应釜中完成，先将 2,4-二氨基甲苯溶解，再加入盐酸和氯化亚铜，均匀加入亚硝酸钠，维持反应温度在 60℃，反应液分层分离，粗品经水蒸气蒸馏制得 2,4-二氯甲苯，为合成抗疟疾药"阿的平"中间体。

以铜粉替代卤化亚铜，加入重氮盐氢卤酸溶液中，进行卤基置换重氮基的反应称盖特曼（Gatterman）反应。

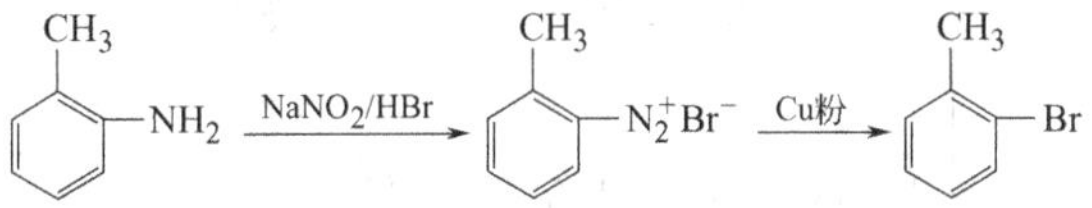

$$\tag{7-93}$$

四、卤交换

卤交换是有机卤化物与无机卤化物之间进行的卤原子置换反应。反应由氯化烃或溴化烃制备成相应的碘化烃或氟化烃。例如：

$$CCl_4 + HF \xrightarrow{SbCl_5} CCl_3F + HCl \tag{7-94}$$

$$CHCl_3 + 2HF \xrightarrow{SbCl_5} CHClF_2 + 2HCl \tag{7-95}$$

$$CCl_3-CCl_3 + 3HF \xrightarrow[140℃，0.5MPa]{SbCl_5} CClF_2-CFCl_2 + 3HCl \qquad (7-96)$$

$$2CHClF_2 \xrightarrow{600\sim900℃} CF_2=CF_2 + 2HCl \qquad (7-97)$$

$$BrCH_2CH_2CH_2CN \xrightarrow[室温，2h]{NaI/丙酮} ICH_2CH_2CH_2CN \quad 90\% \qquad (7-98)$$

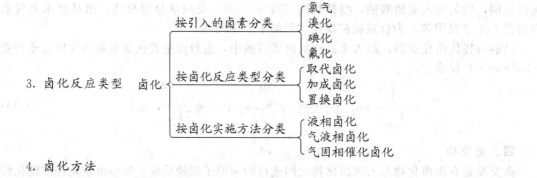

$$(7-99)$$

$$(7-100)$$

卤交换的溶剂，要求对卤化物有较大的溶解度，对生成的无机卤化物溶解度很小或不溶解。常用 N,N-二甲基甲酰胺、丙酮、四氯化碳等溶剂。

氟原子交换试剂，有氟化钾、氟化银、氟化锑、氟化氢等。氟化钠不溶于一般溶剂，很少使用。而三氟化锑、五氟化锑可选择性作用同一碳原子的多卤原子，不与单卤原子交换。例如：

$$CCl_3CH_2CH_2Cl \xrightarrow[165℃，2h]{SbF_3/SbF_5} CF_3CH_2CH_2Cl + CF_2ClCH_2CH_2Cl \qquad (7-101)$$

$$\text{\Large ⬡}-CCl_3 \xrightarrow[190℃]{SbF_3} \text{\Large ⬡}-CF_3 \qquad (7-102)$$

本 章 小 结

一、卤化及其任务

1. 卤化

根据卤化要求及被卤化物的性质，选用适宜的卤化剂，在有机物分子中引入氟、氯、溴、碘原子，制造卤代烃及其衍生物的过程。

2. 卤化目的

在有机物中引入氟、氯、溴、碘原子，增加分子的极性；通过卤素进行官能团的转换。

3. 卤化反应类型 卤化
- 按引入的卤素分类
  - 氯气
  - 溴化
  - 碘化
  - 氟化
- 按卤化反应类型分类
  - 取代卤化
  - 加成卤化
  - 置换卤化
- 按卤化实施方法分类
  - 液相卤化
  - 气液相卤化
  - 气固相催化卤化

4. 卤化方法

液相、气液相、气固相催化。

二、卤化剂的特点及使用要求

1. 不同卤化剂反应活性差异及其适用范围

2. 不同卤化剂的特点及使用

类　别	代　表　品　种	使用特点与要求
卤素	氯气、溴素、碘素	总结归纳
卤化氢	氯化氢、溴化氢、碘化氢、氟化氢	
次卤酸	次氯酸、次溴酸	
金属、非金属卤化物	氯化碘、氟化钾、氟化锑、五氯化磷、三氯化磷、三氯氧磷、三溴化磷、三碘化磷	
酰卤	碳酰氯(光气)硫酰氯、亚硫酰氯	
N-卤代胺	N-卤代二甲胺、N-卤代二异丙胺	
N-卤代酰胺	N-溴代丁二酰亚胺、N-溴代乙酰胺、N-氯代丁二酰亚胺等	

三、被卤化物及其卤化反应性质

1. 芳烃及其衍生物（取代和置换卤化）

芳环上已有取代基的电子效应和空间效应的影响；被置换官能团离去的难易程度。

2. 脂肪烃及其衍生物

（1）不饱和脂肪烃和环氧化物的加成卤化

（2）烷烃的取代卤化（石蜡烃的氯化）

（3）氯代烃的置换卤化（氯代烃的氟交换）

四、芳烃取代氯化的特点及规律

1. 芳环上取代氯化的规律及特点（亲电取代氯化）

2. 甲苯侧链取代氯化的规律及特点（自由基取代氯化）

五、加成卤化与置换卤化的特点及规律

1. 加成卤化的特点及规律

（1）自由基加成的特点及规律

（2）亲电加成的特点及规律

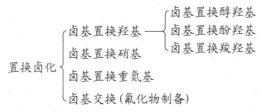

加成卤化
- 不饱和烃加卤素——合成卤代烃
- 不饱和烃加卤化氢——合成卤代烃
- 不饱和烃加次氯化酸——合成氯醇
- 不饱和烃加N-卤代酰胺——合成卤代烃衍生物
- 不饱和烃加卤代烷——合成卤代烃衍生物

2. 置换卤化的特点及规律

置换卤化
- 卤基置换羟基
  - 卤基置换醇羟基
  - 卤基置换酚羟基
  - 卤基置换羧羟基
- 卤基置换硝基
- 卤基置换重氮基
- 卤基交换(氟化物制备)

六、典型卤化过程及工艺技术

1. 沸腾氯化法生产氯苯的合成工艺技术

2. 甲苯侧链氯化的合成工艺技术

3. 石蜡氯化的合成工艺技术

4. 丙烯氯化生产氯丙醇的合成工艺技术

七、卤化生产设备及其操作防护措施

复习与思考

1. 有机合成中实施卤化的目的是什么？

2. 工业生产实施卤化任务有哪些方法？

3. 选择题

(1) 下列氯化过程中的 (   ) 可以亲电取代反应历程解释。

A. 石蜡氯化生产氯化石蜡　　　　　　　B. 由间二硝基苯与氯气制间二氯苯

C. 甲苯氯化生产一氯苯甲烷　　　　　　D. 苯—氯化生产氯苯

(2) 在溴化或碘化过程中加入氯酸钠的作用是 (   )。

A. 溴化或碘化反应稳定剂　　　　　　　B. 溴化或碘化反应催化剂

C. 调节溴化或碘化反应介质 pH 值　　　D. 将溴化氢或碘化氢氧化为溴素或碘素

(3) 可以作为芳烃取代氯化的氯化剂是 (   )。

A. 氯化氢　　　　　B. 次氯酸　　　　　C. 氯气　　　　　D. 氯甲烷

(4) 直链烷烃氯化生产氯代烷,控制反应速率最不经济的措施是 (   )。

A. 烷烃大大过量　　　　　　　　　　　B. 分段通氯气

C. 用氮气稀释　　　　　　　　　　　　D. 用温和卤素卤化,再用氯置换

(5) 热力学研究表明,下列卤化中的 (   ) 是吸热反应。

A. 氟化反应　　　　B. 碘取代反应　　　C 氯化反应　　　　D. 溴化反应

(6) 可被卤基置换的芳环上取代基是 (   )。

A. 羟基　　　　　　B. 乙酰基　　　　　C. 烷基　　　　　D. 磺酸基

(7) 卤化剂 (   ) 在卤化过程中不产生卤负离子。

A. N-卤代酰胺　　　B. 卤素　　　　　　C. 卤化氢　　　　D. 卤代烷

(8) 在卤置换中,活性最高的醇羟基是 (   )。

A. 伯醇羟基　　　　B. 甲醇　　　　　　C. 仲醇羟基　　　D. 叔醇羟基

(9) 芳烃卤化是亲电取代反应,下列物质中的 (   ) 不能作为取代卤化的催化剂。

A. 碘素　　　　　　B. 硫酰氯　　　　　C. 次氯酸钠　　　D. 氯化铝

(10) 丙烯氯化生产氯丙醇常用 (   ) 作为氯化剂。

A. 氯化氢　　　　　B. 次氯酸或次氯酸钠　C. 氯气　　　　　D. N-卤代酰胺

(11) 可选择性作用同一碳原子的多卤原子,而不与单卤原子交换的氟交换试剂为 (   )。

A. 氟化钾　　　　　B. 五氟化锑　　　　C. 氟化氢　　　　D. 氟化银

(12) $POCl_3$ 中的氯的置换能力是 (   )。

A. 完全相同　　　　　　　　　　　　　B. 第一个至第三个依次逐渐递增

C. 第一个至第三个依次逐渐递减　　　　D. 仅第一个具有置换能力

(13) 芳烃取代氯化,活泼性最强的氯化剂是 (   )。

A. $ClNH_2$　　　　B. $ClNR_2$　　　　C. $HClO$　　　　D. Cl_2

4. 根据芳环上的取代卤化的特点,分析阐明苯沸腾氯化反应器及工艺流程的特点。

5. 氯化液中氯苯含量为 1%时,苯—氯化速率比二氯化高 842 倍;氯化液中氯苯含量为 73.5%时,一氯化与二氯化速率几乎相等。要求解释其原因并提出抑制二氯化的工艺措施。

6. 比较硫酰氯、亚硫酰氯、氯气、N-氯代丁酰胺等氯化剂的适用范围及特点。

7. 以下列芳烃衍生物为被氯化物,以化学反应式表示其取代氯化的主要产物。

8. 下列不饱和烃为被卤化物,根据卤化要求,选择合适的卤化剂及主要条件,写出完成卤化的化学反应式。

(1) 以丙炔为原料合成 2,2-二溴丙烷

(2) 以丙烯为原料合成 2-溴丙烷和 1-溴丙烷

(3) 以乙烯为原料合成 1,1,1-三氯乙烷

9. 根据以下合成路线,写出实现合成目的化学反应式。

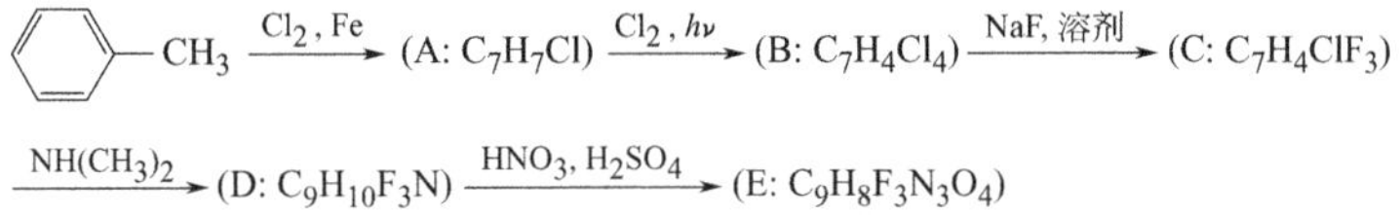

$$\text{（苯环）}-CH_3 \xrightarrow{Cl_2, Fe} \text{(A: } C_7H_7Cl) \xrightarrow{Cl_2, h\nu} \text{(B: } C_7H_4Cl_4) \xrightarrow{NaF, 溶剂} \text{(C: } C_7H_4ClF_3)$$

$$\xrightarrow{NH(CH_3)_2} \text{(D: } C_9H_{10}F_3N) \xrightarrow{HNO_3, H_2SO_4} \text{(E: } C_9H_8F_3N_3O_4)$$

10. 某厂拟以甲苯为原料，合成 2-氯三氟甲苯、3-氯三氟甲苯，请你写出合成路线并注明反应的主要条件。

11. β-氯乙醇是合成染料、农药及医药中间体，现以乙烯、氯气为原料合成 β-氯乙醇：

$$CH_2 = CH_2 \xrightarrow[60℃]{Cl_2, H_2O} ClCH_2CH_2OH + HCl$$

讨论实现此氯化过程的设备和工艺条件。

第八章 酰 化

▶▶▶ **学习指南**

酰化的任务是利用化学方法，在有机物分子的碳、氮、氧、硫原子上引入酰基，实现合成 C-酰化物、N-酰化物、O-酰化物的目的。学习掌握被酰化物、酰化剂的结构与性质及使用方法，可达事半功倍之效，也是熟悉各种酰化过程、主要工艺因素和生产操作的关键。

第一节 概 述

一、酰化及其用途

1. 酰化及分类

酰化是在芳烃、胺类、醇或酚等分子的碳、氮、氧、硫原子上引入酰基合成芳酮或芳醛、N-酰化物、酯类化合物的化学过程，其反应通式为：

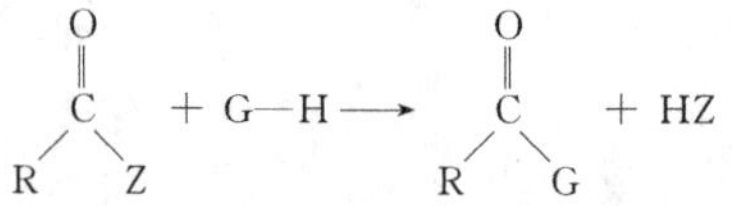

$$\underset{R}{\overset{O}{\underset{Z}{\|}}}C\quad + \ G{-}H \longrightarrow \underset{R}{\overset{O}{\|}}C\quad + \ HZ \tag{8-1}$$

式中，RCOZ 为酰化剂，Z 可以是 X、OCOR、OH、OR'、NHR″等；G—H 代表被酰化物，G 可以是 R'O、R″NH、ArNH、Ar 等；RCOG 为酰化产物。

酰基 R 可以是烷基或是芳基，酰基是从含氧的无机酸或有机酸分子中除去羟基后的部分，见表 8-1。

表 8-1 常见的酸及其相应的酰基

类 别	酸	酰 基		酸	酰 基	
无机酸	H_2SO_4 硫酸	$-\overset{O}{\underset{O}{\|}}S-OH$ 硫酰基	$-\overset{O}{\underset{O}{\|}}S-$ 砜基	H_2CO_3 碳酸	$\overset{O}{\|}C-OH$ 羧基	$\overset{O}{\|}C$ 羰基
有机酸	HCOOH 甲酸	$\overset{O}{\|}C-H$ 甲酰基		C_6H_5COOH 苯甲酸	$\overset{O}{\|}C-C_6H_5$ 苯甲酰基	
	CH_3COOH 乙酸	$\overset{O}{\|}C-CH_3$ 乙酰基		$C_6H_5SO_3H$ 苯磺酸	$-\overset{O}{\underset{O}{\|}}S-C_6H_5$ 苯磺酰基	

酰化按引入酰基的不同，分为碳酰化、磺酰化、膦酰化等。其中，碳酰化在有机合成应用的最多。碳酰化是在有机物中引入碳酰基，在芳环上引入碳酰基，合成芳酮或芳醛的酰化，称 C-酰化；将碳酰基导入氨基氮原子合成酰胺的酰化，称 N-酰化；将碳酰基引入氧原

子合成酯类的酰化,称 *O*-酰化或酯化。

2. 酰化目的

(1) 在有机物分子中导入酰基,以赋予产物特定性能   烷基化与酰化和酯化在精细化学品合成中的应用频率见表 8-2。

表 8-2   烷基化与酰化和酯化的应用频率

应用频率/%	中间体	医药	香料	农药	染料
烷基化与酰化	6.7	31.9	9.3	24.6	4.9
酯化		5.3	11.8	32.3	0.8

① 芳烃及其衍生物酰基化合成芳酮或芳醛。例如,医药中间体 2,4-二羟基苯乙酮;医药和染料中间体萘乙酮;紫外线吸收剂 2,4-二羟基二苯甲酮及其衍生物等。

② 脂肪胺或芳香胺酰化,合成脂酰胺或芳酰胺。如解热镇痛药物对羟基乙酰苯胺(扑热息痛);合成染料猩红酸;荧光增白剂 VBL;聚氨酯重要原料 TDI(甲苯二异氰酸酯);除草剂敌稗(3,4-二氯苯丙酰胺)等。

③ 醇及酚及其衍生物酰基化合成酯。例如,医药阿司匹林(乙酰水杨酸);塑料橡胶抗氧剂 1010,即四[β-(3,5-二叔丁基-4-羟基苯基)丙酸]季戊四醇酯;增塑剂 DOP[邻苯二甲酸二(2-乙基)己酯]等。

(2) 在有机分子中导入酰基,以发挥其钝化、致活或保护已有官能团的作用,是有机合成策略的需要   如酰胺基不易被氧化,*N*-酰化可保护氨基;酰基具有吸电子诱导效应,*N*-酰化可降低氨基致活能力;*N*-酰基保护氨基,待完成合成要求后,可水解除去酰基。*N*-取代酰胺是晶体,具有确定的熔点,利用 *N*-酰化可鉴定原料胺。

二、酰化剂

酰基化反应试剂简称酰化剂,包括羧酸、酸酐、酰卤、羧酸酯、酰胺等,常用羧酸、酸酐和酰氯。

(1) 羧酸   如甲酸、乙酸、草酸、2-羟基-3-萘甲酸等。

(2) 酸酐   如乙酸酐、丁二酸酐、顺丁烯二酸酐、邻苯二甲酸酐及其取代酸酐,重要的是二元羧酸酐。

(3) 酰卤   主要是酰氯,如乙酰氯、苯甲酰氯、对甲基苯磺酰氯、碳酰氯(光气)、三氯化磷、三聚氯氰等。

(4) 酰胺   如尿素、*N*,*N*'-二甲基甲酰胺等。

(5) 羧酸酯   如氯乙酸乙酯、乙酰乙酸乙酯等。

(6) 其他   如乙烯酮、双乙烯酮、二硫化碳等。

第二节   *C*-酰化

一、*C*-酰化反应及影响因素

1. *C*-酰化反应

C-酰化又称傅里德尔-克拉夫茨(Friedel-Crafts)酰基化,用于在芳环上引入酰基,制取芳酮或芳醛。

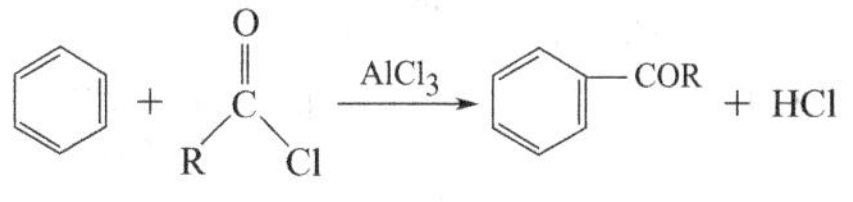

$$
\text{（苯）} + \underset{R}{\overset{O}{\underset{|}{\overset{\|}{C}}}}\text{—Cl} \xrightarrow{\text{AlCl}_3} \text{（苯）—COR} + \text{HCl} \tag{8-2}
$$

这是亲电取代反应,常用的酰化剂是酰卤、酸酐和羧酸,无机酸或路易斯酸,可增强酰化剂亲电性。C-酰化不易发生多酰化、脱酰基或重排反应，收率比较高。

甲酰氯或甲酐在室温下不稳定，故此傅-克反应不适用于甲酰化。

2. 主要影响因素

（1）酰化剂　影响酰化反应难易的重要因素之一。酰化剂的反应活性，取决于其酰基碳所带部分正电荷的大小，正电荷越大，反应活性越高，酰化能力越强。烃基相同的酰化剂，离去基团的吸电子能力越强，酰基碳所带部分正电荷越大，反应活性越强。具有相同酰基酰化剂的反应活性的顺序为：

$$酰卤＞酸酐＞羧酸$$

当酰化剂的离去基团相同时，由于共轭效应，芳羧酸的酰化能力低于脂肪羧酸；由于诱导效应，高碳羧酸反应活性低于低碳羧酸。

酰卤中，具有相同酰基、不同酰卤的反应活性顺序为：

$$RCOI＞RCOBr＞RCOCl$$

常用的酰卤是酰氯，催化剂不同，其反应活性也不尽相同。如以 $AlCl_3$ 为催化剂，甲苯酰化，酰氯反应活性顺序为：

$$CH_3COCl＞(C_6H_5)COCl＞(C_2H_5)_2CHCOCl$$

以 $TiCl_4$ 作催化剂，酰氯的反应活性顺序为：

$$(C_6H_5)COCl＞CH_3CH_2CH_2COCl＞C_2H_5COCl＞CH_3COCl$$

（2）被酰化物的化学结构　芳烃及其衍生物 C-酰化是亲电取代反应，芳环上的取代基影响反应的难易程度。给电子取代基（—CH_3、—OH、—OR、—NR_2、—NHAc）使酰化容易进行；吸电子取代基（—X、—NO_2、—SO_3H、—COR）使酰化难以进行。

氨基是酰活化基团，芳胺 C-酰化同时发生 N-酰化反应；且氨基还能与催化剂 $AlCl_3$ 形成配合物。因此，芳胺 C-酰化前必须保护氨基。

卤基是钝化基，故卤代芳烃的 C-酰化反应能力较弱，需要较强的催化剂和较高的温度。例如：

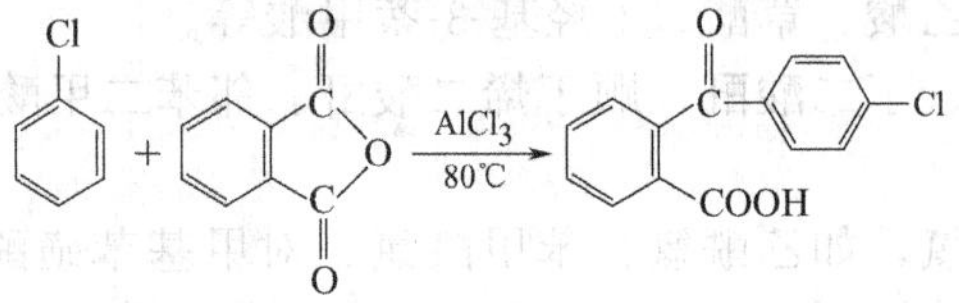

$$(8-3)$$

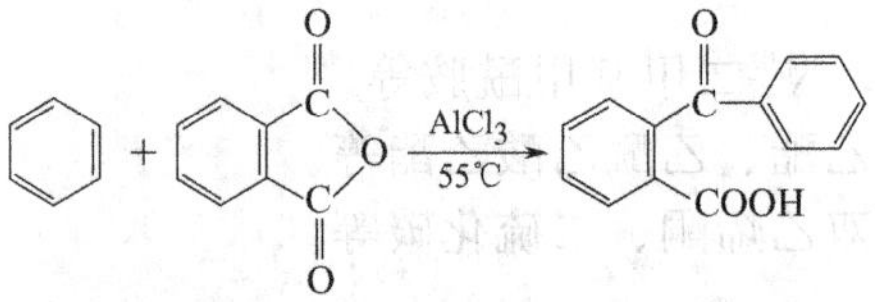

$$(8-4)$$

硝基可使芳环强烈钝化，故硝基苯不能进行 C-酰化，可作 C-酰化溶剂。如果芳环上还有给电子取代基，在一定条件下，硝基芳烃可发生 C-酰化反应。

酰基也是钝化基团，芳环上引入一个酰基后，则难以引入第二个酰基，故 C-酰化不易发生多酰化、脱酰基、分子重排等反应，收率较高。当酰基邻位有给电子基团时，可引入第二个酰基。例如 1,3,5-三甲苯 C-酰化：

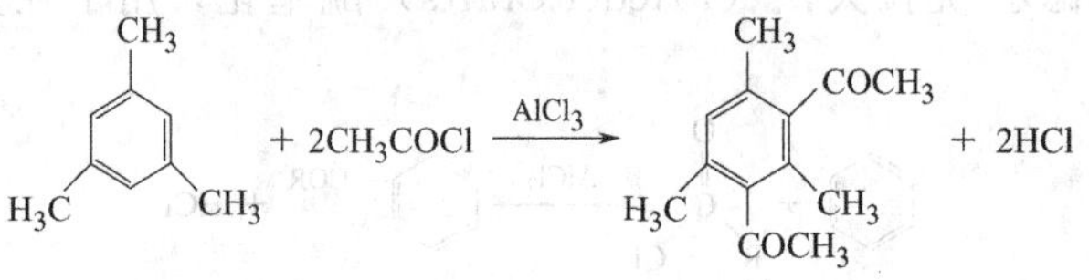

$$(8-5)$$

而萘的两个环，可分别引入一个酰基：

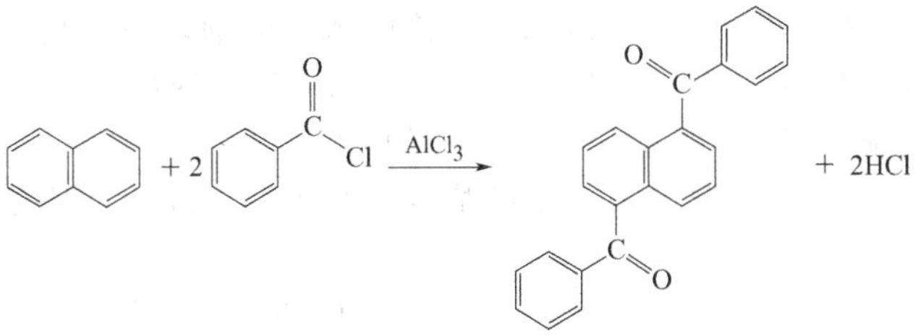

$$(8\text{-}6)$$

酰基进入的位置取决于已有取代基的性质，芳环上含邻、对位定位基时，酰基主要进入取代基的对位，如对位已被占据，则进入其邻位。表 8-3 是甲苯酰化产物的异构体组成。

表 8-3　甲苯酰化产物的异构体组成

酰化剂	溶　剂	酰化产物中异构体组成/%		
		邻　位	间　位	对　位
乙酰氯	二氯乙烷	1.1	1.3	97.6
苯甲酰氯	二氯乙烷	9.3	1.4	89.3
苯甲酰氯	苯甲酰氯	9.3	1.5	89.2
苯甲酰氯	硝基苯	7.2	1.1	91.7

呋喃、噻吩、吡咯等杂环化合物的 *C*-酰化容易进行；吡啶、嘧啶等杂环化合物较难酰化。杂环化合物酰化，酰基一般进入杂原子的 α 位，α 位被占据则进入 β 位。

（3）催化剂　可增强酰基碳的亲电性，提高酰化剂的反应能力。金属卤化物（路易斯酸）和无机酸是常用的催化剂，金属卤化物比无机酸的催化作用强。金属卤化物的催化活性也有差异，其次序为：

$$AlCl_3 > FeCl_3 > BF_3 > ZnCl_2 > SnCl_2 > TiCl_4 > HgCl_2 > CuCl_2$$

无机酸的催化活性顺序为：

$$HF > H_2SO_4 > (P_2O_5)_2 > H_3PO_4$$

在金属卤化物中，无水氯化铝以其催化活性高、应用技术成熟、价格低廉而最常用，特别是以酰氯或酸酐为酰化剂的 *C*-酰化。使用无水氯化铝 *C*-酰化，酰化温度不宜太高，否则易引起副反应，甚至生成结构不明的焦油状物。使用无水氯化铝一般过量 10%～50%，过量太多易产生焦油状物。氯化铝作催化剂，产生大量铝盐废液，应注意节能减排，保护环境。此外，氯化铝-芳酮的配合物遇水释放大量热能，故 *C*-酰化产物水解操作时，应注意安全。

活泼芳烃及其衍生物和杂环化合物的 *C*-酰化，使用无水氯化铝，容易引起副反应。故含羟基、烷基、烷氧基等的活泼芳烃，常用氯化锌、四氯化钛以及多聚磷酸等较温和的催化剂。例如，噻吩的乙酰化：

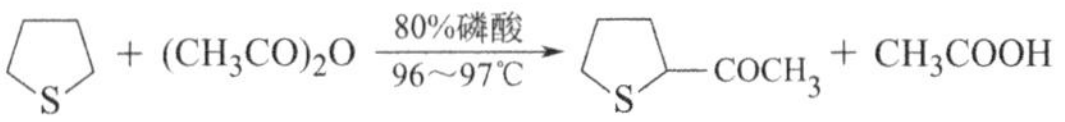

$$(8\text{-}7)$$

间苯二酚的酰化，使用无水氯化锌催化剂，以相应羧酸为酰化剂，以避免羟基也被酰化。

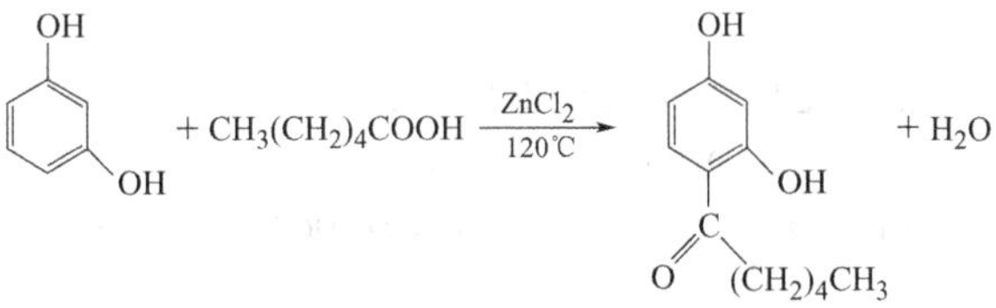

$$(8\text{-}8)$$

（4）溶剂　大部分 *C*-酰化产物（芳酮-氯化铝配合物）是黏稠液体或固体，为保持良好的流动性，*C*-酰化需要溶剂。溶剂的选择，根据酰化反应物的情况确定。

① 以过量被酰化物作溶剂。被酰化物为液体使其过量作溶剂，过量被酰化物回收套用。

例如，邻苯甲酰基苯甲酸的生产，以过量 6～7 倍的苯为溶剂，与酰化剂邻苯二甲酸酐进行 C-酰化。以过量氯苯为溶剂、苯酐为酰化剂制取邻-(对氯苯甲酰基)-苯甲酸。以过量甲苯为溶剂，苯酐为酰化剂制取邻-(对甲基苯甲酰基)-苯甲酸。

② 以过量酰化剂为溶剂。例如 3,5-二甲基叔丁基苯的乙酰化，使酰化剂冰醋酸过量作溶剂。

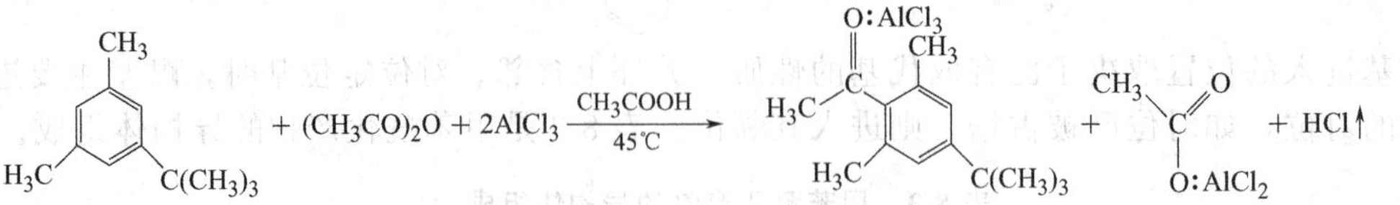

$$(8-9)$$

由于 3,5-二甲基叔丁基苯特有的空间效应，只能在两个甲基之间引入一个乙酰基，因此可用冰醋酸作溶剂。

③ 外加溶剂。如果被酰化物、酰化剂均为固体，则需要选用溶剂。常用的溶剂有硝基苯、二硫化碳、二氯乙烷、四氯乙烷、四氯化碳、石油醚及卤代烷等。

硝基苯为溶剂的 C-酰化是均相反应，硝基苯可溶解氯化铝及与芳酮或酰氯的配合物。

二硫化碳、氯代烷、石油醚等对氯化铝及其配合物的溶解度很小，以此类物质作溶剂，C-酰化基本上是非均相反应。

溶剂影响催化剂活性。硝基苯与氯化铝能形成配合物，降低催化剂的活性。所以硝基苯仅适用于易酰化的芳烃及其衍生物。

一些氯代烷，如二氯甲烷，在氯化铝存在、较高温度下发生芳环上取代反应，如氯甲基化。二氯乙烷不溶解氯化铝，但溶解氯化铝与酰氯生成的配合物，在较高温度下，可能参与环上取代反应。二硫化碳不稳定且有恶臭，不溶解氯化铝，只用于温和条件的酰化。石油醚稳定而不溶解氯化铝，可作异丁苯与乙酰氯制取对异丁基苯乙酮的溶剂。

溶剂影响酰基进入位置。萘乙酰化以二氯乙烷为溶剂、乙酐为酰化剂，产物是 α-萘乙酮；以硝基苯作溶剂、乙酰氯为酰化剂，产物是 β-萘乙酮；而以二硫化碳或石油醚为溶剂，产物为 α 和 β-萘乙酮混合物。

（5）其他因素　主要有温度、压力、加料次序等。温度不宜过高，否则副反应增多、产品质量和收率下降；若温度过低，酰化反应速率太慢。一般为常压或微负压操作，微负压操作有利于引出酰化产生的氯化氢气体。

由于酰化过程的氯化铝积累，导致 C-酰化反应剧烈，不易控制。通常先将氯化铝溶解于比较稳定的液态反应物中，再将溶有氯化铝的反应物逐渐加至另一反应物中。否则严重时会造成事故。

二、C-酰化方法

按所用酰化剂的不同，C-酰化方法分为酰氯酰化法、酸酐酰化法、其他酰化剂酰化法等。

1. 酰氯酰化法

在氯化铝作用下，酰氯首先形成酰基碳正离子：

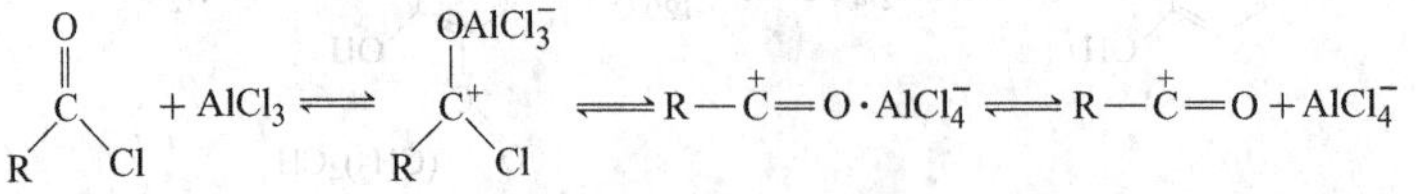

$$(8-10)$$

酰基碳正离子在溶液中有三种存在形式：与氯化铝生成配合物、离子对、酰基碳正离子，三者处于平衡状态。碳正离子进攻芳烃及其衍生物有两种形式，以配合物形式［如式(8-11)］和以酰基碳正离子形式［如式(8-12)］，进而发生亲电取代反应。

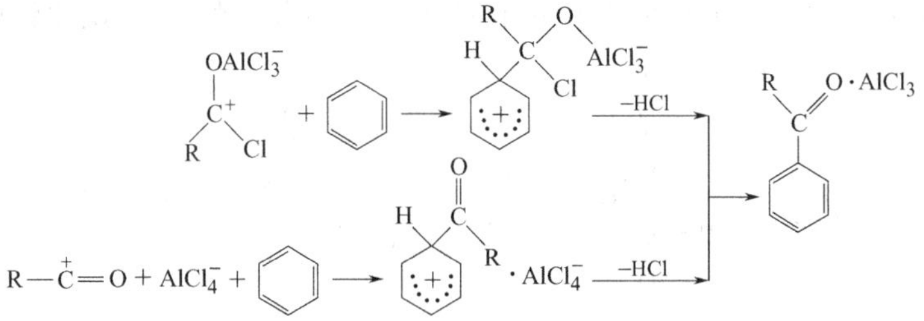

$$\text{(8-11)}$$

$$R-\overset{+}{C}=O + AlCl_4^- + \text{苯} \longrightarrow \cdots \cdot AlCl_4^- \xrightarrow{-HCl} \text{(8-12)}$$

酰化的反应途径与被酰化物的结构和溶剂的极性有关。离子形式的酰基碳正离子的体积较小，对空间条件要求较低。引入的酰基或被取代位置有空间位阻时，反应按式(8-12)进行；在介电常数较高的极性溶剂中反应，离子形式的酰基碳正离子浓度相对增高，有利于反应按式(8-12)进行。

芳酮与氯化铝形成1∶1（摩尔比）配合物，当氯化铝与芳酮形成配合物时，则失去催化作用。因此，氯化铝与酰氯的理论配比为1∶1（摩尔比），而实际中氯化铝过量，过量百分数为10%～50%。

氯化铝要求无水，纯度在98.5%以上。氯化铝有粉状和粒状两种，粒状氯化铝不易吸水变质，便于加料操作，易于控制酰化温度。

由于使用酰氯的酰化过程产生氯化氢，氯化氢可与金属铝作用形成氯化铝配合物，故酰氯法酰化可以金属铝为催化剂。金属铝有铝丝和铝块两种，为便于操作，一般间歇操作用铝丝，连续操作用铝块。

染料中间体1,5-二苯甲酰基萘的生产，采用酰氯酰化法合成，见式(8-6)。苯甲酰氯兼作溶剂，以釜式反应器间歇操作。无水氯化铝溶于过量的苯甲酰氯，之后在65℃以下缓慢加入萘粉，在65～70℃保温10h结束酰化，产物为1,5-二苯甲酰基萘，酰化产物无需分离，可直接用于合成染料。副产物1,8-二苯甲酰基萘的溶解度较大，用氯苯重结晶即可除去。

2. 酸酐酰化法

酸酐酰化法常用苯酐、乙酐、丁酐等酰化剂。在氯化铝作用下，羧酸酐转化为酰氯：

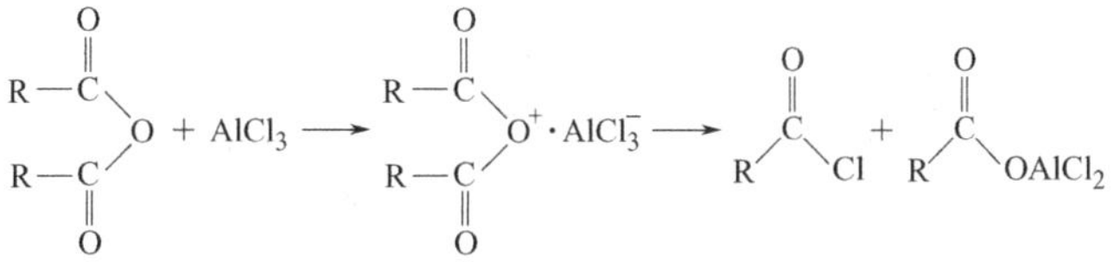

$$\text{(8-13)}$$

然后与芳烃及其衍生物进行 C-酰化，见式(8-11)或式(8-12)。

1mol 酸酐理论上需要 2mol AlCl$_3$：

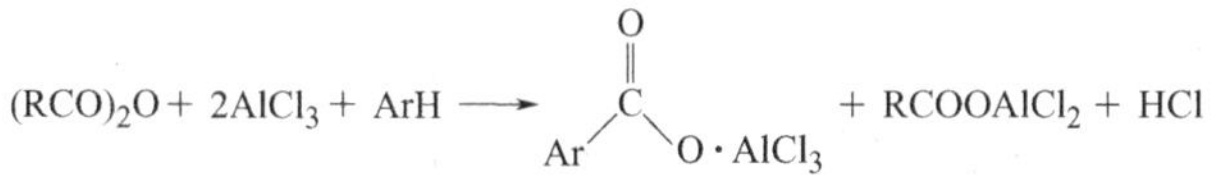

$$(RCO)_2O + 2AlCl_3 + ArH \longrightarrow \text{Ar}-\overset{O}{\underset{}{C}}-O\cdot AlCl_3 + RCOOAlCl_2 + HCl \quad \text{(8-14)}$$

在 AlCl$_3$ 存在下，RCOOAlCl$_2$ 也转化成酰氯：

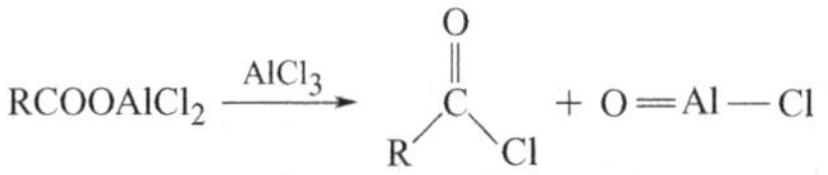

$$RCOOAlCl_2 \xrightarrow{AlCl_3} R-\overset{O}{\underset{}{C}}-Cl + O{=}Al{-}Cl \quad \text{(8-15)}$$

如果酸酐的两个酰基都参加反应，1mol 酸酐需要 3mol AlCl$_3$：

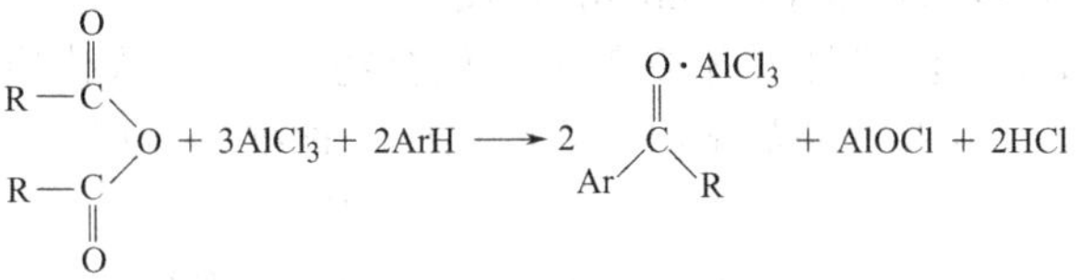

$$\text{(RCO)}_2O + 3AlCl_3 + 2ArH \longrightarrow 2\ \text{Ar}-\overset{O\cdot AlCl_3}{\underset{R}{C}} + AlOCl + 2HCl \quad \text{(8-16)}$$

实际上，酸酐只有一个酰基按式(8-14)反应。所以，酸酐与氯化铝的摩尔比为 1∶2，氯化铝再过量 10%～50%。用酸酐法 C-酰化的生产实例有：芳酮-三氯化铝配合物水解，得香料中间体 2,6-二甲基-4-叔丁基苯乙酮。

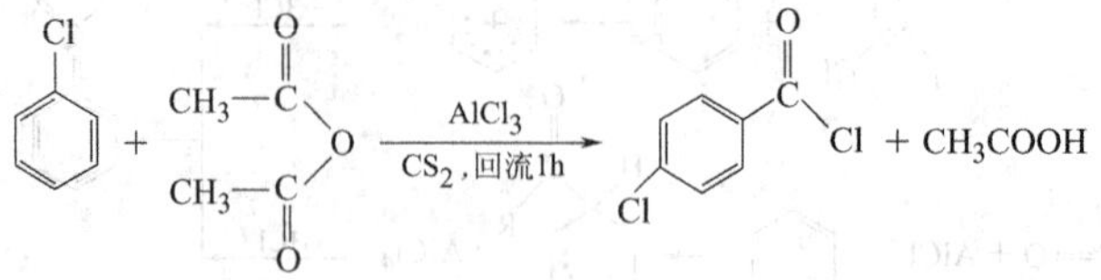

$$\text{(8-17)}$$

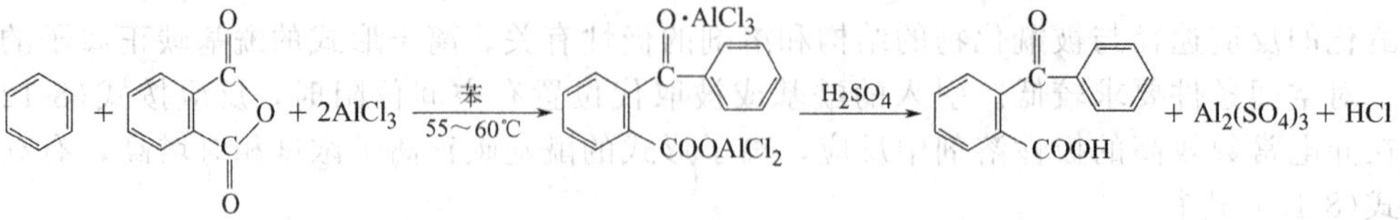

$$\text{(8-18)}$$

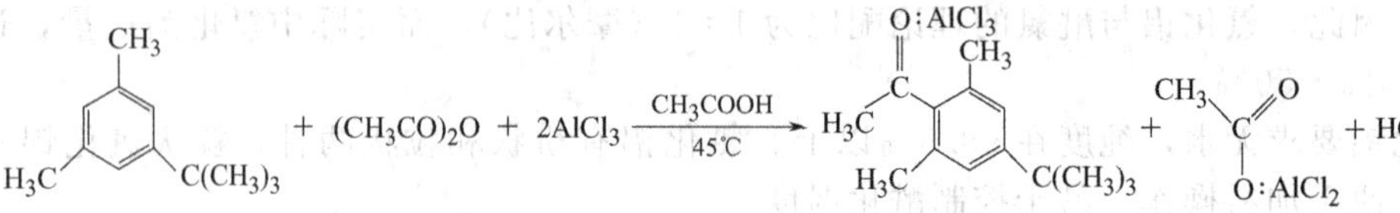

$$\text{(8-19)}$$

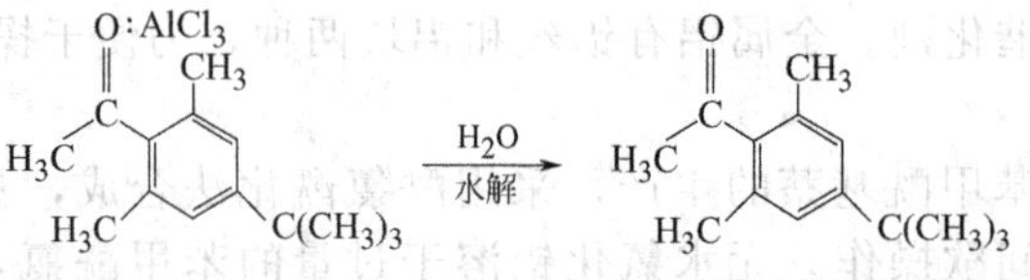

$$\text{(8-20)}$$

2,6-二甲基-4-叔丁基苯乙酮

3. 其他酰化剂酰化法

活泼芳烃及其衍生物，可用较温和的酰化剂进行 C-酰化。间苯二酚用乙酸作酰化剂，在无水氯化锌存在下，合成医药中间体 2,4-二羟基苯乙酮。

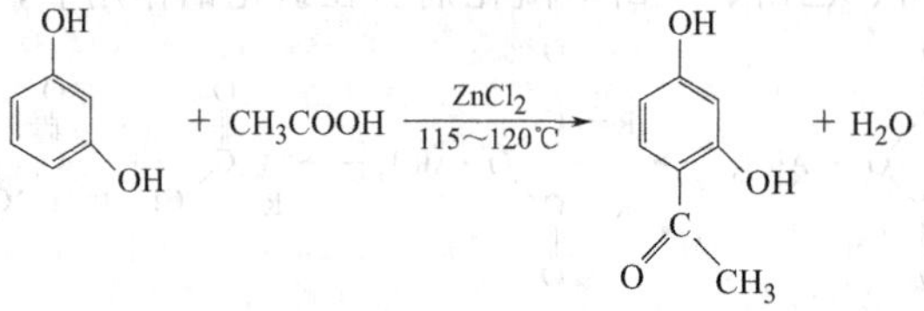

$$\text{(8-21)}$$

米氏酮是碱性染料中间体，以 N,N-二甲基苯胺为原料、光气（COCl$_2$）为酰化剂，在无水氯化锌存在下，经 C-酰化而合成：

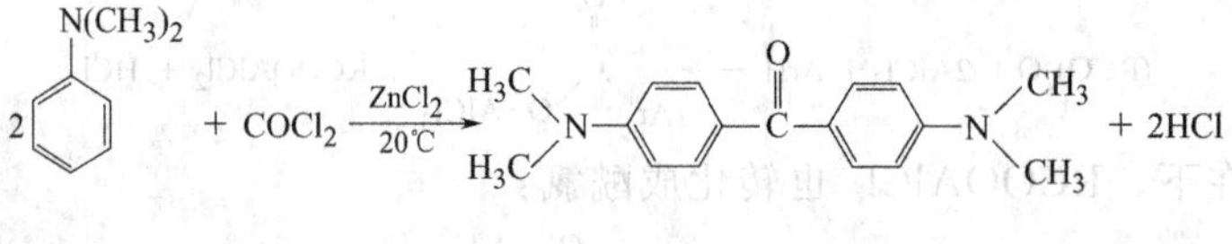

$$\text{(8-22)}$$

4. C-甲酰化

室温下甲酰氯不稳定，易分解为一氧化碳和氯化氢。一氧化碳羰基合成的副产物多，且条件苛刻。故甲酰氯或一氧化碳不能用作 C-甲酰化试剂。C-甲酰化常用维尔斯迈尔（Vilsmeier）反应和瑞穆尔-蒂曼（Reimer-Tiemann）反应。

（1）维尔斯迈尔反应　活泼性芳环或芳杂环化合物，以 N-取代甲酰胺为酰化剂，三氯氧磷为催化剂，在芳环上引入甲酰基制取芳醛的反应，称维尔斯迈尔反应。

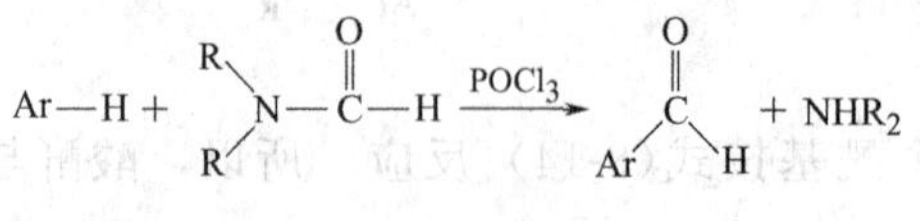

$$\text{(8-23)}$$

N-取代甲酰胺可以是单或双取代的烷基、芳基衍生物。如 N,N-二甲基甲酰胺、N-甲基甲酰胺。除三氯氧磷外，还可以光气、亚硫酰氯、无水氯化锌和醋酐等作催化剂。

应用此反应合成的产品有：

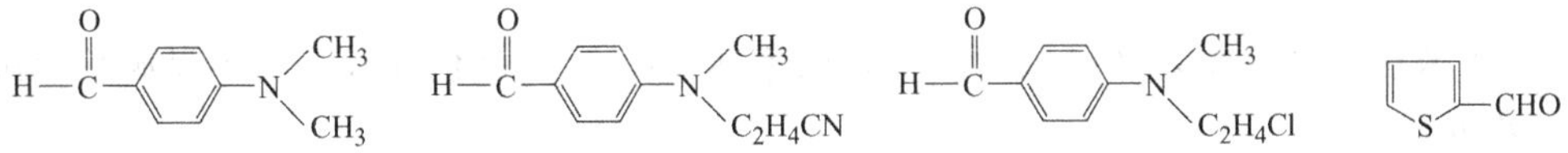

（2）瑞穆尔-蒂曼反应　在强碱水溶液中，苯酚和氯仿共热，生成芳香族羟基醛的反应，称瑞穆尔-蒂曼反应。

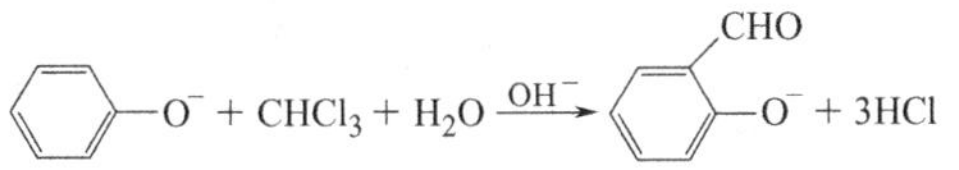

$$\text{(8-24)}$$

此反应适用于酚类和某些杂环衍生物的甲酰化，甲酰化产物主要是邻羟基苯甲醛，对位异构体较少，收率较低（<50%）。例如，苯酚甲酰化主要得到水杨醛：

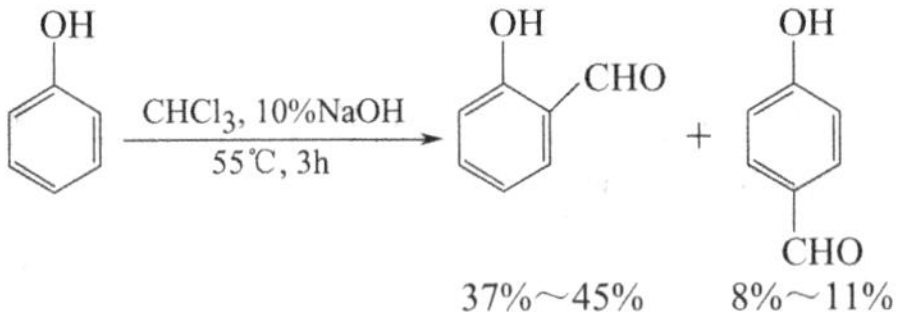

$$\text{(8-25)}$$

37%～45%　　8%～11%

瑞穆尔-蒂曼反应操作简便，原料易得，未反应的酚可回收利用。

β-萘酚甲酰化，产物是 α-甲酰基-β-萘酚。

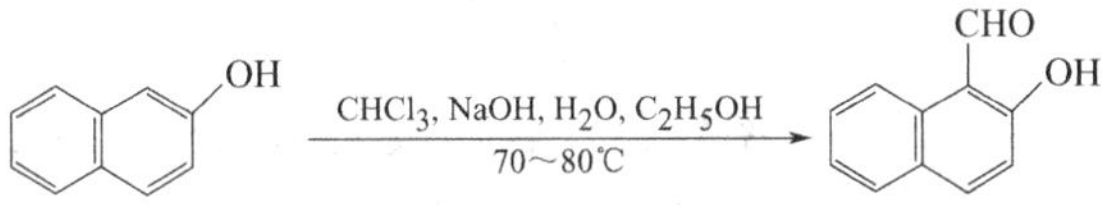

$$\text{(8-26)}$$

邻甲氧基苯酚甲酰化，主要产物是香荚兰醛，副产物 2-羟基-3-甲氧基苯甲醛可做合成原料。

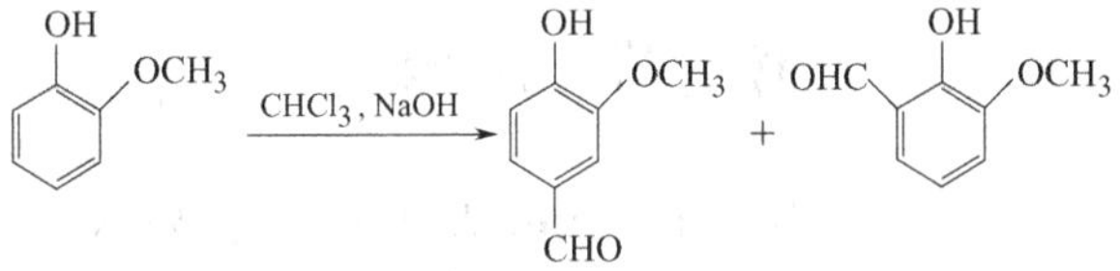

$$\text{(8-27)}$$

三、2,4-二羟基二苯甲酮的合成

2,4-二羟基二苯甲酮及其衍生物是性能优越的紫外线吸收剂。2,4-二羟基二苯甲酮为淡黄色针状结晶或白色粉末，熔点为 $142.6～144.6℃$。2,4-二羟基二苯甲酮可衍生一系列二苯甲酮类光稳定剂，如 2-羟基-4-甲氧基二苯甲酮、2-羟基-4-正辛氧基二苯甲酮等，二苯甲酮类化合物用于高分子材料光稳定剂。

以间苯二酚为原料酰化合成 2,4-二羟基二苯甲酮，有四种方法。

1. 苯甲酰氯酰化法

以苯甲酰氯为酰化剂，以氯苯作溶剂，在氯化铝作用下合成。

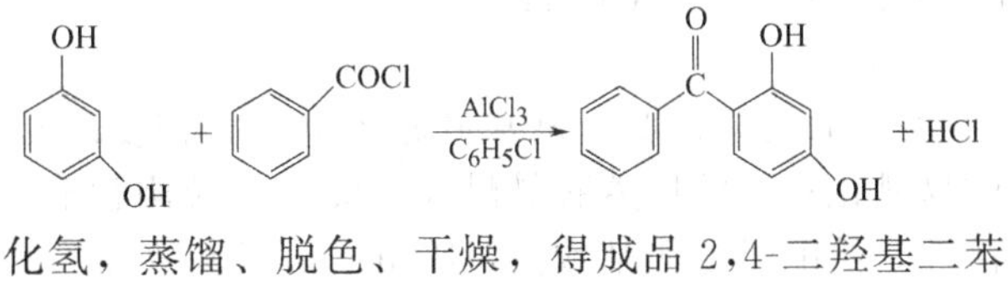

$$\text{(8-28)}$$

酰化产物经脱氯化氢、蒸馏、脱色、干燥，得成品 2,4-二羟基二苯甲酮。

此法产品色泽好，但收率仅为 $50\%～60\%$，原料成本较高，且产生大量废催化剂。

2. 三氯甲苯法

以三氯甲苯为酰化剂，水或乙醇为溶剂，在 $40℃$ 下合成。

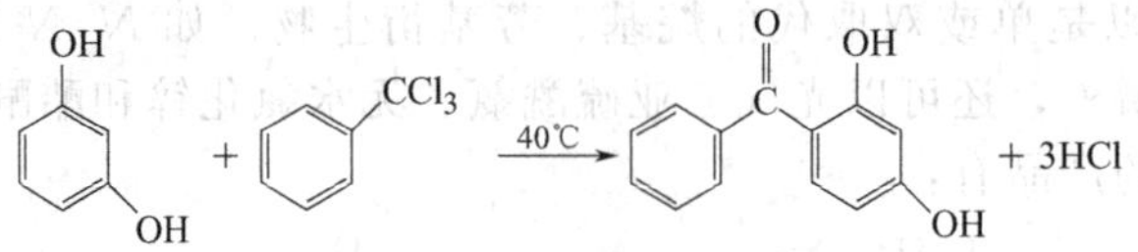

$$\text{(8-29)}$$

三氯甲苯法原料易得，产品成本较低，收率达 95%；产品色泽较深，不易脱色提纯。

3. 羧酸法

以苯甲酸为酰化剂，无水氯化锌为催化剂进行酰化：

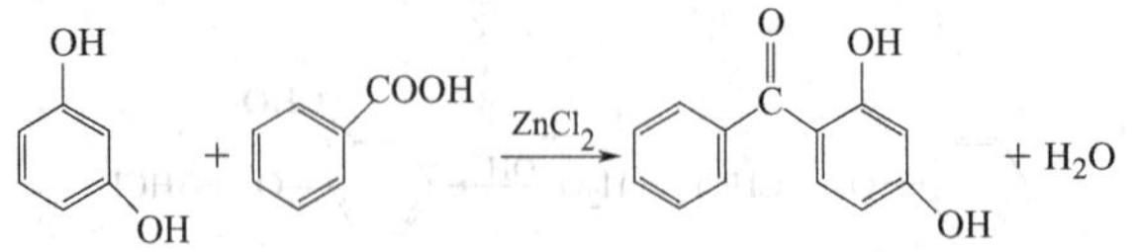

$$\text{(8-30)}$$

为提高脱水反应速率，加入三氯化磷或磷酸，收率在 90% 以上，产品质量较好；但苯甲酸易升华、黏附于反应器壁，酰化时间较长，熔融物排放困难。

4. 酸酐酰化法

以苯酐为酰化剂，首先生成 2-(2′,4′-二羟基苯甲酰) 苯甲酸，再以喹啉为溶剂、在铜粉存在下脱羧，得到 2,4-二羟基二苯甲酮。

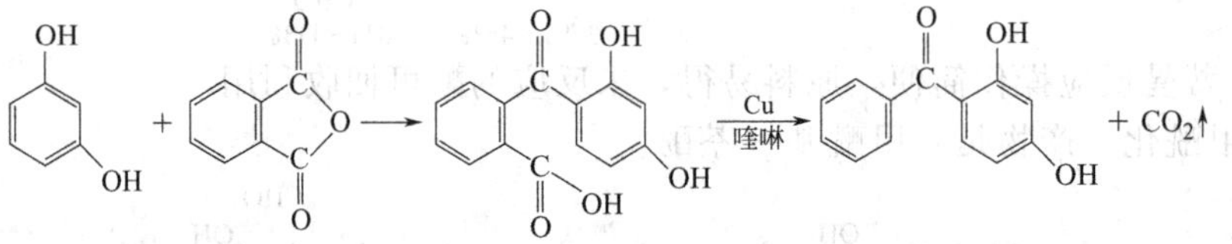

$$\text{(8-31)}$$

以乙醚为溶剂提取产品，此法收率较低，若回收间苯二酚可降低成本，荧光素是 C-酰化的副产物，控制适宜工艺条件，可使荧光素水解而无需分离。

三氯甲苯法、羧酸法是工业常用方法。

第三节 N-酰化

N-酰化是在胺类化合物的氨基氮原子上引入酰基的过程。如果 N-酰化目的是将酰基最终保留在产物中以赋予产物特定性能，此 N-酰化称永久性酰化；为保护氨基而引入酰基，待完成预定合成反应再除去的酰化，则为临时性酰化，临时性酰化要求酰化剂价廉而易于水解除去。

一、N-酰化反应及其影响因素

N-酰化属亲电取代反应。酰化剂的酰基碳原子带部分正电荷，与氨基氮原子未共用电子对作用，形成过渡态配合物，进而转化为酰胺，反应历程如下：

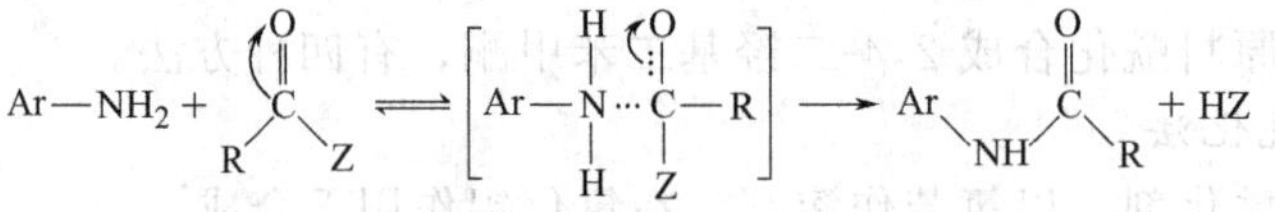

$$\text{(8-32)}$$

式中，Z 可为 OH、OCOR、Cl 或 OC_2H_5 等。

1. 被酰化胺类化学结构

胺类结构关系到 N-酰化的难易程度。氨基氮原子电子云密度高易酰化；氨基空间位阻小易酰化；伯胺比仲胺易酰化；脂胺比芳胺易酰化；无空间位阻比有空间位阻的胺易酰化。芳环上的取代基影响活性，给电子取代基致活，吸电子取代基致钝。活性强的胺选用弱酰化剂；活性弱的胺选用强酰化剂。

2. 酰化剂

不同的酰化剂，其酰化能力不同。具有相同烷基的羧酸、酸酐、酰氯的酰化能力顺序为：

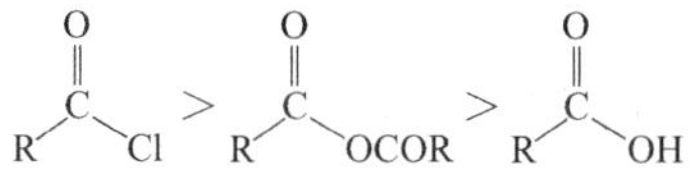

$$\underset{R}{\overset{O}{\underset{\|}{C}}}-Cl \;>\; \underset{R}{\overset{O}{\underset{\|}{C}}}-OCR \;>\; \underset{R}{\overset{O}{\underset{\|}{C}}}-OH$$

氯的电负性最大，酰氯的酰基碳亲电性最强；羧羟基的吸电子能力比氯基和酯基弱，羧酸酰基碳的亲电性较小；酸酐酰基碳亲电性介于羧酸和酰氯之间。酰氯、酸酐和羧酸的酰基碳上正电荷大小的顺序为：

$$\delta^{+}_{酰氯} > \delta^{+}_{酸酐} > \delta^{+}_{羧酸}$$

脂肪族酰化剂的反应能力，随烷基碳链增长而减弱。引入低碳链酰基时，宜采用羧酸或酸酐酰化；而引入长碳链酰基时，必须用酰氯作酰化剂。

芳环的共轭效应降低了羰基碳的正电性，芳酰氯的活性低于脂酰氯，故苯甲酰氯比乙酰氯反应活性弱。

强酸形成的酯（如硫酸二甲酯）不能作酰化剂，酸根的吸电子性使酯烷基正电荷增强而可作烷基化剂；弱酸形成的酯可作酰化剂，如乙酰乙酸乙酯。

在酸性介质中，苯胺用不同酰化剂进行 N-酰化，0℃时的酰化速率顺序为：

$$RCOCl > (RCO)_2O > RCOOR' > RCONR_2 > ClCH_2COCl >$$
$$C_6H_5CH_2COCl > CH_3COCl > C_6H_5OCH_2COCl$$

二、N-酰化方法

1. 羧酸法

羧酸法是以羧酸为酰化剂进行的 N-酰化，这是一个可逆反应。

$$ArNH_2 + RCOOH \rightleftharpoons ArNHCOR + H_2O \tag{8-33}$$

使平衡向产物方向移动的方法有：反应物之一过量，一般是羧酸过量；移除生成物，通常是脱出产生的水。脱水的工业措施主要有三种。

（1）恒沸蒸馏脱水法　在酰化釜中加入恒沸剂，如甲苯、二甲苯等惰性溶剂，恒沸蒸馏蒸出水。例如，甲酸与芳胺酰化生产 N-甲酰苯胺、N-甲基-N-甲酰苯胺。

（2）化学脱水法　以五氧化二磷、三氯氧磷、三氯化磷等为脱水剂，以化学方法脱水。

（3）高温脱水法　羧酸、胺为高沸点难挥发物时，可直接加热物料蒸出水；若胺类为挥发物，可将其通入熔融的羧酸中酰化；或将羧酸和胺蒸气通过 280℃ 硅胶或 200℃ Al_2O_3，进行气固相酰化。

用于芳胺 N-乙酰化的还有反应-精馏脱水法，例如 N-乙酰苯胺的生产。

羧酸酰化能力较弱，常用于活性较强胺类的 N-酰化。加入少量盐酸、氢溴酸或氢碘酸等强酸，可加快反应速率。

常用的羧酸有甲酸、乙酸和草酸、苯甲酸等。

羧酸法 N-酰化的重要产品如下：

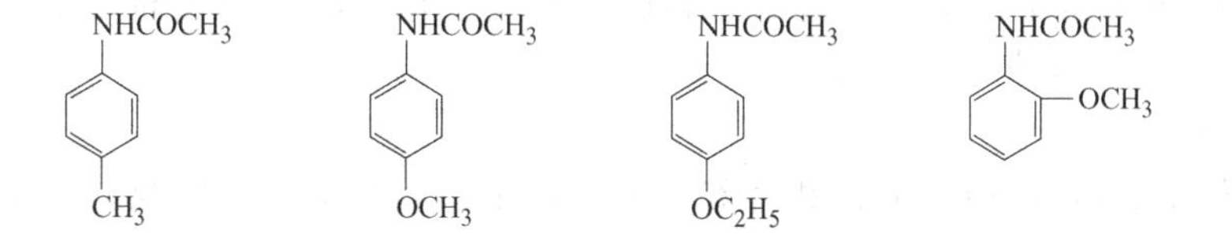

4-甲基-N-乙酰苯胺　　4-甲氧基-N-乙酰苯胺　　4-乙氧基-N-乙酰苯胺　　2-甲氧基-N-乙酰苯胺

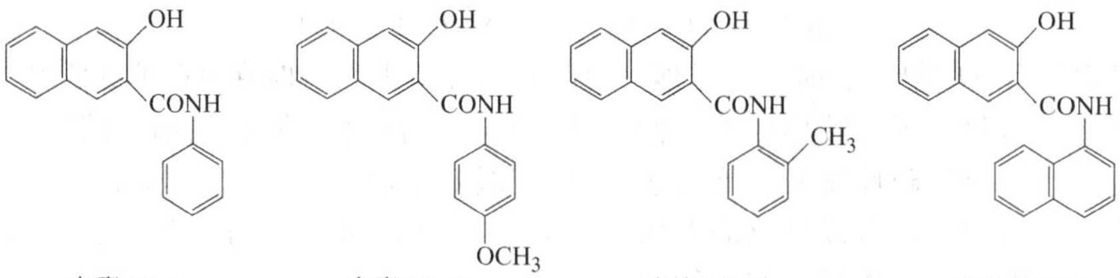

色酚AS　　　色酚AS-RL　　　色酚AS-D　　　色酚AS-BO

2. 酸酐法

酸酐与胺类的 N-酰化是不可逆反应：

$$ArNH_2 + (RCO)_2O \xrightarrow{\text{回流}} ArNHCOR + RCOOH \tag{8-34}$$

酸酐的活性比羧酸强，适用于较难酰化的芳胺、仲胺等，如含吸电子取代基的芳胺，酸酐用量略高于理论量即可，生成的羧酸无需除去。例如，邻氨基苯甲酸的 N-酰化：

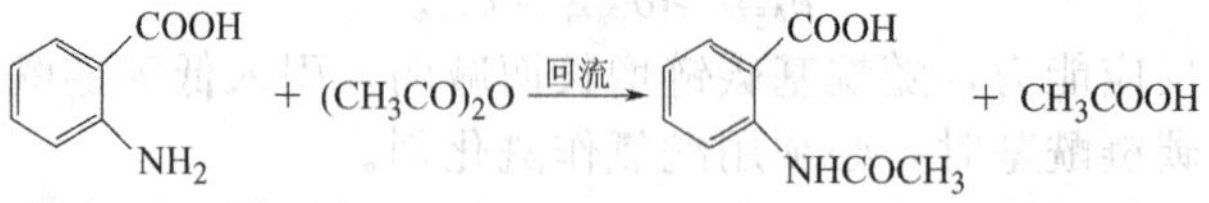

$$\tag{8-35}$$

乙酐是常用的酸酐，乙酐比较活泼，在 $20 \sim 90\,^\circ\!C$ 反应顺利，一般用量为过量 $5\% \sim 10\%$。室温下乙酐水解速率很慢，乙酐与活泼芳胺的酰化比其水解速率快得多，故乙酐 N-酰化可在水中进行，如乙酐用量过多，温度较高或时间过长，对于伯胺 N-酰化可产生一定量的二乙酰化物：

$$ArNH_2 + (CH_3CO)_2O \longrightarrow ArN(COCH_3)_2 + RCOOH \tag{8-36}$$

有水存在，N-二乙酰化物不稳定，第二个乙酰基易水解，故二及一酰化物混合物在含水溶剂（稀酒精）中重结晶，只能得到 N--酰化产物。

对于二元胺类 N-酰化，若只需要酰化其中一个氨基，可先用等摩尔盐酸与一个氨基形成盐酸盐，将氨基保护起来再进行 N-酰化。例如，在间苯二胺水溶液中加入适量盐酸，再在 $40\,^\circ\!C$ 下用乙酐酰化，得间氨基乙酰苯胺盐酸盐。

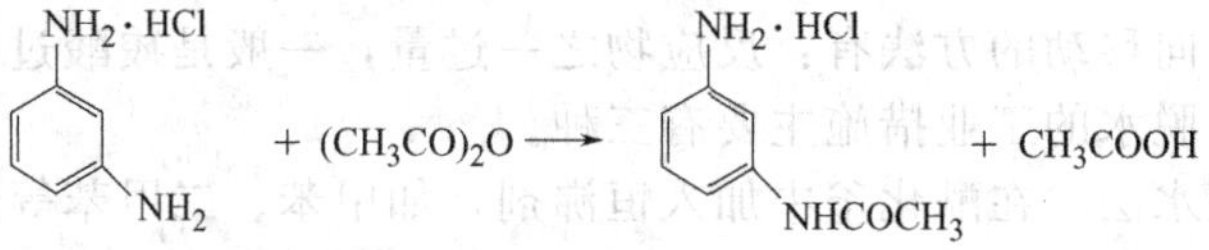

$$\tag{8-37}$$

N-酰化产物经中和得间氨基乙酰苯胺。

酸酐法 N-酰化一般不需要催化剂。若被酰化的氨基空间位阻较大、芳环上具有吸电子取代基时，可加入少量强酸如硫酸作催化剂。

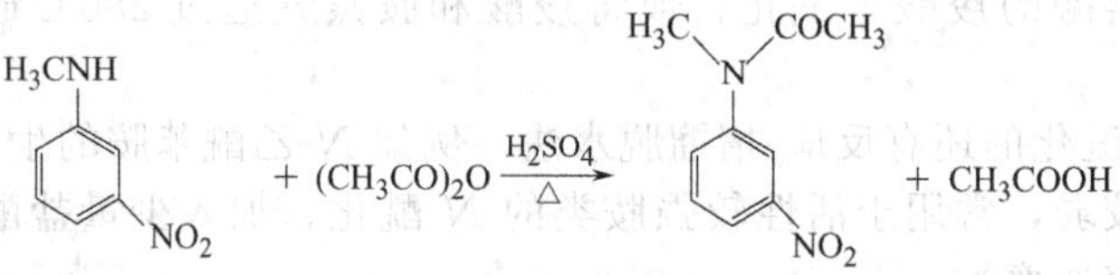

$$\tag{8-38}$$

酸酐法 N-酰化的溶剂根据被酰化物、酰化产物的熔点及水溶性选择。若被酰化物、酰化产物溶于水，以水作溶剂；若被酰化物及酰化产物的熔点不太高，则无需溶剂，如 N,N-二甲基乙酰胺和间甲基乙酰苯胺生产；若被酰化物及酰化产物熔点较高而又不易溶于水时，可以苯、甲苯、二甲苯或氯苯作溶剂。

3. 酰氯法

用酰氯酰化是合成酰胺最简便和有效的方法，常用脂酰氯、芳酰氯、芳磺酰氯、光气、三聚氯氰等。酰氯是强酰化剂，N-酰化反应是不可逆的：

$$R'NH_2 + RCOCl \longrightarrow R'NHCOR + HCl \tag{8-39}$$

酰化过程伴有反应热，有时甚为剧烈，故酰化多在室温，有时在 $0\,^\circ\!C$ 或更低温度下进行。

酰化产生的氯化氢可与胺形成盐，使胺的反应活性降低。氢氧化钠、碳酸钠、乙酸钠、三乙胺和吡啶水溶液等碱性物质，能将氯化氢中和转化成盐，是酰化缚酸剂。

酰化产物多为固态，所以酰化需要溶剂。常用溶剂是水、氯仿、乙酸、二氯乙烷、苯、甲苯、吡啶等，吡啶可兼作缚酸剂，能与酰氯形成配合物，增强其酰化能力。

（1）脂酰氯酰化法

脂酰氯酰化活性随碳链增长而减弱，但长链酰氯仍有相当的酰化活性，适用于在氨基上引入长碳链酰基。例如，壬酰氯 N-酰化，将 3,4-二氯苯胺溶于含吡啶的二氯乙烷溶液，在室温下滴加壬酰氯得壬酰化产物：

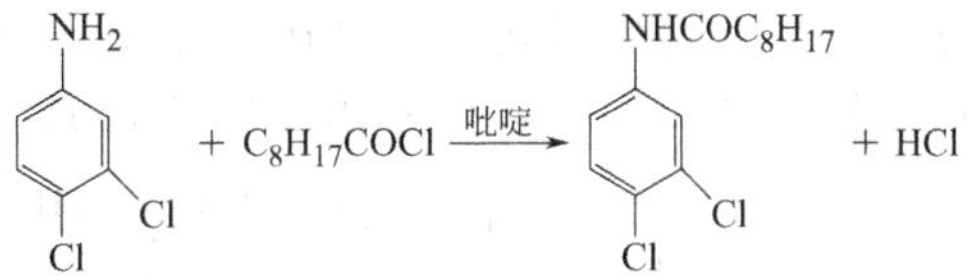

$$\text{(8-40)}$$

长链脂酰氯的亲水性差，易水解，需非水溶剂，吡啶或叔胺作缚酸剂。

低碳链的脂酰氯酰化速率快，可以水为溶剂。在滴加酰氯时，同时滴加 NaOH、Na_2CO_3 水溶液等维持 pH 为 7～8，避免酰氯水解。低碳链的脂酰氯，特别是氯化乙酰氯酰化活性非常强，可用于空间位阻较大的胺类或含热敏性基团的被酰化物。例如：

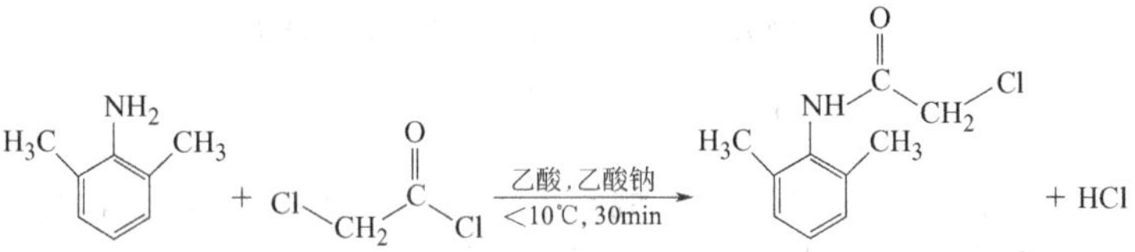

$$\text{(8-41)}$$

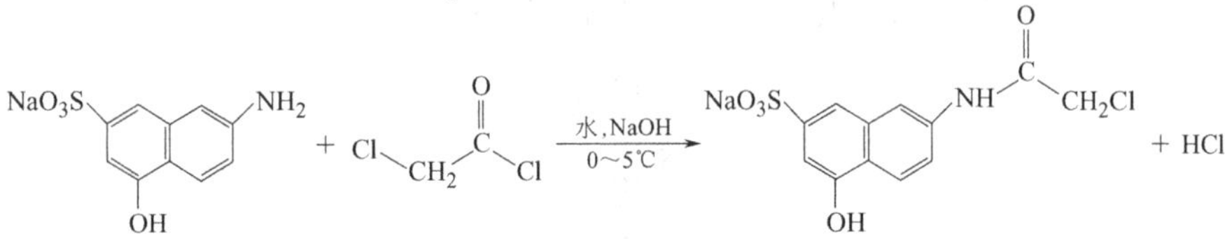

$$\text{(8-42)}$$

（2）芳酰氯及芳磺酰氯酰化法　苯甲酰氯和苯磺酰氯等是常用的酰氯。与低碳链的脂酰氯相比，芳酰氯、芳磺酰氯不易水解，直接滴加在强碱性水介质中。例如：

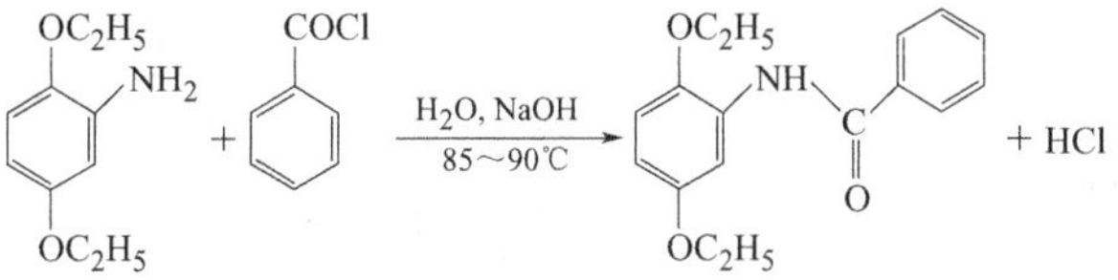

$$\text{(8-43)}$$

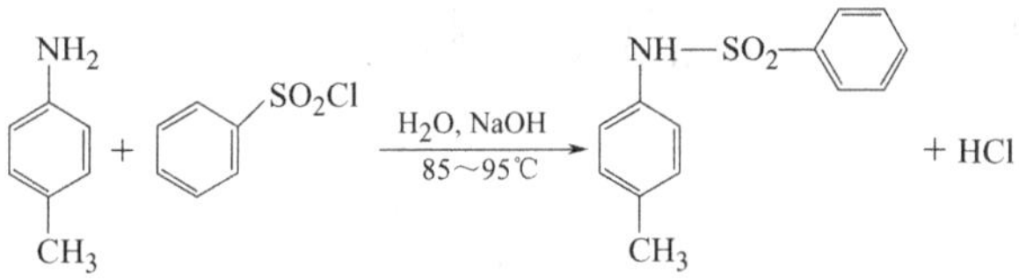

$$\text{(8-44)}$$

（3）光气酰化法　光气非常活泼，主要用于合成脲衍生物、异氰酸酯等。例如：

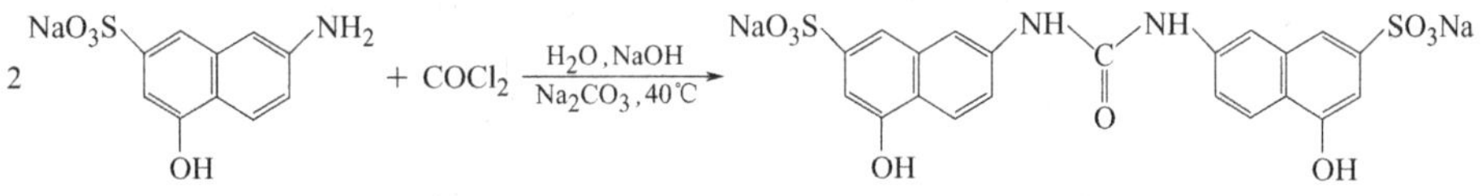

$$\text{(8-45)}$$

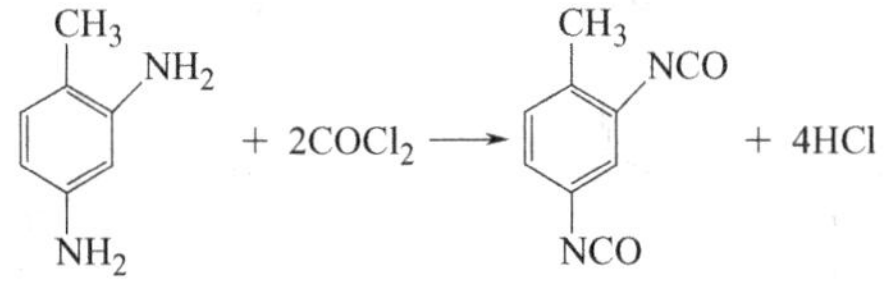

$$\text{(8-46)}$$

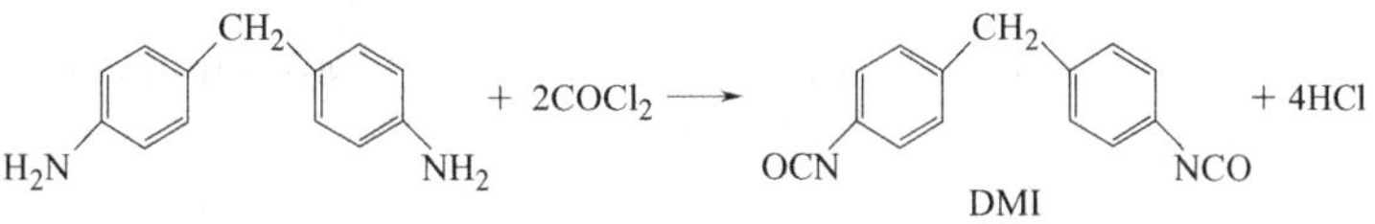

$$\text{(8-47)}$$

光气（COCl$_2$）是碳二酰氯，常温、常压下为气体，剧毒。要有良好的通风条件，严防泄漏，注意使用安全。光气酰化尾气须用低温无水的有机溶剂吸收，或用碱液处理，使残余光气全部水解才能排空。光气酰化产物的后处理，也须先脱除溶解光气，再进行其他操作。

（4）其他酰化剂酰化法　主要是用二乙烯酮、三聚氯氰酰化等作酰化剂的酰化法。

二乙烯酮活性高，反应速率快，酰化时间短，可在低温（0～20℃）、水介质中使用，后处理简单，产品质量好，收率高。例如，N-乙酰乙酰苯胺的合成：

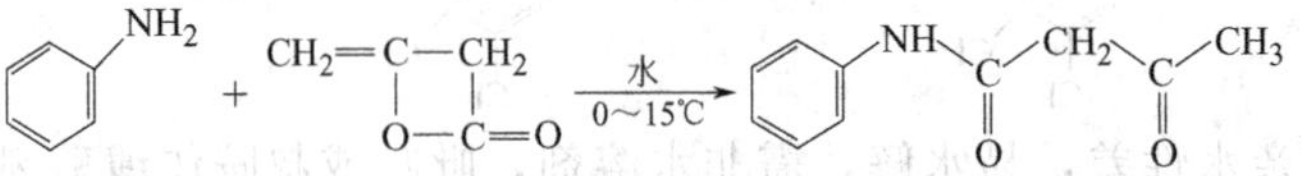

$$\tag{8-48}$$

二乙烯酮的用量是理论量的 1.05 倍，N-乙酰乙酰苯胺收率达 95％以上，纯度＞98％。

室温下，二乙烯酮为无色液体，有强烈的刺激性，其蒸气催泪性极强，温度高时易自聚，须在 0～5℃低温下贮存，使用时必须注意安全。乙酸高温裂解生成乙烯酮，乙烯酮二聚得二乙烯酮：

$$CH_3COOH \xrightleftharpoons{800℃} CH_2=C=O + H_2O \tag{8-49}$$

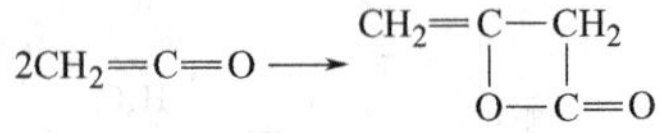

$$\tag{8-50}$$

二乙烯酮 N-酰化的产品有 2-氯-N-乙酰乙酰苯胺、2-甲氧基-N-乙酰乙酰苯胺等。

三聚氯氰含三个可取代的活泼氯原子，其结构如下：

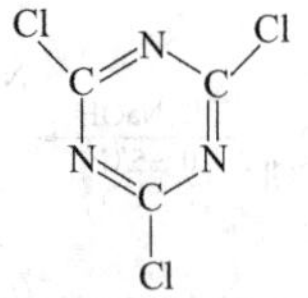

用三聚氯氰酰化，随着温度的升高，三个氯原子可依次被取代，直至生成三取代产物，如荧光增白剂 VBL 的合成：

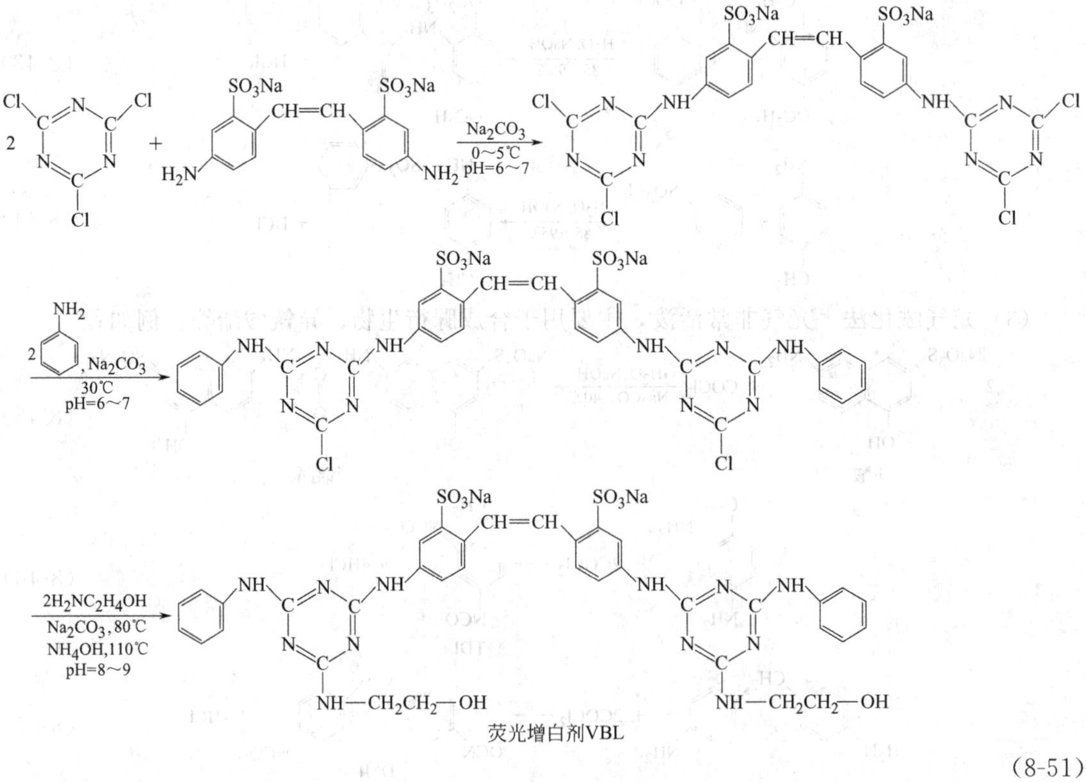

荧光增白剂VBL

$$\tag{8-51}$$

酰化产物保留一、二个氯原子使产物具有要求的活性，如除草剂西玛津、莠去津、染料活性黄 XR 结构如下：

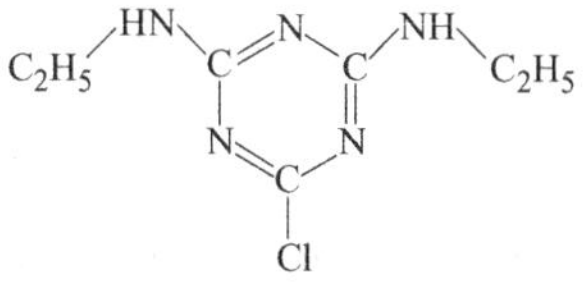

西玛津

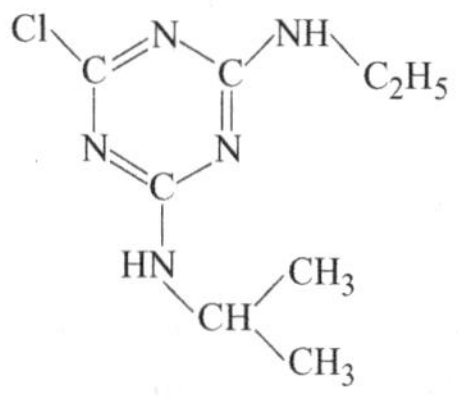

莠去津

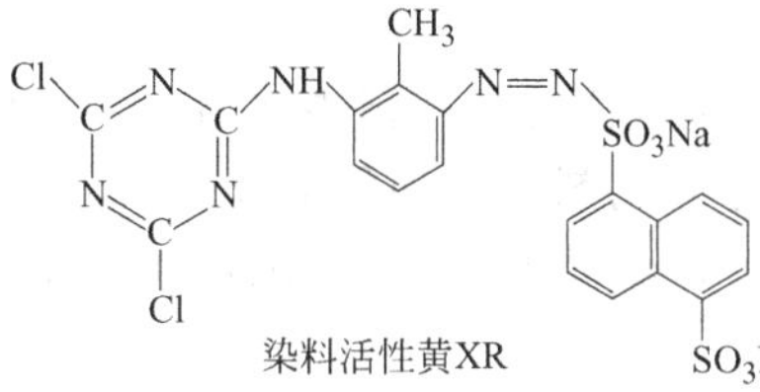

染料活性黄XR

此外，乙酰乙酸乙酯、氯乙酸乙酯、尿素等，也可用作酰化剂。

三、酰基的水解

在一定条件下，酰胺可水解成相应的羧酸和胺：

$$\text{RNHCOR}' + \text{H}_2\text{O} \longrightarrow \text{RNH}_2 + \text{R}'\text{COOH} \tag{8-52}$$

水解在酸或碱性溶液中进行，碱存在或较高温度下，不少芳胺易氧化，故要充分考虑水解的条件。水解条件因酰基性质不同而异，同一条件下，酰基对水解反应的稳定性次序为：

$$\text{ArCO}\!\!-\!\!>\!\text{ArSO}_2\!\!-\!\!>\!\text{CH}_3\text{CO}\!\!-\!\!>\!\text{HCO}\!\!-$$

碱性水解常用氢氧化钠，难溶于热水的芳胺可用 NaOH 的醇-水溶液，酸性水溶液多用稀盐酸，少量硫酸可加速水解。

通常水解在具有冷凝回流装置的水解釜中进行，水解温度取物料的回流温度。难水解的酰胺，如 2,6-二甲基乙酰苯胺、3,4-二硝基乙酰-1-萘胺等，可加入三氟化硼、甲醇一起回流。

酰基水解主要用于临时性酰化。从酰基水解难易和经济考虑，临时性酰化应引入甲酰基或是乙酰基。例如，对硝基苯胺的制备：

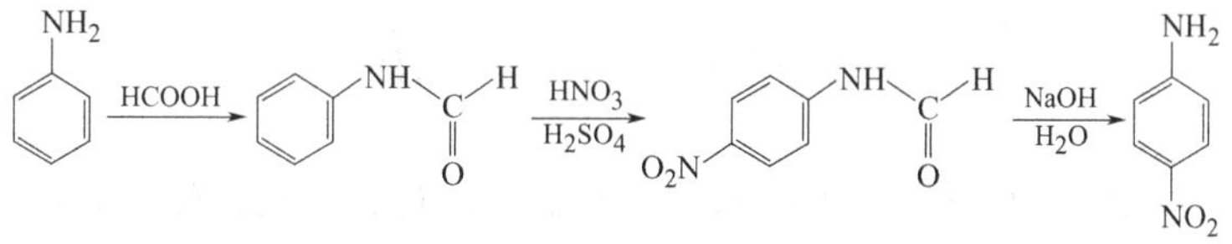

$$\tag{8-53}$$

由于定位需要，也可引入苯磺酰基等其他酰基。

四、TDI 的合成

TDI（甲苯二异氰酸酯）又称 2,4-二异氰酸甲苯酯。大约 80% 的 TDI 用于生产海绵、沙发、床垫、汽车海绵座椅的消费需求是 TDI 需求的驱动因素。

TDI 是以甲苯为原料，经硝化、还原、N-酰化、热分解等过程而合成。甲苯经硝化得 2,4-和 2,6-二硝基甲苯，还原为 2,4-和 2,6-二氨基甲苯，再用光气 N-酰化，酰化产物热分解得 TDI（以 2,4-异构体为主）。

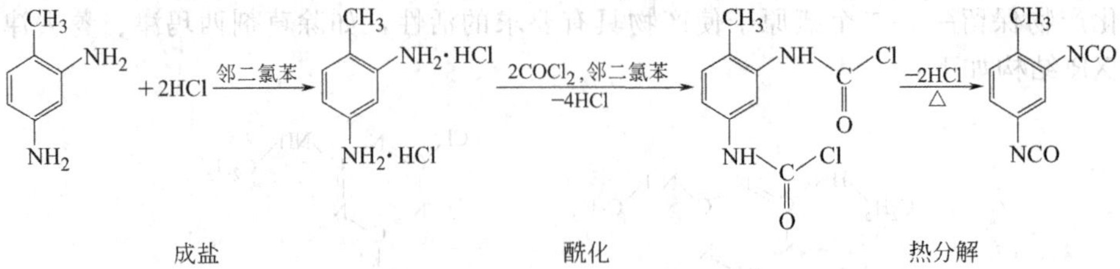

$$(8-54)$$

成盐   酰化   热分解

用光气 N-酰化以邻二氯苯为溶剂，2,4-和2,6-二氨基甲苯混合物溶解在其中，通干燥氯化氢，使之转化成铵盐呈浆状液体，然后通入气态光气，在温和条件下生成甲苯二氨基甲酰氯，再经高温热分解，用惰性气体脱除氯化氢，再减压蒸馏，回收邻二氯苯，分离产品甲苯二异氰酸酯。

光气法生产 TDI，毒性大、工艺流程长、污染环境。一氧化碳羰基合成法可避免这些问题。此法以二氧化硒（SeO_2）为催化剂，添加氢氧化锂和乙酸，以乙醇为溶剂，二硝基甲苯与一氧化碳羰基在压力下合成甲苯二氨基甲酸乙酯，而后在四羰基钴的催化下分解，合成反应如下：

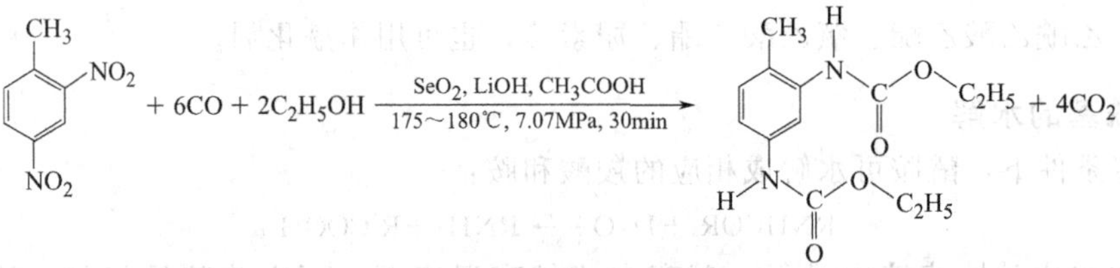

$$(8-55)$$

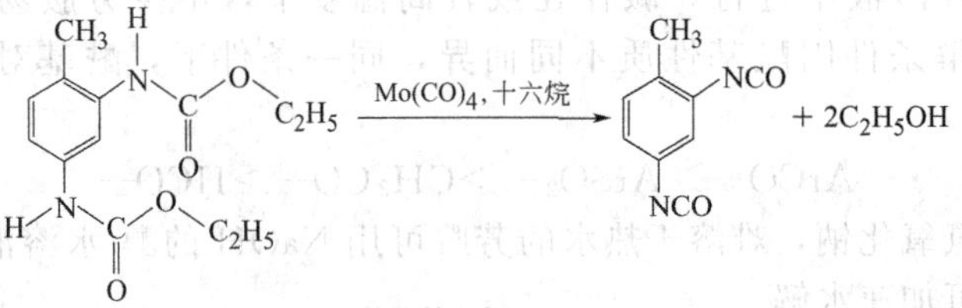

$$(8-56)$$

催化热分解

先将二硝基甲苯溶于乙醇，然后与一氧化碳在 $175\sim180℃$ 和 $7.07MPa$ 下反应 30min，二硝基甲苯转化率为 100%，甲苯二氨基甲酸乙酯收率为 95%。然后将甲苯二氨基甲酸乙酯溶在十六烷中，在 $Mo(CO)_4$ 催化下热分解，产物为甲苯二异氰酸酯，分解率达 100%，TDI 收率为 94%。

TDI 为剧毒化学品，其生产、经营、运输、仓储等均有严格要求。

第四节　酯　　化

O-酰化是在醇或酚羟基氧原子上引入酰基制取酯的过程，也称酯化，反应通式为：

$$R'OH + RCOZ \rightleftharpoons RCOOR' + HZ \qquad (8-57)$$

式中，$R'OH$ 可以是醇或酚，$RCOZ$ 为酰化剂。几乎所有的 N-酰化剂，均可用于 O-酰化。O-酰化产物——酯，广泛用于香料、医药、农药、增塑剂及溶剂。因使用的酰化剂不同，酯化分羧酸法、酸酐法、酰氯法及酯交换法等。

一、酯化方法

1. 酸酐法

酸酐是酰化能力较强的酰化剂，适用于酚类和空间位阻较大的叔醇的酰化，如酸酐与叔醇、酚类、多元醇、糖类、纤维素及高级不饱和脂肪醇的 O-酰化。例如：

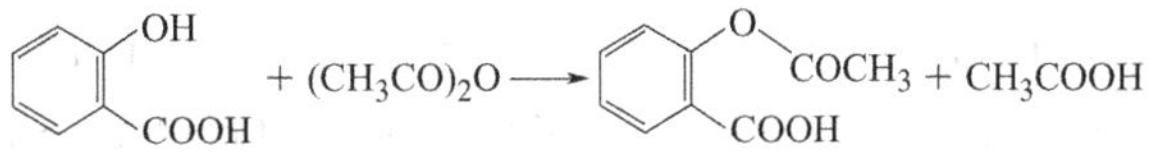

$$(8\text{-}58)$$

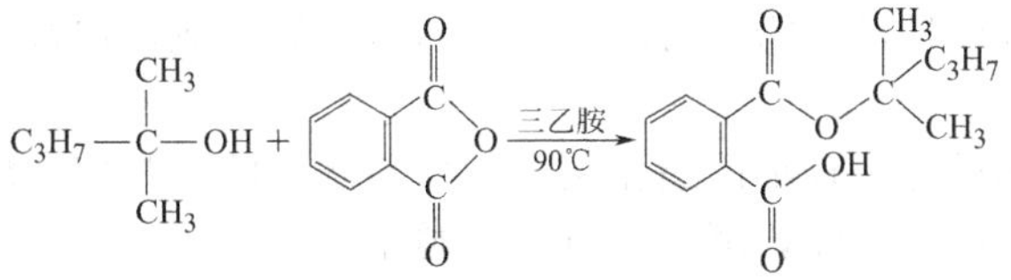

$$(8\text{-}59)$$

用酸酐酯化的催化剂有碱性和酸性两种。酸性催化剂比碱性催化剂作用强，常用浓硫酸、高氯酸、氯化锌、氯化铁、无水乙酸钠、对甲基苯磺酸、吡啶、叔胺等。工业上，应用最多的是浓硫酸。

常用酸酐有乙酸酐、丙酸酐、顺丁烯二酸酐、邻苯二甲酸酐等。

用二元羧酸酐酯化分两步，第一步在温和条件下生成含羧基的单酯，反应是不可逆的，没有水生成；第二步由单酯生成双酯，相当于用羧酸酰化，需要催化剂及较高温度，需要蒸出生成的水。例如，邻苯二甲酸二丁酯的合成：

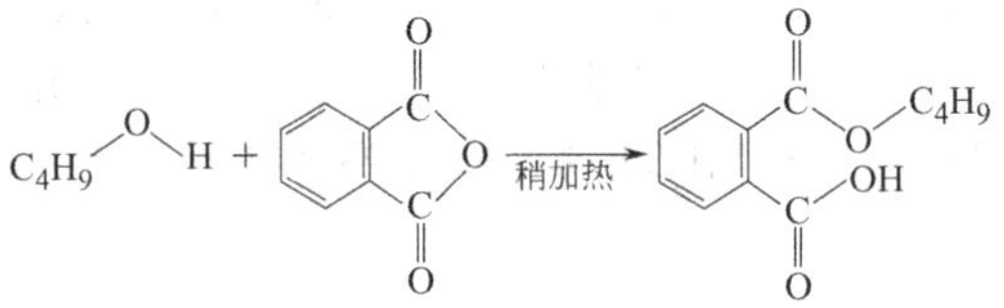

$$(8\text{-}60)$$

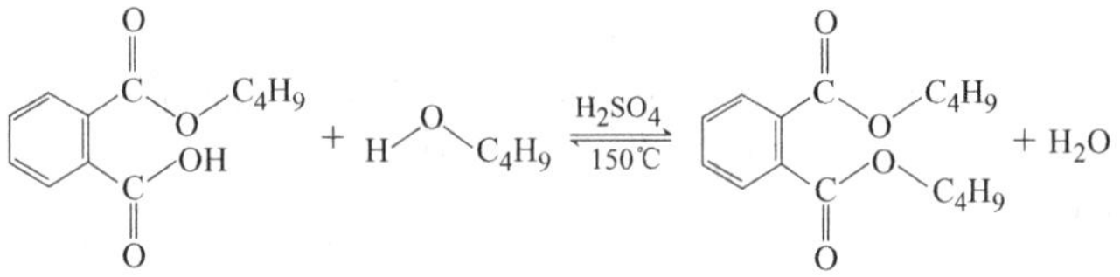

$$(8\text{-}61)$$

当双酯的两个烷基不同时，可先与较高级的醇直接酯化生成单酯，再与较低级的醇催化下酯化。

2. 酰氯法

用酰氯进行 O-酰化的特点如下：

① 酰化能力强，用于羧酸或酸酐难以酰化的醇或酚，特别是空间效应大的叔醇；

② 酯化反应是不可逆的，反应速率较快，温度较低，产物分离比较简便；

③ 酯化产生的氯化氢，腐蚀设备，且促使取代、脱水和异构化等副反应发生，可用缚酸剂除去氯化氢。

$$R'OH + RCOCl \longrightarrow R'OCOR + HCl \tag{8-62}$$

脂酰氯反应活性高于芳酰氯，脂酰氯中以乙酰氯最活泼。随着碳链增长，脂酰氯反应活性逐渐降低，脂酰氯 α 位有吸电子基团如氯原子，反应活性增强；芳酰氯间或对位有吸电子取代基，反应活性增强。酰氯的烃基可在较宽范围内变动，这在有机合成中具有重要意义。

酰氯法需要碳酸钠、乙酸钠、吡啶、三乙胺、N,N-二甲基苯胺等缚酸剂。碱存在下酰氯易分解。可分批加入缚酸剂、低温反应，以避免酰氯分解。脂酰氯活性较强，易水解。当需要溶剂时，应采用苯、二氯甲烷等非水溶剂。

易 O-酰化的醇类，可在酸性条件下酯化；难酯化的醇类，如 β-三氯乙醇，可加入氯化铝或溴化铝，以使反应顺利进行。

除羧酸酰氯外，还可用无机酰氯酯化。如用磷酰氯的酯化：

$$3C_6H_5OH + PCl_3 \xrightarrow{40℃} (C_6H_5O)_3P + 3HCl \tag{8-63}$$

$$3C_2H_5OH + PCl_3 + 3NH_3 \xrightarrow{0\,℃} (C_2H_5O)_3P + 3NH_4Cl \tag{8-64}$$

常用的磷酰氯有三氯氧磷、三氯化磷、五氯化磷等。用磷酰氯合成酚酯，允许氯化氢存在，不加入缚酸剂；合成烷基酯需要缚酸剂，以防氯代烷生成，加快反应速率。

3. 酯交换法

这是由一种酯转化成另一种酯的酯化法，即由易制取的酯与醇、酸或另一种酯作用，交换其烷氧基或酰基生产所需的酯，酯交换有三种类型。

（1）酯醇交换法（醇解法） 酯的伯醇基，用较高沸点的伯醇基或仲醇基置换，酸作催化剂：

$$RCOOR' + R''OH \Longleftrightarrow RCOOR'' + R'OH \tag{8-65}$$

（2）酯酸交换法（酸解法） 用于二元羧酸单酯和羧酸乙烯酯等的合成：

$$RCOOR' + R''COOH \Longleftrightarrow R''COOR' + RCOOH \tag{8-66}$$

（3）酯酯交换法（互换法） 要求新生成酯与原料酯的沸点差足够大，以便于用蒸馏方法分离。

$$RCOOR' + R''COOR''' \Longleftrightarrow RCOOR''' + R''COOR' \tag{8-67}$$

酯交换法是利用反应的可逆性，也因此使反应物之一过量、并不断蒸出产物，生产上常使低沸点、价廉、易回收的醇、酸或酯过量。酯交换法中，以酯醇交换法应用最广。例如，抗氧剂1010的制备。

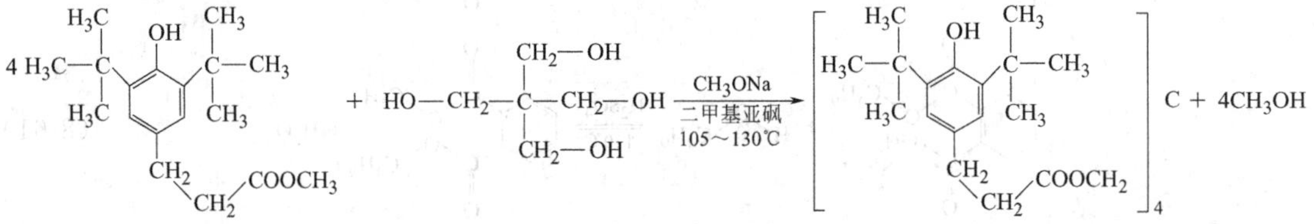

抗氧剂1010

$$\tag{8-68}$$

除上述酯化方法外，还有烯酮法、腈的醇解等。如二乙烯酮与乙醇合成乙酰乙酸乙酯。

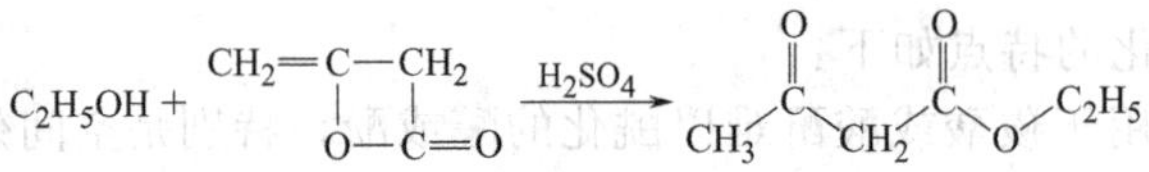

$$\tag{8-69}$$

合成甲基丙烯酸甲酯：

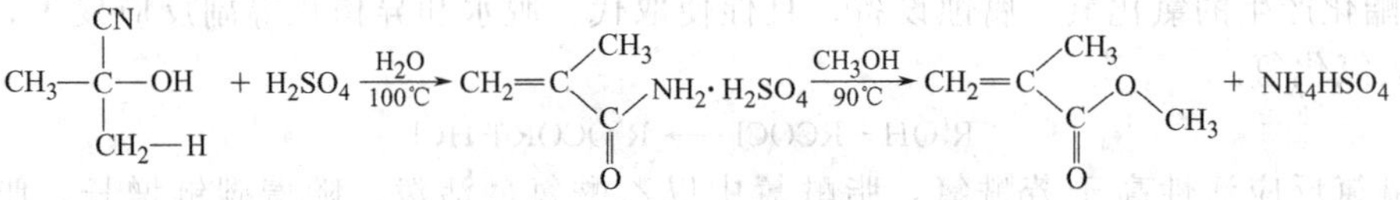

$$\tag{8-70}$$

二、羧酸法酯化

羧酸法酯化是以羧酸为酰化剂进行 O-酰化的方法，也称直接酯化法。羧酸可以是脂羧酸，也可以是芳羧酸，羧酸法可合成多种酯。在质子作用下，羧酸与醇生成酯和水：

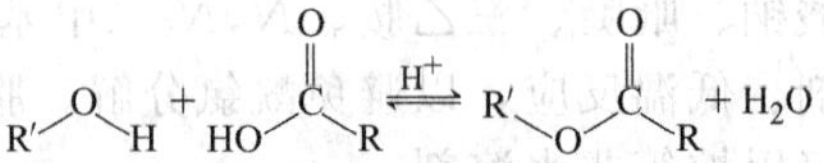

$$\tag{8-71}$$

反应是可逆的，反应物和产物之间存在平衡。

$$K = \frac{[RCOOR'][H_2O]}{[R'OH][RCOOH]} \tag{8-72}$$

K 为平衡常数，K 值与温度、浓度有关，还取决于羧酸和醇（或酚）的性质。醇或酚的结构对反应的影响见表8-4。

表 8-4　乙酸与醇及酚酯化的转化率和平衡常数（等摩尔比，155℃）

ROH	转化率/%		平衡常数 K	ROH	转化率/%		平衡常数 K
	1h 后	极限			1h 后	极限	
CH_3OH	55.59	69.59	5.24	$(C_2H_5)_2CHOH$	16.93	58.66	2.01
C_2H_5OH	46.95	66.57	3.96	$CH_3(C_6H_{13})CHOH$	21.19	62.03	2.67
C_3H_7OH	46.92	66.85	4.07	$(CH_2\!=\!CHCH_2)_2CHOH$	10.31	50.12	1.01
C_4H_9OH	46.85	67.37	4.24	$(CH_3)_3COH$	1.14	6.59	0.0049
$CH_2\!=\!CHCH_2OH$	35.72	59.41	2.18	$(CH_3)_2(C_2H_5)COH$	0.81	2.53	0.00067
$C_6H_5CH_2OH$	38.64	60.75	2.39	$(CH_3)_2(C_3H_7)COH$	2.15	0.83	—
$(CH_3)_2CHOH$	26.53	60.52	2.35	C_6H_5OH	1.45	8.64	0.0089
$CH_3(C_2H_5)CHOH$	22.59	59.28	2.12	$(CH_3)(C_3H_7)C_6H_3OH$	0.55	9.46	0.0192

　　数据表明，伯醇 O-酰化速率最快，仲醇次之，叔醇最慢。伯醇中，甲醇 O-酰化速率最快；由于共轭效应，烯丙醇 O-酰化速率比饱和伯醇慢；由于芳环的存在，苯甲醇 O-酰化也受影响；由于叔醇的空间效应，O-酰化相当困难，且易脱水生成烯烃。由于酚类的共轭效应，O-酰化反应速率相当低。因此，叔醇、酚酯化一般不用羧酸法，而用酸酐法、酰氯法或羧酸加三氯化磷法。

　　羧酸的烃基结构对酯化反应的影响见表 8-5。

表 8-5　异丁醇与酸的酯化反应转化率和平衡常数（等摩尔比，155℃）

RCOOH	转化率/%		平衡常数 K	RCOOH	转化率/%		平衡常数 K
	1h 后	极限			1h 后	极限	
$HCOOH$	61.69	64.23	3.22	$(CH_3)_2(C_2H_5)CCOOH$	3.45	74.15	8.23
CH_3COOH	44.36	67.38	4.27	$(C_6H_5)CH_2COOH$	48.82	73.87	7.99
C_2H_5COOH	41.18	68.70	4.82	$(C_6H_5)C_2H_4COOH$	40.26	72.02	7.60
C_3H_7COOH	33.35	69.52	5.20	$(C_6H_5)CH\!=\!CHCOOH$	11.55	74.61	8.63
$(CH_3)_2CHCOOH$	29.03	69.51	5.20	C_6H_5COOH	8.62	72.57	7.00
$(CH_3)(C_2H_5)CHCOOH$	21.50	73.73	7.88	$p\text{-}(CH_3)C_6H_4COOH$	6.64	76.52	10.62
$(CH_3)_3CCOOH$	8.28	72.65	7.06				

　　由表可见，羧酸烃基的电子效应和空间效应影响羧酸羰基碳的反应活性。

　　甲酸比其他直链羧酸的酯化反应速率都快。含侧链羧酸的酯化速率比较慢，随碳链的增长，羧酸酯化速率明显下降。碳链上的苯基对反应无明显影响，当苯基与烯键形成共轭时影响较大，如苯基丙烯酸。与脂羧酸相比，苯甲酸酯化反应速率慢得多；当其邻位有取代基，尤其高空间位阻取代基使反应更困难，例如 2,6-二取代苯甲酸，很难用通常方法酯化。

　　许多有空间位阻羧酸的酯化速率虽慢，但平衡常数较高，产物酯不易水解。

　　反应的可逆性是直接酯化法的显著特点。为加快酯化速率、缩短生产时间，除加热回流、提高温度等措施外，还可选用合适的催化剂。常用催化剂有硫酸、氯化氢、氯化铝、三氟化硼、苯磺酸、强酸性阳离子交换树脂等，其中，硫酸因其价廉易得、腐蚀性小、效果较好而使用广泛；温度高于 160℃时，易发生脱水、磺化反应。

　　为提高收率，可使醇或酸过量，增大原料配比并移除生成的酯或水。酯与水或醇形成恒沸物，故过量的醇可作恒沸剂，或用苯、甲苯、氯仿、四氯化碳等，恒沸蒸馏分离酯和水。

　　对于沸点较低易挥发的酯类，如甲酸甲酯、甲酸乙酯、乙酸甲酯等可从反应系统蒸出，馏出物是酯与水（或醇）的恒沸物，需要进一步分离精制。

　　对于中等挥发度的酯类，如甲酸的丙酯、丁酯及戊酯，乙酸的乙酯、丙酯、丁酯及戊酯，丙酸、丁酸及戊酸的甲酯和乙酯等，可与水一起蒸出。蒸出的酯有时为酯、醇及水三元混合物。如乙酸乙酯可全部与醇及部分水蒸出，反应系统剩余水及乙酸；乙酸丁酯可部分与醇及全部水从塔顶蒸出，剩下酯。

难挥发的酯类可从酯化系统蒸馏分出水。丁醇或戊醇为酯化原料，水与过量醇形成二元恒沸物；若用甲醇、乙醇或丙醇，需苯或甲苯为恒沸剂，提高水的蒸出量。如羧酸、醇及酯沸点均较高，可减压蒸馏或添加助剂。

三、酯化反应装置

图 8-1 是四种不同类型的酯化反应装置。

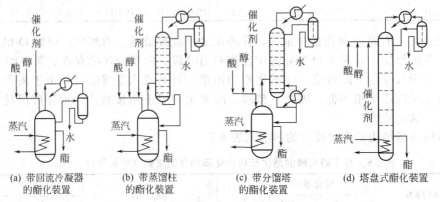

(a) 带回流冷凝器　(b) 带蒸馏柱　(c) 带分馏塔　(d) 塔盘式酯化装置
　的酯化装置　　的酯化装置　　的酯化装置

图 8-1　配有蒸出恒沸物的液相酯化装置

前三类反应容积较大，酯化釜带有夹套或蛇管，还设置回流冷凝器、分水罐，物料连续进入酯化釜，釜内呈沸腾状态，连续蒸出恒沸物；这三类的不同点是分离系统。第一类只带有回流冷凝器，水直接由冷凝器底部分出，与水不互溶的物料返回釜内；第二类带有蒸馏柱，分离恒沸混合物带出的水；第三类酯化釜与分馏塔串连，分馏塔带再沸器，分离效率高。三类装置分别适用于恒沸点低、中、高三种情况。

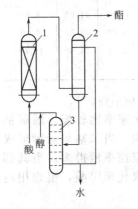

图 8-2　磺酸型离子交换
树脂催化酯化装置
1—反应器；2—萃取塔；
3—醇回收塔

第四类为塔式酯化装置，每层塔板是一个反应单元，催化剂及高沸点物料（一般为羧酸）由塔顶加入，另一原料按其挥发度在相应塔高位置加入。气、液相逆向流动，进行传质、传热及酯化反应。此装置适合反应速率较低，馏出物与塔底物料相对挥发度差别不大的情况。

以磺酸型离子交换树脂为催化剂的酯化装置，由酯化反应塔、过量醇萃取塔、回收精馏塔构成，如图 8-2 所示。

酯化塔内装磺酸型离子交换树脂，物料通过离子交换树脂进行液相酯化反应，酯化热效应几乎为零，故无换热装置。萃取塔用水萃取过量醇，塔顶馏出的粗酯送精馏工序，萃取剂分出生成水后循环使用；萃取醇由回收塔蒸馏后，返回酯化塔。

例如，正丁烯与乙酸以磺酸型离子交换树脂为催化剂，采用此装置在 110~120℃、1.5~2.5MPa 下生产乙酸仲丁酯，选择性达 100%。丙烯与乙酸以固体酸为催化剂，在 0.7~1.2MPa、120~160℃下进行气相酯化，生产乙酸异丙酯，选择性达 100%。

四、DOP 的生产

DOP 是邻苯二甲酸二(2-乙基)己酯的商品代号，又称邻苯二甲酸二异辛酯，是邻苯二甲酸酯类最重要的品种之一，广泛用于聚氯乙烯各种软质制品的加工及涂料、橡胶制品中。

DOP的生产原料是2-乙基己醇、邻苯二甲酸酐等物质。在酸作用下，2-乙基己醇与邻苯二甲酸酐进行 O-酰化反应：

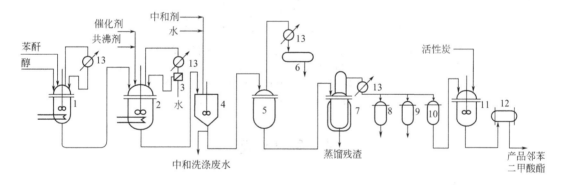

$$(8\text{-}73)$$

催化剂用量以苯酐计，一般为0.2%～0.5%，2-乙基己醇过量，过量醇或外加溶剂苯、甲苯、环己烷作恒沸剂。生产操作有间歇式、半间歇式和连续式。间歇式操作灵活，生产批量小、适应多品种生产。连续化操作产品质量稳定，原料及能量消耗低，生产效率高，适合大规模生产。半间歇式操作指酯化反应为间歇式操作，后处理为连续化操作。

1. 间歇法生产 DOP

硫酸为催化剂，按总物料量计硫酸用量为0.25%～0.3%，苯酐：2-乙基己醇＝1：2（质量比），过量醇作恒沸剂，酯化使用带搅拌的反应釜，压力控制在1.47kPa（11mmHg）、温度在150℃左右，2-乙基己醇与水的恒沸物蒸出后冷凝分层，分水后的2-乙基己醇返回酯化釜，直至水分尽即完成酯化。

在搅拌下，用2%～5%热氢氧化钠溶液中和粗酯，洗涤数次，澄清分去碱液，用80～85℃的热水洗至中性或微酸性，加至脱醇釜减压蒸馏，在130～140℃蒸出醇及水。脱醇后粗酯酸值为0.03mgKOH/g左右，再用活性炭脱色，即得产品DOP。工艺流程如图8-3所示。

图 8-3　间歇式邻苯二甲酸酯的通用生产工艺过程

1—单酯化反应器（溶解器）；2—酯化反应器；3—分层器；4—中和洗涤器；
5—蒸馏器；6—共沸剂回收贮槽；7—真空蒸馏器；8—回收醇贮槽；
9—初馏分和后馏分贮槽；10—正馏分贮槽；11—活性炭脱色器；
12—过滤器；13—冷凝器

DOP间歇生产装置具有通用性，除邻苯二甲酸酯生产外，还可用于脂肪族二元酸酯的生产。

2. 连续法生产 DOP

连续化生产DOP的反应器，分塔式、阶梯串联式。塔式反应器结构紧凑，投资少，适用于酸催化酯化工艺。阶梯串联式反应器结构简单、操作方便，但占地面积大、动力消耗较高，物料停留时间较长，用于非酸性催化剂或无催化剂的酯化。

BASF公司10万吨/年的DOP装置，由3～6个阶梯串联酯化釜组成，不使用水的恒沸剂。苯酐与2-乙基己醇以摩尔比为1：2.5混合，酯化温度为185～225℃，此条件下生成邻苯二甲酸单酯，单酯具有催化作用，无需催化剂双酯化也很迅速。3个酯化釜阶梯串联操作，单酯转化率为97%；4～5个酯化釜串联操作，转化率为97.5%～98%。酯化物脱醇后用3%～5%氢氧化钠溶液中和，除去单酯后由直接蒸汽脱臭、干燥，活性炭脱色、过滤，得成品DOP。

在中和工序转入水相的邻苯二甲酸单酯钠盐，用6%稀硫酸使其转化成邻苯二甲酸单异辛酯，返回酯化工序。

该工艺酯化温度高，物料停留时间长，产品易着色。在各釜底部通高纯氮气，可防止物料长停留时间下着色，并强化酯化过程。

在德国BASF公司工艺基础上，日本窒素公司采用四釜串联操作，并于第二釜加入新型非酸性催化剂，单酯转化率提高至99.8%～99.9%，减少了副反应，简化了中和、水洗工序，降低了废水排放量。图8-4为日本窒素公司DOP生产工艺过程示意图。

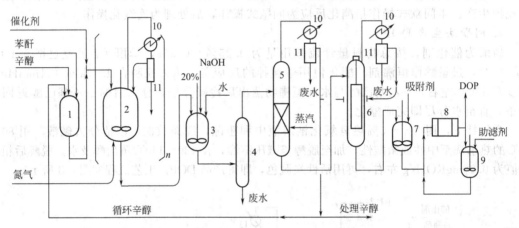

图 8-4　窒素公司 DOP 连续化生产工艺过程示意图

1—单酯反应器；2—阶梯式串联酯化器；3—中和器；4—分离器；5—脱醇塔；

6—干燥器（薄膜蒸发器）；7—吸附剂槽；8—叶片式过滤器；

9—助滤剂槽；10—冷凝器；11—分离器

本 章 小 结

一、酰化任务

1. 酰化任务

以芳烃及其衍生物、胺类、醇或酚为原料，使用不同的酰化剂，利用酰化反应合成芳酮或芳醛、酰胺、酯类的生产过程。

2. 酰化反应

在被酰化物的碳、氮、氧、硫原子上引入碳酰基，合成 C-酰化物、N-酰化物或 O-酰化物的化学过程。

二、酰化及其应用

$$
酰化\begin{cases} 碳酰化\begin{cases} C\text{-酰化} —— 在芳环碳原子上引入碳酰基 \\ N\text{-酰化} —— 在氨基氮原子上引入碳酰基 —— \begin{cases} 临时性 N\text{-酰化} \\ 永久性 N\text{-酰化} \end{cases} \\ O\text{-酰化(酯化)} —— 在羟基氧原子上引入碳酰基 \end{cases} \\ 膦酰化 \\ 磺酰化 \end{cases}
$$

C-酰化可用于合成芳酮或芳醛；N-酰化可用于合成酰胺；O-酰化（酯化）可用于合成酯类。

三、酰化过程及其影响因素

1. 酰基取代反应的理论解释

2. 被酰化物的结构及其反应活性

芳烃及其衍生物；胺类及其衍生物；醇或酚及其衍生物。

3. 酰化反应试剂及其使用特点

4. 酰化催化剂的种类及其使用特点

5. 酰化溶剂的种类及其使用特点

四、酰化过程的实施与影响因素

$$
酰化过程
\begin{cases}
用酰氯酰化 \\
用酸酐酰化 \\
用酰胺酰化 \\
用羧酸酯酰化 \\
用其他酰化剂酰化
\end{cases}
\qquad
主要影响因素
\begin{cases}
酰化物料配比 \\
酰化加料方式 \\
酰化的催化剂 \\
溶剂及其他助剂 \\
温度与压力
\end{cases}
$$

五、典型酰化过程及工艺操作要求

1. 2,4-二羟基二苯甲酮的合成

2. TDI 的合成

3. DOP 的合成

复习与思考

1. 选择题

（1）甲苯乙酰化，下列酰化剂中（ ）酰化能力最强。

A. 乙酸乙酯   B. 乙酸酐   C. 乙酰氯   D. 冰醋酸

（2）金属卤化物是酰化的催化剂，催化作用最强的金属卤化物是（ ）。

A. $FeCl_3$ B. $AlCl_3$ C. $CuCl_2$ D. $ZnCl_2$

（3）间苯二酚以无水氯化锌为催化剂，宜选用酰化剂（ ）进行 C-酰化。

A. 羧酸酯   B. 羧酸酐   C. 酰氯   D. 羧酸

（4）用酸酐酰化，若其两个酰基参加反应，理论上 1mol 羧酸酐需要（ ）氯化铝。

A. 3.0mol   B. 2.0mol   C. 2.5mol   D. 1.5mol

（5）维尔斯迈尔（Vilsmeier）反应的 C-甲酰化试剂是（ ）

A. 甲酰氯   B. 甲醛   C. 甲酸   D. N,N-二甲基甲酰胺

（6）下列醇使用乙酸进行 O-酰化生产酯类，其中（ ）反应性最强。

A. 烯丙醇   B. 苯酚   C. 苯甲醇   D. 伯醇

（7）以羧酸为酰化剂的酯化是可逆反应，（ ）工艺措施不能提高其平衡收率。

A. 提高酯化反应温度或加大催化剂用量   B. 原料醇或羧酸过量

C. 蒸出并分离出酯化反应生成的水   D. 蒸出并分离出产品酯

2. 判断题

（1）在芳环上导入酰基合成芳酮或芳醛，可利用傅里德尔-克拉夫酰基化反应。（ ）

（2）硝基苯既可是 C-酰化的反应原料，又可作 C-酰化溶剂。（ ）

（3）芳环导入甲酰基，可以甲酰氯或甲酐进行傅-克酰基化反应。（ ）

（4）氯化铝潮解后催化效能大为降低，甚至失去催化作用。（ ）

3. 下列物质以乙酐为酰化剂进行乙酰化，其产物是什么？写出酰化反应式。

（1）苯胺   （2）甲苯   （3）水杨酸   （4）氯苯   （5）乙醇

4. 下列物质用苯甲酰氯酰化，写出酰化反应式及其产物、注明酰化反应的主要条件。

（1）苯胺   （2）氯苯   （3）间苯二酚   （4）苯

5. 说明酰胺水解在 N-酰化中的意义。

6. 阐述羧酸法酯化常用的工艺技术。

7. 用酰氯酰化副产氯化氢对反应有何影响？如何控制？

8. 用长链脂酰氯 N-酰化为什么需要非水溶剂？

9. 使用光气酰化，应采用哪些安全措施？

10. 芳环上已有的取代基对 C-酰化有哪些影响？

11. C-甲酰化有哪些方法？各有何特点？

12. 间苯二酚用苯甲酰氯酰化合成 2，4-二羟基二苯甲酮，为什么产生大量废催化剂？

13. 分析讨论酰化的主要影响因素。

14. 比较 N-酰化的羧酸法和酸酐法的异同点。

15. 酯化有哪些方法？各有何特点？

16. 在酰氯的 N-酰化过程中，为什么要加入碱性物质？

第九章 烷 基 化

>>> 学习指南

　　烷基化是通过形成新的碳碳、碳杂等共价键，延长有机化合物分子骨架的重要手段之一。通过烷化剂种类、结构与性质，被烷基化物的结构与性质的学习，掌握烷基化的基本规律和特点、常用烷化剂的应用、烷基化的影响因素、基本工艺技术。通过异丙苯、壬基酚等典型生产过程的学习，熟悉烷基化的工艺方法与实施技术。

第一节 概 述

一、烷基化及其意义

　　烷基化是在有机物分子碳、氮、氧等原子上引入烷基，合成有机化学品的过程。被烷基化物主要有芳香烃及其衍生物、烷烃及其衍生物。芳香烃及其衍生物，包括芳香烃及卤代芳烃、硝基芳烃、芳磺酸、酚类、芳香胺类、芳羧酸及其酯类等。烷烃及其衍生物，包括脂肪醇、脂肪胺、羧酸及其衍生物等。通过烷基化，可在被烷基化物分子中引入甲基、乙基、异丙基、叔丁基、长碳链烷基等烷基，也可引入氯甲基、羧甲基、羟乙基、腈乙基等烷基的衍生物，还可引入不饱和烃基、芳基等。

　　通过烷基化，可形成新的碳碳、碳杂等共价键，延长了有机化合物分子骨架，改变了被烷基化物的化学结构，改善或赋予了其新的性能，制造出许多具有特定用途的有机化学品，如合成医药、染料、农药、表面活性剂、感光材料等的中间体；有些是专用精细化学品，如非离子表面活性剂壬基酚聚氧乙烯醚、阴离子表面活性剂十二烷基苯磺酸、邻苯二甲酸酯类增塑剂、2,4-二羟基二苯甲酮类光稳定剂、相转移催化剂季铵盐类等。

　　烷基化在石油炼制中占有重要地位。大部分原油中可直接用于汽油的烃类仅含$10\%\sim40\%$。现代炼油通过裂解、聚合和烷基化等加工过程，将原油的70%转变为汽油。裂解加工是将大分子量烃类，变成小分子量易挥发烃类；聚合加工是将小分子气态烃类，变成用于汽油的液态烃类；烷基化是将小分子烯烃和侧链烷烃变成高辛烷值的侧链烷烃。烷基化加工是在磺酸或氢氟酸催化作用下，丙烯和丁烯等低分子量烯烃与异丁烯反应，生成主要由高级辛烷和侧链烷烃组成的烷基化物。这种烷基化物是一种汽油添加剂，具有抗爆震作用。

　　现代炼油过程通过烷基化，按需要将分子重组，增加汽油产量，将原油完全转变为燃料型产物。

　　实现烷基化反应，需要应用取代、加成、置换、消除等有机化学反应。

　　实施烷基化过程，使用的烷基化剂、被烷基化物等物料，均为易燃、易爆、有毒害性和腐蚀性的危险化学品，必须严格执行安全操作规程。

　　烷基化过程有气相烷基化与液相烷基化，烷基化条件有常压和高压烷基化，烷基化操作伴有物料混配、烷基化液分离、产物重结晶、脱色、过滤、干燥等化工操作；执行烷基化任务，注意操作安全，认真执行生产工艺规程。

二、烷化剂

　　烷基化试剂又称为烷化剂、烃化剂，许多烃的衍生物可作烷化剂。

（1）卤烷　氯甲烷、碘甲烷、氯乙烷、溴乙烷、氯乙酸和氯化苄等。

（2）醇类　甲醇、乙醇、正丁醇、十二碳醇（月桂醇）等。

（3）酯类　硫酸二甲酯、硫酸二乙酯、磷酸三甲酯、磷酸三乙酯、对甲基苯磺酸甲酯和乙酯等。

（4）不饱和烃　乙烯、丙烯、高碳 α-烯烃、丙烯腈、丙烯酸甲酯和乙炔等。

（5）环氧化合物　环氧乙烷、环氧丙烷等。

（6）醛或酮类　甲醛、乙醛、丁醛、苯甲醛、丙酮和环己酮等。

卤烷、醇类和酯类是取代反应的烷化剂，不饱和烃和环氧化物是加成反应的烷化剂。醛类、酮类是脱水缩合反应的烷化剂。

第二节　C-烷基化

C-烷基化是芳环、活泼甲基或亚甲基上的氢被烃基取代，形成碳碳键的过程，也称烃化。本节仅讨论芳环上的 C-烷基化。

一、C-烷基化的反应特点

在芳烃及其衍生物芳环上，引入烷基或取代烷基，合成烷基芳烃或烷基芳烃衍生物的过程，称为 C-烷基化。C-烷化剂常用烯烃、卤烷、醇及醛和酮等。

1. 芳烃 C-烷基化解释

在催化剂作用下，烷化剂形成亲电质点——烷基正离子，烷基正离子进攻芳环，发生烷基化反应。

烯烃类烷化剂，使用能够提供质子的催化剂，使烯烃形成烷基正离子：

$$R—CH \rlap{=}CH_2 + H^+ \Longrightarrow R—\overset{+}{C}H—CH_3 \tag{9-1}$$

烷基正离子进攻芳环，发生亲电取代反应，生成烷基芳烃并释放质子：

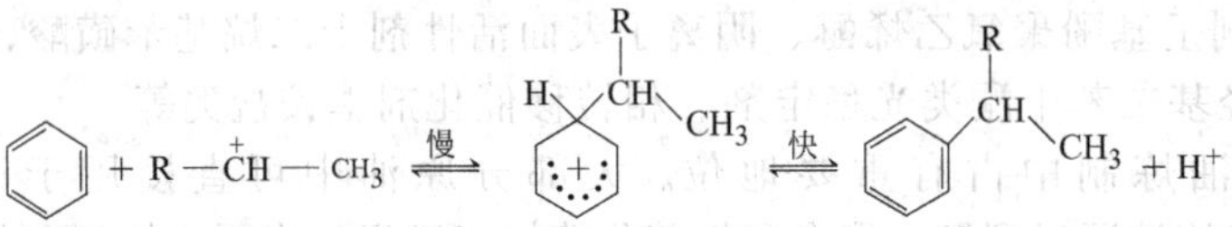

$$\tag{9-2}$$

质子与烯烃加成遵循马尔科夫尼柯夫规则，质子加在含氢较多的碳上，故除乙烯外，用烯烃的 C-烷基化生成叉链烷基芳烃。例如，丙烯和苯生成异丙苯、异丁烯和苯生成叔丁基苯。

卤烷类烷化剂，氯化铝可使其变成烷基正离子：

$$R—Cl + AlCl_3 \Longrightarrow R{\to}Cl:AlCl_3 \Longrightarrow R^+ \cdots AlCl_4^- \Longrightarrow R^+ + AlCl_4^-$$
$$\text{分子配合物}\qquad\text{离子对或离子配合物} \tag{9-3}$$

卤烷的烷基为叔烷基或仲烷基时，容易生成 R^+ 或离子对；伯烷基以分子配合物形式参加反应。离子对形式的反应历程为：

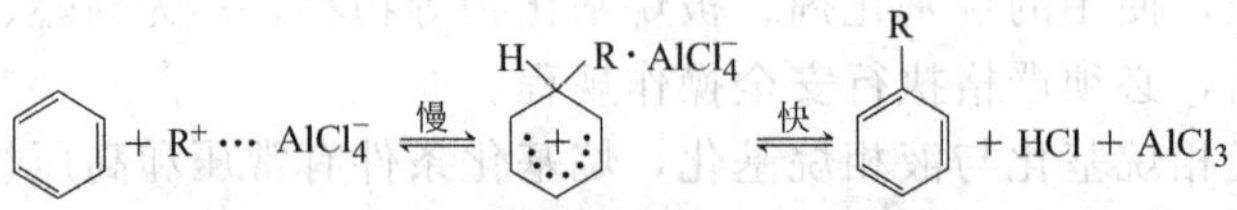

$$\tag{9-4}$$

理论上不消耗 $AlCl_3$。1mol 卤烷，实际需要 0.1mol $AlCl_3$。

醇类烷化剂先形成质子化醇，再离解为烷基正离子和水：

$$R—OH + H^+ \Longrightarrow R—\overset{+}{O}H_2 \Longrightarrow R^+ + H_2O \tag{9-5}$$

在质子存在下，醛类烷化剂形成亲电质点：

$$RCHO + H^+ \Longrightarrow R-\overset{+}{\underset{H}{C}}-OH \qquad (9\text{-}6)$$

芳环上 C-烷基化的难易主要取决于芳环上的取代基。芳环上的给电子取代基,使烷基化容易进行。烷基给电子性取代基,不易停留在烷基化一取代阶段;若烷基有较大的空间效应,如异丙基、叔丁基,只能取代到一定程度。氨基、烷氧基、羟基虽属给电子取代基,因其与催化剂配合而不利于烷基化反应。芳环上含有卤素、羰基、羧基等吸电子取代基时,烷基化不易进行,需较强催化剂、较高温度。硝基芳烃难以烷基化,若邻位有烷氧基,使用适当的催化剂,烷基化效果较好。例如:

$$\overset{OCH_3}{\underset{NO_2}{\bigcirc}} + (CH_3)_2CHOH \xrightarrow{HF} \quad + \quad H_2O \qquad (9\text{-}7)$$

硝基苯不能进行烷基化,但其可溶解芳烃和氯化铝,故可作烷基化溶剂。

稠环芳烃如萘、蒽、芘等更易进行 C-烷基化反应,呋喃系、吡咯系等杂环化合物对酸较敏感,在适当情况下可进行烷基化反应。

低温、低浓度、短时间及弱催化剂条件下,烷基进入芳环位置遵循定位规律;否则烷基进入位置缺乏规律性。

2. C-烷基化的特点

(1)连串反应 芳环上引入烷基,反应活性增强,乙苯或异丙苯烷基化速率比苯快 1.5~3.0 倍,苯一烷基化物容易进一步烷基化,生成二烷基苯和多烷基苯。随着芳环上烷基数目增多,空间效应逐渐增大,烷基化反应速率降低,三或四烷基苯的生成量很少。芳烃过量可控制和减少二烷基或多烷基芳烃生成,过量芳烃可回收循环使用。

(2)可逆反应 由于烷基的影响,与烷基相连的碳原子电子云密度比芳环其他碳原子增加得更多。在强酸作用下,烷基芳烃返回 σ-配合物,进一步脱烷基转变为原料,即反应式(9-2)或式(9-3)的逆过程。利用 C-烷基化反应的可逆性,实现烷基转移和歧化,在强酸下苯环上的烷基易位,或转移至其他苯分子上。苯用量不足,利于二烷基苯或多烷基苯生成;苯过量,利于多烷基苯向单烷基苯转化。例如:

$$\overset{CH(CH_3)_2}{\underset{CH(CH_3)_2}{\bigcirc}} + \bigcirc \longrightarrow 2 \overset{CH(CH_3)_2}{\bigcirc} \qquad (9\text{-}8)$$

(3)烷基重排 烷基正离子重排,趋于稳定结构。一般来说,伯重排为仲,仲重排为叔。例如,苯用 1-氯丙烷的烷基化,产物是异丙苯和正丙苯的混合物,约 30% 正丙苯、70% 异丙苯,这是由于烷基正离子发生了重排:

$$CH_3CH_2\overset{+}{C}H_2 \Longrightarrow CH_3-\overset{+}{C}H-CH_3 \qquad (9\text{-}9)$$

高碳数的卤烷或长链烯烃作烷化剂,烷基正离子的重排现象更突出,烷基化产物异构体种类更多,苯用 α-十二烯烷基化产物组成见表 9-1。

表 9-1 α-十二烯与苯制十二烷基苯的异构体组成

催化剂	反应条件	异构体组成/%				催化剂	反应条件	异构体组成/%			
		2位	3位	4位	5和6位			2位	3位	4位	5和6位
HF	55℃	25	17	17	41	AlCl$_3$	0℃,30s	44	22	14	10
HF	55℃,己烷稀释	14	15	17	54	AlCl$_3$	35~37℃	32	19~21	17	30~32

二、C-烷基化催化剂

C-烷基化的烷化剂需在催化剂作用下转变成烷基正离子。催化剂主要有酸性卤化物、质子酸、酸性氧化物和烷基铝等物质。不同催化剂，催化活性相差较大。比较活泼的芳烃，选用较温和的催化剂；不太活泼的芳烃，选用活性高的催化剂。

1. 酸性卤化物

酸性卤化物是烷基化常用的催化剂，其催化活性次序为：

$$AlBr_3 > AlCl_3 > GaCl_3 > FeCl_3 > SbCl_5 > ZnCl_4 > SnCl_4 > BF_3 > TlCl_4 > ZnCl_2$$

其中，$AlCl_3$、$ZnCl_2$、BF_3 最常用。

（1）无水氯化铝　催化活性好、技术成熟、价廉易得、应用广泛。

无水氯化铝可溶于液态氯烷、液态酰氯，具有良好的催化作用；可溶于 SO_2、$COCl_2$、CS_2、HCN、硝基苯、二氯乙烷等溶剂，形成的 $AlCl_3$-溶剂配合物有催化作用；而溶于醇、醚或酮所形成的配合物，无催化作用或很弱。

升华无水氯化铝几乎不溶于烃类，对烯烃无催化作用。少量水或氯化氢存在，使其有催化活性。

无水氯化铝、多烷基苯及少量水形成的配合物，称为红油。红油不溶于烷基化物，易于分离，便于循环使用，只要补充少量 $AlCl_3$ 即可保持稳定的催化活性，且副反应少，是烷基苯生产的催化剂。

由于烷基化产生的氯化氢与金属铝生成具有催化作用的氯化铝配合物，故用氯烷的烷基化、酰基化，可直接使用金属铝。

无水 $AlCl_3$ 与氯化钠等可形成复盐，如 $AlCl_3$-NaCl，其熔点为 185℃，141℃开始流化。若需较高温度（140～250℃），而无合适溶剂时，$AlCl_3$-NaCl 既为催化剂，又作反应介质。

无水氯化铝为白色晶体，熔点为 190℃，180℃升华，吸水性很强，遇水分解，生成氯化氢并释放大量的热，甚至导致事故。与空气接触吸潮水解，逐渐结块，氯化铝潮结，则失去催化性能。因此，无水氯化铝贮存应隔绝空气，保持干燥；使用要求原料、溶剂及设备干燥无水；硫化物降低无水氯化铝活性，含硫原料应先脱硫。

无水氯化铝有粒状和粉状两种。粒状氯化铝不易吸潮变质，粒度适宜的便于加料，烷基化温度易于控制，工业常用粒状氯化铝。

（2）三氟化硼　用于酚类烷基化。与醇、醚和酚等形成具有催化活性的配合物，催化活性好，副反应少。烯烃或醇作烷化剂时，三氟化硼可作硫酸、磷酸和氢氟酸催化剂的促进剂。

（3）其他酸性卤化物　$ZnCl_2$、$FeCl_3$、$CuCl$ 等性能温和，活泼的被烷化物可选用氯化锌等温和型催化剂。

2. 质子酸

质子酸是能够电离出质子 H^+ 的无机酸或羧酸及其衍生物。硫酸、磷酸和氢氟酸是重要的质子酸，活性顺序为：

$$HF > H_2SO_4 > H_3PO_4$$

（1）硫酸　价廉易得、使用方便，烯烃、醇、醛和酮为烷基化剂时，常用作催化剂。硫酸为催化剂，必须选择适宜浓度，避免副反应，否则将导致芳烃的磺化和烷基化剂聚合、酯化、脱水及氧化等副反应。用异丁烯为烷化剂进行 C-烷基化，使用 85%～90%硫酸，除烷基化反应外，还有一些酯化反应；使用 80%硫酸时，主要是聚合反应，同时有一些酯化反应，而不发生烷基化反应；如使用 70%硫酸，则主要是酯化反应，而不发生烷基化和聚合反应。若乙烯为烷化剂，98%硫酸足以引起苯和烷基苯磺化。故乙烯与苯的烷基化不用硫酸催化剂。

（2）氢氟酸　沸点为 19.5℃，熔点为 −83℃，在空气中发烟，其蒸气具有强烈的腐蚀性和毒性，溶于水。液态氢氟酸对含氧、氮和硫的有机物溶解度较高，对烃类有一定的溶解度，可兼作溶剂。氢氟酸的低熔点性质，可使其在低温使用。氢氟酸沸点较低，易于分离回收，温度高于沸点时加压操作。氢氟酸与三氟化硼的配合物（HBF_4），也是良好的催化剂。氢氟酸不易引起副反应，对于不宜使用氯化铝或硫酸的烷基化，可使用氢氟酸。氢氟酸的腐蚀性强、价格较高。

（3）磷酸和多磷酸　100% 磷酸室温下呈固体，常用 85%～89% 含水磷酸或多磷酸。多磷酸是液态，也是多种有机物的良好溶剂，H_3PO_4-BF_3 的催化效果更好。负载于硅藻土、二氧化硅或氧化铝等载体的固体磷酸，是气相催化烷基化的催化剂。磷酸和多磷酸没有氧化性，不会导致芳环上的取代反应，特别是含羟基等敏感性基团的芳烃，催化效果比氯化铝或硫酸好。

磷酸和多磷酸，主要用作烯烃烷基化、烯烃聚合和闭环的催化剂。与氯化铝或硫酸相比，磷酸和多磷酸的价格较高，故其应用受到限制。

阳离子交换树脂催化剂，如苯乙烯-二苯乙烯磺化物，具有副反应少、易回收等优点，但其受使用温度限制，失效后不能再生。苯酚用烯烃、卤烷或醇烷基化常用阳离子交换树脂催化剂。

3. 酸性氧化物及烷基铝

重要的有 SiO_2-Al_2O_3，其催化活性良好，用于脱烷基化、转移烷基化、酮的合成和脱水闭环等过程，常用于气相催化烷基化。

烷基铝，主要有烷基铝（AlR_3）、烷基氯化铝（AlR_2Cl）、苯酚铝 $Al(OC_6H_5)_3$、苯胺铝 $Al(NHC_6H_5)_3$ 等。烯烃烷化剂选择性催化剂，可使烷基选择性地进入芳环上氨基或羟基的邻位。苯酚铝是苯酚邻位烷基化催化剂；苯胺铝是苯胺邻位烷基化催化剂。脂肪族烷基铝或烷基氯化铝，要求烷基与导入烷基相同。

三、C-烷基化方法

C-烷基化常用的烷化剂主要有卤烷、烯烃、醇、醛和酮等，烷化剂不同，C-烷基化方法亦不同。

1. 用烯烃 C-烷基化

烯烃是价廉的烷化剂，用于烷基苯、烷基酚、烷基苯胺生产，常用乙烯、丙烯、异丁烯及长链 α-烯烃等，催化剂常用氯化铝、三氟化硼、氢氟酸。

烯烃比较活泼，易发生聚合、异构化以及酯化等反应。因此，用烯烃 C-烷基化应严格控制条件，避免副反应。

工业用烯烃 C-烷基化，有液相法和气相法。

（1）液相法　液态芳烃、气（或液）态烯烃通过液相催化剂进行的 C-烷基化。常用反应器为鼓泡塔、多级串联反应釜或釜式反应器。

（2）气相法　采用固定床反应器，气相芳烃和烯烃在一定温度和压力下，催化 C-烷基化，催化剂为固体酸，如磷酸-硅藻土、BF_3-γ-Al_2O_3 等。

工业应用烯烃 C-烷基化的例子如下：

$$\text{⬡} + CH_2{=}CH_2 \xrightarrow[85\sim90℃]{AlCl_3} \text{⬡}{-}CH_2CH_3 \tag{9-10}$$

$$\text{⬡} + CH_3{-}CH{=}CH_2 \xrightarrow[85\sim100℃]{AlCl_3} \text{⬡}{-}CH(CH_3)_2 \tag{9-11}$$

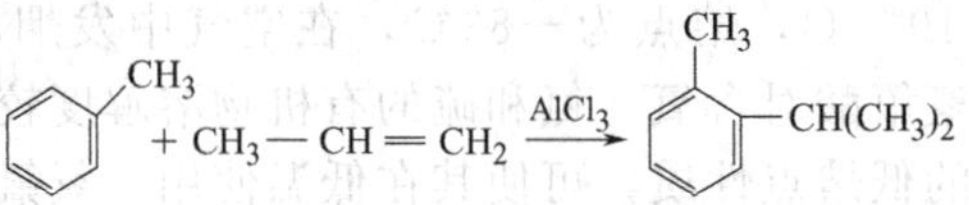

$$\text{（甲苯）} + CH_3-CH=CH_2 \xrightarrow{AlCl_3} \text{（邻异丙基甲苯）} \qquad (9\text{-}12)$$

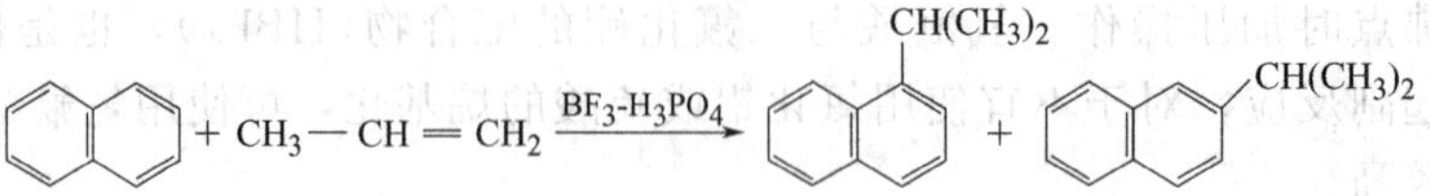

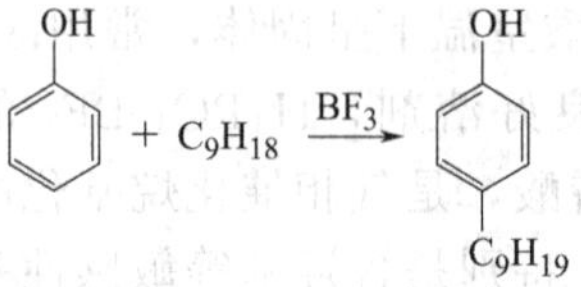

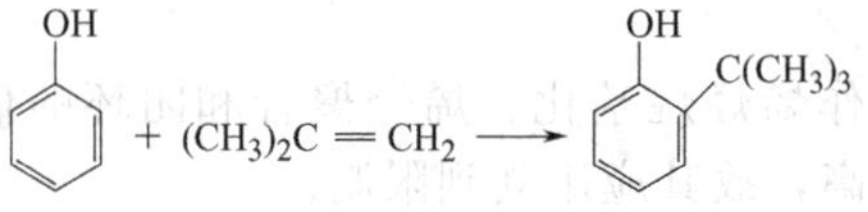

$$\text{（萘）} + CH_3-CH=CH_2 \xrightarrow{BF_3\text{-}H_3PO_4} \text{（1-异丙基萘）} + \text{（2-异丙基萘）} \qquad (9\text{-}13)$$

$$\text{（苯酚）} + C_9H_{18} \xrightarrow{BF_3} \text{（对壬基苯酚）} \qquad (9\text{-}14)$$

$$\text{（苯酚）} + (CH_3)_2C=CH_2 \longrightarrow \text{（邻叔丁基苯酚）} \qquad (9\text{-}15)$$

$$\text{（苯胺）} + CH_2=CH_2 \xrightarrow[\substack{300℃ \\ 6.5\sim7.0MPa,115min}]{(C_2H_5)_2AlCl} \text{（2,6-二乙基苯胺）} \qquad (9\text{-}16)$$

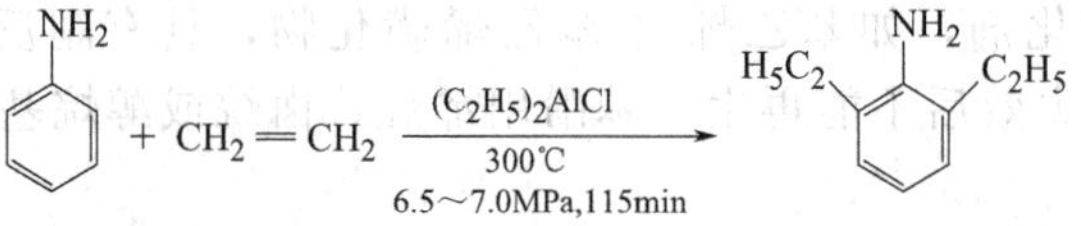

2. 用卤烷 C-烷基化

卤代烷活泼，不同结构的卤代烷其活性不同，烷基相同卤代烷的活性次序为：

$$RCl > RBr > RI$$

卤代烷的卤素相同，烷基不同时的卤代烷的活泼性次序为：

$$C_6H_5CH_2X > R_3CX > R_2CHX > RCH_2X > CH_3X$$

氯化苄的活性最强，少量温和催化剂（如氯化锌，甚至使用铝或锌），即可与芳烃 C-烷基化。氯甲烷活性较小，氯化铝用量较多，在加热条件下，与芳烃发生 C-烷基化反应。卤代芳烃因其活性较低，一般不作烷化剂。

卤代烷中常用氯代烷，反应在液相中进行。由于烷基化过程产生氯化氢，故用氯烷C-烷基化应注意以下几点：

① 可不使用无水氯化铝，而用铝锭或铝丝；

② 须在微负压下操作，以导出氯化氢气体；

③ 具备吸收装置，以回收尾气中的氯化氢；

④管道和设备作防腐处理，以防烷基化液腐蚀设备、管道。

C-烷基化物料必须干燥脱水，以避免氯化铝水解、破坏催化剂配合物，这不仅消耗铝锭，而且导致管道堵塞，影响生产。

氯烷比烯烃价高，芳烃 C-烷基化较少使用氯烷，具有活泼甲基或亚甲基化合物的 C-烷基化常用卤烷。

3. 用醇 C-烷基化

醇类属弱烷化剂，适用于芳胺、酚、萘等活泼芳烃的 C-烷基化，烷基化过程中有烷基化芳烃和水生成。

例如，苯胺用正丁醇烷基化合成染料中间体正丁基苯胺，催化剂为氯化锌。温度不太高（200～250℃）时，烷基取代氨基上的氢发生 N-烷基化反应：

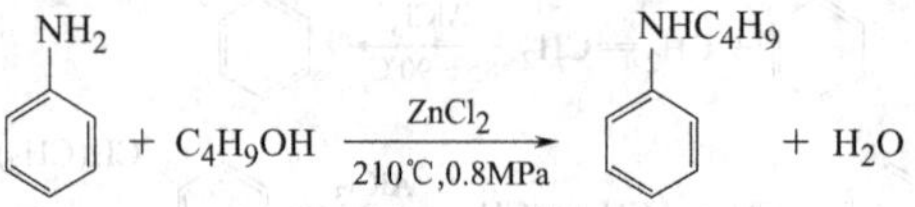

$$\text{（苯胺）} + C_4H_9OH \xrightarrow[210℃,0.8MPa]{ZnCl_2} \text{（正丁基苯胺）} + H_2O \qquad (9\text{-}17)$$

温度为 240～300℃时，烷基从氨基转移至芳环碳原子上，主要生成对烷基苯胺：

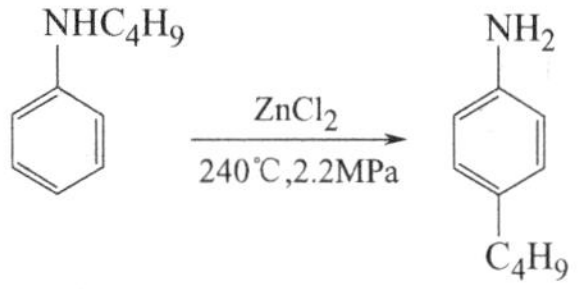

$$\text{(9-18)}$$

工业用压热釜，苯胺、正丁醇按 1：1.05（摩尔比）配比，无水氯化锌加入高压釜，升温、升压于 210℃，0.8MPa 保温 6h，而后于 240℃、2.2MPa 保温 10h，然后在碱液中回流 5h，分离得正丁基苯胺，以苯胺计收率 40%～45%。未反应的苯胺、正丁醇及副产物 N-正丁基苯胺，分离后回收套用。

发烟硫酸存在下，萘用正丁醇同时进行 C-烷基化和磺化，生成 4，8-二丁基萘磺酸，中和后为渗透剂 BX（俗称拉开粉）。

渗透剂 BX 有两种生产方法。第一种，用同等质量的硫酸磺化，生成的 2-萘磺酸冷却后，在剧烈搅拌下加入浓硫酸和正丁醇，搅拌数小时至烷基化终点，静置分层，上层溶液用烧碱中和、蒸发、盐析后过滤、干燥得成品。

第二种，萘与正丁醇搅拌混合后，加浓硫酸，继续搅拌至试样溶解于水为透明溶液（无固体状物）为止，静止分层，上层溶液用烧碱中和，过滤、干燥即为成品。

4. 用醛或酮 C-烷基化

醛或酮活性较弱，主要用于酚、芳胺、萘等活泼芳烃的 C-烷基化，多以质子酸为催化剂。例如，在稀硫酸作用下，2-萘磺酸与甲醛的 C-烷基化：

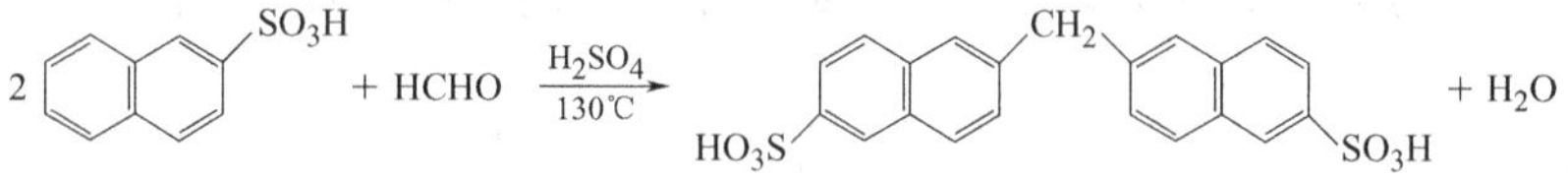

$$\text{(9-19)}$$

产物亚甲基二萘磺酸，经 NaOH 中和后得扩散剂 N，扩散剂 N 是纺织印染助剂。反应可在水溶液、中性或弱酸性无水介质中进行，不仅生成两个萘环的亚甲基化合物，还可生成多个萘环的亚甲基化合物。

在质子酸作用下，烷基酚用甲醛 C-烷基化，合成一系列抗氧剂。例如：

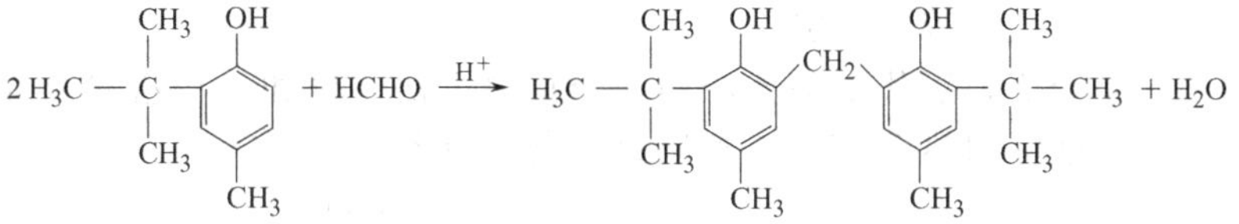

$$\text{(9-20)}$$

在无机酸存在下，甲醛与过量苯酚 C-烷基化，合成双酚 F：

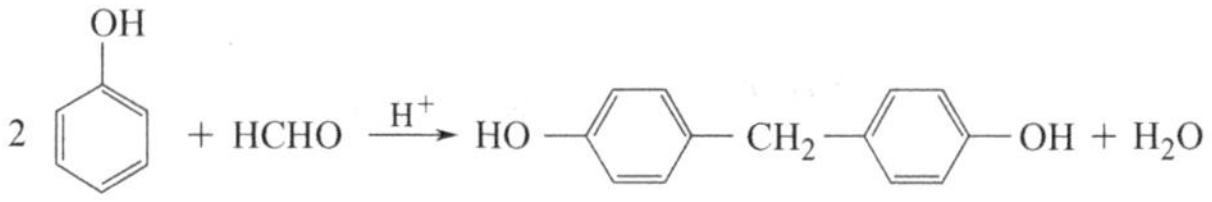

$$\text{(9-21)}$$

以碱为催化剂，甲醛与酚类作用，可在芳环上引入羟甲基：

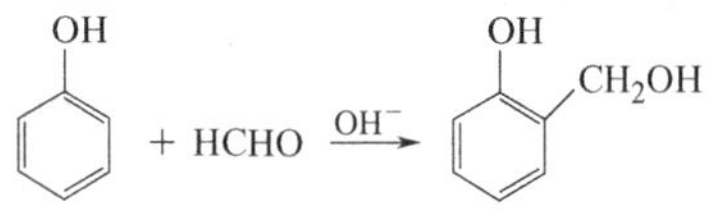

$$\text{(9-22)}$$

若酚不是大大过量，无论酸或碱催化，都将生成酚醛树脂。

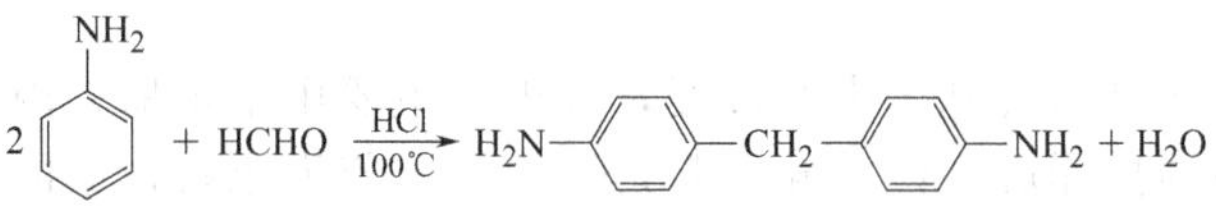

$$\text{(9-23)}$$

醛类与芳胺的 C-烷化产物，用于合成染料中间体。在盐酸存在下，甲醛与过量苯胺烷基化，合成 4,4'-二氨基二苯甲烷。

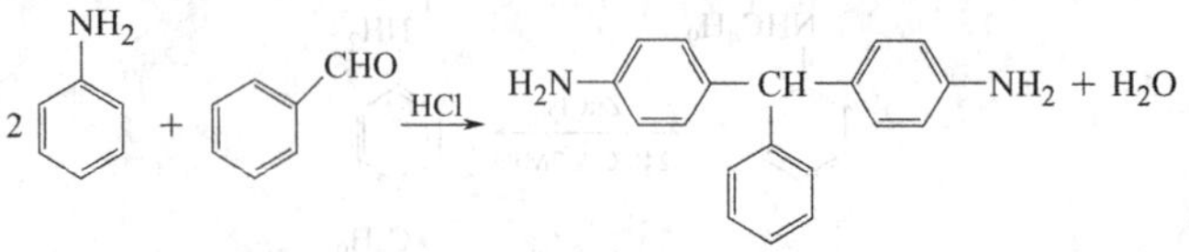

$$2 \quad \underset{\text{NH}_2}{\bigcirc} + \underset{\text{CHO}}{\bigcirc} \xrightarrow{\text{HCl}} \text{H}_2\text{N}-\bigcirc-\underset{\underset{\bigcirc}{|}}{\text{CH}}-\bigcirc-\text{NH}_2 + \text{H}_2\text{O} \tag{9-24}$$

在 30% 盐酸作用下，苯甲醛与苯胺在 145℃ 下减压脱水，产物 4,4′-二氨基三苯甲烷。

在无机酸作用下，丙酮与过量苯酚烷基化，合成 2,2′-双（4-羟基苯基）丙烷，即双酚 A。

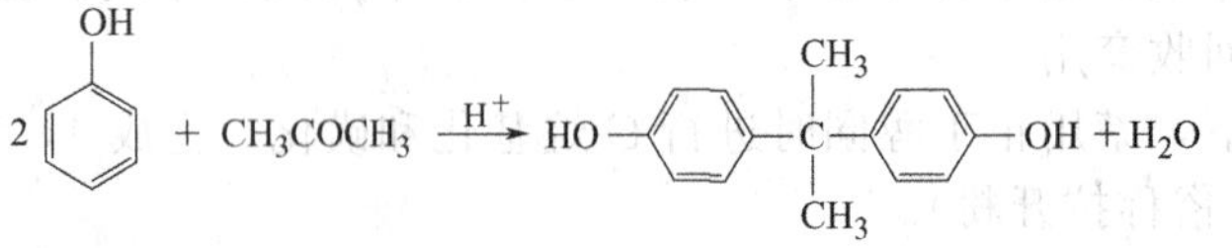

$$2 \quad \underset{\text{OH}}{\bigcirc} + \text{CH}_3\text{COCH}_3 \xrightarrow{\text{H}^+} \text{HO}-\bigcirc-\underset{\underset{\text{CH}_3}{|}}{\overset{\text{CH}_3}{\overset{|}{\text{C}}}}-\bigcirc-\text{OH} + \text{H}_2\text{O} \tag{9-25}$$

在盐酸或硫酸作用下，环己酮与过量苯胺 *C*-烷基化合成 4,4′-二苯氨基环己烷。

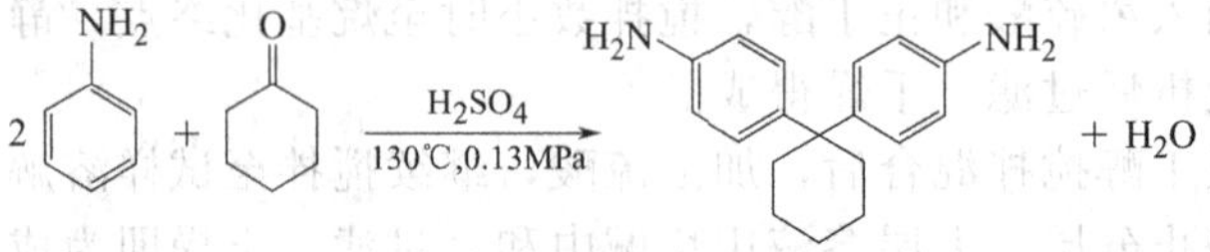

$$2 \quad \underset{\text{NH}_2}{\bigcirc} + \underset{\text{O}}{\bigcirc} \xrightarrow[\text{130℃,0.13MPa}]{\text{H}_2\text{SO}_4} \text{H}_2\text{N}-\bigcirc-\bigcirc-\bigcirc-\text{NH}_2 + \text{H}_2\text{O} \tag{9-26}$$

以无机酸作催化剂，设备腐蚀严重，产生大量含酸、含酚废水；如使用强酸性阳离子交换树脂，可避免上述问题，并可循环使用。

5. 氯甲基化

在无水氯化锌存在下，在芳烃和甲醛（或聚甲醛）混合物中通入氯化氢可在芳环上导入氯甲基：

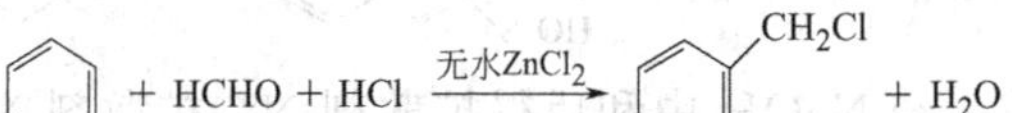

$$\bigcirc + \text{HCHO} + \text{HCl} \xrightarrow{\text{无水ZnCl}_2} \underset{\text{CH}_2\text{Cl}}{\bigcirc} + \text{H}_2\text{O} \tag{9-27}$$

氯甲基化为亲电取代反应，芳环上的给电子取代基有利于反应。常用的氯甲基化剂是甲醛、聚甲醛及氯化氢，催化剂有氯化锌及盐酸、硫酸、磷酸等。

为避免多氯甲基化反应发生，氯甲基化使用过量芳烃。反应温度过高、催化剂用量过大时，易发生副反应，生成二芳基甲烷。

芳烃氯甲基化是合成 α-氯代烷基芳烃的一个重要方法。例如，在乙酸及 85% 磷酸存在下，将萘与甲醛、浓盐酸加热至 85℃，产物是 1-氯甲基萘：

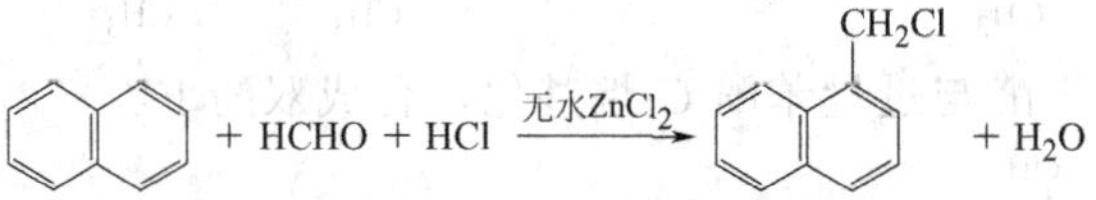

$$\bigcirc\!\!\bigcirc + \text{HCHO} + \text{HCl} \xrightarrow{\text{无水ZnCl}_2} \underset{\text{CH}_2\text{Cl}}{\bigcirc\!\!\bigcirc} + \text{H}_2\text{O} \tag{9-28}$$

间二甲苯活泼性较高，氯甲基化在水介质中进行而无需催化剂：

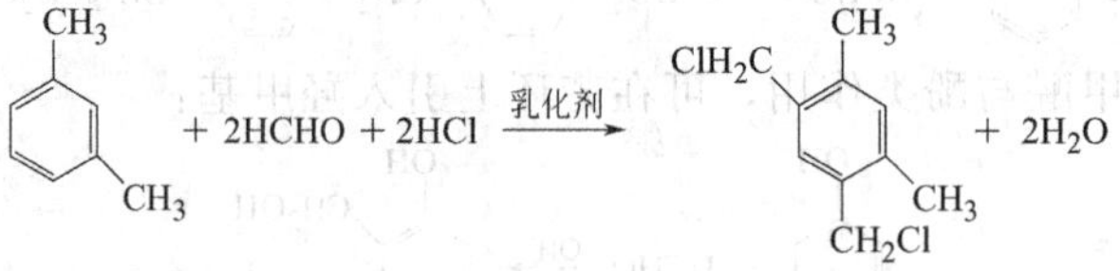

$$\underset{\text{CH}_3}{\overset{\text{CH}_3}{\bigcirc}} + 2\text{HCHO} + 2\text{HCl} \xrightarrow{\text{乳化剂}} \underset{\text{CH}_2\text{Cl}}{\overset{\text{ClH}_2\text{C}\quad\text{CH}_3}{\bigcirc}}\text{CH}_3 + 2\text{H}_2\text{O} \tag{9-29}$$

四、*C*-烷基化工业过程

1. 异丙苯的生产

异丙苯的生产是典型的烷基苯生产过程，异丙苯主要用于苯酚、丙酮生产，也可用作汽油添加剂，提高油品的抗爆震性能。异丙苯是以丙烯、苯为原料合成的，工业生产有液相法和气相法。

（1）液相法　生产异丙苯使用鼓泡式反应器，如图 9-1 所示。催化剂为无水氯化铝、多烷基苯与少量水配制成的溶液（俗称红油），烷基化温度为 80～100℃，若高于 120℃，催化剂溶液树脂化而失去催化活性，必须严格控制不超过 120℃。丙烯与苯配料摩尔比为1∶(6～7)。

丙烯与苯的混合物从烷基化反应器底部连续通入，烷基化液由塔上部连续溢出，所夹带的催化剂大部分经沉降分离返回烷基化反应器，少量的经水分解、中和后除去。同时补加少量无水氯化铝，保持催化剂溶液具有稳定的催化活性。

烷基化液中，含异丙苯 30%～32%、多异丙苯 10%～12%及未反应的苯。烷基化液经精馏分离出苯、乙苯、异丙苯和多异丙苯。苯循环套用，多异丙苯用于配制催化剂或返回烷基化反应器。异丙苯的选择性，以苯计为94%～96%，以丙烯计为 96%～97%。

液相法生产工艺如图 9-2 所示，此法反应温和，多烷基苯可循环使用，催化剂对烷基转移有较好的催化活性；但烷基化过程中产生氯化氢，中和、洗涤过程中产生的 Al(OH)₃ 絮状物不易处理。

(2) 气相法　生产流程如图 9-3 所示。烷基化为气固相催化反应过程，催化剂为固体磷酸，烷基化温度为 200～250℃、压力为 0.3～1.0MPa，丙烯与苯的配料比（摩尔比）为 1∶(7～8)，原料气中添加适量水蒸气，以保持催化剂高温催化活性。

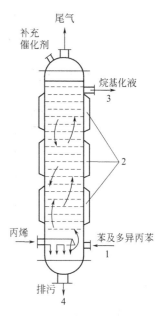

图 9-1　烷基化反应器
1—入口；2—加热或冷却夹套；
3—出口；4—排污口

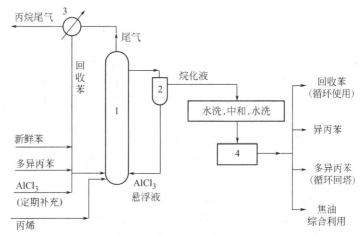

图 9-2　液相法异丙苯生产工艺流程
1—烷化塔；2—沉降器；3—回流冷凝器；4—精馏塔

气相烷基化的副产物主要是二异丙苯、三异丙苯及正丙苯等，烷基化反应的选择性，以苯计为 96%～97%，以丙烯计为 91%～92%。

气相法的选择性高，催化剂用量少，无氯化氢气体产生，设备腐蚀轻，三废较少，对原料纯度及含水量要求不高，异丙苯易回收精制；但此法需要耐高温高压设备，且多异丙苯不易循环。

2. 壬基酚的生产

壬基酚聚氧乙烯醚是多用途的非离子表面活性剂，可用作工业洗涤剂、油田破乳剂、纺织助剂、抗静电剂、润滑油添加剂、橡胶助剂等。壬基酚是重要的化工原料，用于合成防腐剂、着色剂、矿物浮选剂、壬基酚甲醛树脂等。

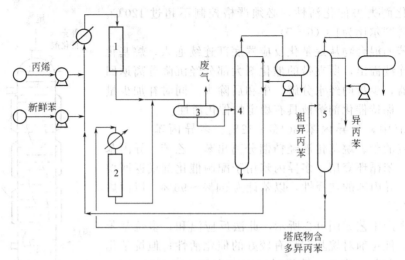

图 9-3 气相法异丙苯生产工艺流程

1—烷化反应器；2—转移烷化反应器；3—闪蒸罐；4—苯塔；5—产品塔

壬烯与苯酚 C-烷基化合成壬基酚，催化剂 H^+ 使壬烯形成叔碳正离子，与苯酚烷基化生成壬基酚，释放出 H^+ 与壬烯烃继续作用。

$$\underset{H_3C}{\overset{C_6H_{13}}{}}CH=CH_2 + H^+ \longrightarrow \underset{H_3C}{\overset{C_6H_{13}}{}}C^+ CH_3 \tag{9-30}$$

$$\underset{H_3C}{\overset{C_6H_{13}}{}}C^+ CH_3 + \underset{}{\overset{OH}{\bigcirc}} \longrightarrow \underset{}{\overset{OH}{\bigcirc}}-C_9H_{19} + H^+ \tag{9-31}$$

壬基主要进入苯酚的邻、对位，在催化剂作用下，邻位体可转位至对位，主产物为对壬基酚，副产物为二取代壬基酚。提高酚烯比，可降低二壬基酚的生成量，减少二壬基酚循环，提高壬烯的转化率；但增加酚烯配比，酚转化率下降，酚回收能耗增加，设备利用率下降。

催化剂是阳离子交换树脂、三氟化硼、活性白土等。烷化剂壬烯是丙烯三聚产物，若以支链烯烃为原料，产物以对壬基酚为主，约82%；以直链烯烃为原料，产物以邻壬基酚为主，约62%。

壬基酚的生产工艺包括原料混合、反应和精馏部分，如图9-4所示。

新鲜的苯酚、壬烯与未反应的原料及邻壬基酚和二壬基酚在混合釜混合，混合物进入固定床反应器，在 196～980.7kPa、50～100℃下进行烷基化。烷基化物由反应器底部采出进入轻馏分塔，塔顶馏分为未反应的原料、水和烃类，大部分返回混合釜循环使用；塔底馏分进入轻烷基酚塔，轻烷基酚塔顶馏分做燃料或石化原料，侧线采出的邻壬基酚返回混合釜，塔釜馏分进入成品塔。成品塔塔顶馏分即壬基酚，塔釜为二壬基酚和高聚物，部分循环至混合釜，部分送出装置以避免重组分积累，以壬烯计壬基酚收率为 94.5%，以苯酚计为 93.1%。

3. 双酚 A 的合成

双酚 A[2,2-二（4-羟基苯基）丙烷] 是苯酚和丙酮的重要衍生物，主要用于生产聚碳酸酯、环氧树脂、聚砜树脂、聚苯醚树脂、不饱和聚酯树脂等高分子材料，也用于增塑剂、阻燃剂、抗氧剂、热稳定剂、橡胶防老剂、农药、涂料等精细化工产品的生产。

双酚 A 于 1891 年首先由俄国人狄安宁在盐酸催化剂下用苯酚与丙酮合成。1923 年在德国实现工业化生产。20 世纪 40 年代后期，环氧树脂生产促使双酚 A 快速发展。20 世纪 60 年代，美国联碳公司首先实现双酚 A 离子交换法工业化。

我国开发的杂多酸法聚合级双酚 A 的生产工艺，苯酚和丙酮以磷钨酸为主催化剂、巯基乙酸为助催化剂，合成双酚 A。丙酮转化率高于 95%，双酚 A 的选择性大于 98%（树脂法为 80.5%），催化剂循环利用率在 80% 以上，套用次数达 16 次以上，该工艺采用含酚无离子水闭路循环，无含酚废水排放，双酚 A 质量达到聚合级标准。

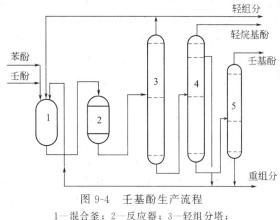

图 9-4　壬基酚生产流程
1—混合釜；2—反应器；3—轻组分塔；
4—轻烷基酚塔；5—成品塔

根据催化剂不同，双酚 A 生产分硫酸法、盐酸法和阳离子交换树脂法。硫酸法以 73%～74% 硫酸作催化剂，巯基乙酸为助催化剂，苯酚：丙酮：酸（摩尔比）为 2:1:6，温度为 37～40.5℃。阳离子交换树脂法以强酸性阳离子交换树脂为催化剂，以巯基化合物为助催化剂，苯酚和丙酮的摩尔比 10:1，在 75℃ 下合成双酚 A，产物经蒸馏分离低沸点组分后送结晶器，用冷却结晶法分离提纯。

合成双酚 A 有间歇法和连续法，连续法生产能力大，但消耗较高。间歇法使用间歇式反应釜，烷基化在常压下进行，将丙酮和苯酚按 1:8 的配比（摩尔比）与被氯化氢饱和的循环液加入反应釜，在 50～60℃ 下搅拌 8～9h，分离回收氯化氢及未反应的丙酮和苯酚，精制后得双酚 A。每吨产品消耗丙酮 269kg、苯酚 855kg、氯化氢 16kg。

连续法以改性阳离子交换树脂作催化剂，使用绝热式固定床反应器，单台或多台串联操作，丙酮和苯酚配比（摩尔比）1:(8～14)，反应温度尽可能低，停留时间为 1h，丙酮转化率约为 50%。烷基化液经分离、精制得双酚 A。每吨产品消耗丙酮 288kg、苯酚 888kg、阳离子交换树脂 139kg。

离子交换树脂法无腐蚀，污染极少，催化剂易于分离，产品质量高，操作简单，但催化剂昂贵且一次性填充大，原料苯酚要求高，丙酮单程转化率低。

第三节　N-烷基化

一、N-烷基化及其类型

1. N-烷基化

N-烷基化是在胺类化合物的氨基上引入烷基的化学过程，胺类指氨、脂肪胺或芳香胺及其衍生物，N-烷基化反应的通式为：

$$NH_3 + R—Z \longrightarrow RNH_2 + HZ \tag{9-32}$$

$$R'NH_2 + R—Z \longrightarrow R'NHR + HZ \tag{9-33}$$

$$R'NHR + R—Z \longrightarrow R'NR_2 + HZ \tag{9-34}$$

式中，R—Z 表示烷化剂，R 代表烷基，Z 代表—OH、—Cl 或—SO$_3$H 等。烷化剂可以是醇、卤烷、酯、烯烃、环氧化合物、醛和酮类。

N-烷基化可导入甲基、乙基、羟乙基、氯乙基、氰乙基、苄基、C$_8$～C$_{18}$ 烷基等。伯胺、仲胺、叔胺、季铵盐等 N-烷基化产物，在染料、医药、表面活性剂方面有着重要用途，如季铵盐是抗静电表面活性剂和相转移催化剂。

胺类的反应活性与氨基的活性成正比，脂肪胺的活性比芳香胺高；在胺的衍生物中，给电子基增强氨基的活性，吸电子基削弱氨基的活性；烷基是氨基的致活基团，当导入一个烷基后，还可导入第二个、第三个，N-烷基化是连串反应。

2. N-烷化反应类型

(1) 取代型　烷化剂与胺类反应，烷基取代氨基上的氢原子。

$$RNH_2 \xrightarrow{R'Z} R'NHR \xrightarrow{R''Z} RNR'R'' \xrightarrow{R'''Z} RR'R''R'''N^+Z^- \tag{9-35}$$

取代型烷化剂有醇、醚、卤烷、酯等，烷基化活性取决于与烷基相连的离去基团（如—OH、—OR、—X 等），强酸中性酯的活性最强，其次是卤烷，醇较弱。

(2) 加成型　烷基化剂直接加成在氨基上，生成 N-烷化衍生物。

$$RNH_2 \xrightarrow{CH_2=CHCN} RNHC_2H_4CN \xrightarrow{CH_2=CHCN} RN\begin{smallmatrix}C_2H_4CN \\ C_2H_4CN\end{smallmatrix} \tag{9-36}$$

$$RNH_2 \xrightarrow[O]{CH_2-CH_2} RNHCH_2CH_2OH \xrightarrow[O]{CH_2-CH_2} RN\begin{smallmatrix}CH_2CH_2OH \\ CH_2CH_2OH\end{smallmatrix} \tag{9-37}$$

烯烃衍生物和环氧化合物是加成型烷化剂。

(3) 缩合-还原型　醛或酮为烷化剂，与胺类的羰基加成，再脱水缩合生成缩醛胺，然后还原为胺，故称还原 N-烷基化。

$$RNH_2 \xrightarrow{R'CHO} RN=CHR' \xrightarrow{[H]} RNHCH_2R' \xrightarrow{R'CHO} RN\begin{smallmatrix}CH_2R' \\ CHR' \\ OH\end{smallmatrix} \xrightarrow{[H]} RN\begin{smallmatrix}CH_2R' \\ CH_2R'\end{smallmatrix} \tag{9-38}$$

二、N-烷基化方法

1. 用醇和醚 N-烷基化

醇的烷基化能力很弱，需要催化剂和较强烈条件。采用气相 N-烷基化反应，需要高温条件；若用液相 N-烷基化反应，需要加压条件。甲醇、乙醇等低级醇类价廉易得，多用作活泼胺类的烷化剂。

用醇 N-烷基化常用强酸作催化剂，如浓硫酸。硫酸使醇转变成烷基正离子 [式(6-5)]，烷基正离子与氨或氨基作用形成中间配合物，脱去质子生成伯胺或仲胺：

$$Ar-\underset{H}{\overset{H}{N}}: + R^+ \Longrightarrow \left[Ar-\underset{H}{\overset{H}{N^+}}-R\right] \Longrightarrow Ar-\underset{R}{\overset{H}{N}}: + H^+ \tag{9-39}$$

同理，仲胺与烷基正离子生成叔胺：

$$Ar-\underset{R}{\overset{H}{N}}: + R^+ \Longrightarrow \left[Ar-\underset{R}{\overset{H}{N^+}}-R\right] \Longrightarrow Ar-\underset{R}{\overset{R}{N}}: + H^+ \tag{9-40}$$

叔胺与烷基正离子生成季铵正离子：

$$Ar-\underset{R}{\overset{R}{N}}: + R^+ \Longrightarrow Ar-N^+R_3 \tag{9-41}$$

生成的伯胺、仲胺和叔胺质子解离后可继续使用；若生成季铵正离子，质子不能解离，季铵正离子的生成量按化学计量不大于加入酸量。

胺类的碱性越强，N-烷基化越容易，芳环上的给电子基致活，芳环上的吸电子基致钝。

用醇的 N-烷基化是一个连串可逆反应：

$$ArNH_2 + ROH \underset{}{\overset{K_1}{\rightleftharpoons}} ArNHR + H_2O \tag{9-42}$$

$$ArNHR + ROH \underset{}{\overset{K_2}{\rightleftharpoons}} ArNR_2 + H_2O \tag{9-43}$$

一烷化物与二烷化物的相对生成量，与一烷化和二烷化的平衡常数 K_1 和 K_2 有关。

$$K_1 = \frac{[ArNHR][H_2O]}{[ArNH_2][ROH]} \tag{9-44}$$

$$K_2 = \frac{[ArNR_2][H_2O]}{[ArNHR][ROH]} \tag{9-45}$$

K_1 和 K_2 数值的大小与醇的性质有关。例如，苯胺用甲醇在 225℃下 N-甲基化，平衡常数计算值 K_1 为 9.2×10^2，K_2 为 6.8×10^5；用乙醇进行 N-乙基化时，实验测得乙基化平衡常数 K_1 为 30，K_2 为 2.7。所以，苯胺用甲醇烷基化产物主要是 N，N-二甲基苯胺，用乙醇产物主要是 N-乙基苯胺。

N-烷基化产物是伯、仲、叔胺及季铵盐的混合物，烷基化程度不同的胺存在烷基转移。例如，在甲基苯磺酸存在下，N-甲基苯胺转化为苯胺和 N，N-二甲基苯胺：

$$2C_6H_5NHCH_3 \overset{H^+}{\rightleftharpoons} C_6H_5N(CH_3)_2 + C_6H_5NH_2 \tag{9-46}$$

苯胺的甲基化或乙基化，如制备仲胺，醇用量需稍大于其理论量；若制取叔胺则过量较多，一般为 40%～60%。

硫酸催化剂用量，一般 1mol 芳胺用 0.05～0.3mol 硫酸。

芳胺与醇 N-烷基化的温度不宜过高，否则有利于 C-烷基化。

用醇 N-烷基化有液相法和气相法，液相法操作一般用压热釜，醇与氨或伯胺，在酸催化下高温加压脱水。例如，N，N-二甲基苯胺的生产：

$$\tag{9-47}$$

将苯胺、甲醇与硫酸按 1∶3∶0.1 的摩尔比混合均匀，加入不带搅拌的高压釜中，密闭加热，在 205～215℃ 及 3MPa 下保温 4～6h，然后泄压回收过量的甲醇及副产物二甲醚，再将物料放至分离器，用碳酸钠中和游离酸，静置分层。有机层主要是粗 N，N-二甲基苯胺，水层含有季铵盐、硫酸钠等，在分离水层加入 30% 氢氧化钠溶液，160～170℃ 和 0.7～0.9MPa 下密闭保温 3h，季铵盐水解为 N，N-二甲基苯胺和甲醇等。

$$\overset{+}{C_6H_5N(CH_3)_3} \cdot HSO_4^- + 2NaOH \longrightarrow C_6H_5N(CH_3)_2 + Na_2SO_4 + CH_3OH + H_2O \tag{9-48}$$

N，N-二甲基苯胺与水层分离，与有机层合并，水洗、真空蒸馏得 N，N-二甲基苯胺，收率为 96%。

N，N-二甲基苯胺主要用于合成染料、医药、硫化促进剂及炸药等。

气相法使用固定床反应器，醇和胺或氨的混合气体在一定温度和压力下通过固体催化剂进行 N-烷基化，反应后混合气经冷凝脱水，得到 N-烷基化粗品。例如，甲胺及二甲胺的生产：

$$NH_3 + CH_3OH \xrightarrow[350\sim500℃,1\sim3MPa]{Al_2O_3\text{-}SiO_2} CH_3NH_2 + H_2O \tag{9-49}$$

烷基化产物是一甲胺、二甲胺和三甲胺的混合物，例如氨甲醇比为 2.4∶1（摩尔比），反应温度为 500℃时，产物组成为一甲胺 54%、二甲胺 26%、三甲胺 20%。由于二甲胺用途最广，一般氨过量并加适量水和循环三甲胺，使烷基转移以减少三甲胺。工业甲胺一般为 40% 水溶液。

高级脂肪仲胺或叔胺的合成，可以 $C_8 \sim C_{18}$ 高级醇为烷化剂，被烷基化物为二甲胺等低级脂肪胺，例如：

$$(CH_3)_2NH + C_{18}H_{37}OH \xrightarrow[180 \sim 220℃]{CuO\text{-}Cr_2O_3} C_{18}H_{37}N(CH_3)_2 + H_2O \tag{9-50}$$

此外，二甲醚和二乙醚也可用于气相 N-烷基化，反应温度较醇类低。

2. 用卤烷 N-烷基化

卤烷比醇活泼，烷基相同的卤烷活性顺序为：

$$RI > RBr > RCl > RF$$

卤烷主要用于引入长链烷基、难烷化的胺类，如芳胺磺酸或硝基芳胺等。

常用卤烷是氯或溴烷，卤素相同的卤烷，伯卤烷最好，仲卤烷次之，叔卤烷易发生消除反应。卤代芳烃反应活性低于卤烷，其 N-烷基化条件较高，如高温和催化剂等；芳卤的邻或对位的强吸电子取代基，可增强其反应活性。

用卤烷 N-烷基化的反应通式为：

$$ArNH_2 + RX \longrightarrow ArNHR + HX \tag{9-51}$$

$$ArNHR + RX \longrightarrow ArNR_2 + HX \tag{9-52}$$

$$ArNR_2 + RX \longrightarrow Ar\overset{+}{N}R_3 \cdot X^- \tag{9-53}$$

反应是不可逆的，卤化氢与芳胺形成铵盐不利于 N-烷基化，缚酸剂可中和卤化氢。

用卤烷 N-烷基化的条件比醇类温和，反应可在水介质中进行，一般温度不超过 100℃，用氯甲烷、氯乙烷等低沸点卤烷，需高压釜操作。

N-烷基化产物多为仲胺和叔胺的混合物，如制取仲胺，应使伯胺大大过量，以抑制生成叔胺。例如苯胺与溴烷的摩尔比为 $(2.5 \sim 4):1$，共热 $2 \sim 6h$，得相应的 N-丙基苯胺、N-异丙基苯胺或 N-异丁基苯胺。

长碳链卤烷与胺类可合成仲胺或叔胺，胺类常用二甲胺。

$$(CH_3)_2NH + RCl \xrightarrow[130 \sim 140℃]{NaOH} RN(CH_3)_2 + HCl \tag{9-54}$$

例如，N,N-二甲基十八胺、N,N-二甲基十二胺苄基化物，将 N,N-二甲基十八胺，在 $80 \sim 85℃$ 加至接近等物质的量的氯化苄中，于 $100 \sim 105℃$ 反应至 pH=6.5 左右，收率近 95%。

用类似方法，可合成十二烷的季铵盐。

$$C_{18}H_{37}N(CH_3)_2 + C_6H_5CH_2Cl \longrightarrow C_{18}H_{37}-\overset{\displaystyle CH_3}{\underset{\displaystyle CH_3}{N^+}}-CH_2C_6H_5 \cdot Cl^- \tag{9-55}$$

3. 用酯类 N-烷基化

强酸的烷基酯，如硫酸二酯、芳磺酸酯、磷酸酯等，反应活性高于卤烷，用量无需过量很多，副反应较少。强酸烷基酯的沸点较高，可在常压及不太高的温度下进行 N-烷基化，价格比相应醇或卤烷高，用于不活泼胺类的烷基化，制备价格高、产量少的 N-烷基化产品。

硫酸二酯、芳磺酸酯应用最多，其次为磷酸酯类。在硫酸酯中，硫酸二甲酯或硫酸二乙酯最常用，硫酸氢酯烷基化能力较弱，故硫酸二酯只有一个烷基参加反应。

$$ArNH_2 + CH_3OSO_2OCH_3 \xrightarrow{易} ArNHCH_3 + CH_3OSO_3H \tag{9-56}$$

$$ArNH_2 + CH_3OSO_3Na \xrightarrow{难} ArNHCH_3 + NaHSO_4 \tag{9-57}$$

硫酸二甲酯活性高，芳环上同时存在氨基和羟基，控制介质 pH 值或选择适当溶剂，可以只发生 N-烷基化而不影响羟基。例如：

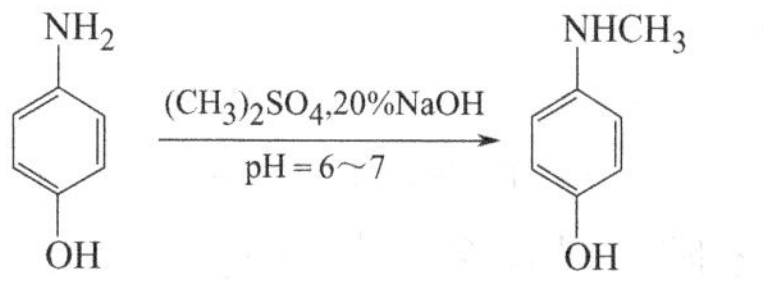

$$（9-58）$$

如被烷基化物分子中有多个氮原子，根据氮原子活性差异，有选择地进行 N-烷基化，例如：

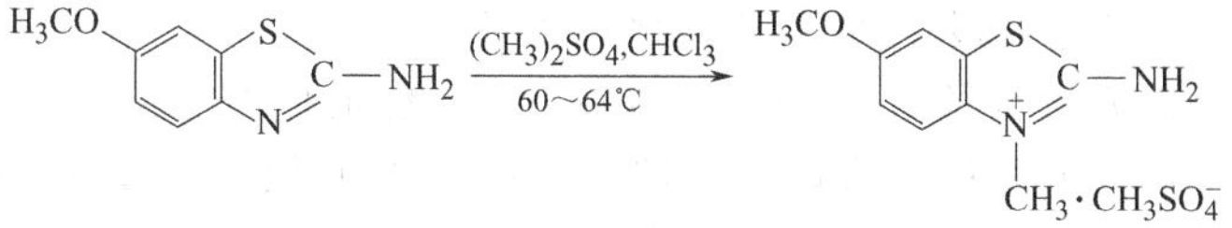

$$（9-59）$$

用硫酸二甲酯制备仲胺、叔胺和季铵盐时，需碱性水溶液或有机溶剂。硫酸二甲酯毒性极大，通过呼吸道及皮肤使人中毒或致死，使用时注意保护，在通风橱中操作，避免中毒事故。

芳磺酸酯多用于引入摩尔质量较大的烷基，其活性比硫酸酯低、比卤烷高。芳磺酸的烷基可以是含取代基的烷基，苯磺酸甲酯的毒性比硫酸二甲酯小，可代替硫酸二甲酯。

芳磺酸酯 N-烷基化需用游离胺，否则得卤烷和芳磺酸铵盐：

$$R'NH_2 \cdot HX + C_6H_5SO_2OR \longrightarrow RX + R'\overset{+}{N}H_3 \cdot C_6H_5SO_3^- \qquad （9-60）$$

芳磺酸酯 N-烷基化的温度，脂肪胺较低，芳香胺较高。芳磺酸高碳烷基酯与芳香胺 N-烷基化，芳磺酸酯与芳胺的摩尔比为 $1:2$，温度为 $110 \sim 125℃$，N-烷基芳胺收率良好，过量芳胺与芳磺酸生成芳胺芳磺酸盐；用与芳磺酸酯等摩尔比的缚酸剂高温共热生成 N,N-二烷基芳胺。

芳磺酸酯的制备需在 N-烷基化之前，芳磺酰氯与相应的醇在氢氧化钠存在下，低温酯化得芳磺酸酯。

用磷酸酯 N-烷基化，收率好、产品纯度高，如 N,N-二烷基芳胺的合成：

$$3ArNH_2 + 2(RO)_3PO \longrightarrow 3ArNR_2 + 2H_3PO_4 \qquad （9-61）$$

对于可脱水的环合胺类，多聚磷酸酯可兼脱水环合剂：

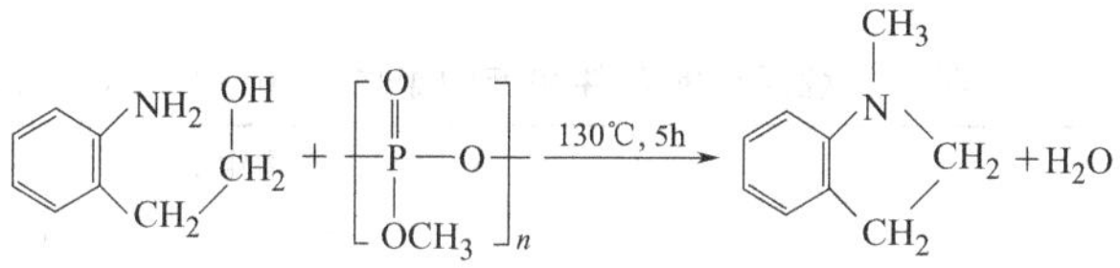

$$（9-62）$$

多聚磷酸酯可由五氧化二磷与相应醇酯化获得。

4. 用环氧乙烷 N-烷基化

环氧乙烷易燃、易爆，有毒，沸点为 $10.7℃$，爆炸极限为 $3\% \sim 80\%$，常以钢瓶贮运，反应需要耐压设备，通入环氧乙烷前，务必用氮气置换，将设备抽真空后通入氮气，多次置换方能保证安全；使用环氧乙烷注意通风，加强安全防范。

环氧乙烷性质活泼，可与水、醇、氨、胺、羧酸和酚等含活泼氢的化合物加成，碱或酸均可为催化剂，碱常用氢氧化钠、氢氧化钾、醇钠与醇钾；酸性催化剂常用三氟化硼、酸性白土及酸性离子交换树脂等。环氧乙烷与氨或胺加成烷基化，产物是 N-羟乙基化合物：

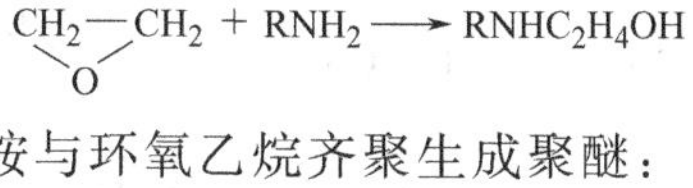

$$\underset{\underset{O}{\diagdown \diagup}}{CH_2 - CH_2} + RNH_2 \longrightarrow RNHC_2H_4OH \qquad （9-63）$$

在碱存在下，N-羟乙基化胺与环氧乙烷齐聚生成聚醚：

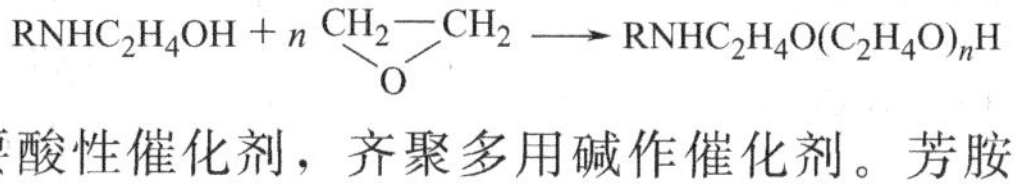

$$RNHC_2H_4OH + n \underset{\underset{O}{\diagdown \diagup}}{CH_2 - CH_2} \longrightarrow RNHC_2H_4O(C_2H_4O)_nH \qquad （9-64）$$

制取羟乙基化物需要酸性催化剂，齐聚多用碱作催化剂。芳胺 N-羟乙基化不使用碱催化剂, 可在水存在下进行。

$$C_6H_5NH_2 \xrightarrow{\underset{O}{H_2C-CH_2}} C_6H_5NHC_2H_4OH \xrightarrow{\underset{O}{H_2C-CH_2}} C_6H_5N(C_2H_4OH)_2 \tag{9-65}$$

合成 N-二羟乙基化物, 苯胺过量很多; 若合成 N,N-二羟乙基化物, 环氧乙烷稍过量。例如, N-羟乙基苯胺的合成, 苯胺与环氧乙烷按 2.4:1 (摩尔比) 配比, 苯胺与水混合后加热至 60℃, 冷却条件下环氧乙烷分批加入, 60~70℃保温 3h; 真空蒸馏, 收集 150~160℃/800Pa 馏分, N-羟乙基苯胺收率为 83%~86%。

N,N-二羟乙基苯胺的合成, 苯胺与环氧乙烷的摩尔比为 1:2.02, 在 105~110℃、0.2MPa 条件下, 在苯胺中分批加入环氧乙烷, 加毕在 95℃保温 5h, 真空蒸馏, 收集 190~200℃/600~800Pa 馏分, N,N-二羟乙基苯胺收率在 88%左右。

高级脂肪胺与环氧乙烷的反应如下:

$$RNH_2 + \underset{O}{CH_2-CH_2} \longrightarrow \begin{cases} RNH(C_2H_4O)_nH & (9\text{-}66) \\ RN{\begin{matrix} (C_2H_4O)_nH \\ (C_2H_4O)_nH \end{matrix}} & (9\text{-}67) \end{cases}$$

环氧乙烷与叔胺作用制得的硝酸季铵盐:

$$C_{18}H_{37}N(CH_3)_2 + \underset{O}{CH_2-CH_2} + HNO_3 \longrightarrow \left[C_{18}H_{37}-\overset{\overset{\displaystyle CH_3}{|}}{\underset{\underset{\displaystyle CH_3}{|}}{N^+}}-C_2H_4OH \right] \cdot NO_3^- \tag{9-68}$$

其操作是将 N,N-二甲基十八胺溶解在异丙醇中, 加入硝酸, 氮气置换后, 于 90℃通环氧乙烷, 在 90~110℃反应, 之后冷却至 60℃, 加入双氧水漂白即可, 产品可用作抗静电剂。

环氧乙烷与氨加成合成乙醇胺:

$$NH_3 + \underset{O}{CH_2-CH_2} \longrightarrow H_2NC_2H_4OH + HN(C_2H_4OH)_2 + N(C_2H_4OH)_3 \tag{9-69}$$

产物是一乙醇胺、二乙醇胺和三乙醇胺的混合物。表 9-2 是氨与环氧乙烷反应的条件和产物组成。

表 9-2　氨与环氧乙烷反应的条件和产物组成 (30~40℃, 0.2MPa)

氨环:氧乙烷 (摩尔比)	N-烷基化产物组成/%		
	一乙醇胺	二乙醇胺	三乙醇胺
10:1	67~75	21~27	4~12
2:1	25~31	38~52	23~26
1:1	4~12	20~26	65~69

5. 用烯烃 N-烷基化

烯烃通过双键加成实现 N-烷基化, 常用含 α-羰基、氰基、羧基、酯基的烯烃衍生物, 如丙烯醛、丙烯腈、丙烯酸及其酯等。若无活性基团, 则难以进行 N-烷基化; 含吸电子基的烯烃衍生物, 反应容易进行。

$$RNH_2 + CH_2=CH-CN \longrightarrow RNH-C_2H_4CN \tag{9-70}$$

$$RNH-C_2H_4CN + CH_2=CH-CN \longrightarrow RN{\begin{matrix} C_2H_4CN \\ C_2H_4CN \end{matrix}} \tag{9-71}$$

$$RNH_2 + CH_2=CH-COOR' \longrightarrow RNH-C_2H_4COOR' \tag{9-72}$$

$$RNH-C_2H_4COOR' + CH_2=CH-COOR' \longrightarrow RN{\begin{matrix} C_2H_4COOR' \\ C_2H_4COOR' \end{matrix}} \tag{9-73}$$

与卤烷、环氧乙烷、硫酸二酯相比，烯烃衍生物的烷基化能力较弱，需要催化剂，乙酸、硫酸、盐酸、对甲苯磺酸等，三甲胺、三乙胺、吡啶等是常用催化剂。

丙烯酸衍生物易聚合，超过 140℃聚合反应加剧，故用丙烯酸衍生物 N-烷基化，温度一般不超过 130℃。反应需少量阻聚剂如对苯二酚，以防烯烃衍生物聚合。

烯烃衍生物 N-烷基化产物，多用于合成染料、表面活性剂和医药中间体。

6. 用醛或酮 N-烷基化

在还原剂存在下，氨与醛或酮还原 N-烷基化，经羰基加成、脱水消除、再还原得相应的伯胺，伯胺可与醛或酮继续反应，生成仲胺，仲胺与醛或酮进一步反应，最终生成叔胺。

$$NH_3 + RCHO \xrightarrow{-H_2O} RCH = NH \xrightarrow{\text{还原剂}} RCH_2NH_2 \tag{9-74}$$

$$NH_3 + RCOR' \xrightarrow{-H_2O} RR'C = NH \xrightarrow{\text{还原剂}} RR'CHNH_2 \tag{9-75}$$

$$RCH_2NH_2 + RCHO \xrightarrow{-H_2O} RCH = NCH_2R \xrightarrow{\text{还原剂}} \begin{matrix} RCH_2 \\ RCH_2 \end{matrix} \!\!\! \rangle NH \tag{9-76}$$

氨或胺类与醛或酮还原烷基化，脱水缩合和加氢还原同时进行。在硫酸或盐酸等酸性介质中用锌粉还原，甲酸是常用还原剂。RhCl_3 存在下，一氧化碳为还原剂，可制备仲胺和叔胺。

$$RNH_2 + R'CHO + CO \xrightarrow[180℃, 7MPa]{RhCl_3, C_2H_5OH} RNHCH_2R' + CO_2 \tag{9-77}$$

橡胶防老剂 4010NA 的合成，是催化加氢缩合还原烷基化的一例。

$$\tag{9-78}$$

N,N-二甲基十八胺是表面活性剂及纺织助剂的重要品种，其合成是伯胺与甲醛水溶液及甲酸共热：

$$CH_3(CH_2)_{17}NH_2 + 2HCHO + 2HCOOH \longrightarrow CH_3(CH_2)_{17}N(CH_3)_2 + 2CO_2 + 2H_2O \tag{9-79}$$

反应在常压液相条件下进行，胺与甲醛、甲酸的摩尔比为 1∶(5.9～6.4)∶(2.6～2.9)。将乙醇、十八烷基胺分别加入反应釜，搅拌均匀，加入甲酸，加热，至 50～60℃缓慢加入甲醛水溶液，升温，至 80～83℃回流 2h，液碱中和至 pH 值大于 10，静置分层，除去水的粗胺减压蒸馏，产品为 N,N-二甲基十八胺。

三、N-烷基化产物的分离

N-烷基化产物往往是伯、仲、叔胺的混合物。分离胺类混合物的方法有物理法和化学法。

物理分离法是根据 N-烷基化产物沸点不同见表 9-3，多采用精馏方法分离。如果 N-烷基化产物沸点差很小，如 N-甲基苯胺与 N,N-二甲基苯胺沸点差仅 2℃，普通精馏难以分离，则需用化学分离法。

表 9-3 苯胺 N-乙基化产物组成及其沸点

组成	沸点/℃	组成	沸点/℃
苯胺	184	N-乙基苯胺	204.7
N,N-二乙基苯胺	216.3		

化学分离法是根据 N-烷基芳胺的化学性质差异分离的。例如，用光气处理烷基芳胺混合物。在碱性试剂存在下，光气与伯胺、仲胺低温酰化生成不溶性酰化物：

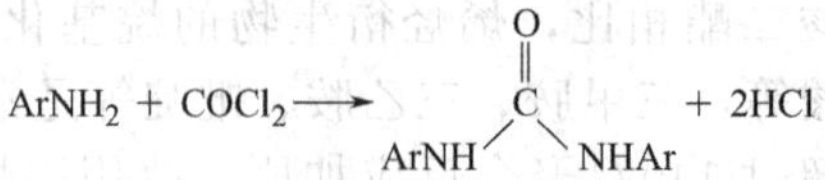

$$ArNH_2 + COCl_2 \longrightarrow \underset{ArNH}{\overset{\overset{O}{\parallel}}{C}} NHAr + 2HCl \tag{9-80}$$

$$ArNHR + COCl_2 \longrightarrow Ar\underset{R}{\overset{\overset{O}{\parallel}}{N}}\underset{Cl}{C} + HCl \tag{9-81}$$

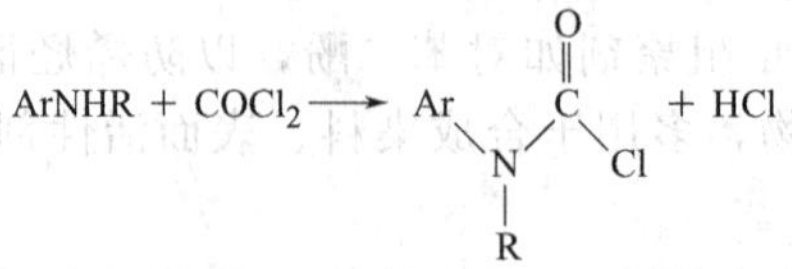

叔胺不与光气反应，稀盐酸可使之溶解，滤出不溶性酰化物，用稀酸在 100℃ 下水解，只有仲胺酰化物水解：

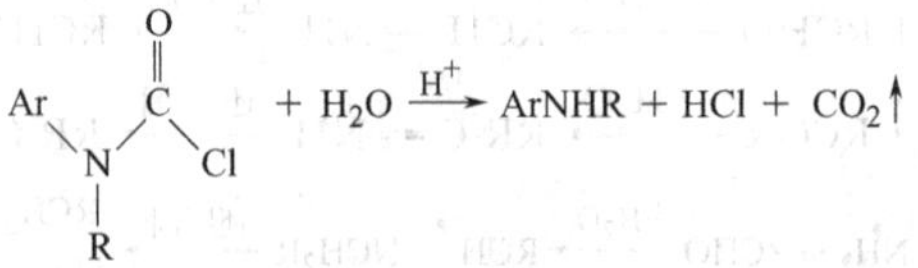

$$Ar\underset{R}{\overset{\overset{O}{\parallel}}{N}}\underset{Cl}{C} + H_2O \xrightarrow{H^+} ArNHR + HCl + CO_2\uparrow \tag{9-82}$$

滤出伯胺生成的二芳基脲，二芳基脲在碱性介质中用过热蒸汽水解，得伯胺。

化学分离法产品纯度较高，几乎为纯品，但是消耗化学原料，成本较高。

四、N-烷基化过程

橡胶加工助剂对苯二胺类化合物，对橡胶氧化、臭氧老化、屈服疲劳、热老化等具有良好的防护作用，是重要的橡胶防老剂。

对苯二胺类防老剂的结构通式如下：

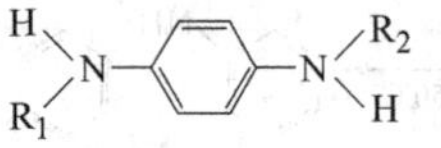

（R$_1$，R$_2$可以是烷基，也可以是芳基）

对苯二胺类防老剂的合成，一般以 4-氨基二苯胺及其衍生物为被烷化物，酮类化合物为烷化剂，应用缩合-还原型 N-烷基化法生产，主要品种有防老剂 4010、防老剂 4010NA、防老剂 4020 等。

防老剂 4010（N-环己基-N′-苯基对苯二胺）是高效防老剂，用于天然橡胶和丁苯、氯丁、丁腈、顺丁等合成橡胶，也可用于燃料油，纯品为白色粉末，密度为 1.29g/cm³，熔点为 115℃，易溶于苯，难溶于油，不溶于水。

防老剂 4010 是以 4-氨基二苯胺为被烷基化物，环己酮为烷化剂，经高温脱水生成亚胺，然后用甲酸还原，得产物 N-环己基-N′-苯基对苯二胺：

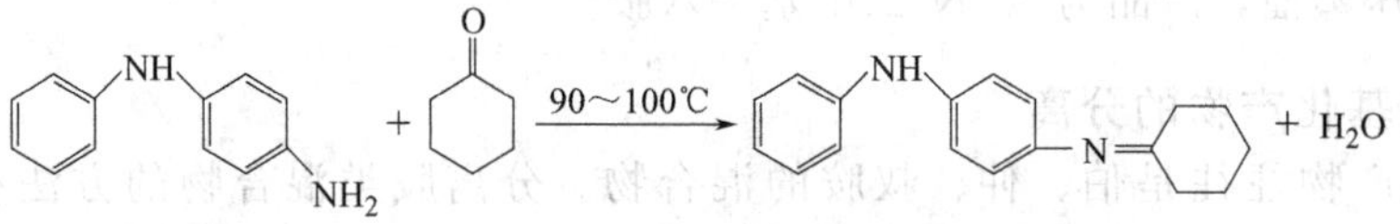

$$\tag{9-83}$$

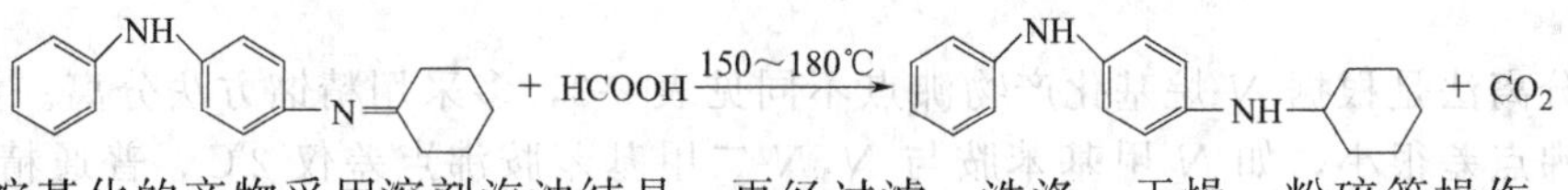

$$\tag{9-84}$$

还原烷基化的产物采用溶剂汽油结晶，再经过滤、洗涤、干燥、粉碎等操作，即得产品防老剂 4010。主要原材料规格及其消耗定额见表 9-4。

表 9-4　防老剂 4010 生产原材料的规格及其消耗定额

原材料名称	规　　格		消耗定额		原材料名称	规　　格		消耗定额	
4-氨基二苯胺	凝固点/℃	68	t/t 产品	0.93	溶剂汽油	标号	120	t/t 产品	0.45
环己酮	纯度/%	97.5	t/t 产品	0.62	甲酸	纯度/%	85	t/t 产品	0.274

防老剂 4010 的生产工艺流程如图 9-5 所示。

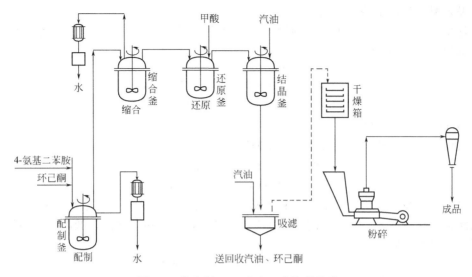

图 9-5 防老剂 4010 生产工艺流程示意

将定量的 4-氨基二苯胺和环己酮加入配制釜，启动搅拌、升温，在 110℃时开始脱去部分水，然后将混合物料打入缩合反应釜，进一步升温，在 150～180℃继续脱水缩合，至缩合反应结束，待缩合物料冷却，送至还原反应釜。当还原反应釜温度降至 90℃时，滴加甲酸进行还原反应，还原反应结束，用真空泵将还原物料抽至盛有 120 号溶剂汽油的结晶釜，冷却结晶，将结晶物料放至抽滤罐，吸滤、洗涤，滤饼送干燥器干燥，干燥后的物料经粉碎、过筛，得成品防老剂 4010。

第四节 *O*-烷基化及 *O*-芳基化

O-烷基化和 *O*-芳基化指在醇或酚羟基上引入烷基或芳基，合成二烷基醚、烷基芳醚或二芳基醚的化学过程。

一、*O*-烷基化

O-烷基化产物是二烷基醚和烷基芳基醚，或带取代基的醚类。*N*-烷基化试剂均可用于 *O*-烷基化。酚羟基不活泼，*O*-烷基化需卤烷、硫酸酯和磺酸酯及环氧乙烷作烷化剂，个别情况用甲醇、乙醇等。

1. 用醇类 *O*-烷基化

对称二烷基醚，如乙醚、正丙醚、异丙醚、正丁醚、正戊醚、异戊醚和正己醚等，由相应醇类 *O*-烷基化制取。在大量浓硫酸存在下，醇先与浓硫酸生成酸性硫酸酯，再与醇生成醚：

$$C_2H_5OH + HO\!-\!SO_3H \xrightarrow{70℃} C_2H_4OSO_3H + H_2O \tag{9-85}$$

$$C_2H_5OSO_3H + HO\!-\!C_2H_5 \xrightarrow{130\sim135℃} C_2H_5OC_2H_5 + H_2SO_4 \tag{9-86}$$

醇易脱水生成烯烃，故温度不宜太高。硫酸用量取决于醇，摩尔质量相同的醇，伯醇酸用量较大，仲醇酸用量较少；苄醇、烯丙醇、α-羰基醇等，只需少量硫酸或盐酸。

活泼酚类也可以醇作烷化剂，如 2-萘酚用醇 *O*-烷基化：

$$\text{（结构式）} + C_2H_5OH \xrightarrow[\text{回流}]{\text{浓硫酸}} \text{（结构式）} + H_2O \tag{9-87}$$

2-萘酚与乙醇按 1∶4 的摩尔比混合溶解，之后逐渐加入 0.1mol 浓硫酸，加热回流，产物是 2-萘乙醚（香料耶拉耶拉）。

在催化剂作用下，二元醇分子内脱水合成环醚。例如 1,4-丁二醇以硫酰胺作催化剂合成四氢呋喃，产率为 92%。

$$\begin{array}{c} CH_2{-}CH_2 \\ | \qquad | \\ CH_2 \quad CH_2 \\ | \qquad | \\ OH \quad HO \end{array} \xrightarrow{(NH_2)_2SO_2} \square_O + H_2O \qquad (9\text{-}88)$$

2. 用卤烷 *O*-烷基化

在碱作用下醇或酚生成烷氧负离子或酚钠盐：

$$ROH + NaOH \Longrightarrow RONa + H_2O \qquad\qquad (9\text{-}89)$$

$$ArOH + NaOH \Longrightarrow ArONa + H_2O \qquad\qquad (9\text{-}90)$$

其操作是将酚溶于稍过量的苛性钠水溶液，或在醇中加入金属钠、氢氧化钠、氢氧化钾、碳酸钠或碳酸钾等，在不太高的温度下加入适量卤烷，卤烷沸点较低需用压热釜，例如对二甲氧基苯的合成：

$$\underset{OH}{\overset{OH}{\bigcirc}} + 2NaOH + 2CH_3Cl \xrightarrow[0.4\sim0.6MPa, 75℃]{水} \underset{OCH_3}{\overset{OCH_3}{\bigcirc}} + 2NaCl + 2H_2O \qquad (9\text{-}91)$$

如醇与卤烷不活泼，可将醇制成无水醇钠，再与卤烷作用以避免水解；若氯烷不活泼，可加适量碘化钠使氯烷转化为活性较高的碘烷。在适量甲醇钠及少量碘化钠存在下，苯酚与 3-氯丙烯合成苯丙烯醚：

$$\overset{OH}{\bigcirc} + CH_3ONa \Longrightarrow \overset{ONa}{\bigcirc} + CH_3OH \qquad (9\text{-}92)$$

$$CH_2{=}CHCH_2Cl + NaI \longrightarrow CH_2{=}CHCH_2I + NaCl \qquad (9\text{-}93)$$

$$\overset{ONa}{\bigcirc} + CH_2{=}CHCH_2I \xrightarrow{50\sim60℃} \overset{OCH_2CH{=}CH_2}{\bigcirc} + NaI \qquad (9\text{-}94)$$

苯酚的活性高于甲醇，甲醇不发生 *O*-烷基化；甲醇钠可使酚形成苯氧负离子，又作为缚酸剂。

酚与卤烷使用相转移催化剂，反应非常顺利。例如：

$$\overset{OH}{\bigcirc} + CH_3I + KOH \xrightarrow[CH_2Cl_2, H_2O]{聚乙二醇\text{-}400} \overset{OCH_3}{\bigcirc} + KI + H_2O \qquad (9\text{-}95)$$

$$\overset{OH}{\bigcirc} + C_8H_{17}Br + KOH \xrightarrow[10℃, 0.5h]{聚乙二醇\text{-}400} \overset{OC_8H_{17}}{\bigcirc} + KBr + H_2O \qquad (9\text{-}96)$$

3. 用酯类 *O*-烷基化

硫酸酯和磺酸酯是高沸点、高活性的烷化剂，用于产值高、批量小的产品合成。反应在碱性催化剂存在下进行：

$$\overset{OH}{\bigcirc} + (CH_3O)_2SO_2 \xrightarrow[10℃]{NaOH} \overset{OCH_3}{\bigcirc} + CH_3OSO_3Na \qquad (9\text{-}97)$$

$$\overset{C_2H_4OH}{\bigcirc} + (CH_3O)_2SO_2 \xrightarrow[NaOH]{n\text{-}C_4H_9]_4N^+\cdot I} \overset{C_2H_4OCH_3}{\bigcirc} + CH_3OSO_3Na \qquad (9\text{-}98)$$

用硫酸二乙酯 *O*-烷基化，无需碱催化剂；醇或酚分子中的羰基、氰基、羧基及硝基对反应无影响。

此外，原甲酸酯、草酸二烷酯、羧酸酯也可作烷化剂。

4. 用环氧乙烷 *O*-烷基化

在酸或碱作用下，环氧乙烷与醇开环生成羟基醚。酸性催化剂，常用三氟化硼及其乙醚配合物、酸性氧化铝等；碱性催化剂，常用固体氢氧化钠和氢氧化钾。催化剂不同，反应历程和产物也不同。

$$RCH\!-\!CH_2 \xrightarrow{H^+} [\overset{+}{R}CHCH_2OH] \xrightarrow{R'OH} \underset{OR'}{RCHCH_2OH} + H^+ \tag{9-99}$$

$$RCH\!-\!CH_2 \xrightarrow{R'O^-} \left[\underset{O^-}{RCHCH_2OR'}\right] \xrightarrow{R'OH} \underset{OH}{RCHCH_2OR'} + R'O^- \tag{9-100}$$

高级脂肪醇聚氧乙烯醚是非离子型表面活性剂，其合成是将高级脂肪伯醇与其质量1%左右的氢氧化钠配成的溶液混合，在真空下逐渐升温至110～120℃，经真空脱水，氮气置换，再升温至150℃，开始压入环氧乙烷，保持压力0.1～0.2MPa，用环氧乙烷通入量控制聚合度，在160～180℃反应至终点，冷却至60～80℃，用乙酸中和，再用少量双氧水漂白，即得脂肪醇聚醚。

$$ROH + n\, CH_2\!-\!CH_2 \xrightarrow[160\sim180℃]{NaOH} RO(C_2H_4O)_nH \tag{9-101}$$

十二烷醇与环氧乙烷聚合度为20～22的聚醚是乳化剂O（匀染剂O）。

苯酚或萘酚与环氧乙烷的加成产物，代表性有2-苯氧基乙醇和烷基酚聚氧乙烯醚等。

$$\text{C}_6\text{H}_5\text{OH} + CH_2\!-\!CH_2 \xrightarrow[100℃]{NaOH} \text{C}_6\text{H}_5\text{OC}_2\text{H}_4\text{OH} \tag{9-102}$$

辛基苯酚与其质量1%的NaOH溶液混合，真空脱水，氮气置换，通入环氧乙烷，经中和、漂白，产物为辛基酚聚氧乙烯醚，商品名OP乳化剂。

$$\tag{9-103}$$

式中 *n*＝7～9。

5. 用不饱和烃 *O*-烷基化

用烯烃和炔烃 *O*-烷基化，可在醇羟基上引入烷基制备烷基醚。例如，汽油添加剂甲基叔丁基醚的合成：

$$CH_3OH + CH_2\!=\!C(CH_3)_2 \xrightarrow{H^+} CH_3O\!-\!C(CH_3)_3 \tag{9-104}$$

反应采用固定床反应器，催化剂是强酸性大孔型阳离子交换树脂，甲醇和混合丁烯（含异丁烯45%）混合物，在30～100℃、0.7～1.4MPa下通过固定床层进行 *O*-烷基化，生产甲基叔丁基醚。

在氢氧化钾存在下，乙炔用甲醇、乙醇、异丙醇、正丁醇、异丁醇和2-乙基己醇等 *O*-烷基化，可制得一系列有用的乙烯基醚：

$$ROH + CH\!\equiv\!CH \xrightarrow{KOH} ROCH\!=\!CH_2 \tag{9-105}$$

液相 *O*-烷基化，一般为常压或0.3～2.5MPa，温度为120～180℃，条件随醇的沸点而异。

二、*O*-芳基化

O-芳基化是指醇或酚与卤代芳烃或硝基芳烃制取烷基芳基醚或二芳基醚的过程，若对卤代芳烃或硝基芳烃而言，则称为烷氧基化或芳氧基化。

1. 烷氧基化

烷氧基化是卤代芳烃的卤基或硝基芳烃的硝基被烷氧基置换的过程。芳卤的邻或对位有硝基时，卤原子活泼，置换容易进行。通常，反应在碱存在下进行，例如，对硝基苯甲醚的合成：

$$CH_3OH + NaOH \longrightarrow CH_3O^- Na^+ + H_2O \tag{9-106}$$

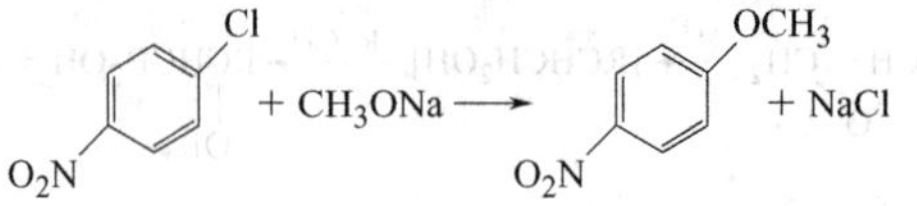

$$\tag{9-107}$$

操作是先将对硝基氯苯和甲醇放至反应釜，而后在 98℃、0.2～0.3MPa 下缓慢滴入40%的氢氧化钠溶液。因为有水生成，为抑制氯基水解，需要使用浓氢氧化钠溶液或无水甲醇钠，甲醇过量多倍；为避免硝基在强碱性条件下被还原成偶氮基，物料装填系数不宜过大，反应釜液面上方保留一定空间，或加入少量弱氧化剂如二氧化锰等。

相转移催化合成烷基芳醚，可显著缩短反应时间，提高转化率和收率。例如对硝基苯乙醚的合成，以季铵盐为相转移催化剂的烷氧基化在常温、常压下进行，对硝基氯苯的转化率可达 99%以上，收率达 92%～94%，反应仅需几个小时。传统合成工艺在 85～88℃、0.2MPa 下需要数十个小时，对硝基氯苯的转化率只有 75%，对硝基苯乙醚的收率只有85%～88%，还存在水解反应，回收能耗大，废液多。

在季铵盐相转移催化剂作用下，硝基芳烃的硝基可被烷氧基置换，例如间硝基苯甲醚的合成。

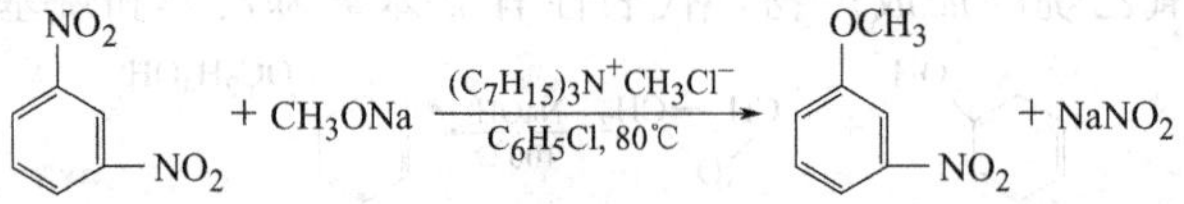

$$\tag{9-108}$$

在过量甲醇、无水碳酸钾存在下，1-硝基蒽醌或 1,5-和 1,8-二硝基蒽醌长时间回流，硝基被烷氧基置换生成相应的甲氧基蒽醌：

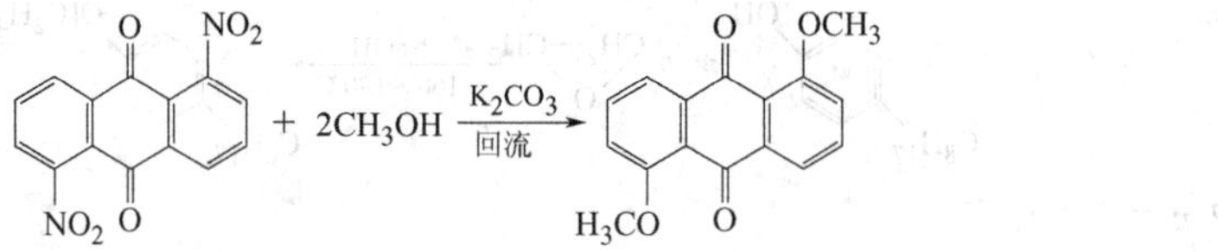

$$\tag{9-109}$$

1,5-和 1,8-二甲氧基蒽醌是合成染料的中间体。

2. 芳氧基化

芳氧基化是卤代芳烃与酚类作用，芳氧基置换卤基制取二芳基醚的过程。通常，卤代芳烃与酚钠盐或酚钾盐作用：

$$ArCl + NaOAr' \longrightarrow ArOAr' + NaCl \tag{9-110}$$

一般需要无水介质及较高温度条件，除非氯代芳烃非常活泼，如 2,4-二硝基氯苯、对硝基氯苯邻磺酸等，才可能在水介质中进行。

在铜盐作用下，190℃氯苯与苯酚钠合成二苯醚：

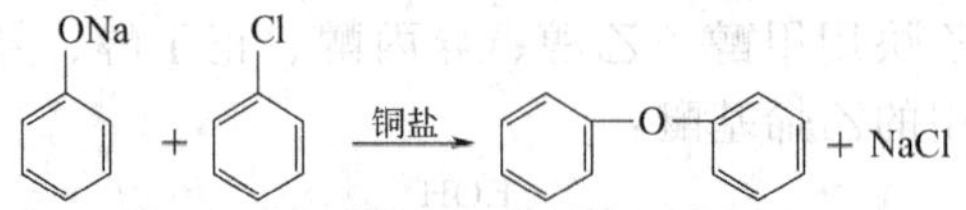

$$\tag{9-111}$$

2,4-二氯-4'-硝基二苯醚是合成除草醚的中间体，在 2,4-二氯苯酚与对硝基氯苯在氢氧化钾存在下，于 190℃合成：

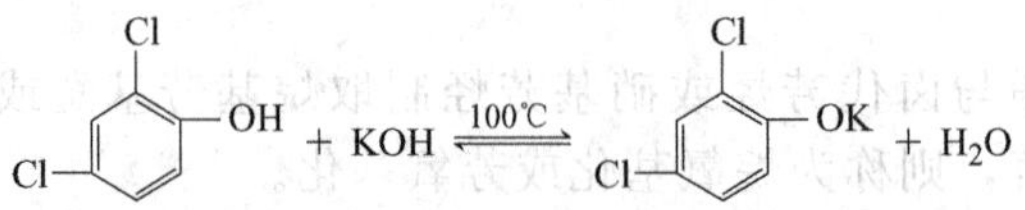

$$\tag{9-112}$$

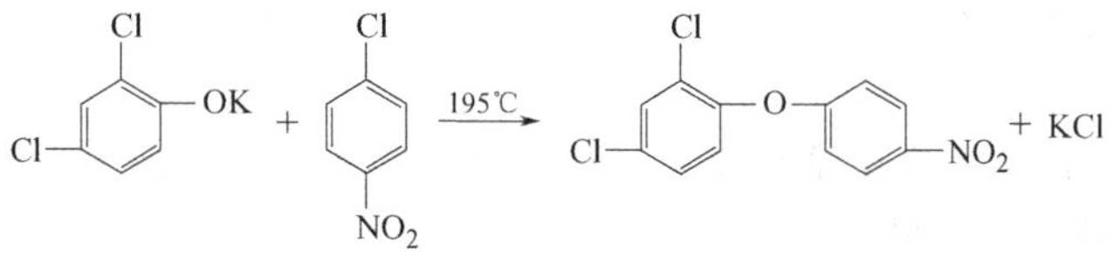

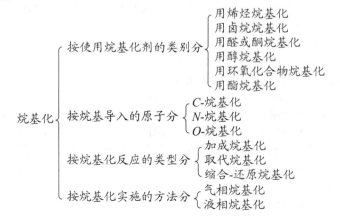

$$(9-113)$$

以过量苯酚或二甲基亚砜为溶剂，蒽醌卤素衍生物与苯酚钾芳氧基化：

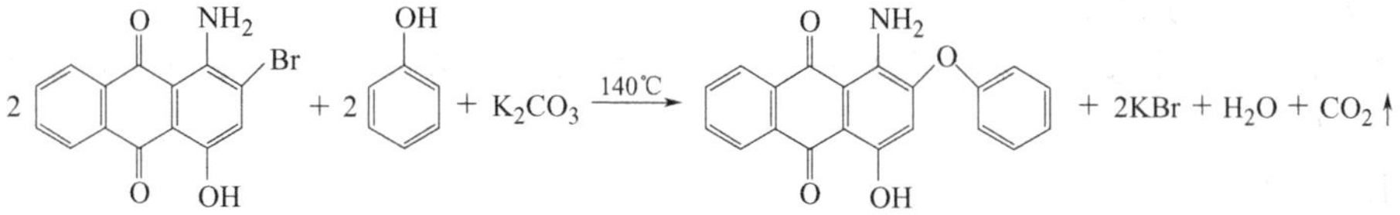

$$+ 2KBr + H_2O + CO_2\uparrow \quad (9-114)$$

产物 1-氨基-2-苯氧基-4-羟基蒽醌，即染料分散红 3B。同样，1,5-和 1,8-二硝基蒽醌与苯酚钾作用，合成染料分散蓝 2BLN 的中间体 1,5-和 1,8-二苯氧基蒽醌：

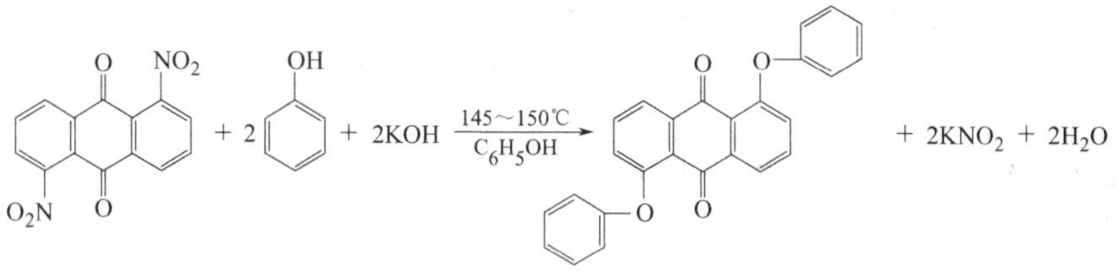

$$+ 2KNO_2 + 2H_2O \quad (9-115)$$

本 章 小 结

一、烷基化及其试剂

1. 烷基化任务

利用烷基化反应，使用烷基化剂，在被烷基化物分子的碳、氮、氧原子上引入烷基，合成烷基衍生物的生产过程。

2. 烷基化反应

通过化学方法，形成新的碳碳、碳氮、碳氧键，延长被烷基化物骨架，改变其化学结构，改善或赋予其新的性能的化学过程。

3. 烷基化剂

（1）主要类别

（2）使用方法

4. 催化剂

二、烷基化分类及实施

1. 烷基化分类

烷基化
- 按使用烷基化剂的类别分
  - 用烯烃烷基化
  - 用卤烷烷基化
  - 用醛或酮烷基化
  - 用醇烷基化
  - 用环氧化合物烷基化
  - 用酯烷基化
- 按烷基导入的原子分
  - C-烷基化
  - N-烷基化
  - O-烷基化
- 按烷基化反应的类型分
  - 加成烷基化
  - 取代烷基化
  - 缩合-还原烷基化
- 按烷基化实施的方法分
  - 气相烷基化
  - 液相烷基化

2. 烷基化过程及其解释

（1）C-烷基化的特点

亲电取代反应，其特点为连串反应、可逆反应、烷基重排和异构化。

（2）N-烷基化的反应类型

取代型、加成型、缩合-还原型。

（3）O-烷基化与O-芳基化

O-烷基化与O-芳基化是在醇或酚羟基上引入烷基或芳基合成二烷基醚、烷基芳醚或二芳基醚的过程。

3. 主要影响因素

（1）被烷基化物

芳香烃及其衍生物：芳环上碳的反应活性及取代基的影响。

脂肪胺或芳香胺及其衍生物：氨基氮原子的反应活性及取代基的影响。

醇或酚类：醇或酚羟基氧原子的反应活性及取代基的影响。

（2）烷基化剂的类别、活性及其使用特点

（3）催化剂的类别、活性及其使用特点

（4）温度与压力

（5）物料配比与加料方式

4. 烷基化实施方法

（1）气相烷基化与固定床反应器

（2）液相烷基化与鼓泡塔、釜式反应器

5. 实施烷基化过程的安全问题

烷基化剂、被烷基化物具有易燃易爆性、毒害性和腐蚀性；烷基化所需的高温和高压条件；物料混配、烷基化液分离、产物重结晶、脱色、过滤、干燥等烷基化操作的特殊性。

三、典型烷基化过程

1. 异丙苯的生产

2. 壬基酚的生产

3. 双酚A的生产

4. 防老剂4010的生产

5. 甲基叔丁基醚的生产

复习与思考

1. 选择题

（1）酸性卤化物是烷基化常用的催化剂，下列酸性卤化物中催化活性最强的是（　　）。

A. $AlCl_3$　　　　　　　B. $FeCl_3$　　　　　　　C. BF_3　　　　　　　D. $ZnCl_2$

（2）下列质子酸中的（　　）催化活性、腐蚀性和毒性最强。

A. 硫酸　　　　　　　B. 氢氟酸　　　　　　　C. 醋酸　　　　　　　D. 磷酸

（3）可使烷基有选择地进入酚羟基邻位的催化剂是（　　）。

A. 氯化铝　　　　　　　B. 苯胺铝　　　　　　　C. 硫酸　　　　　　　D. 苯酚铝

（4）芳烃及其衍生物C-烷基化，反应比较活泼，容易发生聚合、异构化副反应的烷基化剂是（　　）。

A. 醇类　　　　　　　B. 醛或酮　　　　　　　C. 烯烃　　　　　　　D. 卤代烷

（5）使用（　　）作为烷基化剂，在通入前后务必用氮气置换，以确保生产操作安全。

A. 环氧乙烷　　　　　　　B. 甲醛　　　　　　　C. 硫酸二甲酯　　　　　　　D. 氯丁烷

（6）下列氯代烷的（　　）化学活泼性最稳定。

A. 氯化苄　　　　　　　B. 氯甲烷　　　　　　　C. 氯乙烷　　　　　　　D. 叔丁基氯

（7）若在芳环上引入氯甲基，宜采用烷基化剂（　　　）。

A. 一氯甲烷/氯化铝 　　　　　　　　　B. 甲醛-氯化氢/无水氯化锌

C. 二氯甲烷/氯化铝 　　　　　　　　　D. 甲醛-氯化氢/氯化铁

（8）工业合成双酚 A 用的烷基化剂是（　　　）。

A. 甲醛 　　　　　　B. 二氯甲烷 　　　　　　C. 丙酮 　　　　　　D. 异丁烯

（9）C-烷基化的反应特点不包括（　　　）。

A. 连串反应 　　　　B. 可逆反应 　　　　C. 烷基重排异构化 　　D. 催化反应

（10）用于缩合-还原型的 N-烷基化剂是（　　　）。

A. 醛或酮 　　　　　B. 烯烃类 　　　　　C. 环氧化合物 　　　D. 卤烷

2. 讨论说明芳环上已有取代基对 C-烷基化的影响。

3. 无水氯化铝是烷基化常用催化剂，使用氯化铝有哪些注意事项？

4. 液相法合成异丙苯为何使苯过量？

5. 在有机合成中，氯甲基化有何意义？

6. 采用 N-烷基化合成的精细化学品有哪些？举例说明。

7. 何谓 O-烷基化和 O-芳基化？

8. 甲苯、苯胺、苯酚为被烷基化物，用以下烷基化剂烷基化，写出烷基化反应式并注明产物和条件。

（1）甲醇为烷基化剂

（2）甲醛为烷基化剂

（3）丙烯为烷基化剂

（4）环氧乙烷为烷基化剂

（5）氯化苄为烷基化剂

9. 写出下列烷基化反应式并注明产物和条件。

（1）萘、苯胺、苯酚以氯乙酸为烷基化剂的烷基化反应

（2）苯胺或苯酚以丙烯酸（酯）及丙烯腈为烷基化剂的烷基化反应

10. 用卤烷、中性硫酸酯为烷化剂的 N-烷基化，为何要加入碱性物质？

11. 相转移催化烷基化有什么优点？

12. 以苯为起始原料合成以下有机化学品，并注明烷基化条件。

（1）二苯胺

（2）4,4'-二氨基二苯胺

（3）4-氨基-4'-甲氧基二苯胺

（4）4-羟基二苯胺

13. 在用对氨基乙酰苯胺、2-氯-5-硝基苯磺酸合成 4'-乙酰氨基-4-硝基二苯胺-2-磺酸过程中，为何加入氧化镁？可否使用氢氧化钠或碳酸钠？

第十章 氧 化

学习指南

氧化是使用空气氧、纯氧或化学氧化剂，以烃类及其衍生物为原料，利用氧化反应，生产有机化工产品的化学过程。本章重点是催化氧化和化学氧化法。通过本章学习，了解氧化目的、任务和方法；掌握催化氧化和化学氧化的基本原理、一般规律和安全技术。通过空气催化氧化的典型工业实例，掌握催化氧化的主要影响因素、反应设备及技术要求等；化学氧化重点是化学氧化剂种类、使用方法及注意事项。

第一节 概 述

一、氧化及其特点

氧化反应，广义上指失电子的反应；狭义上指增加有机物分子的氧原子或减少氢原子的反应。利用氧化反应，可以生产许多有机化工产品，如醇、醛、酮、羧酸、羧酸酐、环氧化物、过氧化物、酚、醌、腈、苯乙烯、二烯烃等，氧化在有机合成中占有重要的位置。

氧化反应种类较多，分类方法不同。以有机物与氧反应区分，有机物分子引入氧，如乙烯氧化生产环氧乙烷；有机物脱氢或引入氧，如甲苯氧化脱氢制苯甲酸；有机物氧化降解，如萘氧化生产邻苯二甲酸酐；有机物氨氧化，如邻二甲苯氨氧化制取邻苯二腈、丙烯氨氧化生产丙烯腈。

氧化过程是一个复杂的反应系统。氧化条件不同，氧化程度不同，产物不同。通常，氧化产物是多种产物构成的混合物。为提高目的产品的选择性和收率，要求选择适宜的催化剂和氧化方法或氧化剂，严格控制氧化条件。

氧化反应是强放热反应，伴生大量热能。及时移出反应热，有效控制氧化温度，回收利用反应热能，是氧化安全生产的基本要求。

氧化的原料多为挥发性、燃烧性、爆炸性的碳氢化合物，例如，乙烯、丙烯、乙醛、甲醇、乙醇、邻二甲苯、乙苯、萘、蒽等物质。氧化剂可以是空气，也可以是纯氧或化学氧化剂。因此，氧化生产不仅要求氧化装置可靠、安全措施有效，而且需要严格执行安全生产工艺规程。

氧化的生产装置，气相催化氧化常用固定床或流化床反应器；液相催化氧化常用鼓泡塔或釜式反应器。无论何种反应器，均须具有良好的传热设施，配置连锁报警、事故槽、管线、防火、防爆等安全装置。

工业应用最多的氧化剂是空气和纯氧。空气来源丰富、方便、无腐蚀性，但其氧化能力较弱、废气排放量大，需要空气压缩、净化、输送和计量装置，动力消耗高。纯氧作氧化剂，需要空气分离装置，反应条件要求较高。小型氧化生产装置或实验装置，常使用氧气钢瓶。

小批量的精细化学品合成所需氧化操作，常用化学氧化剂，如高锰酸钾、六价铬的衍生物、高价金属氧化物、硝酸、双氧水和有机过氧化物等。

二、主要氧化过程及其产品

一些主要的氧化过程及其产品见表 10-1。

表 10-1 一些主要氧化过程及其产品

氧化产品	主要原料	氧化过程	催化剂及主要条件	备注
环氧乙烷	乙烯	气相催化反应	$Ag/a\text{-}Al_2O_3$,$220\sim260℃$	
丙烯醛	丙烯	气相催化反应	$Mo\text{-}Bi\text{-}Fe\text{-}Co\text{-}O/SiO_2$	
丙烯酸	丙烯	气相催化反应	$Co\text{-}Mo\text{-}O/SiO_2$	
丙烯腈	丙烯	气相催化反应	$P\text{-}Mo\text{-}Bi\text{-}O/SiO_2$	氨氧化
甲醛	甲醇	气相催化反应	Ag,$620℃$ 或 $Mo\text{-}Fe\text{-}O$ 或 $Mo\text{-}Bi\text{-}O$	
顺丁烯二酸酐	苯	气相催化反应	$V\text{-}M\text{-}O/SiO_2$,$400℃$	
邻苯二甲酸酐	邻二甲苯	气相催化反应	V_2O_5,$400℃$	
醋酸乙烯酯	乙烯,醋酸	气相催化反应	$Pd\text{-}Au\text{-}KAc/SiO_2$	乙酰基氧化
1,2-二氯乙烷	乙烯,氯化氢	气相催化反应	$CuCl_2/载体$	氧氯化
对苯二酸	对二甲苯	液相催化反应	醋酸钴,醋酸锰	醋酸溶剂
醋酸,醋酐	乙醛	液相催化反应	醋酸钴,醋酸锰	
丙酸	丙醛	液相催化反应	丙酸钴	
环己醇,环己酮	环己烷	液相催化反应	环烷酸钴	
苯甲酸	甲苯	液相催化反应	环烷酸钴	
叔丁基过氧化氢	异丁烷	液相反应	$125\sim140℃$,$0.5\sim4MPa$	
乙苯过氧化氢	乙苯	液相反应	$135\sim150℃$	
异丙苯过氧化氢	异丙苯	液相反应	$107℃$,$0.5\sim1MPa$	
过氧化氢	烷基氢蒽醌	液相反应	$40\sim50℃$,$0.15\sim0.3MPa$	

三、氧化方法

氧化的方法,主要有催化氧化、化学氧化、电解氧化及生物氧化。催化氧化法和化学氧化法是工业广泛采用的方法。

有机物在室温下与空气接触,即使没有催化剂,氧化反应也能进行,但反应速率缓慢,产物复杂。为提高反应选择性,加快反应速率,工业生产使用催化剂进行氧化。催化氧化是有催化剂存在、在一定条件(压力和温度)下,有机物以空气或氧气为氧化剂,进行氧化的过程。根据氧化反应物的聚集状态不同,催化氧化分为液相催化氧化和气相催化氧化。

液相催化氧化法是在含有催化剂的液态有机物中,通入空气(氧)进行的气液相催化氧化过程,氧化温度一般在 100℃ 左右;液相氧化的最初产物是有机过氧化物,如果氧化条件下过氧化物是稳定的,即为氧化最终产物;若不稳定将进一步氧化成醇、醛、酮、酸等物质。

气相催化氧化法是有机化合物蒸气与空气(或纯氧)的混合物,在一定压力、温度、配比等条件下,通过固体催化剂颗粒构成的床层进行的气固相催化氧化过程。催化剂床层可以是静止的固定床层,也可以是流化的流化床层。气相催化氧化温度一般在 $200\sim400℃$。

催化氧化法不消耗化学氧化剂,生产能力大,环境污染较小,适宜大吨位产品生产。

化学氧化是使用化学氧化剂的氧化过程,所用氧化剂是除空气和氧气以外的化学物质,如过氧化氢、高锰酸钾、二氧化锰、三氧化铬等物质。化学氧化法条件温和、反应选择性高,但其氧化剂价格高,原子利用率低,"三废"治理困难,环境问题严重。

电解氧化是利用电化学原理进行的氧化方法。被氧化物溶液或悬浮液,在电流作用下,负离子向阳极迁移失去电子,使原子价减少从而获得氧化产品的过程。

与化学氧化或催化氧化相比,电解氧化条件比较温和,反应选择性较高,所用化学药品比较简单,产物容易分离,产品纯度高,"三废"污染较少;但电能消耗高,需解决电解槽的电极和隔膜材料等设备和技术问题。

微生物氧化法,条件温和、"三废"少、选择性高,日益受到重视。

第二节 液相催化氧化

液相催化氧化即气-液相氧化反应，习惯称液相氧化反应。液相催化氧化：反应物与催化剂处于同相，反应选择性好，氧化条件温和，反应平稳，氧化深度可以控制，设备简单，生产能力较高，但催化剂多为贵金属，需要分离回收，有机酸对设备腐蚀严重，氧化液后处理比较困难，故其应用也有一定的局限性。

一、液相催化氧化的工业实例

空气液相催化氧化，可以生产多种化工产品，如有机过氧化物、脂肪醇、醛或酮、羧酸等。以下是一些代表性的空气液相催化氧化过程。

1. 直链烷烃氧化生产高级脂肪醇

高级脂肪醇是阴离子表面活性剂的重要原料，直链烷烃是高碳数正构烷烃混合物，又称液体石蜡。在硼酸保护剂、0.1% KMnO₄ 存在下，直链烷烃在常压、165～170℃下通空气氧化 3h，烷烃单程转化率为 35%～45%，氧化液处理后，减压蒸馏，回收未反应的烷烃，硼酸烷基酯水解得高级脂肪醇。

氧化过程加入硼酸，目的是仲烷基过氧化物分解为仲醇后，立即与硼酸作用生成硼酸酯，防止仲醇进一步氧化。

$$R-CH_2-R' \xrightarrow{O_2} R-CH \underset{仲烷基过氧化物}{\overset{R'}{\underset{H}{\bigg|}}} O-O-H \tag{10-1}$$

$$R-CH\overset{R'}{\underset{O-O-H}{\bigg|}} + R-CH_2-R' \longrightarrow 2R-CH\overset{R'}{\underset{OH}{\bigg|}} \quad 仲醇 \tag{10-2}$$

$$3R-CH\overset{R'}{\underset{OH}{\bigg|}} + H_3BO_3 \underset{水解}{\overset{酯化}{\rightleftharpoons}} \left(R-CH\overset{R'}{\underset{O}{\bigg|}}\right)_3 B + 3H_2O \tag{10-3}$$

2. 环己烷催化氧化生产己二酸

己二酸是制造尼龙 66、聚氨酯泡沫塑料、增塑剂、涂料等的原料。己二酸生产以环己烷为原料，醋酸作溶剂，环己酮为引发剂，醋酸钴为催化剂，空气为氧化剂，在 90～95℃、1.96～2.45MPa 下进行液相催化氧化。

$$\bigcirc + O_2 \xrightarrow[90～95℃, 1.96～2.45MPa]{醋酸钴} HOOC(CH_2)_4COOH \tag{10-4}$$

氧化液经回收未反应的环己烷、醋酸及醋酸钴，冷却、结晶，离心分离，重结晶、分离、干燥后得己二酸产品。

3. 甲苯液相催化氧化生产苯甲酸

苯甲酸是制造食品防腐剂、增塑剂、染料、医药及香料的中间体。苯甲酸生产是以甲苯为原料，醋酸钴为催化剂，空气为氧化剂，在 150～170℃、1MPa 下，进行液相催化氧化生产的。

$$\bigcirc\!\!-CH_3 + 1.5 O_2 \xrightarrow{醋酸钴} \bigcirc\!\!-COOH + H_2O \tag{10-5}$$

催化剂用量约为 0.005%～0.01%，反应器为鼓泡式氧化塔，物料混合借助空气鼓泡及塔外冷却循环，生产工艺流程如图 10-1 所示。

甲苯与回收甲苯、苯甲醇和苯甲醛汇合，2%醋酸钴溶液以及空气，分别由氧化塔底部连续通入；氧化液由氧化塔上部溢流采出，氧化液中苯甲酸含量在 35% 左右。氧化液由汽

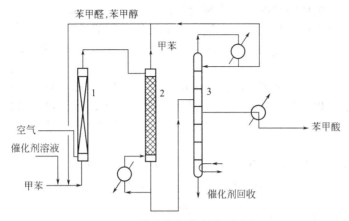

图 10-1 甲苯液相氧化制苯甲酸流程

1—氧化反应塔；2—汽提塔；3—精馏塔

提塔 2 汽提回收甲苯，回收的甲苯返回氧化塔，汽提塔釜液送入精馏塔 3 分离；精馏塔顶采出的苯甲醇、苯甲醛返回氧化塔，侧线采出苯甲酸，釜液主要是苯甲酸苄酯和焦油状物、催化剂钴盐等，钴盐再生后可重复使用。

氧化塔尾气夹带甲苯，冷却后用活性炭吸附，吸附的甲苯用水蒸气吹出回收，活性炭得以再生。苯甲酸收率按甲苯计为 $97\% \sim 98\%$，产品纯度达 99% 以上。

氧化液也可用四个精馏塔分离，以回收甲苯、轻组分、苯甲醛和苯甲酸。

4. 异丙苯氧化生产过氧化氢异丙苯

过氧化氢异丙苯（CHP）的主要用途是生产苯酚、丙酮。过氧化氢异丙苯的生产，由以异丙苯为原料，空气氧化剂，经液相催化氧化而得。

$$\text{（结构式反应）} \qquad -\Delta H_{298}^{\ominus} \tag{10-6}$$

$$\Delta H_{298}^{\ominus}=116\text{kJ/mol}$$

在反应条件下，过氧化氢异丙苯比较稳定，可作为液相氧化的最终产物。过氧化氢异丙苯受热易分解，氧化温度要求控制在 110℃ 左右，不得超过 120℃，否则易引起事故。过氧化氢异丙苯即引发剂，保持其一定浓度，反应可连续进行，不必外加引发剂。

氧化使用鼓泡塔反应器，塔内由筛板分成数段，以增强气液相接触，塔外设循环冷却器以移出反应热，采用多塔串联流程，如图 10-2 所示。

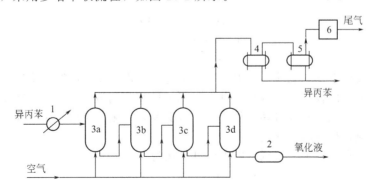

图 10-2 采用多塔串联反应器异丙苯自氧化制备过氧化氢异丙苯的工艺流程

1—预热器；2—过滤器；3a~3d—氧化反应器；4,5—冷却器；6—尾气处理装置新鲜的异丙苯、循环的异丙苯及助剂碳酸钠，由第一反应器 3a 加入，依次通过各台反应器，每台氧化反应器均由底部鼓入空气，氧化尾气由顶部排出，经冷却器 4、5 回收夹带的异丙苯后放空；含有过氧化氢异丙苯的氧化液，由最后一台氧化塔 3d 排出，经过滤器送下一工序。

氧化反应温度控制，逐台依次降低，由第一台的 115℃ 至第 4 台的 90℃，以控制各台的转化率；氧化液过氧化氢异丙苯的浓度（质量分数）控制，逐台增加依次为：9%～12%，15%～20%，24%～29%，32%～39%，反应总停留时间为 6h，过氧化氢异丙苯的选择性为 92%～95%。

在酸性催化剂作用下，过氧化氢异丙苯分解为苯酚和丙酮：

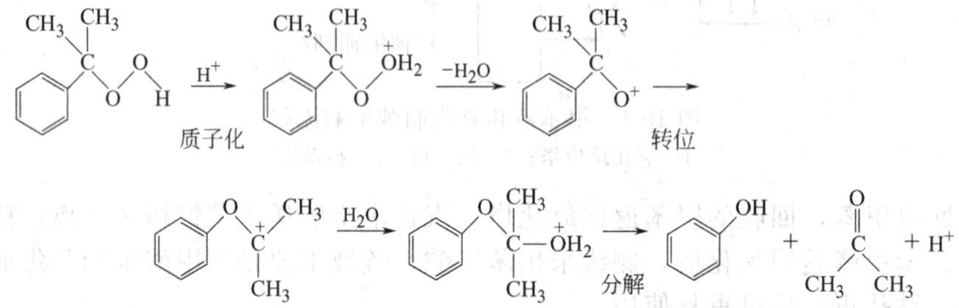

$$\tag{10-7}$$

异丙苯氧化-酸解生产苯酚和丙酮是工业上重要的方法，每生产 1t 苯酚联产 0.6t 丙酮，其合成路线为：

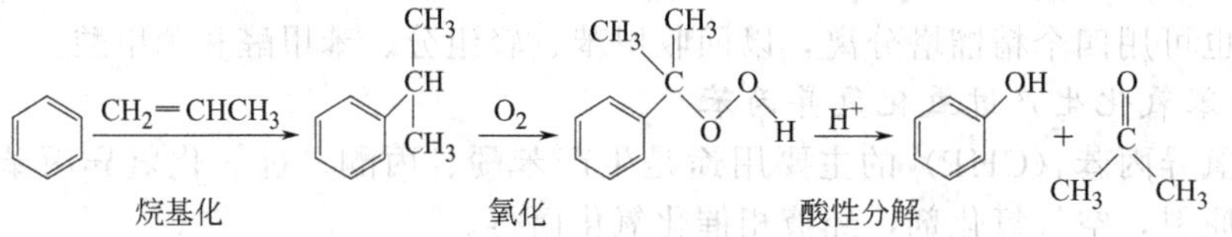

$$\tag{10-8}$$

二、液相催化氧化过程解释

液相催化氧化是一个气液相反应过程。氧化剂空气为气相，被氧化物及催化剂溶液构成液相，气相空气氧通过扩散进入液相，在液相催化剂作用下，溶解氧与被氧化物在液相进行氧化反应。故液相催化氧化过程包括液相中的氧化反应历程和空气氧从气相扩散并溶解于液相的过程。

1. 氧化反应的历程

液相空气氧化属自由基反应，氧化反应由链引发、链传递和链终止三个步骤构成。

（1）链引发　在光照、热及可变价金属盐或自由基 X· 作用下，被氧化物 R—H 发生 C—H 键均裂，产生自由基 R·。

$$R-H \xrightarrow{能量} R· + H· \tag{10-9}$$

$$R-H + Co^{3+} \longrightarrow R· + H^+ + Co^{2+} \tag{10-10}$$

$$R-H + X· \longrightarrow R· + HX \tag{10-11}$$

若无催化剂或引发剂，氧化初期 R—H 反应速率缓慢，R· 需要很长时间才能积累一定的量，氧化反应方能以较快速率进行。自由基 R· 的积累时间，称作"诱导期"。诱导期之后，氧化反应加速，此现象称自动氧化反应。链引发是氧化反应的控制步骤，加入催化剂或引发剂，可缩短氧化反应的诱导期。

（2）链传递　自由基 R· 与氧作用生成过氧化物：

$$R· + O_2 \longrightarrow R-O-O· \tag{10-12}$$

$$R-O-O· + R-H \longrightarrow R-O-OH + R· \tag{10-13}$$

由式(10-12)、式(10-13)，R—H 连续产生自由基 R·，并不断被氧化成有机过氧化氢物。

（3）链终止 两个自由基结合，形成共价键，生成氧化产物：

$$R\cdot + R\cdot \longrightarrow R-R \tag{10-14}$$

$$R\cdot + R-O-O\cdot \longrightarrow R-O-O-R \tag{10-15}$$

显然，随着自由基的销毁，链反应的终止，氧化反应速率减慢。

在反应条件下，有机过氧化物稳定，则为最终产物；若其不稳定，可进一步分解，产生醇、醛、酮或羧酸等产物。

① 有机过氧化物分解为醇：

$$\underset{\text{有机过氧化物}}{R-\overset{\overset{H}{|}}{\underset{\underset{H}{|}}{C}}-O-O-H} + \underset{\text{被氧化的烃}}{R-CH_2-H} \longrightarrow \underset{\text{醇}}{R-CH_2-OH + HO\cdot + \overset{\overset{H}{|}}{\underset{\underset{H}{|}}{C}}-R} \tag{10-16}$$

② 有机过氧化物分解为醛（或酮）：

$$\underset{\text{有机过氧化自由基}}{R-\overset{\overset{H}{|}}{\underset{\underset{H}{|}}{C}}-O-O\cdot + Co^{2+}} \longrightarrow \underset{\text{醛}}{\overset{R}{\underset{H}{>}}C=O + OH^- + Co^{3+}} \tag{10-17}$$

③ 有机过氧化物分解为羧酸：

$$\overset{R}{\underset{H}{>}}C=O + Co^{3+} \longrightarrow R-\dot{C}=O + H^+ + Co^{2+} \tag{10-18}$$

$$R-\dot{C}=O + O_2 \longrightarrow R-\overset{\overset{O}{\|}}{C}-O-O\cdot \tag{10-19}$$

$$R-\overset{\overset{O}{\|}}{C}-O-O\cdot + R-\overset{\overset{H}{|}}{\underset{\underset{H}{|}}{C}}-H \longrightarrow \underset{\text{有机过氧化羧酸}}{R-\overset{\overset{O}{\|}}{C}-O-OH} + R-\overset{\overset{H}{|}}{\underset{\underset{H}{|}}{C}}\cdot \tag{10-20}$$

$$R-\overset{\overset{O}{\|}}{C}-O-OH + Co^{2+} \longrightarrow R-\overset{\overset{O}{\|}}{C}-O\cdot + OH^- + Co^{3+} \tag{10-21}$$

$$R-\overset{\overset{O}{\|}}{C}-O\cdot + R-\overset{\overset{H}{|}}{\underset{\underset{H}{|}}{C}}-H \longrightarrow \underset{\text{羧酸}}{R-\overset{\overset{O}{\|}}{C}-OH} + R-\overset{\overset{H}{|}}{\underset{\underset{H}{|}}{C}}\cdot \tag{10-22}$$

实际生成醇、醛、酮、过氧化羧酸和羧酸的氧化反应，十分复杂。

2. 空气或纯氧的扩散过程

液相催化氧化是一个气液相反应过程：

$$\text{氧气（气相）} + \text{氧化产物（液相）} \longrightarrow \text{产物（液相）} \tag{10-23}$$

其过程可表述如下：

① 空气氧或纯氧由气相主体向气液相界面扩散，并在界面处溶解；

② 界面溶解氧向液相内部扩散；

③ 溶解氧与液相中被氧化物反应，生产氧化产物；

④ 氧化产物向其浓度下降方向扩散。

可见，空气氧或纯氧的扩散及溶解是液相催化氧化的前提。空气氧或纯氧的扩散、溶解是物理过程，可以双膜模型（图 10-3）解释。图中，p_{O_2} 为气相主体中氧分压，MPa；$p_{O_2,i}$ 为相界面处氧分压，MPa；c_{O_2} 为液相主体中氧浓度，mol/m^3；$c_{O_2,i}$ 为气液相界面氧浓度，

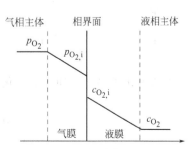

图 10-3 氧气扩散传递模型示意

mol/m^3。

在相界面，气液相达到平衡：

$$p_{O_2,i} = H_{O_2} c_{O_2,i}$$

式中　H_{O_2}—亨利系数，$Pa \cdot m^3/mol$。

影响空气氧或纯氧扩散的因素，主要是氧气分压、气膜厚度、温度和压力；影响空气氧或纯氧溶解的因素，主要是液相反应物对氧的溶解性、氧气分压、温度和压力等。为使空气氧或纯氧均匀分散并溶解在液相，以利于其在液相中反应，一般采取提高气流速度，增强液相湍动程度，增加相接触面积，进而提高氧的扩散、溶解速度。

三、主要影响因素

1. 催化剂

空气液相氧化多在催化剂存在下进行。催化剂的作用是促使自由基产生，以缩短反应的诱导期。

常用的催化剂是可变价金属盐类，它利用可变价金属的电子转移，使被氧化物在较低温度下产生自由基；反应产生的低价金属离子再氧化为高价金属离子，反应过程中不消耗，见式(10-24)、式(10-25)。可变价金属催化剂，如钴、铜、锰、钒、铬、铅的水溶性或油溶性羧酸盐，如醋酸钴、丁酸钴、环烷酸钴、醋酸锰等，钴盐最常用水溶性的醋酸钴、油溶性的环烷酸钴、油酸钴，其用量一般是被氧化物的百分之几至万分之几。

在铬、锰催化剂中加入溴化物，可以提高催化能力。

$$RCH_3 + Co^{3+} \longrightarrow RCH_2 \cdot + Co^{2+} + H^+ \tag{10-24}$$

$$RCH_2OOH + Co^{2+} \longrightarrow RCH_2O \cdot + Co^{3+} + OH^- \tag{10-25}$$

添加溴化物，产生的溴自由基，促进链的引发：

$$HBr + O_2 \longrightarrow Br \cdot + H - O - O \cdot \tag{10-26}$$

$$NaBr + Co^{3+} \longrightarrow Br \cdot + Na^+ + Co^{2+} \tag{10-27}$$

$$RCH_3 + Br \cdot \longrightarrow RCH_2 \cdot + HBr \tag{10-28}$$

可变价金属离子能促进有机过氧化氢的分解，若制备有机过氧化氢物或过氧化羧酸，不宜使用可变价金属盐催化剂。

引发剂可在较低温度下产生活性自由基，进而与被氧化物作用产生烃自由基，引发氧化反应，常用引发剂如偶氮二异丁腈、过氧化苯甲酰等。异丙苯氧化产物——过氧化氢异丙苯也有引发作用。

2. 被氧化物的结构

被氧化物的碳氢键均裂形成自由基的难易程度，与被氧化物的结构有关。一般来说，叔碳氢（R_3CH）键均裂最易，仲碳氢键（R_2CH_2）均裂次之，伯碳氢键（RCH_3）均裂最难。

例如，2-异丙基甲苯氧化主要生成叔碳过氧化氢化物：

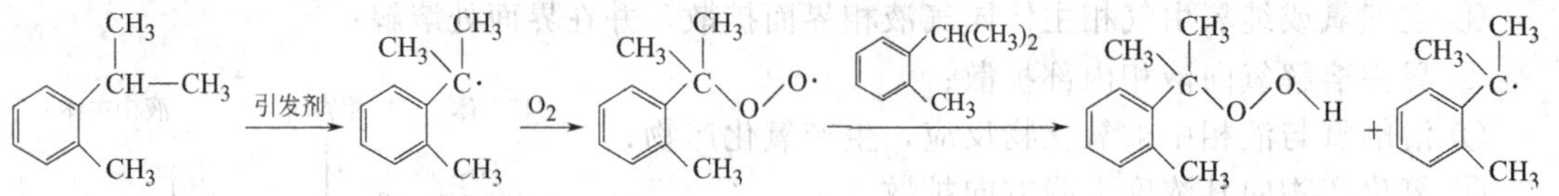

$$\tag{10-29}$$

乙苯氧化主要生成仲碳过氧化氢化物：

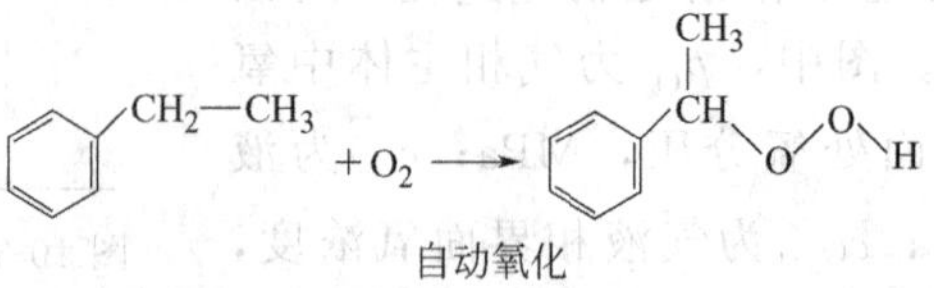

$$\tag{10-30}$$

自动氧化

3. 原料质量

原料质量影响氧化反应，原料中的酚类、胺类、醌类和烯烃等杂质，能与反应中的自由基结合，生成稳定的化合物，从而销毁自由基，造成链终止，导致自动氧化速率下降，例如，

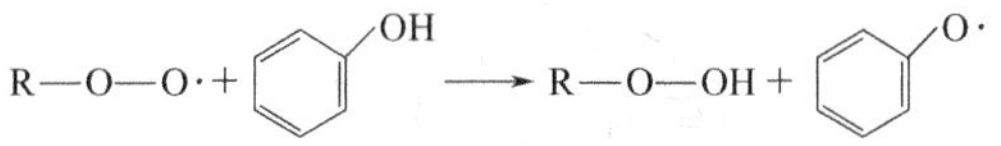

$$R—O—O· + \underset{OH}{\bigcirc} \longrightarrow R—O—OH + \underset{O·}{\bigcirc} \tag{10-31}$$

$$R· + \underset{O·}{\bigcirc} \longrightarrow \underset{O—R}{\bigcirc} \tag{10-32}$$

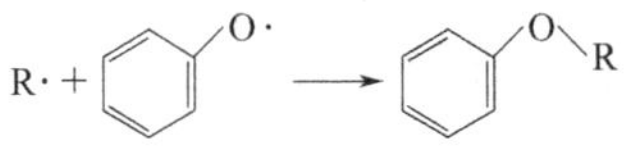

这些能销毁自由基，造成链终止的物质称为阻化剂。水也是阻化剂，丁烷氧化生产醋酸，原料含水 3% 时，氧化反应无法进行；乙醛氧化生产醋酸，也有同样现象。氧化反应速率，随着氧化体系中水含量增加而降低。还有的阻化剂是氧化过程产生的，如异丙苯氧化过程中产生的苯酚，故要求回收的异丙苯不含苯酚。

所以，原料质量是影响氧化的重要因素，要求原料不含阻化剂。

4. 转化率

对于大多数自动氧化反应来说，随着转化率的提高，一部分产物分解或进一步氧化，使副产物增加。有些副产物不仅会阻滞氧化反应，而且还会促进产物进一步分解，所以氧化反应一般要求较低的单程转化率。

转化率的控制须视具体反应而定。例如，乙醛氧化制醋酸、对二甲苯氧化制对苯二甲酸，产物是稳定的有机酸，不易进一步氧化，故控制较高的转化率，反应仍具有较高的选择性。有些氧化产物是反应的中间物，它比原料更易氧化，当产物积累到一定浓度后，其进一步氧化与原料的氧化产生竞争。为了获取高选择性，必须限制转化率。例如环己烷氧化制环己酮、环己醇时，产物比环己烷更易氧化。要获得高选择性，转化率只能控制在 10% 左右。虽然原料单程转化率较低，但未反应的原料可以回收、循环使用。

四、液相空气催化氧化设备

液相空气催化氧化，实际是气-液相反应过程。空气氧或纯氧需先分散并溶解于液相反应物中，由于氧溶解度较小，为促使空气或纯氧在液相分散、混合、溶解，与物料接触反应，常采用鼓泡式反应器如图 10-4 所示。反应器一般为半连续或连续操作，连续通入空气或纯氧，分批或连续加入液体物料，在一定条件下进行催化氧化反应。

鼓泡反应釜高径比为（3~5）∶1，釜内底部装有空气分布器，分布器是具有很多小孔（孔径 1~2mm）的气体分布装置，将空气以气泡形式分散于液相，以利于气、液物料混合。为强化气、液相接触，分布器可以是喷射式，或辅以机械搅拌，或设置轴向循环套筒；为有效移出反应热，反应釜除设置夹套外，还在釜内设置蛇形换热管，或设外循环冷却器，以增强换热能力。

鼓泡塔反应器多为无填料或塔板的筒形塔，塔内设置管式换热器或在塔外设循环冷却器，鼓泡塔适用于产物比较稳定的氧化过程，一般采用并流操作；若塔内填充一定填料或设置塔板，即为填料塔或板式塔，板式塔采用逆流操作，适用于选择性要求较高、产物不太稳定的氧化过程。

加压操作可增加氧的溶解度，提高反应速率、缩短反应时间、减少尾气夹带、降低尾气含氧量，保持物料配比在爆炸极限之外。

一般来说，氧化液具有较强的腐蚀性，要求反应设备耐腐蚀，设备材质通常为优质不锈钢或钛材。

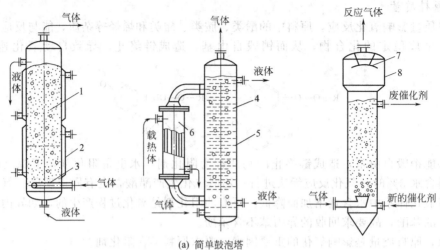

(a) 简单鼓泡塔

1—分布格板；2—夹套；3—气体分布器；4—塔体；5—挡板；
6—塔外换热器；7—液体捕集器；8—扩大段

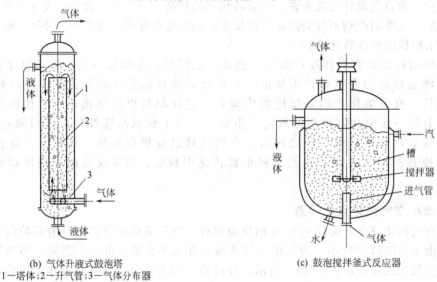

(b) 气体升液式鼓泡塔
1—塔体；2—升气管；3—气体分布器

(c) 鼓泡搅拌釜式反应器

图 10-4　鼓泡式反应器

第三节　气相催化氧化

　　气相催化氧化即气-固相催化氧化反应。气相是气态被氧化物或其蒸气、空气或纯氧，固相是固体催化剂；气态相混合物通过催化剂颗粒构成的床层，在催化剂表面进行选择性氧化反应。

　　氧化原料有烯烃、芳香烃、烷烃和醇类等。例如，丙烷、丁烷、乙烯、丙烯、丁烯、苯、邻二甲苯、萘及蒽类，醇类有甲醇、乙醇、异丙醇等。

　　气相催化氧化的催化剂，一般为两种以上金属氧化物构成的复合催化剂，载体多为氧化铝、硅胶、活性炭等；活性成分是可变价的过渡金属的氧化物，如 MoO_3、BiO_3、Co_2O_3、V_2O_5、TiO_2、P_2O_5、CoO、WO_3 等；也有可吸附氧的金属，用于环氧化和醇氧化的金属银；杂多酸、新型分子筛催化剂的应用研究，也在积极进行中。

气相催化氧化的类型有烷烃催化氧化、烯烃直接环氧化、烯丙基催化氧化、芳烃催化氧化；丙烯氨氧化，乙酰基氧化，如醋酸乙烯酯生产；氧氯化，如氯乙烯生产；氧化脱氢，如甲醇氧化脱氢生产甲醛、乙醇氧化脱氢生产乙醛。

气-固相催化氧化反应有以下特点：

① 由于固体催化剂的活性温度较高，通常在较高温度（300～500℃）下进行反应，这有利于热能的回收与利用；

② 由于反应器内物料流动速度比较快，停留时间短，反应器生产强度高，这有利于大规模连续化生产；

③ 由于气相催化氧化过程涉及扩散、吸附、脱附、表面反应等多方面因素，这对氧化工艺条件提出较高要求；

④ 由于氧化原料和空气或纯氧混合，构成爆炸性混合物，这对严格控制工艺条件、安全设施与操作等，提出了更高的要求。

由于高效催化剂的成功应用，气相催化氧化法得以广泛应用和发展，80%以上的氧化产品，特别是大吨位化工产品的生产，均采用气相催化氧化法。

一、气相催化氧化的工业实例

气相空气氧化的实例很多，如甲醇氧化制甲醛、乙烯氧化制环氧乙烷、丁烷氧化制顺丁烯二酸酐、萘或邻二甲苯氧化制邻苯二甲酸酐、蒽氧化制蒽醌等。

1. 芳烃催化氧化生产邻苯二甲酸酐

邻苯二甲酸酐（简称苯酐）主要用于生产增塑剂、涂料、染料、医药、农药等。苯酐是具有刺激性的固体片状物，其沸点为284.5℃，凝固点（干燥空气中）为131.11℃。

苯酐的生产原料是邻二甲苯和萘，用邻二甲苯气相催化氧化生产苯酐，称邻二甲苯法；用萘气相催化氧化生产苯酐称萘法。

萘法为降解氧化反应：

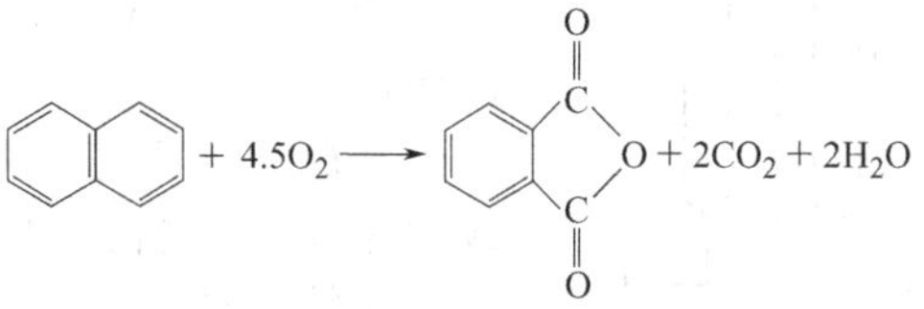

$$\text{萘} + 4.5O_2 \longrightarrow \text{邻苯二甲酸酐} + 2CO_2 + 2H_2O \tag{10-33}$$

两个碳原子被氧化为二氧化碳，碳原子损失，理论质量收率为115.6%，而且常温下萘为固体，不易加工处理。而邻二甲苯氧化无碳原子损失，原子利用率高，理论质量收率为139.6%。邻二甲苯为液体，易于加工处理，来源丰富，价格比较便宜。目前苯酐生产以邻二甲苯气相催化氧化法为主。

邻二甲苯催化氧化反应复杂，主、副反应均为不可逆放热反应。

主反应：

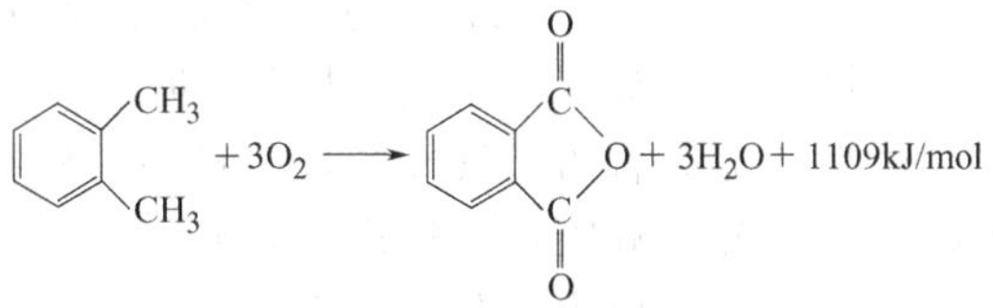

$$\text{邻二甲苯} + 3O_2 \longrightarrow \text{邻苯二甲酸酐} + 3H_2O + 1109kJ/mol \tag{10-34}$$

副反应：

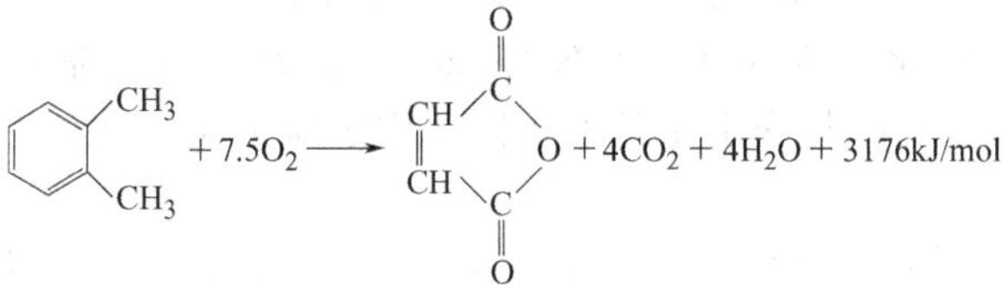

$$\text{邻二甲苯} + 7.5O_2 \longrightarrow \text{马来酸酐} + 4CO_2 + 4H_2O + 3176kJ/mol \tag{10-35}$$

$$\text{(邻二甲苯)} + O_2 \longrightarrow \text{(邻甲基苯甲醛)} + H_2O + 222kJ/mol \qquad (10\text{-}36)$$

$$\text{(邻二甲苯)} + 2O_2 \longrightarrow \text{(苯酐)} + 2H_2O + 874kJ/mol \qquad (10\text{-}37)$$

$$\text{(邻二甲苯)} + 6O_2 \longrightarrow \text{(柠康酐)} + 3CO_2 + H_2O \qquad (10\text{-}38)$$

$$2\,\text{(邻二甲苯)} + 6O_2 \longrightarrow 2\,\text{(苯甲酸)} + 2CO_2 + 4H_2O \qquad (10\text{-}39)$$

$$\text{(邻二甲苯)} + 10.5O_2 \longrightarrow 8CO_2 + 5H_2O + 4380kJ/mol \qquad (10\text{-}40)$$

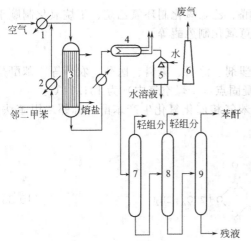

图 10-5 邻二甲苯氧化制邻苯二甲酸酐的工艺流程

1—空气预热器；2—邻二甲苯预热汽化器；3—反应器；4—转换冷却器；5—尾气水洗吸收塔；6—排气烟囱；7—预处理槽；8—第一精馏塔；9—第二精馏塔

邻二甲苯催化氧化生产苯酐，一般采用 V-Ti-O 体系的催化剂，在催化剂中添加微量的磷、钾、钠、锂、钼、铌等元素，可改善催化剂性能，催化剂载体有碳化硅、熔融氧化铝、滑石等物质。

邻二甲苯气相催化氧化生产苯酐，使用列管式固定床反应器。催化剂床层分为两段，管内填催化活性不同的催化剂，以便控制床层温度，提高反应选择性；管外空间充满流动的熔盐载热体，以熔盐循环流动移出反应热，熔盐温度为 370℃ 左右，用于产生水蒸气，以回收反应热能。

苯酐生产工艺过程包括空气净化、压缩和预热系统，原料预热、混合系统，气固相催化氧化系统，产物混合气体凝华-热熔系统，苯酐分离精制系统，熔盐循环及废热锅炉系统和尾气处理系统。

邻二甲苯气相催化氧化生产苯酐的工艺流程如图 10-5 所示。空气经净化、压缩和预热，邻二甲苯经预热、汽化，二者在反应器进口处混合，进入固定床反应器，通过催化剂床层反应生成苯酐等物质，氧化后产物混合气体进入凝华-热熔转换器（箱）经冷却、凝华-热熔，转换器的尾气送高效水洗塔洗涤，洗涤后的尾气经焚烧、排空。转换器内的凝华物热熔后送粗苯酐贮槽，粗品经真空加热预分解、减压精馏得产品苯酐。

萘催化氧化生产苯酐有固定床和流化床之分，固定床为 355~365℃，停留时间为 0.5~5s；流化床为 345~385℃，停留时间为 10~20s。萘空质量配比：固定床为 1:(25~30)，流化床为 1:10 左右。催化剂为 V_2O_5-K_2SO_4-SiO_2，流化床催化剂颗粒较小，直径分布为 40~350μm。工艺过程流化床与固定床基本相同，固定床催化氧化生产苯酐的工艺流程如图 10-6 所示。

熔融萘在蒸发器与部分空气混合，之后与热空气汇合进入氧化器，反应热循环熔盐移

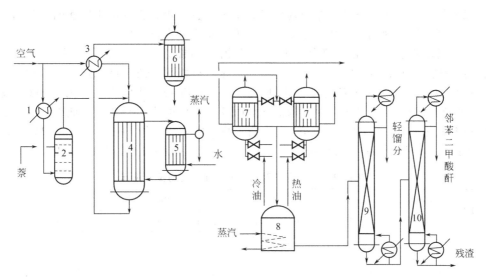

图 10-6 萘固定床催化氧化制苯酐的工艺流程

1,3—换热器；2—蒸发器；4—氧化反应器；5—熔盐锅炉；6—冷却器；

7—热熔冷凝器；8—粗产品贮罐；9,10—蒸馏塔

出，废热锅炉利用熔盐产生蒸汽。产物混合气经换热器、冷却器降温回收热能，进入具有翅片排管、切换操作的凝华-热熔交换器，排管用冷油冷却，苯酐在翅片管排凝华捕集；排管用热油加热，凝华在翅片管上的苯酐熔化流入贮罐，再经加热处理、减压蒸馏得精苯酐制品。

2. 丙烯氨氧化生产丙烯腈

在催化剂作用下，烃类与空气或纯氧以及氨共氧化，生成腈或含氮有机物的反应过程：

$$2\ \overset{CH_3}{\bigcirc} + 3O_2 + 2NH_3 \xrightarrow[350℃]{Cr-V} 2\ \overset{CN}{\bigcirc} + 6H_2O \tag{10-41}$$

$$CH_2=CHCH_3 + 1.5O_2 + NH_3 \longrightarrow CH_2=CHCN + 3H_2O \tag{10-42}$$

丙烯氨氧化生产丙烯腈，是氨氧化反应工业应用的典型实例。丙烯腈具有不饱和双键和氰基，化学性质活泼，是优良的氰乙基化剂。丙烯腈大量用于合成纤维、合成橡胶、塑料以及涂料等产品的生产，是重要的基本有机化工产品。

丙烯腈沸点为 77.3℃，呈无色液体，味甜，微臭，有毒，室内允许浓度 0.002mg/L，在空气中爆炸极限为 3.05%～17.5%。丙烯腈可与水、甲醇、异丙醇、四氯化碳、苯等形成二元恒沸物。

丙烯氨氧化生产丙烯腈的化学反应，除期望的反应外，还伴有许多副反应，反应不仅获得主产物丙烯腈，还有副产物乙腈、氢氰酸，醛和酮类、羧酸、一氧化碳和二氧化碳等，见表 10-2。

表 10-2 丙烯氨氧化的主副反应

丙烯氨氧化反应		$\Delta H^{\ominus}_{298}/(kJ/mol)$
主反应	$C_3H_6 + NH_3 + 1.5O_2 \longrightarrow CH_2=CHCN(g) + 3H_2O(g)$	-514.8
副反应	$C_3H_6 + 1.5NH_3 + 1.5O_2 \longrightarrow 1.5CH_3CN + 3H_2O(g)$	-543.8
	$C_3H_6 + 3NH_3 + 3O_2 \longrightarrow 3HCN + 6H_2O(g)$	-942.0
	$C_3H_6 + O_2 \longrightarrow CH_2=CHCHO(g) + H_2O(g)$	-353.53
	$C_3H_6 + 1.5O_2 \longrightarrow CH_2=CHCOOH(g) + H_2O(g)$	-613.4
	$C_3H_6 + O_2 \longrightarrow CH_3CHO(g) + HCHO(g)$	-294.1
	$C_3H_6 + 0.5O_2 \longrightarrow CH_3COCH_3(g)$	-237.3
	$C_3H_6 + 3O_2 \longrightarrow 3CO + 3H_2O(g)$	-1077.3
	$C_3H_6 + 4.5O_2 \longrightarrow 3CO_2 + 3H_2O(g)$	-1920.9

丙烯氨氧化是一个复杂的化学反应体系，需要高选择性、良好使用性能的催化剂。一直以来，催化剂始终是丙烯氨氧化技术研究与开发的重点和发展方向。

丙烯氨氧化的催化剂是多组分催化剂，有钼系和锑系之分。钼系催化剂活性组分是MoO_3，其中的 P、Bi、Fe、Co、Ni、K 等金属元素，可以显著改善催化剂的使用性能，其代表型号有 C-41、C-49、C-89 多组分催化剂。锑系（Sb-Fe-O）催化剂主体为 $FeSbO_4$ 及少量 Sb_2O_4，牌号有 NS-733A、NS-733B，该催化剂丙烯腈收率可达 75% 左右。此外，工业上还有 Mo-Te-O 系催化剂，丙烯腈收率可达 80% 左右。我国研究开发的 M-82、M-86 等牌号催化剂，主要技术指标已达到或超过国外同类产品水平。表 10-3 为几种典型工业催化剂的技术指标。

表 10-3　典型丙烯氨氧化工业催化剂的技术指标

催化剂型号	丙烯转化率/%	丙烯单耗/t	单程收率/%						
			丙烯腈	乙腈	氢氰酸	丙烯醛	乙醛	CO	CO_2
C-41	97.0	1.25	72.5	1.6	6.5	1.3	2.0	4.9	8.2
C-49	97.0	1.15	75.0	2.0	5.9	1.3	2.0	3.8	6.6
C-89	97.9	1.15	75.1	2.1	7.5	1.2	1.1	3.6	6.4
NS-773B	97.7	1.18	75.1	0.5	6.0	0.4	0.6	3.3	10.8
MB-82	98.5	1.18	76~78	4.6	6.2	0.1	0	0.4	10.1

丙烯氨氧化反应器中，固定床的单台生产能力小于流化床，反应温度难以实现最优化操作，普遍使用流化床反应器。

丙烯氨氧化工艺条件，因反应器形式、催化剂种类不同而异。对于流化床反应器，反应在常压下进行；丙烯与空气配比（摩尔比）为 1:9.8 左右，丙烯与氨配比（摩尔比）为 1:（1.1~1.15）；温度取决于催化剂的种类和牌号，C-41 型催化剂适宜温度为 440~450℃；停留时间，流化床为 5~8s。

丙烯氨氧化生产丙烯腈的工艺流程包括丙烯腈合成、产品及副产品的分离回收、产品精制、废气及废水处理部分。图 10-7 是丙烯腈合成部分的流程示意图。

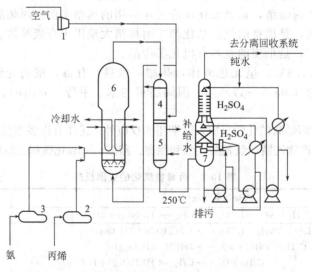

图 10-7　丙烯氨氧化制丙烯腈合成部分的工艺流程

1—空气压缩机；2—丙烯蒸发器；3—氨蒸发器；4—空气预热器；5—加热器；6—反应器；7—急冷塔

空气经过滤器除去灰尘和杂质，由压缩机压缩至 250kPa 左右，经空气预热器与反应后的物料热交换，预热至 300℃ 左右，从流化床底部经分布板进入流化床；来自丙烯蒸发器的丙烯与来自氨蒸发器的氨在管道中混合,经丙烯氨混合气分布管进入流化床,混合气分布管设在空气分布板上部。反应后混合气换热后进入急冷塔(氨中和塔),用 1.5%(质量分数)硫酸中和未反应的氨,冷却至 40℃左右送分离回收系统。

二、气相催化氧化过程解释

气-固非均相催化反应过程,一般由以下步骤串联构成:

① 外扩散,反应物从气流主体向催化剂外表面扩散;

② 内扩散,反应物从催化剂外表面向其内表面扩散;

③ 表面吸附,反应物吸附在催化剂表面;

④ 表面反应,吸附物在催化剂表面反应、放热、产物吸附于催化剂表面;

⑤ 表面脱附,产物在催化剂表面脱附;

⑥ 内扩散,脱附产物从催化剂内表面向其外表面扩散;

⑦ 外扩散,产物从催化剂外表面扩散到气流主体。

上述步骤中,①、②和⑥、⑦是物理传递过程,③、④和⑤为表面化学过程。

物理过程的主要影响因素有反应物或产物的性质、浓度和流动速度,催化剂的结构、形状、尺寸、比表面积,反应温度和压力等。表面化学过程的主要影响因素有催化剂的组成及其性能,反应物浓度及其停留时间,反应温度和压力等。

由此可见,催化剂的性能、反应物或产物分子扩散性能、流体流动速度、温度和压力等,影响物质传递、热量传递和表面化学反应,成为气-固催化氧化反应过程的主要影响因素和研究问题。

工业生产上,研究开发高效能的催化剂,选择合适的反应器,改善流体流动形式,提高气流速度,控制适宜的温度、压力和停留时间,以提高过程的传质、传热效率,避免催化剂表面积累造成的深度氧化,提高氧化反应的选择性和生产效率。

三、主要影响因素

1. 原料纯度及其配比

原料纯度指可生成目的产物的被氧化物在原料中的含量。例如,丙烯腈生产原料的丙烯含量,苯酐生产原料中邻二甲苯的含量、萘的含量。除生成目的产物的被氧化物外,一般原料均含杂质。原料中的杂质不仅降低反应物浓度,而且消耗氧气、降低生产效率,杂质氧化的副产物增加分离难度或加大分离负荷,有的杂质如硫、磷及砷化物,还导致催化剂活性下降、失活甚至中毒。氧化反应的惰性杂质,如一些甲烷、丙烷等烷烃,二氧化碳、氮气等,会稀释反应物浓度,增加输送动力消耗和分离负荷。因此,气相催化氧化对原料纯度有一定要求,需严格控制危害催化剂的一些杂质。

原料配比是指被氧化物与空气或纯氧的配比,通常是价廉易得的空气过量,例如,丙烯:空气:氨=1:9.8:(1.1~1.15)(摩尔比)。萘与空气质量比为 1:(25~30)(固定床),1:10 左右(流化床)。空气过量将导致反应物浓度降低,反应器生产能力下降;造成深度氧化,选择性下降;增加分离负荷和动力消耗。但是过量的空气,也有利于反应热的带出或避免反应物配比处于爆炸浓度范围。

2. 反应温度

温度不仅影响反应速率、转化率,而且明显影响选择性和收率。一般,反应温度取决于催化剂的活性温度。实际生产中,根据催化剂不同型号的适宜温度要求、使用时间和阶段,维持和控制反应温度。

3. 反应压力

压力影响反应物浓度,进而影响反应速率、选择性和收率、设备生产能力和动力消耗等。实际生产中，一般在常低压下进行气相催化氧化。

4. 停留时间

停留时间指反应物料流经催化剂床层的逗留时间，通常以秒表示。例如，丙烯氨氧化物料停留时间为 5～8s；萘氧化生产苯酐，固定床停留时间为 0.5～5s，流化床的停留时间为 10～20s。适宜的停留时间，取决于催化剂活性和选择性、反应器类型、反应温度等因素。使用高活性、高选择性催化剂，可适当缩短停留时间；反之亦然。若提高反应温度，可适当降低停留时间；反之亦然。

生产上，通过调节物料流量或流速，实现停留时间的调节控制；通过改善催化剂结构性能、改进反应器结构形式，实现物料停留时间的改善。停留时间的变化，将引起生产效率的变化。

此外，反应器的类型、结构形式、换热方式、反应物进料状态等，也是重要的影响因素。

四、气相催化氧化的设备

气相催化氧化反应设备常用固定床和流化床，如图 10-8 所示。

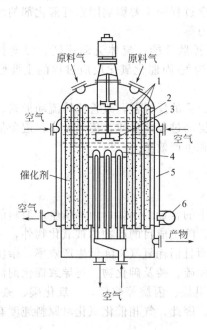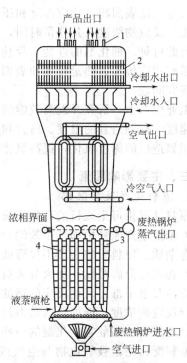

(a) 邻二甲苯氧化的固定床反应器
1—催化剂管；2—熔盐；3—旋浆；4—空气冷管；
5—空气冷却夹套；6—空气总管

(b) 萘氧化锥形流化床反应器
1—出口；2—过滤管；3—换热器；4—挡板

图 10-8　气相催化氧化反应器

1. 固定床反应器

固定床反应器多为列管式，如图 10-8(a) 所示，列管内径为 25～50mm，管长 2～3m。管内装填催化剂，气相物料通过催化剂层进行反应；管间有循环流动的载热体，以移出反应热。载热体的选用，依反应温度而定。240℃以下，宜选用加压热水；250～300℃，可选用低挥发性矿物油、联苯-联苯醚混合物（道生油）；若在 300℃以上，需用熔盐。使用机械搅拌或用泵增压，可强制循环载热体流动，以保持床层温度均匀。

2. 流化床反应器

流化床反应器如图 10-8（b）所示，流化床下部为反应区，中部为沉降区，上部为分离区。床内装有催化剂，其粒径为 $35\sim40\mu m$。

原料由反应区下部进入床层，空气经分布板进入床层。受氧化物料流体作用，催化剂颗粒处于"沸腾"状态。由于催化剂颗粒、物料都处于流化状态，可避免床层局部过热，有利于气、固相际间质量和热量传递；床内设置的列管式、蛇管式或鼠笼型式换热器，移出反应热，维持床层温度均匀。床内设置挡板或挡网等构件，改善流化状态。气流中粒径较大颗粒在沉降区沉降，微小颗粒随气流进入分离扩大段沉降，未沉降的经旋风分离器或过滤器捕集；气体从流化床顶排出，进入后继工序。

催化氧化反应器的一般要求是：

① 氧化反应的强放热性、催化剂载体导热性较差，要求具备适宜的换热设施、足够的传热面积，以及时移出反应热，有效控制反应温度；

② 存在相际间的质量和热量的传递，要求具备适宜流体流动，改善和促进传质、传热效果的设施，以满足物料流动与传递需要；

③ 物料的燃烧性和爆炸性，要求具备安全连锁、防火防爆安全设施或装置，以保障生产及操作人员的安全。

五、氧化的安全技术

氧化原料及其产物都是可燃性物质，作为氧化剂的空气或氧是助燃剂。氧化原料与空气或氧的混合物达到一定浓度时，遇明火、高温物体、电火花或静电等引火源，此混合物自动发生连锁反应，极短时间内混合物温度急剧上升，火焰迅速传播，压力剧增，最终发生爆炸。可燃性气体、液体蒸气或粉尘与空气混合遇引火源能发生爆炸的浓度范围，称该物质的爆炸极限。爆炸极限一般以体积百分数表示，最高浓度为爆炸上限，最低浓度为爆炸下限。爆炸极限是可燃性物质的重要性质之一，可在有关手册中查取或由实验求得，表 10-4 为一些物质的爆炸极限。

表 10-4　一些可燃性物质的爆炸极限

物质	爆炸极限/%	物质	爆炸极限/%	物质	爆炸极限/%
乙烯	$2.7\sim36$	邻二甲苯	$1.0\sim6.0$	环氧乙烷	$2.6\sim100$
丙烯	$2.4\sim11.0$	萘	$0.9\sim7.8$	丙烯腈	$3.05\sim17.5$

爆炸极限与混合物的温度、压力、组成等因素有关，不是一成不变的。由于爆炸极限的原因，氧化过程必须考虑其对安全生产的影响，一般生产要求如下。

① 物料与空气或氧的配比，须在爆炸极限之外，通常在爆炸下限以下，危险性高、爆炸危害大的氧化过程，须以惰性气体 N_2、CO_2、CH_4 等作致稳气。

② 原料与空气或纯氧的混合过程最易发生事故，一般要求混合位置尽量靠近反应器入口，混合器的设计或混合顺序的选择，必须考虑其安全性；防止物料泄漏，保持环境通风良好，避免形成和滞留爆炸混合物，防止发生爆炸事故。

③ 严禁烟火，消除明火、静电、电火花，避免炽热或高温物体、日光聚集、腐蚀生热等因素，消除燃烧爆炸的引火源。

④ 严格执行安全工艺规程，认真操作，调节控制物料和冷却介质流量，保持床层温度、压降稳定，防止剧烈反应，压力剧增，导致事故。

⑤ 对于化学性质不稳定，易分解、聚合的氧化产物，如环氧乙烷、过氧化氢等，在贮存和运输过程中，避免高温、日晒，避免接触催化杂质，容器设置防尘通风口，以防爆裂。过氧化氢可加入焦磷酸钠、锡酸钠等稳定剂。

第四节 化学氧化

化学氧化是以化学物质作氧化剂的氧化方法，即化学氧化不使用空气或纯氧，而是根据被氧化物性质和氧化要求，选择适当的氧化剂，在一定条件进行氧化的方法。

化学氧化法选择性高，工艺简单，条件温和，容易操作，但氧化剂价格较高、实施多为间歇操作，生产能力低、设备腐蚀严重，存在氧化剂的还原物质的回收和处理问题。因此，化学氧化法多用于生产小批量、多品种的精细化学品。

一、化学氧化剂

空气和纯氧之外的氧化剂，统称化学氧化剂。一般，化学氧化剂分为以下几类：

① 金属元素的高价化合物，如 $KMnO_4$、MnO_2、Mn_2O_3、CrO_3、$Na_2Cr_2O_7$、PbO_2、$SnCl_4$、$FeCl_3$ 和 $CuCl_2$ 等；

② 非金属元素的高价化合物，如 HNO_3、N_2O_5、$NaNO_3$、$NaNO_3$、H_2SO_4、SO_3、$NaClO$、$NaClO_3$ 等；

③ 无机富氧化合物，如臭氧、双氧水、过氧化钠、过碳酸钠和过硼酸钠等；

④ 有机富氧化合物，如硝基化合物、亚硝基化合物和有机过氧酸等；

⑤ 非金属元素，如卤素和硫黄。

化学氧化剂种类不同，氧化能力不同，用途和使用方法也各异。例如，$KMnO_4$、$Na_2Cr_2O_7$、HNO_3 等属强氧化剂，主要用于制备羧酸和醌类，温和条件下也可用于制备醛、酮，以及在芳环上引入羟基。其他种类的氧化剂，大多属温和型氧化剂，各有其特定应用范围。

二、化学氧化方法

1. 用高锰酸钾氧化

高锰酸的钠盐易潮解，钾盐具有稳定结晶状态，故用高锰酸钾。高锰酸钾是强氧化剂，在酸性、中性及碱性介质中均有氧化性，介质 pH 值不同，氧化性不同。在酸性介质中，Mn^{7+} 还原为 Mn^{2+}；在中性或碱性介质中，Mn^{7+} 还原为 Mn^{4+}。

$$MnO_4^- + 8H^+ + 5e \Longleftrightarrow Mn^{2+} + 4H_2O \qquad \varphi^\ominus = 1.51V \qquad (10\text{-}43)$$

$$MnO_4^- + 2H_2O + 3e \Longleftrightarrow MnO_2 + 4OH^- \qquad \varphi^\ominus = 0.558V \qquad (10\text{-}44)$$

由标准还原电位可见，高锰酸钾在酸性介质中的氧化能力高于其在碱性或中性介质中；但在酸性介质中反应选择性差，不易控制。一般，高锰酸钾在水溶液中使用。

在中性或碱性介质中，高锰酸钾可将芳烃的甲基氧化为羧基：

$$ArCH_3 + 2KMnO_4 \longrightarrow ArCOOK + 2MnO_2 + KOH + H_2O \qquad (10\text{-}45)$$

其操作是在 $40\sim100℃$ 下，将稍过量的固体高锰酸钾慢慢加至反应物的水溶液或悬浮液中，氧化即顺利完成。过量的高锰酸钾，用亚硫酸钠还原，过滤除去不溶性二氧化锰，将羧酸盐用无机酸酸化，得到的羧酸相当纯净。用类似方法，2-乙基己醇（异辛醇）或 2-乙基己醛（异辛醛）氧化制 2-乙基己酸（异辛酸）、对氯甲苯氧化制对氯苯甲酸。

高锰酸钾氧化副产物氢氧化钾，影响介质的 pH 值，导致副反应，加入硫酸镁或硫酸锌，使反应液保持弱碱性或中性。

$$2KOH + MgSO_4 \longrightarrow K_2SO_4 + Mg(OH)_2 \downarrow \qquad (10\text{-}46)$$

例如，3-甲基-4-硝基乙酰苯胺氧化制取 2-硝基-5-乙酰氨基甲酸，加入硫酸镁可避免乙酰氨基水解：

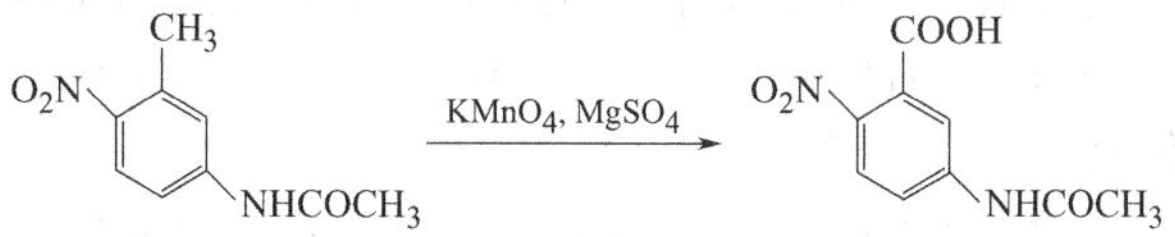

(10-47)

高锰酸钾氧化芳环的侧链，无论其侧链长短均被氧化为羧基，长侧链比甲基更易氧化：

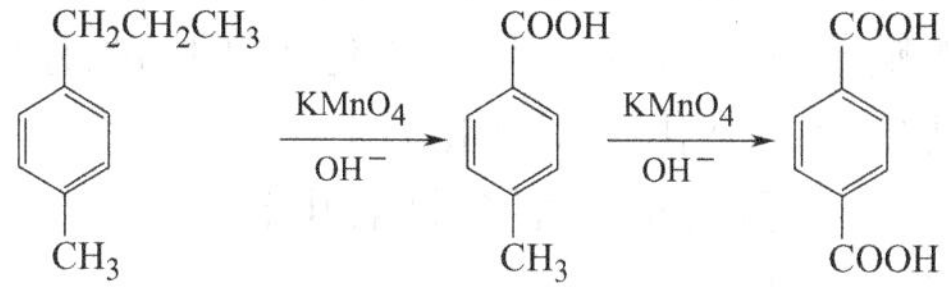

(10-48)

用高锰酸钾氧化杂环侧链，可得含羧基的杂环化合物：

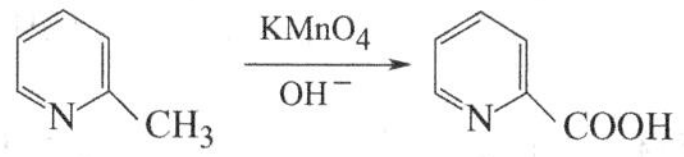

(10-49)

高锰酸钾可将芳环或杂环侧链氧化为羧基、烯烃氧化为顺式邻二羟基或羰基化合物、烯键裂解氧化生成羧基或羟基。

高锰酸钾氧化性强，选择性差，应用受到一定限制。

2. 用重铬酸盐氧化

一般使用重铬酸钠，重铬酸钠在水中溶解度大，易潮解，价格较低，使用不同浓度的硫酸，重铬酸钠的反应如下：

$$Na_2Cr_2O_7 + 4H_2SO_4 \longrightarrow 3[O] + Cr_2(SO_4)_3 + Na_2SO_4 + 4H_2O \tag{10-50}$$

在酸性介质中，芳环侧链无论长短，均被重铬酸钠氧化成 α-羧酸：

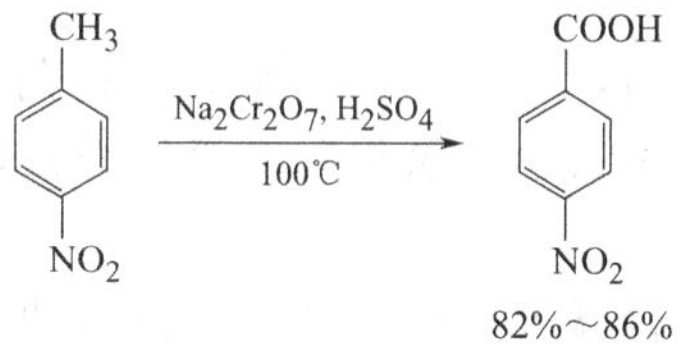

82%～86%
(10-51)

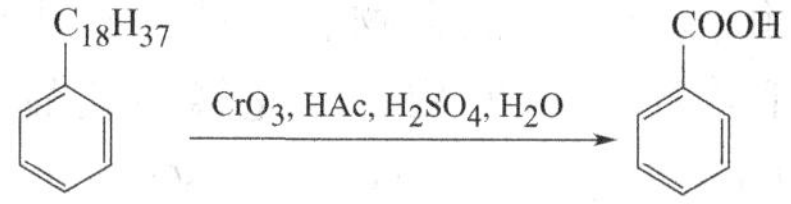

(10-52)

在碱性或中性介质中，重铬酸钠反应如下：

$$2Na_2Cr_2O_7 + 2H_2O \longrightarrow 4NaOH + 2Cr_2O_3 + 3O_2 \uparrow \tag{10-53}$$

在碱性或中性介质中，重铬酸钠是温和的氧化剂，可将—CH_3、—CH_2OH、—CH_2Cl、—$CH=CHCH_3$ 等氧化成醛基。例如：

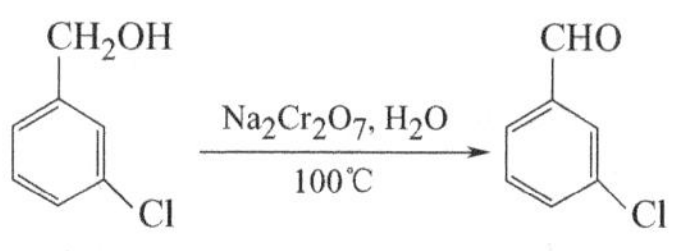

(10-54)

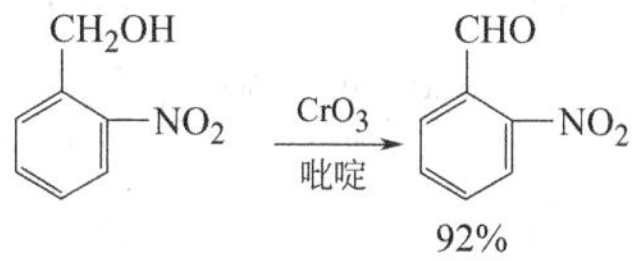

92%
(10-55)

在中性介质、高温及加压下，重铬酸钠可将芳环侧链末端甲基氧化成羧基：

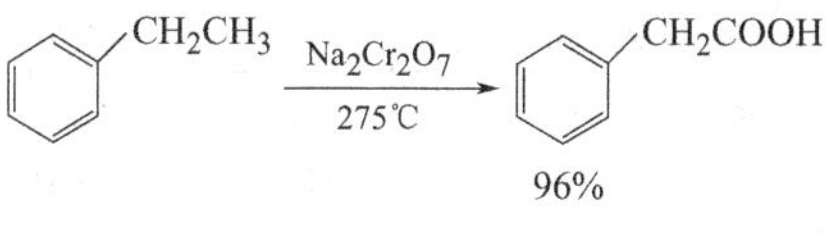

96%
(10-56)

3. 用硝酸氧化

硝酸是强氧化剂。硝酸浓度不同，氧化能力不同。稀硝酸氧化还原产物是一氧化氮：

$$NO_3^- + 4H^+ + 3e \Longrightarrow NO + 2H_2O \qquad \varphi^\ominus = 0.96V \qquad (10-57)$$

浓硝酸被还原为二氧化氮：

$$NO_3^- + 2H^+ + e \Longrightarrow NO_2 + H_2O \qquad \varphi^\ominus = 0.80V \qquad (10-58)$$

由标准还原电位可知，稀硝酸氧化性能比浓硝酸强。

硝酸可将芳环或杂环侧链氧化成羧酸，醇类氧化为相应的酮或酸，活泼亚甲基氧化为羰基，氢醌氧化成醌，亚硝基化合物氧化为硝基化合物。

硝酸氧化的重要实例之一是环己酮/醇混合物氧化制己二酸：

$$
\begin{array}{c}
\text{环己酮/环己醇} \xrightarrow[\text{65~70℃, 90~110℃, 0.2MPa}]{\text{60\% HNO}_3,\ \text{CuSO}_4,\ \text{NH}_4\text{VO}_3} C_2H_4(COOH)_2 \\
96\%
\end{array} \qquad (10-59)
$$

苯二甲醛是分散染料的中间体，用硝酸氧化制取对苯二甲醛：

$$
\text{对二氯甲基苯} \xrightarrow{\text{6\% HNO}_3} \text{对苯二甲醛} \qquad (10-60)
$$

一些含有对碱敏感基团（如卤素）的醇类，不宜用碱性介质的高锰酸钾氧化，而宜用硝酸氧化。

$$
\underset{\text{Cl}}{CH_2CH_2CH_2-OH} \xrightarrow[\text{室温}]{\text{HNO}_3} \underset{\text{Cl}}{CH_2CH_2COOH} \qquad (10-61)
$$

硝酸氧化产生的氧化氮易分离，反应液无残渣，产品易提纯；但反应剧烈、选择性低、腐蚀性强，易产生硝化和酯化等副反应，氧化氮等废气需处理后放空。

4. 用二氧化锰氧化

可使用天然软锰矿粉（二氧化锰 60%~65%），也可使用高锰酸钾氧化的回收副产物。二氧化锰氧化剂有两种：二氧化锰与硫酸混合物、活性二氧化锰。由于活性二氧化锰要求使用新制备，过量较多，反应时间较长，故常用二氧化锰与硫酸的混合物。

$$MnO_2 + H_2SO_4 \longrightarrow [O] + MnSO_4 + H_2O \qquad (10-62)$$

二氧化锰与硫酸混合物的氧化性能温和，氧化反应可停留在中间阶段，用于制备醛、酮或羟基化合物。

二氧化锰在浓硫酸中使用，其用量接近理论值；在稀硫酸中使用，二氧化锰过量较多。应用二氧化锰氧化的一些产品的反应如下。

$$
\text{甲苯} \xrightarrow[\text{40℃}]{\text{MnO}_2,\ \text{65\% H}_2\text{SO}_4} \text{苯甲醛} \qquad (10-63)
$$

$$
\text{对氯甲苯} \xrightarrow[\text{70℃}]{\text{MnO}_2,\ \text{70\% H}_2\text{SO}_4} \text{对氯苯甲醛} \qquad (10-64)
$$

$$
\text{苯胺} \xrightarrow[\text{室温}]{\text{MnO}_2,\ \text{20\% H}_2\text{SO}_4} \text{对苯醌} \xrightarrow{\text{Fe, H}_2} \text{对苯二酚} \qquad (10-65)
$$

三价硫酸锰是温和的氧化剂，可将芳环侧链的甲基氧化成醛基。例如，2,4-二磺酸基甲苯氧化制取 2,4-二磺基苯甲醛。

$$\text{（结构式）} \xrightarrow[100\sim135℃]{Mn_2(SO_4)_3, H_2SO_4} \text{（结构式）} \tag{10-66}$$

5. 用过氧化氢氧化

过氧化氢（双氧水）是温和氧化剂，通常使用 $30\% \sim 42\%$ 的过氧化氢水溶液。过氧化氢氧化后生成水，无有害残留物。

$$H_2O_2 \longrightarrow [O] + H_2O \tag{10-67}$$

过氧化氢不稳定，在低温下使用，用于制备有机过氧化物和环氧化合物。

（1）制备有机过氧化物　过氧化氢与羧酸、酸酐或酰氯反应生成有机过氧化物。在硫酸存在下，甲酸或乙酸用过氧化氢氧化，中和得过甲酸或过乙酸水溶液。

$$CH_3COOH + H_2O_2 \xrightarrow{H_2SO_4} CH_3-\overset{O}{\underset{}{C}}-O-OH + H_2O \tag{10-68}$$

羧酸酐用过氧化氢氧化，可得过氧二酸。

$$\text{（结构式）} + 2H_2O_2 \xrightarrow{t<10℃} \text{（结构式）} + 2H_2O \tag{10-69}$$

苯甲酰氯在碱性溶液中用过氧化氢氧化，制得过氧化苯甲酰。

$$2\text{（结构式）}COCl + H_2O_2 + 2NaOH \longrightarrow \text{（结构式）} + 2NaCl + 2H_2O \tag{10-70}$$

氯代甲酸酯（烷氧基甲酰氯）用过氧化氢碱性溶液氧化，得多种过氧化二碳酸酯，如二异丙酯，二环己酯、双-2-苯氧乙基酯等。

$$2RO\text{（结构式）}COCl + H_2O_2 + 2NaOH \longrightarrow RO\text{（结构式）}OR + 2NaCl + 2H_2O \tag{10-71}$$

（2）制备环氧化物　用过氧化氢氧化不饱和酸或不饱和酯，制得环氧化合物。例如，在硫酸及甲酸或乙酸存在下，用过氧化氢精制大豆油制取环氧大豆油。

$$HCOOH + H_2O_2 \longrightarrow HCOOOH + H_2O \tag{10-72}$$

$$\begin{array}{l} RCH{=}CHR'{-}COO{-}CH_2 \\ RCH{=}CHR'{-}COO{-}CH \\ RCH{=}CHR'{-}COO{-}CH_2 \end{array} + 3HCOOOH \longrightarrow \begin{array}{l} RCH{-}CHR'{-}COO{-}CH_2 \\ \quad\diagdown O\diagup \\ RCH{-}CHR'{-}COO{-}CH \\ \quad\diagdown O\diagup \\ RCH{-}CHR'{-}COO{-}CH_2 \\ \quad\diagdown O\diagup \end{array} + 3HCOOH \tag{10-73}$$

同样方法，可从高碳不饱和酯制得相应的环氧化物，它们是性能良好的无毒或低毒增塑剂。

三、化学氧化的环境问题

化学氧化需要使用多种化学氧化剂，有些为高价金属化合物，如铬、锰、铅、锡、铁等的氧化物及其盐类等，卤素，含氮或硫的化合物、过氧化物等，氧化过程产生铬盐、锰盐、钠盐、氧化锰、氧化铬、氧化铁等副产物，氧化原子经济性很差，不仅增加产物分离提纯的难度，而且还带来污染环境的问题。

化学氧化需在酸性或碱性介质中进行，如二氧化锰氧化、重铬酸钠氧化需要硫酸介质，高锰酸钾常用碱或中性介质。化学氧化过程产生大量含酸或碱、重金属盐的化学废水。一些化学氧化过程还产生废气，如硝酸氧化产生氧化氮气体。

因此，选择和实施化学氧化，不仅要考虑氧化剂的选择、氧化选择性和收率等问题，更要考虑化学氧化过程对环境的危害问题，考虑并解决废水、废气及废渣的回收与处理问题，避免造成环境污染。

本 章 小 结

一、氧化任务与氧化反应

氧化任务是以烯烃或烷烃、芳烃为原料，在一定条件下使用氧化剂，采用氧化反应制造化工产品的生产过程。

氧化反应，广义上指失电子的反应；狭义上指增加有机物分子的氧原子或减少氢原子的反应。

二、氧化反应的特殊性与要求

1. 反应的不可逆性和复杂性

要求使用选择性催化剂、适宜的氧化剂，严格控制反应条件，提高选择性。

2. 强烈放热反应

要求及时移出热量，有效控制反应温度。

3. 反应物料及产物的易燃易爆性

生产、贮运要求可靠的安全设置和完善的防范措施。

三、氧化过程的认识与理解

1. 气固相催化氧化反应过程

过程的构成与影响因素；常用催化剂。

2. 气液相催化氧化反应过程

自由基反应历程：链引发、链增长、链终止；过程影响因素。

四、氧化方法与设备

1. 氧化方法

气相空气催化氧化、液相空气催化氧化、化学氧化等。

2. 氧化反应设备结构与操作要求

固定床反应器、流化床反应器、鼓泡塔反应器、反应器釜。

五、典型工业实例及主要技术要求

1. 丙烯氨氧化生产丙烯腈

2. 邻二甲苯氧化生产邻苯二甲酸酐

3. 异丙苯氧化生产异丙苯过氧化氢

六、常用化学氧化剂的特点及其应用

高锰酸钾、二氧化锰、重铬酸钠、双氧水、硝酸。

七、氧化生产安全技术要求

爆炸极限概念及影响因素、物料配比与混合、氧化温度的控制、物料的贮运与使用、引火源及其控制。

复习与思考

1. 举例写出本地区烯烃、芳烃和醇类氧化的产品及氧化方法。

2. 实施氧化生产任务，应首先掌握哪些情况？

3. 实施气相催化氧化的反应设备的结构特征如何？

4. 根据液相氧化反应历程，说明液相氧化安全生产的注意事项。

5. 工业实施氧化的主要方法有哪些？各有何特点？

6. 气相催化氧化的主要影响因素有哪些？其相互关系如何？

7. 比较萘、邻二甲苯催化氧化生产苯酐的异同点。

8. 与空气或纯氧为氧化剂的氧化法相比，化学氧化法有何特点？

9. 化学氧化剂常用哪些物质？

10. 用重铬酸钠盐或氧化铬氧化对环境有何影响？

11. 为何用高锰酸钾氧化选用中性或酸性反应介质？

12. 进入氧化生产岗位有哪些要求？

13. 氧化反应有何特点？空气催化氧化工艺操作的主要调控参数是什么？

14. 以甲苯液相氧化制苯甲酸为例，说明空气液相氧化的生产过程。

15. 丙烯氨氧化生产丙烯腈，在物料配比上都考虑哪些因素？

16. 下列烷基苯用空气液相氧化，哪种最易、哪种最难？试说明之。

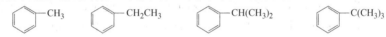

17. 用高锰酸钾将—CH₃、—CH₂OH、—CHO 氧化成—COOH 的条件有什么不同？

18. 高锰酸钾氧化为何使用硫酸镁？若无硫酸镁，用什么物质替代？

19. 异丙苯氧化是生产苯酚丙酮的重要任务之一，简述异丙苯氧化的工艺过程。

20. 以苯甲酰氯为原料制备过氧化苯甲酰，写出化学反应式。

第十一章 还 原

>>> 学习指南

　　还原是根据被还原物性质，选用氢气或化学物质，利用还原反应，生产氢化产品的过程。通过本章学习，了解化学还原方法的特点，掌握常用化学还原剂的适用范围、影响因素及应用。了解常用骨架镍、铜-硅胶等催化剂的使用和技术指标，理解催化氢化过程的基本原理，掌握催化氢化的实施方法及生产过程，通过典型还原生产过程，掌握催化氢化的主要影响因素、工艺与安全技术。

第一节 概 述

　　还原反应，广义上说是有机物分子得到电子或使其碳原子电子云密度增加的反应，而狭义上是指增加有机物分子中的氢或减少其氧（硫或卤素）的反应，或二者兼有的反应。还原就是利用还原反应，用氢气或化学还原剂使有机物中的氢原子增加或氧原子减少，生产化工产品的过程。

一、还原剂

1. 氢气

　　化学性质活泼、价廉的还原剂，广泛用于催化氢化还原过程，如合成氨、甲醇、盐酸、合成汽油、苯胺、环己醇、山梨醇等生产过程。氢气很难液化（临界温度为$-239.9℃$，临界压力为$1.297MPa$，临界密度为$31.2g/L$），沸点为$-252.8℃$。工业氢气可通过煤-水蒸气的气化、石油重油或天然气转化、电解食盐水溶液、蒸气甲醇法等方法获得。

2. 化学还原剂

　　多为还原性化学物质，故称化学试剂，其种类较多，主要有以下几种。

　　(1) 活泼金属与供质子剂 活泼金属如锂、钠、钾、钙、锌、镁、锡、铁等，也可以使用金属与汞的合金（即汞齐），以调节金属的活泼性和流动性；供质子剂，如水、醇、酸、氨等含质子化合物。

　　(2) 含硫化合物 如硫化钠、二硫化钠、硫化铵、多硫化钠、亚硫酸钠、亚硫酸氢钠、连二亚硫酸钠（保险粉）等。

　　(3) 肼及其衍生物 如肼、芳基磺酰肼（对甲苯磺酰肼、二亚胺等）等。肼又称连氨，为无色油状液体，氨气味，毒性很大，还原性和腐蚀性很强；二亚胺不稳定，自身易岐化生成肼与氮气，需要边制备、边使用。

　　(4) 氢负离子转移剂 包括金属氢化物与金属复氢化物，如氢化铝钾、硼氢化钠、硼氢化钾、氢化锂、氢化钠；异内醇铝-异丙醇，异丙醇铝是催化剂，异丙醇为还原剂和溶剂；硼烷即硼氢化合物，如硼烷（BH_3）、乙硼烷（B_2H_6）等，硼烷剧毒，受热分解为硼和氢气，硼烷随着硼原子数增加，由气体经液体到固体，乙硼烷为气体，沸点为$-92.5℃$。

　　(5) 甲酸及其衍生物 如甲酸、甲酰胺、N,N-二甲基甲酰胺（DMF）等。

二、被还原的物料

　　(1) 不饱和烃类化合物 包括炔烃、烯烃、多烯烃、脂环烯烃、芳烃及杂环化合物等，通过还原使其不饱和键部分或完全加氢。

（2）羰基化合物 包括醛类、酮类、羧酸及其酯，还原将醛羰基转化为醇羟基或甲基，酮羰基还原为醇羟基或亚甲基，羧基转化为醇羟基。羧酸酯转化为两个醇，羧酰氯基转化为醛基或羟基等。

（3）含氮化合物 包括硝基和亚硝基化合物、酰胺、氰基化合物、偶氮化合物、重氮盐等。还原使硝基和亚硝基转化为肟基（＝NOH）、羟氨基（—NHOH）及氨基，两分子硝基还原为氧化偶氮基、偶氮基或氢化偶氮基，偶氮基及氢化偶氮基进一步还原为两个氨基，氰基和酰胺基转化为亚甲胺基，重氮盐还原为肼基（—NHNH$_2$）或被氢置换。

（4）含硫化合物 将碳-硫不饱和键转化为巯基或亚甲基，芳磺酰氯转化为芳亚磺酸或硫酚，硫硫键还原成两个巯基。

此外，通过还原氢解，有机化合物中的卤基、巯基、苄基被氢置换。

三、还原目的与产品

通过还原操作实现有机化合物官能团的转化，合成多种精细化学品。如硝基化合物还原制取芳胺、肟、羟胺、偶氮化合物等；醛、酮、羧酸还原制得相应的醇或烃类化合物；醌类还原得相应酚；硫化合物还原制取硫酚或亚磺酸；腈类还原为伯胺、仲胺。重要的还原产品及其还原生产方法见表11-1。

表 11-1 重要的还原产品及其还原生产过程

产 品	主要原料	方 法	产 品	主要原料	方 法
甲醇	一氧化碳、氢气	气相催化加氢	环己醇	苯酚	气相催化加氢
苯胺	硝基苯、氢气	气相催化加氢	山梨醇	葡萄糖	气-液-固相催化加氢
环己烷	苯、氢气	气相催化加氢	四氢呋喃	顺丁烯二酸酐	气相或液相催化加氢

四、还原方法

根据还原的原理、还原剂等，还原分为催化氢化、化学还原和电解还原等。

催化氢化是在催化剂作用下，使用氢气将有机化合物还原的方法，包括催化加氢和催化氢解。催化加氢是含有不饱和键的化合物与氢分子加成，是不饱和键部分或全部饱和的催化氢化；催化氢解指含卤、硫等原子化合物的碳杂键断裂，氢不仅进入目标产物，也进入副产物，生成两种氢化产品，如脱卤氢解、脱苄基氢解、脱硫氢解、开环氢解等。例如：

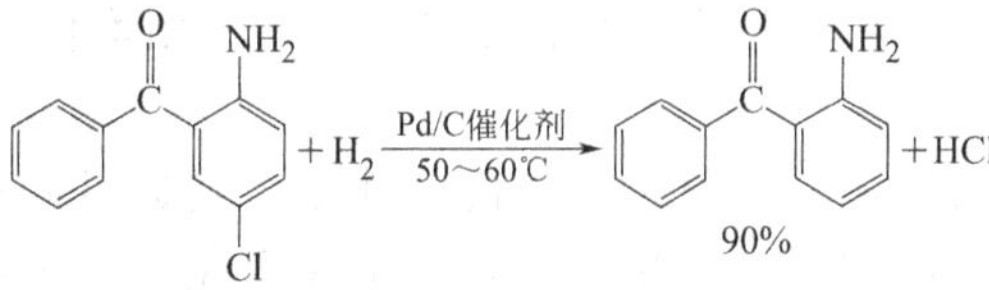

$$\text{(11-1)}$$

工业催化氢化还原分为均相催化氢化与非均相催化氢化。非均相催化氢化包括气-固催化氢化和气-液-固催化氢化；均相催化氢化即液相配位催化氢化。

催化氢化选择性比较高、产品质量好、生产能力大，有利于解决环境污染问题以及能量综合利用；但是需要高选择性的催化剂、方便的氢气来源，对生产装置和控制要求较高。

化学还原法指使用化学还原剂而不使用氢气的还原法。化学还原剂种类多，同一化学还原剂可用于不同的还原反应。对于一个确定的还原任务的实现，可选择不同的还原剂和不同的还原方法。化学还原法选择性好、条件比较温和，但是涉及化学试剂多，成本较高，原子利用率较低，化学废物排放引起的环境污染问题突出，一般适用于小批量、多品种的化学品生产。

电化学还原亦称电解还原法，是利用电化学原理，在电解槽阴极室进行还原的方法。

五、还原生产操作安全

还原无论是催化氢化法，还是化学还原法，其生产过程涉及的原料、产品、化学还原剂、溶剂、催化剂等都是燃烧性、爆炸性较强的物质，有些化学还原剂的还原性、毒性很强，如肼、二亚胺、硼烷等，这些原料、试剂和催化剂均属危险化学品，其使用、贮运及管理均应符合危险化学品使用管理条例的要求，此外催化氢化需要高温、高压条件，因此还原生产操作必须保障安全。

催化氢化法大量使用氢气，氢气是十分危险的可燃性气体，其扩散性、渗透性很强，与空气极易产生燃烧甚至爆炸。使用氢气应严格操作工艺规程，生产设备、容器、管道使用前，应以氮气置换氢气，避免空气进入氢化或氢气循环系统。

催化氢化的催化剂，常常吸附着氢气，还原性很强，不能与氢气一起存放，否则有爆炸危险，且应避免与空气接触。如干燥的骨架镍催化剂在空气中能自燃；废弃骨架镍催化剂吸附有活性氢，干燥后极易自燃、甚至爆炸。废弃的骨架镍催化剂应用稀盐酸或稀硫酸处理，使其失活，不得任意丢弃。存放应浸没于液面以下，避免暴露于空气之中。严格按规定制备、贮存、使用和处理催化剂，生产中不得任意加大催化剂用量。

还原生产设备应符合防火、防爆要求，严格按有关规程进行生产操作，经常检查维护设备和设施，使之处于完好状态。

第二节　催化氢化

在催化剂作用下，被还原物与氢气发生的反应称为催化氢化。根据催化剂和被还原物料的聚集状态不同，分气相催化氢化和液相催化氢化。气相催化氢化，还原剂和被还原物均为气态，催化剂为固体；液相催化氢化，还原剂为气相、被还原物液相，催化剂为固体或溶解于反应介质中。

由于催化氢化反应选择性较高，产品易于分离、质量稳定，氢气价廉来源方便，适合大规模和连续化生产。一些烯烃、炔烃、硝基物、醛、酮、腈、芳环及芳杂环、羧酸衍生物等的加氢还原，均采用催化氢化法。

一、催化氢化的方法

催化氢化分非均相催化氢化和均相催化氢化，前者催化剂自成一相，分气-固相催化氢化、气-液-固相催化氢化；后者催化剂溶解于反应介质呈液相均相。

1. 气固相催化氢化

一般在常压、200～400℃下，还原物与氢的气体混合物通过固体催化剂还原，生产过程包括氢气压缩及循环、被还原物料的汽化、预热、催化氢化、分离回收等工序。催化氢化装置一般为固定床或流化床反应器。此法适用于沸点较低、易蒸发汽化的物料。

2. 气-液-固相催化氢化

气-液-固催化氢化是氢气气体、被还原物液体、催化剂固体，在一定温度和压力下，氢气通过悬浮在液体中的催化剂进行反应。由于此过程无蒸发汽化工序，氢气不必大大过量，适用于不易汽化的高沸点被还原物，如脂肪酸及其酯、二腈及二硝基化合物等。

在催化氢化体系中，固体催化剂有三种形态。粉末催化剂呈浆状悬浮在液相中；一定粒度的催化剂也呈浆状悬浮在液相中，此种形态的催化剂易分离，但磨损设备及管道，形成细粉流失；颗粒较大的催化剂，则构成催化剂固定床层。

液相催化氢化的反应介质，可使用外加溶剂或以过量被还原物作溶剂；若使用外加溶剂，要求其对氢稳定，常用低碳醇类如甲醇、乙醇、异丙醇等；若以水为悬浮在载体，催化剂分散悬浮在水中，有利于氢化反应热的传递移出。

液相催化氢化的装置有釜式、塔式和固定床反应器。釜式反应器高径比较大，内衬不锈钢套，设有多层搅拌器，釜内或外部设置换热器，可在常压或加压下操作，可连续或半连续操作。故此，生产上常使用釜式反应器。

固定床氢化反应器有淋液和鼓泡固定床之分，如图11-1所示。淋液固定床内气液两相物料并流向下流动，固体催化剂表面被"淋湿"，气、液、固三相因接触而实现催化氢化反应。

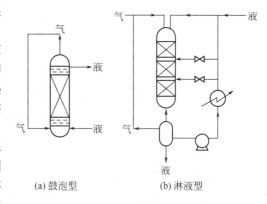

(a) 鼓泡型　　(b) 淋液型

图 11-1　固定床氢化反应器

气-液-固相催化氢化过程包括氢气压缩及循环，被还原物料、溶剂的计量与混合，通氢气催化氢化，过滤分离催化剂，蒸馏回收溶剂，催化剂回收或处理等工序。

催化氢化的反应速率，与氢在液相中的溶解度、浓度和在催化剂表面的扩散速度有关。工艺上通过提高氢压，氢过量加压操作，增加催化剂用量，强化搅拌等措施，可提高气-液-固三相的传质、传热效率，有利于提高反应速率。

3. 液相均相催化氢化

还原剂氢气是气体、被还原物为液体、催化剂溶解于液相反应介质而呈液相均相。在一定温度和压力下，氢气通过液相进行气-液相催化氢化还原。由于催化剂多为过渡金属配位化合物，如氯化铑、氯化钌的三苯基膦配合物，价格昂贵、分离困难，故液相均相催化氢化工业应用不多。

二、催化氢化过程的解释

催化氢化过程是多相催化反应过程，其过程包括反应物的扩散传递、表面吸附与脱附、表面化学反应、产物在表面的脱附与吸附、扩散传递等步骤，其基本过程包括以下步骤：

① 反应物在催化剂表面的扩散、物理吸附和化学吸附；

② 吸附配合物之间发生化学反应；

③ 产物的脱附、扩散离开催化剂表面。

例如，硝基苯催化加氢的基本过程可表示为：

$$
\begin{aligned}
&H_2 + A^* \underset{\text{催化剂}}{\overset{(1)}{\rightleftharpoons}} H_2 \cdots A^* \\
&\text{NO}_2 + A^* \overset{(1)}{\rightleftharpoons} \text{NO}_2 \cdots A^*
\end{aligned}
\Bigg\} \xrightarrow{(2)} \text{NH}_2 \cdots A^* \xrightarrow{(3)} \text{NH}_2 + A^*
$$
（11-2）

由于催化剂表面反应速率较快，催化氢化过程的反应速率取决于反应组分的化学吸附（即过程①）。生产上，常使氢气过量，加压操作，以增加氢的溶解度、提高其浓度和扩散速度；强化搅拌，以提高气-液-固相传质，进而提高催化氢化速率。

固体催化剂表面的催化作用，可解释为催化剂表面的特定部位具有催化作用，这些部位即催化剂活性中心。由于催化剂存在活性中心，反应物分子的特定基团与之产生化学吸附，形成活化配合物，此活化配合物与另一反应物分子作用，在催化剂表面生成产物；或两种反应物分子分别被催化剂表面相邻、不同的活性中心吸附，形成两种活化配合物，两活化配合物相互作用生成产物。

由于催化剂活性中心的特殊性，故催化剂仅对某类甚至某具体反应有催化作用。

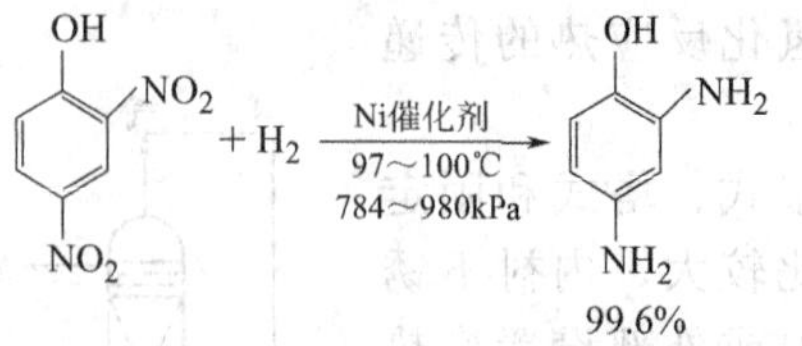

$$\text{(11-3)}$$

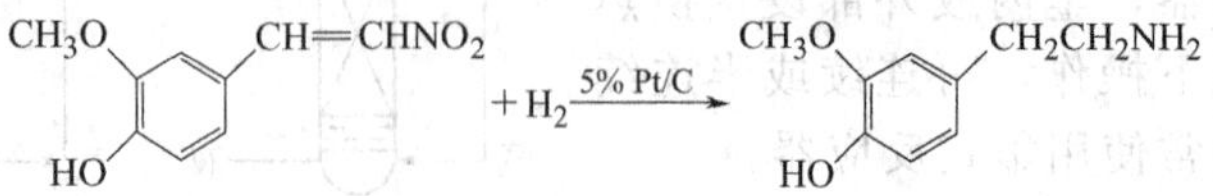

$$\text{(11-4)}$$

三、氢化催化剂

催化氢化的催化剂，常用的有过渡金属氧化物、硫化物以及甲酸盐等。贵金属如钯、铑、铂、铱、锇、钌、铼等，金属如镍、铜、钼、铬、铁等。催化剂按制造方法分类见表11-2。

表 11-2　各类加氢还原催化剂

类　型	金　属	制法概要	实　例
还原型	Pt、Pd、Ni	金属氧化物用氢还原	铂黑、钯黑
甲酸型	Ni、Co	金属甲酸盐热分解	镍粉
骨架型	Ni、Cu	金属与铝合金,用 NaOH 溶出铝	骨架镍
沉淀型	Pt、Pd、Rh	金属盐水溶液用碱沉淀	胶体钯
硫化物型	Mo	金属盐溶液用硫化氢沉淀	硫化钼
氧化物型	Pt、Pd、Re	金属氧化物以 KNO₃ 熔融分解	PeO₂
载体型	Pt、Pd、Ni、Cu	活性炭、SiO₂ 等浸渍金属盐再还原	Pd/活性炭、Cu/SiO₂

不同的催化剂，其活性差异很大。如硝基苯催化加氢，不同的金属负载于活性炭的催化剂活性顺序：

$$Pt > Pd > Rh > Ni$$

同一被还原物，使用不同的催化剂，其还原产物不同。例如苯甲酸乙酯分别用骨架镍、亚铬酸铜催化氢化：

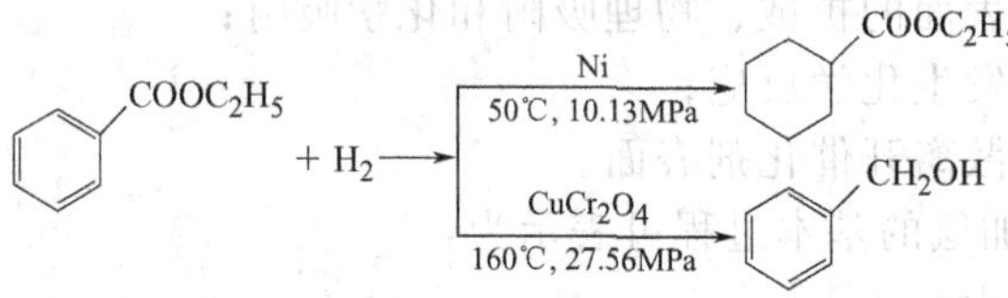

$$\text{(11-5)}$$

$$\text{(11-6)}$$

1. 常用催化剂

镍催化剂，如骨架镍、载体镍、硼化镍等；钯催化剂，如钯/碳、还原钯黑、熔融氧化钯等，以钯/碳最常用；铂催化剂，如铂/碳、铂黑、熔融二氧化铂等，其中铂/碳是最常用；载体铜、亚铬酸铜（$CuCr_2O_4$）等。

（1）骨架镍（雷尼镍）　主要用于硝基、氰基、羰基、不饱和键、芳环及芳杂环、碳卤键、碳硫键的氢化。对羧酸基、苯环的氢化，骨架镍活性很弱；对酯羰基、酰胺羰基的氢化，无催化活性。骨架镍的活性随使用条件变化，酸性条件增强，其活性下降，pH 值＜3时，活性丧失。骨架镍一般在弱碱性或中性条件下使用。镍对硫、磷、砷、铋等化合物敏感，特别是有机硫化物，使其丧失催化性能，无法恢复。镍价格比较低廉，成为最常用的氢化催化剂。

骨架镍是经由 Al-Ni 合金制得，常用含 Ni50％的 Al-Ni 合金。方法是用氢氧化钠溶液处理 Al-Ni 合金，溶解除去合金中的 Al，形成高度孔隙结构的骨架镍。

$$2Al + 2NaOH + 2H_2O \longrightarrow 2NaAlO_2 + 3H_2 \uparrow \qquad \text{(11-7)}$$

（2）铜-硅胶载体型催化剂 金属态的铜附载沉积于载体硅胶上，铜含量为14%～16%，制备是将硅胶放入硝酸铜、氨水溶液中浸渍，干燥后灼烧即得，使用前用氢气活化。铜-硅胶载体型催化剂选择性好、机械强度高、成本低，但抗毒性、热稳定性较差，微量硫化物如噻吩，极易导致其中毒。硝基苯气相催化加氢生产苯胺即用此催化剂。

（3）过渡金属配位催化剂 以过渡金属铑、钌或铱等与三苯基膦的配位催化剂，用于液相均相催化氢化还原。氯化三苯膦基配铑 $[(Ph_3P)_3RhCl]$、氯氢三苯基膦配钌 $[(Ph_3P)_3RuClH]$、氢化三苯基膦配位铱 $[(Ph_3P)_3IrH]$ 等，是常用过渡金属配位催化剂。这类催化剂活性好、选择性高、条件温和、不易中毒，但催化剂分离和回收比较困难。若将过渡金属配位化合物连接在聚合物上，可制成有机载体型过渡金属配位催化剂，此问题将得到解决。

2. 催化剂技术指标

催化剂的技术指标主要有催化剂活性、选择性、寿命（即稳定性）。

（1）活性 常用催化剂负荷（空间速度）表示，即单位体积（质量）的催化剂在单位时间内转化反应物的量，单位为 $[m^3/(m^3 \cdot h)]$ 或 $[kg/(kg \cdot h)]$，即 h^{-1}。一些硝基芳烃催化加氢的催化剂负荷见表11-3。

表 11-3 一些硝基芳烃催化加氢的催化剂负荷

硝基芳烃	催 化 剂	催化剂负荷/h^{-1}	转化率/%
硝基苯	Ni/C	0.8	99.5～100
邻硝基甲苯	Ni/C	0.5	99.0～99.5
硝基二甲苯	Ni/C	0.5	99.5～100
间氯硝基苯	Pt/C	0.25～0.30	99.8～100
对氯硝基苯	Pt/C	0.25～0.30	99.8～100
3,4-二氯硝基苯	Pt/C	0.25	99.8～100

催化剂负荷小，生产能力小；负荷过大，则反应物转化不完全。实际生产负荷应与催化剂额定负荷相当。

（2）选择性 指复杂反应系统中，催化剂选择性加快某反应的能力，或指催化剂对多官能团化合物选择性氢化的性能。例如，铑对可还原性基团有较好的选择性，间硝基苯乙烯氢化还原中，铑可选择性使硝基加氢，而不影响其他基团。

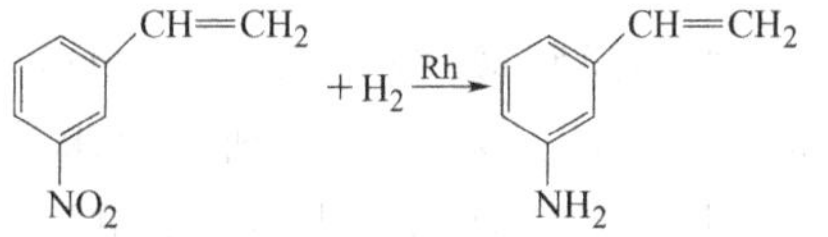

$$\underset{NO_2}{\underset{|}{\bigcirc}}\text{CH==CH}_2 + H_2 \xrightarrow{Rh} \underset{NH_2}{\underset{|}{\bigcirc}}\text{CH==CH}_2 \tag{11-8}$$

不饱和醛类氢化还原时，铑催化剂只使双键加氢而不影响醛羰基，例如 β-苯基丙烯醛的催化加氢。

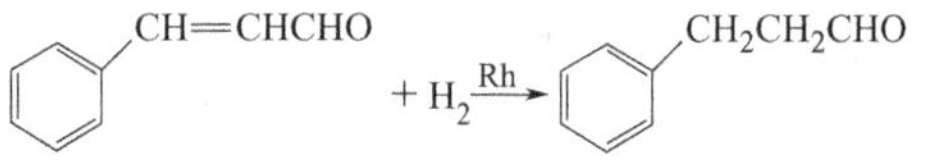

$$\bigcirc\text{CH==CHCHO} + H_2 \xrightarrow{Rh} \bigcirc\text{CH}_2\text{CH}_2\text{CHO} \tag{11-9}$$

催化剂选择性越高，加速反应、抑制副反应的能力越强，产物收率越高。选择性与催化剂的组成、制造方法及其使用条件有关。

（3）寿命 从催化剂开始使用至完全丧失活性的期限，即催化剂在使用条件下保持活性的时间。催化剂活性随使用时间而变化如图11-2所示。

使用过程中，由于某些物理或化学因素，催化剂的组织和结构发生变化，致使活性下降，甚至失活。催化剂表面沉积焦炭或被有机物覆盖，使其活性下降；硫、磷、砷、有机硫化物等，可使催化剂中毒，活性完全丧失。一般，中毒催化剂难以恢复活性，催化剂表面被

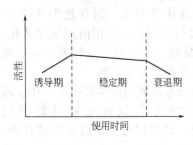

图 11-2 催化剂的活性曲线

积炭覆盖，可采用氧化燃烧法除去，使之恢复活性。

此外，催化剂的耐热性、耐磨蚀性等物理性能也影响其寿命。

四、主要影响因素

除催化剂外，主要影响因素还有原料及其配比、温度和压力、混合搅拌程度等。

1. 原料及其配比

这是影响催化氢化的重要因素，被还原物化学结构不同，反应难易程度不同。硝基芳烃衍生物环上取代基，影响其被催化剂吸附的能力。铂黑作催化剂，硝基芳烃衍生物催化氢化，其化学吸附是控制步骤，芳环上的吸电子基团能增强其吸附能力，反应速率加快；而给电子基团，削弱其吸附能力，反应速率减慢。骨架镍催化剂情况相反，反应控制步骤不是硝基物的吸附，而是氢的吸附。在骨架镍作用下，硝基苯及硝基苯胺在中性介质中的还原速率顺序为：

硝基苯＜间硝基苯胺＜对硝基苯胺＜邻硝基苯胺

用铂黑还原，反应速率顺序则相反。

一般醛基、硝基和氰基氢化还原较易，芳环氢化还原较难。各种官能团单独存在时的还原速率顺序为：

芳香族硝基＞叁键＞双键＞羰基、脂肪族硝基

烃类的还原速率顺序为：

直链烯烃＞环状烯烃＞萘＞苯＞烷基苯＞芳香烷基苯

催化氢化原料中的硫、磷、砷、铋及其他杂质，可使催化剂中毒，导致副反应增多。因此应严格控制并清除，确保原料纯度，如二硝基甲苯以 Pd/C 为催化剂的液相加氢还原，硝基酚含量控制在 0.02% 以下。

原料配比即氢气与被还原物的摩尔比又称氢油比。鉴于氢气的扩散、液相中的溶解度、被还原物转化程度、成本等原因，一般氢气过量。过量氢气易于分离回收，氢气作为流动相，大大过量可形成湍流，有利于传质、传热，带出氢化反应热。例如，硝基苯氢化生产苯胺氢油比为 9:1，苯酚氢化生产环己醇的氢油比一般采用 10:1。

2. 溶剂与介质 pH 值

催化氢化的溶剂是为了溶解被还原物或产物，改善物料的流动状态，以利于质量传递和热量传递，特别是黏稠的或固体物料，必须使用溶剂。要求溶剂的溶解度高，化学稳定性好，价廉宜得，易于分离回收。常用溶剂有水、甲醇、乙醇、丙酮、醋酸、乙酸乙酯、苯、甲苯、环己烷、石油醚等物质。

催化剂活性与溶剂极性及酸性有关。一般催化剂活性随溶剂极性和酸性增加而增强。低压催化氢化常用溶剂主要有乙酸乙酯、乙醇、水、醋酸等。同一催化剂，在不同溶剂中表现的活性顺序为：

$$CH_3COOH > H_2O > C_2H_5OH > CH_3COOC_2H_5$$

为避免酸性溶剂带来的腐蚀问题，高压催化氢化常用乙醇、水、环己烷、甲基环己烷、1，4-二氧六环等。

溶剂的选用应考虑其对反应物和产物溶解度要较大，沸点高于反应温度。

氢化还原介质的 pH 值，不仅影响反应速率，还影响反应的选择性。加氢还原一般在中性介质中进行；氢解还原常在酸或碱性条件下进行。碱性条件促使碳卤键氢解；酸性条件促使碳碳、碳氧、碳氮键的氢解。

3. 温度和压力

温度和压力也是主要的影响因素。同样的被还原物，使用相同催化剂，在同一压力下反应，温度不同，还原产物不同。

$$\text{（11-10）} \quad \xrightarrow[\text{25℃, 9.81MPa}]{\text{Ni}} \quad \text{C}_6\text{H}_5\text{—CH}_2\text{CH}_2\text{CH}_2\text{CH}_2\text{COCH}_3$$

$$\text{（11-11）} \quad \xrightarrow[\text{120℃, 9.81MPa}]{\text{Ni}} \quad \text{C}_6\text{H}_5\text{—CH}_2\text{CH}_2\text{CH}_2\text{CH}_2\text{CHOHCH}_3$$

$$\text{（11-12）} \quad \xrightarrow[\text{260℃, 9.81MPa}]{\text{Ni}} \quad \text{C}_6\text{H}_{11}\text{—CH}_2\text{CH}_2\text{CH}_2\text{CH}_2\text{CHOHCH}_3$$

被还原物：C₆H₅—CH=CH—CH=CH—CO—CH₃ + H₂

还原物、催化剂及温度相同，氢化压力不同还原产物也不同。

$$RC\equiv CR' + H_2 \xrightarrow[\text{0.0981MPa, 室温}]{\text{Lindlar催化剂}} RCH=CHR' \tag{11-13}$$

$$\xrightarrow[\text{>0.29MPa, 室温}]{\text{Lindlar催化剂}} \underset{\text{（较多）}}{RCH_2CH_2R'} + \underset{\text{（较少）}}{RCH=CHR'} \tag{11-14}$$

对于确定的催化氢化过程，提高氢化温度，增加氢分压，可加快氢化反应速率，但是反应选择性将降低，副反应增多。例如，硝基苯催化氢化生产苯胺，其适宜温度为250～270℃，若达到280～300℃，则引起有机物焦化，苯胺颜色变深，催化剂表面积碳。

氢化温度取决于催化剂的活性温度。不同催化剂，活性温度差异较大。一般，较低活性的催化剂要求较高氢化温度。

增大氢分压即增加氢浓度，反应速率加快。但压力过高，反应剧烈，副反应增多，选择性降低；严重时，甚至导致爆炸事故。

氢化温度和压力与催化剂关系密切。例如，高活性的骨架镍催化氢化过程，温度超过100℃，反应剧烈，甚至失控；压力超过5.88MPa，危险增大。部分催化氢化过程的温度、压力、催化剂与还原基团的关系见表11-4。

表11-4 反应温度、压力及催化剂与还原基团的关系

催化剂	温度,压力	氢化还原的基团
Pt/C	0～40℃,常压,反应时间短	C=C ， C=O
氧化铂	25～90℃,常压(实验室方法)	C=C ， C=O ，—CN
骨架镍	约200℃,加压(工业方法)	C=C ， C=O ，—CN
CuCr₂O₄	高温,高压(工业方法)	C=O

4. 混合与搅拌

催化氢化是包括物理传递在内的表面化学还原过程，反应物的扩散、吸附等传递过程是催化氢化过程的重要组成。氢化物料之间、物料与催化剂之间均匀混合，气-液-固相接触表面的不断更新，需要适宜的流动速度和有效的搅拌效率。

良好有效的搅拌，可促进混合，强化传质、传热过程，避免局部过热，减少副反应发生，有利于表面化学反应。

气-液-固三相氢化还原过程，传质效果对反应速率有重要影响。釜式反应器主要表现在

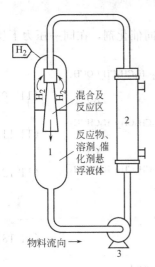

图 11-3　加氢环形反应装置
1—压热反应器；2—热交换器；
3—循环泵

搅拌速度、搅拌器形式及装料系数等方面。如装料系数宜控制在 1/3 左右，装料过多，釜内氢有效容积减少，从而反应速率下降；半间歇操作的塔式反应器，氢气空塔气速、液体装料系数是工艺控制参数，氢气空塔气速为 0.01～0.02m/s，装料系数为 50% 左右。

液相催化加氢环形反应装置如图 11-3 所示。该装置将高压反应釜、循环泵以及换热器串联组合，构成环形高压回流加氢反应装置。高压釜内设有喷管，利用流体喷射作用经喷嘴喷射，使气-液-固三相物料充分混合，发生还原反应，强化了热量和质量传递过程，提高了氢化反应的选择性。物料通过泵强制循环，并连续经换热器换热，可有效利用反应热。环形反应器已成功应用于硝基物的液相催化加氢过程。

对于气相催化氢化，提高空塔速度，增加流体湍动程度，有利于消除外扩散影响，改善流化床的流化状态，强化传质、传热过程，提高反应效率，但是气流速度过高，流体通过床层压降增加，物料停留时间缩短，转化率下降，分离负荷以及动力消耗随之增加。

五、催化氢化工业生产过程

1. 硝基苯催化氢化生产苯胺

苯胺是重要的有机合成原料，主要用于聚氨酯、橡胶加工助剂、染料、颜料等生产行业。苯胺以硝基苯、氢气为原料采用气相催化氢化法生产：

$$\text{（苯环）NO}_2 + 3\text{H}_2 \longrightarrow \text{（苯环）NH}_2 + 2\text{H}_2\text{O} \tag{11-15}$$

硝基苯还原使用载体型铜-硅胶（Cu-SiO_2）催化剂。该催化剂选择性好、成本低，但活性衰减快、抗毒性差。活性降低原因主要是催化剂表面积碳、活性铜聚结、原料中微量硫化物毒化等。

为增强催化剂的抗聚结能力和稳定性，可在催化剂中添加 Gr_2O_3、MoO_3，以增加铜在载体上的分散度，提高其活性。

使用石油苯（无硫苯）生产的硝基苯，或氢化前精馏提纯硝基苯，可避免和防止催化剂中毒。

为方便催化剂及时补充、更换，反应器应采用流化床常压操作。

流化床内装有 0.2～0.3mm 的催化剂颗粒。蒸发后的气态硝基苯与氢气混合、预热，通过多孔分配板进入流化床层，进行流态化气固相催化氢化。反应后的混合气体携带催化剂颗粒，通过旋风分离器或过滤器等气固分离装置捕集下来，并使其返回床层。硝基苯转化率大于 99.5%，苯胺选择性大于 99%。

硝基苯催化氢化是放热反应，通过流化床内的换热器（水或其他热载体），过量氢气移出反应热，控制反应温度。加氢适宜温度为 250～270℃，280～300℃ 易引起焦化，催化剂表面积碳，产品颜色变深；若温度更高，副反应增加产生氨。

$$\text{（苯环）NO}_2 + 4\text{H}_2 \longrightarrow \text{（苯环）} + \text{NH}_3 + 2\text{H}_2\text{O} \tag{11-16}$$

$$\text{（苯环）NH}_2 + \text{H}_2 \longrightarrow \text{（苯环）} + \text{NH}_3 \tag{11-17}$$

按化学计量，1mol 硝基苯需要 3mol 氢气。为使流化状态良好、有效移出反应热，氢气大大过量，氢气与硝基苯物质的量比为 9∶1。过量氢气经气液分离器分离、增压后循环使用。

图 11-4 是硝基苯催化氢化的工艺流程。预热后的硝基苯进入蒸发器汽化，汽化后的气态硝基苯与氢气混合，混合气体经气体分布板进入流化床，催化剂受反应混合气体作用呈流化态，气、固相物质在流化状态下反应，反应后的混合气经气固分离器从流化床顶部采出，再经气液分离器分离。气相主要是过量氢，增压后循环使用；分离出的液相含粗苯胺，先后经分馏塔、精馏塔分离提纯，得到产品苯胺，苯胺纯度＞99.5％。生产中产生含苯胺的废水，用硝基苯萃取提取苯胺，以防污染环境。

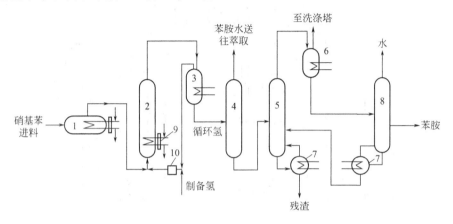

图 11-4 连续流化床硝基苯的气相加氢还原工艺流程

1—汽化器；2—流化床反应器；3,6—气液分离器；4—分离器；5—分馏塔；
7—再沸器；8—精馏塔；9—冷却器；10—压缩机

此法也可用于硝基二甲苯气相催化氢化生产混合二甲苯胺。此外，还有氨解法生产苯胺，苯酚气相催化氨解：

$$\text{(苯酚)} + NH_3 \xrightarrow[\begin{subarray}{c}400\sim480℃\\0.98\sim2.9MPa\end{subarray}]{SiO_2\text{-}Al_2O_3} \text{(苯胺)} + H_2O \tag{11-18}$$

收率90%～95%

苯或氯苯气相催化氨解：

$$\text{(苯)} + NH_3 \xrightarrow[300℃,\ 20MPa]{NiO/Ni} \text{(苯胺)} + H_2 \tag{11-19}$$

选择性97%
转化率13%

$$\text{(氯苯)} + 2NH_3 \xrightarrow[\begin{subarray}{c}180\sim220℃\\\text{高压}\end{subarray}]{CuCl,\ NH_4Cl} \text{(苯胺)} + NH_4Cl \tag{11-20}$$

选择性91%

2. 苯酚氢化生产环己醇

环己醇为无色晶体或液体，有樟脑和杂醇油气味，相对密度为 0.9624（20/4℃），熔点为 25.2℃，沸点为 161℃，易燃，稍溶于水，溶于乙醇、乙醚、苯、二硫化碳和松节油。用于生产己二酸、增塑剂、洗涤剂、溶剂、乳化剂等，环己醇经氧化生产的环己酮和己二酸，是合成纤维锦纶原料。

苯酚催化氢化反应式如下：

$$\text{C}_6\text{H}_5\text{OH} + 3\text{H}_2 \xrightarrow[\text{1~2MPa}]{\text{Ni, }140\sim150℃} \text{C}_6\text{H}_{11}\text{OH} \tag{11-21}$$

工业上使用列管式固定床反应器，列管内填充催化剂颗粒。催化剂是负载于 Al_2O_3 或 Cr_2O_3 的载体镍。操作压力为 $1\sim2$MPa，反应温度为 $140\sim150℃$。副产物主要是环己烷、环己烯、环己酮以及甲烷等。苯酚催化氢化工艺流程如图 11-5 所示。

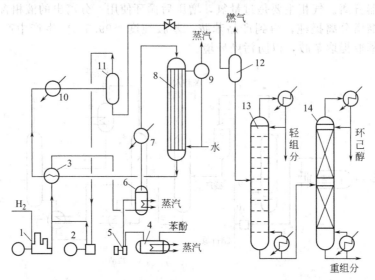

图 11-5　苯酚加氢制环己醇的工艺流程

1,2—氢气压缩机；3—热交换器；4—贮罐；5—泵；6—蒸发器；
7—预热器；8—反应器；9—蒸汽收集器；10—冷却器；
11,12—分离器；13,14—分馏塔

氢气由压缩机 1 加压到 $1\sim2$MPa，滤掉机械杂质后，与压缩机 2 来的循环氢混合，进入热交换器 3。以反应后的混合气体进行热交换后，经鼓泡分配器进入蒸发器 6；苯酚由贮罐 4 用高压泵 5 泵入蒸发器 6，为避免苯酚结晶析出，贮罐 4 及其管道均需用蒸汽保温。蒸发后苯酚温度为 $120\sim125℃$，其成分必须进行控制，氢油比一般采用 10：1，苯酚-氢混合气经预热器 7 后进入反应器 8，反应热由水蒸发移出。苯酚转化率为 $85\%\sim99\%$，催化剂选择性为 96%。

3. 葡萄糖催化氢化生产山梨醇

山梨醇的化学名称是 1，2，3，4，5，6-己六醇，又名 D-山梨醇、山梨糖醇、葡萄糖醇、六羟基醇等，相对分子质量为 182.1，相对密度为 1.48（20/4℃），熔点为 $96\sim97℃$，微溶于甲醇、乙醇和乙酸等，溶于水，吸湿性强，溶液中易结晶析出，能与各种金属离子螯合，化学性质稳定，不与酸、碱作用，不易被空气氧化，广泛用于医药、化工、轻工、食品等行业。

山梨醇生产主要有葡萄糖催化加氢法、淀粉糖化直接加氢法等。葡萄糖催化加氢法是以葡萄糖为原料，在骨架镍催化剂作用下的加氢反应：

$$\text{HOCH}_2\text{(CHOH)}_4\text{CHO} \xrightarrow[\text{3.43MPa, }150℃]{\text{Ni, H}_2} \text{HOCH}_2\text{(CHOH)}_4\text{CH}_2\text{OH} \tag{11-22}$$

葡萄糖催化加氢有连续和间歇两种操作方式。间歇式分搅拌釜加氢和外循环加氢，连续式分管式或固定床加氢，基本生产过程如图 11-6 所示。

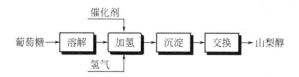

图 11-6　葡萄糖催化加氢生产山梨醇的基本过程

（1）高压搅拌釜加氢间歇操作的工艺　葡萄糖加水溶解，配制成 50%～55%（质量分数）的糖液（若糖质量较差，可加适量活性炭脱色），用泵将糖液泵入高压釜，并加入活化后的骨架镍催化剂，用碱液调节 pH 值至 6.5～7.5，用氮气置换空气，置换合格后通氢气。控制压力在 4.0～8.0MPa，控制温度在 150℃左右，终点控制残糖≤0.5g/100mL，催化加氢结束，氢化混合物打入沉降罐静置沉降，上清液经用离子交换树脂交换，山梨醇浓度为 50%，浓缩得 70% 山梨醇。

（2）外循环间歇催化加氢工艺　使用钌催化剂，50%～55% 的糖液先经串联阴、阳离子交换树脂处理，再按批量加入外循环式高压反应釜，并加入定量的钌催化剂，氮气置换空气合格后，通氢气加氢，加氢温度控制在 120℃左右，压力为 3.0MPa，反应结束分出催化剂，粗山梨醇经滤棒、阴阳离子交换树脂处理，得浓度为 50%（质量分数）左右的山梨醇。

（3）管式连续催化加氢工艺　该工艺氢化系统由氢气预热器、物料预热器、三组串联管式反应器、一个气液分离器组成。三组反应器温度分别为 130℃、155℃ 及 175℃，压力为 15～17MPa。葡萄糖配成 50% 左右的糖液，在反应混合物制备罐加入骨架镍，用氨水调节 pH 值至 7～8，用高压泵将混合好的物料打入管式氢化反应系统。反应后物料由催化剂磁力分离器分离活性差的催化剂，活性好的返回制备罐，活性差的经板框过滤除去，滤液经串联的阴阳离子交换树脂处理，得 50% 左右的山梨醇，经浓缩得 70% 的成品醇，进一步蒸发浓缩、喷雾干燥、筛分，得粉末状固体山梨醇。

（4）连续操作的固定床催化加氢工艺　葡萄糖液由高压泵连续注入装有固体催化剂的柱形床层，糖液和氢气通过催化剂床层加氢还原，粗醇经由离子交换树脂精制，升（降）膜蒸发器脱水浓缩，得液体山梨醇，进一步结晶为结晶状山梨醇。

第三节　化 学 还 原

化学还原是使用化学物质的还原方法。此法虽然消耗化学物质，成本较高，废物排放量较大，但其选择性好，条件温和，工艺简单，仍是还原生产使用的重要方法之一。化学还原使用的化学物质很多，按其反应历程可分为三类。

第一类是易给出电子的金属及其化合物。例如，Li、Na、K、Ca、Mg、Zn、Fe、$SnCl_2$、$FeCl_2$、NH_4Cl 等。此类物质容易给出电子，被还原物从其获得电子，生成相应的负离子自由基或双负离子，再从供质子剂（如醇或水）中获取质子，生成还原产物，还原反应是通过电子的传递实现的。

第二类是能传递负氢离子的物质。例如，$LiAlH_4$、$NaBH_4$、KBH_4、甲酸、异丙醇铝及有机硅衍生物（R_3SiH）等。其中，给出 H^- 离子能力最强的物质是 $LiAlH_4$。用此类化学物质还原，要求在反应条件下被还原物能形成缺电子中心，以便接受还原剂传递的 H^-离子。

第三类是能够传递一对电子的物质。例如，Na_2SO_3、$NaHSO_3$ 等。用此类物质还原，反应分为两步。首先，还原剂自身的一对电子和被还原物共享；然后，共享此对电子的物质从介质中获取质子，生成还原产物。

一、用活泼金属和供质子剂还原

1. 用铁粉还原

即培琴普（Bechamp）法还原。铁粉与盐酸、乙酸或硫酸等合用，其还原能力较强，常用于硝基化合物的还原。用铁粉还原，一般不影响被还原物分子中的卤素、烯键和羰基，可用于选择性还原。

用铁粉还原，虽存在铁泥和废水处理问题，但因铁粉价格低廉、副反应少、产品质量好、设备要求低、易于控制，仍在一定范围用此法。

铁粉为电子供体，水为质子供体，在 $FeCl_2$、NH_4Cl 等金属盐存在下，使硝基化合物还原为胺类化合物：

$$ArNO_2 + 3Fe + 4H_2O \xrightarrow{FeCl_2} ArNH_2 + 3Fe(OH)_2 \qquad (11\text{-}23)$$

$$ArNO_2 + 6Fe(OH)_2 + 4H_2O \longrightarrow ArNH_2 + Fe(OH)_3 \qquad (11\text{-}24)$$

生成的二价铁和三价铁按下式转变为黑色的磁性氧化铁（Fe_3O_4）：

$$Fe(OH)_2 + 2Fe(OH)_3 \longrightarrow Fe_3O_4 + 4H_2O \qquad (11\text{-}25)$$

$$Fe + 8Fe(OH)_3 \longrightarrow 3Fe_3O_4 + 12H_2O \qquad (11\text{-}26)$$

总反应为：

$$4ArNO_2 + 9Fe + 4H_2O \longrightarrow 4ArNH_2 + 3Fe_3O_4 \qquad (11\text{-}27)$$

Fe_3O_4（铁泥）是 FeO 和 Fe_2O_3 的混合物，其比例与电解质等还原条件有关。

铁粉要求干净、粒细、质软，颗粒细小（1～5mm）。生产常用灰铸铁粉，在电解质溶液中，灰铸铁中的少量锰、硫、硅、磷等元素形成微电池，有利于提高溶液的导电性；灰铸铁质脆，易被搅拌粉碎，有利于液固相接触。

铁粉的理论用量，硝基物：铁粉（摩尔比）为 1：2.25，实际为 1：（3～4），铁粉过量多少与其质量和粒度有关。

电解质可提高溶液的导电性，常用电解质是一些金属盐类，见表 11-5。在水中加入金属盐可加速铁腐蚀，促进还原反应。不同的电解质对还原速率的影响见表 11-5。

表 11-5　电解质对还原速度的影响

电解质	苯胺收率/%	电解质	苯胺收率/%
NH_4Cl	95.5	$MgCl_2$	68.5
$FeCl_2$	91.3	$NaCl$	50.4
$(NH_4)_2SO_4$	89.2	Na_2SO_4	42.4
$BaCl_2$	87.3	CH_3COONa	10.7
$CaCl_2$	81.3	$NaOH$	0.7

最常用的电解质是 $FeCl_2$，还原生产前以少量盐酸及铁粉产生 $FeCl_2$，称"铁预蚀"。电解质浓度增加，还原速率加快，但浓度过高，还原速率反而降低，1mol 硝基物需 0.1～0.2mol 的电解质。

质子供体主要是水、乙醇、乙酸、稀盐酸、稀硫酸等。乙酸作质子供体和反应介质，还原速率快，产物易分离，但有 N-乙酰化物生成。

$$ArNO_2 + 3Fe + 7CH_3COOH \longrightarrow ArNHCOCH_3 + 3(CH_3COO)_2Fe + 3H_2O \qquad (11\text{-}28)$$

以乙醇代替乙酸，N-乙酰化物显著减少，还原速率较低；以稀乙酸-乙醇为介质，预活化铁粉还原，反应速率比较快，产物纯度较高。水作质子供体和介质经济方便。1mol 硝基物需 4～5mol 水，水过量有利于物料流动、传质和传热。但水过量太多时，设备生产能力会下降。

2. 用锌与锌汞齐还原

在中性、酸性和碱性条件下，锌粉可将硝基、亚硝基、氰基、羰基、烯键、碳卤键、碳硫键等基团还原，锌粉还原性与介质酸碱性有关。

在碱性介质中，用锌粉还原硝基化合物，可得不同的产物：

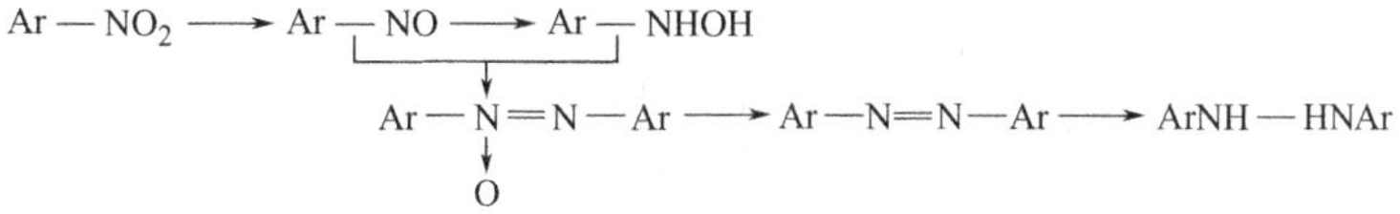

$$Ar-NO_2 \longrightarrow Ar-NO \longrightarrow Ar-NHOH$$

$$Ar-\underset{\underset{O}{\downarrow}}{N}=N-Ar \longrightarrow Ar-N=N-Ar \longrightarrow ArNH-HNAr \qquad (11-29)$$

产物随介质 pH 值不同而异。在中性或弱碱性介质中，还原产物为苯基羟胺；在强碱性介质中还原为氧化偶氮苯、氢化偶氮苯。在酸性介质中氢化偶氮苯，可重排为联苯胺衍生物。

$$ArNH-HNAr \xrightarrow{H^+} H_2N-Ar-Ar-NH_2 \qquad (11-30)$$

利用此法，可合成一系列联苯胺衍生物。

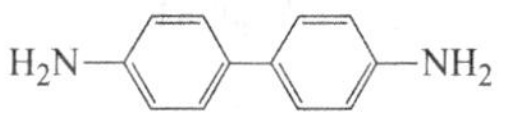

联苯胺 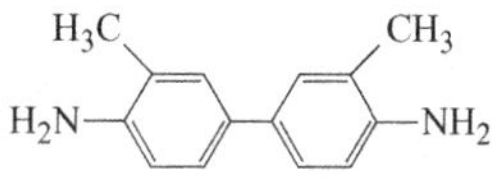 联甲基苯胺

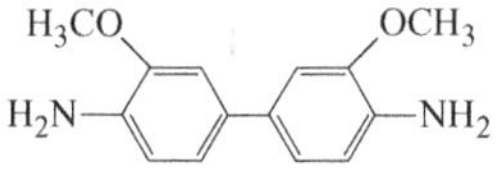

联大茴香胺 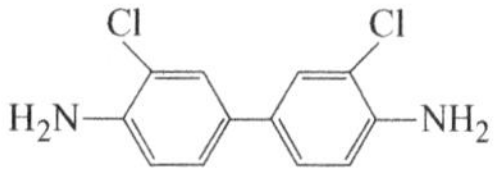 3,3′-二氯联苯胺

联苯胺及其衍生物在染料和颜料中占有重要地位。由于联苯胺的致癌性，其替代产品正在积极研究中。联苯胺生产要加强劳动保护，注意职业卫生与安全。

强酸性条件下，锌或锌汞齐使醛或酮羰基还原成甲基或亚甲基，此即克莱门森(Clemmensen)还原。利用此反应可合成分子量较大的烷烃、芳烃和多环化合物，产率较高。若羰基化合物含有羧基、酯基、酰胺基、孤立双键等基团，还原中这些基团不受影响，但硝基及与羰基共轭双键，同时被还原成胺及烷基。对于 α-酮酸及其酯类，可选择性将其羰基还原成羟基。

$$CH_3-\underset{\underset{O}{\parallel}}{C}-COOC_2H_5 \xrightarrow{Zn-Hg,HCl} CH_3-\underset{\underset{OH}{\vert}}{CH}-COOC_2H_5 \qquad (11-31)$$

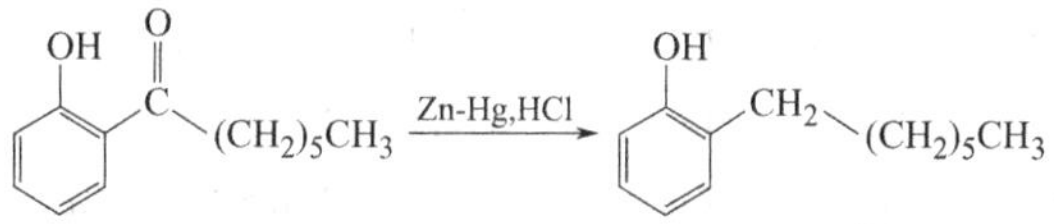

$$(11-32)$$

$$86\%$$

由于在强酸性条件下还原，此法不宜用于对酸敏感的羰基化合物还原，如含有吡咯、呋喃环等基团的羰基化合物。

3. 用钠与钠汞齐还原

以醇为质子供体，钠与钠汞齐可将羧酸酯还原为相应的伯醇，酮还原为仲醇，主要用于高级脂肪酸酯的还原。例如：

$$RCOOC_2H_5 \xrightarrow{Na，C_2H_5OH} RCH_2OH+C_2H_5ONa \qquad (11-33)$$

为避免反应生成的醇钠引起酯缩合，加入尿素分解醇钠。

$$C_2H_5ONa+(NH_2)_2CO \longrightarrow C_2H_5OH+NaOCN+NH_3 \qquad (11-34)$$

在无供质子剂的条件下，双分子酯还原生成 α-羟基酮：

$$2RCOOR' \xrightarrow{Na} \underset{OH}{\overset{R}{\underset{|}{C}}}\underset{}{H}\overset{O}{\overset{\|}{C}}R' \tag{11-35}$$

具有适当链长的二元羧酸酯，其双分子还原可得环状化合物：

$$\underset{COOCH_3}{\overset{COOCH_3}{(CH_2)_4}} \xrightarrow[\text{二甲苯,回流}]{Na,C_2H_5OH} \tag{11-36}$$

二、用含硫化物还原

含硫化物包括硫化碱、亚硫酸盐类，主要用于硝基、亚硝基、偶氮基的还原。

1. 用硫化碱还原

硫化碱是比较温和的还原剂，主要有硫化钠（Na_2S）、硫氢化钠（$NaHS$）、硫化铵 [$(NH_4)_2S$]、多硫化钠（Na_2S_x，硫化指数 x 为 $1\sim5$）。用于硝基物的还原，特别是多硝基物的部分还原，选择性还原硝基偶氮化合物的硝基，而不影响偶氮基。

用硫化碱还原的反应历程为：

$$ArNO_2 + 3S^{2-} + 4H_2O \longrightarrow ArNH_2 + 3S^0 + 6OH^- \tag{11-37}$$

$$S^0 + S^{2-} \longrightarrow S_2^{2-} \tag{11-38}$$

$$4S^0 + 6OH^- \longrightarrow S_2O_3^{2-} + 2S_2^{2-} + 3H_2O \tag{11-39}$$

总反应为：

$$ArNO_2 + S_2^{2-} + H_2O \longrightarrow ArNH_2 + S_2O_3^{2-} \tag{11-40}$$

在还原过程中，硫化物提供电子。用 Na_2S 还原时，S^{2-} 进攻硝基氮原子，用 Na_2S_2 还原时，S_2^{2-} 进攻硝基的氮原子。S_2^{2-} 的还原速率比 S^{2-} 快。

用不同硫化物还原，反应介质 pH 值的差别较大。表 11-6 是硫化物在 $0.05mol/L$ 水溶液中的 pH 值。

表 11-6 各种硫化物在 0.05mol/L 水溶液中的 pH 值

硫化碱	pH 值	硫化碱	pH 值	硫化碱	pH 值
Na_2S	12.6	Na_2S_3	12.3	Na_2S_4	11.8
Na_2S_2	12.5	Na_2S_5	11.5	$(NH_4)_2S$	<11.2

硝基芳烃用硫化碱还原，反应为：

$$4ArNO_2 + 6Na_2S + 7H_2O \longrightarrow 4ArNH_2 + 3Na_2S_2O_3 + 6NaOH \tag{11-41}$$

$$ArNO_2 + Na_2S_2 + H_2O \longrightarrow ArNH_2 + Na_2S_2O_3 \tag{11-42}$$

$$ArNO_2 + Na_2S_x + H_2O \longrightarrow ArNH_2 + Na_2S_2O_3 + (x-2)S\downarrow \tag{11-43}$$

用 Na_2S 还原生成的 $NaOH$，使介质 pH 值升高，促使双分子还原生成氧化偶氮化合物、偶氮化合物、氢化偶氮化合物。加入 NH_4Cl、$MgSO_4$、$MgCl_2$、$NaHCO_3$ 等，降低介质 pH 值，可避免上述副反应。

用多硫化钠还原，有元素硫析出，产物分离困难，实用价值不大。用二硫化钠还原无 $NaOH$ 产生，可避免双分子还原，因此要求控制介质 pH 值的还原多采用二硫化钠还原。

被还原物芳环上的吸电子取代基有利于还原反应，给电子取代基则不利于还原反应。例如间二硝基苯的还原，第一个硝基的被还原速率比第二个硝基还原要快 1000 倍以上。故选择适当条件，可实现多硝基化合物部分还原的目的。

2. 用亚硫酸盐类还原

亚硫酸钠、亚硫酸氢钠可将硝基、亚硝基、偶氮基、羟胺还原成氨基，重氮盐还原成肼。例如，亚硫酸氢钠将芳伯胺的重氮盐还原为芳肼：

$$ArN_2^+ \xrightarrow{SO_3Na^-} Ar-N=N-SO_3Na \xrightarrow[H^+]{SO_3Na^-} Ar-\underset{\underset{SO_3Na}{|}}{N}-NH-SO_3Na \xrightarrow{H_2O} ArNH-NH-SO_3Na \xrightarrow[\triangle]{HCl} ArNH-NH_2 \cdot HCl$$

$$(11-44)$$

总反应为：

$$ArN_2^+ + 2NaHSO_3 + 2H_2O \longrightarrow ArNHNH_2 + 2NaHSO_4 + H^+ \tag{11-45}$$

硝基芳烃衍生物用亚硫酸盐还原硝基时，可在芳环上引入磺酸基，得到氨基芳磺酸化合物。亚硫酸氢钠与硝基物的摩尔比为(4.5~6.1):1。以乙醇或吡啶作溶剂，有助于加速反应。

连二亚硫酸钠($Na_2S_2O_4$)又称保险粉，在稀碱介质中，连二亚硫酸钠是强还原剂，使用条件温和，反应速率快，产品纯度高，主要用于蒽醌及还原染料的还原。例如，在染色过程中将还原蓝 RSN 还原为可溶于水的隐色体：

$$(11-46)$$

连二亚硫酸钠不易保存，价格高。

三、用金属复氢化物还原

金属复氢化物是能传递负氢离子的物质。例如，氢化铝锂($LiAlH_4$)、硼氢化钠($NaBH_4$)、硼氢化钾(KBH_4)等，应用最多的是 $LiAlH_4$、$NaBH_4$。这类还原剂选择性好、副反应少、还原速率快、条件较缓和、产品产率高，可将羧酸及其衍生物还原成醇，羰基还原为羟基，也可还原 $\diagdown{C}=N-OH$、氰基、硝基、卤甲基、环氧基等，能还原碳杂不饱和键，而不能还原碳碳不饱和键。

1. 氢化铝锂($LiAlH_4$)

$LiAlH_4$ 是还原性很强的金属复氢化物，用 $LiAlH_4$ 还原可获得较高收率。氢化铝锂的制备是在无水乙醚中，由 LiH_4 粉末与无水 $AlCl_3$ 反应制得。

$$4LiH_4 + AlCl_3 \longrightarrow LiAlH_4 + 3LiCl_3 \tag{11-47}$$

在水、酸、醇、硫醇等含活泼氢的化合物中，$LiAlH_4$ 易分解。因此用氢化铝锂还原，要求使用非质子溶剂，在无水、无氧和无二氧化碳条件下进行。无水乙醚、四氢呋喃是常用的溶剂。$LiAlH_4$ 价格较高，仅限实验室使用。

2. 硼氢化钠

硼氢化钠是由氢化钠和硼酸甲酯反应制得。

$$4NaH + B(OCH_3)_3 \longrightarrow NaBH_4 + 3CH_3ONa \tag{11-48}$$

$NaBH_4$ 还原能力比 $LiAlH_4$ 弱，可使羰基化合物和酰氯还原成醇，但不能还原硝基。在常温下，硼氢化钠对水、醇等稳定，故可以水、醇作溶剂；高温时可选用四氢呋喃、二甲基亚砜等溶剂。

$NaBH_4$ 的价格虽比 $LiAlH_4$ 低，但工业生产也很少使用。

3. 用异丙醇铝-异丙醇还原

醛、酮化合物的专用还原剂，可将羰基还原为羟基，而不影响被还原物分子中的不饱和键、卤基、硝基、氰基、环氧基、缩醛、偶氮基等官能团，反应选择性好。异丙醇铝是催化剂，异丙醇是还原剂和溶剂。此类还原剂还有乙醇铝-乙醇、丁醇铝-丁醇等。

用异丙醇铝-异丙醇的还原操作，将异丙醇铝、异丙醇与羰基化合物共热回流，若羰基化合物难以还原，加入共溶剂甲苯或二甲苯，以提高其回流温度。由于反应是可逆的，异丙醇铝和异丙醇需要大大过量，加入适量氯化铝，可提高反应速率和收率。还原反应生成丙酮，需要不断蒸出，直至无丙酮蒸出即为终点。

异丙醇铝极易吸潮，遇水分解，反应要求无水条件。

由于β-二酮及β-二酮酯易烯醇化，含酚羟基或羧基的羰基化合物，其羟基容易与异丙醇铝生成铝盐，故不宜用此法还原；含氨基的羰基化合物与异丙醇铝能形成复盐，故不用异丙醇铝而用异丙醇钠；对热敏感的醛类还原，可改用乙醇铝-乙醇，在室温下，用氮气置换乙醛气体，使还原反应顺利进行。

本章小结

一、还原任务和方法

1. 还原任务

使用氢气或化学还原剂，利用还原反应，增加被还原物中的氢或减少氧，生产化工产品的过程。

2. 还原反应

被还原物得电子被还原，还原剂失电子被氧化的反应。被还原物的碳碳或碳杂不饱和键，完全或部分被氢饱和为加氢反应；被还原物的碳杂键断裂，脱杂原子化合物生成两种氢化物的氢解反应。

3. 还原生产方法

- 还原生产方法
  - 催化氢化
    - 气相催化氢化
      - 固定床催化氢化
      - 流化床催化氢化
    - 液相催化氢化
      - 液相均相催化氢化
      - 气-液-固相催化氢化
  - 化学还原
    - 活泼金属与供质子剂还原法
    - 硫化碱和亚硫酸盐还原法
    - 金属复氢化物还原法

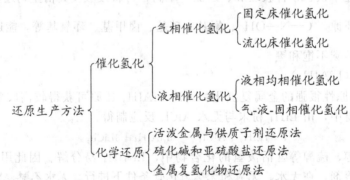

二、催化氢化还原法

1. 催化氢化生产过程

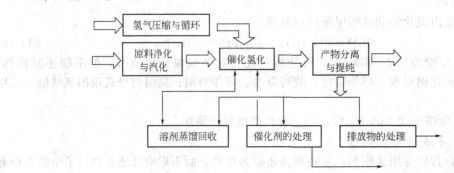

2. 催化氢化的催化剂

骨架镍、铜-硅胶载体型催化剂、过渡金属配位催化剂。

3. 工业实例与主要影响因素

硝基苯气相催化加氢生产苯胺；苯酚气相催化加氢生产环己醇；葡萄糖液相非均相加氢生产山梨醇。

三、化学还原法

1. 化学还原的特点及问题

2. 化学还原剂的特点及应用

（1）活泼金属及供质子剂

铁粉、电解质和水：硝基芳烃及其衍生物的还原；

钠与钠汞齐、醇质子供体：高级脂肪酸酯的还原；

锌与锌汞齐：强酸性介质中，选择性还原羰基为甲基或亚甲基；碱性介质中还原硝基为羟胺、氧化偶氮基、氢化偶氮基。

（2）含硫化合物

硫化碱选择性还原硝基，多硝基部分还原；亚硫酸盐类还原硝基、亚硝基、偶氮基、羟胺为氨基，重氮盐还原成肼。

（3）金属复氢化物

金属复氢化物特点及使用要求。

氢化铝锂、硼氢化钠：高活性、高选择性实验室用还原剂。

异丙醇铝-异丙醇：醛、酮专用还原剂，选择性还原羰基为羟基。

复习与思考

1. 选择题

（1）硝基苯用 $Cu\text{-}SiO_2$ 催化加氢生产苯胺，加氢反应器是（   ）。

A. 固定床反应器　　　　B. 鼓泡床反应器　　　　C. 搅拌反应釜　　　　D. 环形管式反应器

（2）葡萄糖加氢生产山梨醇的催化剂是（   ）。

A. 骨架镍催化剂　　　　B. $Cu\text{-}SiO_2$ 催化剂　　　　C. Pt/C 催化剂　　　　D. $CuCr_2O_4$ 催化剂

（3）（   ）工序是葡萄糖加氢制山梨醇的生产组成部分。

A. 液体蒸馏　　　　B. 固糖溶解　　　　C. 蒸发汽化　　　　D. 沉降分离

（4）采用催化氢化法生产苯胺的原料是（   ）。

A. 苯　　　　B. 氯苯　　　　C. 硝基苯　　　　D. 苯酚

（5）环己醇生产使用的催化剂和反应器是（   ）。

A. 载体镍和固定床　　　　B. 骨架镍和流化床　　　　C. 亚铬酸铜和搅拌釜　　　　D. 载体铂和固定床

（6）多相催化氢化的基本过程由反应物外扩散和内扩散传递、表面吸附与脱附、表面化学反应、产物在表面（   ）、外扩散和内扩散传递等组成。

A. 外扩散传递　　　　B. 脱附与吸附　　　　C. 表面化学反应　　　　D. 内扩散传递

（7）（   ）还原剂是氢负离子转移剂。

A. 金属钠-乙醇　　　　B. 二硫化钠　　　　C. 氢化铝锂　　　　D. 亚硫酸钠

（8）（   ）是醛、酮的专用还原剂，可选择性还原羰基为羟基。

A. 亚硫酸氢钠　　　　B. 异丙醇铝-异丙醇　　　　C. 铁粉-水　　　　D. 五硫化钠

（9）（   ）可将多硝基化合物的部分硝基还原。

A. 锌粉-稀酸　　　　B. 硼氢化钠　　　　C. 二硫化钠　　　　D. 保险粉

（10）（   ）可将重氮盐还原成肼化合物。

A 亚硫酸氢钠　　　　B. N,N-二甲基甲酰胺　　　　C. 二硫化钠　　　　D. 异丙醇铝-异丙醇

（11）哪些化学还原剂要求在无水条件下使用。（   ）

A. 异丙醇铝-异丙醇　　B. 氢化铝锂　　　　C. 二硫化钠　　　　D. 锌汞齐

（12）哪些化学还原剂需要供质子剂？（　　　）

A. 铁粉　　　　　　　B. 保险粉　　　　　C. 锌粉　　　　　　D. 硼氢化钾

（13）铁粉还原用（　　　）作质子供体和反应介质，还原速率最快。

A. 水　　　　　　　　B. 乙醇　　　　　　C. 乙酸　　　　　　D. 稀盐酸

2. 还原反应有哪些类型？

3. 葡萄糖液相加氢制山梨醇的生产过程，主要有哪些生产工序？

4. 如何处置废骨架镍催化剂？

5. 催化氢化通氢气前、卸料后以及检修前，为何必须进行氮气置换操作？

6. 氢油比高低对生产有什么影响？

7. 催化加氢还原反应的因素有哪些？

8. 用 Na_2S 还原硝基苯，为何加入 NH_4Cl、$MgSO_4$、$MgCl_2$、$NaHCO_3$ 等盐类？

9. 生产为何常用二硫化钠还原，而不用多硫化钠？

10. 用钠汞齐和锌汞齐还原有何异同？

11. 硝基芳烃及其衍生物的已有取代基，对还原反应有何影响？

12. 说明用铁粉还原的优缺点。

13. 铁粉还原为对铁粉的质量有何要求？

14. "铁预蚀"是怎么回事，如何进行预蚀操作？

15. 进行下列还原过程，注明所用还原剂。

(1)

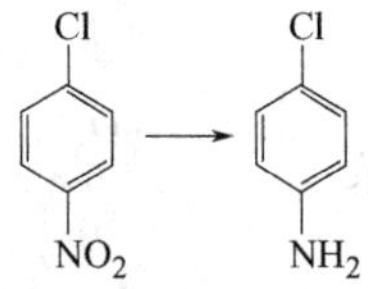

(2)

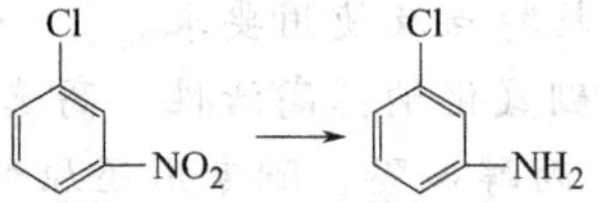

(3)

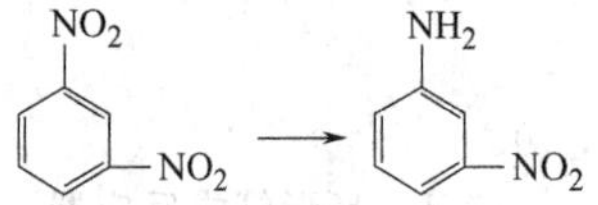

(4)

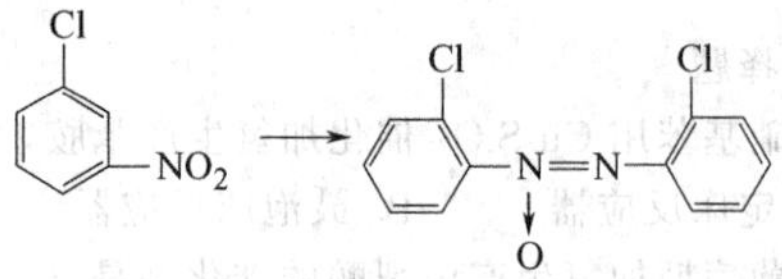

(5)

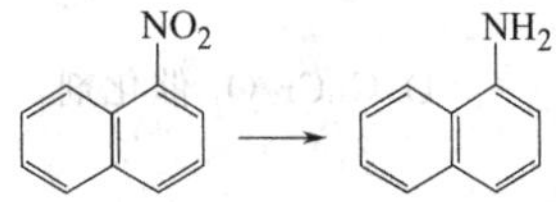

第十二章 重氮化及重氮盐转化

>>> 学习指南

　　芳伯胺重氮化制取重氮盐的目的：重氮基转化为卤素、羟基、氰基、烷氧基、硫基、芳基等，生产合成中间体或产品；通过偶合生产偶氮化合物。重氮化是手段，重氮基转化或偶合是目的。本章的重点与要求是重氮化反应原理、基本操作方法、重氮盐转化技术要求及应用，关键是掌握芳胺的性质、重氮化剂的形成、重氮盐的性质与转化反应。

第一节 概 述

一、重氮化及其目的

　　重氮化是以芳香族伯胺、亚硝酸钠、无机酸等为生产原料，利用重氮化反应，在低温条件下制造芳基重氮盐的过程。

　　重氮化原料芳伯胺称重氮组分，亚硝酸为重氮化剂。亚硝酸不稳定、易分解，生产上使用比较稳定的亚硝酸钠，亚硝酸钠与无机酸作用得亚硝酸。

　　最常用的无机酸是盐酸，有时也使用硫酸、硝酸、过氯酸、氟硼酸等无机酸。重氮化剂的形式，与所用无机酸有关。使用酸性较弱的无机酸时，亚硝酸在溶液中与三氧化二氮平衡，有效重氮化剂是三氧化二氮；使用酸性较强的无机酸时，重氮化剂是质子化亚硝酸和亚硝酰正离子。芳香族伯胺碱性较弱，需要较强重氮化剂，重氮化常在酸性较强条件下进行。

　　芳香族伯胺、杂环伯胺、脂肪族伯胺均可作为重氮化原料，但脂肪基重氮盐极易分解，很不稳定；芳基重氮盐较为稳定，重氮基被其他基团取代，合成多种有机合成中间体。

　　重氮化物——重氮盐有芳香族"Grignard"试剂之称，在有机合成上占有重要位置。一是用适当试剂处理，重氮基被—H、—OH、—X、—CN、—NO_2 等基团置换，制取相应的酚类、芳晴、芳卤等化合物；二是保留氮的偶联反应，重氮化合物与酚类、芳胺等化合物偶合，合成偶氮染料、酸碱指示剂（如甲基橙、甲基红、刚果红）、有机试剂等精细化学品。

二、重氮盐及其性质

　　重氮盐由重氮正离子和强酸负离子构成，其结构式为 $ArN_2^+ X^-$，X^- 表示一价酸根，如 Cl^-、HSO_4^- 等。

　　重氮盐易溶于水，在水溶液中呈离子状态，类似铵盐性质，故称重氮盐。在水中，重氮盐的结构随 pH 值大小而变，如图 12-1 所示。

　　其中，亚硝胺和亚硝胺盐比较稳定，重氮盐、重氮酸和重氮酸盐比较活泼。故重氮盐反应在强酸性至弱碱性的介质中进行。

　　在酸性溶液中，重氮盐比较稳定；在中性或碱性介质中易与芳胺反应，生成重氮氨基化合物或偶氮化合物。

$$Ar—N_2^+ X^- + Ar—NH_2 \longrightarrow Ar—N=N—NH—Ar + HX \qquad (12\text{-}1)$$

$$Ar—N_2^+ X^- + Ar—NH_2 \longrightarrow Ar—N=N—Ar + NH_2 X \qquad (12\text{-}2)$$

　　重氮盐在低温水溶液中比较稳定，反应活性较高。重氮化后不必分离，可直接用于下一转化反应。重氮盐不溶于有机溶剂，根据重氮化反应液澄清与否，可判别重氮化反应是否

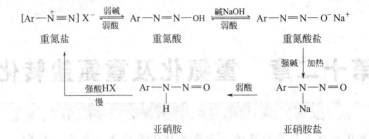

图 12-1　重氮盐结构随介质 pH 值变化

正常。

重氮盐性质非常活泼，干燥的重氮盐极不稳定，受热或摩擦、震动、撞击等因素，使其剧烈分解，释放氮气，甚至发生爆炸事故。在一定条件下铜、铁、铅等及其盐类，某些氧化剂、还原剂，能加速重氮化物分解。因此，残留重氮盐的设备，停用时必须清洗干净。生产或处理重氮化合物，需用清洁设备或容器，避免外来杂质，忌用金属设备，而常用衬搪瓷或衬玻璃的设备容器。

重氮盐自身无使用价值，在一定条件下，重氮基转化为偶氮基（偶合）、肼基（还原），被羟基、烷氧基、卤基、氰基、芳基等取代基置换，制得一系列重要的有机合成中间体、偶氮染料和试剂等。

第二节　重　氮　化

一、重氮化反应

1. 重氮化反应

在无机酸存在下，芳伯胺与亚硝酸钠生成重氮盐：

$$ArNH_2 + NaNO_2 + 2HX \longrightarrow ArN_2^+ X^- + NaX + 2H_2O \tag{12-3}$$

式中，X 为 Cl^-、Br^-、NO_3^-、HSO_4^- 等一价酸根。

由式(12-3) 可知，1mol 芳伯胺重氮化，理论上需 2mol 无机酸；实际上无机酸需过量，芳胺与无机酸的摩尔比为 1:(2.25~4)。无机酸的用量和重氮化方法，取决于芳伯胺和重氮化合物的结构。

重氮化如不能始终保持亚硝酸过量，或亚硝酸钠溶液加入速度过慢，易生成重氮氨基化合物，如苯胺、对硝苯胺的重氮化，重氮盐与芳胺生成重氮氨基化合物，为黄色沉淀物。

$$\tag{12-4}$$

重氮化操作中，常用碘化钾淀粉试纸检测亚硝酸过量与否。微过量的亚硝酸，可将碘化钾淀粉试纸的碘化钾氧化，游离出碘。

$$2HNO_2 + 2KI \longrightarrow I_2 + 2KOH + 2NO\uparrow \tag{12-5}$$

游离碘可使试纸变为蓝色，从而检测亚硝酸是否过量。重氮化结束，加入尿素或氨基磺酸，使过量亚硝酸分解。

$$\tag{12-6}$$

$$H_2N-SO_3H + HNO_2 \longrightarrow H_2SO_4 + N_2\uparrow + H_2O \tag{12-7}$$

或加入少量的芳伯胺，使之与过量的亚硝酸作用，消耗掉过量的亚硝酸。

2. 重氮化反应解释

典型亲电取代反应，亲电质点是亚硝酸酐（N_2O_3）、亚硝酰氯（NOCl）、亚硝酰溴（NOBr）、亚硝酰正离子（NO^+），芳伯胺用盐酸重氮化时：

$$NaNO_2 + HCl \longrightarrow HNO_2 + NaCl \tag{12-8}$$

$$2HNO_2 \Longleftrightarrow N_2O_3 + H_2O \tag{12-9}$$

$$HNO_2 + H_2O + HCl \Longleftrightarrow NOCl + 2H_2O \tag{12-10}$$

亚硝酸钠与盐酸首先形成 N_2O_3、NOCl，再进攻芳伯胺发生重氮化反应：

$$Ar - \underset{\underset{H}{|}}{\overset{\overset{H}{|}}{N}} : + :\underset{\underset{O}{|}}{N} \to Cl \longrightarrow \left[Ar - \underset{\underset{H}{|}}{\overset{\overset{H}{|}}{N}} \cdots \underset{\underset{O}{|}}{N} - Cl \right] \xrightarrow{-HCl}$$

$$Ar - \underset{\underset{H}{|}}{N} - N = O \underset{互变异构}{\Longleftrightarrow} Ar - NH = N - OH \xrightarrow[-H_2O]{+HCl} ArN_2^+Cl^- \tag{12-11}$$

稀硫酸只能产生亚硝酸酐（N_2O_3），亚硝酸酐亲电性较弱，故此苯胺用盐酸重氮化反应速率比用稀硫酸快得多。

二、主要影响因素

重氮化影响因素，除温度、加料次序、冷却措施、设备等外，无机酸性质及浓度、芳伯胺的结构及性质等是主要影响因素。

1. 无机酸及其浓度的影响

无机酸的作用：①与亚硝酸钠作用产生重氮化剂亚硝酸；②将不溶性芳胺转化为可溶性的铵盐。

$$ArNH_2 + H^+ \Longleftrightarrow ArNH_3^+ \tag{12-12}$$

可溶性的铵盐水解成游离胺，游离胺参与重氮化反应。

使用的无机酸不同，重氮化反应的亲电质点不同。在盐酸介质中为亚硝酸酐（N_2O_3）、亚硝酰氯（NOCl）；在稀硫酸介质中是亚硝酸酐（N_2O_3）；在浓硫酸介质中亲电质点是亚硝酰正离子（NO^+）。不同亲电质点的活泼性次序为：

$$NO^+ > NOCl > N_2O_3$$

芳胺酸性硫酸盐的溶解度，一般低于芳胺盐酸盐的溶解度，故常用盐酸作反应介质；稀硫酸只用于能生成可溶性硫酸盐的芳伯胺或要求无氯离子存在的重氮化过程，如胺类碱性很弱难以重氮化或芳胺只溶解于浓硫酸，方用浓硫酸为反应介质。

较低的无机酸浓度，有利于芳胺转变成可溶性的铵盐，铵盐水解为游离胺参与 N-亚硝化反应。随着无机酸浓度增加，亚硝酰氯浓度随之增加，重氮化反应速率加快。如无机酸浓度过高，游离胺浓度随之降低，进而影响重氮化反应速率。

2. 亚硝酸钠用量及其加料速度

亚硝酸不稳定、易分解，重氮化过程中不断加入亚硝酸钠，使其与无机酸（盐酸或硫酸等）作用，获得重氮化需要的新生态亚硝酸。

$$NaNO_2 + HCl \longrightarrow HNO_2 + NaCl \tag{12-13}$$

$$NaNO_2 + H_2SO_4 \longrightarrow HNO_2 + NaHSO_4 \tag{12-14}$$

亚硝酸钠用量要稍高于理论用量，通常使用 30% 的亚硝酸钠溶液。亚硝酸钠加料进度取决于重氮化反应速率，以使重氮化全过程不缺少亚硝酸钠，防止生成重氮氨基物黄色沉淀。亚硝酸钠加料过快，亚硝酸的生成速率大于重氮化反应速率，部分亚硝酸分解产生氧化氮有毒气体。

$$2HNO_2 \longrightarrow NO_2 + NO + H_2O \tag{12-15}$$

$$2NO + O_2 \longrightarrow 2NO_2 \tag{12-16}$$

$$NO_2 + H_2O \longrightarrow HNO_3 \tag{12-17}$$

这不仅浪费亚硝酸钠，二氧化氮气体与水形成硝酸还腐蚀设备。故亚硝酸钠用量及其加料速度是重氮化操作的重要工艺指标。

3. 芳伯胺的碱性

芳伯胺的碱性反映其接受亲电质点的能力，芳伯胺氮原子的电子云密度越高，部分负电荷越高，碱性越强，重氮化速率越快，反之亦然。芳环上的给电子基团增强芳胺碱性；吸电子基团削弱芳胺碱性。

芳伯胺碱性强弱影响重氮化反应。芳伯胺碱性强，有利于重氮化。强碱性的芳胺与无机酸生成的盐不易水解，降低了游离胺的浓度，影响重氮化反应速率。无机酸浓度较低时，胺的碱性愈强，重氮化反应速率愈快；无机酸浓度较高时，胺的碱性愈弱，重氮化反应速率愈快；碱性很弱的芳胺，宜在浓硫酸中反应。根据芳伯胺碱性强弱，选择确定无机酸的浓度。

4. 重氮化温度

重氮化是典型的放热反应，重氮盐对热不稳定，较高温度下亚硝酸易分解，应及时移除反应热，控制重氮化温度在 $0 \sim 5 ℃$，此温度下亚硝酸溶解度较大，重氮盐不易分解。温度过高，则加快亚硝酸、重氮化物的分解。

一般，芳伯胺碱性愈强，重氮化温度愈低。如重氮盐比较稳定，重氮化温度亦可适当提高，如 $30 \sim 40 ℃$。

重氮化反应速率随温度升高而加快，在 $10 ℃$ 时反应速率比 $0 ℃$ 时高 $3 \sim 4$ 倍。为保持适宜温度，避免反应速率过快，使用稀盐酸或稀硫酸介质时，可加冰直接冷却；在浓硫酸介质中重氮化，需用冷冻氯化钙水溶液或冷冻盐水间接冷却。

三、重氮化方法

1. 一般操作要求

要求芳伯胺纯净无异构体，如原料颜色过深或有树脂状物，须先采用蒸馏或重结晶等方法精制，除去其中的氧化物或分解产物。

重氮化反应是定量进行的，亚硝酸钠用量计算要准确，应根据亚硝酸钠纯度，扣除氯化钠等杂质，以准确控制重氮化反应终点。

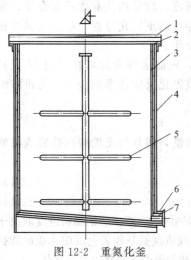

图 12-2　重氮化釜
1—搅拌器支架；2—罐法兰；3—衬里；
4—罐体；5—玻璃钢包扎搅拌器；
6—出料口；7—出料口衬里

重氮盐性质活泼，受热、光照易分解，甚至发生爆炸事故，要求避免受热、光照、撞击、摩擦等因素，防止物料撒落、滴漏，避免重氮盐残留于容器、工作环境中，认真清洗设备容器，保持重氮化环境潮湿，确保操作安全。

重氮化用的无机酸腐蚀性较强，应遵守工艺规程，避免化学灼伤事故。

重氮化原料芳胺有毒，活泼芳胺毒性更强；重氮化过程中逸出有毒气体 NO、Cl_2 等，重氮化操作要求设备密闭，环境通风良好。

干燥的芳伯胺遇氮氧化物反应放热，会导致燃烧事故，要求经常清理、冲刷通风管道，防止其中残留芳胺。

重氮化是放热反应，要求重氮化釜应有搅拌装置和传热措施。

一般，重氮化采用间歇操作，使用釜式反应器，如图 12-2 所示。设置搅拌，敞口便于加冰降温，釜底略倾斜,出料口在底侧向,便于放净物料。Fe、Cu、Zn、Ni 及其盐类,促使重氮盐分解,大型反应釜采用内衬耐酸砖钢槽,或用塑料反应器;小型为钢制加内衬,使用稀硫酸重氮化衬搪铅,铅与硫酸可形成硫酸铅保护膜;使用浓硫酸重氮化,用钢制反应器;使用盐酸重氮化,一般用搪玻璃设备。

重氮化连续操作使用串联釜或管式反应器,装有自动分析控制仪,自动调节亚硝酸钠加入速度、控制介质 pH 值及反应终点,难溶芳胺重氮化使用砂磨机。

连续操作适用于碱性较强的芳伯胺,重氮化产物随即进入转化系统,生成稳定的转化产物,转化反应速率大于重氮盐分解速率。连续操作可利用反应热,重氮化温度高,反应速率快,反应时间短,生产效率高,适宜大规模生产。如连续生产对氨基偶氮苯,重氮化、偶合相继进行。

$$\text{\underline{\hspace{0.5cm}}}-NH_2 \xrightarrow[90℃]{NaNO_2/HCl} \text{\underline{\hspace{0.5cm}}}-N_2^+Cl^- \xrightarrow{\text{\underline{\hspace{0.5cm}}}-NH_2} \text{\underline{\hspace{0.5cm}}}-N=N-\text{\underline{\hspace{0.5cm}}}-NH_2 \tag{12-18}$$

重氮化温度达 90℃,重氮盐未及分解即偶合生成对氨基偶氮苯,生产效率高。

2. 重氮化操作方法

根据芳伯胺的结构及重氮盐性质,有六种操作法。

(1)碱性较强芳胺的重氮化——顺加法 也称正法,适用于不含吸电子基团、碱性较强的芳胺,与无机酸形成易溶于水难水解的铵盐,如苯胺、联苯胺,及含甲基、甲氧基的芳胺衍生物等。无机酸与氨基物的物质的量比为(2.5~3.0):1。

操作方法是在重氮化釜中加入稀无机酸水溶液,投入定量的芳伯胺,搅拌、冷却使其溶解,在搅拌冷却下,缓慢加入预先配制的亚硝酸钠水溶液,重氮化即可完成。

(2)碱性较弱的芳胺的重氮化——快速顺加法 适用于硝基芳胺和多氯基芳胺,如邻位(对位和间位)硝基苯胺、硝基甲苯胺、2,5-二氯苯胺等重氮化。此类芳胺碱性较弱,难与无机酸成盐,所生成的铵盐也难溶于水,易水解释放游离胺,重氮盐易与游离胺生成重氮氨基化合物。

$$\text{\underline{\hspace{0.5cm}}}-N_2^+Cl^- + H_2N-\text{\underline{\hspace{0.5cm}}} \longrightarrow \text{\underline{\hspace{0.5cm}}}-N=N-NH-\text{\underline{\hspace{0.5cm}}} + HCl \tag{12-19}$$

此类芳胺重氮化操作是将芳胺溶于浓度较高的热无机酸,加冰冷却,芳胺以极细的颗粒析出。此时,将亚硝酸钠溶液以细流一次性迅速加入,为避免副反应,使重氮化反应完全,需过量的亚硝酸钠,无机酸与芳胺摩尔比为(3~4):1。

(3)碱性很弱的芳伯胺重氮化——浓酸法 适用弱碱性芳伯胺重氮化,如 2,4-二硝基苯胺、2-氰基-4-硝基苯胺、1-氨基蒽醌、1,5-二氨基蒽醌、某些杂环化合物(苯并噻唑衍生物)等,此类芳伯胺不溶于稀酸而溶于浓酸(硫酸、硝酸和磷酸)或有机溶剂(乙酸和吡啶),常用浓硫酸或醋酸,浓硫酸与亚硝酸钠作用,生成亚硝基硫酸($NOHSO_4$)。

$$NaNO_2 + 2H_2SO_4 \longrightarrow NOHSO_4 + NaHSO_4 + H_2O \tag{12-20}$$

亚硝基硫酸是重氮化的活泼质点。

(4)含酸性吸电子基的芳胺重氮化——顺加法或反加法 在酸性溶液中,氨基芳磺酸和氨基芳羧酸,如氨基苯磺酸、氨基苯甲酸、1-氨基萘-4-磺酸等,易生成两性离子的内盐沉淀,结构如下。

两性离子的内盐不溶于无机酸，很难进行重氮化。如先将其制成钠盐使之溶解度增加而易溶于水，则有利于重氮化反应。因此须先将其溶于碳酸钠或氢氧化钠溶液制成钠盐，然后加入无机酸，使之以很细的颗粒析出，再加入亚硝酸钠溶液重氮化。

溶解度更小的 1-氨基萘-4-磺酸，可用反加法操作。将等物质量的芳胺和亚硝酸钠混合物在良好的搅拌下，加到冷的稀盐酸中重氮化。

（5）氨基酚重氮化——弱酸介质法　适用于易氧化的氨基酚类，包括邻位（对位）氨基苯酚及其硝基、氯基衍生物。在无机酸中氨基酚被亚硝酸氧化，生成醌亚胺型化合物：

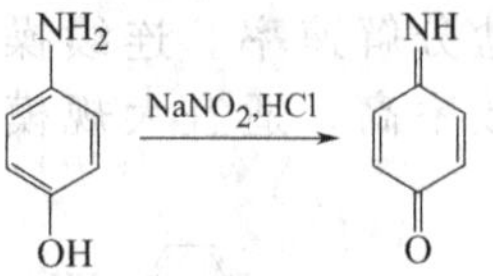

$$
(12\text{-}21)
$$

为了防止这一反应发生，常用乙酸、草酸等有机酸，或在 $ZnSO_4$、$CuSO_4$ 等金属盐存在下，用亚硝酸钠重氮化。例如，1-氨基-2-萘酚-4-磺酸（1,2,4-酸）重氮化，将结晶硫酸铜饱和溶液与 5℃ 的 1,2,4-酸糊状物混合，以 31%$NaNO_2$ 溶液重氮化：

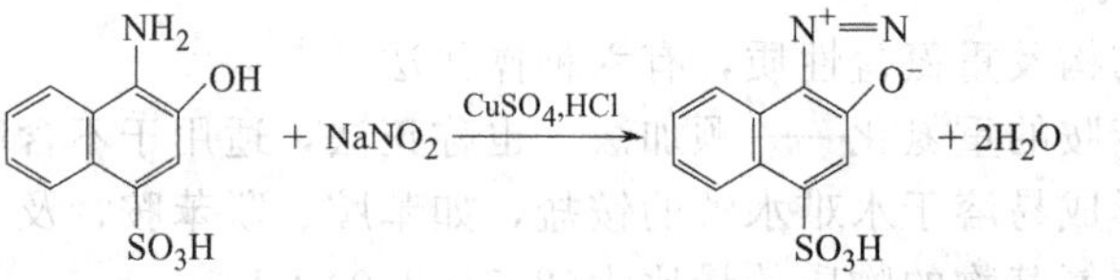

$$
(12\text{-}22)
$$

含卤素、硝基、磺酸基和羧基的邻氨基酚，可先制成钠盐，再用通常方法重氮化。例如 2-氨基-4,6-二硝基苯酚的重氮化，先将其溶于苛性钠水溶液，然后加盐酸以细颗粒形式析出，再加入亚硝酸钠重氮化。

（6）二元芳伯胺类的重氮化　二元芳伯胺有邻、间、对三种异构体，其重氮化分为三种情况。

① 邻苯二胺类和亚硝酸作用，一个氨基先重氮化，生成的重氮基与邻位未重氮化的氨基作用，生成不具偶合能力的三氮化合物。

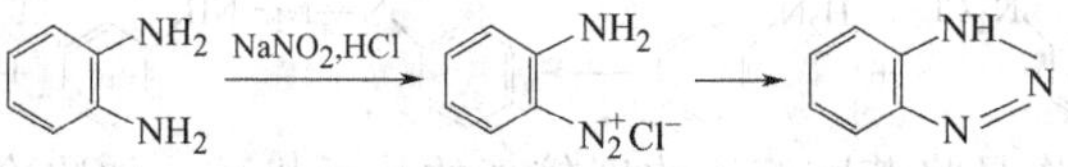

$$
(12\text{-}23)
$$

② 间苯二胺易发生重氮化、偶合反应，间苯二胺的两个氨基可同时重氮化，并与间二胺偶合，如偶氮染料俾士麦棕 G 的制备。

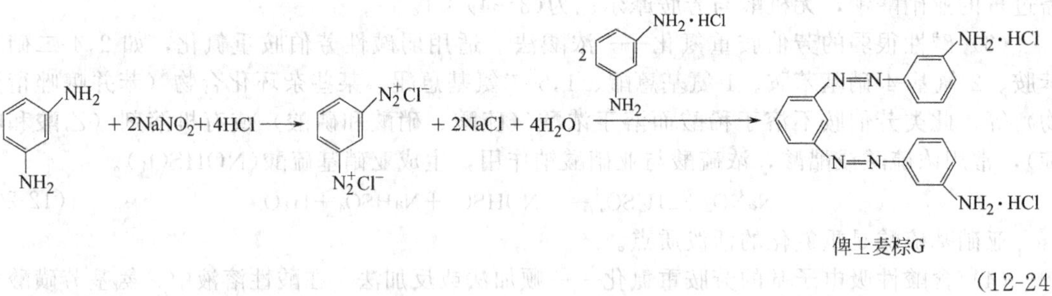

俾士麦棕G

$$
(12\text{-}24)
$$

③ 对苯二胺类化合物用顺加法重氮化，可顺利地将其中一个氨基重氮化，得到对氨基重氮苯。

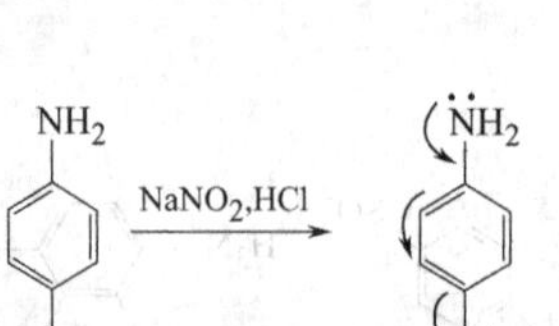

$$
(12\text{-}25)
$$

重氮基属强吸电子基，与氨基共处共轭体系，氨基受其影响，重氮化比较困难，需在浓硫酸介质中进行重氮化。

第三节　重氮盐转化

一、重氮盐的置换

在一定条件下，重氮化合物的重氮基可被卤素、羟基、氰基、烷氧基、巯基、芳基等基团置换，释放氮气，生成其他取代芳烃，故又称重氮化合物的分解。

重氮盐置换的产率一般不太高，用其他方法难以引入某种取代基（如—F，—CN 等），或用其他方法不能将取代基引入所指定位置时，才采用重氮盐置换法。

1. 重氮基置换为卤素

在氯化亚铜存在下，重氮基被置换为氯、溴或氰基的反应称桑德迈耶尔（Sandmeyer）反应，如碱性染料中间体 2,6-二氯甲苯的制备：

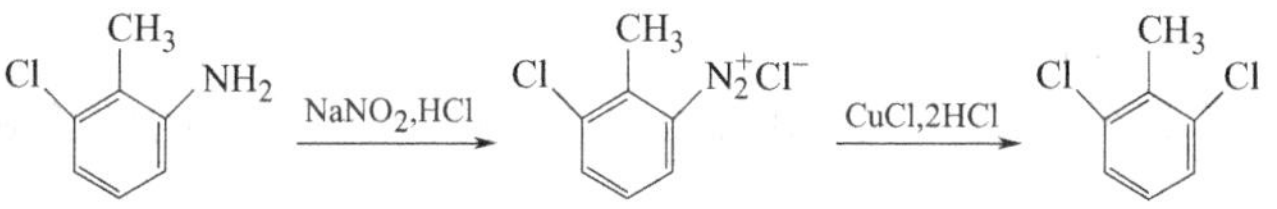

$$(12-26)$$

重氮盐溶液加至氯化亚铜盐酸溶液，温度为 $50\sim60℃$。反应完毕，蒸出二氯甲苯，分出水层，油层用硫酸洗、水洗和碱洗后得粗品，经分馏得 2,6-二氯甲苯成品。

重氮盐转化为芳香氟化物是芳环上引入氟基的有效方法，反应称希曼（Schiemann）反应。

$$Ar—N_2^+ X^- \xrightarrow{BF_4^-} Ar—N_2^+ BF_4^- \xrightarrow{\triangle} ArF + N_2 \uparrow + BF_3 \qquad (12-27)$$

重氮基的氟硼酸配盐分解，须在无水条件下进行，否则易分解成酚类和树脂状物。

$$Ar—N_2^+ BF_4^- + H_2O \xrightarrow{\triangle} ArOH + HF + BF_3 + N_2 \uparrow + 树脂状物 \qquad (12-28)$$

2. 重氮基置换为氰基

重氮基置换为氰基与转化为卤基的方法相似，也是桑德迈耶尔反应，氰化亚铜配盐为催化剂，其制备由氯化亚铜与氰化钠溶液作用。

$$CuCl + 2NaCN \longrightarrow Na[Cu(CN)_2] + NaCl \qquad (12-29)$$

重氮化物与氰化亚铜配盐合成芳腈，此法用于靛族染料中间体的制备。例如，邻氨基苯甲醚盐酸盐的重氮化，重氮盐与氰化亚铜反应，产物邻氰基苯甲醚用于制造偶氮染料。

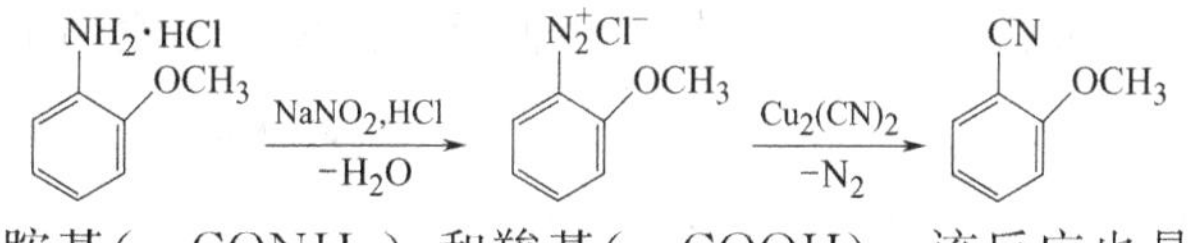

$$(12-30)$$

氰基易水解为酰胺基（—CONH$_2$）和羧基（—COOH），该反应也是在芳环上引入酰胺基和羧基的一个方法。

在芳环上引入氰基，还可以氰基取代氯素或磺酸基，以及酰胺基脱水的方法。

3. 重氮基置换为巯基

重氮盐与含硫化合物反应，重氮基被巯基置换。重氮盐与烷基黄原酸钾（ROCSSK）作用，制备邻甲基苯硫酚、间甲基苯硫酚和间溴苯硫酚等，例如：

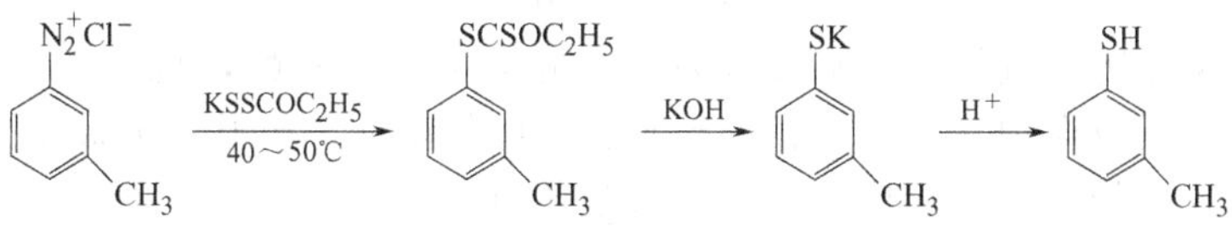

$$(12-31)$$

反应用二硫化钠，将重氮盐缓慢加入二硫化钠与苛性钠的混合溶液，得产物芳烃二硫化物（Ar—S—S—Ar），用二硫化钠将芳烃二硫化物还原为硫酚。利用该反应，可由邻氨基苯甲酸制取硫代水杨酸。

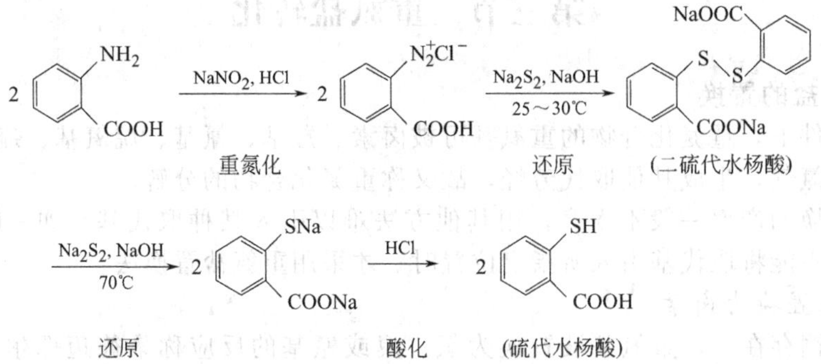

$$\tag{12-32}$$

硫代水杨酸是合成硫靛染料的重要中间体。

4. 重氮基置换为含氧基

（1）重氮基置换为羟基　将重氮硫酸盐溶液慢慢加至热或沸腾的稀硫酸中，重氮基水解为羟基。

$$ArN_2^+ \, HSO_4^- + H_2O \xrightarrow{\text{稀 } H_2SO_4} ArOH + H_2SO_4 + N_2 \uparrow \tag{12-33}$$

为使重氮盐迅速水解，避免与酚类偶合，要保持较低的重氮盐浓度，水蒸气蒸馏法移除产物酚，如果不能蒸出酚，可加入二甲苯、氯苯等溶剂，使生成的酚转移到有机相，减少副反应。反应中硝酸存在，重氮盐水解成硝基酚，例如：

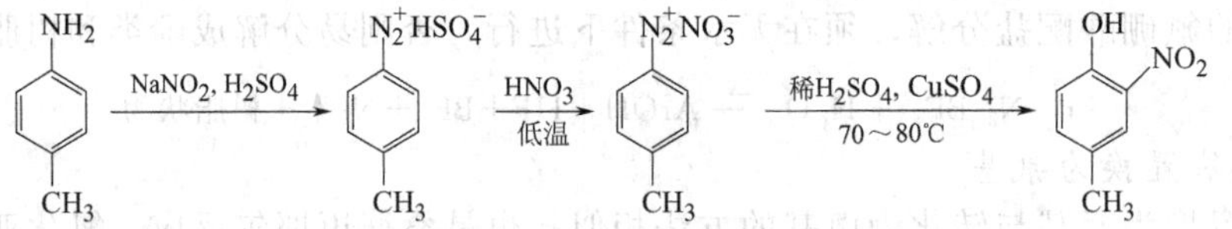

$$\tag{12-34}$$

在反应液中加入硫酸钠，可提高反应温度，有利于重氮基水解。

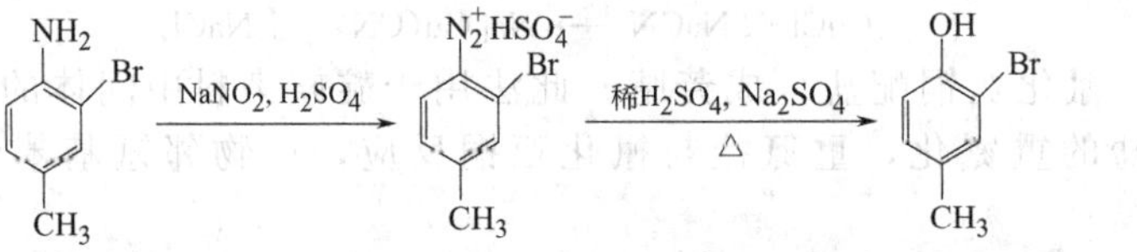

$$\tag{12-35}$$

铜离子对水解反应有催化作用，硫酸铜可降低反应温度，如愈创木酚的合成：

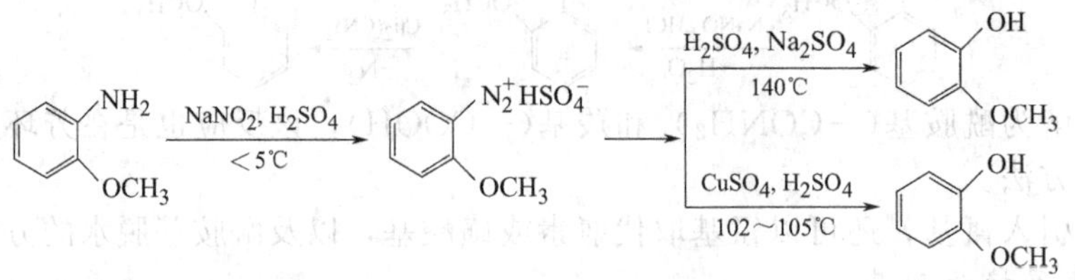

$$\tag{12-36}$$

$$\tag{12-37}$$

（2）重氮基置换为烷氧基　干燥的重氮盐和乙醇共热，重氮基被烷氧基取代生成为酚醚。

$$Ar—N_2^+ \, X^- + C_2H_5OH \longrightarrow ArOC_2H_5 + HX + N_2 \uparrow \tag{12-38}$$

为避免产生卤化物，重氮盐以硫酸盐为好。醇类可以是乙醇，也可以是甲醇、异戊醇、苯酚等，与重氮盐反应得到含甲氧基、乙氧基、异戊氧基或苯氧基等芳烃衍生物。例如，邻氨基苯甲酸重氮硫酸盐与甲醇共热，得邻甲氧基苯甲酸。

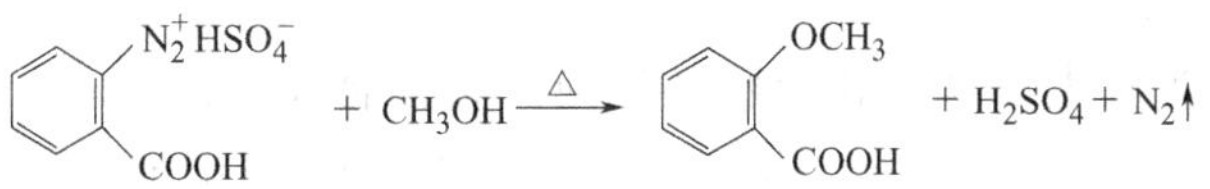

$$(12-39)$$

某些重氮盐和乙醇共热，也可获得乙氧基的衍生物。

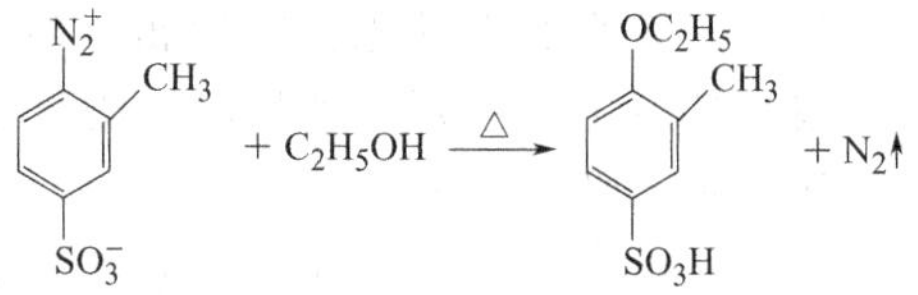

$$(12-40)$$

增加反应压力，提高醇的沸点，有利于重氮基置换为烷氧基。

二、重氮盐的还原

在重氮盐水溶液中，加入适当还原剂如乙醇、次磷酸、甲醛、亚锡酸钠等，可使重氮基还原为氢原子，利用此反应可制备多种芳烃取代产物，例如 2,4,6-三溴苯甲酸的合成。

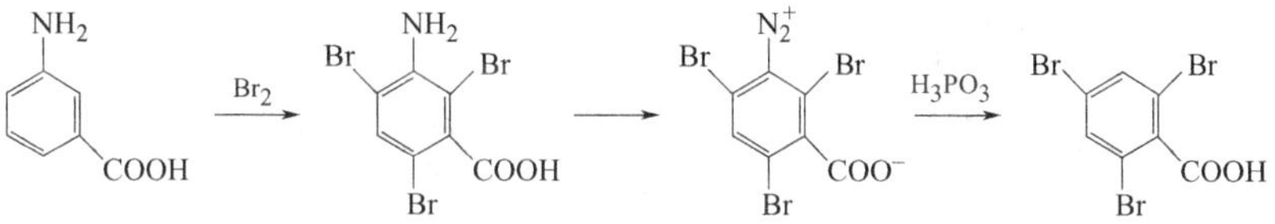

$$(12-41)$$

还原剂常用乙醇、次磷酸，乙醇将重氮基还原为氢原子、释放氮气，乙醇被氧化成乙醛。

$$ArN_2^+ Cl^- + C_2H_5OH \longrightarrow ArH + N_2\uparrow + HCl + CH_3CHO \qquad (12-42)$$

在合成药物和染料中，肼类有重要用途。重氮化物还原的另一用途是制取芳肼。

$$ArN_2^+ X^- + Na_2SO_3 \xrightarrow{-NaX} ArN=N-SO_3Na \xrightarrow{NaHSO_3} ArN-NH-SO_3Na \overset{SO_3Na}{}$$

$$\xrightarrow[-NaHSO_3]{H_2O} ArNHNHSO_3Na \xrightarrow[-NaHSO_3]{HCl, H_2O} ArNHNH_2 \cdot HCl \qquad (12-43)$$

还原剂是亚硫酸盐与亚硫酸氢盐（1:1）的混合物，其中亚硫酸盐稍过量。还原终了时，可加少量锌粉以使反应完全。

用酸性亚硫酸盐还原，介质酸性不可太强，否则生成亚磺酸（$ArSO_2H$）与芳肼作用形成 N'-芳亚磺酰基芳肼（$ArNHNHSO_2Ar$），芳肼收率降低。若在碱性介质中还原，重氮基被氢置换。

脂环伯胺重氮化形成的碳正离子，可发生重排反应，使脂环扩大或缩小。例如，医药中间体环庚酮的合成：

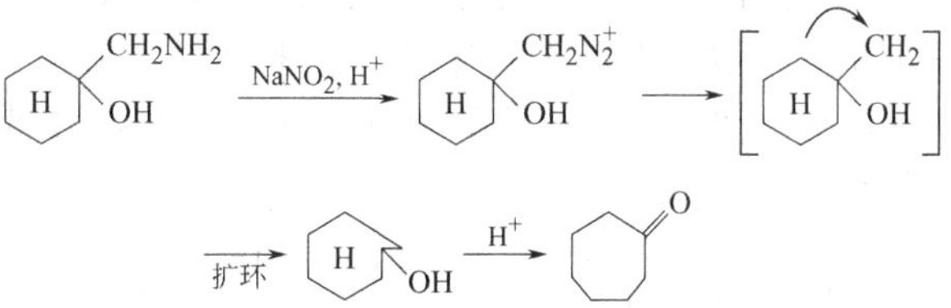

$$(12-44)$$

第四节 偶 合

芳基重氮盐与酚、芳胺及活泼亚甲基化合物作用生成偶氮化合物的反应，称偶合。偶合反应是保留氮的重氮基的转化，在偶氮染料、试剂等精细化学品合成中应用最多，也最重要。

一、偶合反应解释

重氮盐和酚类、芳胺生成偶氮化合物的反应，称偶合反应。

$$ArN_2^+X^- + Ar'OH \longrightarrow Ar-N=N-Ar'-OH + HX \tag{12-45}$$

$$ArN_2^+X^- + Ar'NH_2 \longrightarrow Ar-N=N-Ar'-NH_2 + HX \tag{12-46}$$

重氮盐称重氮剂，酚类、芳胺、活泼亚甲基化合物称偶合剂。酚类，如苯酚、萘酚及其衍生物；芳胺类，如苯胺、萘胺及其衍生物；氨基萘酚磺酸类，如 H 酸、J 酸、γ 酸等；活泼亚甲基化合物，如乙酰乙酰基苯胺、吡唑啉酮等。

偶合是一亲电取代反应，重氮盐正离子进攻电子云密度较高的碳原子，形成中间产物，然后迅速脱去氢质子，不可逆转化为偶氮化合物。

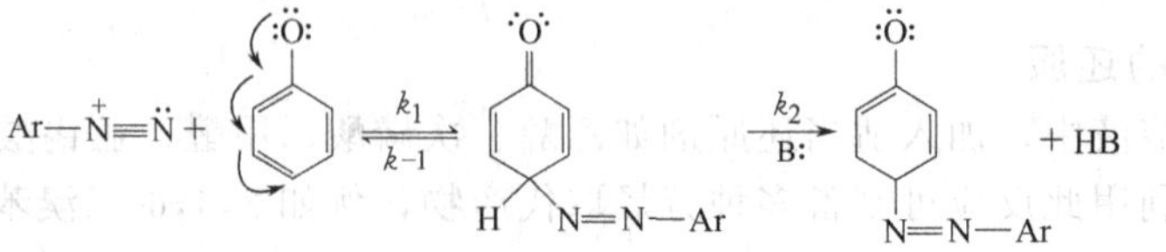

$$\tag{12-47}$$

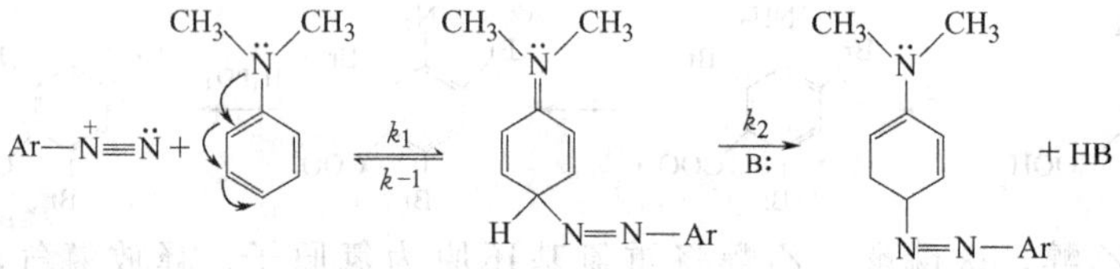

$$\tag{12-48}$$

碱性物质如吡啶，可促使氢质子的脱落，加速反应，有时水也具有催化效果。

二、主要影响因素

重氮剂及偶合剂的化学结构、介质 pH 值等是影响偶合反应的主要因素。

1. 偶合剂

芳环上取代基的性质对偶合反应有显著影响。给电子取代基如—OH、—NH₂、—OCH₃等，能增强芳环上电子云密度，偶合反应易于进行。重氮盐正离子进攻电子云密度较高的邻或对位碳原子，当与羟基或氨基定位作用一致时，反应活性非常高，可多次偶合；吸电子取代基导致偶合剂活性下降，偶合反应不易进行，需要高活性重氮剂和强碱性介质。偶合剂的反应活性顺序如下：

$$ArO^- > ArNR_2 > ArNHR > ArNH_2 > ArOR > ArNH_3^+$$

偶合的位置常是偶合剂羟基或氨基的对位，若对位被占据，则进入邻位，或重氮基置换对位取代基。

2. 重氮剂

重氮剂的化学结构对偶合反应有影响。重氮盐芳环上的吸电子基，如—COOH、—NO₂、—SO₃H、—Cl 等，可增强重氮基正电性，有利于亲点取代反应；给电子取代基，如—NH₂、—OH、—CH₃、—OCH₃等，可削弱重氮基正电性，降低反应活性。取代基不同的芳胺重氮盐，偶合反应速率的次序如下：

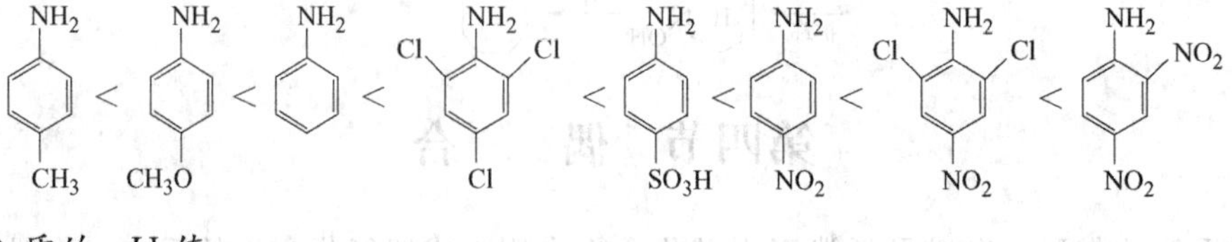

3. 介质的 pH 值

介质的 pH 值影响偶合反应速率和定位。动力学研究表明，酚和芳胺类的偶合反应速率和介质 pH 值的关系如图 12-3 所示。

由图 12-3 可知，对酚类偶合剂，介质酸度较大时，偶合速率和 pH 值呈线性关系。pH 值升高，偶合速率直线上升，当 pH=9 时，偶合速率达最大值。pH>9 时，偶合速率下降，最佳 pH 值为 9～11。故重氮剂与酚类的偶合，常在弱碱性介质（碳酸钠溶液，pH=9～10）中进行。在相当宽的 pH 值范围（pH=4～9）内，芳胺类偶合速率与介质 pH 值无关，在 pH<4 和 pH>9 时，反应速率分别随 pH 值增大而上升和下降，最佳 pH 值为 4～9。

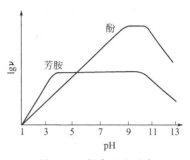

图 12-3　偶合反应速率
与介质 pH 值的关系

弱碱条件下，芳胺与重氮剂容易生成重氮氨基化合物，影响偶合反应，故芳胺偶合剂常使用弱酸（如醋酸）介质。例如，在弱酸性介质中，间氨基苯磺酸重氮盐与 α-萘胺偶合；联苯胺重氮盐与水杨酸在 Na$_2$CO$_3$ 介质中偶合。

$$(12\text{-}49)$$

4. 偶合温度

由于重氮盐极易分解，偶合反应的同时伴有重氮盐的分解副反应，故此偶合反应温度较低，一般为 0～15℃，有时为 40℃ 或更高。偶合温度随反应物活性、重氮剂稳定性及介质 pH 值的不同而异。温度过高，重氮剂分解加剧，进而生成焦油状物质。所以，控制适当反应温度十分重要。

此外，催化剂种类及用量、反应中的盐效应等对偶合也有一定的影响。

三、偶合工业实例

1. 蓝光酸性红（苋菜红）的合成

蓝光酸性红（苋菜红）是典型的酸性染料，可将毛织品（在加有芒硝的酸性浴中）染成带浅蓝色的红色，也可染天然丝、木纤维、羽毛等，其合成反应如下。

$$(12\text{-}50)$$

$$(12\text{-}51)$$

蓝光酸性红

2. 酸性嫩黄 G 的合成

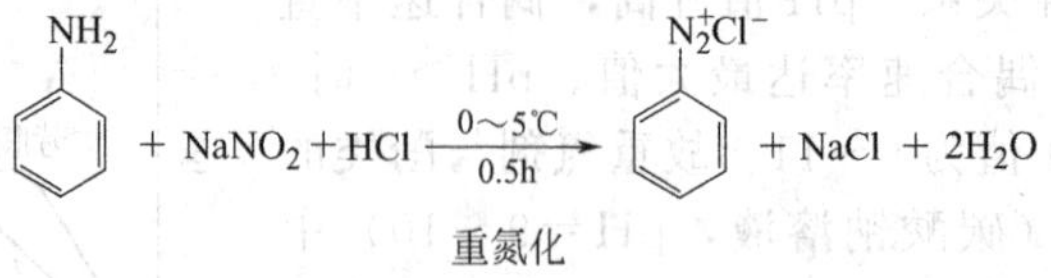

$$\text{重氮化} \quad (12\text{-}52)$$

1-(4′-磺酸基)苯基-
-3-甲基-5-吡唑啉酮　　偶合　　酸性嫩黄G

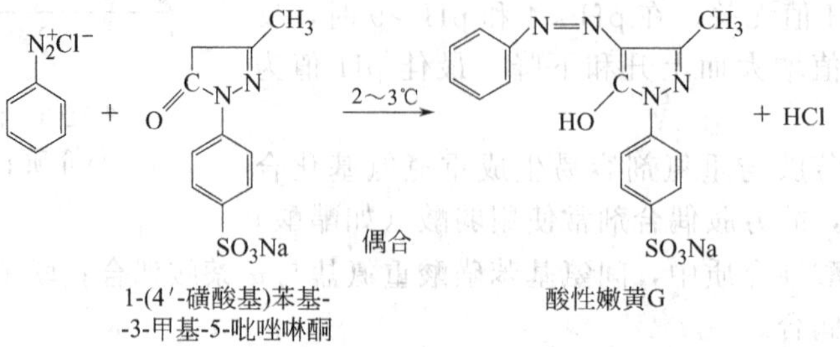

$$(12\text{-}53)$$

（1）**重氮化**　在重氮釜加水 560L、30％盐酸 163kg、100％苯胺 55.8kg，搅拌溶解，加冰降温至 0℃，在液面下加入 30％亚硝酸钠溶液 41.4kg，温度为 0～2℃，时间为 30min，重氮化反应至刚果红试纸呈蓝色，碘化钾淀粉试纸呈微蓝色，调整体积至 1100L。

（2）**偶合**　在偶合釜中加水 900L，加热至 40℃，加纯碱 60kg，搅拌至溶解，然后加入 1-(4′-磺酸基)苯基-3-甲基-5-吡唑啉酮 154.2kg，溶解后加 10％纯碱溶液（相当于 100％ 48kg），加冰及水调整体积至 2400L，调整温度至 2～3℃，加重氮液过滤放置 40min。整个过程保持 pH 值为 8～8.4，温度不超过 5℃，偶合完毕，1-(4′-磺酸基)苯基-3-甲基-5-吡唑啉酮应过量，pH 在 8.0 以下，如 pH 值较低，应补纯碱溶液，继续搅拌 2h，升温至 80℃，体积约 4000L，按体积 20％～21％计算加入食盐量，盐析，搅拌冷却至 45℃以下，过滤、干燥，干燥温度为 80℃，产量为 460kg（100％）。

本 章 小 结

一、重氮化原理与影响因素

1. 亲电取代反应

2. 主要影响因素

无机酸浓度及其用量；亚硝酸钠的用量与加料速度；芳伯胺的化学结构与性质；重氮化温度与控制措施。

二、重氮化方法与操作

1. 重氮化的一般操作要求

2. 常用的六种重氮化方法

3. 芳伯胺的性质对其重氮化的要求

三、重氮盐的性质及其转化

1. 重氮盐在不同 pH 值介质中的性质

2. 重氮盐使用安全事项

3. 重氮盐转化反应

（1）重氮基转化为卤素、氰基、羟基、烷氧基；重氮基的还原

（2）桑德迈耶尔反应与希曼反应

4. 偶合及其影响因素

（1）偶合反应

（2）影响因素

重氮盐的化学结构、偶合剂的化学结构与性质、介质 pH 值、温度等。

复习与思考

1. 重氮化结束后，为何要加入尿素？如何确定尿素的加入量？

2. 写出下列重氮盐的结构式，说明贮存、使用安全注意事项。

（1）2-甲氧基氯化重氮苯

（2）2,4-二氯硫酸重氮苯

（3）2-氰基-4-硝基硝酸重氮苯

（4）2-甲基-4-磺酸重氮苯

3. 介质 pH 值变化，重氮盐结构及性质有何变化？

4. 如果需要你进行重氮化操作，主要考虑哪些影响因素？

5. 重氮化操作有哪些方法？

6. 下列芳伯胺进行重氮化，简要说明宜采用的方法。

（1）2-硝基苯胺

（2）4-甲氧基苯胺

（3）4-氨基苯甲酸

（4）2-氨基-4,6-硝基苯酚

7. 如何判定重氮化反应终点？

8. 写出合成染料酸性嫩黄 G 偶合剂的化学结构式，说明偶合剂性质对偶合反应的影响。

9. 计算 500kg 苯胺重氮化，理论上需要多少亚硝酸钠（kg）；若亚硝酸钠过量 2%，需要纯度 98% 的亚硝酸钠多少（kg）；重氮化终了，尿素至少需要多少（kg）。

10. 重氮化操作如何加入亚硝酸钠？若亚硝酸钠溶液加入速度过快，会有什么现象？

11. 为什么重氮化一般在低温下进行？采用哪些措施可以实现 $0 \sim 5\,^{\circ}\mathrm{C}$ 的重氮化条件？

12. 举例说明重氮盐置换在有机合成中的意义及应用。

13. 从原子经济的角度，讨论重氮化问题。

14. 举例说明偶合反应在合成染料、药物等精细化学品中的应用。

15. 讨论并说明介质 pH 值、温度对偶合反应的影响。

16. 根据重氮化使用的稀硫酸、浓硫酸、盐酸，讨论并选择适宜的防腐措施。

17. 重氮盐水溶液用亚铜盐催化分解，可制得哪些产物？

18. 重氮盐水溶液制备芳肼，如何控制所需 pH 值？

第十三章 缩 合

>>> 学习指南

本章主要内容是通过醛、酮、酯、羧酸及其衍生物缩合，形成碳碳（碳杂）单键、长链烯烃的方法，以制取精细化学品。学习重点是具有活泼亚甲基或甲基的 α-氢被其他原子或原子团取代。学习中注意反应物的结构、性质以及不同缩合方法的差异及实施技术。

第一节 概 述

一、缩合及其意义

缩合反应是形成碳碳（碳杂）新键，合成目的产物的化学反应。一般分为非成环缩合和成环缩合。非成环缩合包括 C-烷基化、C-酰化、脂肪链中亚甲基和甲基的活泼氢被取代，形成碳碳链的缩合。成环缩合包括形成五员及六员碳环、五员及六员杂环的缩合。

缩合过程中，除生成结构比较复杂的目的产物外，还常常有结构比较简单的副产物生成，如水、卤化氢、氨、醇等小分子。脱除并回收这些小分子产物，不仅可以提高产品质量、降低生产成本，而且对改善工作环境、避免环境污染极有意义。

缩合是使用结构比较简单的一种或多种原料，通过缩合反应，合成结构较为复杂或具有某种特定功能的化合物，如医药、香料、农药、染料等。缩合在有机合成中占有十分重要地位，见表 13-1。

表 13-1 缩合的应用频率

行业	中间体	医药	香料	农药	染料	颜料
频率/%	10.2	11.3	17.5	6.3	19.8	9.6

二、缩合的原料

缩合的主要原料包括醛类及其衍生物，如甲醛、乙醛、苯甲醛等；酮类及其衍生物，如丙酮、甲基乙基酮、苯甲酮等；羧酸及其衍生物，如乙酸、醋酸酐、乙酸乙酯、丙二酸、丙二酸乙酯、邻苯二甲酸酐等；烯烃及其衍生物，如丙烯腈、丙烯醛、丙烯酸、顺丁烯二酸酐、丁二烯等。

缩合的主要辅料包括缩合溶剂、催化剂等。碱性催化剂主要有氢氧化钠、氢氧化钙、碳酸钾、氢化钾或钠、氢化钠/乙醇、甲醇钠/乙醇钠、叔丁醇钠、甲氨基钠、吡啶、哌啶等；酸性催化剂主要有硫酸、盐酸、对甲苯磺酸、阳离子交换树脂、柠檬酸、三氟化硼、三氯化钛、羧酸钾或钠盐等。

常用的溶剂有乙醇、乙醚、苯、甲苯、二甲苯、四氢呋喃、环己烷等。

缩合生产涉及的原辅料及产品，其化学加工程度深，生产成本高，并且多为低或中闪点的液体，其燃烧性、爆炸性和毒害性较强，因此应严格依照生产工艺规程、安全操作规程实施操作，避免物料"跑、冒、滴、漏"，减少废物料排放，保护环境，避免生产事故。

三、缩合生产装置

缩合生产装置一般由缩合釜（器）、各种原辅料贮罐与高位计量罐（槽）、结晶罐（器）、沉降器、过滤器、干燥器、液体输送等设备构成。图 13-1 为常见缩合生产工艺装置的示意图。

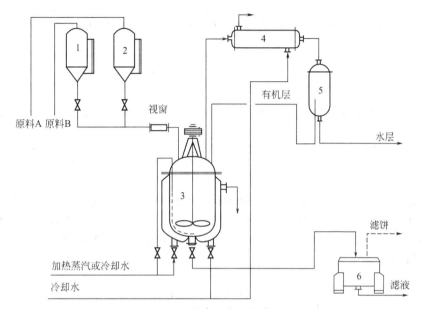

图 13-1 缩合生产工艺装置

1,2—计量罐；3—缩合釜；4—冷凝器；5—凝液分层罐；6—离心机

第二节 醛酮缩合

醛酮缩合包括醛醛、酮酮及醛酮缩合。在碱或酸作用下，含活泼 α-氢的醛或酮缩合，生成 β-羟基醛或 β-羟基酮的反应，又称奥尔德（Aldol）缩合。

一、醛醛缩合

醛或酮羰基氧的电负性高于羰基碳的电负性，使羰基碳具有一定的亲电性，致使亚甲基（或甲基）的氢具有酸性，在碱作用下形成 α-碳负离子。

$$\text{(13-1)}$$

α-碳负离子   烯醇负离子

形成 α-碳负离子（烯醇负离子）的醛，与另一分子醛（酮）进行羰基加成，生成 β-羟基醛。

$$\text{(13-2)}$$

醛醛缩合可以是同分子醛缩合，也可以是异分子醛缩合。

1. 同醛缩合

乙醛缩合是一个典型的同醛缩合。2mol 乙醛经缩合、脱水生成 α,β-丁烯醛。

$$2CH_3CHO \xrightarrow{\text{稀NaOH}} CH_3CHCH_2CHO \xrightarrow{-H_2O} CH_3CH=CHCHO \tag{13-3}$$
$$|$$
$$OH$$

α,β-丁烯醛经催化还原，得正丁醛或正丁醇。

$$CH_3CH = CHCHO \xrightarrow{H_2/Ni} CH_3CH_2CH_2CHO \xrightarrow{H_2/Ni} CH_3CH_2CH_2CH_2OH \tag{13-4}$$

正丁醛缩合、脱水、加氢还原，产物 α-乙基己醇是合成增塑剂 DOP 原料。

$$2CH_3CH_2CH_2CHO \Longleftrightarrow CH_3CH_2CH_2\underset{OH}{CH}\overset{C_2H_5}{CHCHO} \xrightarrow[\triangle]{-H_2O} CH_3CH_2CH_2CH = \overset{C_2H_5}{CCHO}$$

$$\xrightarrow{2H_2/Ni} CH_3CH_2CH_2CH_2\overset{C_2H_5}{CHCH_2OH} \tag{13-5}$$

2. 异醛缩合

若异醛分子均含 α-氢，含氢较少的 α-碳形成的 α-碳负离子与 α-碳含氢较多的醛反应。

$$\underset{C_2H_5}{\overset{CHO}{CH}} - H \xrightarrow{OH^-} \underset{C_2H_5}{\overset{CHO}{CH}}^{-} \xrightarrow[\text{②} H^+, H_2O]{\text{①} CH_3CHO, OH^-} C_2H_5 - \overset{CHO}{CH} - \underset{OH}{CH} - CH_3 \tag{13-6}$$

产物 2-乙基-3-羟基丁醛再脱水、加氢还原，主要产物是 2-乙基丁醛（异己醛）。

在碱存在下，异分子醛缩合生成四种羟基醛的混合物，若继续脱水缩合，产物更复杂。

甲醛是无 α-氢的醛，自身不能缩合。在碱作用下甲醛与含 α-氢的醛缩合得 β-羟甲基醛，脱水后的产物为丙烯醛。

$$\overset{H}{\underset{H}{C}} = O + H - CH_2CHO \Longleftrightarrow \underset{OH}{CH_2} - \underset{H}{CH} - CHO \tag{13-7}$$

$$\xrightarrow{-H_2O} CH_2 = CH_2 - CHO$$

季戊四醇是优良的溶剂，也是增塑剂、抗氧剂等精细化学品的原料，过量甲醛与乙醛在碱作用下缩合制得三羟甲基乙醛，再用过量甲醛还原，得季戊四醇。

$$\overset{O}{\underset{H}{HC}} - \overset{H}{\underset{H}{C}} - H + 3 \overset{O}{\underset{H}{C}} - H \xrightarrow[15\sim16℃]{25\%Ca(OH)_2} \overset{O}{HC} - \overset{CH_2OH}{\underset{CH_2OH}{C}} - CH_2OH$$

$$\xrightarrow[55\sim60℃]{HCHO, 25\%Ca(OH)_2} HOCH_2 - \overset{CH_2OH}{\underset{CH_2OH}{C}} - CH_2OH + HCOOH \tag{13-8}$$

季戊四醇

芳醛与含 α-氢的醛缩合生成 β-苯基-α,β-不饱和醛的反应，称克莱森-斯密特（Claisen-Schmidt）反应。苯甲醛与乙醛的缩合产物是 β-苯丙烯醛（肉桂醛）。

$$\overset{O}{\underset{H}{C}} + H - CH_2CHO \xrightarrow{OH^-} \overset{OH}{\underset{H}{CH}} - \overset{O}{\underset{H}{CH}} - \overset{O}{\underset{H}{C}} - H \xrightarrow{-H_2O} \overset{H}{\underset{H}{C}} = \overset{H}{CH} - \overset{O}{\underset{H}{C}} - H \tag{13-9}$$

肉桂醛

在氰化钾或氰化钠作用下，两分子芳醛缩合生成 α-羟基酮的反应称为安息香缩合。

$$2 \overset{O}{\underset{H}{C}} \xrightarrow[pH=7\sim8, 回流1.5h]{NaCN, C_2H_5OH, H_2O} \overset{O}{\underset{}{C}} - \underset{OH}{CH} \tag{13-10}$$

其反应历程如下：

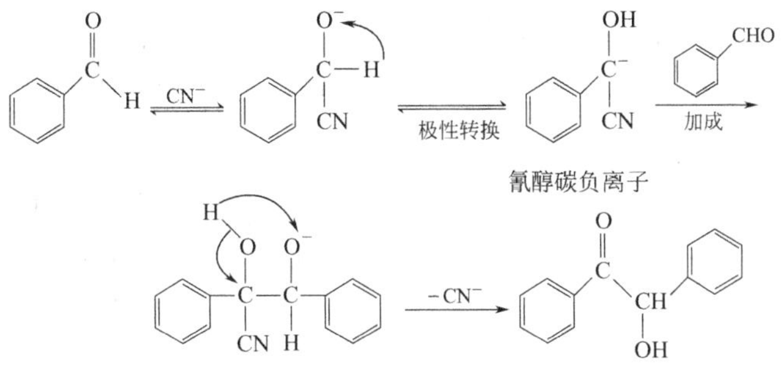

(13-11)

氰醇碳负离子

芳醛的苯环上具有给电子基团时，不能发生安息香缩合，但可与苯甲醛缩合，产物为不对称 α-羟基酮。

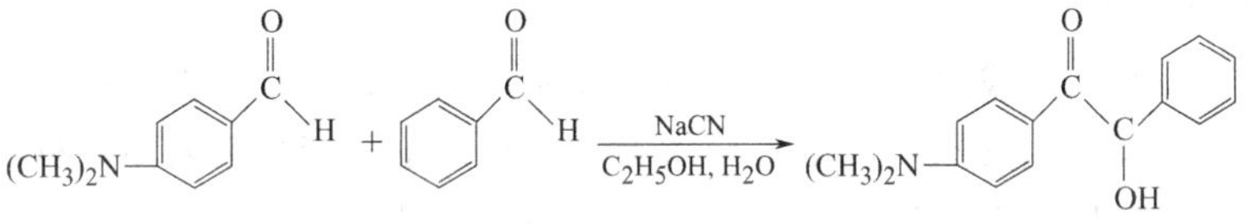

(13-12)

二、酮酮缩合

酮酮缩合包括对称酮、非对称酮、醛与酮的缩合。

1. 对称酮的缩合

对称酮的缩合产物比较单一。例如，20℃时，丙酮通过固体氢氧化钠，缩合产物是 4-甲基-4-羟基戊-2-酮（双丙酮醇）。

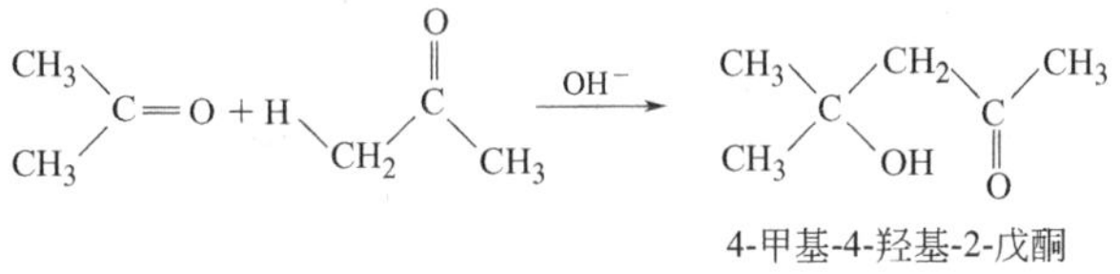

(13-13)

4-甲基-4-羟基-2-戊酮

双丙酮醇进一步反应，合成的产品如下：

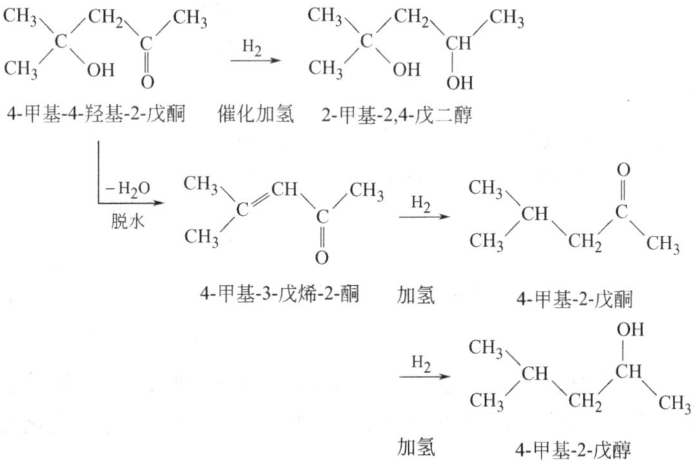

(13-14)

4-甲基-4-羟基-2-戊酮　催化加氢　2-甲基-2,4-戊二醇

4-甲基-3-戊烯-2-酮　加氢　4-甲基-2-戊酮

(13-15)

加氢　4-甲基-2-戊醇

2. 非对称酮的缩合

非对称酮的缩合产物有四种，虽通过反应可逆性可获得一种为主的产物，但其工业意义不大。例如，丙酮与甲乙酮缩合，主要得 2-甲基-2-羟基-4-己酮，经脱水、加氢还原可制得 2-甲基-4-己酮。

$$\underset{CH_3}{\overset{O}{\overset{\|}{C}}}\underset{CH_3}{}+\underset{H}{}\underset{CH_2}{\overset{O}{\overset{\|}{C}}}\underset{C_2H_5}{}\underset{缩合}{\overset{OH^-}{\rightleftharpoons}}\underset{2-甲基-2-羟基-4-己酮}{\overset{CH_3}{\underset{CH_3}{C}}\overset{OH}{}\overset{O}{\overset{\|}{C}}CH_2\overset{}{C_2H_5}}$$

$$\xrightarrow[\text{消除脱水}]{-H_2O}\quad \underset{\text{2-甲基-2-己烯-4-酮}}{\overset{CH_3}{\underset{CH_3}{}}C=CH\overset{O}{\overset{\|}{C}}C_2H_5}$$

$$\xrightarrow[\text{催化加氢}]{H_2}\quad \underset{\text{2-甲基-4-己酮}}{\overset{CH_3}{\underset{CH_3}{}}CHCH_2\overset{O}{\overset{\|}{C}}C_2H_5} \tag{13-16}$$

3. 醛酮的交叉缩合

醛酮的交叉缩合既可生成 β-羟基醛，又可生成 β-羟基酮，不易得单一产物。

甲醛或芳醛等不含 α-氢的醛，与不对称酮缩合可获得单一产物。若不对称酮分子中仅一个 α-位含活泼氢时，无论酸或碱催化，均得同一产品。例如：

$$\xrightarrow[\text{或}H_2SO_4(HAc)]{NaOH(ArOH)} \tag{13-17}$$

甲醛或苯甲醛与对称的酮缩合，也可得到单一产物。

$$CH_3\overset{O}{\overset{\|}{C}}CH_2\overset{H}{} + O=CH_2 \overset{OH^-}{\rightleftharpoons} \underset{\text{1-羟基-3-丁酮}}{CH_3\overset{O}{\overset{\|}{C}}CH_2CH_2OH}$$

$$\xrightarrow{-H_2O} \underset{\text{3-丁烯-2-酮}}{CH_3\overset{O}{\overset{\|}{C}}CH=CH_2} \tag{13-18}$$

三、氨甲基化

氨甲基化是甲醛与含 α-氢的醛、酮、酯，及氨或胺（伯胺、仲胺）缩合、脱水，在醛、酮或酯的 α-碳上引入氨甲基的反应，即曼尼期（Mannich）反应。

$$R'\overset{O}{\overset{\|}{C}}\underset{R''}{\overset{H}{\underset{}{C}H}} + H\overset{O}{\overset{\|}{C}}H + H-NR_2 \xrightarrow{H^+} R'\overset{O}{\overset{\|}{C}}\underset{R''}{\overset{H}{\underset{}{C}}}CH_2\overset{R}{\underset{R}{N}} + H_2O \tag{13-19}$$

甲醛可以是甲醛水溶液、三聚甲醛或多聚甲醛；采用仲胺，反应简单、副反应少，常用二甲胺、二乙胺、吗啉、哌啶、四氢吡咯等；当用不对称酮时，氨甲基化发生在取代程度较高的 α-碳上。

氨甲基化反应在酸性条件、溶剂的沸点温度下进行，操作简便，条件温和。溶剂为水、甲醇或乙醇等，若反应温度要求较高，可选用高级醇；反应温度不宜过高，否则副反应增多。氨甲基化产物多是有机合成中间体，在精细化学品合成中有着重要意义。

例如，苯海索中间体的合成：

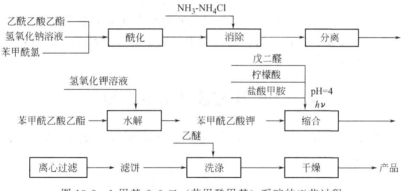

$$\text{(13-20)}$$

又如色氨酸中间体的合成：

$$\text{(13-21)}$$

1-甲基-2,6-二（苯甲酰甲基）哌啶是中枢兴奋药物山梗菜碱盐酸盐的中间体，其合成如下：

$$\text{(13-22)}$$

在氢氧化钠作用下，苯甲酰氯与乙酰乙酸乙酯进行苯甲酰基化，然后在氨-氯化铵存在下，脱乙酰基得苯甲酰乙酸乙酯，用氢氧化钾溶液水解得苯甲酰乙酸钾。在酸性条件下，苯甲酰乙酸钾与戊二醛、盐酸甲胺进行氨甲基化，合成 1-甲基-2,6-二（苯甲酰甲基）哌啶，工艺过程如图 13-2 所示。

图 13-2　1-甲基-2,6-二（苯甲酰甲基）哌啶的工艺过程

四、醛酮与醇缩合

在酸性催化剂作用下，醛或酮与两分子醇缩合、脱水，生成缩醛或缩酮。

$$\begin{array}{c} R' \\ R \end{array}\!\!C\!=\!O + 2HO\!-\!CH_2\!-\!R'' \underset{}{\overset{H^+}{\rightleftharpoons}} \begin{array}{c} R' \\ R \end{array}\!\!C\!\!\begin{array}{c} OCH_2\!-\!R'' \\ OCH_2\!-\!R'' \end{array} + H_2O \qquad \text{(13-23)}$$

式中，$R'=H$ 时为缩醛；$R'=R$ 时为缩酮；两个 R'' 构成 $-CH_2-CH_2-$ 时为茂烷类；构成 $-CH_2-CH_2-CH_2-$ 时为噁烷类。缩合需要无水醇或酸作催化剂，常用干燥的氯化氢气体或对甲苯磺酸，也可用草酸、柠檬酸、磷酸或阳离子交换树脂等作催化剂。

缩醛和缩酮可制备缩羰基化物，缩羰基化物多为香料，此类香料化学稳定性好，香气温和，具有花香、木香、薄荷香或杏仁香，可增加香精的天然感。

1. 单一醇缩醛

醛与一元醇缩合，例如：

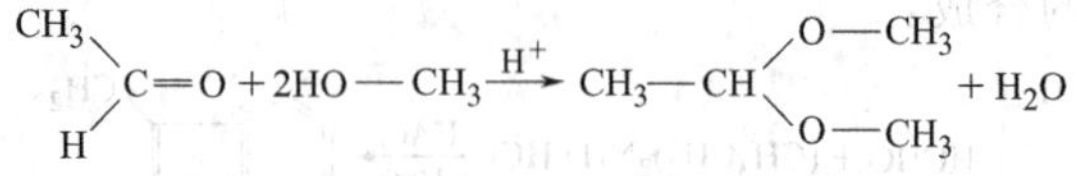

$$\begin{matrix} CH_3 \\ | \\ C=O \\ | \\ H \end{matrix} + 2HO—CH_3 \xrightarrow{H^+} CH_3—CH\begin{matrix} O—CH_3 \\ \\ O—CH_3 \end{matrix} + H_2O \qquad (13-24)$$

产物 1,1-二甲氧基乙烷为香料，俗称乙醛二甲缩醛。

2. 混合缩醛

醛与两种不同的一元醇的缩合，例如：

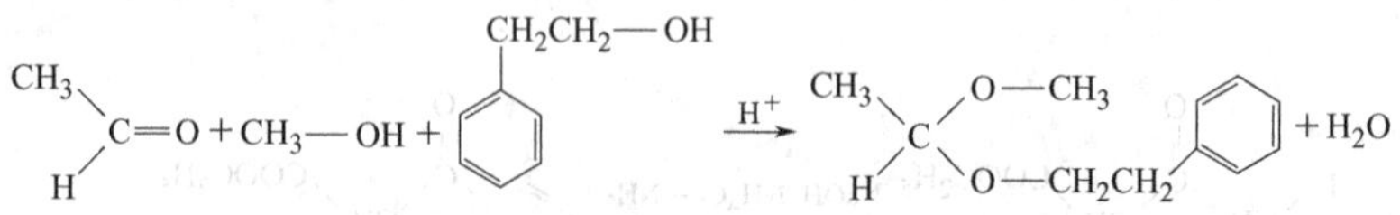

$$\begin{matrix} CH_3 \\ | \\ C=O \\ | \\ H \end{matrix} + CH_3—OH + \begin{matrix} CH_2CH_2—OH \\ \bigcirc \end{matrix} \xrightarrow{H^+} \begin{matrix} CH_3 \\ | \\ CH—O—CH_3 \\ | \\ O—CH_2CH_2 \end{matrix}\bigcirc + H_2O \qquad (13-25)$$

缩合产物 1-甲氧基-1-苯乙氧基乙烷为香料，俗称乙醛甲醇苯乙醇缩醛。

3. 环缩醛

醛与二元醇的缩合，例如：

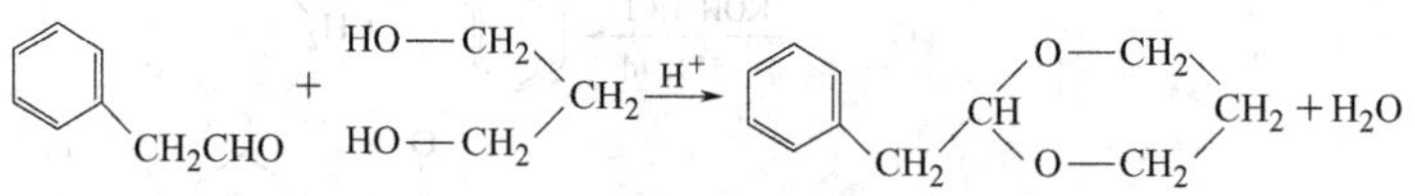

$$\begin{matrix} \bigcirc \\ | \\ CH_2CHO \end{matrix} + \begin{matrix} HO—CH_2 \\ | \\ CH_2 \\ | \\ HO—CH_2 \end{matrix} \xrightarrow{H^+} \begin{matrix} \bigcirc \\ | \\ CH_2 \end{matrix}\begin{matrix} O—CH_2 \\ CH \\ O—CH_2 \end{matrix}CH_2 + H_2O \qquad (13-26)$$

醛或酮与二醇缩合具有工业意义。如在硫酸催化下聚乙烯醇与甲醛缩合得聚乙烯醇缩甲醛。

在柠檬酸催化下，苯为溶剂兼脱水剂，β-丁酮酸乙酯（乙酰乙酸乙酯）和乙二醇缩合，收率为 60%，减压精馏得到产品苹果酯。

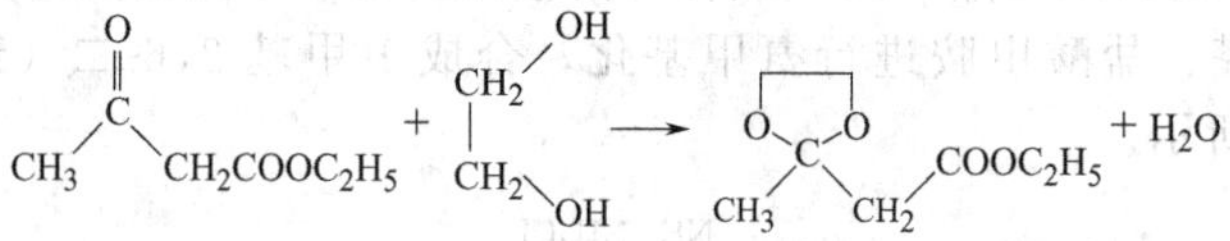

$$\begin{matrix} O \\ \| \\ CH_3 \quad CH_2COOC_2H_5 \end{matrix} + \begin{matrix} OH \\ | \\ CH_2 \\ | \\ CH_2 \\ | \\ OH \end{matrix} \longrightarrow \begin{matrix} O \quad O \\ \diagup \quad \diagdown \end{matrix} \begin{matrix} CH_3 \quad CH_2 \end{matrix}COOC_2H_5 + H_2O \qquad (13-27)$$

苹果酯（2-甲基-2-乙酸乙酯基-1,3-二氧戊烷）是具有新鲜苹果香气的香料。

醛酮与醇缩合不仅用于合成产品，还常用于有机合成保护羰基和羟基，待预定反应完成，再水解恢复原来的羰基或羟基。

第三节　羧酸及其衍生物缩合

羧酸、羧酸酐、羧酸酯、酰胺、α-氰基、α-卤基及 α-酰基羧酸酯等含有活泼甲基或亚甲基的羧酸衍生物，如图 13-3 所示。

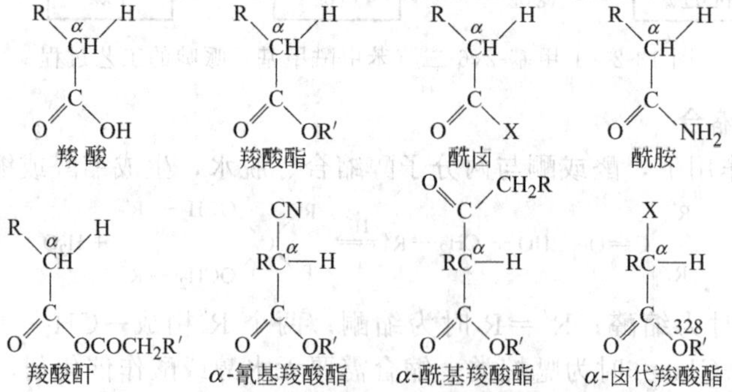

图 13-3　含活泼甲基或亚甲基的羧酸衍生物

由于酯基、氰基等吸电子基团影响，羧酸衍生物甲基或亚甲基的 α-氢具有酸性，在催化剂作用下，易失去质子形成碳负离子，然后可与醛、酮、酯、酰胺、腈或卤烷等缩合。

$$
\begin{array}{c}
\underset{\underset{O}{\overset{R}{|}}}{\overset{H}{\underset{|}{C H}}}\\
\underset{Z}{\overset{|}{C}}
\end{array}
\xrightleftharpoons{OH^{\ominus}}
\begin{array}{c}
\underset{\alpha\text{-碳负离子}}{\overset{R}{\underset{Z}{\overset{\ominus}{C H}}}}
\end{array}
+ H^{\oplus}
\tag{13-28}
$$

式中，Z 为 OH、OR′、NH$_2$、X、OCOCH$_2$R′ 等。

一、羧酸酯缩合

羧酸酯在醇钠、氨基钠、氢化钠等强碱作用下，一分子酯的活泼甲基或亚甲基形成碳负离子，与另一分子酯的羰基加成，脱烷氧负离子生成 β-酮酸酯的反应，称克莱森（Claisen）酯缩合。

$$
\underset{RCH_2}{}\overset{O}{\overset{\|}{C}}OR' + \overset{H}{\underset{O}{\overset{|}{C}HR}}OR' \xrightleftharpoons{RONa} \underset{RCH_2}{}\overset{O}{\overset{\|}{C}}\overset{CHR}{\underset{O}{\overset{\|}{C}}}OR' + R'OH \tag{13-29}
$$

式中，R 可为氢、烷基、芳基或芳杂环基；R′ 可以是任一烃基。

这是合成 β-酮酸酯、β-二酮的重要方法，可分为同酯缩合和异酯缩合。

1. 同酯缩合

相同酯分子间缩合，例如乙酰乙酸乙酯的合成。两分子乙酸乙酯在无水乙醇钠作用下，缩合生成乙酰乙酸乙酯。

$$
C_2H_5O^- \cdot Na^+ + \underset{O}{\overset{H-CH_2}{\overset{|}{\underset{\|}{C}}}}OC_2H_5 \xrightleftharpoons{} C_2H_5OH + \underset{O}{\overset{Na^+ \cdot {}^-CH_2}{\overset{|}{\underset{\|}{C}}}}OC_2H_5 \tag{13-30}
$$

乙醇钠　　乙酸乙酯　　　　　　　　　　乙酸乙酯 α-碳负离子

$$
\underset{C_2H_5O}{\overset{CH_3}{\overset{|}{\underset{O}{\overset{\|}{C}}}}} + \underset{O}{\overset{Na^+ \cdot {}^-CH_2}{\overset{|}{\underset{\|}{C}}}}OC_2H_5 \xrightleftharpoons{亲核加成} \underset{}{\overset{CH_3}{\overset{|}{C}}\overset{OC_2H_5}{\underset{O^- \cdot Na^+}{}}} \xrightarrow{-C_2H_5ONa} \underset{}{\overset{CH_3}{\overset{|}{C=O}}} \tag{13-31}
$$

乙酸乙酯　　　　　　　　　　　　　　　　乙酰乙酸乙酯

不断蒸出生成的乙醇，有利于平衡向产物方向移动，提高收率。此外，由二乙烯酮通过乙醇醇解，也可合成乙酰乙酸乙酯。

2. 异酯缩合

不同酯的缩合。若两种酯都含活泼 α-氢，可能生成四种不同产物，分离精制困难，没有工业价值；若其中之一不含活泼 α-氢，可获得单一产物。甲酸乙酯、乙二酸二乙酯、苯甲酸乙酯等是不含 α-氢的酯。如苯乙酸乙酯在乙醇钠作用下，与乙二酸二乙酯缩合、酸化，经热脱羧，得苯基丙二酸二乙酯。

亲核加成

$$
\underset{}{\overset{COOC_2H_5}{\overset{|}{CH}}{\underset{H}{}}} + \underset{O=C}{\overset{COOC_2H_5}{\overset{|}{}}}OCH_2CH_3 + C_2H_5O^- \cdot Na^+ \xrightarrow[66℃]{苯} \underset{}{\overset{C_2H_5O-\overset{O}{\overset{\|}{C}}}{\underset{\underset{O}{\|}}{\overset{Na^+}{C}}}}COOC_2H_5 + 2C_2H_5OH \tag{13-32}
$$

酸化

$$\text{(结构式)} + \text{HCl} \longrightarrow \text{(结构式)} + \text{NaCl} \qquad (13\text{-}33)$$

脱羧

$$\text{(结构式)} \xrightarrow{160\sim180℃} \text{(结构式)} + \text{CO}_2\uparrow \qquad (13\text{-}34)$$

强碱催化剂可促使碳负离子形成，并使 β-酮酸酯形成稳定的钠（钾）盐。叔丁醇钾、金属钠、氨基钠、氢化钠或三苯甲烷钠等是碱性更强的催化剂，催化剂用量一般是过量的。例如，在氢化钠催化下，苯为溶剂，苯甲酸甲酯与丙酸乙酯缩合：

$$\text{(结构式)} \xrightarrow{\text{NaH}\atop \text{C}_6\text{H}_6} \text{(结构式)} + \text{CH}_3\text{OH} \qquad (13\text{-}35)$$

为避免酯水解，缩合在无水溶剂中进行。常用溶剂是苯、甲苯、煤油等非极性溶剂等。N,N-二甲基甲酰胺、二甲基亚砜、四氢呋喃等可使碱或 β-酮酸酯钠盐溶解，以叔丁醇钾作催化剂，可以叔丁醇作溶剂；以氨基钠作催化剂，液氨可为溶剂。

3. 分子内的酯缩合

如二元羧酸酯的两个酯基间隔三个以上亚甲基，在强碱作用下，分子内缩合生成五元环内酯，即迪克曼（Dieckmann）缩合。

例如，在金属钠和少量乙醇存在下，己二酸二乙酯经缩合、酸化，产物是 α-环戊酮甲酸乙酯。

$$\text{(结构式)} \xrightarrow[-\text{C}_2\text{H}_5\text{OH}]{\text{Na，乙醇，甲苯}} \text{(结构式)} \xrightarrow{\text{H}^+} \text{(结构式)} \qquad (13\text{-}36)$$

反应在稀溶液中进行，以减少分子间缩合，增加分子内缩合，甚至可合成更大环脂酮类化合物。

二元羧酸酯的两个酯基间隔三个及其以下亚甲基，不能发生分子内酯缩合，与不含 α-氢的二元羧酸酯分子间缩合，可获得环状羰基酯。例如，在樟脑的合成中，用 β-二甲基戊二酸酯和乙二酸二乙酯进行分子间缩合，得五元环的二 β-酮酸酯。

$$\text{(结构式)} + \text{(结构式)} \xrightarrow[2\text{C}_2\text{H}_5\text{OH}]{\text{C}_2\text{H}_5\text{ONa}} \text{(结构式)} \qquad (13\text{-}37)$$

一般，酯缩合操作是先将催化剂与不含 α-氢的酯混合，再加入另一种酯；也可分批加入催化剂和另一种酯，以减少 α-氢的酯自缩合。

为提高产率，可提高温度或采用恒沸蒸馏蒸出醇，温度避免过高，以防产物分解。

二、酮酯缩合

在强碱性条件下，酮与酯缩合成 β-二酮化合物的反应，称克莱森酮酯缩合。与酮相比酯

的 α-氢酸性较低，在强碱存在下，形成的酮 α-碳负离子与酯羰基加成生成 β-二酮化合物。例如，在甲醇钠作用下，丙酮与甲氧基乙酸甲酯缩合：

$$CH_3O-CH_2-\overset{\overset{\displaystyle O}{\|}}{C}-OCH_3 + H-CH_2-\overset{\overset{\displaystyle O}{\|}}{C}-CH_3 \xrightarrow[60\sim65℃]{CH_3ONa, 二甲苯} CH_3O-CH_2-\overset{\overset{\displaystyle O}{\|}}{C}-CH_2-\overset{\overset{\displaystyle O}{\|}}{C}-CH_3 + CH_3OH$$

$$(13\text{-}38)$$

产物为 1-甲氧基戊二-2,4-酮。若酯羰基碳的亲电活性太低，发生酮酮缩合；若酯 α-氢的酸性比酮 α-氢高，则易发生酯酯缩合。无 α-氢的酯与酮缩合可得单一产物。例如，在金属钠作用下，丙酮与甲酸甲酯缩合，生成 1-羰基-3-丁酮：

$$2 \overset{\overset{\displaystyle O}{\|}}{\underset{CH_3}{C}}-CH_2-H + 2Na \longrightarrow 2\left[\overset{\overset{\displaystyle O}{\|}}{\underset{CH_3}{C}}-\overset{-}{C}H_2 \right]Na^+ + H_2\uparrow \qquad (13\text{-}39)$$

$$[\overset{\overset{\displaystyle O}{\|}}{\underset{CH_3}{C}}-\overset{-}{C}H_2]Na^+ + \overset{\overset{\displaystyle O}{\|}}{\underset{H}{C}}-OCH_3 \xrightarrow[40\sim60℃]{二甲苯} \overset{\overset{\displaystyle O}{\|}}{\underset{CH_3}{C}}-CH_2-CHO + CH_3ONa \qquad (13\text{-}40)$$

上述反应中，酯羰基碳的正电性愈强，酯的活性也愈高。酯的活性次序为：

$$H-\overset{\overset{\displaystyle O}{\|}}{C}-OR、RO-\overset{\overset{\displaystyle O}{\|}}{C}-\overset{\overset{\displaystyle O}{\|}}{C}-OR > CH_3-\overset{\overset{\displaystyle O}{\|}}{C}-OC_2H_5 >$$

$$RCH_2-\overset{\overset{\displaystyle O}{\|}}{C}-OC_2H_5 > R_2CH-\overset{\overset{\displaystyle O}{\|}}{C}-OC_2H_5 > R_3C-\overset{\overset{\displaystyle O}{\|}}{C}-OC_2H_5$$

酯的烷氧基影响羰基碳的亲电性，一般为：

$$CH_3-\overset{\overset{\displaystyle O}{\|}}{C}-O-C_6H_5 > CH_3-\overset{\overset{\displaystyle O}{\|}}{C}-O-CH_3 > CH_3-\overset{\overset{\displaystyle O}{\|}}{C}-O-CH_2CH_3$$

在强碱作用下，酮 α-碳优于酯脱去质子形成碳负离子。不同酮形成的碳负离子活性次序为：

$$CH_3-\overset{\overset{\displaystyle O}{\|}}{C}-\overset{-}{C}H_2 > R-\overset{\overset{\displaystyle O}{\|}}{C}-\overset{-}{C}H_2 > R-\overset{\overset{\displaystyle O}{\|}}{C}-\overset{-}{C}H-R$$

酮酯缩合的条件与酯酯缩合基本相同。

三、诺文葛尔（Knoevenagel）反应

氰乙酸酯、乙酰乙酸乙酯、丙二酸酯、丙二酸、氰乙酰胺、丙二酸单酯单酰胺、丙二腈、硝基甲烷等含活泼亚甲基的化合物，在碱作用下，与醛或酮缩合，进而生成 α,β-不饱和羧酸酯的反应，称诺文葛尔反应。

酯 α-氢活性比酮低，若酯含两个吸电子基团，亚甲基活性显著增强，在碱作用下易失去质子，形成碳负离子。使活泼亚甲基转变成碳负离子的碱，有吡啶、哌啶、乙二胺、氨基丙酸等，或活泼亚甲基的羧酸盐以及氨。如用哌啶或吡啶加入少量哌啶为催化剂，则称诺文葛尔-登布（Knoevenagel-Doebuer）反应。

脂肪醛或芳香醛与丙二酸及其衍生物的缩合，常用丙二酸、丙二腈、氰基乙酸、吡啶、氢化吡啶、二乙胺、三乙胺和喹啉为催化剂，其中氢化吡啶效果较好，氨基酸和伯胺也有催化作用，弱碱性催化剂可减少醛自身缩合。

以三乙胺、三羟乙基胺和 N,N-二甲基苯胺为催化剂，产物不饱和羧酸发生双键转移，最终产物是 β,γ-不饱和羧酸。例如，正丁醛与丙二酸以吡啶为催化剂的缩合，产物是 α,β-不饱和羧酸；而以三乙胺为催化剂，产物是 β,γ-不饱和羧酸。

$$CH_3CH_2C\overset{O}{\underset{}{}}H + H-\underset{COOH}{\overset{COOH}{CH}} \xrightarrow{\text{吡啶}} CH_3CH_2CH_2CH=CH—COOH \tag{13-41}$$

$$CH_3CH_2C\overset{O}{\underset{}{}}H + H-\underset{COOH}{\overset{COOH}{CH}} \xrightarrow{\text{三乙胺}} CH_3CH_2CH=CHCH_2—COOH \tag{13-42}$$

醛或酮与丙二酸缩合所得的 α,β 不饱和羧酸，多是合成香料的中间体，如正庚醛与丙二酸合成的壬烯酸。

$$CH_3(CH_2)_5C\overset{O}{\underset{}{}}H + H-\underset{COOH}{\overset{COOH}{CH}} \xrightarrow{\text{吡啶}} CH_3(CH_2)_5CH=CH—COOH \tag{13-43}$$

按配比将正庚醛、丙二酸和吡啶加入带与油-水分离器的反应釜，再加入苯，加热，蒸出水-苯恒沸物、冷凝分离苯层返回反应器。脱水后，蒸出苯及吡啶，物料放到 10% 盐酸中，剩余少量吡啶溶在酸中，水洗后，油层减压蒸馏得壬烯酸。

用类似方法，由对甲氧基苯甲醛合成对甲氧基肉桂酸。

$$\underset{CH_3O}{\bigcirc}C\overset{O}{\underset{}{}}H + H-\underset{COOH}{\overset{COOH}{CH}} \xrightarrow[\text{氢化吡啶}]{\text{吡啶}} \underset{CH_3O}{\bigcirc}CH=CH—COOH \tag{13-44}$$

醛、丙二酸及吡啶摩尔比为 1∶1∶3，加入少量氢化吡啶（既是催化剂又是溶剂），缩合后将物料放至稀盐酸中，析出结晶，过滤、水洗得粗品，再用乙醇重结晶，即得精品。

四、珀金（Perkin）反应

羧酸酐在相应羧酸金属盐的作用下，与芳醛或无 α-氢的脂肪醛缩合，生成 β-芳基丙烯酸的反应称珀金反应。

$$\underset{Ar}{}C\overset{O}{\underset{H}{}} + \underset{RCH_2—C}{\overset{RCH_2—C}{}}\overset{O}{\underset{O}{}}O \xrightarrow[\triangle]{RCH_2COOK} Ar—CH=C\underset{R}{\overset{COOH}{}} + RCH_2COOH \tag{13-45}$$

羧酸酐是活性较弱的亚甲基化合物，羧酸盐是弱碱性催化剂，反应要求温度较高（150~200℃），时间也较长。

芳环上取代基的性质，影响反应的难易和收率。吸电子取代基，反应容易进行，收率较高；给电子取代基，反应难以进行，收率较低。

一般，催化剂为无水羧酸钠盐或钾盐。使用三乙胺可获得更好的收率。

例如，香豆素（香豆酸内酯）的合成：

$$\underset{OH}{\overset{CHO}{\bigcirc}} + (CH_3CO)_2O \xrightarrow{CH_3COONa} \underset{OH}{\overset{CH=CH}{\bigcirc}}\overset{}{\underset{C=O}{}} \xrightarrow{-H_2O} \underset{\text{香豆素}}{\bigcirc\bigcirc}O \tag{13-46}$$

呋喃丙烯酸是合成呋喃丙胺的原料，在醋酸钠作用下，由糠醛与乙酸酐缩合而得：

$$\underset{O}{\bigcirc}CHO + (CH_3CO)_2O \xrightarrow[150℃,7h]{CH_3COONa} \underset{O}{\bigcirc}CH=CHCOOH + CH_3COOH \tag{13-47}$$

五、达村斯反应

在强碱作用下，α-卤代羧酸酯与醛或酮缩合生成 α,β-环氧羧酸酯的反应称达村斯（Darzens）缩合，通式为：

$$\begin{matrix} R_1 \\ R_2 \end{matrix} C=O + \begin{matrix} R_3 \\ H \end{matrix} C \begin{matrix} X \\ COOC_2H_5 \end{matrix} \xrightarrow{(CH_3)_3CONa} \left[\begin{matrix} R_3 \\ R_1 \\ R_2 \end{matrix} C \begin{matrix} COOC_2H_5 \\ C \\ X \\ O^- \end{matrix} \right] \xrightarrow{-X} \begin{matrix} R_1 \\ R_2 \end{matrix} C \begin{matrix} R_3 \\ C \\ O \end{matrix} \begin{matrix} R_3 \\ COOC_2H_5 \end{matrix} \qquad (13\text{-}48)$$

常用催化剂为醇钠、氨基钠、叔丁醇钠等，叔丁醇钾的催化效果最佳。

卤代羧酸酯一般为氯代羧酸酯或 α-氯代酮。卤代羧酸酯与脂肪醛的缩合收率不高，而与芳香醛、脂肪酮、脂环酮及 α,β-不饱和酮的缩合收率较高。

为避免卤和酯基水解，反应要在无水介质中进行。

在碱性水溶液中，α,β-环氧羧酸酯的酯基水解，酸化成游离羧酸，加热脱羧后，产物是比原料酮（或醛）多一个碳的酮（或醛）。例如，十一-2-酮与氯乙酸乙酯缩合、水解、酸化、热脱羧，产物为甲基壬基乙醛：

$$\begin{matrix} CH_3 \\ CH_3(CH_2)_8 \end{matrix} C=O + \begin{matrix} H \\ \end{matrix} C \begin{matrix} COOC_2H_5 \\ Cl \end{matrix} \xrightarrow[\text{亲核加成}]{\underset{-H^+,-Cl}{C_2H_5ONa}} CH_3(CH_2)_8 \begin{matrix} CH_3 \\ C \\ O \end{matrix} C \begin{matrix} H \\ COOC_2H_5 \end{matrix}$$

$$\xrightarrow[\text{酯基水解,酸化}]{NaOH, H^+} CH_3(CH_2)_8 \begin{matrix} CH_3 \\ C \\ O \end{matrix} C \begin{matrix} H \\ COOH \end{matrix} \qquad (13\text{-}49)$$

$$\xrightarrow[\text{热脱羧氢转移开环}]{-CO_2} CH_3(CH_2)_8 CH-C \begin{matrix} O \\ H \end{matrix}$$

（6-甲氧基-2-萘基）甲基缩水甘油醚甲酯是合成消炎镇痛药——萘普生的中间体，反应为：

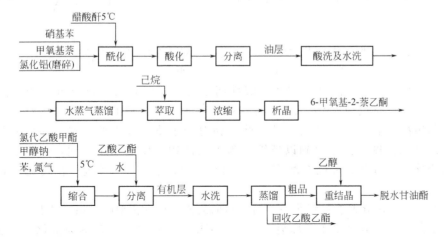

$$(13\text{-}50)$$

反应以硝基苯为溶剂，以氯化铝为催化剂，β-甲氧基萘和羧酸酐进行 C-酰化，而后在甲醇钠作用下，6-甲氧基-2-萘乙酮与氯代乙酸甲酯缩合，生成脱水甘油酸甲酯，工艺流程如图13-4 所示。

图 13-4　6-甲氧基-2-萘乙酮合成工艺流程

在强碱作用下，含活泼亚甲基的化合物与卤烷反应，在亚甲基上引入一个或两个烷基。例如，

$$n\text{-}C_4H_9Cl + \text{H—CH}\begin{smallmatrix}COOC_2H_5\\ \\COOC_2H_5\end{smallmatrix} \xrightarrow[\text{75℃, 0.3~0.35MPa}]{C_2H_5ONa,\ C_2H_5OH} n\text{-}C_4H_9\text{—CH}\begin{smallmatrix}COOC_2H_5\\ \\COOC_2H_5\end{smallmatrix} + NaCl \tag{13-51}$$

第四节　成环缩合

成环缩合是形成碳碳、碳杂或杂杂键，制取环状化合物的缩合反应，故称闭环或环合。成环缩合所用试剂多种多样，反应类型较多，其特点如下。

① 形成的新环一般均具芳香性，比较稳定的六元碳环、五元或六元杂环。

② 大多数成环缩合，总有水、氨、醇、卤化氢和氢气等简单小分子脱落。

③ 反应添加缩合剂促使小分子脱落，如脱水环合，在浓硫酸介质中进行；脱氨和脱醇环合，在酸或碱作用下完成；脱卤化氢环合需要缚酸剂，有时还需要钠催化剂；脱氢环合，常在无水氯化铝或苛性钾的存在下进行，有时需要加入弱氧化剂，如 $NaNO_2$、$NaNO_3$、$NaClO_3$、H_2SO_4、S_2Cl_2 等。

④ 分子内的成环缩合，要求其中一种反应物的适当位置有反应性基团。如羧酸、酸酐、酰氯、羧酸酯、β-酮酸、β-酮酸酯、β-酮酰胺、硫酚、硫脲、醛、酮、醌、氨、胺类、肼类及含不饱和键的化合物等。

一、普林斯（Prins）缩合

在酸作用下，甲醛或其他醛与烯烃缩合，生成 1,3-二醇或其环状缩醛（1,3-二氧六环）的反应，称普林斯缩合。

$$RCH{=}CH_2 + \begin{smallmatrix}H\\ \\C\\ \\O\quad H\end{smallmatrix} \xrightarrow{H^+} R\text{—CH—CH}_2\text{—CH}_2 \atop \quad\ \ OH\qquad\quad OH \xrightarrow{HCHO} \begin{smallmatrix}R\\ \\ \end{smallmatrix}\text{（环）} + H_2O \tag{13-52}$$

在酸催化下，甲醛质子化形成碳正离子，与烯烃亲电加成生成 1,3-二醇，再与另一分子甲醛缩合，生成 1,3-二氧六环化合物，其反应历程为：

$$\begin{smallmatrix}H\\ \\C\\ \\O\quad H\end{smallmatrix} + H^+ \longrightarrow \left[\begin{smallmatrix}H\\ \\H\end{smallmatrix}C{=}\overset{+}{O}H \longleftrightarrow \overset{+}{C}H_2\text{—OH}\right] \xrightarrow{RCH=CH_2} R\text{—}\overset{+}{C}H\text{—CH}_2\text{—CH}_2 \atop\qquad\qquad\qquad OH \tag{13-53}$$

$$\xrightarrow{H_2O} \left[R\text{—CH—CH}_2\text{—CH}_2 \atop \ \ \ \overset{+}{O}H_2\qquad\qquad OH\right] \xrightarrow{-H^+} R\text{—CH—CH}_2\text{—CH}_2 \atop\quad\ \ OH\qquad\qquad OH \xrightarrow[-H_2O]{HCHO} \begin{smallmatrix}R\\ \\O\qquad O\end{smallmatrix}$$

硫酸、盐酸、磷酸、路易斯酸及强酸性离子交换树脂是常用催化剂。产物 1,3-二醇和环缩醛比例取决于反应条件。在 25％～35％硫酸溶液、较低温度下，相对分子质量较低的叔烯与甲醛缩合，主要产物是环缩醛；相对分子质量较大的伯烯、仲烯或叔烯，在较高的酸浓度和温度下，才得到以环缩醛为主的产物。反应介质不同，产物不同。如以冰乙酸为介质，甲醛和 α-烯烃在酸作用下缩合，生成的 1,3-二醇进一步转化为相应的二乙酸酯。

茉莉酯的香气接近天然茉莉花香，用于调配茉莉型和百花型的香精。茉莉酯的合成是应用普林斯缩合，以 1-辛烯和 2-辛烯混合物、多聚甲醛为原料，浓硫酸为催化剂，在乙酸介质中合成的，产物茉莉酯是一个混合物。

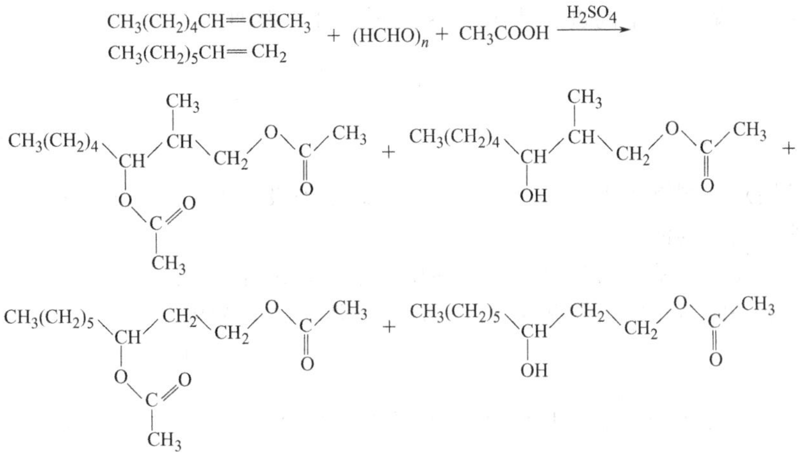

$$CH_3(CH_2)_4CH=CHCH_3 + (HCHO)_n + CH_3COOH \xrightarrow{H_2SO_4}$$
$$CH_3(CH_2)_5CH=CH_2$$

（13-54）

二、狄尔斯-阿德耳（Diels-Alder）缩合

狄尔斯-阿德耳（Diels-Alder）缩合，指亲双烯化合物和共轭二烯烃生成具有六元环结构的氢化芳族化合物的反应，又称环加成或双烯合成。反应发生在共轭双烯体与亲双烯体之间：

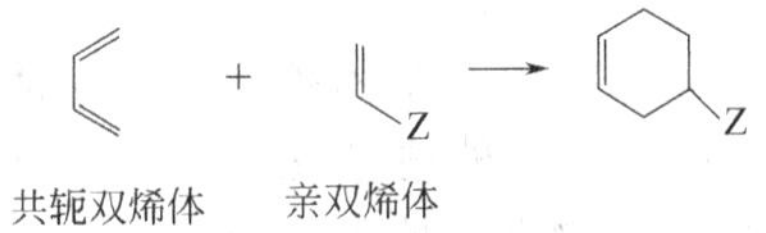

（13-55）

式中，Z 为吸电子基团，如醛基、羧基、酯基、氰基、卤素或是氢原子。

环加成反应是旧键断裂与新键形成协同完成：

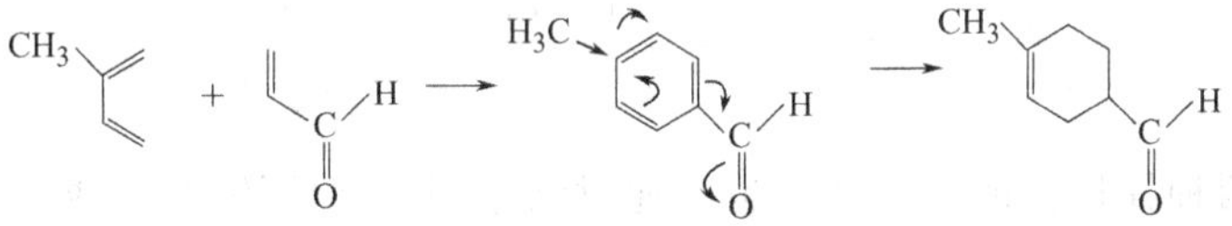

（13-56）

狄尔斯-阿德耳反应是双烯成环缩合，无小分子产生，无需催化剂，只需光或热，不受溶剂或催化剂影响，收率较高。低温或室温下反应比较困难时，可加入氯化铝、三氟化硼等，以加快反应速率。

狄尔斯-阿德耳缩合原料是共轭二烯烃和亲双烯化合物。反应的难易很大程度上取决于反应物的性质。

1. 共轭二烯

含有共轭双键的链状或环状化合物，又称双烯化合物。开链共轭二烯烃，如（—CH=CH—CH=CH—）；环内共轭二烯烃，如环内二烯、联环二烯。

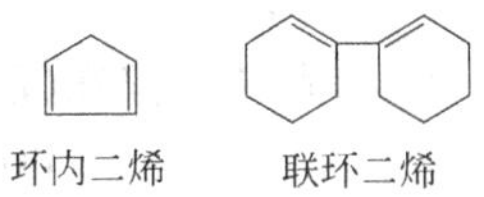

环内二烯　联环二烯

共轭二烯化合物存在顺式和反式两种构象。

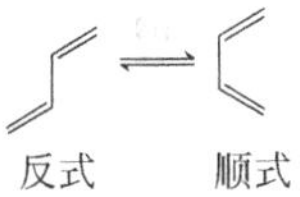

（13-57）

反式　顺式

能够转变为顺式构象的双烯，才能进行双烯合成。例如：

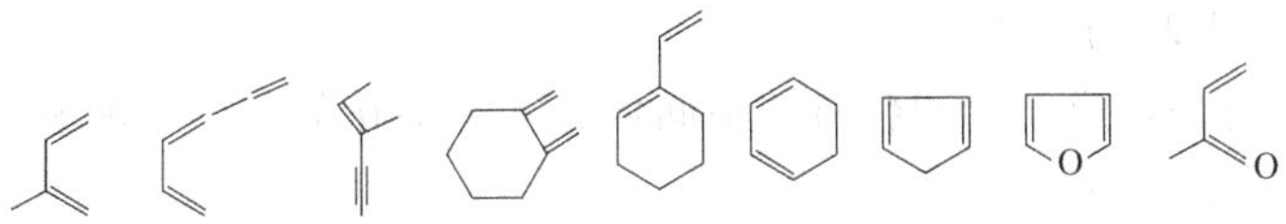

而反式共轭二烯，则不能进行狄尔斯-阿德耳缩合，例如：

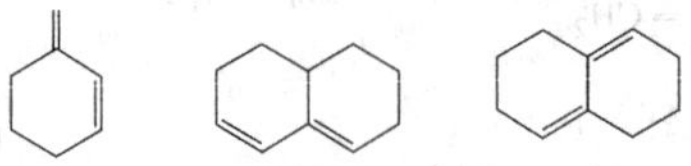

2. 亲双烯化合物

指烯（或炔）键侧链含羰基、氰基、酯基、硝基等吸电子基的不饱和化合物，吸电子基团使分子强烈极化而具活性。

根据双键与吸电子基团的相对位置或性质，亲双烯化合物分四类。

（1）被重键基团活化的不饱和化合物　属最活泼的亲双烯化合物，如

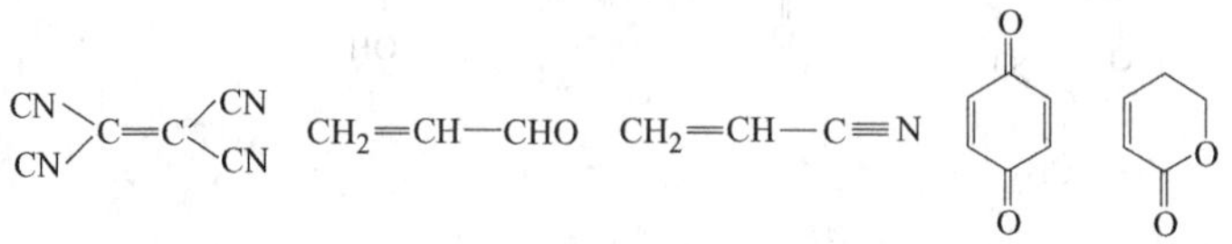

$$CN \diagdown \atop CN \diagup C=C \diagup CN \atop \diagdown CN \qquad CH_2{=}CH{-}CHO \qquad CH_2{=}CH{-}C{\equiv}N$$

（2）不饱和碳原子含非双键的极性基团化合物　例如 $CH_2{=}CHCl$、$CH_2{=}CHSR$，此类化合物活性比前类低。

（3）极性基团未在不饱和碳原子上的化合物　如 $CH_2{=}CHCH_2Cl$。

（4）中性取代基的乙烯衍生物　如 $CH_2{=}CHCH_3$ 等，在高温下才缓慢反应。

亲双烯化合物的不饱和碳原子的吸电子基团越多，反应活性越高，反应越顺利。

应用狄尔斯-阿德耳缩合，可合成多种精细化学品。例如，共轭二烯 2-甲基-1,3-戊二烯，与亲双烯化合物丙烯醛缩合，产物女贞醛是一个混合物，清香气强烈，可增加香精的新鲜感和扩散力。

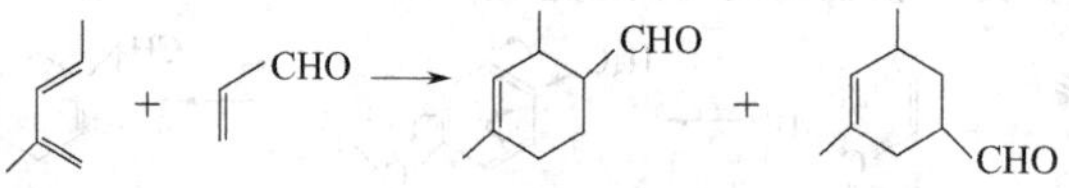

$$\tag{13-58}$$

新铃兰醛（两种异构体的混合物）也是通过狄尔斯-阿德耳缩合合成的。

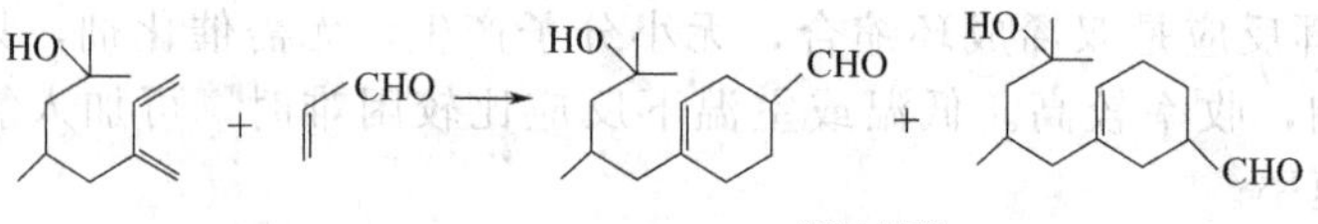

$$\tag{13-59}$$

新铃兰醛

苯醌与丁二烯衍生物可通过狄尔斯-阿德耳缩合，生成并环化合物。

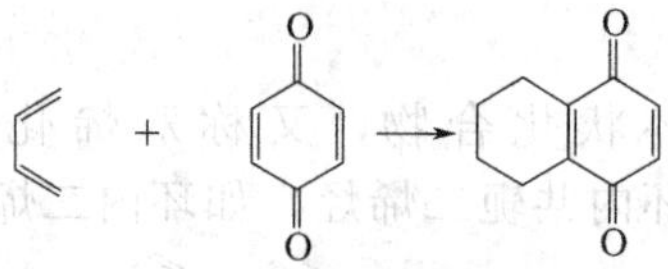

$$\tag{13-60}$$

此外，通过狄尔斯-阿德耳缩合，可合成异环柠檬醛和柑青醛等化合物。

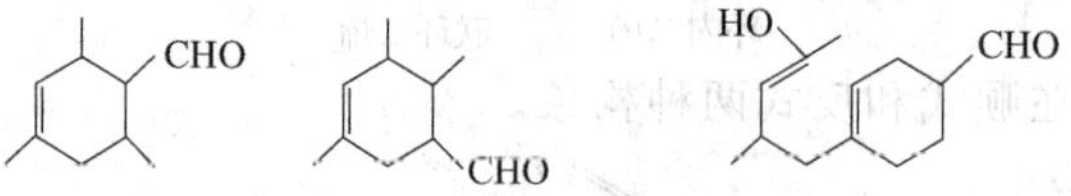

异环柠檬醛　　　　　　　　　柑青醛

三、形成六元碳环的缩合

1. 蒽醌及其衍生物的合成

蒽醌及其衍生物是合成染料和颜料的中间体。除蒽催化氧化、萘醌和丁二烯缩合外，苯酐缩合法是合成蒽醌的工业方法之一。

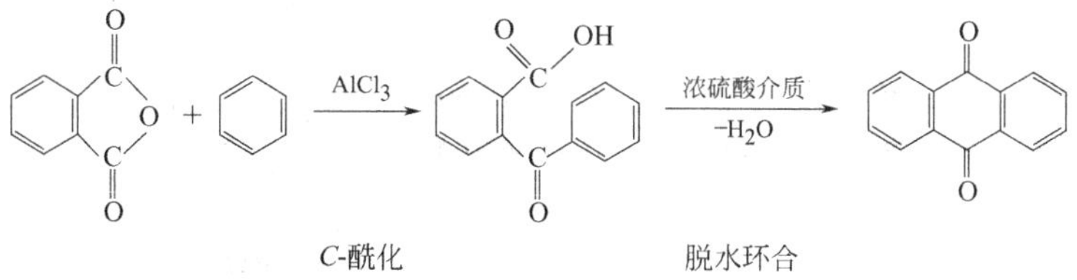

$$(13-61)$$

C-酰化   脱水环合

苯酐与苯缩合生成邻苯甲酰苯甲酸，在浓硫酸下脱水、环合得蒽醌。脱水缩合在 98% 硫酸中进行，130～140℃保温 3h，蒽醌产率达 98%，产品纯度达 99%。

苯乙烯二聚产物 1-甲基-3-苯基茚满经氧化得邻苯甲酰苯甲酸，也可合成蒽醌。

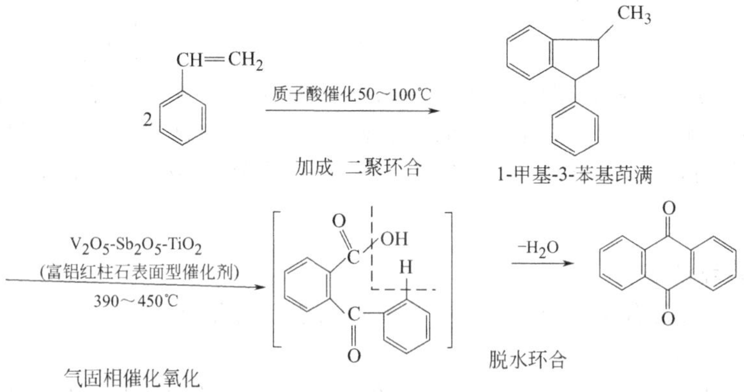

$$(13-62)$$

苯酐缩合法制取 1,4-二氯蒽醌，收率较低。工业上宜用苯酞合成法：

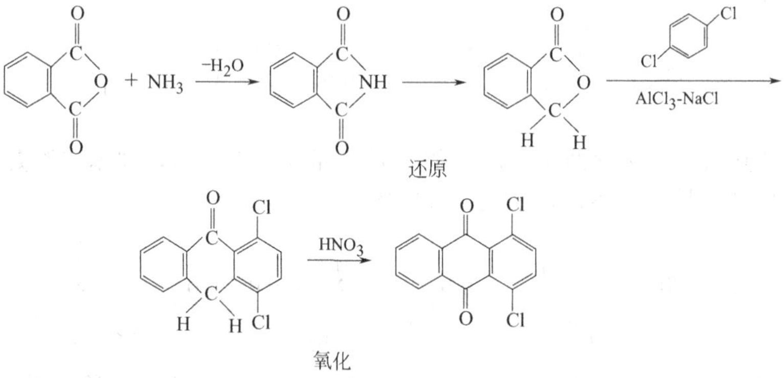

$$(13-63)$$

对苯二酚化学性质比较活泼，为防止其氧化，可使之转变成硼酸酯。在硼酸保护下，在浓硫酸中与苯酐于 160℃反应，可同时完成 C-酰化、脱水环合两步反应，产物 1,4-二羟基蒽醌，以对苯二酚计，收率为 75%～96%。

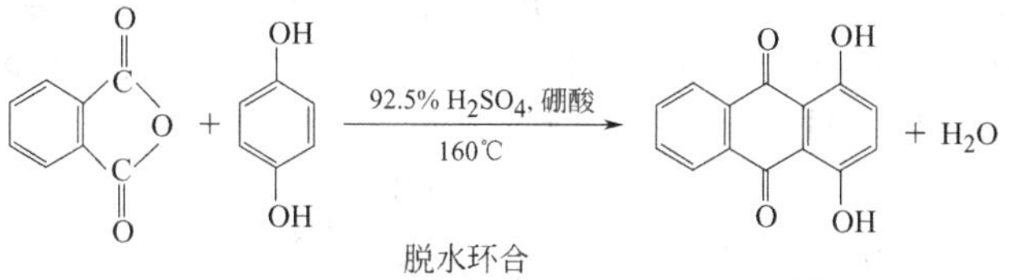

$$(13-64)$$

脱水环合

2. 苯绕蒽酮的合成

在浓硫酸作用下甘油脱水生成丙烯醛，在还原剂存在下蒽醌还原为蒽酮酚，二者脱水、环合，生成苯绕蒽酮。

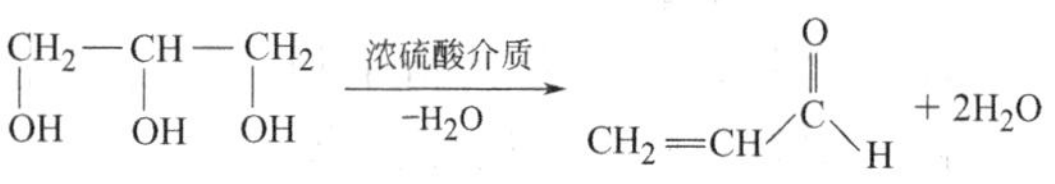

$$(13-65)$$

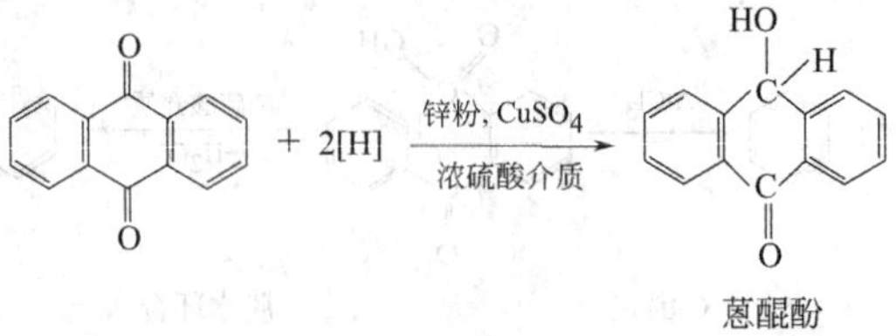

$$（13-66）$$

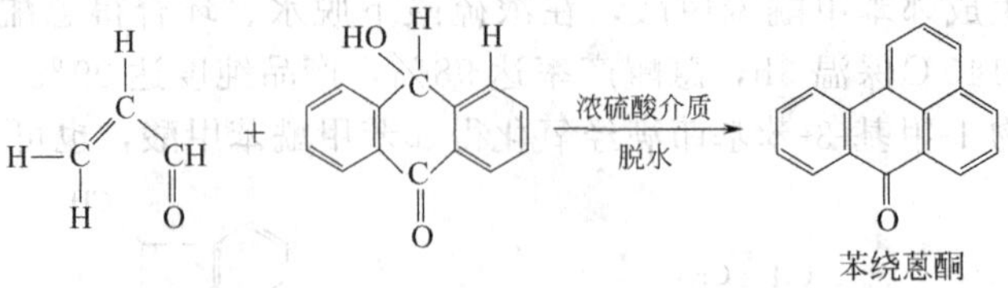

蒽醌酚

$$（13-67）$$

苯绕蒽酮

三步反应在同一反应器完成，操作是先将蒽醌溶于浓硫酸，加入含硫酸铜的甘油水溶液，再于 $100\sim125℃$ 加入锌粉甘油悬浮液，产物苯绕蒽酮。反应完毕，经水稀释、过滤、水洗得粗品，粗品经高压碱煮法、氯苯重结晶法或升华精制，苯绕蒽酮收率为 90%。

四、形成杂环的缩合

杂环化合物主要是含氮、硫、氧的五元或六元杂环化合物。

1. 形成五元环的缩合

这类缩合产物很多，其中有含一或两个杂原子的五元环化合物。代表性的是 2-氨基噻唑盐酸盐，其合成反应为：

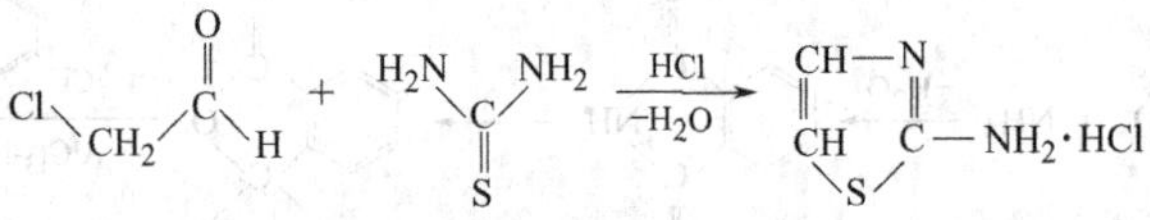

$$（13-68）$$

苯并咪唑及其衍生物是含两个杂原子的五元杂环苯并衍生物，邻苯二胺是常用的合成原料。邻苯二胺与甲酸脱水、环合，生成苯并咪唑。

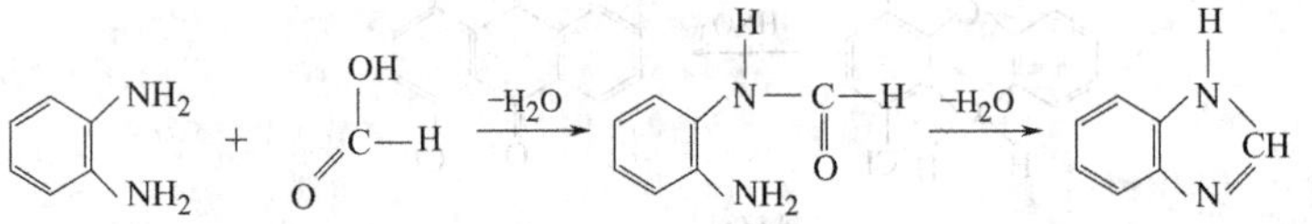

$$（13-69）$$

噻唑衍生物、吡唑、异噁唑、噁唑及其衍生物等，均是含两个杂原子的五元环化合物，合成噻唑衍生物是以硫脲和苯肼为主要原料。

2. 形成六元杂环的缩合

吡啶衍生物是含一个氮原子的六元环状化合物，重要的有吡啶酮类化合物。吡啶酮易氧化，其 3-位或 4-位有取代基时比较稳定。4-或 3，4-位有取代的吡啶酮衍生物是重要的染料中间体，如 3-氰基-4-甲基-6-羟基（1-H）吡啶-2-酮。

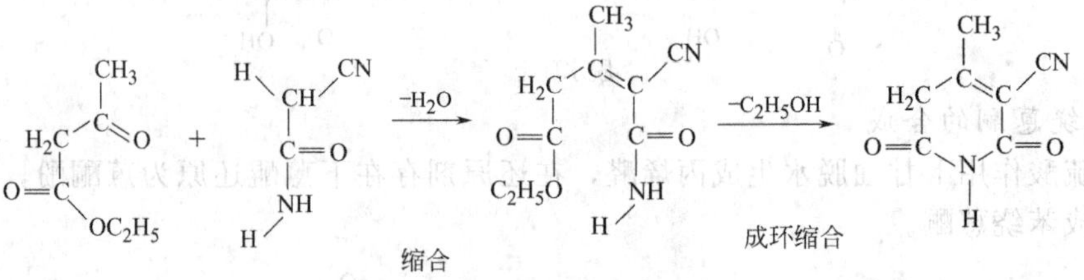

$$（13-70）$$

缩合　　　　　成环缩合

含两个氮原子的六元杂环化合物是嘧啶及其衍生物，其合成常用 1，3-二羰基化合物和同一碳原子上有两个氨基的化合物为起始原料进行合成。

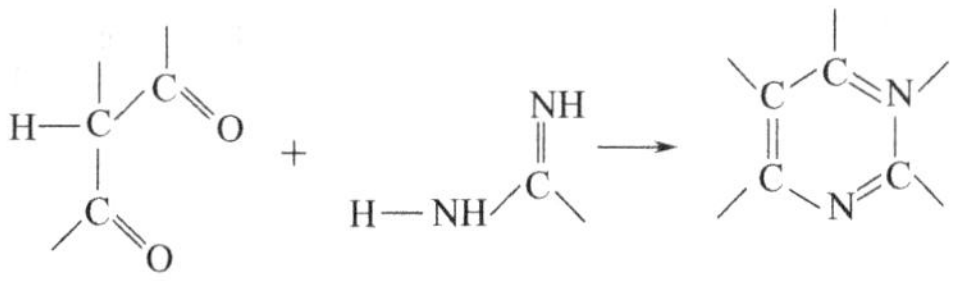

$$(13-71)$$

甲基硫氧嘧啶是合成心血管新药潘生丁的中间体，其合成如下：

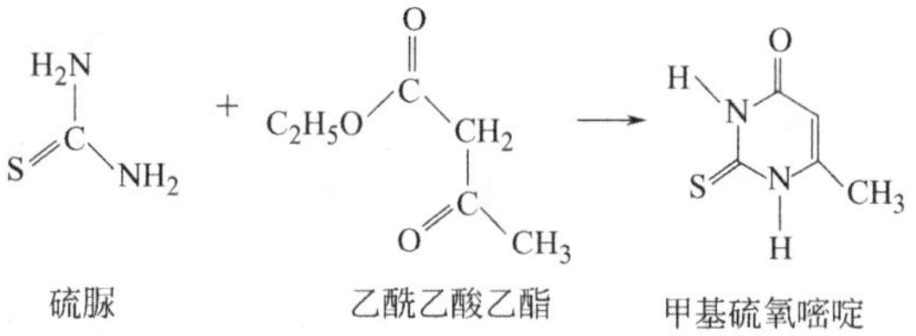

$$(13-72)$$

所用的1,3-二羰基化合物有1,3-二醛、1,3-二酮、1,3-醛酮、1,3-酮酯、1,3-酮腈、1,3-二腈等；所用的同一碳原子含两个氨基的化合物有脲、硫脲、脒和胍等。

含三个杂原子的六元杂环化合物，以均三嗪衍生物最为重要。三氯均三嗪又称三聚氯氰，是合成均三氮苯类除草剂、杀菌剂、活性染料、荧光染料、荧光增白剂等的中间体。

三氯均三嗪以氢氰酸为原料，经氯化、三聚而成。

$$HCN + Cl_2 \longrightarrow ClCN + HCl \tag{13-73}$$

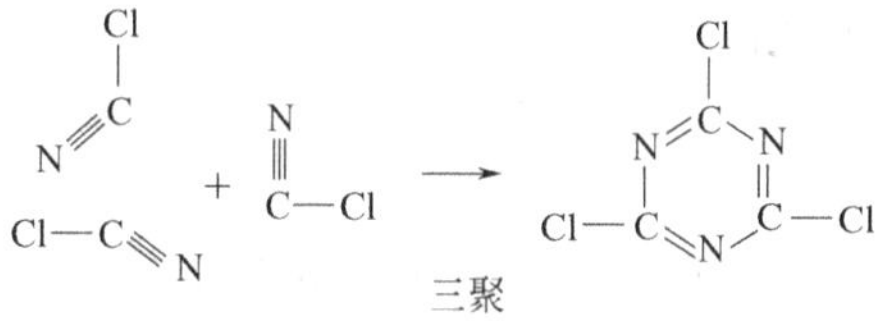

$$(13-74)$$

本 章 小 结

一、缩合任务与缩合反应

1. 缩合任务是使用结构比较简单的一种或多种原料，通过缩合反应，合成结构较为复杂或具有某种特定功能的化合物。

2. 缩合反应是形成碳碳（碳杂）新键合成交大分子的化学反应，分为非成环缩合和成环缩合。非成环缩合包括 C-烷基化、C-酰化、脂链中亚甲基和甲基的活泼氢被取代，形成碳碳链的缩合。成环缩合包括形成五元及六元碳环、五元及六元杂环的缩合。

二、醛酮缩合

1. 特点及其条件

原料：含活泼 α-氢的醛或酮

产物：β-羟基醛或 β-羟基酮

条件：碱或酸性介质

2. 重要反应

（1）奥尔德缩合-脱水，合成 α,β-不饱和醛

（2）克莱森-斯密特反应，合成 β-苯丙烯醛（肉桂醛）

（3）安息香缩合，合成 α-羟基酮

（4）在碱作用下，过量甲醛与乙醛缩合-还原，合成季戊四醇

（5）曼尼期反应（氨甲基化）

三、羧酸及其衍生物缩合

1. 缩合主要原料——羧酸及其衍生物

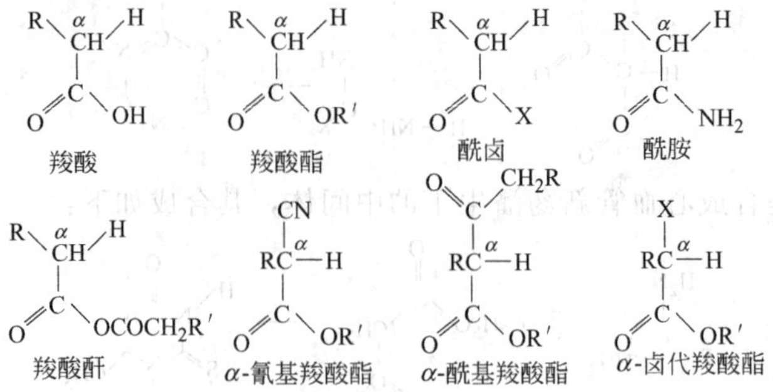

羧酸   羧酸酯   酰卤   酰胺

羧酸酐   α-氰基羧酸酯   α-酰基羧酸酯   α-卤代羧酸酯

2. 特点与条件

羧酸及其衍生物 α-甲基或亚甲基受吸电子基团影响，其 α-氢具有酸性，在催化剂作用下与醛、酮、酯、酰胺、腈或卤烷的反应。

3. 重要反应

（1）克莱森酯缩合制备 β-酮酸酯

（2）迪克曼缩合制备五元环内酯

（3）诺文葛尔-登布反应制备 α,β 不饱和羧酸酯

（4）珀金反应制备 β-芳基丙烯酸

（5）达村斯缩合制备 α,β 环氧羧酸酯

四、成环缩合

1. 成环缩合及其特点

（1）新环具有芳香性，多为六元碳环、五元或六元杂环

（2）脱落水、氨、醇、卤化氢和氢气等简单小分子

（3）使用缩合剂、缚酸剂、氧化剂等助剂

（4）分子内成环缩合，反应物应具备反应性官基团

2. 重要反应

（1）普林斯缩合合成 1,3-二醇或其环状缩醛（1,3-二氧六环）

（2）狄尔斯-阿德耳缩合合成六元环的氢化芳族化合物

（3）形成六元碳环的缩合

（4）形成含氮、硫、氧的五元或六元杂环化合物的缩合

五、典型缩合实例

（1）乙酰乙酸乙酯

（2）季戊四醇

（3）α-乙基己醇

（4）三聚氯氰

（5）对甲氧基肉桂酸

（6）（6-甲氧基-2-萘基）甲基缩水甘油醚甲酯

（7）苯绕蒽酮

（8）香豆素（香豆酸内酯）

（9）苹果酯（2-甲基-2-乙酸乙酯基-1,3-二氧戊烷）

（10）苯海索中间体

（11）色氨酸中间体

（12）女贞醛

六、缩合生产装置的组成及其操控

复习与思考

1. 简述缩合任务以及缩合反应特点。
2. 分析说明缩合原料的基本特征以及使用要求。
3. 缩合反应大致可分为哪几类?
4. 判断题
(1) 在醛、酮或酯的 α-碳上引入氨甲基，需要利用曼尼期反应。(　　)
(2) 甲乙酮缩合产物单一，且容易分离。(　　)
(3) 克莱森酯缩合需要在酸性条件下进行。(　　)
(4) 乙酸乙酯缩合是可逆反应，需要蒸出缩合产生的乙醇。(　　)
(5) 迪克曼酯缩合是分子间的缩合。(　　)
5. 选择题
(1) 下列物质中的 (　　) 不能作为氨甲基化的原料。
A. 甲醛　　　　　　　B. 苯甲醛　　　　　　C. 叔丁基胺　　　　D. 氢化吡啶
(2) 如合成 β-苯基-α,β-不饱和醛，可利用 (　　) 反应。
A. 克莱森-斯密特　　B. 曼尼期　　　　　　C. 克莱森酯缩合　　D. 迪克曼缩合
(3) 二元羧酸酯 (　　) 可以进行迪克曼缩合。
A. 丙二酸二乙酯　　　　　　　　　　B. 丁二酸二甲酯
C. 邻苯二甲酸二丁酯　　　　　　　　D. 己二酸二乙酯
(4) 酮与酯在强碱性条件下缩合制取 β-二酮的反应称 (　　)。
A. 克莱森酮酯缩合　　B. 诺文葛尔反应　　　C. 珀金反应　　　　D. 达村斯缩合
(5) 合成 α,β-环氧羧酸酯需要利用 (　　) 反应。
A. 达村斯缩合　　　　B. 克莱森缩合　　　　C. 迪克曼缩合　　　D. 曼尼期
(6) 羧酸酐在相应羧酸金属盐作用下，与 (　　) 缩合生成 β-芳基丙烯酸的反应，称珀金反应。
A. 芳醛或甲醛　　　　B. 酮类　　　　　　　C. 羧酸酯　　　　　D. 不饱和烃
(7) 普林斯缩合是甲醛或其他醛与烯烃的缩合，缩合需要 (　　) 条件。
A. 碱性　　　　　　　B. 酸性　　　　　　　C. 中性　　　　　　D. 无特殊要求
(8) 狄尔斯-阿德耳缩合中，下列亲双烯化合物中的 (　　) 反应活性最强。
A. 丙烯　　　　　　　B. 氯乙烯　　　　　　C. 丙烯腈　　　　　D. 3-氯丙烯
6. 珀金反应的收率与芳醛上取代基的性质有何联系?
7. 分析说明下述反应的区别和应用。
克莱森缩合　　珀金反应　　迪克曼缩合　　达村斯缩合
8. 写出五个含活泼亚甲基化合物的化学结构式。
9. 根据下列化学品的合成反应式，讨论操作步骤和工艺流程。
(1) 1-甲基-2,6-二（苯甲酰甲基）哌啶
(2) (6-甲氧基-2-萘基) 甲基缩水甘油甲酯
10. 缩合生产装置主要由哪些设备组成?

第十四章　有机合成现代技术介绍

学习指南

进入 21 世纪，人们的环保意识日益增强，低碳经济、可持续发展对有机合成提出高选择性、高收率、高效、清洁节能的要求。为此，有机合成广泛采用相转移催化、电化学合成、光化学合成、酶催化、微波辐照、超临界技术、等离子体等技术，发展和形成有机合成新技术。本章介绍相转移催化、有机电合成、有机光化学合成、酶催化、微波辐照合成、超声波合成等有机合成现代技术。

第一节　相转移催化合成

相转移催化（phase transfer catalysis）简称 PTC，它可有效改善液-液相反应条件，提高其收率，具有反应速率快、产品纯度高、操作简便等优点，20 世纪 60 年代问世以来，成为迅速发展的有机合成技术之一。

一、相转移催化的基本原理

1. 相转移催化作用

相转移催化是应用相转移催化剂的液-液、液-固非均相反应过程。催化剂类型不同、反应条件不同，其催化原理也不尽相同。季铵盐为相转移催化剂，以卤代烃取代反应为例，其作用如图 14-1 所示。反应试剂 M^+Y^- 和反应物 $R—X$ 分别处于水相和有机相（油相），两相互不相溶，反应难以进行。

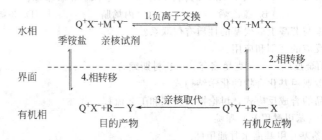

图 14-1　相转移催化原理

季铵盐 Q^+X^- 由亲油的正离子 Q^+ 和亲水的负离子 X^- 构成。在此体系加入少量 Q^+X^-，季铵盐负离子 X^- 与试剂负离子 Y^- 进行离子交换，形成新的离子对 Q^+Y^-，Q^+ 的亲油性将 Y^- 带入有机相（使 Y^- 溶解于油相）。进入有机相的离子对 Q^+Y^-，与 $R—X$ 反应，生成 $R—Y$ 和 Q^+X^-，复原的季铵盐 Q^+X^- 返回水相，重复以上过程。

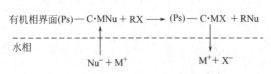

图 14-2　高分子载体相转移催化原理
(Ps)—高分子载体

高分子载体相转移催化原理如图 14-2 所示。离子交换在有机相和水相界面上进行，反应在固体催化剂和有机相界面进行。

2. 相转移催化剂

相转移催化剂分鎓盐、聚醚和高分子载体三类。鎓盐类由 N、P、As 等元素组成，包括季铵盐、季鏻盐、季钟盐等。季铵盐制作简便、价格便宜、毒性小、应用广泛但其热稳定性较差，不宜在较高温度下使用，适用于液-液非均相反应体系。季铵盐阳离子烷基的碳数越多，亲油性越好，其总碳数一般在 $12\sim25$；季铵盐阴离子应用最多的是 Cl^- 和 HSO_4^-。

聚醚能将水相阳离子转移至有机相，在无水或微水状态将固态离子转移至有机相，适用于液-固或液-液相转移催化。聚醚类分开链聚醚、环状冠醚、穴醚。

冠醚催化效果好、毒性大、价格高；开链聚醚无毒、价廉、易制、使用条件温和、操作简便，蒸气压较小，使用不受孔穴大小限制，产率较高。开链聚醚如聚乙二醇类、聚氧乙烯脂肪醇类和聚氧乙烯烷基酚类：

$$聚乙二醇类 \qquad HO-(CH_2CH_2O)_n H$$

$$聚氧乙烯脂肪醇类 \qquad C_{12}H_{25}O-(CH_2CH_2O)_n H$$

$$聚氧乙烯烷基酚类 \quad C_8H_{17}-\phi-O-(CH_2CH_2O)_n H$$

将鎓盐或聚醚键连在高分子材料（有机硅聚合物、苯乙烯与二乙烯苯交联的聚苯乙烯）上制成固体催化剂，易于分离，可重复使用，适宜连续化生产，但其催化活性较低。

常用相转移催化剂见表 14-1。

表 14-1 常用的相转移催化剂

类别	名　称	缩　写
鎓盐	苄基三乙基氯化铵[$C_6H_5-CH_2N^+(C_2H_5)_3 \cdot Cl^-$]	BTEAC
	三正辛基甲基氯化铵[$(n\text{-}C_8H_{17})_3N^+CH_3 \cdot Cl$]	TOMAC(Aliquat336)
	四正丁基硫酸氢铵[$(n\text{-}C_4H_9)_4N^+ \cdot HSO_4^-$]	TBAB
	四苯基溴化鏻[$(C_6H_4)_4P^+ \cdot Br^-$]	TPPB
	四丁基氯化鏻[$(C_4H_9)_4P^+ \cdot Cl^-$]	TPPC
冠醚	15-冠-5-聚醚	13-C-5
	18-冠-6-聚醚	18-C-6
	二苯并-15-冠-5-聚醚	
	二苯并-18-冠-6-聚醚	
	二环己基并-18-冠-6-聚醚	DCH-18-C-6
穴醚	Kryptofix17	811720
	Kryptofix222B	811690
开链聚醚	聚乙二醇-400	PEG-400
	聚乙二醇-600	PEG-600
	聚乙二醇-1000	PEG-1000

二、相转移催化的影响因素

影响相转移催化的因素主要有催化剂结构及其用量、溶剂与加水量、搅拌速率等。

催化剂结构的影响，对于季铵盐而言，其中心氮原子的正电荷被周围取代基"包裹"得越紧密，与其携至有机相的负离子间的结合力越弱，而负离子更"裸露"，亲和性更强，故催化性能越好。

季铵盐结构对催化效果的影响，实验表明，鎓盐离子四个取代基中碳链最长的烷基碳数越多，催化效果越好；对称烷基优于不对称烷基，脂肪族取代基优于芳香族取代基；季鏻盐的催化效果和热稳定性优于相应季铵盐。

催化剂用量与反应类型有关。醇或酚合成醚，催化剂最佳用量是醇或酚的 1%～10%（摩尔比）。酯类水解，水解速率随催化剂用量增加而加快。对于大多数反应而言，催化剂用量是反应物的 1%～5%（摩尔比）。

相转移催化常用苯、氯苯、环己烷、氯仿、二氯甲烷等作溶剂，一般相转移催化要求：溶剂对相转移活性离子对 Q^+X^- 提取率较高，对离子对中的负离子溶剂化作用小。对于离子型反应，溶剂还影响反应的方向。

在液-液两相反应体系中，加入少量水可促使反应物溶解或离子化，若水量过多，反应物及碱浓度降低，进而降低反应速率。

搅拌可改善相转移催化反应的传质、传热效果，在一定条件下，搅拌速率影响反应速率。通常，反应速率随搅拌速率的增加而加快，当搅拌速率达到一定数值后，反应速率则无明显变化。

三、相转移催化在有机合成中的应用

理论上，凡能与相转移催化剂形成溶于有机相的离子对的各类化合物，均可采用相转移催化。目前，相转移催化以其优越特性，成功用于取代、消除、加成、氧化和还原等反应。

含 α-活泼氢的化合物的 C-烷基化，经典的方法是先用强碱脱去质子形成 α-碳负离子，再在非质子溶剂中进行 C-烷基化反应。借助于相转移催化剂，在苛性钠溶液中，α-活泼氢化合物与卤代烃，可在温和条件下实现 C-烷基化。例如，芳基乙腈的 C-烷基化反应：

$$\text{PhCH}_2\text{CN} + \text{C}_2\text{H}_5\text{Br} \xrightarrow[28\sim35℃,3\sim5h]{1\% \text{ mol TEBA}} \text{Ph-CH(C}_2\text{H}_5)\text{-CN} \quad (78\%\sim84\%) \qquad (14\text{-}1)$$

即使卤代烃的反应活性较低，也可获得较高的收率：

$$\qquad (14\text{-}2)$$

（72%）

醇与羧酸酯化是可逆反应。在水溶液中，羧酸负离子水合作用强，羧酸盐不易和卤代烃酯化。在相转移催化下，羧酸盐可与卤代烃酯化，即使是空间位阻较大的羧酸盐，也可获得较高的收率。

$$\qquad + n\text{-BuBr} \xrightarrow[110℃,8h]{\text{Bu}_4\text{N}^+\text{I}^-} \qquad (72\%) \qquad (14\text{-}3)$$

二氯卡宾（$\text{Cl}_2\text{C}:$）非常活泼，可与许多物质进行反应。通常，氯仿在叔丁醇钾存在下，经 α-消除获得二氯卡宾。而在相转移催化下，氯仿在浓氢氧化钠水溶液中可顺利地制得二氯卡宾：

$$\text{Cl}_3\text{C}^-\text{N}^+\text{R}_4 \longrightarrow \text{Cl}_2\text{C}: + \text{R}_4\text{N}^+\text{Cl}^- \qquad (14\text{-}4)$$

二氯卡宾的生成速率与催化剂量成正比，随 NaOH 浓度的增大而加快，与搅拌速率（>800r/min）成正比，搅拌速率达到一定数值时，速率不再明显增加。

β-消除反应在相转移催化下，可加快反应速率。例如，将 β-溴代乙苯在 NaOH 溶液中加热 2h，仅有 1% 转化为苯乙烯，若加入相转移催化剂 $\text{Bu}_4\text{N}^+\text{Br}^-$，在 90℃ 反应 2h，即可完全消除生成苯乙烯。

化学氧化剂或还原剂多为无机化合物，如高锰酸钾、重铬酸钾、次氯酸钠、过氧化氢、

硼氢化钠等。在有机相中，这些无机物的溶解度小，反应时间长、收率较低。在相转移催化条件下，无机氧化剂或还原剂借助转移到有机相中，反应速率快，条件温和、选择性和收率高、产品纯度好。例如，邻苯二酚衍生物在冠醚存在下，用高锰酸钾将其氧化成相应的邻醌：

$$\text{（14-5）}$$

在相转移催化下，用价廉的次氯酸钠作氧化剂，也可获得良好结果。取代喹噁啉 1，4-二氧化物具有抗菌活性和促进动物生长的作用，以邻硝基苯胺衍生物为原料在相转移催化下合成：

$$\text{（14-6）}$$

此法条件温和，操作安全，可避免爆炸的危险。

硼氢化钠是优良的化学还原剂，需在乙醚、苯、四氢呋喃、二甲基甲酰胺等无质子溶剂中进行还原反应，这不利于不溶于水、醇的物质的还原。若在相转移催化剂季铵盐存在下，硼氢化钠可定量地以 $R_4N^+BH_4^-$ 离子对的形式，溶于有机溶剂，干燥后加入卤代烃，即生成乙硼烷，因而可进行硼氢化反应。

用硼氢化钠将羧酸还原为醇困难，在相转移催化下，羧酸可顺利的还原为相应的醇：

$$\text{（14-7）}$$

第二节　有机电化学合成

电化学合成是通过反应物在电极上得失电子，完成有机化学反应，实现有机合成目的的方法，故称有机电解合成、有机电合成。有机电合成可在常温、常压进行，易于控制，污染少，选择性高，是一种环境友好的清洁合成方法，日益受到重视。表 14-2 是一些重要的工业化有机电合成过程。

一、电化学合成的基本原理

1. 电化学反应

电化学合成是电化学反应在有机合成中的应用。电化学反应是在电解池（槽）中进行的化学反应，图 14-3 为电解槽示意图。

电化学规定，发生氧化反应的电极为阳极；发生还原反应的电极为阴极。在电解装置中，与直流电源正极相连的电极为阳极，发生氧化反应；与直流电源负极相连的电极为阴极，发生还原反应。槽内的反应液称电解液，隔膜将电解槽分为阴极室和阳极室，阴极一侧为阴极室，其中的电解液为阴极液；阳极一侧为阳极室，其中的电解液为阳极液。

带负电荷的电子由电源的负极输入阴极，电解液中的阳离子向阴极移动，并在阴极与电解液的界面上获得电子发生还原反应；同时，电解液中的阴离子向阳极流动，并在阳极与电解液的界面上放出电子发生氧化反应。在电极和电解液界面处发生的有电子参与的化学反应，称为电极反应。在阴极发生的反应称阴极反应；阳极发生的反应称阳极反应。阴、阳两极发生的反应，组合成电解反应：

表 14-2　重要的工业化有机电合成过程

项目	反应类型	起始反应物	目的产物	项目	反应类型	起始反应物	目的产物
阳极电解有机合成过程	官能团氧化	二甲基硫醚	二甲基亚砜	阴极电解有机合成过程	加氢	顺丁烯二酸	丁二酸
		葡萄糖	葡萄糖酸钙		环加氢	吡啶	哌啶
		乳糖	乳糖酸钙			邻苯二甲酸	二氢酞酸
	氧化甲氧基化	呋喃甲醇	2,5-二甲氧基呋喃			四氢咔唑	六氢咔唑
	氧化氟化	链烷酰氟、HF、KF	全氟甲烷磺酸			2-甲基吲哚	2-甲基二氢吲哚
		辛酰氯	全氟辛酸		官能团还原	硝基胍	氨基胍
		二烷基醚	全氟二烷基醚			硝基苯	苯胺硫酸盐
	氧化溴化	乙醇、溴化钾	三溴甲烷			邻硝基甲苯	邻硝基苯胺
	氧化碘化	乙醇、碘化钾	三碘甲烷			对硝基苯甲酸	对氨基苯甲酸
	氧化取代	呋喃醇	麦芽酚			草酸	乙醛酸
			乙基麦芽酚			水杨酸	水杨醛
	氯化偶联	氯乙烷、乙苯氯化镁铝	四乙基铅			葡萄糖	山梨(糖)醇甘露(糖)醇
	氧化脱羧偶联	己二酸单酯	癸二酸双酯				
		辛二酸单甲酯	十四烷二酸双酯				
		壬二酸单酯	十六烷二酸双酯				
	环氧化	六氟丙烯	全氟-1,2-环氧丙烷				

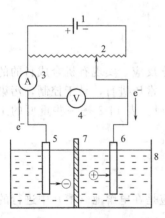

图 14-3　电解装置
1—电源；2—可变电阻；3—电流表；4—电压表；5—阳极；6—阴极；7—隔膜；8—电解池

阳极反应	$A_0 + ze^- \longrightarrow C_R$	(14-8)
阳极反应	$B_R \longrightarrow D_0 + ze^-$	(14-9)
电解反应	$A_0 + B_R \longrightarrow C_R + D_0$	(14-10)

式中，下标 0 表示氧化态、下标 R 表示还原态。例如，酸性溶液中水的电解：

阴极反应	$2H^+ + 2e^- \longrightarrow H_2$	(14-11)
阳极反应	$H_2O \longrightarrow 2H^+ + 0.5O_2 + 2e$	(14-12)
电解反应	$H_2O \longrightarrow H_2 + 0.5O_2$	(14-13)

在电有机合成中，有机化合物在阳极失去电子发生氧化反应，转化为正离子自由基；在阴极，有机化合物得到电子发生还原反应，转化为负离子自由基。正离子自由基可在电极表面或电解液中，进一步发生氧化、还原、歧化和偶联反应等。负离子自由基在电极表面或电解液中，发生氧化、还原、歧化和偶联反应，与亲电试剂发生取代反应。

应用有机电合成，可实现官能团转变、加成反应、取代反应、聚合反应、电消除反应、C-C 偶合反应、裂解反应、不对称合成等反应。理论上，任何用化学试剂完成的氧化或还原反应，均可由电合成方法实现。

2. 电极反应的基本过程

电解反应是电极反应的组合，电极反应是包括电子转移的、固相（电极）-液相（电解液）界面进行的多相反应。电极反应种类很多，但历程基本相同。具有简单电历程的电极反应，包括扩散步骤、电子转移步骤。例如，某阴极还原反应：

$$A_0 + ze^- \Longrightarrow P_R \tag{14-14}$$

此反应过程由以下步骤构成，如图 14-4 所示。

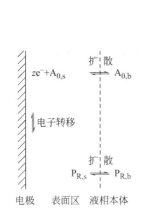

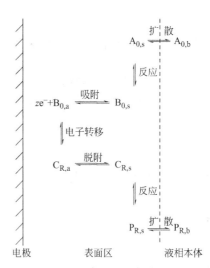

图 14-4　简单历程的阴极还原反应　　　　图 14-5　复杂历程的阴极还原反应

① 反应物 A_0 由电解液本体扩散至电极表面附近。

② 电极表面区内的反应物 A_0 从电极上获得电子转变成产物 P_R。

③ 电极表面区内的产物 P_R 向电解液本体扩散。

复杂电极反应的基本过程（如图 14-5 所示），除电子转移、扩散步骤外，还有吸附、脱附以及化学反应等步骤。其机理一般由以下步骤构成。

① 反应物 A_0 由电解液本体扩散至电极表面区，为扩散步骤。

② 电极表面区内的反应物 A_0 转变成中间物 B_0，为化学反应步骤。

③ 中间物 B_0 吸附在电极表面上，此为吸附步骤。

④ 中间物 B_0 在电极上获得电子转变成中间物 C_R，为电子转移步骤。

⑤ 中间物 C_R 从电极上脱附于电极表面区内，为解吸步骤。

⑥ 中间物 C_R 转变成产物 P_R，为化学反应步骤。

⑦ 电极表面区内的产物 P_R 扩散至电解液本体，为扩散步骤。

实际上，许多电极反应介于简单机理和复杂机理之间。如有的电极反应，只包括扩散、电子转移、化学反应步骤；也有的仅包括扩散、电子转移、吸附和解吸步骤。在电极反应的实际步骤中，其中最慢的一步是整个过程的控制步骤，不同的电极反应，控制步骤不同。

电极反应的快慢，与电极接受或释放电子的速度有关。

3. 法拉第电解定律与电能效率

每通过 9.64846×10^4 C 电量，在任一电极上会发生转移 1mol 电子的电极反应，此即法拉第电解定律。电解温度、压力、电极材料及电解液组成的变化，不影响法拉第电解定律。

通电量为 Q，发生电极反应 $n$mol，1mol 电极反应转移电子数为 z，由法拉第电解定律：

$$F = Q/(nz) \tag{14-15}$$

$$Q = nzF = (G/M)zF \tag{14-16}$$

式中　G——产物的质量，kg；

　　　M——产物的摩尔质量，kg/kmol；

　　　z——电极反应转移的电子数；

F——法拉第常数，$1F=9.65×10^4$ C/mol。

生产一定量的目的产物，理论所需的电量（Q）与实际消耗电量（Q_P）之比，即电流效率（η_i）：

$$\eta_i = Q/Q_P × 100\% \tag{14-17}$$

实际耗电量 Q_P 与槽电压 V 的乘积，即电解实际消耗电能 W_P：

$$W_P = Q_P V \tag{14-18}$$

槽电压 V 为实际电解时加在两极之间的电压。

生产一定量的目的产物，理论消耗电能（W）与实际消耗电能（W_P）之比，即电能效率 η_E：

$$\eta_E = W/W_P × 100\% \tag{14-19}$$

电解理论分解电压 E_V 与槽电压 V 之比为电压效率 η_V：

$$\eta_V = E_V/V \tag{14-20}$$

故电能效率 η_E 为

$$\eta_E = \eta_V \eta_i \tag{14-21}$$

二、电化学合成装置

1. 电解槽

电解槽（池）是进行电化学的场所，由直流电源、槽体、电极、隔膜、盛容电解质溶液等部分构成的电化学合成装置，因其涉及电化学反应、传质、传热和流体流动，又称电化学反应器。

电解槽的形式有多种，按其有无隔膜，分为无隔膜槽和隔膜槽。

无隔膜槽又称单室电解槽，为一圆筒形、方形或长方形容器。电解槽的形式取决于电解液的体积、流动状况等。由于电解液的腐蚀性，电解槽的材质应考虑耐腐蚀、耐溶剂、耐热以及导热、加工性能等要求。一般选用钢材，或钢材与塑料、陶瓷等复合而成的或搪瓷、搪玻璃、喷塑等材质。为缩短电解时间、增大电极表面积，常将电极制成弧形，置于一定容积的电解槽内，也可将一极做成槽体，另一极为置于中心的圆筒，如图14-6所示。由于两极的间隙较小，工业上以电解液循环代替搅拌，以增强电解液流动、传质和传热。

(a)　　　　(b)

图 14-6　两种无隔膜电解槽的电极安排

隔膜槽由隔膜将其分隔成阳极室（部）和阴极室（部），故称双室电解槽。隔膜槽通常采用电解液循环流动，图14-7为三种类型的隔膜槽示意图。

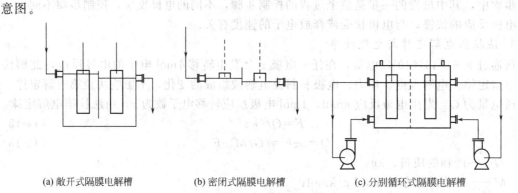

(a) 敞开式隔膜电解槽　　　　(b) 密闭式隔膜电解槽　　　　(c) 分别循环式隔膜电解槽

图 14-7　工业隔膜电解槽

为将电极安排紧凑，工业上常采用板框式隔膜槽或称压滤式电解槽，如图 14-8 所示。

流动床电解槽是在流动电解质和固定颗粒组成的流动床中，插入集电极和馈电极，可提供巨大的反应表面积和较高的传质系数，但其尚未实现工业化。固定床电解槽具有比表面积大、床层结构紧密、产率高等优点，应用四乙基铅、硝基苯电解还原制对氨基苯酚、苯氧化制苯醌等过程的工业化生产。

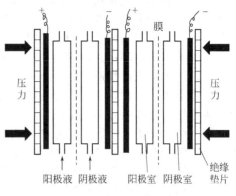

图 14-8 板框式隔膜电解槽

2. 电极

凡具有导电性的固体或液体，均可能作为电极。在电极反应中，反应物向电极释放或从电极获得电子，即反应物与电极进行电子交换。因此，电极材料及其表面性质对电极反应途径、选择性有很大影响。不同的电极材料，可导致不同的产物。例如，硝基苯电解还原，使用不同的电极材料和电解溶液，电解还原产物不同，如图 14-9 所示。

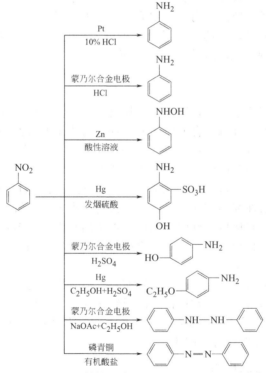

图 14-9 电极材料对硝基苯电解还原反应的影响

电极材料有金属和非金属材料。用于阴极的材料，主要有汞、铅、锡、锌、镉、蒙乃尔合金、铬、铝、铜、铁、石墨、碳等。由于阳极腐蚀问题，用于阳极的材料很少，常用的是铂、石墨、碳、二氧化铅、钌、铱、氧化铁、氧化镍等。铂、金、碳是实验室常用的阳极材料，钛基或陶瓷基的二氧化铅涂层电极，可解决阳极腐蚀问题，钌/钛金属阳极可用于盐酸介质中的电合成。

电极的形状，金属电极材料多制成平行薄板、多孔薄板或丝网，或将两张电极薄板之间加入一层隔膜，卷制成卷筒状电极。将贵重金属如铂镀在钛板或钛网上制成电极，可节省昂贵金属铂。石墨、氧化铅（PbO_2）、氧化铁（Fe_3O_4）等非金属材料，多制成厚板、块状、棒状电极。为增大电极表面积，研究开发颗粒状或粉末状电极，将电极材料加工成纤维状，不仅显著增加电极表面积，而且容易导电。

电极的修饰，利用共价键合、吸附或聚合等手段，将具有特定功能的物质引入电极表面，可改善电极表面性质，赋予电极新的功能，对电极反应速率、选择性产生影响。修饰电极扩大了电极的品种，在立体异构有机化合物电合成中，显示出良好的应用前景。例如，通过吸附作用将手性诱导剂吸附在汞电极上，在生物碱存在下，用这种修饰过的汞电极上还原4-甲基香豆素及其衍生物，还原产物为光学纯度17%的右旋体。通过化学键的作用，将功能性物质键合到电极表面上，形成新化学修饰电极。例如，将光活性分子键合到石墨电极上，可还原4-乙酰吡啶，所得产物为光学纯度为14.5%的右旋体；若用R-苯丙氨酸甲酯修饰电极，所得产物的构型相反；用不加修饰的石墨电极还原4-乙酰吡啶，产物无光学活性。

3. 隔膜

隔膜将电解槽分隔为阳极室和阴极室两部分，其作用是阻止两极液的相互混合，使两极液中的反应物和产物不能透过隔膜；同时，又使带电离子自由通过隔膜以导通电流。

隔膜分非选择性隔膜和选择性隔膜。非选择性隔膜耐高温、耐酸腐蚀，价廉易得，一般为多孔性无机材料。例如，素烧陶瓷、石棉、砂芯玻璃滤板、多孔橡胶、织布等。

选择性隔膜是一种高选择性的高分子功能膜，分为阳离子交换膜和阴离子交换膜。阳离子交换膜仅允许阳离子透过，阴离子膜只允许阴离子通过。例如全氟磺酸（Nafion）、全氟磺酸/羧酸离子交换膜、聚偏氟乙烯均相离子交换膜、聚乙烯含浸均相离子交换膜、聚砜型均相离子交换膜。

4. 溶剂和支持电解质

有机电合成需要在溶液中进行，溶剂的选择就很重要。要求溶剂对反应物具有良好的溶解性，还要易于分离回收。有机电合成使用的溶剂分为质子型溶剂和非质子型溶剂。质子型溶剂是提供质子能力强的溶剂，如水、酸、醇等。非质子型溶剂是提供质子能力弱的溶剂，如乙腈、N,N-二甲基甲酰胺（DMF）、环丁砜、吡啶等。

水虽然是安全、环保、经济的绿色溶剂，但有机物在其中的溶解度很小，通过强力搅拌、超声波、使用表面活性剂等方法，可改善有机物在水中的溶解和分散情况。为提高有机化合物在水中的溶解度，并保持良好的导电性，可使用有机溶剂与水组成的混和溶剂。乙腈能溶解许多有机化合物，且与水混溶，是有机电合成常用的溶剂，但乙腈易燃、有毒，应注意其使用安全，避免事故发生。

在溶剂中添加足够量的盐、酸、碱等电解质，可显著提高电解液的导电性，这些添加物称为支持电解质。以水为溶剂时，常用盐、酸或碱作支持电解质。以非质子型有机化合物为溶剂时，常采用 $LiClO_4$、$LiCl$、$LiBF_4$、$NaClO_4$、$R_4N^+BF_4^-$、$R_4N^+X^-$、$R_4N^+OH^-$、$R_4N^+ClO_4^-$ 以及磺酸盐等作支持电解质。

三、有机电合成方法及应用

在电解槽的阳极或阴极完成特定有机反应的电合成法，通常称直接法。在此基础上，还有间接法、配对法、电聚合、电化学不对称合成法等高效、节能的有机电合成方法。

1. 间接电合成法

此法借助媒质传递电子进行有机化合物的电解合成，反应物不直接电解，而是通过媒质进行化学反应，不断转化为产物；媒质通过电极反应，不断获得或失去电子而再生。

$$S + M_0 \xrightarrow[\substack{-e^- \\ \text{电极反应}}]{\text{化学反应}} M_R + P \tag{14-22}$$

反应物 S 通过媒质 M_0 进行氧化生成产物 P，同时媒质 M 价态由 M_0 转变为 M_R，M_R 通过电解获得再生为 M_0，重新参与反应，M 如此循环而不消耗。

间接法可避免反应物或产物对电极的污染，从而提高反应收率和电流效率。媒质降低了主反应的活化能，从而抑制副反应，提高反应的选择性。理论上媒质不消耗，从而降低生产成本、无污染物排放。

媒质是可变价金属、非金属、有机物及有机金属化合物等，其中可变价金属应用得最多，如 Ce^{4+}/Ce^{3+}、Mn^{3+}/Mn^{2+}、Cr^{3+}/Cr^{2+}、Ti^{3+}/Ti^{2+} 等可变价金属离子对。例如，锰盐为媒质甲苯间接电氧化合成苯甲醛：

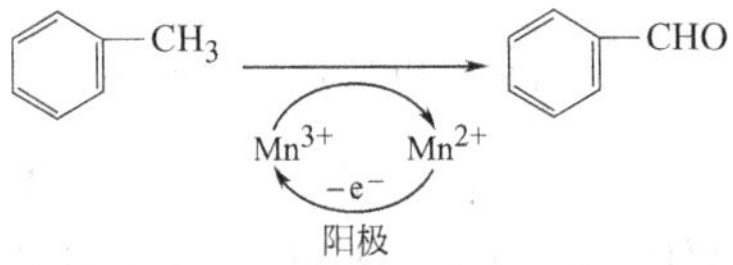

$$\tag{14-23}$$

间接电合成法操作方式有槽内式和槽外式两种。槽内式间接法是在同一装置内进行化学合成反应和电解反应，该装置为反应器兼电解槽。槽外式间接法所用反应器、电解槽各自独立，媒质在电解槽中电解，电解后的媒质（氧化剂或还原剂）转移到反应器，与反应物进行有机合成反应。反应结束经媒质与产物分离，媒质返回电解槽再生后循环使用。

2. 配对电合成法

直接电合成法仅利用生成产物的电极反应（阳极或阴极），而未利用另一电极发生的电极反应。显然，这是不经济的。若在阳极和阴极同时安排一对有经济意义的电极反应，即将阳极、阴极都利用起来，理论上电能利用可提高一倍。例如，在隔膜电解槽中电合成氨基丙酸和乙醛酸：

阳极反应　　$H_2NCH_2CH_2CH_2OH \xrightarrow[1.5mol/L\ H_2SO_4]{PbO_2\ 阳极} H_2NCH_2CH_2COOH + 4e^-$ 　　$\tag{14-24}$

阴极反应　　$2\ \underset{COOH}{\overset{COOH}{|}} + 4e^- \xrightarrow[H_2O]{PbO_2阴极} 2\ \underset{COOH}{\overset{CHO}{|}}$ 　　$\tag{14-25}$

配对反应可以与有机电合成反应配对，也可以与无机物电极反应配对。但是，配对反应要求槽电压、电解温度和电解时间等电解条件大致相同。由相互匹配的各种电极反应，可组合成各种各样的配对电合成。

① 两种不同的反应物，在阴、阳两极进行电合成两种不同的目的产物。

② 反应物 S 在阳极氧化（或阴极还原）为中间体 B，中间体 B 再在阴极还原（或阳极氧化）为产品 P：

$$S \xrightarrow[-e^-]{阳极} B \xrightarrow[+e^-]{阴极} P \tag{14-26}$$

例如，苯先在阳极被氧化生成对苯醌，对苯醌在阴极还原为对苯二酚。

③ 原料 S 分别在阳极、阴极进行不同的电合成反应，获得产物 P_1、P_2：

$$P_1 \xleftarrow[阴极]{+ze^-} S \xrightarrow[阳极]{-e^-} P_2 \tag{14-27}$$

④ 当原料在阳极上氧化（或阴极电还原）生成产物的同时，还有副产物生成，将副产物在阴极上还原（或阳极电氧化）为原料，可以提高原料利用率。例如，乙苯与乙酸合成对乙基苯乙酸：

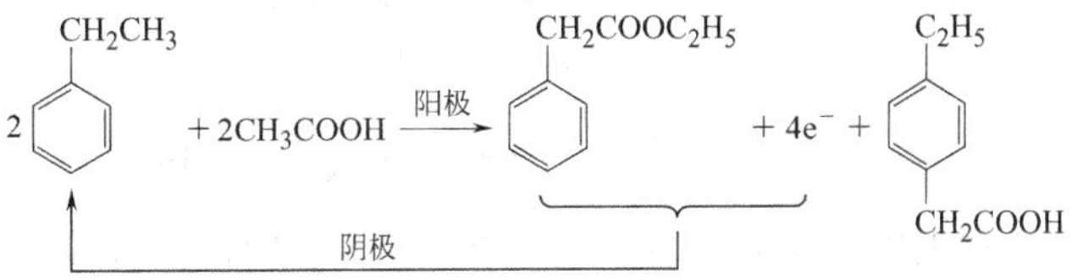

$$\tag{14-28}$$

此电合成可在无隔膜电解槽中进行。

3. 电聚合

电聚合又称电化学聚合，电聚合反应在电极表面上进行。许多有机化合物通过电聚合发生二聚或多聚反应，例如丙烯腈电解二聚合成己二腈，如图 14-10 所示。

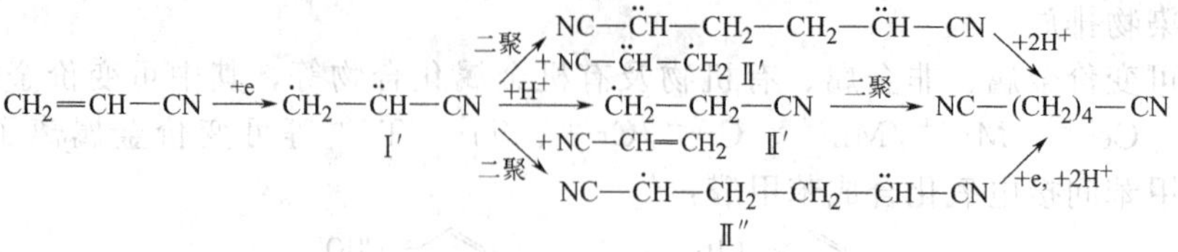

$$CH_2=CH-CN \xrightarrow{+e} \overset{\cdot}{CH_2}-\overset{\cdot}{CH}CN$$

图 14-10 丙烯腈电解加氢二聚制己二腈

电聚合历程也分为链引发、链增长、链终止三个阶段。聚合反应活性中心的形成一般认为有两种方式：一是引发剂、单体在电极上转移电子成为活性中心，二是单体和聚合物通过电极反应成为活性中心。活性中心形成后，即可进行链增长反应和链终止反应。通过电化学引发和控制电解条件，可获得一定聚合度的聚合物。如改变电极材料、溶剂、支持电解质、电解液 pH 值或电聚合方式等，可获得结构不同、性能不同的功能聚合物。改变聚合时间、槽电压、电流密度和电解温度等条件，可以条件控制聚合物的分子量、聚合物膜的厚度等。

4. 固体聚合物电解质法

此法是利用金属与固体聚合物电解质的复合电极，该电极是在固体聚合物膜的表面复合上一层多孔金属层，形成金属-固体聚合物电解质复合电极。该复合电极既有隔膜作用，将电解槽分隔为阳极室和阴极室；又兼有导电功能，传递带电离子。两侧镀有金属层的聚合物膜，既作阳极和阴极，又将反应物 S_1、S_2H 分开，电解时在阳极和阴极同时发生电合成反应：

$$\text{阳极反应} \qquad S_1+H^++e^- \longrightarrow S_1H \qquad (14-29)$$

$$\text{阴极反应} \qquad S_2H \longrightarrow S_2+H^++e^- \qquad (14-30)$$

$$\text{电解反应} \qquad S_1+S_2H \Longrightarrow S_1H+S_2 \qquad (14-31)$$

例如，烯烃用 SPE 复合电极直接电解还原，如图 14-11 所示。图中 SPE 为阳离子交换膜，膜两侧为金属催化剂涂层，阳极室盛容水，阴极室装反应原料烯烃。电解反应时，阳极发生氧化反应，析出氧气，给出氢离子；氢离子通过 SPE 膜迁移至阴极室，在阴极侧发生还原反应。

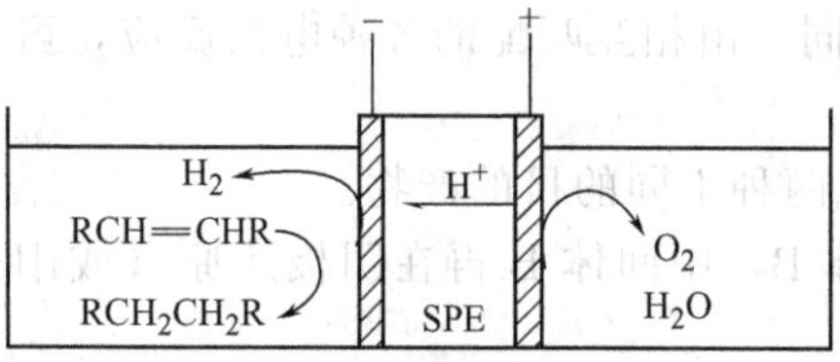

图 14-11 SPE 复合电极直接电解反应原理

固体聚合物电解质法无需支持电解质，避免由支持电解质产生的副反应，产物易于分离纯化；原料有机物可直接进行电合成，无需使用溶剂，避免溶剂溶解度的限制；由于电极、电解质、隔膜一体化，槽电压较低，电能效率较高。例如，用 Pt/Au/SPE 电极电解丁烯二酸乙酯，合成丁二酸乙酯：

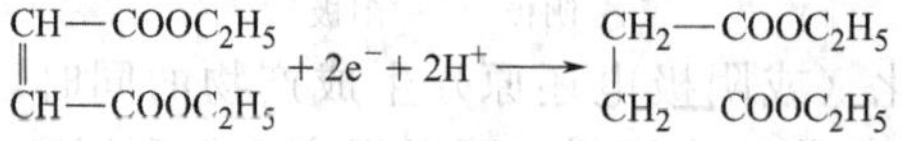

$$\begin{matrix} CH-COOC_2H_5 \\ \| \\ CH-COOC_2H_5 \end{matrix} + 2e^- + 2H^+ \longrightarrow \begin{matrix} CH_2-COOC_2H_5 \\ | \\ CH_2-COOC_2H_5 \end{matrix} \qquad (14-32)$$

电流效率为 45%，收率达 100%。

间硝基苯磺酸用固体聚合物电解质电还原，几乎无副反应产生，电流效率达 90% 以上。

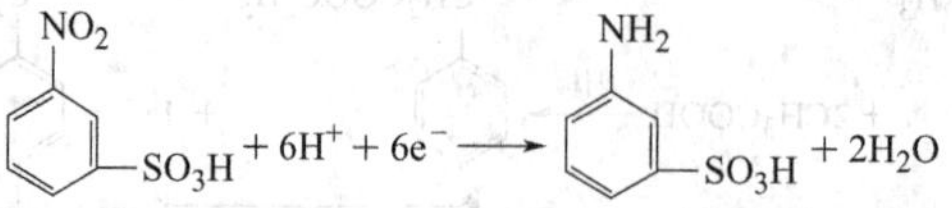

$$\text{（NO}_2\text{苯环）}-SO_3H + 6H^+ + 6e^- \longrightarrow \text{（NH}_2\text{苯环）}-SO_3H + 2H_2O \qquad (14-33)$$

可以说，固体聚合物电解质法作为绿色电合成方法，具有诱人的应用前景。

第三节　有机光化学合成

　　有机光化学合成是借助于光能，利用光化学反应进行的有机合成。由于温度对光化学反应的影响很小，光化学合成可在常温甚至低温下进行，光的波长、光源可根据被激发的键能大小确定。控制光辐射强度，可控制光化学反应速率。

　　随着高强度光源技术、分析和分离技术的发展，有机光化学合成将得到迅速发展，在天然化合物、医药、香精等精细化学品合成方面，显示出其特殊意义。

一、光化学合成的基本原理

　　光化学反应与热化学反应不同。在光化学反应中，反应物分子吸收光能，反应物分子由基态跃迁至激发态，成为活化反应物分子，而后发生化学反应。分子从基态到激发态吸收的能量，有时远远超过热化学反应可得到的能量。故有机光化学合成，可完成许多热化学反应难以完成、甚至不能完成的合成任务。

　　有机化合物的键能一般在 $200\sim500kJ/mol$ 范围内，当吸收了 $239\sim600nm$ 波长的光后，将导致分子成键的断裂，进而发生化学反应。

　　反应物分子 M 吸收光能的过程，称为"激发"。激发使物质的粒子（分子、原子、离子）由能级最低的基态跃迁至能级较高的激发态 M^*。处于激发态的分子 M^* 很不稳定，可能发生化学反应生成中间产物 P 和最终产物 B，也可能通过辐射退激或非辐射退激，失去能量回到基态 M。

$$激发过程 \qquad\qquad M \longrightarrow M^* \qquad\qquad (14\text{-}34)$$

$$辐射退激过程 \qquad\qquad M^* \longrightarrow M + h\nu \qquad\qquad (14\text{-}35)$$

$$无辐射退激过程 \qquad\qquad M^* \longrightarrow M + 热量 \qquad\qquad (14\text{-}36)$$

$$生成中间产物 \qquad\qquad M^* + N \longrightarrow P \qquad\qquad (14\text{-}37)$$

$$生成最终产物 \qquad\qquad P + A \longrightarrow B \qquad\qquad (14\text{-}38)$$

　　光具有微粒性和波动性双重性。普朗克（Planck）光量子理论指出，发光体在发射光波时是一份一份发射的，如同射出的一个个"能量颗粒"。每一个能量颗粒，称为这种光的光量子或光子。光量子的能量大小，仅与这种光的频率有关：

$$e = h\nu \qquad\qquad (14\text{-}39)$$

式中　e——光子具有的能量，J；

　　　h——普朗克常数，$h = 6.62 \times 10^{-34} J \cdot s$；

　　　ν——光的频率。

$$\nu = c/\lambda \qquad\qquad (14\text{-}40)$$

式中　c——光的速度，$c = 2.998 \times 10^{17} nm/s$；

　　　λ——被吸收光的波长，nm。

　　可见，分子吸收和辐射能量是量子化的，能量的大小与吸收光的波长成反比：

$$E = N_0 h\nu = Nhc/\lambda \qquad\qquad (14\text{-}41)$$

式中　E——1mol 光子吸收的能量，J/mol；

　　　N_0——阿伏伽德罗常数，$N_0 = 6.023 \times 10^{23}$。

$$E = 1.197 \times 10^5 / \lambda \quad (J/mol) \qquad\qquad (14\text{-}42)$$

　　根据上式，可计算一定波长的有效能量。表 14-3 为不同波长光的有效能量。

　　可见，光的波长越短，其能量越高。氯分子光解能量为 $250kJ/mol$，碳氢键的键能为 $419kJ/mol$，碳碳 σ 键的键能为 $347.3kJ/mol$。吸收波长小于 $345nm$ 的光，足以使反应物分子碳碳键断裂，进而发生化学反应。

表 14-3　不同波长光的有效能量

波长/nm	能量/(kJ/mol)	波长/nm	能量/(kJ/mol)	波长/nm	能量/(kJ/mol)
200	598.5	350	342.0	500	239.4
250	478.8	400	299.3	550	217.6
300	399.0	450	266.0	600	199.5

光源发出的光，并不都被反应物分子所吸收，光的吸收遵循朗伯-比尔（Lamber-beer）定律：

$$\lg(I_0/I) = \varepsilon c l = A \tag{14-43}$$

式中　I_0——入射光强度；

　　　I——透射光强度；

　　　l——溶液的厚度，cm；

　　　c——吸收光的物质的浓度，mol/L；

　　　A——吸光度或光密度；

　　　ε——摩尔吸光系数，ε 反映了吸光物质的特性及其电子跃迁的可能性。

光化学过程的效率以量子产率表示：

$$\Phi = \frac{单位时间单位体积内发生反应的分子数}{单位时间单位体积内吸收的光子数} = \frac{产物的生成速度}{所吸收辐射的光强度} \tag{14-44}$$

量子产率 Φ 值与反应物结构、反应条件（温度、压力和浓度）有关。多数光化学反应的 Φ 值在 0～1 之间，这类反应因光能消耗太多、反应速率太慢而工业较少应用。自由基链反应的 Φ 值大于 1，可达 10 的若干次方，例如，烷烃的自由基卤代反应 $\Phi = 10^5$，吸收一个光子可引发一系列链反应，故有机光化学合成多用于自由基链反应。

二、有机光化学合成装置

1. 光源及其选择

反应物分子吸收光能，由基态跃迁至激发态的过程，不仅与量子效率有关，而且与光源辐射波长密切相关。光源的波长应与反应物的吸收波长相匹配，光源波长的选择应根据反应物的吸收波长确定。常见有机化合物的吸收波长是：烯烃 190～200nm；共轭脂环二烯烃 220～250nm；共轭环状二烯烃 250～270nm；苯乙烯 270～300nm；苯及芳香体系 250～280；酮类 270～280nm；共轭芳香醛酮 280～300nm；α，β-不饱和醛酮 310～330nm。

可见光的波长范围在 420～700nm，紫外光的波长范围在 200～300nm。对光化学合成有效的光的波长，均小于可见光波长。

理想的光源是单色光，激光器可提供不同波长的单色光。大多数光源为多色光，碘钨灯、氙弧灯和汞灯可提供不同波长的多色光。例如，石英玻璃制成的碘钨灯可提供波长小于 200nm 的连续紫外光，低压氙灯可提供波长 147nm 的紫外光。汞灯分低压、中压和高压三种。低压汞灯可提供波长为 253.7nm 和 184.9nm 紫外光，中压汞灯可提供主要波长为 366nm、546nm、578nm、436nm、313nm 的紫外光或可见光，高压汞灯可提供 300～600nm 范围内多个波长段的紫外光或可见光。

2. 光化学反应器

光化学反应器一般由光源、透镜、滤光片、石英反应池、恒温装置和功率计等构成，如图 14-12 所示。光源灯发出的紫外光，通过

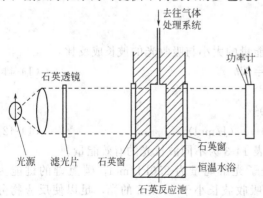

图 14-12　典型的光化学反应实验装置

石英透镜变成平行光，再经滤光片将紫外光变成某一狭窄波段的光，通过垂直于光束的石英玻璃窗照射到反应混合物上，未被反应物吸收的光投射到功率计，由功率计检测透射光的强度。

三、有机光化学合成的应用

在有机合成上，光化学合成常用于一般方法难以进行的关键步骤，特别是天然产物的人工合成、不饱和体系的加成、小环化合物的合成等。例如，麦角固醇或 7-去氢胆固醇的光照单重态开环反应可分别合成预维生素 D_2 和 D_3，这是利用光化学技术的最成功的例子。预维生素 D_2 和 D_3 进一步发生 [1，7] δ-迁移重排反应得到维生素 D_2 和 D_3。

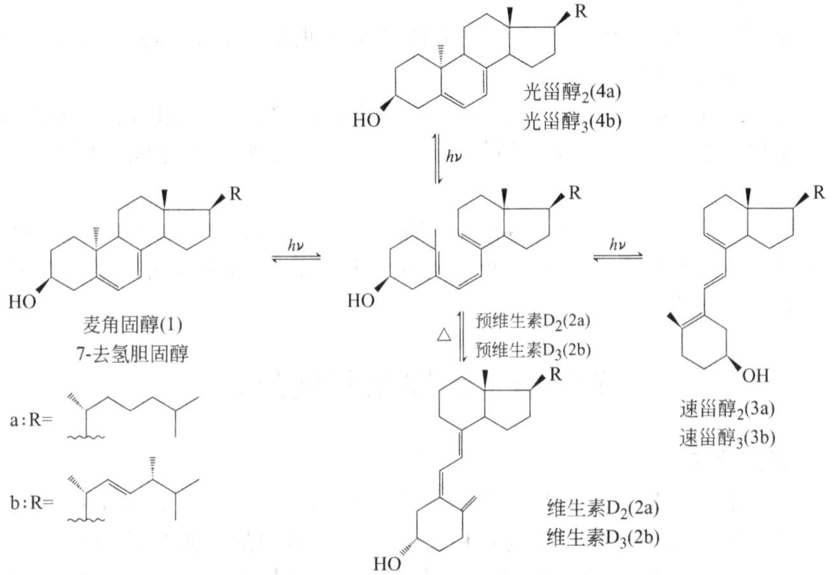

光激活下，苯并呋喃二聚生成顺式及反式环丁烷衍生物，比例为 1∶3。

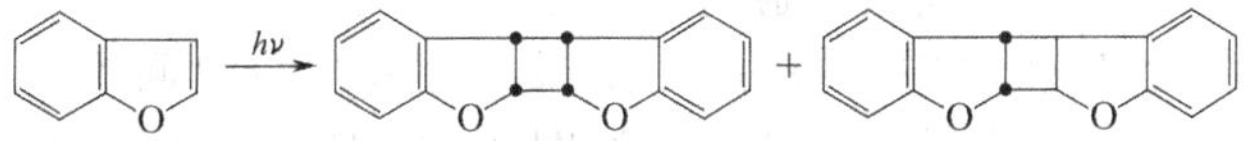

$$(14-45)$$

有机光化学反应极高的立体选择性是热化学反应所不及的。如六氟-2-丁炔与乙醛在光照下反应，得到反式产物：

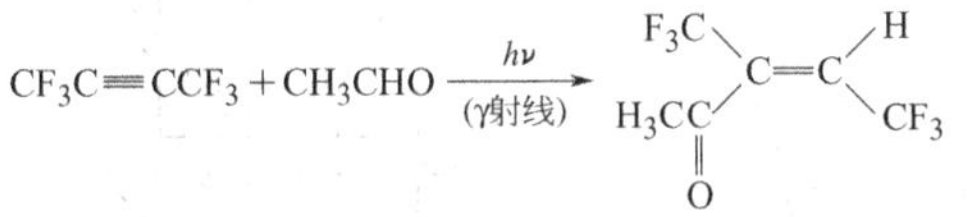

$$CF_3C\equiv CCF_3 + CH_3CHO \xrightarrow[\text{(射线)}]{h\nu} \underset{\underset{O}{\overset{\parallel}{C}}}{\overset{F_3C}{\underset{H_3C}{C}}}=\overset{H}{\underset{CF_3}{C}}$$
$$(14-46)$$

6-氰基-1,3-二甲基嘧啶与菲的混晶在光照下，生成顺式单一的、100%产率的新加成物：

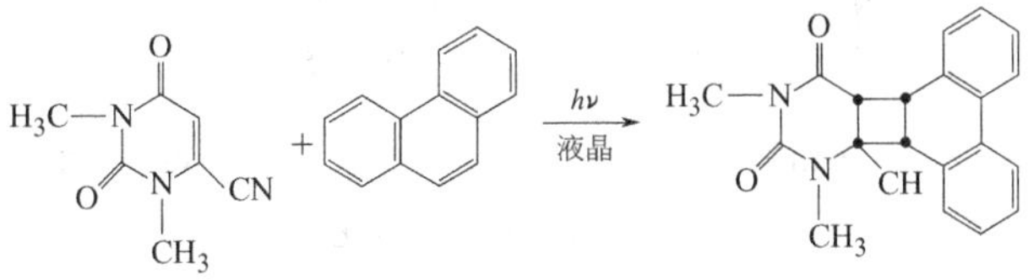

$$(14-47)$$

有机合成的活泼中间体二卤卡宾，一般由相转移催化反应产生，其中∶CF_2 最难产生，但在激光引发下，可生成∶CF_2 并可与烯烃发生加成反应。

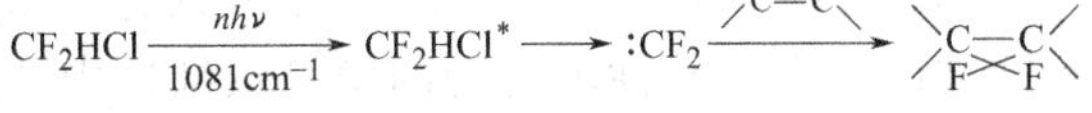

$$CF_2HCl \xrightarrow[1081cm^{-1}]{nh\nu} CF_2HCl^* \longrightarrow :CF_2 \xrightarrow{\overset{}{>}C=C\overset{}{<}} \overset{}{>}C-C\overset{}{<}_{F\quad F}$$
$$(14-48)$$

与热化学反应相比，有机光化学合成有以下特点。

① 对于在恒温、恒压及无非体积功条件下 $\Delta G > 0$ 的某些反应，热化学反应不能发生，

而光化学反应有可能发生。因此，通过光化学合成，可合成热化学不能合成的物质。但是，大多数有机光合成反应的 $\Phi < 1$，故有机光化学合成的光能消耗大，工业应用还不广泛。

② 温度对热化学反应影响显著，许多热化学反应需要在高温高压下进行，而光化学反应只要光的波长和强度适当即可发生，与反应物温度和浓度无关，可在室温或低温下进行，故光化学反应可在常温常压下进行。

③ 对于光化学反应而言，物质受不同波长的光辐照，可产生不同的激发态，同一激发态粒子又可产生不同的过渡态和活性中间体，同一活性中间体与不同的物质反应可生成不同的产物。故光化学合成产物具有多样性。但是，有机光化学合成的副产物比较多，分离困难，产品纯度不高。

④ 光化学合成是合成特定构型分子如手性分子的重要途径，与热化学反应相比，反应的选择性更强，具有高度的立体专一性。

⑤ 光化学合成通过选择适当波长，可提高反应的选择性；通过控制光强度，控制反应速率。因此，光化学合成反应比较容易控制。但是，有机光化学合成需要特殊的光化学反应器。

总之，光化学反应已成为有机合成的研究热点，有机光化学合成逐步由合成简单分子转变为合成复杂分子。随着科学技术的发展，有机光化学合成的新方法、新技术不断涌现，有机光化学合成的应用将更加广泛。

第四节　酶催化有机合成

一、酶与固定化酶

酶是生物体活细胞产生的一类具有生物催化活性的生物分子，又称生物催化剂。迄今为止，已发现的酶有两千多种。酶可分为蛋白酶和全酶，蛋白酶由蛋白质组成，不含其他化学成分。全酶由蛋白酶与辅酶组成，辅酶具有激发蛋白酶活性的作用，又称辅助因子，辅酶是非蛋白质如 Fe^{2+}、Zn^{2+} 等离子或黄素腺嘌呤二核苷酸等。绝大多数酶是相对分子质量在 $1.2 \times 10^4 \sim 1.0 \times 10^6$ 的特殊蛋白质。酶的价格昂贵，且难以分离回收利用。

将酶固定在某种物质上（某空间区域），如图 14-13 所示，既可保持酶的活性和寿命，又可回收再利用，这种酶称固定化酶。

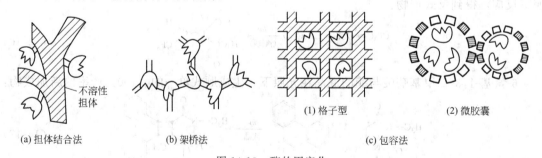

(a) 担体结合法　　　　(b) 架桥法　　　　(c) 包容法

(1) 格子型　　　(2) 微胶囊

图 14-13　酶的固定化

酶固定方法有担体结合法、架桥法和包容法。担体结合法是将酶固定结合在担体上 [图14-13(a)]，担体的事先制备与生物过程无关；架桥法固定酶是担体成型前加入酶，成型后酶固定在担体网架上 [图 14-13(b)]；包容法是在酶存在下预先形成的聚合物进一步交联，形成高分子网状结构，酶即被固定在多孔性聚合物的微囊或细格中 [图 14-13(c)]。

例如，小颗粒葡萄糖异构酶是湿度为 10% 的固定化酶制剂，可将葡萄糖异构为果糖，将选定酶絮凝在担体（MgO）上，再用孔径为 0.59mm 的筛过滤（酶细胞内含水量达

80%），经流化床干燥（温度为 55～60℃）而得小颗粒葡萄糖异构酶。

工业固定酶有葡萄糖异构酶、葡萄糖氧化酶、麦霉素酸化酶等。

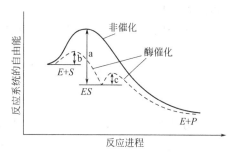

图 14-14　酶催化反应进程

二、酶催化的作用及其特点

酶的结构复杂多变，酶催化的反应种类很多，作用机理也很复杂。一般酶催化作用表现为降低反应活化能，改变反应途径，使酶催化反应能垒低于非催化反应能垒（如图 14-14 所示），加快反应的进程。酶催化反应发生在酶生物催化活性的特定位置（生物活性中心）。酶的特定位置使反应物（S）与酶（E）作用形成中间产物（ES），（ES）进而分解成产物（P）和酶（E）：

$$E+S \rightleftharpoons ES \longrightarrow E+P \tag{14-49}$$

分解游离出的酶（E）继续参与反应。

与非酶催化反应相比，酶催化反应具有以下特点：

① 催化活性高，与非酶催化相比，反应速率快 $10^7 \sim 10^{13}$ 倍；

② 反应条件温和，可使反应在室温、常压和水溶液等条件下进行，一般在 20～60℃，pH 在 1.5～10；

③ 具有良好的选择性（包括区域和立体异构），可用于合成各种结构复杂的天然化合物的原料制备。

由于酶催化合成效率高，反应速率快，选择性好，条件温和。许多结构复杂、难以用传统方法合成的化合物，可由酶催化合成。例如，L-氨基酸、抗生素、核酸、维生素等。

三、酶催化在有机合成中的应用

有机合成应用的酶主要有氧化还原酶、转移酶、水解酶、裂解酶、异构酶和连接酶等。有机合成利用酶催化的反应有以下几种。

① 氧化还原酶催化氧化还原：

$$CH \xrightarrow{\text{氧化}} -\overset{|}{\underset{|}{C}}-OH \qquad -CH(OH) \xrightarrow{\text{脱氢}} -\overset{|}{C}=O \tag{14-50}$$

$$>CH-CH< \xrightarrow{\text{脱氢}} >C=C< \tag{14-51}$$

② 转移酶进行各种基团的催化转移，可将基团（醛、酮、酚基和磷酸基等）从一个分子转移到另一个分子。

③ 水解酶催化水解，如酯、酰胺、肽、酸酐、糖苷等水解。

④ 裂解酶可使 C—C、C—O、C—N 等键裂解。

⑤ 异构酶催化反应，可用于顺反异构和旋光异构。

⑥ 连接酶（合成酶）催化合成，可形成 C—C、C—O、C—S、C—N 键及磷酸酯键等。

例如：芳香族醛、芳基甲基酮、α、β 及 γ-取代酮，α-二酮，β-二酮及 β-酮酸酯等一系列化合物，在贝克酵母菌催化下，立体选择性还原为相应的醇。α，β-环氧基酮的环氧基在羰基被还原的同时被水解生成三醇：

$$\tag{14-52}$$

(de＜99.5%)

式中，R 可以为正丁基、正丙基、乙基。产物中一种非对应体过量（de）接近 100%，占绝对优势。

酶催化氧化反应，一些微生物如黑曲霉菌，可将双键氧化为邻二醇：

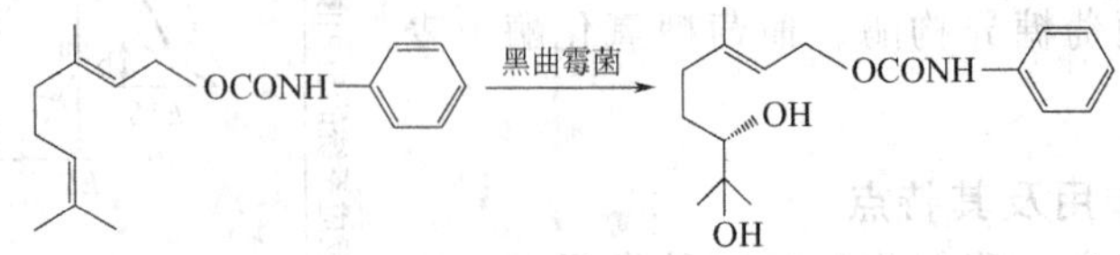

$$\text{（结构式：左侧含OCONH苯基化合物）} \xrightarrow{\text{黑曲霉菌}} \text{（右侧含OH、OH及OCONH苯基的二醇化合物）} \tag{14-53}$$

芳香烃也可被氧化为邻二酚，例如，假单胞菌将烷基苯或卤代苯氧化成邻二酚：

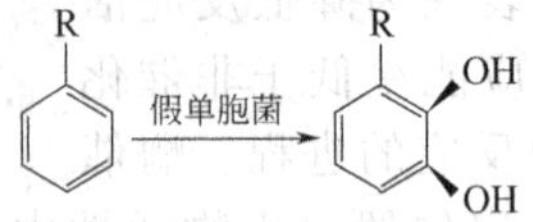

$$\text{（苯环R取代）} \xrightarrow{\text{假单胞菌}} \text{（R取代的邻二酚，含两个OH）} \tag{14-54}$$

式中，R可以为氢、甲基、乙烯基、卤基（Cl、Br、F、I）。

酶催化缩合反应形成碳碳键，例如，吲哚与丝氨酸在色氨酸合成酶催化下的缩合：

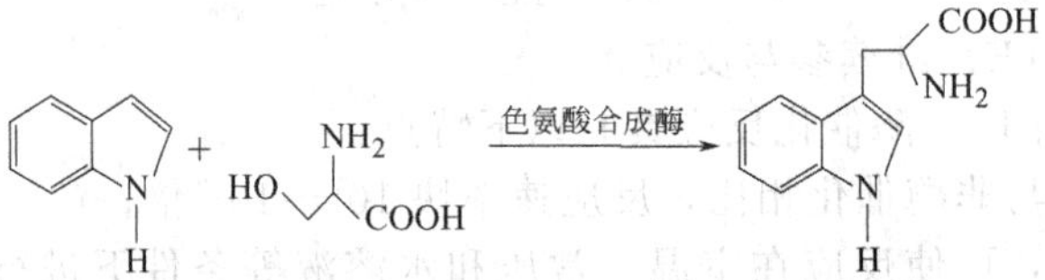

$$\text{（吲哚）} + \text{HO} \overset{NH_2}{\underset{}{}}\text{COOH} \xrightarrow{\text{色氨酸合成酶}} \text{（色氨酸，含COOH、NH}_2\text{）} \tag{14-55}$$

缩合产物可用于制备色氨酸及有关化合物。

第五节　微波辐照有机合成

微波是频率在 300MHz～300GHz 的电磁波，其频率介于红外线和无线电波之间，其中 400MHz～10GHz 频段的微波用于雷达，其余用于电讯传输。

作为非通讯用电磁波，微波广泛用于工农业、科研、医疗及家庭等民用热源。为避免民用微波对雷达、无线电通讯、广播电视的影响，国际上规定民用微波频段为（915±15）MHz 和（2450±50）MHz。

微波辐照应用于有机合成始于 20 世纪 80 年代，由于微波辐照加热可有效的促进化学反应，近年来微波有机合成得到迅速发展。

一、微波辐照对化学反应的作用

微波对有机合成反应的影响比较一致的认识是：微波加热反应体系，进而加快反应速率。

微波辐照加热的方式不同于常规的加热方式。微波辐照加热凝聚态物质，是通过电介质分子吸收电磁能并转变为热能的，体系温升快，且温度均匀。

微波辐照溶液，溶液中的极性分子随电场改变而取向极化，吸收微波能量的极性分子与其周围分子碰撞，将能量传递给其他分子，使体系温度迅速升高。液体中的极性分子，吸收和传递微波能量同时进行，故体系升温快、温度均匀。

极性溶剂介电常数比较大，微波辐照升温迅速；非极性溶剂如 CCl_4 和烃类化合物，因介电常数很小，几乎不吸收微波能量，不易被加热。因此，微波辐照的化学反应，应用极性溶剂为介质。

在固体中，因分子偶极矩固定，不能自由旋转和取向，不能与微波的电场偶合而吸收微波能量。半导体或离子导体中，由于电子、离子的移动或缺陷偶极子的极化，而能吸收微波能量，故这些固体可被微波加热。

微波加热固体的效率，与介电损耗有关。石墨、Co_2O_3、Fe_3O_4、V_2O_5、Ni_2O_3、

MnO_2、SnO_2 等高介电损耗的固体，容易被微波加热。例如，在 $500 \sim 1000W$ 微波辐照下 $1min$，这些物质可升温 $500°C$ 以上。金刚石、Al_2O_3、TiO_2、MoO_2、ZnO、PbO、玻璃、聚四氟乙烯等固体，介电损耗很低，在微波场中温升很慢或几乎无温升，故可以玻璃、聚四氟乙烯为反应器材料。

对于大多数化学反应，温度对反应速率的影响遵循阿累尼乌斯方程式。因此，微波辐照的高效、均匀的体加热作用，可极大加快反应速率。

大量实验表明，微波辐照的反应速率相比通常加热方式可增加数倍、数十倍，甚至上千倍。这使一些通常条件下不易进行的反应得以迅速进行。

研究发现，微波电磁场作用于反应体系引起"非热效应"，如微波对某些反应的抑制作用，改变某些反应的历程，一些阿累尼乌斯型反应不再满足速率与温度的指数关系。研究还发现，微波对化学反应的作用程度不仅与反应类型有关，还与微波自身的强度、频率、调制方式（波形、连续、脉冲等）及环境条件有关。

微波对化学反应的"非热效应"，还没有令人满意的解释。

二、微波辐照有机合成装置

微波辐照有机合成反应装置，一般由微波炉、反应器、搅拌、加料及冷凝回流装置等部分构成。微波常压有机合成的实验反应装置如图 14-15 所示。

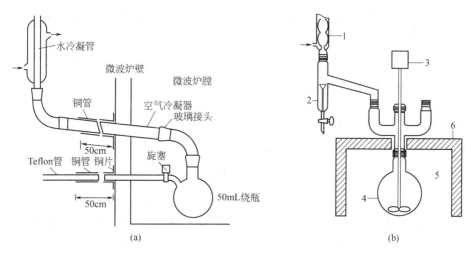

图 14-15　微波有机合成常压反应装置
1—冷凝器；2—分水器；3—搅拌器；4—反应瓶；5—微波炉膛；6—微波炉壁

实验室用的微波反应装置，一般选用家用微波炉或改装微波炉。反应器的材质选用不吸收微波的玻璃或聚四氟乙烯材料。加料、搅拌和冷凝过程可在微波炉外进行。改装微波炉钻孔，为防止微波泄漏，应妥善屏蔽。

微波反应装置的研究与开发，形成了微波溶液反应、微波干法反应等技术。在常压、加压及连续反应技术方面，取得了积极成果。

基于无机固体材料不吸收 $2450MHz$ 的微波，固相载体表面吸附的反应物，如水或极性分子，可强烈吸收微波被激活反应。因此，微波干法反应以氧化铝、硅胶、黏土、硅藻土或高岭石等多孔性材料为载体，将反应物浸渍在固相载体表面，干燥后密封于聚四氟乙烯管内，置于微波炉进行微波辐照反应。反应结束，用适当溶剂萃取纯化。

将 Al_2O_3 和 Fe_3O_4 垫底在玻璃容器，以酸性黏土作催化剂，邻苯甲酰基苯甲酸合成蒽醌：

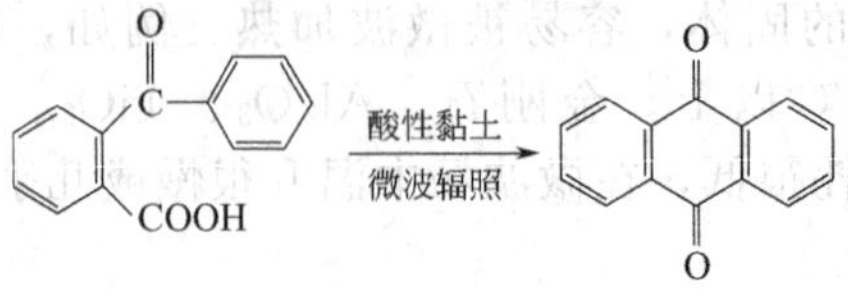

$$\text{(14-56)}$$

由于微波干法反应只能在载体上进行，故参加反应的反应物的量受到限制。

三、微波在有机合成中的应用

微波有机合成的研究几乎涉及有机化学的各种反应，如加成、取代、消除、氧化、还原、周环化、重排反应、水解、缩合、聚合、成环、保护与脱保护、主体选择性反应、自由基反应、糖类和某些金属有机反应等。大量实验表明，微波可显著加快反应速率、提高产率。

例如，顺丁烯二酸酐与蒽醌的狄耳斯-阿德尔反应，传统方式加热，该反应需要 1.5h；采用微波加热方式，顺丁烯二酸酐与蒽醌在二甘醇二甲醚溶液中，用微波辐照 1min，反应收率达 90%。

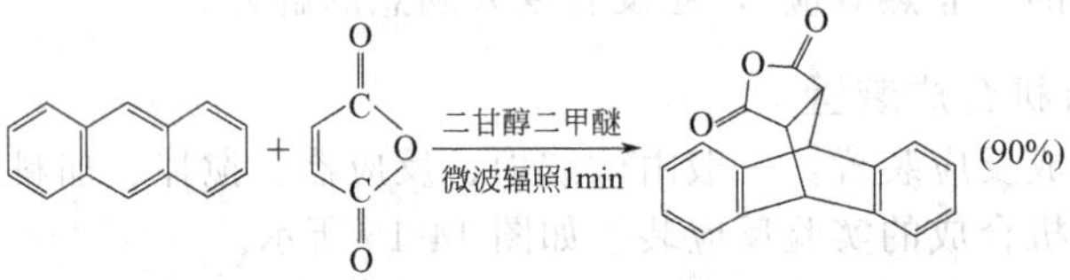

$$\text{(14-57)}$$

同样，蒽醌与反丁烯二酸甲酯用微波辐照加热反应，反应时间由 4h 缩短至 4min，收率由 67% 提高至 87%。

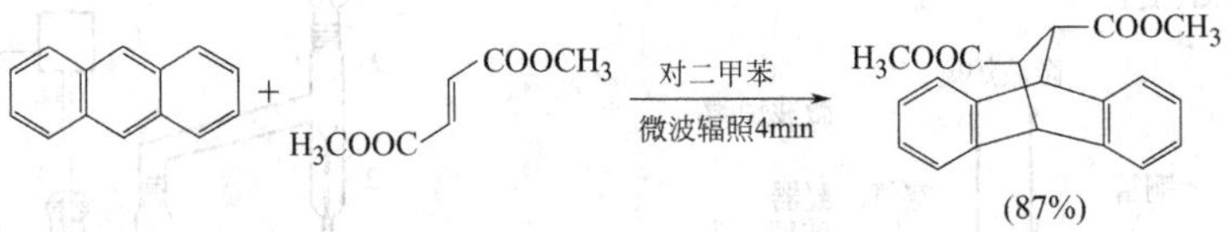

$$\text{(14-58)}$$

烯丙基苯基醚克莱森重排，传统方法是在 200℃ 下反应 6h，收率为 85%；以 DMF 为溶剂，采用微波辐照 6min，收率可达 92%。

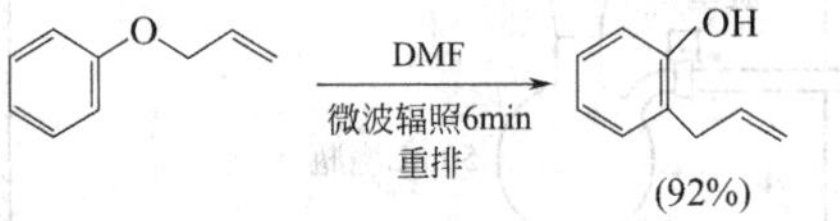

$$\text{(14-59)}$$

在相转移催化剂存在下，乙酰乙酸乙酯与卤代烷用微波辐照，可快速有效的实现烷基化。

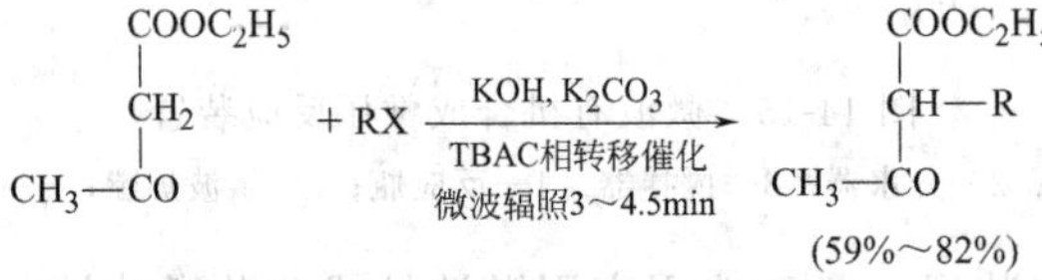

$$\text{(14-60)}$$

羧酸酯化，微波辐照反应速率比传统加热酯化反应速率快 1.3～180 倍。微波辐照还可加快酯和酰胺的水解。例如，苯甲酸甲酯在 25% 氢氧化钠水溶液中水解，可加快 25 倍。

将微波加热技术用于有机合成已成为有机合成研究的热点之一，成为迅速发展的现代有机合成新技术。

第六节　声化学合成

声波频率高于 20kHz，超过人耳可闻的上限称超声波。频率为 20kHz～1000MHz 的超声波，广泛应用于海洋探测、材料探伤、医疗保健、清洗、粉碎和分散、雷达和通讯的声电子器件方面。

在化学领域，20 世纪 20 年代就发现超声波对化学反应的促进作用。20 世纪 80 年代以来，由于大功率超声设备的普及与发展，利用超声波技术加速化学反应、提高反应效率，迅速发展成化学领域一个新的分支——声化学合成。

声化学合成是以超声波（20kHz～5MHz，甚至500MHz）的高能量形式，促进化学反应，进行有机合成的新技术。

一、声化学合成的基本原理

超声波以机械波形式作用于反应液体产生超声波空化效应（cavitation effect），促使反应发生和进行。液体在超声波作用下产生空化泡（空穴），空化泡内外压力悬殊，极不稳定迅速崩溃。无数微小空化泡的振荡、生长、收缩、崩溃（爆裂），产生极大冲击力而具搅拌作用，在一定程度上破坏了液体的结构形态，在空化泡爆裂的极短时间内（10^{-9}s），极小空间（空化泡周围）产生高温高压，强冲击波和微射流，空穴充电放电、发光高能环境，引起分子热解离、分子离子化、产生自由基等，导致一系列化学变化。

超声波机械振荡、乳化以及扩散等次级效应，在声化学合成中有加快反应体系传质、传热，促进反应进行的作用。

因此，超声波促进液-液相反应体系乳化，对于固-液相反应体系，可促使固体表面更新裸露，有利于固相反应物或催化剂的活化。但超声波不能完全替代反应体系的搅拌。

声化学合成所用超声波为人工超声波，人工超声波是由超声波发生器产生。超声波发生器将机械能或电磁能转换为超声振动能，又称超声换能器。

声化学研究表明，超声波频率并非越高越好。随着超声波频率增加，声波膨胀时间变短，这使空化核来不及增长到可产生空化效应的空化泡，或产生的空化泡来不及崩溃，即空化过程难以发生。声化学合成所用超声波频率一般为20～80kHz。提高声波强度，可提高空化效应。

影响空化效应的因素还有溶剂性质、溶液成分、黏度、表面张力、蒸气压、溶解气体的种类及其含量等液相反应体系的性质。此外，声波的作用方式、反应温度、外压等，也是声化学合成的影响因素。

超声波具有促进化学反应的作用，其特点归纳为：

① 空化泡爆裂可产生促进化学反应的高能环境（高温、高压），使溶剂和反应试剂产生离子、自由基等活性物质；

② 超声辐照溶液可产生机械作用，促进传热、传质、分散和乳化，溶液吸收超声波产生一定的宏观加热效应；

③ 具有显著加速反应的效应，尤其是非均相反应，与常规方法相比，反应速率可加快数十乃至数百倍；

④ 反应条件比较温和，甚至不用催化剂，多数情况不需要搅拌，有些反应无需无水、无氧条件或分布投料方式，实验操作简化；

⑤ 超声波可清除金属反应物或催化剂表面形成的产物、中间产物及杂质，使保持其反应表面的新鲜裸露。

对有些化学反应而言，超声辐照效果不佳，甚至有抑制作用；空化泡爆裂产生的离子、自由基与主反应竞争，降低某些反应的选择性。

二、声化学反应器

声化学反应器是实现有机声化学合成的装置，一般由四部分构成：化学反应器部分，包括容器、加料、搅拌、回流和测温等；信号发生器及其控制的电子部分；换能部分，即振幅放大器；超声波传递的偶合部分。目前，声化学反应器还多处在实验室研究阶段，已应用的类型如图14-16所示。

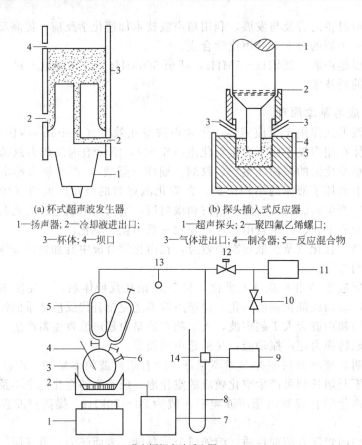

(a) 杯式超声波发生器
1—扬声器; 2—冷却液进出口;
3—杯体; 4—坝口

(b) 探头插入式反应器
1—超声探头; 2—聚四氟乙烯螺口;
3—气体进出口; 4—制冷器; 5—反应混合物

(c) 非变幅超声波反应器
1—磁力搅拌器; 2—恒温浴; 3—温度控制器; 4—热电偶; 5—恒压滴液漏斗;
6—取样口; 7—超声波发生器; 8—压力计; 9—自动压力调节器; 10—真空
气流控制; 11—真空泵; 12—电子阀门; 13—空气入口; 14—光电微型开关

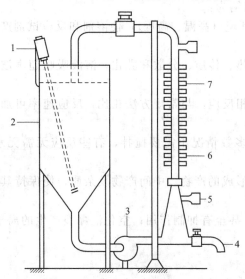

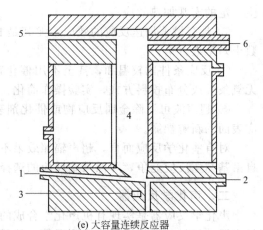

(d) 大容量连续反应器
1—机械搅拌器; 2—存贮缸; 3—泵; 4—出口; 5—压力表;
6—换能器或探头; 7—长方形反应器

(e) 大容量连续反应器
1—过氧化物供给口; 2—氧气供给口; 3—超声波发生器;
4—反应器; 5—紫外线源或射线源; 6—臭氧出口

图 14-16 超声波化学反应器

三、超声波在有机合成中的应用

与传统化学合成方法相比，声化学合成的反应条件温和、反应速率快、时间短、收率高，实验仪器简单，操作方便，易于控制。超声波辐照不仅促进液相均相反应，还可促进液-液、液-固非均相反应，显示出超声波化学合成的优越性。

氧化反应：

$$CH_3(CH_2)_5-CH-OH \xrightarrow[\text{超声波辐照1h}]{KMnO_4, 己烷} CH_3(CH_2)_5-\underset{O}{\overset{\|}{C}}-CH_3 \qquad (14-61)$$

$$\underset{CH_3}{}$$

$$(92\%)$$

如此反应以传统方法合成，搅拌 5h，产率仅 2%。

还原反应，多采用金属和固体催化剂，此类反应超声波促进作用更显著：

$$\underset{}{\bigcirc} \xrightarrow[\text{25℃，超声波辐照1h}]{H_3B \cdot SMe_2, 四氢呋喃} \left(\underset{}{\bigcirc}\right)_3 B \qquad (14-62)$$

$$(98\%)$$

若以传统方式，该反应需要在 25℃ 下搅拌 5h，产率才达 98%。

苯亚磺酸钠用 $CH_3CH_2CHBrCH_3$ 烷基化，超声波干法合成，以无机固体材料 Al_2O_3 为载体，产率达 99%：

$$\underset{}{\bigcirc}SO_2Na + CH_3CH_2CHCH_3 \xrightarrow[\text{超声波辐照}]{Al_2O_3} \underset{}{\bigcirc}\underset{CH_3}{\overset{C_2H_5}{CH}} + HBr \qquad (14-63)$$

$$\underset{Br}{}$$

萘以 $CuBr_2/Al_2O_3$ 的溴化反应：

$$\underset{}{\bigcirc\bigcirc} \xrightarrow[CCl_4]{CuBr_2/Al_2O_3} \underset{Br}{\overset{Br}{\bigcirc\bigcirc}} + \underset{}{\overset{Br}{\bigcirc\bigcirc}} \qquad (14-64)$$

溴化铜与萘摩尔比为 5:1 时，超声波辐照活化 $CuBr_2/Al_2O_3$，萘转化 50% 所需时间 6min；而 $CuBr_2/Al_2O_3$ 未经超声波活化，萘转化 50% 时溴化时间 27min。

超声波辐照可改变反应途径，生成与机械搅拌不同的产物：

$$\underset{}{\bigcirc}CH_2Br + \underset{}{\bigcirc}CH_3 \xrightarrow{KCN, Al_2O_3} \nearrow^{\text{机械搅拌}} \underset{(83\%)}{\overset{CH_3}{\bigcirc\bigcirc}} \qquad (14-65)$$

$$\searrow_{\text{超声波辐照}} \underset{(76\%)}{\overset{CH_2CN}{\bigcirc}} \qquad (14-66)$$

合成香料中间体 β-萘乙醚，采用传统合成法，反应温度较高，产率较低（50%~60%）；采用相转移催化法合成，反应温度较低，产率也不高（84%）；如将相转移催化法与超声波辐照相结合，反应温度为 75℃，催化剂用量减少 1/2，反应时间缩短 5h，其产率达到 94.2%：

$$\underset{}{\bigcirc\bigcirc}OH \xrightarrow[\text{超声波辐照5h}]{20\% NaOH, 苯, C_2H_5Br,(C_4H_9)_4NBr} \underset{}{\bigcirc\bigcirc}OC_2H_5 \qquad (14-67)$$

$$(94.2\%)$$

苯乙酰基芳基硫脲化合物的合成，用传统方法需要无水溶剂，条件苛刻，反应时间较长（2~6h），产率仅为 15%；若以聚乙二醇 400 位催化剂，采用液-固相转移催化法合成，产率也不太高；但结合超声波辐照，以甲醇为溶剂，反应15min，产率即达到92%。

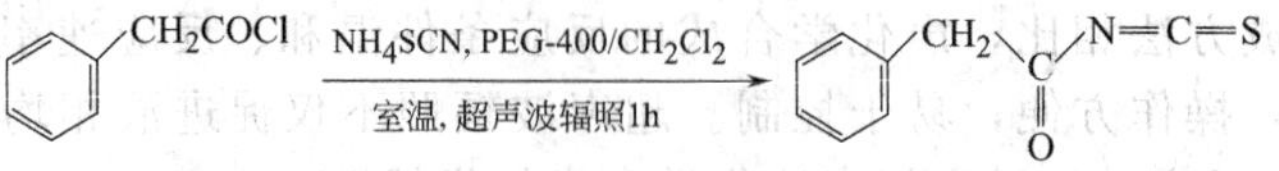

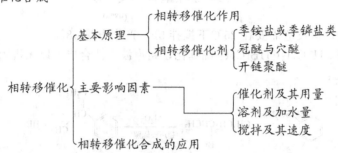

(14-68)

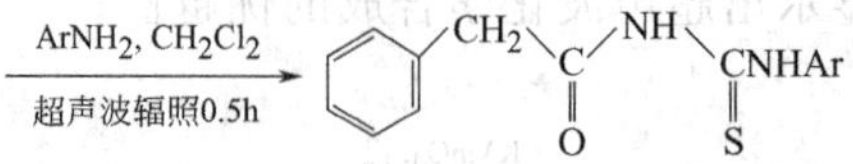

(14-69)

超声波辐照用于有机合成的研究，广泛涉及了氧化、还原、加成、成环和开环、取代、消除、聚合等多种反应，但尚未用于工业化生产。

本章小结

一、相转移催化合成

- 相转移催化
  - 基本原理
    - 相转移催化作用
    - 相转移催化剂
      - 季铵盐或季鏻盐类
      - 冠醚与穴醚
      - 开链聚醚
  - 主要影响因素
    - 催化剂及其用量
    - 溶剂及加水量
    - 搅拌及其速度
  - 相转移催化合成的应用

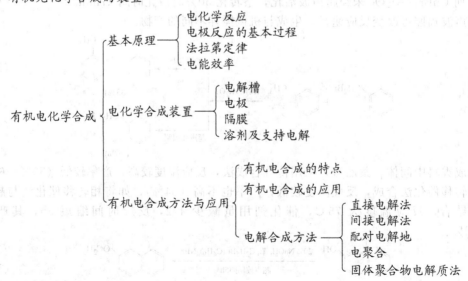

二、有机电化学合成

三、有机光化学合成

1. 光化学合成的基本原理

光波及其能量，基态与激发态，退激，光量子产率。

$$\Phi=\frac{\text{单位时间单位体积内发生反应的分子数}}{\text{单位时间单位体积内吸收的光子数}}=\frac{\text{产物的生成速度}}{\text{所吸收辐射的光强度}}$$

2. 有机光化学合成的装置

- 有机电化学合成
  - 基本原理
    - 电化学反应
    - 电极反应的基本过程
    - 法拉第定律
    - 电能效率
  - 电化学合成装置
    - 电解槽
    - 电极
    - 隔膜
    - 溶剂及支持电解
  - 有机电合成方法与应用
    - 有机电合成的特点
    - 有机电合成的应用
    - 电解合成方法
      - 直接电解法
      - 间接电解法
      - 配对电解地
      - 电聚合
      - 固体聚合物电解质法

常用光源：汞灯，碘钨灯，氙弧灯，激光器。

根据反应物吸收波长选择；光化学反应器的构成。

3. 有机光化学合成的特点及应用

四、酶催化合成

1. 酶与固定化酶（蛋白酶与辅酶、酶的固定化）

2. 酶的催化作用原理

3. 酶催化合成反应的特点

（1）催化活性高

（2）反应条件温和

（3）优良的选择性

4. 酶催化合成的反应类型

（1）氧化还原酶的催化氧化与催化还原

（2）转移酶的基团催化转移反应

（3）水解酶的催化水解反应

（4）裂解酶催化裂解反应

（5）异构酶的催化异构化反应

（6）连接酶的催化合成反应

五、微波辐射有机合成

1. 微波及其对化学反应的影响

微波加热通过电介质分子吸收电磁能并转变为热能。极性物质升温迅速，易加热；非极性不易被加热；半导体或离子导体可被微波加热。

微波加热反应体系，体系温升快，温度均匀，促进反应。

有机合成用微波频段为 $(915\pm15)MHz$ 和 $(2450\pm50)MHz$。

2. 微波辐照有机合成装置

构成：微波炉、反应器、搅拌、加料及冷凝回流装置等。

3. 微波辐照有机合成的方法与特点

微波辐照有机合成的方法：微波溶液法反应、微波干法反应。

微波辐照有机合成的特点；微波辐照有机合成应用的反应。

六、声化学合成

1. 声化学合成的基本原理

超声波及空化效应、超声波次级效应（机械搅拌、乳化等）。

2. 声化学反应器的基本构成与类型

3. 超声波在有机合成中的应用

有机声化学合成的特点与应用。

复习与思考

1. 试说明相转移催化的原理。

2. 常用相转移催化剂有哪些？

3. 用高锰酸钾氧化 γ-溴代不饱和羧酸酯：

$$BrCH_2-\underset{\underset{CH_3}{|}}{C}=CHCOOC_2H_5 + K_2CrO_7 \longrightarrow OCH-\underset{\underset{CH_3}{|}}{C}=CHCOOC_2H_5$$

室温下反应几乎不发生，加入少量冠醚后反应即发生，产率达 95%。试解释其原因。

4. 与热化学相比，电化学合成有何特点？

5. 举例说明配对电解合成。

6. 间接电解合成的适用条件是什么？

7. 以丙烯腈电解加氢二聚制己二腈为例，试解释有机电合成过程。

8. 与热化学相比，光化学反应有何特点？

9. 光化学合成光的波长范围是多少？

10. 酶催化有机合成有何特点？

11. 什么是微波干反应？微波干反应有何特点？

12. 利用微波加热可促进化学反应，其加热方式与传统加热有何不同？

13. 试说明超声波加速液相反应的原理。

第十五章　有机合成路线设计介绍

>>> 学习指南

　　有机合成设计是在合成一个有机化学品之前，对拟采用的各种合成方法进行评价、比较，以确定最经济、有效的合成路线。有机合成设计包括已知合成方法的归纳、演绎、分析和综合，又有创新与发展，涉及的学科众多，内容丰富。本章简要介绍逆向合成的基本原理，典型化合物的逆向切断方法，导向基和保护基的应用以及合成路线的评价原则，典型精细化学品的合成分析及合成工艺。

第一节　逆向合成原理

一、逆向合成的概念

　　有机合成是由价廉易得的原料出发，通过一系列的化学反应，经过一些中间体，最终合成所需产物，最终产物称为目标分子或"靶分子"。逆向合成，即由拟合成的目标分子开始，一步一步推导至起始原料。这个逆向推理途径与合成过程方向相反，故称逆向合成。逆向合成并非实际合成，而是设计合成目标分子的分析考虑的思路，这种思考推理方法称逆向合成法。逆向合成法是有机合成路线设计的重要思想方法。

　　逆向合成由目标分子出发，向"中间体"、"原料"方向思考、推理，通过对分子结构进行分析、切断（拆开），将结构复杂的分子拆成"碎片"，使之逐渐简化。这种思考程序，通常表示为：

$$目标分子 \Longrightarrow 中间体 \Longrightarrow 起始原料$$

　　双箭头"$\Longrightarrow$"表示"可以从后者得到"，它与反应式中"$\longrightarrow$"表示的意义正好相反。逆推的途径就是合成的路线，只要每一步逆推得合理，即可得出合理的合成路线。

　　从目标分子出发运用逆向合成法，往往得出几条合理的合成路线。合理的合成路线，不一定就是生产的工艺路线，还要进行综合评价，并经生产实践检验，才能确定其在生产上的使用价值。

　　逆向合成涉及的"原料"、"试剂"、"中间体"是相对的。从构成目标分子骨架来看，它们是组成骨架的结构单元；唯一区别是"原料"和"试剂"为市场上容易购得的脂肪族或芳香族化合物，"中间体"一般需要自行合成。

二、逆向合成常用术语

1. 合成子与合成等效剂

　　在逆向合成中，拆开的目标分子或中间体得到的碎片，即各组成结构单元称合成子。例如：

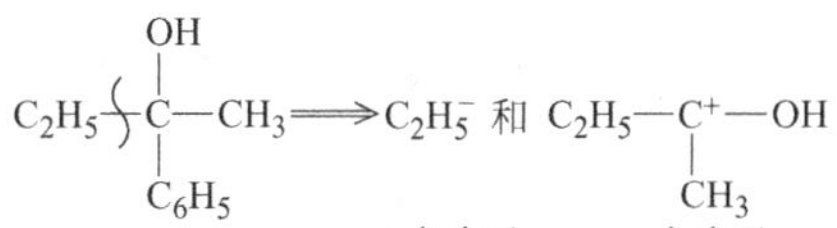

$$C_2H_5 \overset{\overset{\displaystyle OH}{|}}{\underset{\underset{\displaystyle C_6H_5}{|}}{C}} - CH_3 \Longrightarrow C_2H_5^- \text{ 和 } C_2H_5 - \overset{+}{C} - OH$$

d-合成子　　　　a-合成子

　　式中，d-合成子是作为碳负离子使用的结构单元，称电子供给体合成子；a-合成子是作为碳正离子使用的结构单元，称电子接受体合成子。为表示合成子中心碳原子与存在官能团之间的相对位置，可在"a"或"d"右上角标注不同的数字。若官能团本身所处的碳原子是活性的，则称为 d-或 a-合成子；若与官能团相邻的 C-2 原子是活性的，则称 d^2-或 a^2-合成子，以此类推。

合成等效剂是具有合成子作用的试剂，合成子 $C_2H_5^-$ 的等效剂是 C_2H_5MgX、C_2H_5Li 等试剂，R—OTs 则是 R^+ 的合成等效剂，常见合成子及其等效剂见表 15-1 和表 15-2。

表 15-1 常见的 d 合成子

代号	合成子	等价试剂	有关反应或试剂
d^0	CH_3S^-	CH_3SH	
d^1	$^-C{\equiv}N$	KCN	
	$H_2C^-{-}NO_2$	CH_3NO_2	$\xrightarrow{OH^-} H_2C{-}N{<}^O_O \longleftrightarrow CH_2{=}N{<}^{O^-}_O$
	$[R{-}C{<}^S_S]Li^+$	$R{-}CH{<}^S_S$	C_4H_9Li
	$(C_6H_5)_3P^+{-}C{<}^H_{OCH_3}$	$(C_6H_5)_3P^+{-}CH_2OCH_3$	C_4H_9Li
d^2	$H_2C^-{-}CHO$	CH_3CHO	OH^-
	$H_2C{=}CH{-}C{<}^O_{OC_2H_5}$	$CH_3COOC_2H_5$	微波（四氢呋喃）
d^3	$H_2\overset{3}{C}{-}CH_2{-}\overset{1}{C}{=}^2S$	$CH_2{=}CHCH_2SH$	$\xrightarrow{2C_4H_9Li}$
	$^-CH{-}CH_2$, COOR COOR	$CH_2{-}CH_2$, COOR COOR	$\xrightarrow{t\text{-}C_4H_9OK}$

表 15-2 常见的 a 合成子

代号	合成子	等 价 试 剂
a^0	烷基 a 合成子 R^+	RX（X=Cl,Br,I,对甲基苯磺酰基,OCH_3 等） $(RO)_3PO$,$(CH_3)_3S^+X^-$,$R^+AlCl_4^-$
a^1	$R{-}\overset{+}{C}H{-}R$（OH）	$R{-}C(=O){-}R'$，$R''S{-}\overset{OSiR''}{\underset{R'}{C}}{-}R$, $R{-}C(=O){-}X$ （X=Cl, OAc, SR',OR'）, $R'O{-}\overset{OR'}{\underset{OR'}{C}}{-}R$ $RCO+AlCl_4^-$
a^2	$\overset{+}{C}H_2{-}C(=O){-}CH_3$ $\overset{+}{C}H_2{-}C(OH){<}$	$X{-}CH_2{-}C(=O){-}CH_3$ $X{-}CH_2{-}C(OR)(OR)$ （X=Br,对甲基苯磺酰基,OCH_3等） $CH_2{=}C(NO_2){-} \longleftrightarrow {}^+CH_2{-}C(=NO_2^-)$ $X{-}C(OH)(CH){-} \longleftrightarrow X{-}C(-O-)(CH)$

续表

代号	合成子	等 价 试 剂
a³	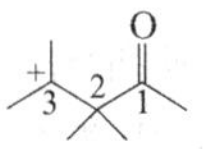 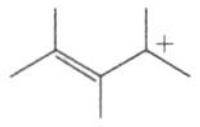	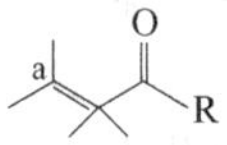 (R=H, OR), 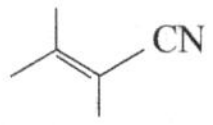 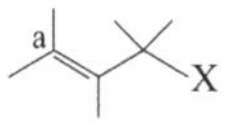 (X=Cl, Br, I,对甲基苯磺酰基等)

合成中间体是合成中的一个实际分子，含有完成合成反应所需官能团及控制因素，在某些场合，中间体与合成等效剂可以是同一化合物。

2. 逆向切断、逆向连接和逆向重排

这是逆向合成分析中改变目标分子骨架的重要方法。逆向切断是简化目标分子的基本方法，它是用切断化学键的方法将目标分子骨架剖析成不同性质的合成子，在被切断位置划一条曲线表示切断。例如：

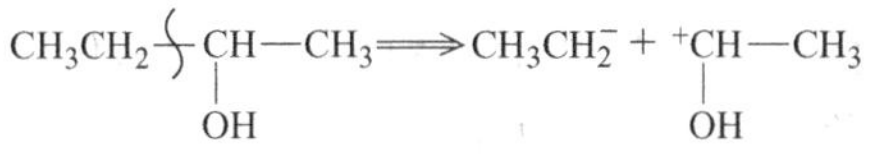

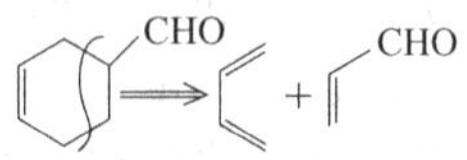

$$CH_3CH_2 \longmapsto CH—CH_3 \Longrightarrow CH_3CH_2^- + {}^+CH—CH_3$$
$$\qquad\qquad\quad OH \qquad\qquad\qquad\qquad\qquad\quad OH$$

逆向连接是将目标分子中两个适当的碳原子用新的化学键连接起来，它是实际合成中氧化断裂反应的逆向过程。例如：

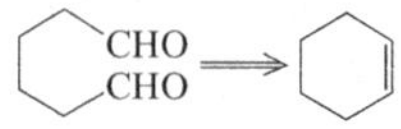

逆向重排是将目标分子的骨架拆开和重新组装，它是实际合成中重排反应的逆向过程。例如：

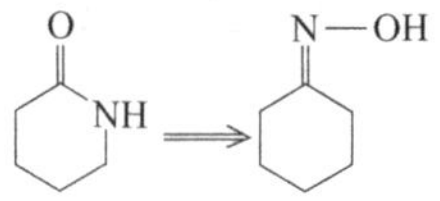

3. 逆向官能团变换

即在不改变目标分子基本骨架的前提下，变换官能团的性质或位置。逆向官能团变换有三种形式，即逆向官能团互换（简称 FGI）、逆向官能团添加（简称 FGA）和逆向官能团除去（简称 FGR）。

逆向官能转换仅变换官能团种类，而不改变其位置，例如：

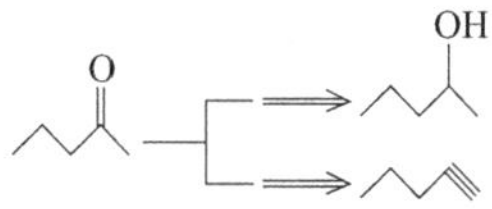

逆向官能团添加是在适当的位置添加合适的官能团。例如：

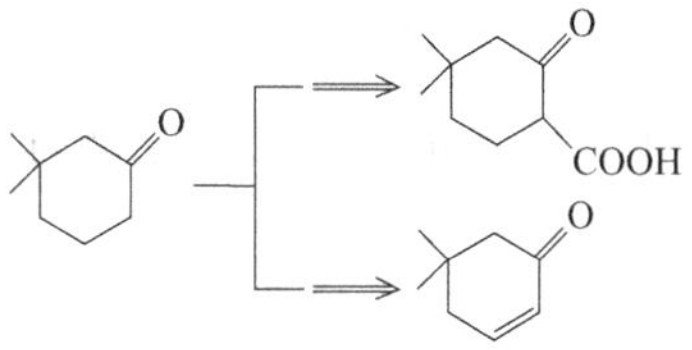

逆向官能团除去，简称 FGR，例如：

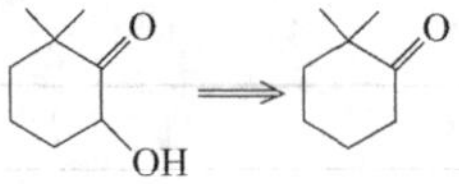

逆向官能团变换的目的，是将目标分子变换成更容易制备的替代目标分子；或为了进行逆向的切断、连接或重排等，或将目标分子上原来不适用的官能团变换成所需要的形式，或暂时添加某些必需的官能团；添加某些活化基、保护基或阻断基，以提高合成反应的选择性。

三、逆向合成的方法与步骤

首先根据目标分子的结构，运用有机化学的基本理论进行结构分析。然后运用逆向的切断、连接、重排和官能团的互换、添加、除去等方法，将目标分子拆成若干"碎片"，变换成若干中间体和原料。重复上述过程，直至将中间体变换、拆成价廉易得的合成等效剂为止。这种分析、推断可得出若干条可能的合成路线。对各条合成路线，从原料到目标分子，全面审查每步反应的可行性和选择性，在比较的基础上选定最好的合成方法和路线，然后在实验过程中验证，并不断完善设计的各步反应的条件、操作、收率和产率等，最后确立一条比较理想、符合实际需要的合成路线。

逆向合成分析应先分清分子主环与基本骨架、官能团与侧链，及其相互间结合情况，找出可切断的结合部位；其次考虑主环形成方法、基本骨架组合方式、官能团引入方法。如果目标分子是手性分子，还需考虑其立体构型和不对称合成问题。在逆向合成分析基础上，依次对目标分子或中间体进行逆向切断，逆向切断的"切断"是为了正向合成的"连接"。正确选择切断的价键，方能通过反应形成这一化学键。"切断"是手段，"合成"是目的。

1. 优先考虑骨架的形成

有机化合物由骨架和官能团两部分组成，合成的过程即骨架和官能团的变化过程。首先分析、思考骨架拟合成目标分子是由哪些"碎片"，通过碳碳成键或碳杂原子成键，一步一步连接起来的。若不先考虑骨架的形成，那么连接在它上面的官能团也就没有了归宿。考虑骨架的形成不能离开官能团，因为反应发生在官能团上，或由于官能团影响而产生的活性部位（如在羰基或双键的 α 位）上。因此，拟发生碳碳成键反应的碎片须有成键反应要求的官能团。

如设计 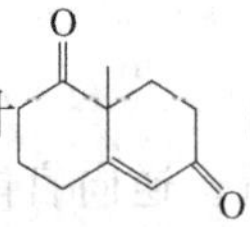 的合成路线。

分析：

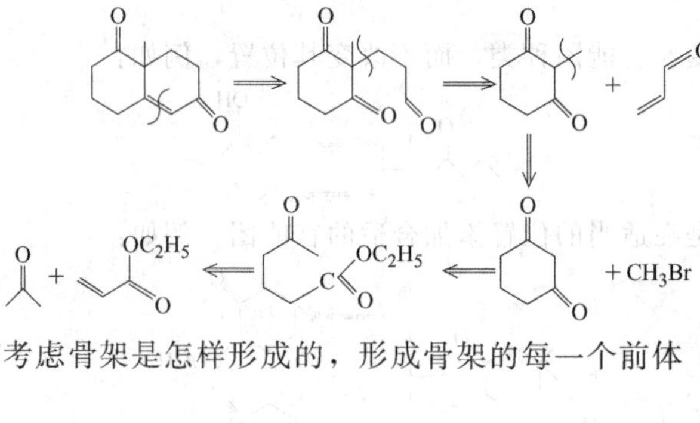

可见，首先应该考虑骨架是怎样形成的，形成骨架的每一个前体（碎片）是否带有合适的官能团。

2. 碳杂键先切断

一般，与杂原子相连的键不如碳碳键稳定，此键合成比较容易。一个复杂分子的合成，常将碳杂键的形成放在最后几步完成，这不仅避免碳杂键受早期反应的侵袭，而且可以选择较为温和的反应条件形成碳杂键，使已引入官能团免受伤害。合成方向后期形成的键，在逆向合成分析时应先行切断。

如设计目标分子 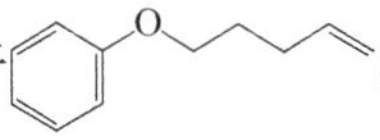 的合成路线。

分析：

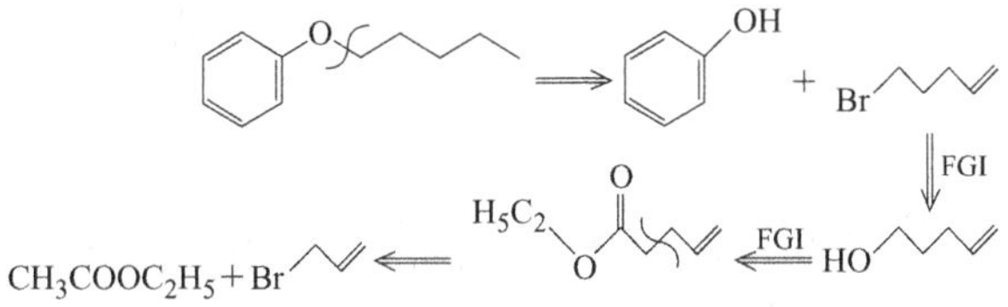

合成：

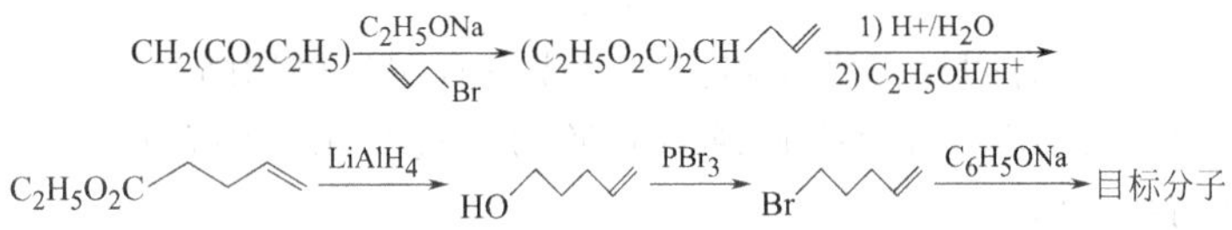

3. 目标分子活性部位先切断

目标分子中官能团部位和某些支链部位可先切断，这些部位是最活泼、也最易结合的地方。

如设计目标分子 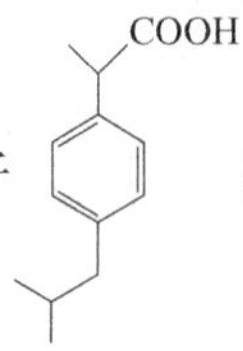 的合成路线。

分析：

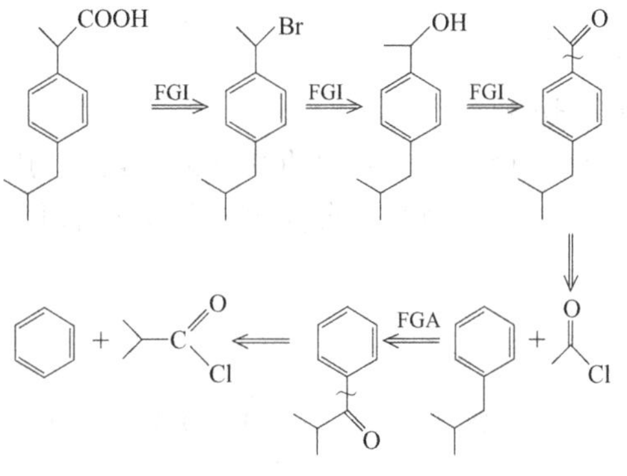

合成：

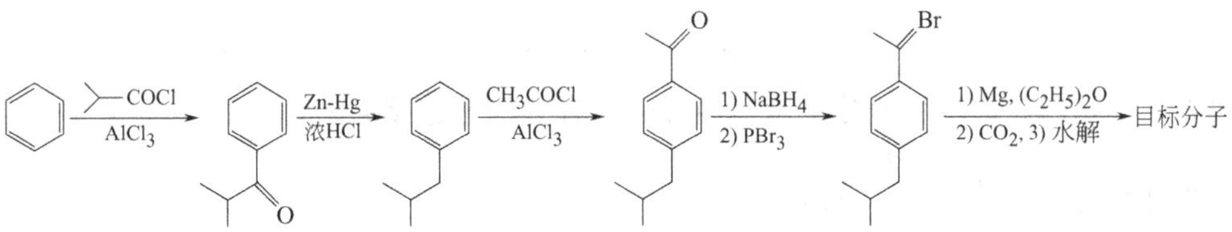

又如设计目标分子 $CH_3{-}CH{-}\underset{\underset{C_2H_5}{|}}{\overset{\overset{CH_3}{|}}{C}}{-}CH_2{-}OH$ 的合成路线。

分析：

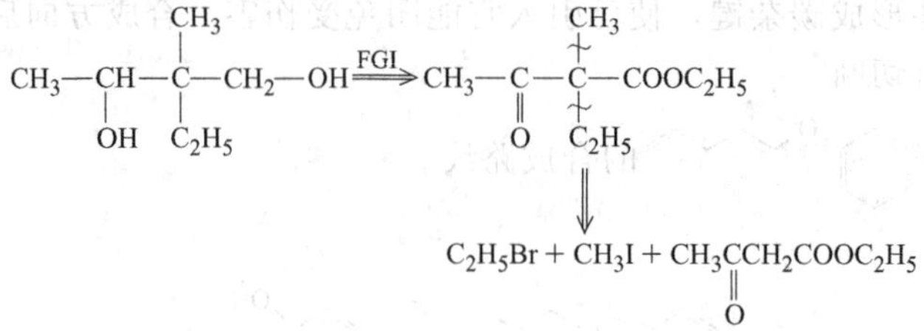

$$CH_3-CH-C-CH_2-OH \xrightarrow{FGI} CH_3-C-C-COOC_2H_5$$

$$C_2H_5Br + CH_3I + CH_3CCH_2COOC_2H_5$$

合成：

$$CH_3CCH_2COOC_2H_5 \xrightarrow[\text{2) C}_2\text{H}_5\text{Br}]{\text{1) C}_2\text{H}_5\text{ONa}} CH_3C-CH-COOC_2H_5 \xrightarrow[\text{2) CH}_3\text{I}]{\text{1) C}_2\text{H}_5\text{ONa}} CH_3C-C-CO_2C_2H_5 \xrightarrow[\text{2) H}_3\text{O}^+]{\text{1) LiAlH}_4} 目标分子$$

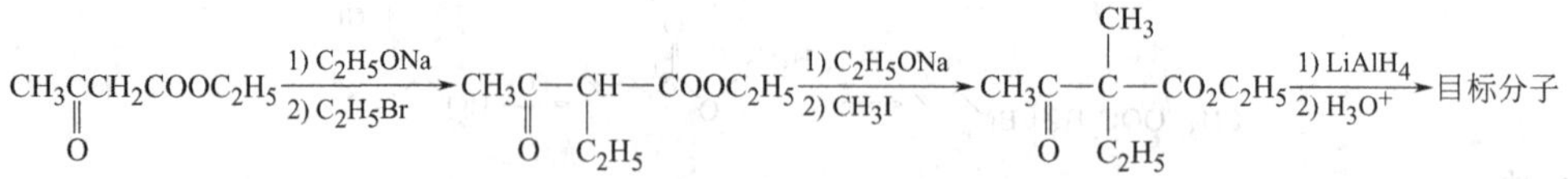

4. 添加辅助基团后切断

有些化合物结构上没有明显的官能团指路，或没有明显可切断的键，此时，可在分子的适当位置添加上某个官能团，以便找到逆向变换的位置及相应的合成子。不过在正向合成时，添加的这个官能团要容易除去。

如设计目标分子 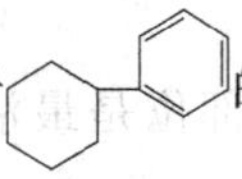 的合成路线。

分析：分子中无明显官能团可利用，但在环己基上添加双键可帮助切断。

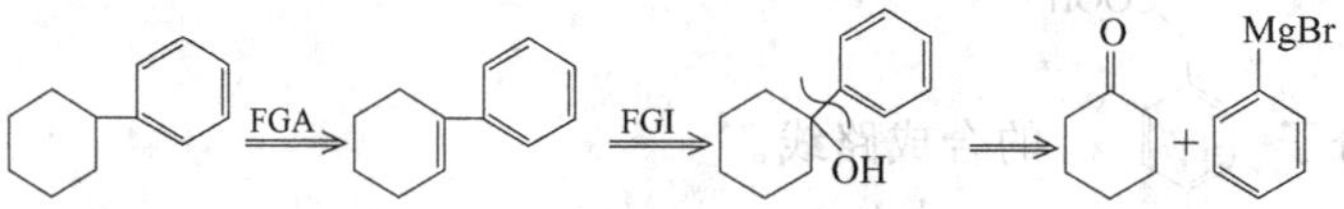

合成：

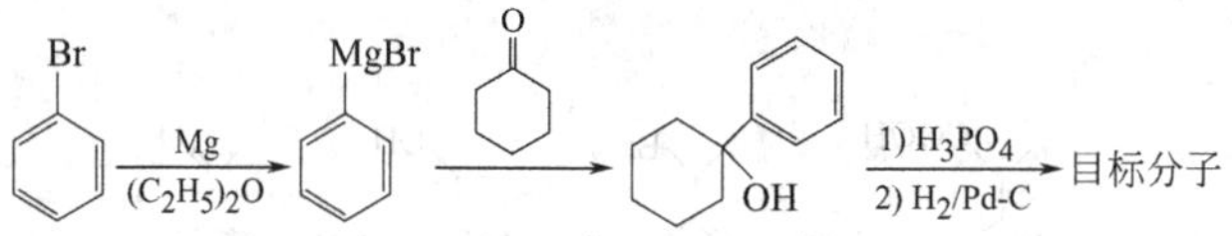

5. 先回推到适当阶段再切断

有些目标分子可直接切断，而有些却不可直接切断，或经切断后得到的合成子在正向合成时，无合适的方法连接。此时，应将目标分子回推至某一替代的目标分子，再进行切断。例如逆向合成：

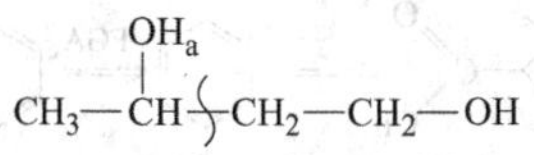

$$CH_3-\overset{\overset{OH_a}{|}}{CH}-CH_2-CH_2-OH$$

若从 a 处切断，所得两个合成子中—CH_2CH_2OH 无合成等效剂，如将目标分子变换成：

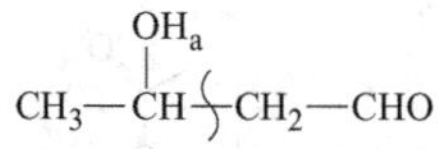

$$CH_3-\overset{\overset{OH_a}{|}}{CH}-CH_2-CHO$$

再在 a 处切断，即可由两分了乙醛经醇醛缩合方便地连接起来。

如设计目标分子 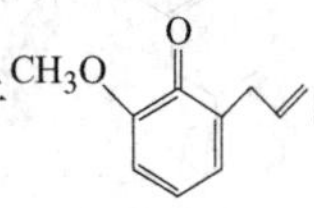 的合成路线。

分析：苯环上羟基邻位有一烯丙基，在加热情况下烯丙基可自氧原子迁移到羟基的邻位，得到邻烯丙基酚。因此，可将目标分子回推到 2-甲氧基酚烯丙基醚，然后再进行逆向切断。

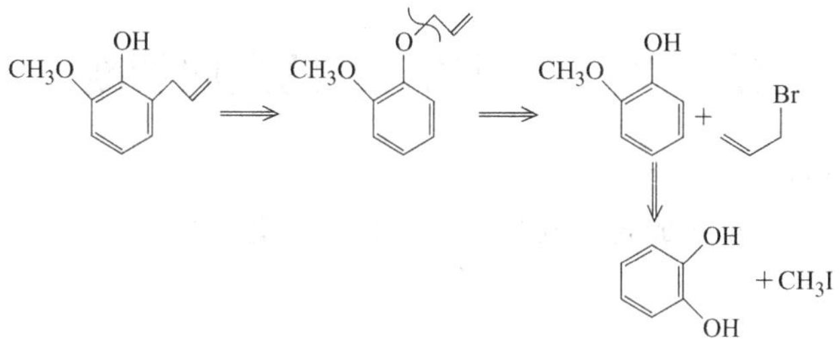

合成：

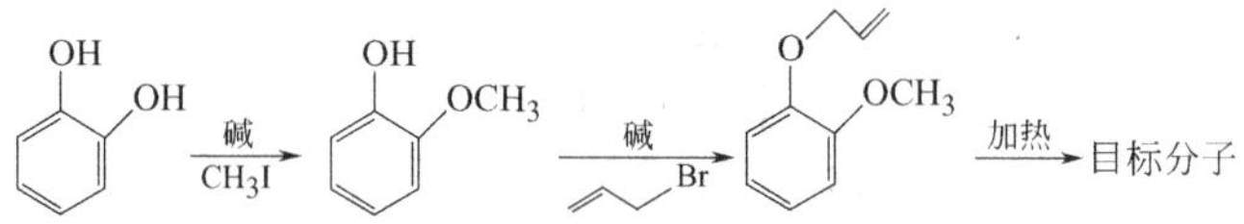

6. 利用分子的对称性

有些目标分子具有对称面或对称中心。利用分子的对称性可使分子结构中的相同部分同时接到分子骨架上，从而使合成问题得到简化。

如设计目标分子

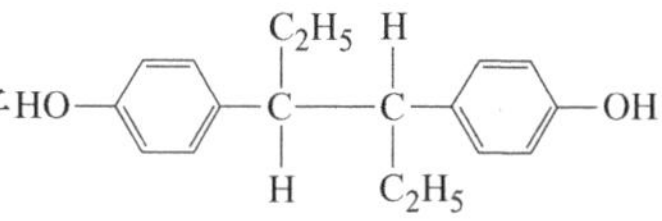

的合成路线。

分析：

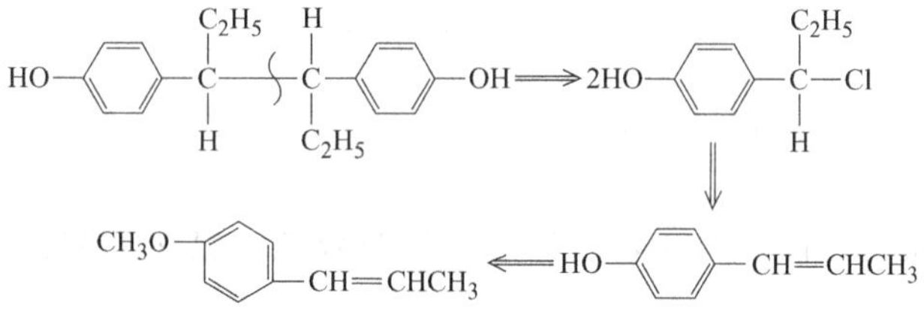

茴香脑
[以大茴香油(含茴香脑～80%)为原料]

合成：

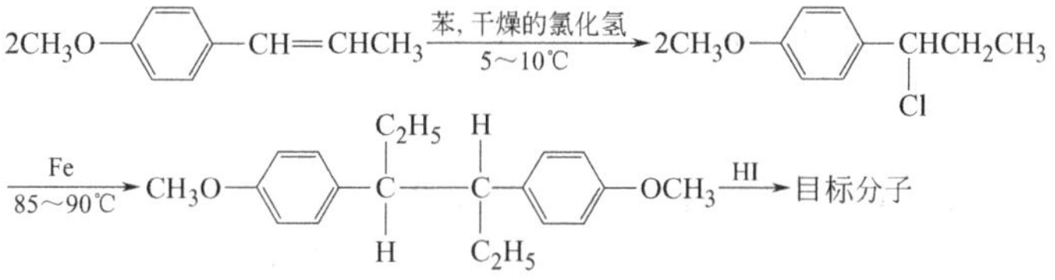

有些目标分子本身并不具有对称性，但是经过适当的变换和切断，即可得到对称的中间体，这些目标分子被认为是存在潜在的分子对称性。

如设计目标分子 $(CH_3)_2CHCH_2\overset{\overset{\textstyle O}{\|}}{C}CH_2CH_2CH(CH_3)_2$ 的合成路线。

分析：分子中羰基由炔烃与水加成而得，则可以推得一对称分子。

$$(CH_3)_2CHCH_2\overset{\overset{O}{\|}}{C}CH_2CH_2CH(CH_3)_2 \overset{FGI}{\Longrightarrow} (CH_3)_2CHCH_2 \big\{ C\equiv C \big\} CH_2CH(CH_3)_2 \Longrightarrow 2(CH_3)_2CHCH_2Br + HC\equiv CH$$

合成：

$$HC\equiv CH + 2(CH_3)_2CHCH_2Br \xrightarrow[\text{NaNH}_2/\text{液NH}_3]{} (CH_3)_2CHCH_2C\equiv CCH_2CH(CH_3)_2 \xrightarrow[\text{HgSO}_4]{\text{稀硫酸}} \text{目标分子}$$

第二节　典型化合物的逆向切断

一、醇的逆向切断

醇羟基通过反应可以转变成含有其他官能团的各类化合物。

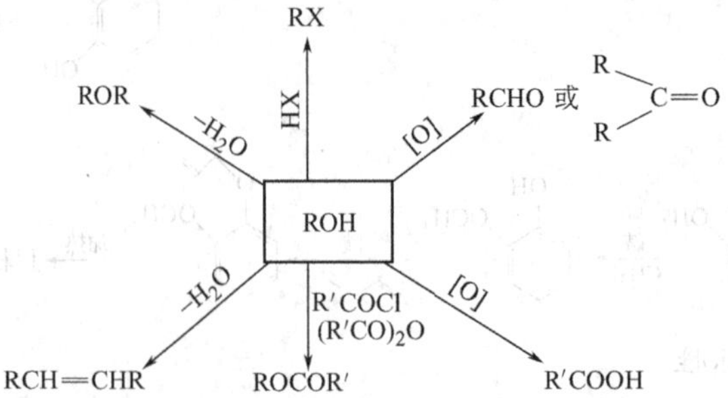

因此，在有机合成中可以先合成醇，再通过官能团互换，进而合成其他化合物。

如氰醇和炔醇的合成。

分析：

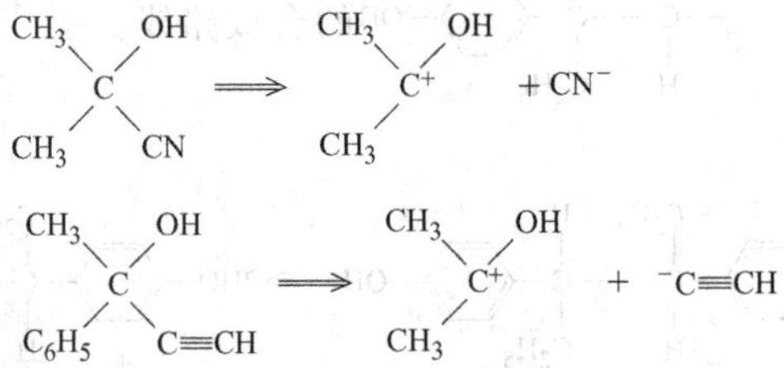

CH^-、$CH \equiv C^-$ 都是稳定的负离子，它们的合成等效剂是氰化钠和乙炔：

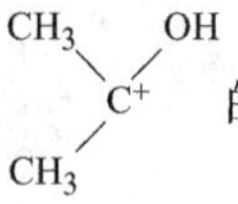

的合成

等效剂是丙醇。

合成：

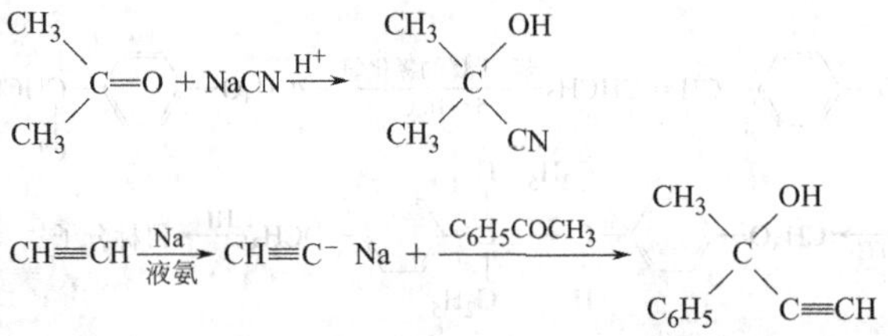

通常情况下，取代基很少能给出稳定的负离子，此时可使用负离子的合成等效剂。

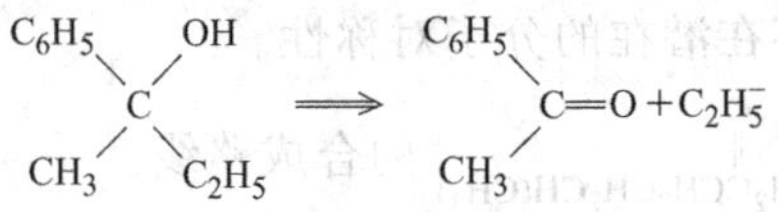

$C_2H_5^-$ 的合成等效剂是格氏试剂 C_2H_5MgBr 或 LiC_2H_5，碳锂键或碳镁键断裂电子归碳所有形成合成子 $C_2H_5^-$。

如果醇羟基碳上的基团有一个是氢原子，合成子 H^- 的等效剂是负氢离子的给予体，$NaBH_4$ 或 $LiAlH_4$。

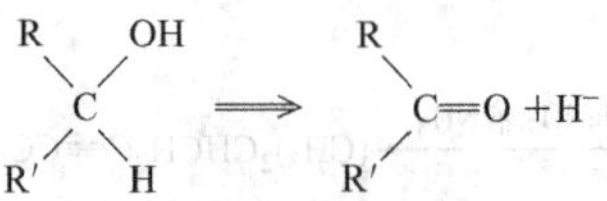

如设计目标分子 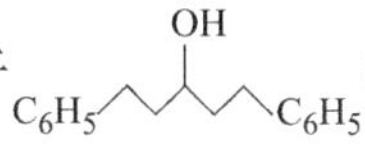 的合成路线。

分析：

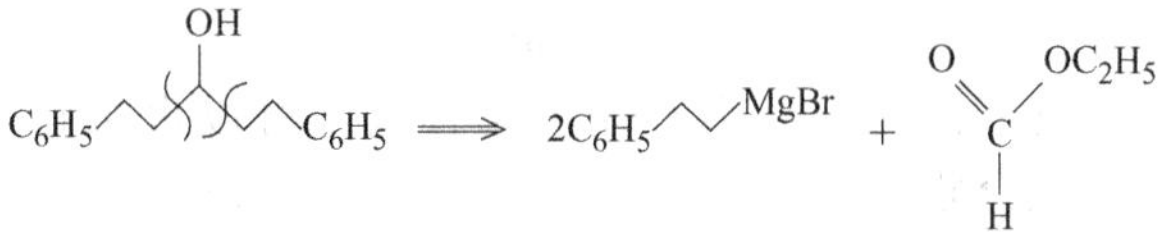

合成：

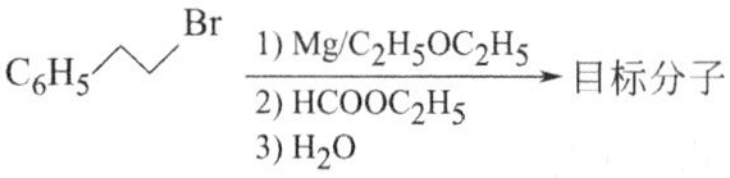

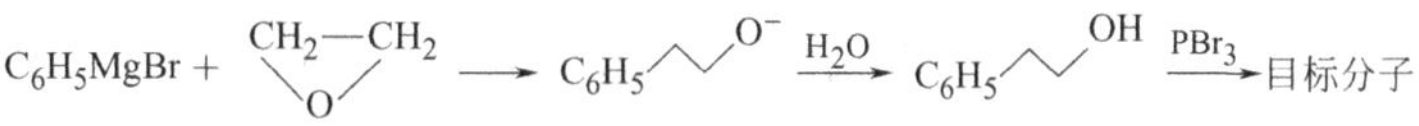

又如设计目标分子 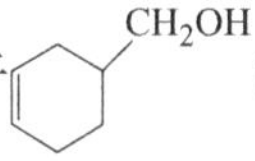 的合成路线。

分析：

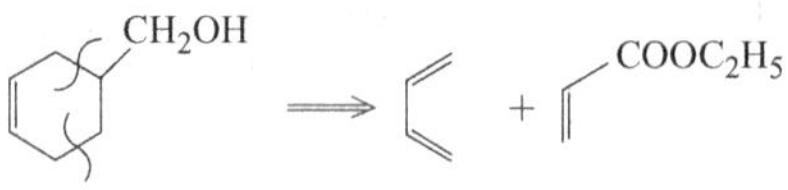

合成：

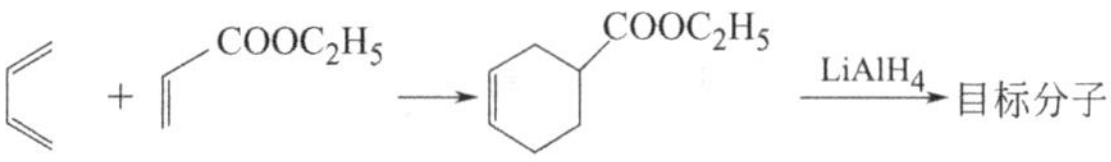

在合成醇衍生物时，一般先倒退到醇。

如设计目标分子 $C_6H_5 \diagup \diagup^{Br}$ 的合成路线。

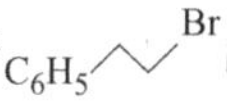

分析：

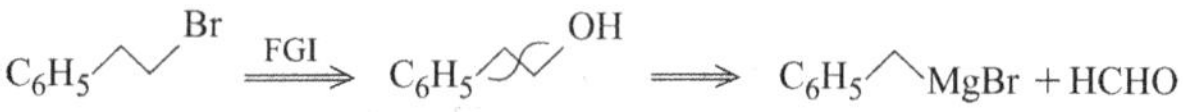

由于苄基格氏试剂容易产生自由基而引起聚合反应，故可采取另一种切断方法。

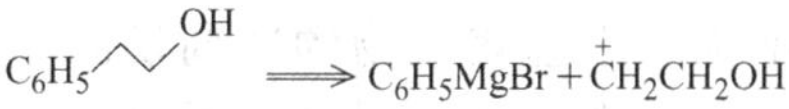

合成子 $\overset{+}{C}H_2CH_2OH$ 的合成等效剂为环氧乙烷。

合成：

又如设计目标分子 $\diagup \diagdown C_6H_5$ 的合成路线。

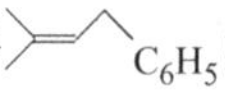

分析：先将目标分子倒退到醇，在双键处添加一羟基，有两种添加法。

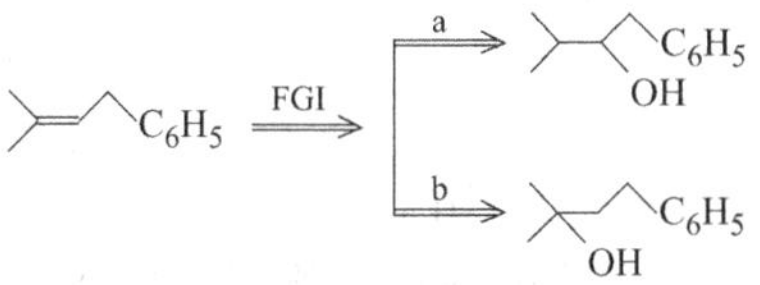

因醇脱水而制得烯烃。故有两条合成路线：

a.

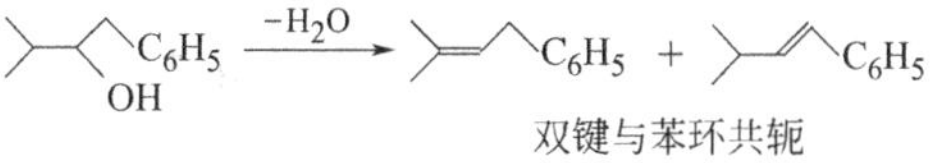

双键与苯环共轭

b.

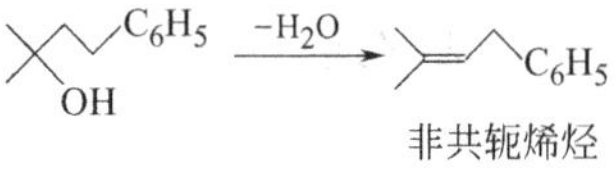

非共轭烯烃

显然，应选择 b 路线。

合成：

$$\diagdown C{=}O + BrMg\diagdown\diagdown C_6H_5 \longrightarrow \diagdown C(OH)\diagdown\diagdown C_6H_5 \xrightarrow{H_3PO_4} \diagdown C{=}\diagdown\diagdown C_6H_5$$

当目标分子完全没有官能团时，如饱和碳氢化合物，可以设想在某一合适点加一双键，此烯烃氢化即可得到烃类化合物，而此烯烃可倒退到醇。例如：

$$R_1\diagdown R_2 \xrightarrow{FGA} R_1\diagdown R_2 \xrightarrow{FGI} R_1\diagdown\underset{OH}{R_2} \Longrightarrow R_1CH_2MgBr + R_2CHO$$

如设计目标分子 的合成路线。

分析：

$$\xrightarrow{FGA} \quad \xrightarrow{FGA} \quad$$

$$\Longrightarrow \quad + CH_3COCl \Longleftarrow \quad + \quad \underset{CH_3}{\overset{CH_3}{|}}CHMgBr$$

合成：

$$+ CH_3COCl \xrightarrow{AlCl_3} \quad \xrightarrow{(CH_3)_2CHMgBr} \quad$$

$$\xrightarrow{H^+} \quad \xrightarrow{H_2-Pd/C} 目标分子$$

二、β-羟基羰基和 α,β-不饱和羰基化合物的逆向切断

当一个分子中含两个官能团时，切断方法最好是同时利用这两个官能团的相互关系。例如，下列化合物可看作是一个醇，并利用其和羰基的相互关系指导切断。

$$\underset{OH}{\overset{O}{}}\diagdown\diagdown\diagdown H \Longrightarrow \diagdown\diagdown\diagdown\overset{O}{H} + \underset{(b)}{\overset{O^-}{}}\diagdown H$$

(a)　　　(b)

负离子（b）恰好是羰基化合物（a）的烯醇负离子，（a）在弱碱下则转化成负离子（b），β-羟基羰基化合物由醇醛缩合而得。

$$\diagdown\diagdown\overset{O}{H} \xrightarrow{OH^-} \diagdown\diagdown\overset{O^-}{H} \xrightarrow{\diagdown\diagdown CHO} \diagdown\diagdown\underset{OH}{\diagdown}CHO$$

α,β-不饱和羰基化合物可由 β-羟基羰基化合物脱水得到。

$$\diagdown\diagdown\overset{O}{} \Longrightarrow \underset{OH}{\diagdown}\overset{O}{} \Longrightarrow \diagdown\overset{O}{H} + \diagdown\overset{O}{}$$

如设计目标分子 的合成路线。

分析：

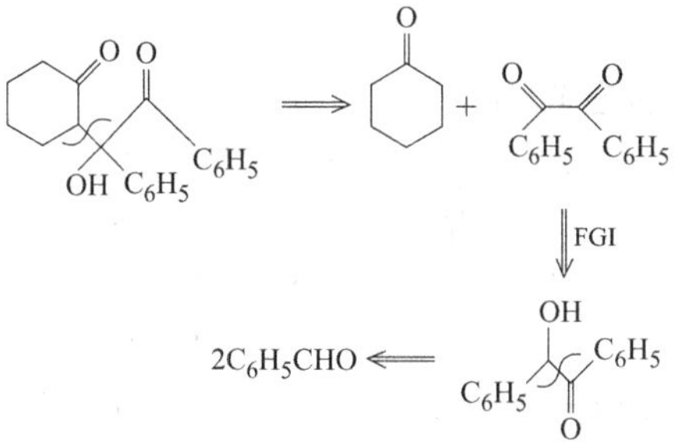

合成：

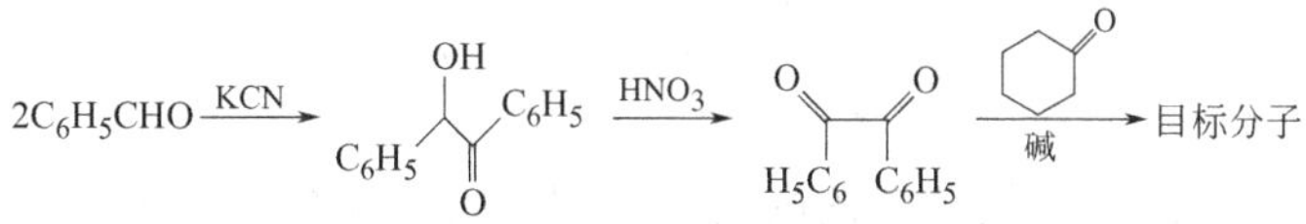

2mol 醛缩合，1mol 醛提供羰基，另 1mol 醛提供 α-活泼氢。故凡能使 α-氢活化的具有强吸电子基团的化合物，均适用于本反应。例如：

$$CH_3CH_2CH_2CHO + CH_3NO_2 \xrightarrow{KOH/H_2O} CH_3CH_2CH_2\underset{}{\overset{OH}{\overset{|}{C}}}H-CH_2NO_2$$

β-羟基醛或酮 α-氢活泼，脱水生成 α,β-不饱和羰基化合物。在浓氢氧化钠或氢氧化钾水溶液中，芳醛和含两个 α-氢原子脂肪醛或酮缩合，生成 α,β-不饱和醛和酮。在仲胺催化剂存在下，醛或酮与含有活泼亚甲基的丙二酸酯、氰乙酸酯、乙酰乙酸乙酯等脱水缩合，也生成 α,β-不饱和羰基化合物。

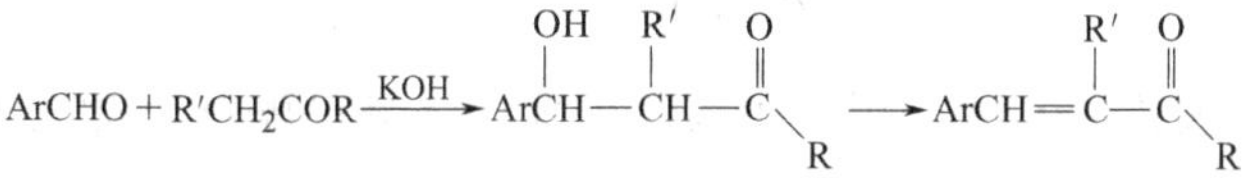

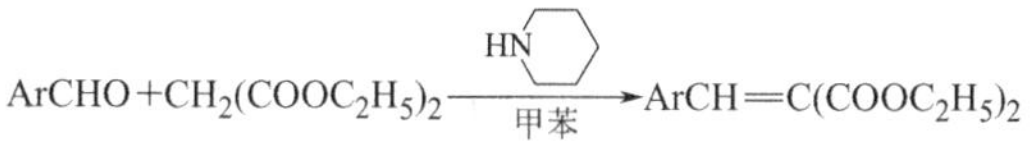

以上两类反应的共同特点是：

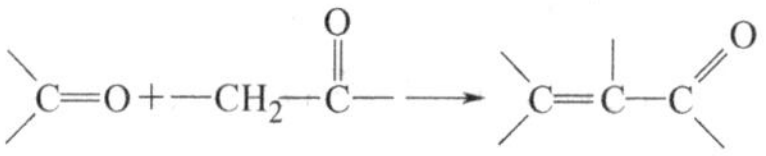

因此，α,β-不饱和羰基化合物可按如下方法切断拆开。

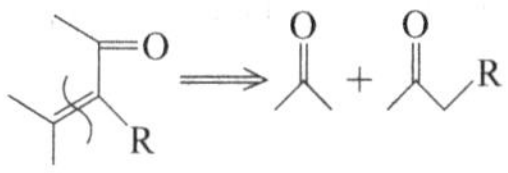

如设计目标分子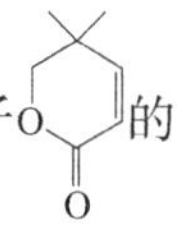的合成路线。

分析：目标分子是一个 α,β-不饱和内酯，打开内酯环，可得到 α,β-不饱和羰基化合物，而 γ-或 δ-羟基酸受热很容易形成内酯环。

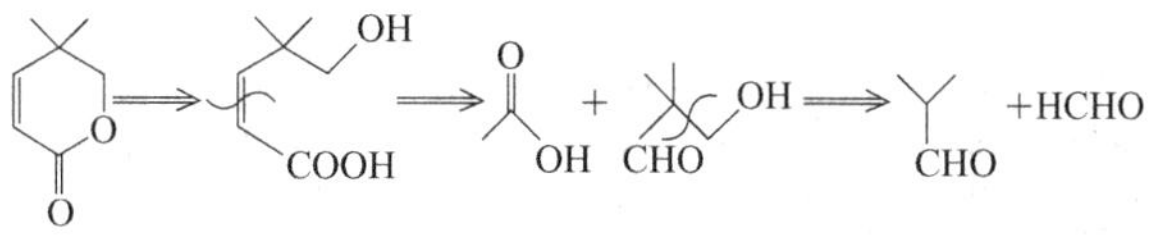

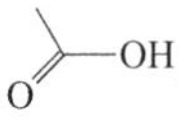的合成等效剂为丙二酸，最后环化和脱羧可同时发生。

合成：

$$\bigwedge_{CHO} \xrightarrow[K_2CO_3]{HCHO} OHC\text{-}\bigwedge\text{-}OH \xrightarrow[NH_3, C_2H_5OH]{CH_2(COOH)_2} 目标分子$$

三、1,4-二羰基化合物的逆向切断

1,4-二羰基化合物可由 α-卤代酮或 α-卤代羧酸酯与含有 α-活泼氢的羰基化合物作用而得。

$$R\text{-}\overset{O}{\overset{\|}{C}}\text{-}CH_2 \dashv CH_2\text{-}\overset{O}{\overset{\|}{C}}\text{-}R \Longrightarrow R\text{-}\overset{O}{\overset{\|}{C}}\text{-}\underset{COOC_2H_5}{CH_2} + R\overset{O}{\overset{\|}{C}}\text{-}CH_2\text{-}X$$

最简单的 1,4-二羰基化合物是丙酮基丙酮，若将它的结构中间切开，则得以 A 负离子和 B 正离子。

$$\underset{O}{\overset{O}{\bigvee}}\Longrightarrow \overset{O}{\overset{\|}{\bigvee}}^- + \overset{+}{\underset{O}{\bigvee}}$$
$$\qquad\qquad A \qquad B$$

A 负离子是合成中提供 α-氢的亲核试剂，丁酮酸酯是其合成等效剂；B 正离子是一个亲电试剂，α-溴代丙酮是其合成等效剂。合成反应如下：

$$CH_3CCH_2CO_2C_2H_5 \xrightarrow[2) BrCH_2COCH_3]{1) C_2H_5ONa} CH_3\text{-}\overset{O}{\overset{\|}{C}}\text{-}\underset{CHCOOC_2H_5}{\overset{CH_2COCH_3}{|}} \xrightarrow[2) H^+]{1) 稀KOH} \underset{O}{\overset{O}{\bigvee}}$$

如果含 α 活泼氢的羰基化合物是普通的醛、酮，在醇钠作用下与 α-卤代酸酯，发生达村斯缩合反应，得到 α,β-环氧酸酯，例如：

$$\underset{}{\overset{O}{\bigcirc}} + Br\text{-}\bigwedge\text{-}COOC_2H_5 \xrightarrow{CH_3ONa} \overset{O}{\bigcirc}\overset{COOC_2H_5}{\triangle}$$

若要使环己酮与溴乙酸乙酯作用，生成所需要的 α-环己酮基乙酸乙酯，必须将其转变成它的烯胺，即 α,β-不饱和胺。

$$\underset{H^+}{\overset{O}{\bigcirc}}\text{ } \longrightarrow \overset{N}{\bigcirc}\text{ }\xrightarrow[甲醇回流]{BrCH_2COOC_2H_5}\overset{N^+}{\bigcirc}{}^{CH_2COOC_2H_5}\xrightarrow[\triangle]{H_2O}\overset{CH_2CO\text{-}OC_2H_5}{\bigcirc}{}_O$$

烯胺是非常有用的有机合成中间体，由于烯胺 β-碳原子上有负电荷可为亲核试剂，故可与烷基卤、酰基卤及亲电的烯烃反应。

烯胺的制备常用含 α-氢的醛或酮与仲胺缩合。酮，一般直接生成烯胺；醛，先生成缩醛 N-类似物，蒸馏时转变成烯胺。醛衍生的烯胺，不如由酮衍生的烯胺稳定；醛、酮与无环仲胺生成的烯胺不及与环状仲胺生成的稳定。常用环状仲胺有吡咯、哌啶和吗啉。

如设计目标分子 $\overset{}{\bigcirc\!\!\bigcirc}$=O 的合成路线。

分析：

$$\overset{}{\bigcirc\!\!\bigcirc}\text{=}O \Longrightarrow \overset{O}{\bigcirc}\overset{O}{\cdots} \Longrightarrow \overset{O}{\bigcirc} + Br\overset{}{\bigwedge}{}_O$$

合成：

$$\underset{H^+}{\overset{O}{\bigcirc}}\text{ }\xrightarrow{}\overset{N}{\bigcirc}\xrightarrow[2)\ H^+/H_2O]{1)\ \overset{O}{\bigwedge}Br}\overset{O}{\bigcirc}\overset{}{\underset{O}{\bigwedge}}\xrightarrow{碱}目标分子$$

此外，还有 1,3-、1,5-及 1,6-二羰基化合物的逆向切断可参考有关资料。

第三节 导向基和保护基

为使合成反应在反应物分子预定位置发生，常在反应物分子上引入一个控制单元，这个控制单元称为导向基；如果反应物分子中有几个官能团的活性类似，若给定反应试剂进攻其中一个官能团是困难的，可先在不需要进行反应的官能团上暂时引入保护性基团使之钝化。这个暂引入的基团称为保护基。对于导向基和保护基，除要求具有特定的导向和保护作用外，还要求既能容易引入，又能方便除去。导向基和保护基在有机合成中的运用对于按预定路线合成目标分子有着重要的作用。

一、导向基及其应用

导向基也称为控制基，其作用是将反应导向在指定的位置。例如，间溴甲苯的合成。

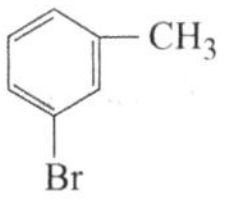

显然，甲苯是合成间溴甲苯的起始原料，甲基是邻对位定位基，甲苯溴化是得不到间溴甲苯的，在甲苯的对位上暂时引入一个强的邻、对位定位基如氨基，使溴进入其邻位，待溴化反应完成后，再将氨基除去。即

引入　　　　　　—H $\longrightarrow$ —NO$_2$ $\longrightarrow$ —NH$_2$

除去　　　　　　—NH$_2$ $\longrightarrow$ —N$_2^+$HSO$_4^-$ $\longrightarrow$ —H

然而氨基是个很强的邻、对位定位基，在芳环上的亲电取代反应中容易生成二取代物。合成要求在芳环上氨基的邻位引入一个溴原子，故氨基需要控制其活化效应。方法是在氨基的氮原子上引入乙酰基，酰化后的氨基仍是个邻、对位定位基，但其邻、对位定位效应降低了。间溴甲苯的合成路线如下：

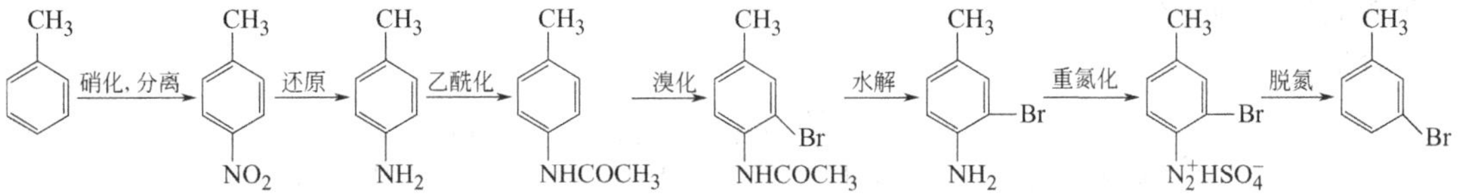

间溴甲苯合成中，氨基和乙酰氨基都是导向基。根据导向基的作用，分为三种形式。

1. 活化导向

这是应用最多的导向形式，即在分子中引入活化基，活化特定位置。

如设计目标分子的合成路线。

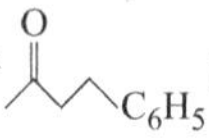

分析：

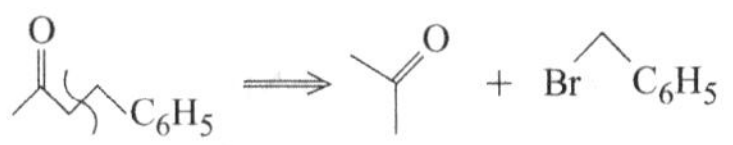

若以丙酮为原料，由于丙酮羰基两侧的α-氢的活泼性相同，反应中将会产生对称的二苄基丙酮等副产物。

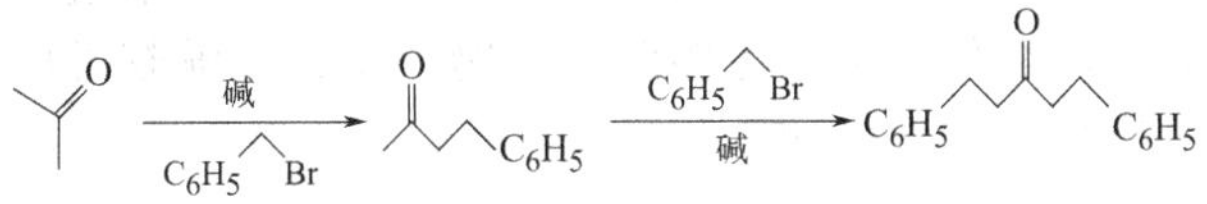

解决的办法是引入乙酯基，使羰基两旁的α-碳上氢原子的活性有较大的差异。所以合成所用原料是乙酰乙酸乙酯，而不是丙酮。待引入苄基后，再将酯水解成酸，利用β-酮酸易于脱羧的特性将活化基去掉。

合成：

$$\text{(反应式图)} \xrightarrow{C_2H_5ONa} \text{(ONa, COOC}_2\text{H}_5\text{)} \xrightarrow{C_6H_5\text{—Br}} \text{(C}_6\text{H}_5, \text{COOC}_2\text{H}_5\text{)} \xrightarrow{\text{稀KOH}} \text{(C}_6\text{H}_5, \text{COOK)} \xrightarrow[\triangle]{H^+} \text{目标分子}$$

又如设计目标分子 （环己烯基—COOH结构） 的合成路线。

分析：

$$\text{(环己烯基—COOH)} \Longrightarrow \text{(环己烯基—Br)} + CH_3COOH$$

若按上述逆向切断所得的合成子乙酸的 α-氢不够活泼，为使烷基化在 α-碳上发生，需要引入乙酯基使 α-氢活化。于是，用丙二酸二乙酯为原料。反应完成后将酯基水解成羧基，再利用两个羧基连在同一碳上受热容易脱去 CO_2 的特性将活化基除去。

合成：

$$\begin{array}{c}\text{COOC}_2\text{H}_5\\ CH_2\\ \text{COOC}_2\text{H}_5\end{array} \Longrightarrow \begin{array}{c}\text{COOC}_2\text{H}_5\\ CH\\ \text{C—OH}\\ \text{OC}_2\text{H}_5\end{array} \xrightarrow{C_2H_5ONa} \begin{array}{c}\text{COOC}_2\text{H}_5\\ CH\text{—ONa}\\ \text{C}\\ \text{OC}_2\text{H}_5\end{array} \xrightarrow{\text{(环己烯基}CH_2Br)} \text{(产物)} \xrightarrow[\triangle]{\text{水解}} \text{目标分子}$$

再如设计目标分子 （环己酮基结构） 的合成路线。

分析：

$$\text{(环己酮基—烯丙基)} \Longrightarrow \text{(环己酮)} + Br\text{—}\text{(烯丙基)}$$

可以预料，当 α-甲基环己酮与烯丙基溴作用时，会生成混合产物，所以可以引入甲酰基活化导向控制反应的进行。

合成：

$$\text{(甲基环己酮)} + HCOOCH_3 \xrightarrow{CH_3ONa} \text{(环己酮-CHO)} \xrightarrow{Br\text{—}\text{(烯丙基)}} \text{(产物-CHO)} \xrightarrow{OH^-} \text{目标分子}$$

2. 钝化导向

活化可以导向，钝化也可以导向。例如，间溴甲苯的合成，为避免生成双溴取代产物，必须将氨基的活化效应降低，通过在氨基上引入乙酰基而达到单溴取代目的，即钝化氨基的作用。溴化后，通过水解除去乙酰基，得到目标分子。

如设计目标分子 $C_6H_5NH\text{—}\text{(基团)}$ 的合成路线。

分析：

$$C_6H_5NH\text{—}\text{(基团)} \Longrightarrow C_6H_5NH_2 + Br\text{—}\text{(基团)}$$

目标分子若按上述切断法切断，效果不好，因为产物比原料的亲核性更强，不能防止多烷基化反应的发生。

$$C_6H_5NH_2 \xrightarrow{RBr} C_6H_5NHR \xrightarrow{RBr} C_6H_5NR_2 \longrightarrow \text{季铵盐}$$

解决的办法是利用胺的酰化不会产生多酰化合物，得到的酰胺可用氢化铝锂还原为所需要的胺。所以目标分子应按下述逆推切断。

分析：

$$C_6H_5NH\text{—}\text{(基团)} \xrightarrow{FGA} C_6H_5NH\text{—}\overset{O}{\underset{}{C}}\text{—}\text{(基团)} \Longrightarrow C_6H_5NH_2 + \overset{}{\underset{O}{Cl\text{—}C}}$$

合成：

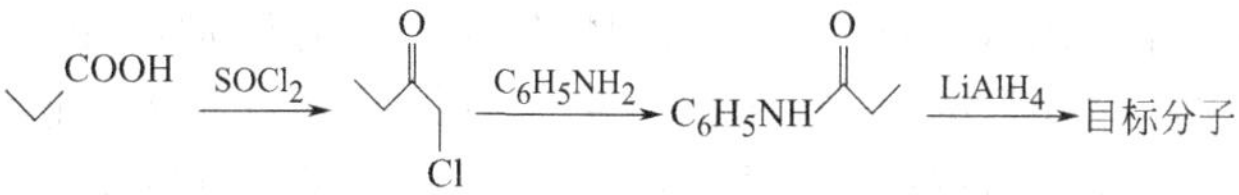

3. 封闭特定位置进行导向

对同一反应，有些反应物存在若干个活性部位，可引入基团将其中部分活性部位封闭起来，以阻止不需要的反应发生，这些基团称作阻断基。阻断基可在预定反应完成后再将其除去。苯环上亲电取代反应中，常引入磺酸基、羧基、叔丁基等作为阻断基。

如设计目标分子 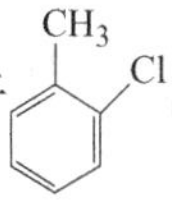 的合成路线。

分析：甲苯氯化时生成邻氯甲苯和对氯甲苯的混合物，它们的沸点相近（分别为 159℃ 和 162℃），分离困难。为此，合成时可先将甲苯磺化，将对位封闭起来，然后氯化，氯原子只能进入邻位，最后水解，脱去磺酸基，就可以得到纯净的邻氯甲苯。

合成：

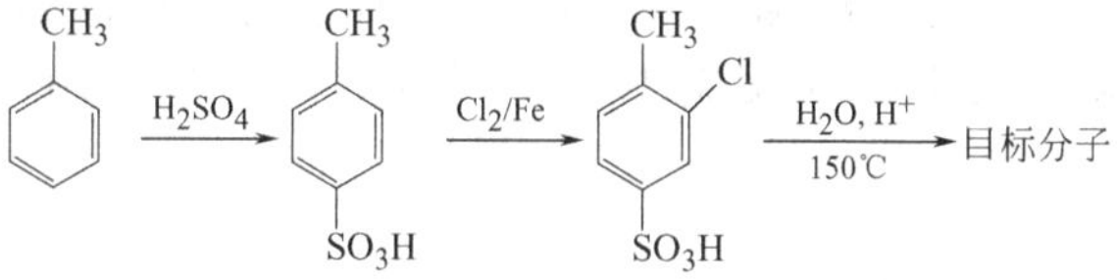

又如设计 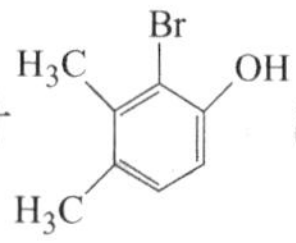 的合成路线。

分析：

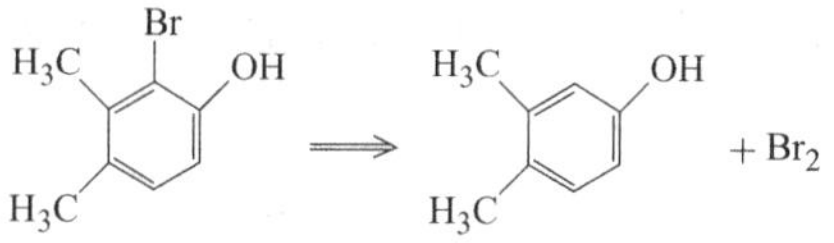

3,4-二甲基苯酚的羟基有两个邻位，其 6-位比 2-位更容易发生溴化反应，而合成要求在 2-位上引入溴原子。为此，可用羧基将 6-位封闭起来，再进行溴化。

合成：

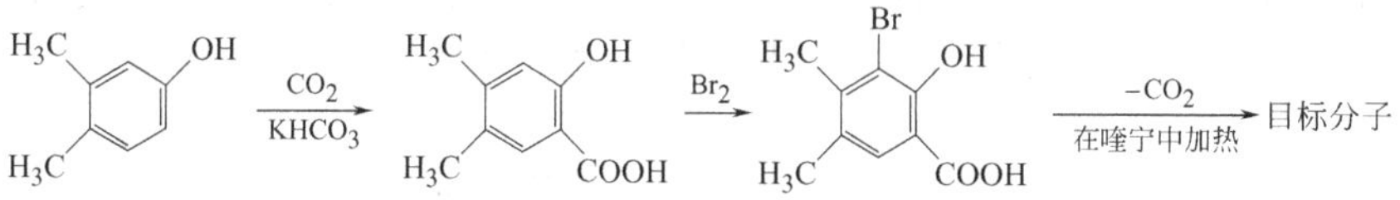

再如设计目标分子 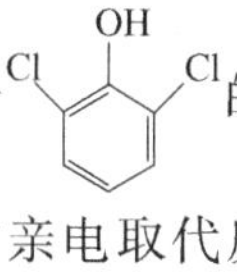 的合成路线。

分析：在苯环上的亲电取代反应中，羟基是邻、对位定位基。要在羟基的两个邻位上引入氯原子，需要事先将羟基的对位封闭起来。以空间位阻较大的叔丁基为阻断基，不仅可以阻断其所在的部位，而且还能封闭其左右两侧，同时它还容易从苯环上除去而不影响环上的其他基团。

合成：

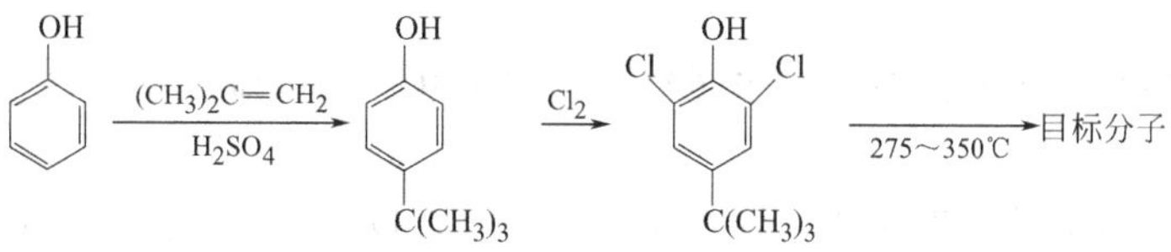

二、保护基及其应用

在多官能团化合物合成中，假如与某官能团进行反应的试剂能影响到另外的官能团时，办法是将不希望反应的官能团选择性地保护起来，使其形成衍生物，这种衍生物在即将进行的反应条件下是稳定的。待某官能团与试剂反应后，再将保护基除去。作为保护基需具备下列要求：

① 选择性保护不同的官能团；

② 引入、除去保护基的反应简单，产率高，不影响其他官能团；

③ 可经受必要的、尽可能多的试剂的作用，反应条件下形成的衍生物稳定。

一个合适的保护基对于合成的成败至关重要。不同的化合物，其保护的理由不同，保护的方法也不相同。

1. 羟基的保护

醇易被氧化、酰化和卤化，仲醇和叔醇还容易脱水。因此，在欲保留羟基的反应中，需将醇类转变成醚类、缩醛或缩酮类，以及酯类。醇羟基转变成醚类的主要形式有甲醚、叔丁醚、苄醚和三苯基甲醚等。

醇与酰卤、酸酐作用形成羧酸酯，或与氯甲酸酯作用形成碳酸酯是保护羟基常用的方法。此法可使醇在酸性或中性的反应中不受影响，保护基可用碱性水解的方法除去。例如：

$$ROH \xrightarrow[\text{吡啶}]{(CH_3CO)_2O} RO-\overset{\displaystyle O}{\overset{\|}{C}}-CH_3 \xrightarrow[\text{或NH}_3/CH_3OH]{\text{碱/水}} ROH$$

$$ROH + Cl_3CCH_2OCOCl \xrightarrow{C_5H_5N} Cl_3CCH_2OCOOR \xrightarrow{Zn,\ CH_3COOH} HOR$$

2,3-二氢-4H-吡喃 (⟨图⟩) 能与醇类起酸催化加成，生成四氢呋喃醚，转变成缩醛或缩酮。

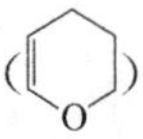

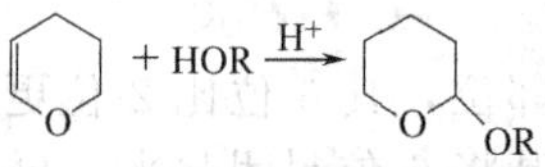

$$⟨图⟩ + HOR \xrightarrow{H^+} ⟨图⟩OR$$

四氢呋喃醚的缩醛类对强碱、格氏试剂、烷基锂、氢化锂铝、烷基化和酰基化试剂是稳定的，但在温和条件下即能进行酸催化水解。因此不能用于在酸性条件下的反应。

对于 1,2- 及 1,3-二醇的保护常制备成环状衍生物，如环缩醛、环缩酮。

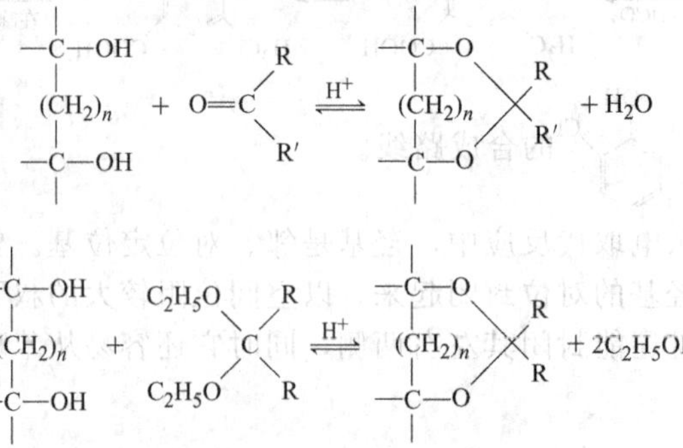

$$n=0,1$$

酚羟基和醇羟基有相似性质，用于醇羟基的保护基，也可应用于酚羟基。

2. 氨基的保护

胺类化合物的氨基易发生氧化、烷基化、酰基化，以及与醛、酮的缩合反应。氨基保护可阻止这些反应。氨基质子化是氨基保护最简单的方法。

$$>N-H \xrightarrow{H^+} \overset{H}{\underset{}{>}}\overset{+}{N}-H \xrightarrow{OH^-} >N-H$$

氨基完全质子化只适用于防止氨基的氧化。例如：

$$\underset{\underset{NH_2}{|}}{RCHCH_2OH} \xrightarrow[\text{稀硫酸}]{KMnO_4} \underset{\underset{NH_2}{|}}{RCHCH_2COOH}$$

将胺转变成取代的酰胺是一个简便而应用广泛的氨基保护法。一般，伯胺的单酰基化已是以保护氨基，使其在氧化、烷基化中保持不变，保护基可在酸性或碱性条件下水解除去。例如：

$$NH_2-CH_2CH_2CHO \xrightarrow{(CH_3CO)_2O} CH_3CONHCH_2CH_2CHO \xrightarrow{KMnO_4}$$

$$CH_3CONHCH_2CH_2COOH \xrightarrow{\text{水解}} NH_2CH_2CH_2COOH$$

胺类与二元羧酸生成的环状双酰衍生物非常稳定，能提供更安全的保护。丁二酸酐、邻苯二甲酸酐等是常用酰化剂。保护氨基所用烷基主要是苄基和三苯甲基。三苯甲基的空间效应保护作用很好，且易脱除。

3. 羰基的保护

醛、酮羰基可发生氧化、还原、加成反应。醛、酮羰基的保护有许多方法，最重要的是形成缩醛和缩酮。

酸催化下，醛或活泼（无位阻）酮与醇或与原甲酸酯或与低沸点的酮反应，得二烷基缩醛和缩酮。

$$\underset{R'}{\overset{R}{>}}C=O + HC(OCH_3)_3 \xrightarrow{H^+} \underset{R'}{\overset{R}{>}}C\underset{OCH_3}{\overset{OCH_3}{<}} + H\overset{O}{\overset{||}{C}}OCH_3$$

$$\underset{R'}{\overset{R}{>}}C=O + \underset{CH_3}{\overset{CH_3}{>}}C\underset{OCH_3}{\overset{OCH_3}{<}} \xrightarrow{H^+} \underset{R'}{\overset{R}{>}}C\underset{OCH_3}{\overset{OCH_3}{<}} + CH_3COCH_3$$

2,2-二甲氧基丙烷

形成缩醛、缩酮的难易次序大致是：脂肪醛＞芳香醛＞烷基酮及环己酮＞环戊酮＞α,β-不饱和酮＞α,α-二取代酮＞芳香酮。缩醛或缩酮可在酸性条件下水解。

$$>C=O \xrightarrow[\text{酸性离子交换树脂}]{CH_3OH(\text{或}C_2H_5OH)} >C\underset{OCH_3}{\overset{OCH_3}{<}} \xrightarrow[\triangle]{H^+,H_2O} >C=O$$

羰基化合物在酸作用下与乙二醇反应，使用恒沸剂恒沸脱水形成1,3-二氧戊环化合物。

$$\underset{R}{\overset{R}{>}}C=O + \underset{HO-CH_2}{\overset{HO-CH_2}{|}} \xrightarrow{H^+} \underset{R}{\overset{R}{>}}C\underset{O-CH_2}{\overset{O-CH_2}{<}}\underset{}{|} + H_2O$$

第四节　合成路线的评价标准

一、反应步数与总收率

一条合成路线由若干步反应所组成。反应总步数是由起始原料出发至合成目的产品所需反应步数之和，各步反应收率的乘积为总收率。合成路线反应步数的多少（即合成路线的长短），直接关系合成的总收率。反应的总步数和总收率是衡量合成路线优劣的直接方法。反应步数与总收率的关系见表15-3。

表 15-3　反应步数与总收率的关系

每步反应的平均收率/%	总收率/%		
	3 步反应	5 步反应	15 步反应
50	3.1	0.1	0.003
70	16.3	2.3	0.5
90	59.2	35.4	21.1

由表可见，若各步反应收率相同，反应步数越多，总收率越低。总收率越低，原材料单耗越高，成本也越高。反应步数增加，操作步骤繁杂，反应周期长。若减少合成反应步数，可节省原材料，简化操作，降低成本。提高每步反应收率，总收率随之提高。

各步反应的排列方式直接影响总收率。如化合物 ABCDEF 有两种合成路线。一条以 A 为起始原料，经五步合成目的产物 ABCDEF，排列方式采取连续法：

$$A \xrightarrow{B} AB \xrightarrow{C} ABC \xrightarrow{D} ABCD \xrightarrow{E} ABCDE \xrightarrow{F} ABCDEF$$

若每步收率 90%，总收率则为 $(90\%)^5$，即 59%。

另一条合成路线，各步反应的排列方式采取平行法：

$$\begin{array}{l} A \xrightarrow{B} AB \xrightarrow{C} ABC \\ D \xrightarrow{E} DE \xrightarrow{F} DEF \end{array} \Bigg\} \longrightarrow ABCDEF$$

此种排列方式仍是五步反应，其中三步反应是连续的，如每步反应仍为 90%，总收率 $= (90\%)^3 = 73\%$。

显然，合成路线的平行法排列优于连续法排列，故要提高总收率，就要减少连续反应的步数。

二、原料、试剂及中间体

没有稳定的原材料供应，不可能组织正常生产。因此须考虑合成所用各种原料、试剂的利用率、价格和供应。

所谓原料和试剂利用率，指分子骨架和官能团的利用程度，主要取决于原料结构、性质及所进行的反应。要求所用原料种类尽可能少，利用率尽可能高。

原料和试剂的价格，直接影响产品成本。拟选用合成路线应根据操作方法，列出原料和试剂的名称、规格、单价，计算单耗、成本和总成本，以资比较。

原料和试剂的供应和贮运问题，特别是产量较大的品种，必须考虑。有些原料一时得不到供应，应自行生产。

原料及试剂的性质、规格、供应情况和生产厂家，可从各种化工原料和试剂的目录和手册中查阅。

中间体的稳定性及分离纯化的难易程度，关系着合成计划的成败。合成路线中，若有一或两个不太稳定的中间体，目标分子的合成很难成功。所以，选择合成路线，应尽量少用或不用对空气、水汽敏感或分离提纯繁杂、损失较大的中间体合成。要求中间体化学性质较稳定，易分离，以适应处理时间、操作条件的要求。如果市场有可供使用的中间体，可选购以减少合成步骤。

三、安全生产及环境保护

从安全生产及环境保护出发，选择确定有机合成路线及方法时，还应考虑以下方面。

① 有机合成的原料、反应试剂、中间体及溶剂等的有害性，不使用或尽量少使用易燃、易爆和有毒物料。如须使用应有安全防范措施，制定相应的安全生产作业规定，防止发生事故。安全技术措施包括物料的性质，如比热容、黏度、爆炸极限、闪点、着火点、毒性等，

使用和贮运的注意事项、安全防护措施和安全防火规定。

② 高温、高压、低温、高真空或严重腐蚀等反应条件，带来的特殊设备、特殊条件的控制以及操作的技术性和安全性问题。

③ 优先考虑废物排放量少、易处理的路线，对于废气、废水和废渣排放量大、危害严重、处理困难的合成路线，应坚决摒弃。设计合成路线，应考虑"三废"的处理方法，"三废"处理不应产生新的污染。

第五节　逆向切断与合成实例

一、除草剂敌稗

敌稗是一种高效低毒选择性除草剂，对多数禾本科及双子叶植物有强力的毒性，对水稻及甘薯等安全，可防除一年生杂草幼苗如稗草、马唐等。敌稗化学名称为 3,4-二氯苯丙酰胺，其化学结构式如下：

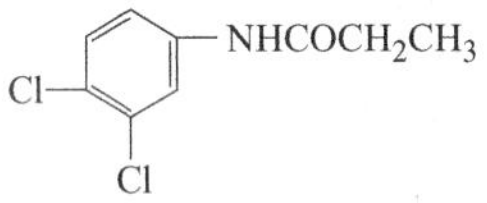

1. 分析

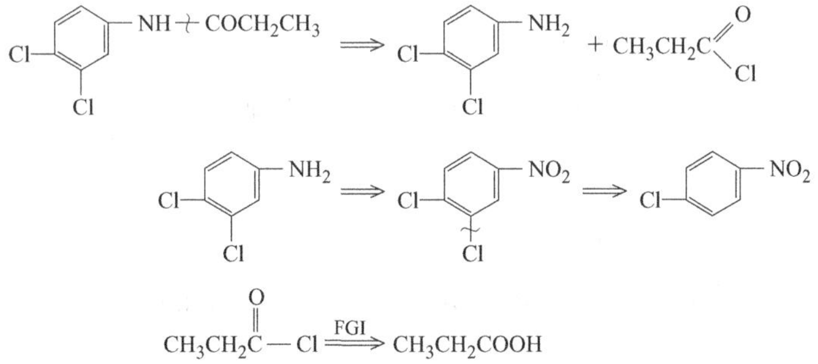

2. 合成

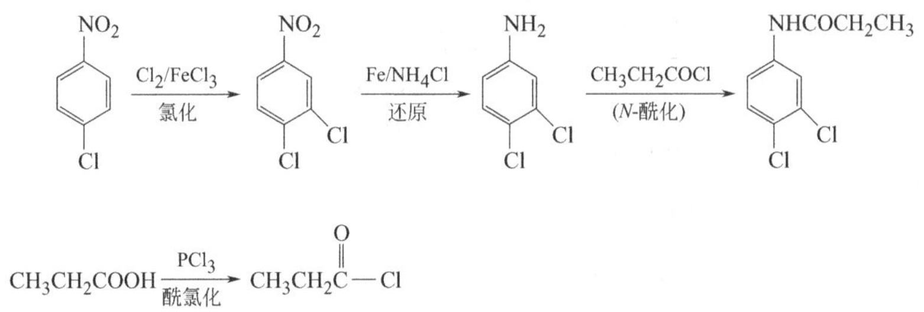

3. 工艺过程

（1）氯化　配料比是对硝基氯苯：氯化铁：氯气＝1.00：0.044：0.44。

将除去水的对硝基氯苯和无水氯化铁加热至 110℃ 左右，通氯气达到理论量后停止通氯气，保温反应 30min。以空气赶去游离氯，待还原用。

（2）还原　配料比是 3,4-二氯硝基苯：铁粉：氯化铵：水：氯苯＝1.00：0.78：0.02：0.44：0.91。

在搅拌下将水、铁粉、氯化铵、适量的硫酸铜及硫代硫酸钠加入还原釜，升温回流 5min，缓慢滴加 3,4-二氯硝基苯，加毕，继续回流反应 1h，检验合格加少量的纯碱，分出 3,4-二氯苯胺层，水层用氯苯分两次抽提，抽提液与 3,4-二氯苯胺合并待缩合用。

（3）酰氯化　将丙酸和三氯化磷按 1.00：0.67 的配比投入反应釜，在 40～45℃下搅拌反应 1h，冷却、静置半小时，放出下层的亚磷酸，上层的丙酰氯待缩合用。

（4）缩合　将 3,4-二氯苯胺放入缩合釜，加热脱水，冷却至 90℃左右，滴加计量的丙酰氯，滴完后缓慢升温至 110℃，保温，取样分析合格后，降温到 80℃放料。

（5）水洗、蒸馏　将缩合物加入冷水，搅拌 1～2min，沉降 10min，放去上层水，多次水洗至 pH＝6～7 为止，水蒸气蒸馏除去水、氯苯，减压脱水得敌稗原粉。

二、抗氧剂 1010

抗氧剂 1010 是一种性能优良的塑料加工助剂，广泛应用于聚氯乙烯、聚氨酯、聚苯乙烯、ABS 等合成树脂、合成橡胶和黏合剂等，特别是对聚丙烯有卓效。也可用于接触食品的塑料制品。

抗氧剂 1010 的化学名称是四[β-(3,5-二叔丁基-4-羟基苯基)丙酸]季戊四醇酯，其化学结构式为：

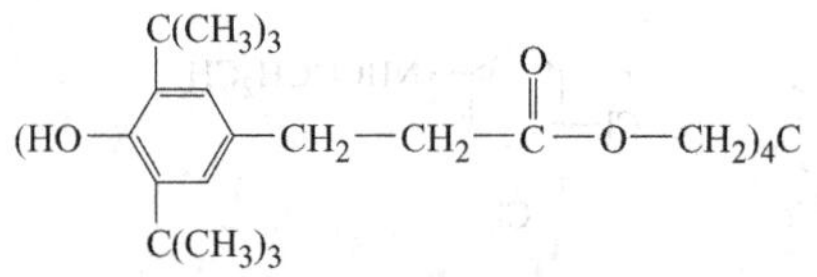

1. 分析

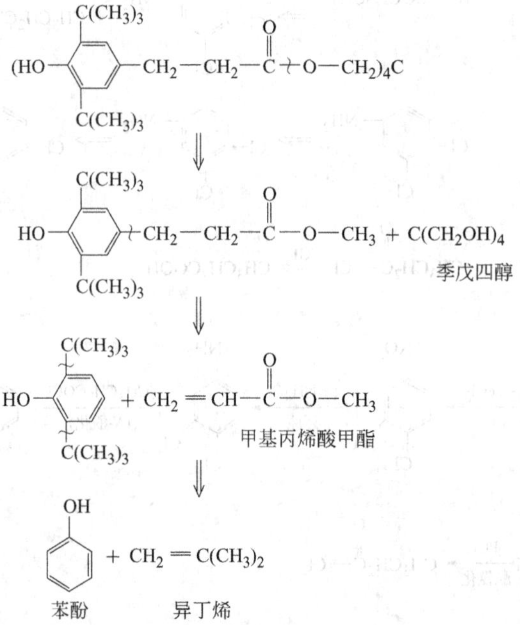

2. 合成

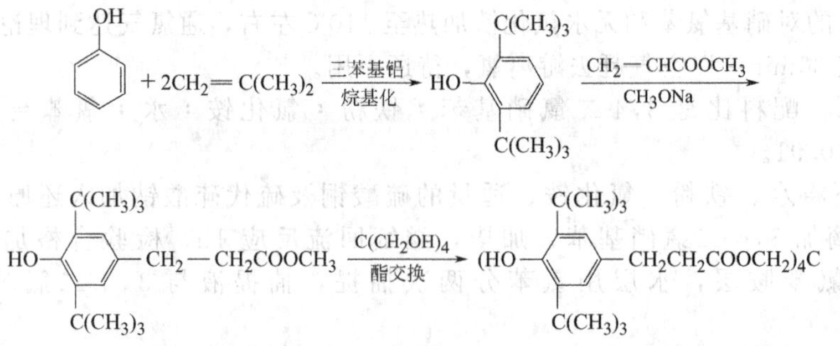

3. 工艺过程

(1) 烷基化　配料比为苯酚：异丁烯：三苯酚铝：对甲苯酚＝1.00：1.41：适量：0.04。

在反应釜中加入苯酚、对甲苯酚及三苯酚铝，加热、搅拌，温度升至 130～140℃时，通异丁烯，在 1.0～1.4MPa 下反应 3h 以上，反应完毕，反应混合物用水洗涤，油层蒸馏，蒸馏出 2,6-二叔丁基苯酚。

(2) 加成　配料比是 2,6-二叔丁基苯酚（以苯酚计）：甲醇钠：丙烯酸甲酯：盐酸：酒精＝1.00：0.51：0.69：适量：1.07。

在搪玻璃釜投入制得的 2,6-二叔丁基苯酚，在氮气保护下加入甲醇钠，搅拌、升温，当温度升至 65～75℃时，加入丙烯酸甲酯，继续加热到 115～125℃，保温 2h，冷却至 80℃，加入盐酸酸化后加入酒精，加热回流半小时以上。降温，静置 2h，析出 3,5-二叔丁基-4-羟基苯丙酸甲酯结晶，吸滤。

(3) 酯交换　配料比 3,5-二叔丁基-4-羟基苯丙酸甲酯（以酚计）：二甲基亚砜：季戊四醇：甲醇钠：石油醚：乙酸＝1.00：0.11：0.18：0.21：1.00：适量。

将 3,5-二叔丁基-4-羟基苯丙酸甲酯、二甲基亚砜、季戊四醇加入酯交换釜中，加热熔化，减压蒸出部分二甲基亚砜以带出物料中的水分，甲醇钠分三次加入，逐渐升温，减压蒸出全部的二甲基亚砜，于 135～140℃反应 2h 以上，冷却至 80～90℃，用乙酸中和后降温，加入石油醚溶解反应物，静置分层，分去甲醇、盐层，油层用水洗至中性，冷却至 5℃ 以下，产物四［β-(3,5-二叔丁基-4-羟基苯基) 丙酸］季戊四醇酯结晶析出，过滤、干燥得粗品。

(4) 精制　粗品加酒精、乙酸乙酯加热回流溶解，趁热过滤，冷却析出结晶，过滤，烘干得抗氧剂 1010 成品。

三、酸性橙

酸性橙用于毛、丝织物、木纤维、皮革和纸张的染色，色泽清晰、持久性好，是酸性染料之一，其化学结构为：

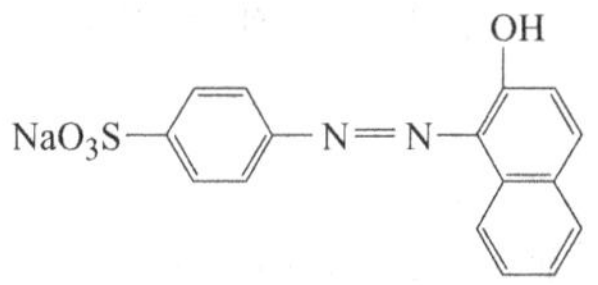

1. 分析

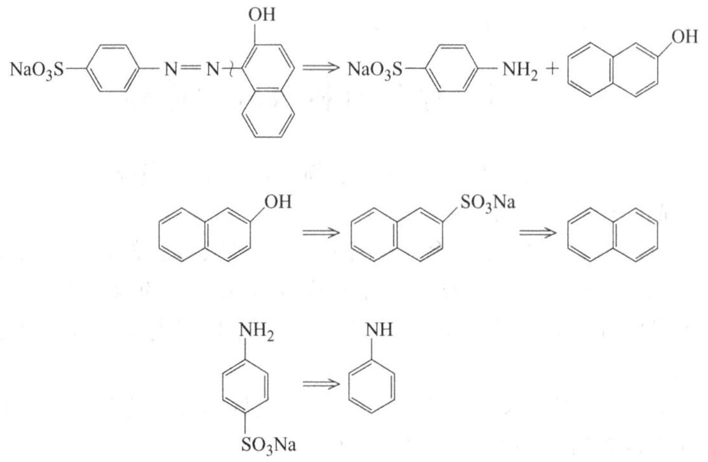

2. 合成

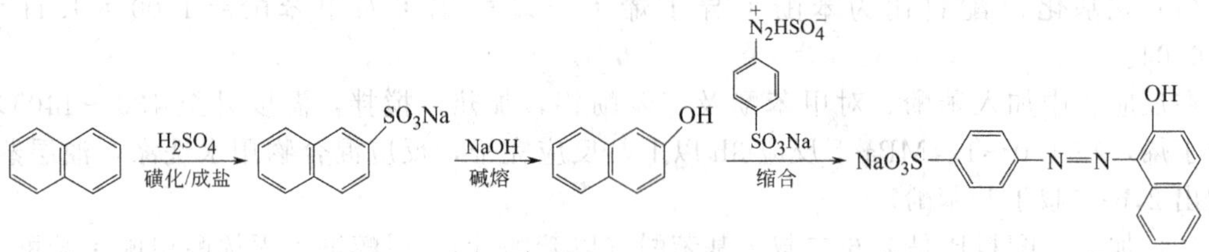

3. 工艺过程

（1）磺化、成盐　配料比为萘∶硫酸∶氧化钙∶碳酸钠＝1.00∶1.20∶1.40∶1.00。

将萘和硫酸的混合物在 170～180℃加热 4h，冷却，在搅拌下倒入冷水，滤去未反应萘，得到的 2-萘磺酸溶液加热煮沸，用氧化钙悬浮液中和，在所得 2-萘磺酸钙中加碳酸钠溶液至石蕊呈碱性，弃去碳酸钙，将 2-萘磺酸钠溶液浓缩、结晶得 2-萘磺酸钠晶体。

（2）碱熔　配料比为 2-萘磺酸钠∶氢氧化钠∶盐酸＝1.00∶3.04∶适量。

将氢氧化钠加热熔融，待温度升至 280℃时，激烈搅拌下尽快加入 2-萘磺酸钠，升温至 310～320℃，将反应物倒至铁盘，冷却凝固，粉碎凝固物并溶解于尽可能少水中，用 1∶1 盐酸酸化，冷却 2-萘酚析出，抽滤，用少量含盐酸的水重结晶。

（3）磺化　配料比为苯胺∶硫酸∶水＝1.00∶3.23∶6.45。

苯胺分批加入硫酸中，在 180℃加热 5h，检验无苯胺后，将反应混合物倒入水中，析出对氨基苯磺酸，滤后用水重结晶。

（4）重氮化、偶合　配料比为对氨基苯磺酸钠∶亚硝酸钠∶90％硫酸∶2-萘酚∶氢氧化钠∶碳酸钠∶氯化钠＝1.00∶0.30∶0.52∶0.63∶0.24∶0.10∶5.2。

将对氨基苯磺酸钠溶于水，冷却后加入 90％的硫酸，在搅拌下滴加亚硝酸钠溶液，用淀粉-碘化钾试纸检验重氮化终点，用刚果红试纸检验反应液的酸度，维持反应液对刚果红试纸呈酸性。

将 2-萘酚溶于水，加入 40％氢氧化钠溶液，加热至 2-萘酚完全溶解，冷却至 10℃以下。

重氮液用碳酸钠调节至对石蕊显酸性、对刚果红呈中性，之后加至上述冷 2-萘酚液中，温度控制低于 10℃并保持碱性，反应结束后，加热，此时染料全溶，趁热过滤，热溶液中加入氯化钠，析出产品，冷却、过滤得成品。

第六节　绿色有机合成的途径

绿色有机合成主要包括原料、化学反应、溶剂、产品的绿色化，如图 15-1 所示。

有机合成实现绿色化的途径如下：

① 从源头上防止污染，减少或消除污染环境的有害原料、催化剂、溶剂、副产品以及部分产品，代之以无毒、无害的原料或生物废弃物进行无污染的绿色有机合成；

② 采用"原子经济性"评价合成反应，最大限度地利用资源，减少副产物和废弃物的生成，实现零排放；

③ 设计、开发生产无毒或低毒、易降解、对环境友好的安全化学品，实现产品的绿色化；

④ 设计经济性合成路线，减少不必要的反应步骤；

⑤ 使用无害化溶剂和助剂；

⑥ 设计能源经济性反应，尽可能采用温和反应条件；

⑦ 尽量使用可再生原料，充分利用废弃物；

⑧ 采用高效催化剂，减少副产物和合成步骤，提高反应效率；

⑨ 避免分析检测使用过量的试剂，造成资源浪费和环境污染；

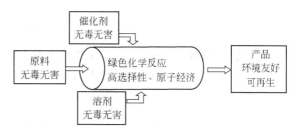

图 15-1 绿色有机合成示意

⑩ 采用安全的合成工艺，防止和避免泄漏、喷冒、中毒、火灾和爆炸等意外事故。

绿色有机合成的途径，需从原料到产品、从工艺过程到技术方法，实现环境无害化、原子经济性，即使合成原料和反应试剂绿色化；使用高效、无毒、高选择性催化剂；使用无毒、无害、绿色的溶剂或无溶剂反应；采用清洁的反应方式；采用高效合成方法；充分利用可再生的生物质资源；以原子经济理念、借助计算机进行有机合成设计，使合成流程绿色化。

一、合成原料和试剂绿色化

芳胺及其衍生物是有机合成中间体或原料，用于合成医药、染料、农药、橡胶助剂等精细化学品。传统合成方法涉及硝化、还原、胺解等反应，所用试剂、涉及中间体和副产物，多为有毒、有害物质，例如：

$$\text{苯} \xrightarrow{HNO_3} \text{硝基苯} \xrightarrow{Fe, HCl} \text{苯胺}$$

或

$$\text{对硝基氯苯} \xrightarrow{NH_3} \text{对硝基苯胺} + HCl$$

芳烃催化氨基化合成芳胺，其原料易得，原子利用率达 98%，氢是唯一的副产物。

$$\text{苯} + NH_3 \xrightarrow[\substack{1\sim10MPa \\ 150\sim500℃}]{\text{催化剂}} \text{苯胺} + H_2$$

芳胺 N-甲基化，传统甲基化剂为硫酸二甲酯、卤代甲烷等，具有剧毒和致癌性。碳酸二甲酯是环境友好的反应试剂，可替代硫酸二甲酯合成 N-甲基苯胺：

$$\text{苯胺} + (CH_3O)_2CO \xrightarrow[\text{气液相反应}]{\text{相转移催化剂}} \text{N-甲基苯胺} + CH_3OH + CO_2$$

碳酸二甲酯以前使用光气（$COCl_2$）生产，光气有剧毒，副产大量氯化氢，不仅腐蚀设备，而且污染环境，以甲醇、一氧化碳为原料催化合成，水是副产物。

$$2CH_3OH + 1/2O_2 + CO \longrightarrow (CH_3O)_2CO + H_2O$$

苯乙酸是合成农药、医药如青霉素的重要中间体，传统方法是氯化苄氰化再水解：

$$\text{氯化苄} \xrightarrow[-HCl]{HCN} \text{苯乙腈} \xrightarrow{H_3O^+} \text{苯乙酸COOH}$$

所用试剂氢氰酸有剧毒！氯化苄与一氧化碳羰基合成，则不使用剧毒的氢氰酸：

$$\text{(苯环)}CH_2Cl + CO \xrightarrow[H_2O]{OH^-} \text{(苯环)}CH_2COOH$$

二、使用高效、无毒、高选择性的催化剂

抗帕金森药物拉扎贝胺（Lazabemide）传统合成历经八步，产率仅为 8%：

$$C_2H_5-\text{(哌啶环)}-CH_3 \xrightarrow{\text{八步合成}} \text{Cl-(哌啶环)-}C(=O)N(CH_3)NH\cdot NH_2\cdot HCl$$

（8%）

而以 Pd 作催化剂，一步合成：

$$\text{(2-甲基-5-乙基哌啶)} + \begin{matrix}CH_2-CH_2\\|\quad\quad|\\NH_2\quad NH_2\end{matrix} + CO \xrightarrow[\text{一步合成}]{\text{Pd催化剂}} \text{Cl-(哌啶环)-}C(=O)NH\text{-}CH_2CH_2NH_2\cdot HCl$$

（65%）

产率为 65%，原子利用率达 100%。

三、使用无毒、无害绿色的溶剂或无溶剂反应

有机合成需要溶剂，多数的有机合成反应使用有机溶剂。有机溶剂易挥发、有毒，回收成本较高，且易造成环境污染。用无毒、无害溶剂，替代有毒、有害的有机溶剂或采用固相反应，是有机合成实现绿色化的有效途径之一。

水是绿色溶剂，无毒、无害、价廉。水对有机物具有疏水效应，有时可提高反应速率和选择性。Breslow 发现环戊二烯与甲基乙烯酮的环加成反应，在水中比在异辛烷中快 700 倍。Fujimoto 等发现以下反应在水相进行，产率达 67%～78%：

$$\xrightarrow[H_2O]{(C_2H_5)_3B, O_2\text{微量}}$$

（67%～68%）

此反应若在己烷或苯溶剂中反应，则无产物生成。

超临界流体（SCF）是临界温度和临界压力条件下的流体。超临界流体的状态介于液体和气体之间，其密度近于液体，其黏度则近于气体。超临界 CO_2 流体（311℃，7.4778MPa）无毒、不燃、价廉，既具备普通溶剂的溶解度，又具有较高的传递扩散速度，可替代挥发性有机溶剂。Burk 小组报道了以超临界 CO_2 流体为溶剂，催化不对称氢化反应的绿色合成实例：

$$\text{COOCH}_3 \quad\text{NH}\quad CH_3CO\text{-} + H_2 \xrightarrow[35MPa]{\text{手性催化剂}\atop\text{超临界}CO_2} \text{COOCH}_3 \quad\text{NH}\quad CH_3CO\text{-}$$

（95%）

Noyori 等在超临界流体 CO_2 中，用 CO_2 与 H_2 催化合成甲酸，原子利用率达 100%。

$$CO_2 + H_2 \xrightarrow[\text{超临界}CO_2, (C_2H_5)_3N \atop 8\cdot613MPa, 50℃]{RuH_2(PCH_3)_4} HCOOH$$

离子液体完全由离子构成，在 100℃ 以下呈液态，又称室温离子液体或室温熔融盐。离子液体蒸汽压低，易分离回收，可循环使用，且无味、不燃，不仅用于催化剂，也可替代有机溶剂。

固态反应又称干反应，即在无溶剂条件下进行的反应，完全避免使用溶剂。由于固相合成不使用溶剂，反应物分子排列有序，可实现定向反应，局部反应浓度高，具有反应速率

快、选择性好等优点，成为绿色有机合成的重要组成。

例如，旋光性的 2,2-二羟基-1,1-联萘是一个重要的手性配体，其合成一般是在等当量的 $FeCl_3$ 或三（2,4-戊二酮基）合锰作用下，萘酚液相偶联获得联萘酚，通过联萘酚外消旋体拆分获得，生成副产物醌，锰盐价格昂贵。Toda 以 $FeCl_3 \cdot 6H_2O$ 为催化剂，在固相与萘酚直接反应，反应速率快，产率达到 95%。

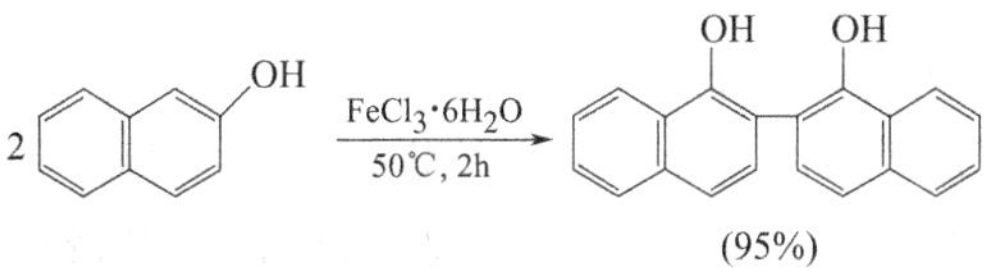

四、采用清洁反应方式

电化学合成和光化学合成一般为常温、常压条件，无需有毒、有害反应试剂；微波有机合成、声化学合成等，多为清洁环保的现代合成技术，可应用于有机合成，实现反应方式的绿色化。例如，维蒂（Witting）反应是原子利用率相当低的当量反应，催化反应可提高原子利用率，在反应体系加入三苯基膦时，副产 $(C_4H_9)_3AsO$ 被还原为 $(C_4H_9)_3As$，形成催化剂循环，实现了催化的 Witting 反应：

$$RCHO + ClCH_2COOR + (C_4H_9)_3As \xrightarrow{\text{催化量的}(C_6H_5)_3P} RCH = CH-COOR + HCl + (C_4H_9)_3AsO$$

手性维生素 B_{12} 为天然无毒化合物，以 VB_{12} 为催化剂的电催化反应，可产生自由基类中间体，从而在温和、中性条件下，实现化合物 1 的自由基环化产生化合物 2。

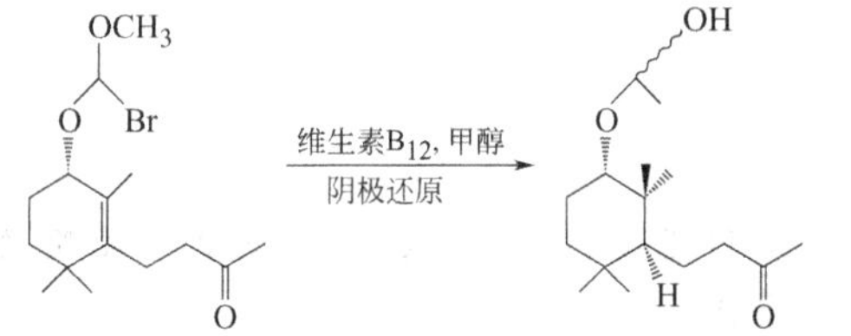

(15-9)

五、采用高效的合成方法

所谓一锅合成法，即在同一反应釜（锅）内完成多步反应或多次操作的合成方法。由于一锅合成法可省去多次转移物料、分离中间产物的操作，成为高效、简便的合成方法而得到迅速发展和应用。例如，甲磺酰氯的一锅合成。鉴于硫脲的甲基化、甲基异硫脲硫酸盐的氧化和氯化，均在水溶液中进行，故将氯气直接导入硫脲和硫酸二甲酯的反应混合物中氧化氯化，一锅完成甲磺酰氯的合成，降低了原材料消耗，提高收率（76.6%）。

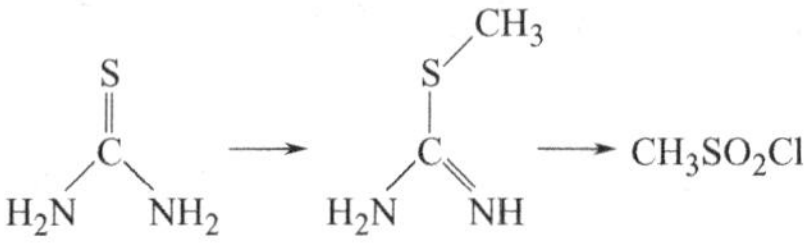

例如，苯并噻唑酮及其衍生物的合成，可将烷基取代的邻卤硝基苯、一氧化碳和硫等置于一锅反应：

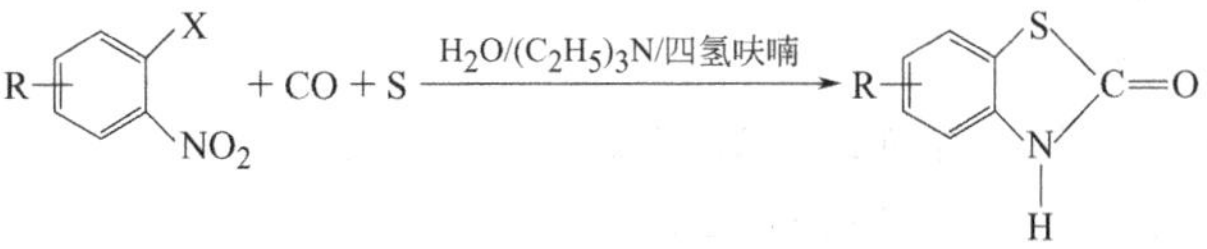

一锅合成目的产物的过程，经历了 S 与 CO 反应生成 SCO；SCO 水解为 H_2S 和 CO_2；H_2S 取代邻卤硝基苯中的卤素原子；将硝基还原成氨基后，在 N 与 C 原子间进行羰基化等反应。

六、利用可再生的生物质资源

石油、煤、天然气等矿产资源，历来是有机合成的主要原料来源，但这些资源不可再生，地球储量有限，其加工生产过程碳排放量高，已成为地球温室效应的原因之一。以可再生的生物质资源，如纤维素、葡萄糖、淀粉和油脂等生物质，替代石油、煤、天然气，成为有机合成原料绿色化的必然趋势。

七、计算机辅助的绿色合成设计

为研究和开发新的有机化合物，设计具有特定功能的目标产物，需要进行有机合成反应设计。有机合成反应的设计，不仅考虑产品的环境友好性、经济可行性，还有考虑原子经济性，以使副产物和废物低排放或零排放，实现循环经济，需要计算机辅助有机合成反应的设计，从合成设计源头上实现绿色化。

有机合成设计计算机辅助方法，已日益成熟和普及应用。

本 章 小 结

一、有机合成设计的意义及合成路线的评价标准

1. 反应步数与总收率

2. 原料、试剂及中间体

3. 安全生产及环境保护

二、逆向合成的概念与常用术语

目标分子（靶分子）

合成子与合成等效剂、d-和 a-合成子

逆向合成、逆向切断、逆向连接和逆向重排、逆向官能团变换

三、逆向合成的方法与步骤

1. 优先考虑骨架的形成

2. 优先碳杂键切断

3. 目标分子活性部位先切断

4. 添加辅助基团后切断

5. 先回推到适当阶段再切断

6. 利用分子的对称性

典型化合物的逆向切断

醇、β-羟基羰基化合物、α,β-不饱和羰基化合物、1,4-二羰基化合物的逆向切断

四、导向基和保护基

（1）导向基及其活化导向、钝化导向、特定位置封闭导向

（2）选择性保护要求

（3）羟基、氨基、羰基、羧基的保护

五、绿色有机合成的途径

1. 合成原料和试剂绿色化

2. 使用无毒、无害绿色的溶剂或无溶剂反应

3. 使用高效、无毒、高选择性的催化剂

4. 采用清洁反应方式

5. 采用高效的合成方法

6. 利用可再生的生物质资源

复习与思考

1. 何谓逆向合成？逆向合成在有机合成路线设计中有何意义？
2. 在有机合成路线设计中，需要考虑哪些问题？
3. 何谓逆向切断、连接、重排和逆向官能团变换？
4. 怎样才能正确合理地进行逆向切断？
5. 在有机合成中为什么要引入导向基？举例说明导向基在有机合成中的应用。
6. 在有机合成中，如何保护羟基？

第十六章　有机合成实验装备与技术

>>> 学习指南

　　在有机化学实验基础上，本章介绍有机合成实验室常规配置、常用仪器和装置、基本实验技术，重点介绍真空系统、惰性气体保护系统、旋转蒸发器、减压蒸馏、惰性气体保护的反应装置、分离提纯装置等技术。本章还在附录列出了常用化学试剂的禁忌、贮存、废弃、各种实验装置的图表。通过本章的学习，使学生了解有机合成实验室一般装备和常用技术，为从事有机合成实验奠定基础。

第一节　实验室装备与配置

　　有机合成实验室装备与配置包括实验台与通风橱、常用玻璃仪器及个人用品、常用实验设备及装置等。

一、实验台与通风橱

　　有机合成的实验台，一般分为中央实验台和边台。边台安置烘箱、电子天平和真空系统等。

　　中央实验台由台体、试剂架和水池柜组成（如图16-1所示）。台面、试剂架与试剂搁板由耐腐蚀、耐溶剂的理化板制成，水池柜置于台子的一端或居中，水池上方安置玻璃仪器滴水架。实验台面下方可设计成柜子或抽屉，多层抽屉从上到下高度递增的次序排列，以分门别类放置各种各样的仪器和用品。每层抽屉根据需要，以纵或横格隔离，便于放置各种用品和玻璃仪器。实验台可安装煤气管道、低压氮气管道和固定铁架台。

　　为便于使用和管理，实验台可分成若干单元（区域）。中央实验台多用于反应准备、后处理及简单测试，反应操作在通风橱中进行。

　　通风橱是实施合成反应的特殊空间（如图16-2所示），橱内配供水管和小型下水池。靠近通风橱的后壁安装立式铁架台，便于固定合成仪器。各种气阀、电器开关装在外侧顺手处。

图16-1　某有机合成实验室中央实验台（局部）

图16-2　某有机合成实验室通风橱（局部）

此外，实验室墙壁或窗户上开孔，设置通风换气扇，配置消防器材等。

二、常用实验仪器

有机合成实验常用仪器见附录 4，常规玻璃仪器及个人用品见表 16-1 和表 16-2。

表 16-1 常规玻璃仪器

仪器名称	规 格	数 量	仪器名称	规 格	数 量
异型缩小接口	14/24	1	过滤漏斗	1.5mL	1
异型缩小接口	19/24	1	分液漏斗	250mL	1
异型缩小接口	10/14	1	分液漏斗	500mL	1
异型扩大接口	24/14	1	分液漏斗	1000mL	1
异型扩大接口	29/14	1	锥形瓶	100mL	4
烧杯	10mL	2	锥形瓶	250mL	2
烧杯	25mL	4	锥形瓶	500mL	2
烧杯	100mL	4	圆底烧瓶	10mL14 标准磨口	6
烧杯	400mL	2	圆底烧瓶	50mL14 标准磨口	6
量筒	10mL	2	圆底烧瓶	100mL24 标准磨口	6
量筒	25mL	1	圆底烧瓶	250mL24 标准磨口	3
量筒	100mL	1	圆底烧瓶	500mL24 标准磨口	2
量筒	1000mL	1	二口瓶	100mL	2
过滤漏斗	15mL	1	三口瓶	100mL	2

表 16-2 个人常用实验物品

物品名称	规 格	数量	物品名称	规 格	数量
各种刮铲		各 1	注射器	10mL	2
磁力搅拌子	25mm	4	温度计	$-10\sim360℃$	1
磁力搅拌子	12.5mm	4	温度计	$-10\sim110℃$	1
注射器长针	15cm	6	温度计	$-100\sim10℃$	1
注射器长针	30cm	6	巴氏吸管		1 盒
注射器	1mL	2	试样瓶		1 盒
注射器	5mL	2	乳胶手套		1 盒

三、常用实验设备与装置

1. 常规配置

常规配置有烘箱、真空干燥箱、电子天平、冰箱、溶剂柜、色谱柱、薄层分析用品、气相色谱仪、高效液相色谱仪、高压气瓶等。

(1) 恒温鼓风干燥箱 适用于熔点高、遇热不易分解的固体和玻璃仪器的干燥，温度一般控制在 $100\sim110℃$。加热温度不得高于固体物质的熔点和仪器要求的温度上限，干湿仪器分开放置。

(2) 真空干燥箱 干燥设备与真空系统连接组成的干燥装置，用于干燥低熔点或高温易分解的固体药品，以及对空气敏感的固体药品。使用时注意真空度和温度的调节与控制。

(3) 电子天平 电子天平称量简捷，样品放置称量盘上，即以数字显示其质量，可与打印机、计算机、记录仪等连接，获得连续可靠的打印记录。

(4) 冰箱 低沸点样品、试剂或溶剂的贮存设备，温度在 $-20℃$ 左右。

(5) 溶剂柜 试剂或溶剂的存放设施，注意不得将氧化剂、有机溶剂同置一柜！

(6) 色谱柱 少量溶剂提纯和产物分离设备，一般分"干柱"色谱和"湿柱"色谱，按分离原理分为吸附色谱和分配色谱。

(7) 薄层分析及其用品 用品包括展开瓶、点样毛细管、显色瓶和薄板等。薄层分析主要有薄层色谱分析和纸色谱分析。

薄层色谱分析所需样品量小，分离时间短，效率高，适用于精制样品、化合物的鉴定、跟踪反应进程、柱色谱先导检测等。

纸色谱分析主要用于多官能团和高极性化合物（如糖、氨基酸等）的分离。

（8）气相色谱仪　选择性强、分辨能力好、灵敏度高、分析迅速，可以分离分析性质极为相似的各种异构体，用于气体及易挥发性液体混合物的分离和鉴定。

（9）高效液相色谱仪　复杂样品分离分析、高沸点液体的分离和鉴定仪器。

（10）高压气瓶　由无缝碳素钢或合金钢制成的移动式压力容器如图 16-3 所示。内装介质压力在 15MPa 以下的气体或常温下与饱和蒸气压相平衡的液化气体。充装气体不同，钢瓶涂有不同标记，见表 16-3。

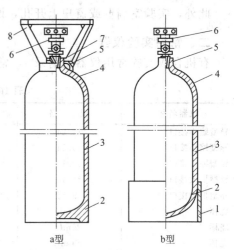

图 16-3　气瓶结构示意

1—瓶座；2—瓶底；3—筒体；4—瓶肩；
5—瓶颈；6—瓶阀；7—螺母；8—保护帽

表 16-3　常用高压气瓶的特征

气体名称	瓶身颜色	标字颜色	装瓶压力/MPa	状　态	性　质
氧气瓶	天蓝色	黑	15	气	助燃
氢气瓶	深绿色	红	15	气	可燃
氮气瓶	黑色	黄	15	气	不燃
氩气瓶	棕色	白	15	气	不燃
氨气瓶	黄色	黑	3	液	不燃,高温可燃
氯气瓶	黄绿色	白	3	液	不燃,有毒
二氧化碳气瓶	银白色	黑	12.5	液	不燃
二氧化硫气瓶	灰色	百	0.6	液	不燃,有毒
乙炔钢瓶	白色	红	3	液	可燃

高压气瓶的漆色、标志和气瓶的钢印标记，如图 16-4 和图 16-5 所示。高压气瓶的领取、使用、贮存和保管应遵守安全规章和规定。

2. 真空系统

真空度表示真空状态下气体的稀薄程度。气体压力越低，真空度越高。应用领域不同，对真空度要求也不同。真空度应用领域分粗真空（$10^5 \sim 10^3$ Pa）、低真空（$10^3 \sim 10^{-1}$ Pa）、高真空（$10^{-3} \sim 10^{-6}$ Pa）和超高真空（$< 10^{-6}$ Pa）。粗真空和低真空为有机合成实验真空条件，通过真空泵获得。实验室用真空泵，有水泵、循环水真空泵和机械泵等。

水泵由全玻璃或金属制成，结构简单、操作方便；但耗水量大，水易倒吸。循环水泵长时间使用，水温升高，水的蒸气压升高，真空度下降，对空气敏感的物质不宜使用。

机械泵分隔膜泵和旋片式泵。隔膜泵的余压达 12mmHg（绝压），旋片泵余压可达 0.01mmHg（绝压）。调节真空泵出气速率和进气量，可实现粗真空和低真空的调节。

旋片真空泵如图 16-6 所示，工作原理是利用两块可滑动的转子，偏心地装在泵腔内以分隔进、排气口，借弹簧弹力旋片与腔内壁紧密接触，使泵腔分两个腔。当转子带动旋片旋转时，进气腔室容积逐渐扩大，吸入气体；另一个腔室气体压缩，由排气口排出，实现抽气

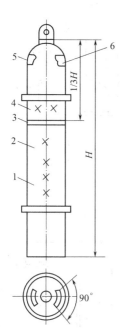

图 16-4　气瓶的漆色、标志示意图

1—整体漆色（包括瓶帽）；2—所属单位名称；
3—色环；4—气体名称；5—制造钢印
（涂清漆）；6—检验钢印（涂清漆）

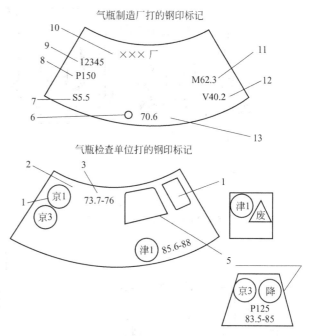

图 16-5　气瓶钢印标记的顺序和位置

1—检验单位代号；2—检验日期；3—下次检验标记；4—报废钢印打法；5—降压钢印打法；6—制造厂检验标记；7—不包括腐蚀裕度在内的筒体壁厚（mm）；8—设计压力（kg/cm²）；9,10—气瓶制造厂名称（或代号）；11—实际质量（kg）；12—实际容积（L）；13—制造年月说明

注：1. 钢印必须明显清晰；2. 降压字体高度为 7～10mm，深度为 0.3～0.5mm；3. 降压或报废的气瓶；除在检验单位的后面打上降压或报废的标志外，必须在气瓶制造厂打的设计压力标记上面打上降压或报废的标志

获得真空的目的。泵的全部构件浸没于真空油，真空油具有密封、润滑和冷却功能。

为防止溶剂、酸性气体及水蒸气进入泵体，由冷却阱、装有碱等干燥剂的吸收塔、真空计缓冲瓶组成保护装置，与真空系统连接，如图 16-7 所示。

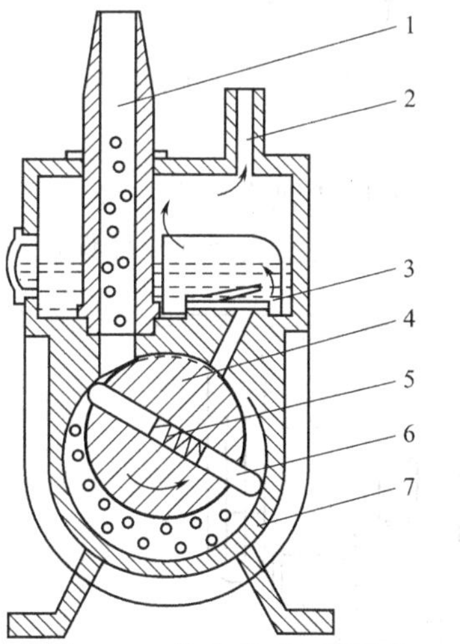

冷却阱的结构如图 16-8 所示，使溶剂蒸气冷凝，致冷剂为干冰与丙酮的混合物。

真空计用于测量稀薄气体空间的气体压力，常用真空计有 U 形真空计、压缩式（Mcleod 真空计）等。U 形真空计分为开式和闭式，开式须知当时大气压数值，闭式一端须封死并抽真空。低真空测量可用简单测压计（如图 16-9 所示），高真空测量可用压缩式真空计（如图 16-10 所示），测量范围 1～0.001mmHg。

真空系统由真空泵、安全瓶、捕集器（与机械泵匹配）、单排管、真空计等组成。为方便移动，可将真空泵及保护、测压系统安装在的特制小车上，适用于非固定场所。如将真空系统连接单排管（如图 16-11 所示），或双排管（如图 16-12 所示），可同时提供多个真空接口。

图 16-6　旋片式真空泵结构

1—进气口；2—排气口；3—排气阀；
4—转子；5—弹簧；6—旋片；7—定子

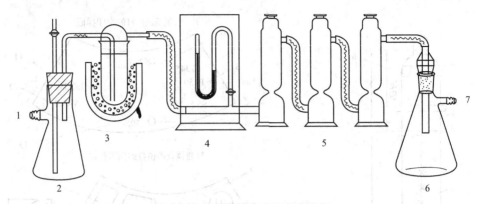

图 16-7　减压蒸馏真空泵保护装置

1—接蒸馏器；2—安全瓶；3—冷却阱；4—真空计；5—吸收塔；6—缓冲瓶；7—接真空泵

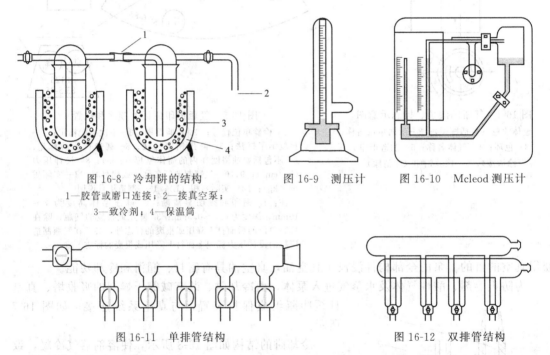

图 16-8　冷却阱的结构

1—胶管或磨口连接；2—接真空泵；
3—致冷剂；4—保温筒

图 16-9　测压计　　　图 16-10　Mcleod 测压计

图 16-11　单排管结构　　　　　　图 16-12　双排管结构

3. 惰性气体保护系统

如图 16-13 所示，双排管固定在通风橱内固定铁架台上，可同时提供多个真空接口和惰性气体保护接口。旋转双排管上的双通螺旋塞如图 16-14 所示，可选择真空或惰性气体保护。

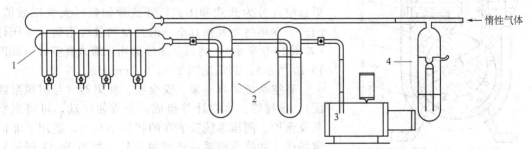

图 16-13　惰性气体系统构成

1—双排管；2—冷却阱；3—真空泵；4—鼓炮器

惰性气体实验室常用氮或氩气，一般由供气中心以气体钢瓶提供。惰性气体保护系统由惰性气体钢瓶、减压阀、调节阀、双排管等构成。

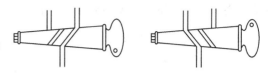

图 16-14 双通螺旋塞示意

4. 旋转蒸发器

旋转蒸发器用于浓缩溶液、回收溶剂，浓缩回收低沸点溶剂（如正己烷、氯乙烷等），需配置冷却装置，防止溶剂吸入，损坏真空泵、污染环境。

旋转蒸发器由电机带动可旋转的圆底烧瓶或梨形烧瓶、冷凝器及接收器组成，如图16-15所示，其操作步骤如下。

① 先在加热槽注入水，纯水最好，自来水须放置1～2天。接通220V/50Hz电源。

② 调整主机高度，按升键主机均匀上升，再按降键主机均匀下降，至合适位置。

③ 调整主机角度，主机由左侧冷凝器、右侧蒸发瓶连在一起。松开主机和立柱连接螺钉，主机即在0°～45°之间任意倾斜。

④ 开启电机开关（红灯亮），蒸发瓶转动，转动圆旋钮可调整转速。

⑤ 开启加热开关，温控设定温度，即自动加热，进入试运转。

操作注意事项：①玻璃件应轻拿轻放，洗净烘干；②加热槽应先注水后通电，禁止无水干烧；③磨口安装前需均匀涂少量真空脂；④贵重溶液先做模拟试验，确认本仪器适用后再转入正常使用；⑤精确水温，应用温度计直接测量；⑥工作结束，关闭电源开关。

5. 溶剂蒸馏器

溶剂蒸馏器由蒸馏瓶（1000mL或2000mL）、蒸馏头、温度计、冷凝器、收集瓶和接收瓶等组成，如图16-16所示。蒸馏头伸入收集瓶上端的留孔，供余液回流，收集瓶上的支管便于用注射器抽取蒸馏溶剂。蒸馏头上装三通旋塞，收集瓶中的溶剂经三通旋塞放出或放回蒸馏瓶。惰性气体保护，可将冷凝器顶上导管、双排管与惰性气体管线连接。连续蒸馏器可隔绝空气蒸馏，能随时抽取干燥溶剂，适用于四氢呋喃、乙醚、环己烷等对空气敏感试剂的

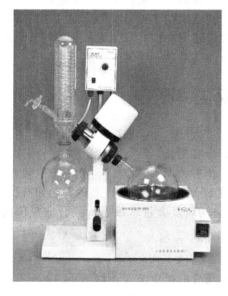

图 16-15 旋转蒸发器

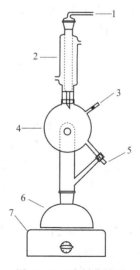

图 16-16 溶剂蒸馏器

1—惰性气体；2—冷凝管；3—注射口；
4—接受瓶；5—溶剂出口；6—蒸馏烧瓶；7—加热器

蒸馏。在合成实验室，常安装若干套这样的装置，供不同溶剂的蒸馏使用。

四、化学试剂的存取

1. 化学试剂的存贮

一般要求远离火源，通风良好、阴凉干燥，防止水分、灰尘等污染和丢失。有机试剂与氧化试剂必须分开存放。根据试剂性质和要求，选用试剂瓶和存放方式。

通常，液体试剂用磨口瓶盖的细口瓶存放；固体试剂用广口瓶存放；$AgNO_3$、$KMnO_4$、CCl_4 等见光分解试剂，用棕色试剂瓶存放；NaOH、KOH、浓氨水等碱性试剂，存放在带橡胶塞的试剂瓶中；氢氟酸存放在塑料瓶试剂中；棕色试剂瓶玻璃中的微量金属促使 H_2O_2 分解，见光易分解的 H_2O_2 不可使用棕色试剂瓶存放，应采用不透光塑料瓶，并以黑纸或塑料袋罩住避光；金属钠贮存于煤油中，白磷浸没于水中保存。

试剂瓶应贴有标签，标明试剂名称、规格、浓度、配置日期；标签纸表面用石蜡或透明胶带涂盖或贴盖。

2. 化学试剂的取出

固体试剂的取用，应用干净的药匙采取，取后立即盖紧试剂瓶瓶塞，并归还原处，药匙用后立即洗净揩干，多取试剂放至指定容器，不得倒回试剂瓶。固体试剂加入试管时，若试管特别湿，应将试剂用小匙小心送至试管底部，不得沾在管壁上。

液体试剂的取用，若从细口试剂瓶采取，先将瓶塞倒放实验台上，试剂瓶贴有标签一面向手心，将试剂瓶逐渐倾斜，瓶口贴靠容器壁或玻璃棒，缓慢倒入容器，然后慢慢竖起瓶子并将瓶口剩余一滴试剂靠滴在容器内壁，避免滴到瓶外壁，多取试剂不得倒回原试剂瓶。

滴瓶中采取液体试剂，必须使用滴瓶上的滴管，不能用其他滴管。先用拇指、食指和中指将滴管提起，使管口离开液面，然后捏紧橡皮头，挤出滴管中的空气，把滴管插入液面下，放松橡皮头，吸入并取出滴管；试剂滴加，应距离试剂容器 1cm 左右，不得将滴管插入试管等容器，避免接触容器污染试剂；滴加毕，滴管不得放在台面，应立即放回滴瓶。滴管口不能向上，以免试剂倒流腐蚀橡皮头，污染试剂，试剂一旦被污染，则不能继续使用。

有毒试剂贮藏在通风的药柜中，采取和使用操作在通风橱中进行，避免泄漏、污染。对空气敏感、在空气中易分解的试剂，其贮存、采用和转移需在惰性气体保护下进行。蒸馏后的试剂，需在惰性气体和干燥条件下转移、贮存，应注满或接近注满贮存瓶。

第二节　实验室反应装置

实验室反应装置主要有釜（槽、罐）式、管式、固定床、流化床等。釜式反应器最常见，为二口、三口或四口圆底烧瓶，具有滴加物料、冷凝回流、插入搅拌、测温等用途，可具有冷凝回流和滴加回流装置，可采用水浴、油浴或电热套等加热方式，可用于一般条件、惰性气体保护、真空条件下的反应，适用于液相或液-液相反应。由于许多试剂，如有机锂、格氏试剂、金属氢化物、$TiCl_4$、无水 $AlCl_3$ 等，对空气氧及微量水敏感，故合成反应常在惰性气体保护下进行。

一、惰性气体保护的反应装置

通过双排管的双通旋塞提供惰性气体保护和真空条件的反应装置，如图 16-17 所示。

1. 反应前的准备

实验用仪器事先洗净、干燥备用，准备足够计量液体用的注射器。仪器磨口连接处不主张涂润滑油，即使涂抹也应少而薄，反应结束，用沾有氯仿的纸巾将其擦去，以免污染产物。实验在带有惰性气体双排管的通风橱中进行，所有连接处用夹子将其固定。

2. 操作步骤

（1）安装仪器和系统干燥　将反应器（用磁力搅拌时别忘了放入磁子）连在双排管上，反应器上装有三通旋塞，用于连接惰性气体和加入试剂。系统干燥也可在仪器安装后用酒精喷灯或煤气灯加热仪器约 5min，同时抽真空，切换惰性气体缓慢打开三通阀向反应器导入惰性气体，冷却至室温。

反应装置与双排管相连后，必须确保气路畅通，切忌形成封闭系统。

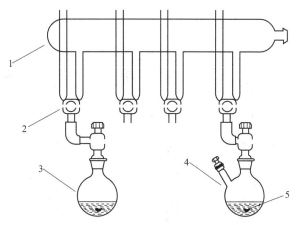

图 16-17　惰性气体保护和真空条件反应装置
1—双排管；2—双通旋塞；3、4—反应器；5—搅拌磁子

（2）加入固体反应物　取下反应瓶，迅速量取固体反应物，如空气敏感试剂应在惰性气体保护下称取。然后将反应器重新接入惰性气体保护系统。

（3）加溶剂　利用注射器直接从蒸馏器中或惰性气体保护下的试剂瓶中抽取一定量的溶剂。通过反应瓶上的三通阀（或两口烧瓶的支管）加入反应瓶。将三通阀重新切换至惰性气体系统。沸点较高的试剂可直接倒入，然后反复抽空充惰性气体以除去空气。

（4）加入其余液体反应物　少量可用注射器加入，大量采用回流滴加。

（5）反应的控制　选用加热或冷却方式，控制和调节反应温度。搅拌一般用磁力搅拌，大量或黏稠物可用机械搅拌。

在不同反应时间，用注射器采样以薄层色谱或气相色谱分析，确定反应进程。

（6）后处理　根据产物物化性质，选用蒸馏、重结晶或色谱分离。

二、回流和滴加装置

在反应过程中，溶剂、反应物或产物受热蒸发，需将其冷凝返回反应烧瓶；液体原料需要连续或间断加入，需要回流和滴加装置，如图 16-18 所示。

图中，（a）为一般回流装置；（b）为防潮回流装置；（c）为可吸收反应生成气体的回流装置，适用于产生氯化氢、溴化氢、二氧化硫等水溶性气体的过程；（d）为回流的同时可滴加液体的装置；（e）为同时具有控温、回流、滴加功能的装置；（f）为同时具有搅拌、回流、滴加、测温功能的装置。

在惰性气体氛围回流反应时，通过导管与接连惰性气体的双排管连接。

在回流加热前，应先加入沸石、磁力搅拌子。根据液体的沸腾温度，选用水浴、油浴、电热套加热、石棉网直接加热等方式。回流速度的控制，以液体蒸气浸润不超过两个球为宜。

常用冷凝器如图 16-19 所示，将反应蒸出的物质冷凝为液体，并返回反应器。

直管式（a）、螺旋管式（b）及双夹层式（c）冷凝管的结构简单，冷却水由下端口流入，从上端口流出，蒸气在冷凝柱内表面被冷凝流回反应瓶。螺旋管式的冷却表面在冷凝器内部，可避免凝结在管外表面的水汽进入反应瓶，适用于有水蒸气的反应。双夹层式冷凝管冷凝效果好，适用于沸点低于 40℃ 的物质的冷凝。冷凝指（d）适用溶剂或试剂沸点接近或低于室温的反应，致冷剂置于冷凝指外，冷凝指内表面温度很低，可根据冷凝温度选择致冷剂。

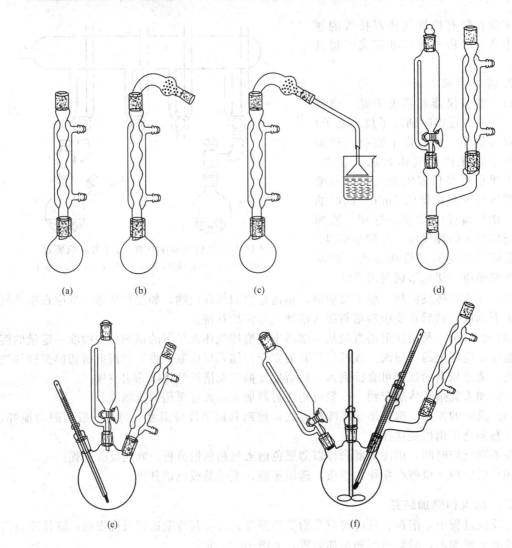

(a)　　　　(b)　　　　(c)　　　　　　　(d)

(e)　　　　　　　　　　(f)

图 16-18　常用回流及回流滴加装置

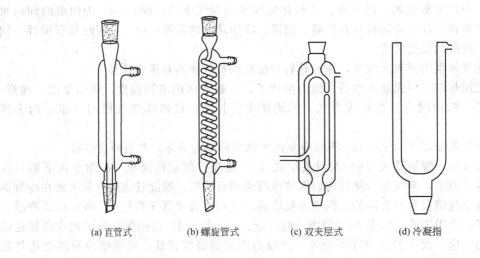

(a) 直管式　　　(b) 螺旋管式　　　(c) 双夹层式　　　(d) 冷凝指

图 16-19　常用的冷凝器

三、分水装置

图 16-20 为常见分水装置，可将反应生成水分出，实现平衡向产物方移动。

反应开始前，先从分水器上端加入一定量的水，加至分水器的支管处，然后放出比理论生成量稍多的水。反应开始后，生成水与溶剂的恒沸物，经蒸馏、冷凝流至分水器形成有机层（上层）和水层（下层），有机层积至分水器支管处即返回反应烧瓶；下层的水则被分出。

记录分出水的体积，或观察分离器中有无冷凝的乳状液，判断反应是否达到终点。在分水器外缠绕若干圈橡皮管以冷却，可提高分水效果。

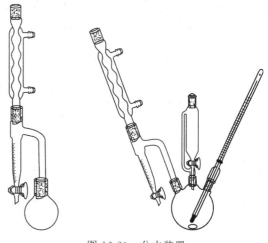

图 16-20　分水装置

四、冷浴及其致冷剂

有机合成反应有时需要低温（$-100\sim0℃$）的条件，如重氮化、亚硝化、Birch 还原等。装有致冷剂的冷浴是实验室常用的低温反应装置，如图 16-21 所示。

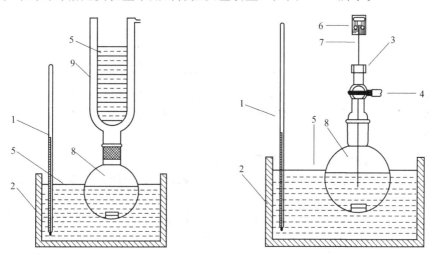

图 16-21　具有冷浴的反应装置

1—低温温度计；2—保温套；3—翻口胶塞；4—三通阀；5—致冷剂；
6—数显温度计；7—注射器式探针；8—反应器；9—冷凝指

反应器浸入带保温外套的冷浴，反应器液面在致冷剂液面之下。冷浴内的低温温度计测量冷却剂温度，器内常用数显探头低温温度计，注射器式探针数显温度计测量反应温度，注射器式探针数显温度计通过橡胶塞插入反应器，可避免水蒸气冷凝进入反应器。冷浴用致冷剂有冰-盐浴、干冰-溶剂浴或液氮-溶剂浴。

（1）冰-盐浴　冷却范围为 $-40\sim0℃$。不同的盐与冰的混合物，致冷温度不同，见表 16-4。冰-盐浴致冷剂是研细的盐、碎冰混合成液态或半融化态的混合物。

（2）干冰-溶剂浴　为球或块状干冰（CO_2）与溶剂的混合物，冷却范围为 $-78\sim-15℃$。溶剂不同，致冷温度不同。表 16-5 为干冰与不同溶剂的冷浴温度范围。

制作干冰-溶剂致冷剂，使用杜瓦瓶或绝热良好的容器。先将溶剂加入其中，再将过量的干冰直接加入。自制干冰，将 CO_2 钢瓶倾斜稳妥放置，排气阀在下，套上帆布袋并用布遮盖，打开钢瓶阀门，CO_2 气体在帆布袋中迅速膨胀冷却获得干冰。干冰温度在 $-80℃$ 左右！注意避免干冰接触皮肤，防止冻伤。

（3）液氮-溶剂浴 致冷范围为 $-196 \sim -13℃$ 的致冷剂见表 16-6。

表 16-4 冰-盐浴冷浴温度范围

冷 却 剂	冷却温度/℃	冷 却 剂	冷却温度/℃
水＋冰(1:1)	0	NaCl＋碎冰(1:3)	$-22 \sim -20$
NaCl＋碎冰(1:4)	-15	$CaCl_2 \cdot 6H_2O$ 碎冰(1:1)	$-52 \sim -20$
$NaCO_3$＋碎冰(1:2)	-18		

表 16-5 干冰-溶剂冷浴温度范围

冷 却 剂	冷却温度/℃	冷 却 剂	冷却温度/℃
乙二醇	-15	乙醇	-72
3-庚酮	-38	丙酮	-78
氯仿	-61	乙醚	-100

表 16-6 液氮-溶剂冷浴温度范围

冷 却 剂	冷却温度/℃	冷 却 剂	冷却温度/℃
苯甲醇	-15	环己烯	-104
正辛烷	-56	乙醇	-116
氯仿	-63	正戊烷	-131
乙酸乙酯	-84	异戊烷	-160
异丙醇	-89	液氮	-196

在搅拌下将液氮加入溶剂，得冰激淋状混合物，液氮加入操作，须小心并不停搅拌，防止固化。液氮-溶剂致冷剂在杜瓦瓶中可保持 12h，如反应冷却时间较长（如过夜），可将反应器放在冰箱中。

五、惰性气体保护下的转移、计量和贮存

对空气敏感试剂、溶剂、产品的转移、计量和贮存，需要惰性气体保护下。

1. 贮存

纯化或干燥后的溶剂或液体试剂，应在惰性气体氛围下贮存在带橡胶隔膜塞的瓶中，如图 16-22 所示。对路易斯酸等腐蚀橡胶塞的试剂用 Teflon 塞代替。塞子插入针头可导入或导出气体。塞子应用铜丝固定在瓶口。拔下针头后应盖上第二层隔膜胶塞以防漏气。由惰性气体保护试剂瓶中取试剂时，一定要先给瓶中注入惰性气体保持一定正压力。

2. 转移计量

少量液体试剂的计量，可用不同体积的注射器直接从贮液瓶中抽取；大量液体的转移，采取插管法（如图 16-23 所示），操作步骤如下。

① 确保转移的试剂瓶干净，瓶口用隔膜胶塞密封，用图 16-22 装置导入氮气，拔去出气针头后与惰气管线脱离。

② 将与惰性气体系统相连的导管针插入贮液瓶，用一插管将贮液瓶与空瓶连接，插管应插至贮液瓶液面之下，空瓶塞上接一放气管并与惰性气体系统双排管相连。打开惰性气体瓶阀门通入惰性气体，由鼓泡器调节惰性气体流速，其压力通过手指压迫鼓泡器出口或连接针形阀调节，使液体顺利转移，如图 16-24 所示。

③ 当液体全部转移完，拔去原空瓶上的放气管，再拔去插管。用带刻度、带隔膜塞的量筒（如图 16-25 所示），替代上述贮液瓶定量转移，如图 16-26 所示。小体积转移可利用

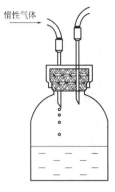

图 16-22 带橡胶隔
膜塞的溶剂瓶

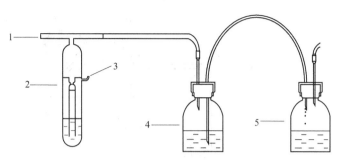

图 16-23 插管法溶剂转移示意图
1—惰性气体；2—鼓泡器；3—控制阀；
4—溶剂贮存瓶；5—溶剂取用瓶

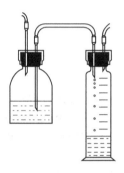

图 16-24 转入定量量筒

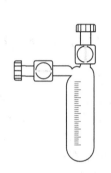

图 16-25 定量量筒

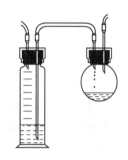

图 16-26 定量移出量筒

各种规格注射器在类似系统下，定量转移液体试剂或溶剂。

3. 称量

对空气敏感的固体试剂称量，需在惰性气体环境进行，用漏斗倒放在电子秤上方，漏斗下端与惰性气体系统相连，如图 16-27 所示。

图 16-27 惰性气体保护下称量

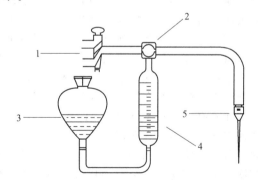

图 16-28 量气管结构
1—双通旋塞；2—三通阀；3—水准瓶；
4—量气管；5—注射头

4. 气体试剂的计量与处理

少量气体的计定量可用注射器，大量气体计量采用量气管装置，如图 16-28 所示。提高水准瓶，同时将双通旋塞放至放空位置，开启三通阀排出量筒内的空气，然后切换气体源，放下水准瓶,气体试剂进入量筒至一定体积,切换三通阀与连通反应器,提高水准瓶,可将计量气体压入反应器。气体反应装置如图 16-29 所示。

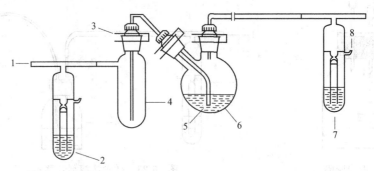

图 16-29　气体反应装置

1—气体；2—装水银鼓泡器；3—夹子；4—阱；5—多孔圆板；6—反应器；
7—装油鼓泡器；8—去接通风橱

第三节　实验室分离纯化装置

有机合成实验涉及多种试剂和溶剂,一般试剂或溶剂纯度在 $97\%\sim99\%$,均含少量水和杂质,通常用萃取等方法除去。对于有特殊要求的试剂:有机金属化合物的反应用的溶剂,需要仔细干燥;波谱、核磁共振等测试用溶剂,要求光谱级纯度;色谱用溶剂须分馏除去不挥发杂质;合成反应尤其新反应,所用原料或试剂,事前必须检验其纯度,若纯度不符要求,需要分离纯化。因此,分离纯化是有机合成实验的一项重要工作。

有些试剂遇空气或水分解,甚至有爆炸或燃烧的危险,有的毒害性和腐蚀性较强。所以,试剂及溶剂的分离纯化,应注意其性质。例如,烃和醚类易燃性,芳香烃、氯仿、四氯化碳和腈类等的毒害性,醚类含过氧化物的不安定性等。

试剂和溶剂分离纯化,常用干燥、重结晶、升华、蒸馏、色谱柱等方法。

一、干燥

一般固体试剂干燥,使用烘箱或真空干燥箱,或置于盛有 P_2O_5 或浓 H_2SO_4 的干燥器干燥。液体试剂、溶剂和产物样品的纯化,一般采用干燥结合蒸馏进行纯化。例如,非质子性溶剂(正己烷、乙醚、四氢呋喃等)中微量水或醇类的脱除,先在蒸馏瓶中加入金属钠干燥,除去微量水或醇,然后再进行蒸馏。液体试剂和溶剂纯化常用干燥剂,见表 16-7。

溶剂的干燥,一般是先用选定干燥剂干燥,然后进行蒸馏,收集蒸馏所得贮存于盛有分子筛的溶剂瓶内,或贮存在惰性气体保护的密封试剂瓶。一些溶剂含有性质活泼的杂质,应事先除去。如乙醚干燥前应加入 1mL10% NaI、乙酸溶液,检验有无过氧化物;若有呈黄色,则加入 $FeSO_4$ 溶液,振荡以除去。

例如:醚类干燥,先用钠的金属丝或氯化钙预干燥,然后进行蒸馏。蒸馏可采用连续或普通蒸馏器,蒸馏前先加入金属钠片(1% W/V)和二苯甲酮(0.2% W/V),再加入预干燥的醚类,蒸馏收集馏出醚,存于惰性气体保护的深色瓶中。

1,2-二甲氧基乙烷(DME)、四氢呋喃(THF)和 1,4-二氧六环等,也可用醚类干燥法干燥。

甲醇的干燥,在 2L 回流装置中加入 5g 镁条、0.5g 碘,温热至碘消失,加热至镁条消失,加入 950mL 甲醇回流 3h,蒸出甲醇存放至有 3A 分子筛的瓶中,放置 24h 备用。同样,乙醇干燥可加镁蒸馏,或用 3A 分子筛干燥。

表 16-7　常用干燥剂

干　燥　剂	应　用　范　围	注　意　事　项
无水氯化钙	烃类、醚类	不能用于羧酸、醇、胺和某些羟基化合物等的干燥
氢化钙	胺、吡啶、六甲基磷酰胺（HMPA）、烃、醇、醚、N,N-二甲基甲酰胺（DMF）	制成胶囊，用前压碎，残渣可用水小心分解
无水硫酸镁或无水硫酸钙	有机萃取液干燥脱水	具有弱酸性；$MgSO_4$ 干燥敏感化合物时应小心
3A 分子筛（孔径 0.3nm）	加入 5％（W/V）分子筛干燥 12h 以上即得干燥溶剂	在 250～300℃烘 3h 以上，存于干燥器
4A 分子筛（孔径 0.4nm）	乙腈、甲醇和乙醇用 3A 干燥；DMF、二甲基亚砜（DMSO）、HMPA 等用	再生，用挥发性溶剂洗涤，100℃下干燥数小时，在 300℃活化
5A 分子筛（孔径 0.5nm）	4A 干燥；高级醇可用 3A 粉末干燥	
三氧化二硼	丙酮、乙腈的干燥	
五氧化二磷	乙腈、烃和醚类，气体的干燥	活性高，与醇、胺、羧酸和羟基物反应；易引起灼伤
氢氧化钾	胺和吡啶的干燥	较氢化钙差；不得用于对碱敏感的溶剂；易引起灼伤
金属钠	烃类、醚类干燥；Na-K 合金优于纯 Na	金属钠表面易被覆盖；含卤溶剂不能用金属钠，否则产生爆炸性反应；废金属钠的破坏，用工业乙醇处理几个小时后加入甲醇，数小时后倾入大量水中
金属镁	乙醇、甲醇	

　　苯干燥先用 Al_2O_3、CaH_2 或 4A 分子筛干燥，蒸馏后存于盛有 4A 分子筛的瓶中。叔丁醇干燥加入 CaH_2 回流，然后蒸馏，馏出液收集于装有 3A 分子筛瓶中。氯苯、二氯甲烷或乙烷二氯干燥，加入 CaH_2 加热回流，然后进行蒸馏，馏出液收集于装有 4A 分子筛的溶剂瓶中。DMF 是用 CaH_2 或 P_2O_5 干燥后，进行蒸馏，馏出液也收集于装有 3A 分子筛瓶中。乙酸乙酯是先用 K_2CO_3 干燥，而后蒸馏，馏出液收集至装有 4A 分子筛的瓶中。

　　丙酮加入 10％（W/V）3A 分子筛干燥，过滤，干燥时间 12h 不宜过长，以免引起缩合反应。过滤后加 5％（W/V）三氧化二硼搅拌 24h，进行蒸馏。乙腈先用 K_2CO_3 预干燥，再用 3A 分子筛干燥 24h，也可用 5％（W/V）P_2O_5 干燥 24h，然后蒸馏。

　　乙酸加入 3％（W/V）乙酸酐干燥，然后蒸馏。DMSO 先减压蒸馏，除去 20％的头馏分，然后用 4A 分子筛干燥。石油醚和环己烷，可用简单蒸馏法干燥，收集馏出物于盛有 4A 分子筛容器内。氯仿和四氯化碳可通过 Al_2O_3 吸附柱干燥，也可用 4A 分子筛干燥。

二、重结晶

　　大多数固体有机物在溶剂中的溶解度，随其温度变化。溶液温度高则其溶解度增大，温度降低其溶解度下降。重结晶是将固体有机物溶解使其溶液饱和，然后冷却使其溶解度降低，溶液因过饱和而析出晶体，从而达到纯化目的。

　　重结晶是固体有机物提纯的重要方法，低温重结晶适于熔点较低或受热不稳定固体有机物的纯化。根据纯化样品数量，分常量重结晶和半微量重结晶。

　　1. 常量重结晶

　　适用于 1g 以上的样品的纯化。如果纯化样品在空气中不稳定，需在惰性气体保护下进行重结晶。惰性气体保护下的重结晶装置，如图 16-30 所示。

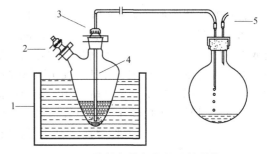

图 16-30　惰性气体保护的重结晶装置
1—冷浴；2—惰性气体接口；3—连接塞；
4—过滤棒；5—连接鼓泡器的接口

先将固体样品在室温下溶解于少量溶剂，然后过滤至两口或三口梨形烧瓶，梨形烧瓶的一个接口，装有接入惰性气体的三通阀，另一接口装有温度计套管的过滤管，过滤管末端固定有砂芯片。过滤管上端出口与另一圆底烧瓶连接，圆底烧瓶口以翻口胶塞密封，胶塞上插两支注射器，分别与过滤管、鼓泡器连通。

梨形烧瓶置于冷浴中，逐渐加入致冷剂缓慢降温。当结晶完全，拆除鼓泡器，用惰性气体将母液压至圆底烧瓶。之后洗涤晶体，预先冷却的溶剂由三通阀口加入梨形烧瓶，洗涤液用惰性气体压至圆底烧瓶，洗涤2~3次，用惰性气体压干、晶体干燥。

2. 半微量重结晶

待纯化的样品量<500mg，普通重结晶操作损失较大。与空气不易反应的样品，用图16-31所示的玻璃钉漏斗或砂芯片漏斗过滤。对空气敏感的样品用砂芯漏斗过滤如图16-32所示。

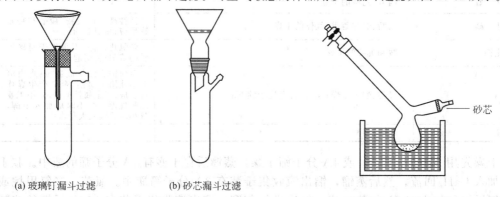

(a) 玻璃钉漏斗过滤　　(b) 砂芯漏斗过滤

图 16-31　过滤装置　　　　　　　　图 16-32　Y形砂芯漏斗

半微量重结晶的操作，在室温和通入惰性气体条件下，在待纯化样品中加入少量溶剂溶解，将样品过滤至过滤球，用翻口胶塞将砂芯漏斗上端塞住。将Y形砂芯漏斗球置于冷浴。当结晶完全将漏斗上端的翻口胶塞取走，将Y形砂芯漏斗从冷浴里移出，擦干，将漏斗转向下方，在惰性气体压力下过滤，用预先冷却的溶剂洗涤2~3次，再用惰性气体压干，取出晶体干燥。

三、升华

物质在一定压力和温度下，由固态直接转变为气态的过程谓升华，而由气态直接转变固为态的过程谓凝华。升华可除去固体混合物中挥发性杂质，也可纯化挥发性固体有机混合物，尤其是极性较低、蒸气压较高的固体有机物的升华。升华提纯的产品，虽然纯度较高，但用时较长，样品损失较大，仅限于少量（1~2g）产品的提纯。升华根据其压力条件，分常压升华和减压升华。

1. 常压升华

常压升华装置如图16-33所示，升华装置（a）最为简单，蒸发皿内置待精制的固体样品并盖上一张多孔滤纸，再倒扣上一玻璃漏斗，漏斗直径略小于蒸发皿，漏斗颈部塞少许棉花或玻璃纤维。用砂浴或石棉网缓慢加热蒸发皿，使浴温低于样品熔点，蒸气通过滤纸小孔冷却凝结在滤纸两面或漏斗壁上，如用湿布冷却漏斗外壁，可提高强凝华效果。升华结束后，小心拿下漏斗以防晶体撒落，用小刮刀将滤纸两面和漏斗壁上的晶体刮下。

若样品量较多可用图16-33中装置（b）或装置（c）。固体样品置于烧杯中，上置外壁干净的长颈烧瓶（b）或蒸馏烧瓶（c），烧瓶内通冷却水冷却，烧瓶底部凝华样品。

2. 减压升华

蒸气压较低或受热易分解的固体有机物，可减压升华纯化，其装置如图16-34所示，（a）（b）是升华量稍多的装置。

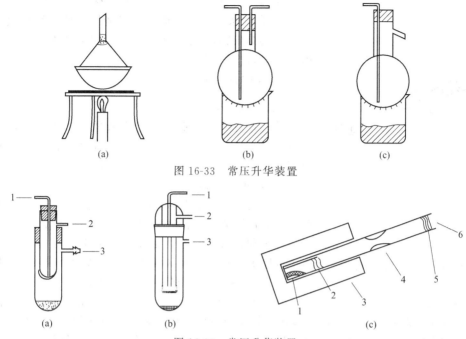

图 16-33 常压升华装置

图 16-34 常压升华装置

图中（a）、（b）：1—进水口；2—排水口；3—真空系统接口

图中（c）：1—粗样品；2，5—玻璃纤维；3—加热炉；4—升华；6—抽真空

将固体样品放在外容器的瓶底部，固体样品与冷凝指的间距为 1cm 左右，缓慢抽真空，防止固体样品撒落。开启冷凝水，加热吸滤管底部，冷凝指底部有一层薄雾时，即升华开始，恒温并加热至完全升华，冷却后蒸气凝集冷凝指外壁。升华结束，小心通入空气或惰性气体，然后小心移走冷凝指，用小刮刀刮下产物。

升华量较少的减压升华装置，如图 16-34（c）所示。将待升华样品放在一小样品瓶内，用玻璃毛塞住瓶颈。将此玻璃瓶放在试管里，小心抽真空，以油浴或砂浴缓慢加热，或外围定做电阻丝加热，其他同前。升华结束截断玻璃管，刮出产品。

四、减压蒸馏

液体试剂的纯化大多采用蒸馏法。蒸馏前需预干燥，对空气敏感的，需要惰性气体保护，沸点低于 150℃ 的，一般采用常压蒸馏。沸点高于 150℃ 的常压蒸馏提纯，产物受热分解或氧化，一般采用减压蒸馏。减压蒸馏可避免产物的分解或氧化。

减压蒸馏装置如图 16-35 所示。使用三叉燕尾管，无需停止抽真空即可收集不同馏分。三叉燕尾管须在接口处涂少量真空脂，方便真空条件下旋转，固定尾接管与冷凝管、尾接管与圆底烧瓶的接口。减压蒸馏操作如下。

① 将样品加入蒸馏烧瓶（不超过烧瓶体积 2/3），插入一根毛细管以便导入空气或氮气搅拌，或用搅拌磁子搅拌。

② 按图 16-35 安装仪器。接口处均涂少量真空脂。用夹子固定接受器和烧瓶，通过双排管连接真空系统。

③ 低速搅拌蒸馏液体，启动真空泵。为避免低挥发组分被抽走，可通过针形阀引入惰性气体，调节压力至规定值。

④ 缓慢加热烧瓶，赶走高挥发性杂质，然后以恒定温度蒸馏，改变蒸馏温度可收集不同馏分。蒸馏中须监测蒸馏温度，收集馏分。

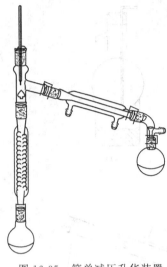

图 16-35　简单减压升华装置

⑤ 烧瓶液面降至很低时，移除热浴，停止蒸馏。

⑥ 真空系统的仪器拆除，以惰性气体充满恢复正压后拆除。盛馏出物的烧瓶应在惰性气体条件下迅速移开，随即塞上翻口橡胶塞。

⑦ 关闭真空泵，清洗冷却阱。

五、柱色谱分离

柱色谱分离是实验室简捷有效的分离方法，柱色谱分离有分柱液色谱法和干柱色谱法，柱液色谱法分为吸附柱色谱、分配柱色谱、离子交换柱色谱等方法。

1. 吸附柱色谱法

（1）装柱　装填吸附剂，活性氧化铝、硅胶等是常用吸附剂。氧化铝填装前需在 400℃ 烘 6h 以使之活化。硅胶须用无荧光剂和黏结剂的色谱用硅胶，如硅胶酸 H。硅胶有毒！倾倒硅胶等操作应在通风橱中进行。硅胶量与样品量比例，一般为 20∶1；样品较难分离时 100∶1。

色谱柱装填前，先用小块脱脂棉封堵柱底，防止漏出。一般采用湿法装填，先用洗脱剂或溶剂（如正己烷）等将硅胶或三氧化二铝调成浆状，用塑料漏斗分次加入色谱柱，每次均须打开柱的下旋塞，通氮气将柱内填充物压实，但不得压干、填充层上始终保持有溶剂，直至装填高度。吸附剂装填高度，视样品分离难易而定。一般，易分离样品 20～30cm，难分离样品 50～70cm。吸附剂上填压 5～10mm 的石英砂。

（2）装样　分湿法和干法。湿法是以尽可能少的溶剂（洗脱剂）溶解试样，若无法溶解，可用二氯甲烷溶解。用滴管沿柱壁将试样均匀滴在石英砂层，避免扰动砂层，加毕，柱内液面应在砂层之下。

干法装样，用一定量的吸附剂吸附试样溶液，搅拌均匀，用旋转蒸发器蒸发去除溶剂，溶剂将近蒸干时，小心操作避免爆喷。蒸发毕，取出吸附试样的吸附剂，用塑料漏斗装填，填毕，再填压一层石英砂。

（3）洗脱　用洗脱剂分离柱内吸附试样。洗脱剂通常由非极性溶剂和极性溶剂按比例配制，如正己烷-乙酸乙酯、石油醚-乙酸乙酯，溶剂的筛选一般采用薄层色谱（TLC）。

加入洗脱剂须先用滴管小心沿壁缓慢加入，当柱内有一定液层后，可稍微加快滴加速度，连接贮液瓶，倒入剩余洗脱剂，贮液瓶上口与低压氮气源连接，贮液瓶上支管为泄压阀，以夹子固定所有的磨口连接处，装置如图 16-36 所示。

在正压下洗脱。开启氮气源阀门，洗脱速度不宜过快或过慢，用若干 20～25mL 小瓶或试管接纳洗脱液，快速进行薄层色谱分析，集中目标所在小瓶中样品，用旋转蒸发器浓缩，在高真空下脱溶剂 20h 以上，进行元素分析或波谱测定。

2. 干柱色谱法

少量样品分离的简易方法，装置如图 16-37 所示。

（1）装柱　将色谱用硅胶加满漏斗，以水泵抽气并轻轻敲击漏斗，从漏斗的周围向中心慢慢压成坚实、均匀的硅胶层，并留有试样和溶剂的空间。漏斗大小和样品量间关系如表 16-8。

表 16-8　漏斗与样品量间的关系

漏斗直径/mm	漏斗高度/mm	硅胶量/g	样品量/mg	馏分大小/mL
30	45	15	15～500	10～15
40	50	30	500～2000	15～30
70	55	100	1000～5000	20～50

（2）预洗脱 抽气的同时将洗脱剂小心加至漏斗，硅胶层上始终保持一溶剂层，最后将溶剂抽干。装填好的柱子，洗脱时溶剂前沿保持水平，如出现凹槽，需抽干、重装。

（3）加样 方法同吸附柱色谱法。

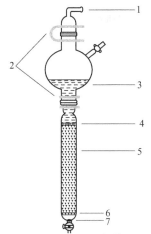 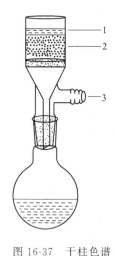

图 16-36 柱色谱
1—氮气接口；2—夹子；3—贮液瓶；4,6—砂层；5—吸附层；7—脱脂棉

图 16-37 干柱色谱
1—溶剂；2—硅胶；3—接水泵

（4）洗脱 根据极性递增原则，在非极性溶剂中加入不同比例的极性溶剂，配制成一系列洗脱剂。依次加入洗脱剂系列的各溶剂，每次均抽干硅胶中的溶剂，分别收集馏分，极性大小根据在非极性溶剂中加入不同比例的极性溶剂来控制。各馏分进行薄层色谱分析，确定所需组分所在馏分。按吸附柱色谱法浓缩得纯化合物。

本 章 小 结

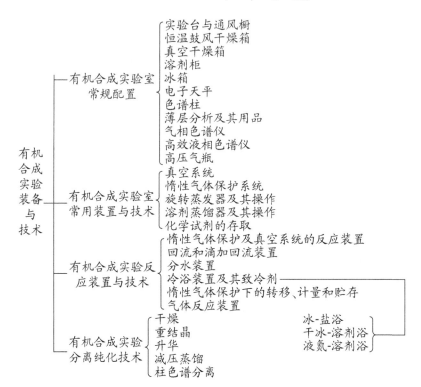

复习与思考

1. 有机合成实验室常配置哪些仪器设备？其功能或用途是什么？
2. 说明双排管和单排管的区别和用途。
3. 如何辨别不同气体的高压气瓶，怎样判别高压气瓶的使用期限？
4. 何谓薄层分析，薄层分析需要哪些用品？
5. 取用固体化学试剂，有哪些注意事项？
6. 真空系统由哪些仪器构成，各有何作用？
7. 请画出下列装置的流程图，列出所用仪器设备。
（1）带有真空系统的反应装置
（2）惰性气体保护下的蒸馏装置
（3）惰性气体保护下的气体计量及气体反应装置
8. 说明旋转蒸发器操作要点和注意事项。
9. 反应试剂和溶剂的纯化，常用哪些方法？
10. 柱色谱分离装柱，有何要求？
11. 对空气敏感的溶剂，蒸馏后如何保存？
12. 说明冰-盐浴、干冰-溶剂浴、液氮-溶剂浴的致冷温度范围。
13. 如何由二氧化碳钢瓶气体制取干冰-丙酮致冷剂？试说明其基本操作点。
14. 在惰性气体保护下转移、计量和贮存试剂或溶剂，应注意哪些事项？
15. 简要解释旋片真空泵的工作原理。

附　　录

附录 1　常见危险化学品的贮存要求

名　称	危　险　性	贮　存　要　求
冰醋酸 CH_3CO_2H	强腐蚀性,使皮肤起泡,剧痛	贮于阴凉处
乙酐 $(CH_3CO_2)_2O$	强刺激性和腐蚀性 注意:与硫酸作用反应猛烈,甚至爆炸!	贮于阴凉处,容器密封
氨气及浓氨水 NH_3	强腐蚀性、刺激性。浓氨水腐蚀性与苛性钠相似。挥发性强、氨气强烈刺激眼黏膜,危险	贮于阴凉处,与酸类及卤素隔离,开瓶时小心! 预先在冰水中冷却再打开瓶塞
乙酰氯 CH_3COCl	刺激性,遇潮气分解放出刺激性氯化氢。与水反应猛烈。受热分解产生少量有毒光气。易燃	贮于阴凉处,容器密封
氯化铝 $AlCl_3$	无腐蚀性。与潮气接触,放出腐蚀性、刺激性氯化氢	贮于阴凉处,容器密封
溴 Br_2	强腐蚀性,刺激性,强氧化剂。强烈刺激眼黏膜,与皮肤接触引起严重烧伤	贮于阴凉处,与氨气及还原剂有机物隔离。开瓶小心(见氨)使用时上面盖上一层水
氯气 Cl_2	极端刺激眼睛及呼吸器官,很低的浓度就使肺受伤,强氧化剂	贮于阴凉处。与有机物、还原剂隔离
盐酸 HCl	浓盐酸及其气体的刺激性颇强,能使眼睛、黏膜、呼吸道烧伤	贮于通风处。与氧化剂隔离,特别是硝酸、氯酸盐。放于下格
甲醛 H_2CO	刺激性液体,易挥发	贮放通风处,与氧化剂、碱类、氨及有机胺隔离
甲酸 HCO_2H	腐蚀性液体,强刺激性气体	贮于阴凉通风处,不与氧化剂及碱接触
氟氢酸 HF	极强的腐蚀性、刺激性。能使皮肤严重烧伤,疼痛难忍,甚至因疼痛而休克。烧伤眼睛及呼吸道	隔离贮于聚乙烯塑料瓶中,不能贮存在玻璃器皿中
过氧化氢 H_2O_2	对眼睛、黏膜及皮肤腐蚀。强氧化剂。阳光照射及杂质促使分解	存于通风处,避光保存。与有机物、金属及还原剂隔离
浓硝酸 HNO_3	极强腐蚀性,液体气体强刺激性,接触皮肤使溃烂、变黄(与蛋白质反应)	在通风处单独存放下格
苯酚 C_6H_5OH	固体、液体和气体都具有强腐蚀性。接触皮肤会使之烧伤而溃烂,并渗入皮肤中毒	在通风处单独存放。容器密封,放于下格
氧化氮 $NO\ N_2O_3$ $NO_2\ N_2O_5$	强刺激性气体,吸入湿润的鼻腔、气管处,可形成硝酸、亚硝酸,曝于 $100\sim150cm^3/m^3$,30 分钟致死	

续表

名　称	危　险　性	贮　存　要　求
三氯化磷 PCl₃ 五氯化磷 PCl₅	固体、液体、气体皆具有极强的刺激、腐蚀性	贮于干燥阴凉处,密封
氢氧化钾 KOH 氢氧化钠 NaOH	腐蚀性极强的固体,其水溶液亦为强腐蚀性。溶解放热。可引起严重烧伤	贮于干燥处,与酸隔离
浓硫酸 H₂SO₄	极强腐蚀性,使有机物炭化	与强碱、氯酸盐、过氯酸盐、高锰酸盐隔离。放于下格

附录 2　常见不能混合的化学品一览表

药　品　名　称	禁　忌　药　品
碱金属及碱土金属如钾	二氧化碳、四氯化碳及其他氯化烃类
钠、锂、镁、钙、铝等	禁与水混合
乙酸	铬酸、硝酸、羟基化合物、乙二醇、胺类、过氯酸、过氯化物及高锰酸钾等
乙酐	铬酸、硝酸、羟基化合物、乙二醇、胺类、过氯酸、过氯化物及高锰酸钾等,还有硫酸、盐酸、碱类
乙醛、甲醛	酸类、碱类、胺类、氧化剂
丙酮	浓硝酸及硫酸混合物,氟、氯、溴
乙炔	氟、氯、溴、铜、银、汞
液氨(无水)	汞、氯、次氯酸钙(漂白粉)、碘、溴、氟化氢
硝酸铵	酸、金属粉末、易燃液体、氯酸盐、亚硝酸盐、硫磺、有机物粉末、可燃物
苯胺	硝酸、过氧化氢(双氧水)、氯、溴
溴	氨、乙炔、丁二烯、丁烷及其他石油气,碳化钠、松节油、苯、金属粉末
氧化钙(石灰)	水
活性炭	次氯酸钙(漂白粉)、硝酸
铜	乙炔、过氧化氢
氯酸钠(钾)	铵盐、酸、金属粉末、硫黄、有机粉尘及可燃物
铬酸及铬酸酐	乙酸、乙酐、萘、樟脑、甘油、松节油、乙醇及其他易燃液体
氯气	氨、乙炔、丁二烯、丁烷及其他石油气,碳化钠、松节油、苯、金属粉末
氟	与所有药品隔离
肼	过氧化氢、硝酸,任何氧化剂

续表

药 品 名 称	禁 忌 药 品
氢氰酸	硝酸、碱类
过氧化氢	铜、铬、铁,大多数金属及其盐类,任何易燃液体、可燃物、苯胺、硝基甲烷
无水氟氢酸	氨
硫化氢	发烟硝酸、氧化性气体
碳氢化合物	氟、氯、溴、铬酸、过氧化物
碘	乙炔、氢气及氨水、甲醇
汞	乙炔、雷酸、氨
硝化石蜡	无机碱类
氧气	油脂、润滑油、氢、易燃液体、固体及气体
乙二酸	银、汞
过氯酸	乙酐、铋及其合金、醇、纸、木、油脂、润滑油
有机过氧化物	酸类(有机及无机),防止摩擦,贮于冷处
黄磷	空气、氧气、火、还原剂
氯酸钾	酸类(见氯酸盐)、有机物、还原剂
过氯酸钾	酸类(见过氯酸)
高锰酸钾	甘油、乙二醇、苯甲醛及其他有机物、硫酸
银	乙炔、乙二酸、酒石酸、雷酸、铵盐
钠	见碱金属
氢化钠	酸
氰化钠	酸
亚硝酸钠	酸、铵盐、还原剂(如亚硫酸钠)
过氧化钠	任何还原剂,如乙醇、甲醇、冰醋酸、乙酐、苯甲醛、二硫化碳、甘油、乙二醇、乙酸乙酯、甲酯及呋喃、甲醛
硫化钠	酸
硫酸	过氯酸盐、氯酸盐、高锰酸钾、单体
亚硫酸盐	酸、氧化剂
砷及砷化物	任何还原剂
硝酸(浓)	乙酸、丙酮、醇、苯胺、铬酸、氢氰酸、硫化氢、易燃液体及气体、易硝化物、硫酸

附录3　常见危险化学品废弃物的销毁方法

废 物 种 类	销 毁 处 理 方 法
碱金属氢化物、氨化物和钠屑	将其悬浮在干燥的四氢呋喃中,在搅拌下,慢慢滴加乙醇或异丙醇至不再放出氢气为止。再慢慢加水至溶液澄清后,用水冲入下水道
硼氢化钠(钾)	用甲醇溶解后,以水充分稀释,再加酸,并放置。此时有剧毒的硼烷产生,故所有的操作必须在通风橱内进行,其废酸液用碱中和后放入下水道
酰氯、酸酐、三氯氧磷、五氯化磷、氯化亚砜、硫酰氯、五氧化二磷	在搅拌下加到大量水中,P_2O_5 加到大量水中后,再用碱中和,冲走
催化剂(Ni、Cu、Fe、贵金属等)或沾有这些催化剂的滤纸、塞内塑料垫等	因这些催化剂干燥时常易燃,绝不能丢入废物缸中,抽滤时也不能完全抽干,1g 以下的少量废物可用大量水冲走。量大时应密封在容器中,贴好标签,统一深埋地下
氯气、液溴、二氧化硫	用 NaOH 溶液吸收,中和后冲走
氯磺酸、浓硫酸、浓盐酸、发烟硫酸	在搅拌下,滴加到大量冰或冰水中,用碱中和后冲走
硫酸二甲酯	在搅拌下加到稀 NaOH 或氨水中,中和后冲走
硫化氢、硫醇、硫酚、HCl、HBr、HCN、PH_3、硫化物或氰化物溶液	用 NaClO 氧化。1mol 硫醇约需 2L NaClO 溶液(含 Cl 17%,9mol"活性氯");1mol 氰化物约需 0.4L NaClO 溶液,用亚硝酸盐试纸试验,证实 NaClO 已过量时(pH＞7),用水冲走
重金属及其盐类	使形成难溶的沉淀(如碳酸盐、氢氧化物、硫化物等),封装后深埋
氢化铝锂	将它悬浮在干燥的四氢呋喃中,小心滴加乙酸乙酯,如反应剧烈,应适当冷却,再加水至氢气不再释出为止,废液用稀 HCl 中和后冲走
汞	尽量收集泼散的汞粒,并将废汞回收,对废汞盐溶液,可以制成 HgS 沉淀,过滤后,集中深埋
有机锂化物	溶于四氢呋喃中,慢慢加入乙醇至不再有氢气放出,然后加水稀释,最后加稀 HCl 至溶液变清,冲走
过氧化物溶液和过氧酸溶液、光气(或在有机溶剂中的溶液,卤代烃溶剂除外)	在酸性水溶液中,用 Fe(Ⅱ)盐或二硫化物将其还原,中和后冲走
钾	一小粒一小粒地加到干燥的叔丁醇中,再小心加入无甲醇的乙醇,搅拌,促使其全溶,用稀酸中和后冲走
钠	小块分次加入到乙醇或异丙醇中,待其溶解后,慢慢加水至澄清,用稀 HCl 中和后冲走
三氧化硫	通入浓硫酸中,再按浓硫酸加以销毁

附录 4 有机合成常用的实验仪器与装置

1. 常用玻璃仪器

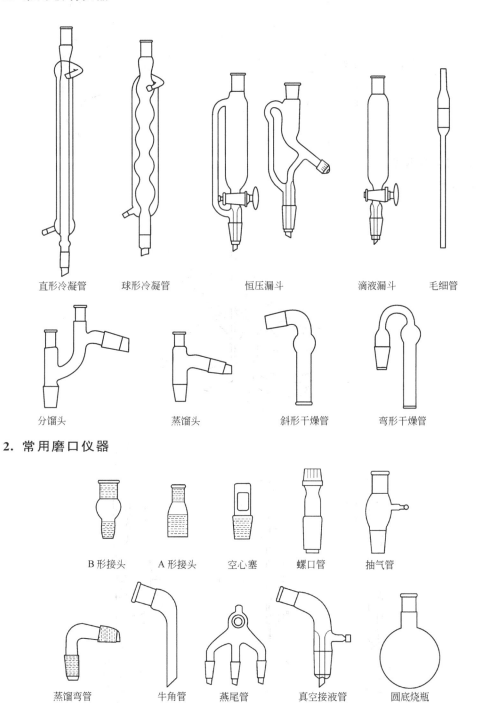

直形冷凝管　　球形冷凝管　　　恒压漏斗　　　滴液漏斗　　毛细管

分馏头　　　　蒸馏头　　　　斜形干燥管　　弯形干燥管

2. 常用磨口仪器

B 形接头　　A 形接头　　空心塞　　螺口管　　抽气管

蒸馏弯管　　牛角管　　燕尾管　　真空接液管　　圆底烧瓶

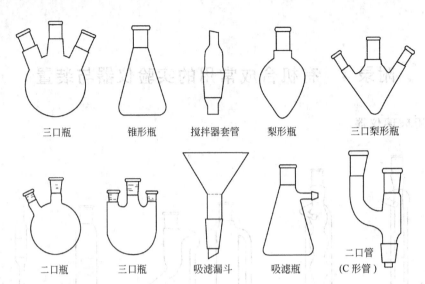

三口瓶　　锥形瓶　　搅拌器套管　　梨形瓶　　三口梨形瓶

二口瓶　　三口瓶　　吸滤漏斗　　吸滤瓶　　二口管
（C形管）

3. 常用化学反应装置

旋转蒸发仪

回流装置

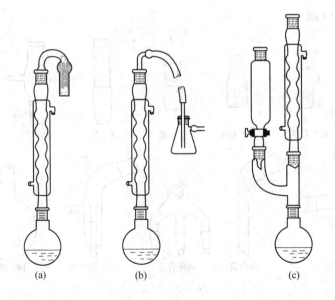

(a)　　　　　　　(b)　　　　　　　(c)

搅拌装置

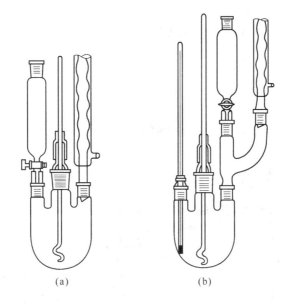

(a)　　　　　(b)

蒸馏装置

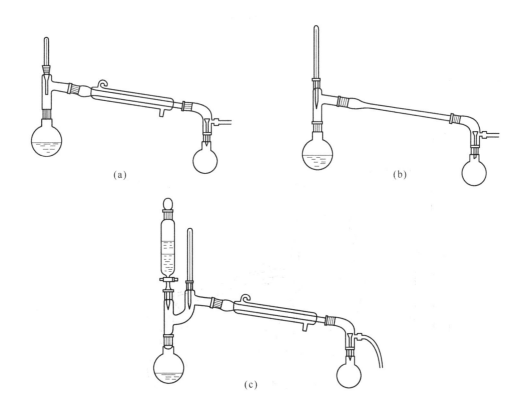

(a)　　　　　(b)

(c)

减压蒸馏装置

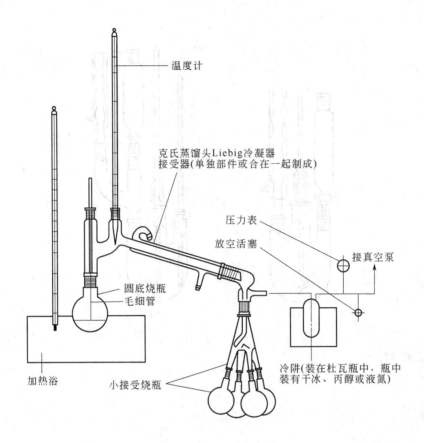

温度计

克氏蒸馏头Liebig冷凝器
接受器(单独部件或合在一起制成)

压力表

放空活塞

接真空泵

圆底烧瓶
毛细管

冷阱(装在杜瓦瓶中，瓶中
装有干冰、丙醇或液氮)

加热浴

小接受烧瓶

水蒸气蒸馏装置

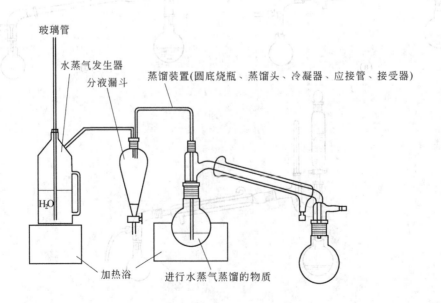

玻璃管

水蒸气发生器

分液漏斗

蒸馏装置(圆底烧瓶、蒸馏头、冷凝器、应接管、接受器)

H₂O

加热浴

进行水蒸气蒸馏的物质

固体连续抽提装置　　　　　　　　柱色谱装置

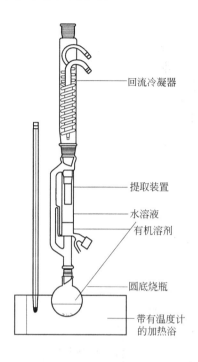
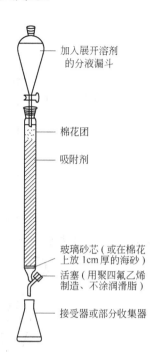

4. 特殊条件下的化学反应装置

惰气保护下使用注射器从贮液瓶中转移溶剂

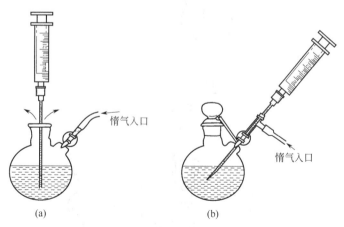

不锈钢插管转移溶液

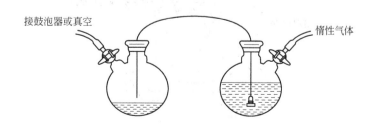

从金属罐内转移空敏液体

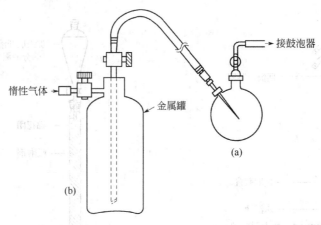

装有滴液漏斗、搅拌器和回流冷凝器的三口反应瓶

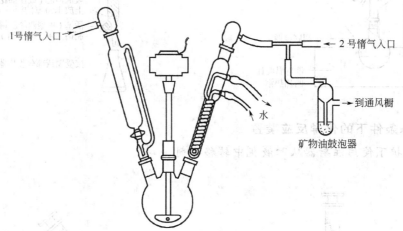

惰性气氛下反应装置

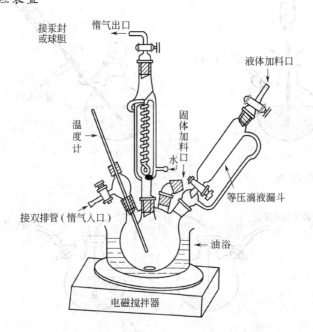

惰性气氛下减压蒸馏装置

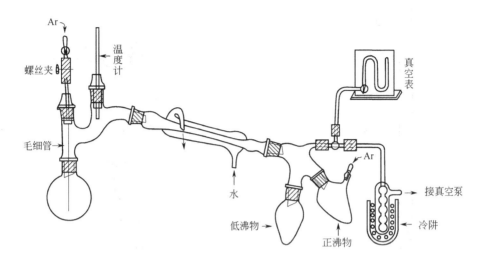

惰性气氛下常压蒸馏装置

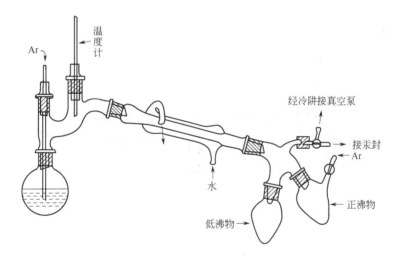

一种常见的过滤装置

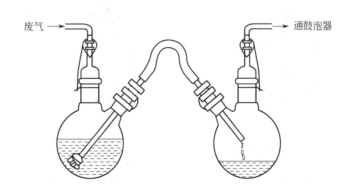

柱层析装置

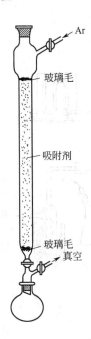

Ar

玻璃毛

吸附剂

玻璃毛
真空

多次提取装置

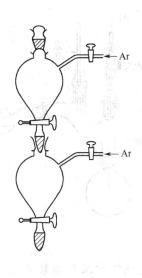

Ar

Ar

样品干燥装置

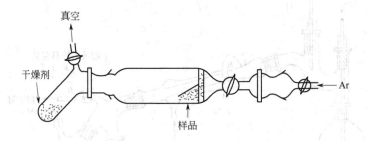

真空

干燥剂

样品

Ar

用惰性气体驱气的装置

惰性气体

惰性气体

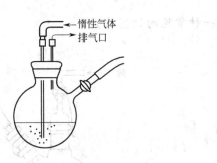

惰性气体
排气口

（a）接在惰气源上的长针经由支
管插入溶剂，另一束惰气流慢慢
流经支管以防空气向烧瓶内部扩散

（b）长针经由装在瓶口的
隔膜插入溶剂，气体由
插在隔膜上的短针排出

无水无氧溶剂的制备和蒸馏装置　　　惰性气流下的回流和蒸出接收装置

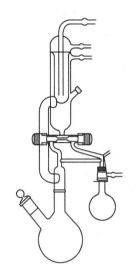 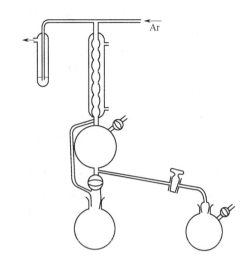

附录5　化学化工文献网络资源索引

（一）专业文献数据库

1. http：//www. nstl. gov. cn　国家科技图书文献中心
2. http：//www. cncic. gov. cn　中国化工信息中心

（二）中文期刊全文数据库

1. http：//www. cnki. net　中国学术期刊网
2. http：//www. Wanfangdata. com. cn　万方数字化资源网
3. http：//www. cqvip. com　中文科技期刊全文数据库

（三）专利文献检索

1. http：//www. sipo. gov. cn/sipo/zljs/default. htm　中华人民共和国国家知识产权局
2. http：//www. cnipr. com　中国知识产权局

（四）化工标准

1. http：//www. cssn. net. cn　中国标准服务网
2. http：//www. zgbzw. com/down. asp　中国标准网

（五）化学化工网站

1. http：//www. chemnet. com. cn/　中国化工网
2. http：//www. cheminfo. gov. cn/　中国化工信息网
3. http：//www. china-finechem. com. cn/　中国精细化工网
4. http：//www. chchin. com/　中国化工资讯网
5. http：//www. echemsoft. com　中国化学软件网

（六）其他化学化工网站

1. http：//www. ccs. ac. cn/　中国化学会

2. http：//www.chem.com.cn/ 中国万维化工城

3. http：//www.chemonline.net/chemivillage/ 化学村

4. http：//www.chem17.com/products/newproducts.asp 中国化工仪器网

5. http：//www.chemdbs.com/index.php 中国试剂信息网

6. http：//www.organicchem.com/ 有机化学网

7. http：//202.127.145.134/default.htm 化学专业数据库

（七）国外相关网站

1. http：//www.chemexper.com/ 欧洲 ChemExper 化学数据库

2. http：//www.patentexplorer.com/ DERWENT 专利全文检索系统

3. http：//www.allchem.com/ 公司全球化工产品供求及价格数据库

4. http：//www.chem.com/ 美国化工产品供求及生产商数据库

5. http：//www.chemindustry.com/ 美国化学工业网 [英]

6. http：//ep.espacenet.com 欧洲专利检索

7. http：//www.uspto.gov/patft/index.html 美国专利检索

参 考 文 献

[1] 徐家业主编. 高等有机合成. 北京：化学工业出版社，2005.

[2] 薛永强，张蓉等编著. 现代有机合成方法与技术. 第2版. 北京：化学工业出版社，2007.

[3] 唐培堃主编. 精细有机合成化学及工艺学. 北京：化学工业出版社，2002.

[4] 田铁牛主编. 有机合成单元过程. 北京：化学工业出版社，2009.

[5] 薛叙明，赵玉英. 精细有机合成技术. 第2版. 北京：化学工业出版社，2009.

[6] 朱裕贞，顾达，黑恩成. 现代基础化学. 北京：化学工业出版社，1998.

[7] 米镇涛主编. 化学工艺学. 第2版. 北京：化学工业出版社，2006.

[8] 陈金龙主编. 精细有机合成原理与工艺. 北京：中国轻工业出版社，1992.

[9] 刘荣海，陈网桦，胡毅亭编著. 安全原理与危险化学品测评技术. 北京：化学工业出版社，2004.

[10] 宋启煌主编. 精细化工工艺学. 第2版. 北京：化学工业出版社，2004.

[11] 张铸勇，祁国珍，庄莆编. 精细有机合成单元反应. 上海：华东化工学院出版社，1990.

[12] P. H. 格罗金斯主编，穆光照译. 化工有机合成单元过程. 北京：燃料化学工业出版社，1972.

[13] 王光信，张积树编著. 有机电合成导论. 北京：化学工业出版社，1997.

[14] 钱旭红编著. 工业精细有机合成原理. 北京：化学工业出版社，2000.

[15] 章思规，辛忠主编. 精细有机化工制备手册. 北京：科学文献出版社，1994.

[16] 闻韧主编. 药物合成反应. 第2版. 北京：化学工业出版社，2003.

[17] 邢其毅，徐瑞秋，周政编. 基础有机化学. 北京：高等教育出版社，1983.

[18] 顾可权编著. 重要有机化学反应. 上海：上海科学技术出版社，1988.

[19] 计志忠主编. 化学制药工艺学. 北京：化学工业出版社，1980.

[20] 唐有祺，王夔主编. 化学与社会. 北京：高等教育出版社，1997.

[21] 杨锦宗编著. 工业有机合成基础. 北京：中国石油出版社，1998.

[22] 曾昭琼编. 有机化学发展小史. 北京：高等教育出版社，1992.

[23] 王箴主编. 化工辞典. 第4版. 北京：化学工业出版社，2000.

[24] 曹钢主编. 异丙苯法生产苯酚丙酮. 北京：化学工业出版社，1983.

[25] 姚蒙正，程侣柏，王家儒编著. 精细化工产品合成及应用. 第2版. 北京：中国石化出版社，2000.